Differential- und Integralrechnung

Differential- und Integralrechnung

Infinitesimalrechnung

für Ingenieure

insbesondere auch zum Selbststudium

von

Dr. W. Koestler
Dipl.-Ingenieur, Burgdorf

und

Dr. M. Tramer
Zürich

Erster Teil

Grundlagen

Mit 221 Textfiguren und 2 Tafeln

Springer-Verlag Berlin Heidelberg GmbH
1913

ISBN 978-3-642-89466-4   ISBN 978-3-642-91322-8 (eBook)

DOI 10.1007/ 978-3-642-91322-8

Vorwort.

Will man in seinem Arbeitsgebiete selbständig werden, so genügt es nicht, nur die zutage geförderten Resultate der betreffenden Haupt- oder Hilfswissenschaft gläubig hinzunehmen, sondern man muß imstande sein, dieselben gelegentlich bis in alle Einzelheiten zu verfolgen, um sie auf diese Weise zum verwertbaren Eigenbesitz zu machen. Ganz besonders gilt dies heutzutage auch für den Techniker, für den es zur Erreichung dieses Zieles nicht mehr zu umgehen ist, sei es als Studierender der Ingenieurwissenschaften, sei es als in der Praxis stehender Ingenieur, daß er die sog. höhere Analysis kenne. Und zwar genügt es im allgemeinen, nur die Prinzipien und Grundlagen derselben zu verstehen; diese sind aber um so mehr von Grund auf zu beherrschen, soll er diese Disziplin als Hilfsmittel zu fruchtbringender Tätigkeit in seinem Berufe verwerten können.

Vor allem ist es auch notwendig, sich von einer oft einerseits durch ein ungerechtfertigtes Mißtrauen in die damit erreichbaren Vorteile genährten Abschätzung, andererseits von einer auf übertriebene Ängstlichkeit vor unüberwindlichen, zu hoch stehenden Dingen gegründeten Abneigung gegenüber dieser Rechnungsmethode frei zu machen und einzusehen, daß nur das tiefere Erfassen des Inhaltes der „höheren Analysis“ oder der „höheren Mathematik“[1] oder der „Infinitesimalrechnung“[2] — wie die „Differential- und Integralrechnung“ zusammenfassend auch genannt wird — das Bewußtsein erzeugen kann, daß man es hier mit einer sicher fundierten Wissenschaft zu tun hat und nicht mit einer Annäherungsmethode, die dazu noch mehr oder weniger willkürlich sei, wie vielfach in Technikerkreisen noch angenommen wird.

[1] Bei dieser Gelegenheit wollen wir gleich hier hervorheben, daß es nicht ganz korrekt ist, wenn man die Differential- und Integralrechnung schlechtweg als „höhere Analysis“ oder „höhere Mathematik“ bezeichnet, da sie eigentlich nur die Einführung in die höhere Analysis bzw. höhere Mathematik bedeutet und es doch gewöhnlich nicht gebräuchlich ist, den Namen eines Gesamtgebietes für ein begrenztes Spezialgebiet zu benützen.

[2] Bezüglich Begründung dieser Bezeichnung vgl. S. 459—60.

Nur daraus kann man sich erklären, daß noch manche Techniker, selbst nur zu oft solche mit Hochschulbildung, über jeden Aufsatz, der mit Differentialquotienten oder Integralen arbeitet, hinweggehen, ohne ihn auch nur versuchsweise näherer Prüfung zu unterwerfen und daraus Gewinn zu ziehen.

Wir sind deshalb auch den Schwierigkeiten, die sich tatsächlich bieten und wohl auch die Hauptveranlassung zu obigen Erscheinungen geben mögen, nicht, wie es oft geschieht, ausgewichen, sondern wir haben sie nach Möglichkeit zu lösen versucht.

Diese Umstände vor allem sind es, verbunden mit der Überzeugung einer hohen fördernden Eigenschaft des gründlichen Studiums, sowie der Möglichkeit der Erlangung einer tieferen Einsicht in die Gesetzmäßigkeiten der Naturvorgänge, welche uns, bestärkt durch manche Erfahrung, bewogen haben, daran zu gehen, diese notwendigen Fundamente einläßlicher und darum gelegentlich auch etwas breit für die Zwecke des Ingenieurs darzustellen.

Wir hoffen aber auch von auf andern Wissensgebieten Arbeitenden, namentlich vom Naturforscher und vom Mathematiker das Interesse für die vorliegende Darstellung gewinnen zu können.

Abgeschlossen im September 1911.

Burgdorf und Zürich, April 1912.

Die Verfasser.

Inhaltsverzeichnis.

I. Einleitung.

Bevor wir mit der Entwicklung des eigentlichen Gegenstandes beginnen, wollen wir dem Leser einige Leitgedanken mitteilen, die ihm für das Studium des Buches dienlich sein dürften.

In der Darstellung suchten wir möglichste Anschaulichkeit zu erreichen, ohne aber auf die streng analytischen Methoden zu verzichten. Die anschauliche geometrische Darstellung ist stets Begleiterin und Helferin für das Verständnis der manchmal etwas abstrakten Untersuchungen, die aber für sichere Fundierung nicht zu umgehen sind.

Die so erzielte mathematische Strenge muß aber unterstützt werden durch die möglichste Exaktheit der Verwendung aller jener Begriffe, die nicht durch mathematische Symbole ausgedrückt worden sind, sondern für die man bestimmte Worte, eingeführt durch entsprechende Definitionen, verwendet. Diese (die Exaktheit) ist aber nur zu erreichen, wenn diese Worte dann immer und einzig in dem einmal festgelegten Sinne gebraucht werden, was selbstverständlich zu auch manchmal unschönen Wiederholungen eines Wortes führen muß, die man aus diesem Grunde entschuldigen möge.

Was einzelne Abschnitte anbelangt, so sei auf jenen über die Quaternionen und über die Vektoranalysis zunächst hingewiesen mit der Bemerkung, daß das Buch ganz gut studiert werden kann, ohne diese Abschnitte zu berücksichtigen. Immerhin möchten wir auch ihre Lektüre, insbesondere diejenige des letzteren, der immer mehr an Bedeutung gewinnenden Vektorenrechnung, angelegentlichst empfehlen.

Daß wir einen ziemlich ausführlichen Abschnitt über graphische Methoden und Veranschaulichungen eingeschaltet haben, braucht wohl in Rücksicht auf das im Vorwort Gesagte nicht mehr besonders begründet zu werden; ist ja die graphische Veranschaulichung der veränderlichen Erscheinungen eines der wichtigsten Hilfsmittel des Ingenieurs. Dabei wurde auch der Gebrauch und die Bedeutung der zwar noch verhältnismäßig wenig bekannten, aber wichtigen Logarithmenpapiere erläutert. Wir versuchten ferner, darin eine Klassifikation der verschiedenen graphischen Veranschaulichungsarten zu geben, wobei wir besonders betonen wollen, daß alle dort angeführten Beispiele der Ingenieur-Praxis entnommen worden sind und demnach anhand beigegebener Literaturangaben leicht nachgeprüft und weiter verfolgt werden können.

Da die Zahl das erste, nicht zu umgehende Mittel jedes irgendwie mit der Mathematik sich Beschäftigenden bildet und daher auch hier als Grundelement unserer Betrachtungen zur Geltung kommen muß, so haben wir ihre ausführliche Behandlung vorangestellt.

II. Einführung der Zahl.

§ 1. Die rationale Zahl.

Um die Menge der Einzeldinge, die zusammen eine Gruppe bilden, bzw. um die Mächtigkeit einer solchen Menge, z. B eine Gruppe von Bäumen, Menschen u. dgl., durch einen einzigen Ausdruck zu bezeichnen — wobei man von den individuellen Verschiedenheiten absieht, sie also für den Akt des Zusammenfassens als völlig gleichberechtigt betrachtet —, erhielt man die natürlichen Zahlen, die in eine fortschreitende Reihe geordnet, die sog. *natürliche Zahlenreihe:*

$$1, 2, 3, 4, 5, 6, \ldots$$

bilden. Sie ist die Grundlage alles Rechnens.

Die Anwendung der Subtraktion auf diese natürlichen Zahlen führt zur Unterscheidung von *positiven* und *negativen* ganzen Zahlen. Diese erweisen sich als vorzügliches Hilfsmittel beim Operieren mit praktischen Größen, die ein ihnen ähnliches Verhalten zeigen. Z. B. ist es der Fall bei Gewinn und Verlust, Vermögen und Schuld usw., wobei man die letzteren in der Rechnung jeweils durch positive und negative Zahlen symbolisch ersetzt. Diese Zahlen werden durch das sog. positive und negative Vorzeichen („+" und „—") gekennzeichnet. Bei Ausführung der Subtraktion stößt man dann auch auf die Zahl von der Form $a - a$, welche man mit „*Null*" (0)[1] bezeichnet; sie bildet die Grenze zwischen den positiven und den negativen Zahlen. Die durch die negativen Zahlen und die Null erweiterte natürliche Zahlenreihe lautet dann folgendermaßen:

$$\ldots, -5, -4, -3, -2, -1, 0, +1, +2, +3, +4, +5, \ldots$$

Doch kann unter Umständen die Unterscheidung von positiven und negativen Zahlen belanglos werden. Man spricht dann von deren *absolutem Wert* und meint damit den Wert der Zahl ohne Rücksicht

---

[1] Die Null und die negativen Zahlen führten vermutlich die Inder zuerst ein, während sie die alten Griechen nicht besaßen (vgl. *Klein, F.* autogr. v. *Hellinger,* „Math. v. höh. Standp. aus" 1908, S. 63).

1*

auf das Vorzeichen, was man durch Einfassung derselben in zwei senkrechte Striche andeutet. Zum Beispiel ist der absolute Wert von -5
und $+5$ die Zahl 5 schlechtweg, also in der angegebenen Bezeichnungs-
weise $|+5| = |-5| = 5$, ebenso $|a| = a$.

Wie mit den absoluten Zahlenwerten zu rechnen ist, geht — wie sich
durch einfache Überlegung konstatieren läßt — aus der folgenden Angabe der
vier Grundoperationen für diese hervor, wenn wir unter a und b zwei beliebige
Zahlen mit positivem oder negativem Vorzeichen verstehen:

Addition:

$$|a| + |b| = |a + b|\,, \qquad \text{wenn } a \text{ und } b$$
gleiches Vorzeichen haben.

$$|a| + |b| \gtrless |a + b|\,, \qquad \text{wenn } a \text{ und } b$$
ungleiches Vorzeichen haben.

Subtraktion:

$$|a| - |b| = |a - b|\,, \qquad \text{wenn } a \text{ und } b$$
gleiches Vorzeichen haben.

$$|a| - |b| < |a - b|\,, \qquad \text{wenn } a \text{ und } b$$
ungleiches Vorzeichen haben.

Multiplikation:

$$|a| \cdot |b| = |a \cdot b|\,, \qquad \text{ohne Rücksicht auf die Vor-}$$
zeichen von a und b.

Division:

$$\frac{|a|}{|b|} = \left|\frac{a}{b}\right|\,, \qquad \text{ohne Rücksicht auf die Vor-}$$
zeichen von a und b.

Neben dem Abzählen ist das Messen, d. h. das Vergleichen von
Quantitäten, eine sehr wichtige Operation, welches arithmetisch auf
das Multiplizieren und Dividieren herauskommt. Die letztere Operation führt dann aber auf die sog. *gebrochenen Zahlen* oder kurz die
Brüche und zwar zunächst auf solche, deren Zähler und Nenner ganze
Zahlen sind. Die gebrochenen Zahlen zerfallen in *echt* und *unecht
gebrochene*, je nachdem der Zähler des sie darstellenden gewöhnlichen
Bruches kleiner oder größer als der Nenner ist. Die Gesamtheit der
positiven und negativen, ganzen und gebrochenen Zahlen ist das Gebiet der **rationalen Zahlen**, wie sie genannt werden, weil sie aus
den natürlichen Zahlen durch die sog. rationalen Operationen, d. h.
durch Addieren, Subtrahieren, Multiplizieren und Dividieren entstehen.

Für diese rationalen Zahlen gelten folgende Gesetze:

Das Gesetz der	bei deren Addition	bei deren Multiplikation
Assoziation:	$(a + b) + c = a + (b + c)$	$(a \cdot b) \cdot c = a \cdot (b \cdot c)$
Kommutation:	$a + b = b + a$	$a \cdot b = b \cdot a$
Distribution:		$(a + b) \cdot c = a \cdot c + b \cdot c$

Als Grundlage für die Darstellung von Zahlen, die größer oder kleiner als 1 sind, verwendet man als sehr zweckmäßige Basis die Zahl 10. Man rückt zu diesem Zweck mit den Einheiten, wie Zehner, Hunderter usw., Zehntel, Hundertstel usw. immer durch Multiplikation oder Division mit 10 entsprechend ihrer Rangordnung von den Einern nach links bzw. rechts weg, wobei man die letztere durch das zwischen Einer und Zehntel gesetzte *Dezimalkomma* zu erkennen gibt. Je nachdem ein solcher Bruch, dessen Nenner also, da er ja *Dezimal*bruch sein soll, 10 oder eine höhere Potenz von 10, größer oder kleiner als 1 ist, spricht man von einem *unechten* bzw. *echten Dezimalbruch*. Die Darstellung dieser beiden Arten ergibt sich aus nachfolgendem Schema:

Ein unechter Dezimalbruch:

$$7 \text{ Hunderter} + 6 \text{ Zehner} + 0 \text{ Einer} + 2 \text{ Zehntel} + 5 \text{ Hundertstel} =$$

$$7 \cdot 100 + 6 \cdot 10 + 0 \cdot 1 + 2 \cdot \frac{1}{10} + 5 \cdot \frac{1}{100} = 700 + 60 + 0 \mid \frac{2}{10} \mid \frac{5}{100}$$

$$= 7 \cdot 10^2 + 6 \cdot 10^1 + 0 \cdot 10^0 + 2 \cdot 10^{-1} + 5 \cdot 10^{-2} = 760{,}25$$

Ein echter Dezimalbruch:

$$0 \text{ Ganze} + 0 \text{ Zehntel} + 3 \text{ Hundertstel} + 7 \text{ Tausendstel} =$$

$$= 0 + 0 \cdot \frac{1}{10} + 3 \cdot \frac{1}{100} + 7 \cdot \frac{1}{1000} = 0 + \frac{0}{10} + \frac{3}{100} + \frac{7}{1000} =$$

$$= 0 \cdot 10^0 + 0 \cdot 10^{-1} + 3 \cdot 10^{-2} + 7 \cdot 10^{-3} = 0{,}037$$

Durch solche Dezimalbrüche lassen sich nun alle gebrochenen Zahlen darstellen und kann die Anzahl der *Stellen* im Dezimalbruch rechts vom Komma über alle Grenzen wachsen, jedoch in diesem Falle nur mit periodisch sich wiederholenden Zahlen. Man bezeichnet ihn dann als einen *unendlichen periodischen Dezimalbruch*.

Ein solcher ist z. B.:

$$\frac{25}{7} = 3{,}5\,7\,1\,4\,2\,8\,5\,7\,1\,4\,2\,8\,5\,7 \cdots$$

oder:

$$\frac{2}{3} = 0{,}6\,6\,6\,6 \cdots$$

Um diese Anordnung der rationalen Zahlen anschaulich zu machen und in Rücksicht auf spätere Betrachtungen sei die übliche

Abbildung der Zahlenreihe durch die Punkte einer geraden Linie

dargestellt. Man wählt hierzu auf der angenommenen Geraden einen beliebigen Punkt und ordnet diesem die Zahl 0 zu. Ferner wählt man rechts oder links von diesem einen zweiten Punkt, dem man die Zahl I zuordnet; es ist dies der sog. *Einheitspunkt*. Indem man die zwischenliegende Strecke (im Sinne von 0 nach 1 genommen) als *Einheitsstrecke* bezeichnet, gelangt man vermöge dieser letzteren zum *Bildpunkt* oder *Zahlort* der Zahl 2, wenn man die Einheitsstrecke vom Punkt 1 aus nochmals abträgt; analog von 2 aus zum Punkt der Zahl 3 usw.

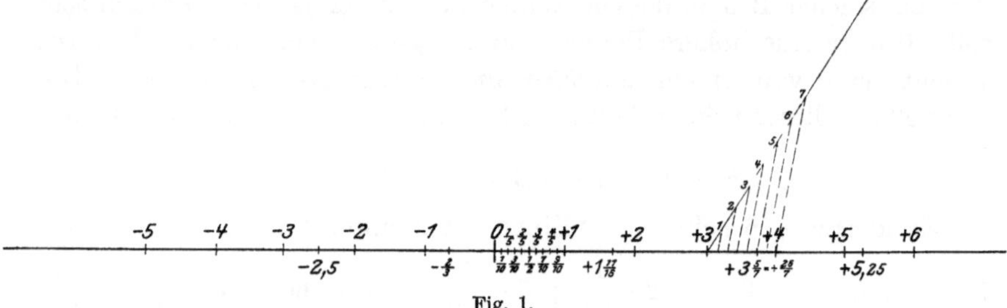

Fig. 1.

Um die positiven und negativen Zahlen durch solche ihnen zugeordnete Punkte zu unterscheiden, setzen wir als *positive Richtung der Geraden*, wie allgemein üblich, diejenige von 0 nach dem rechtsliegenden Einheitspunkte fest; dann liegen auf der entgegengesetzten, *negativen Richtung* von 0 aus die so eingeführten Bildpunkte der negativen Zahlen.

Indem wir nun auch Teile dieser Einheitsstrecke zulassen, bekommen wir Punkte, denen die ganzen und gebrochenen rationalen Zahlen zugehören.

§ 2. Die irrationale Zahl.

Erhält der Dezimalbruch unbegrenzt viele Stellen nach dem Komma, ohne jedoch periodisch zu sein, so gelangen wir — da nach der Zahlenlehre ein rationaler Bruch durch einen unendlichen, periodischen Dezimalbruch darstellbar ist und umgekehrt — zunächst zu einem neuen Gebilde, nämlich einem Dezimalbruch mit unbegrenzt vielen Stellen, der aber nach eben erwähntem Satze der Zahlenlehre nicht durch einen rationalen Bruch, also überhaupt durch keine rationale Zahl darstellbar ist.

Zu solchen Zahlen, die durch keinen rationalen Bruch darstellbar sind, gelangen wir auch schon durch die einfache Aufgabe, die Gleichung

$$x^2 - 2 = 0$$

zu lösen, d. h. jene Zahl aufzusuchen, deren Quadrat gleich 2 ist.

Da die Quadrate von 1 und 2 gleich 1 und 4 sind, so muß die gesuchte Zahl zwischen 1 und 2 liegen, kann also keine ganze Zahl sein. Daß sie auch kein rationaler Bruch sein kann, ergibt sich folgendermaßen:

Angenommen es gebe einen solchen Bruch $\dfrac{a}{b}$, wobei Zähler und Nenner keinen gemeinsamen Faktor haben oder teilerfremd sind, auf welche immer mögliche Form wir uns den Bruch gebracht denken, so müßte also die Gleichung bestehen:

$$\left(\frac{a}{b}\right)^2 = 2$$

Nun ist aber zu beachten, daß das Quadrat einer geraden Zahl a stets wieder eine gerade Zahl ist, denn, wenn a gerade ist, so können wir auch schreiben $a = 2\,n$, worin n eine beliebige ganze Zahl bedeutet. Es ist dann $a^2 = 4\,n^2$ und $4\,n^2$ ist stets eine gerade Zahl. Ist a ungerade, also von der Form $2n+1$, so ist das Quadrat ebenfalls ungerade, denn es ist $(2n+1)^2 = 4n^2 + 4n + 1$, wo $4n^2$ nach vorigem und ebenso $4\,n = 2 \cdot (2\,n)$ stets gerade und daher diese Summe ungerade ist.

Mit Rücksicht darauf müßte also, da aus $\left(\dfrac{a}{b}\right)^2 = 2$ folgt $a^2 = 2\,b^2$, nun a^2 eine gerade Zahl sein und demnach auch a selbst gerade, d. h. darstellbar in der Form $2\,n$ und wir erhielten $4\,n^2 = 2\,b^2$ oder $2n^2 = b^2$, also b^2 gerade und demnach auch b selbst gerade. Wenn aber a und b gerade sind, so haben sie den gemeinsamen Teiler 2, was jedoch der Voraussetzung widerspricht.

Eine für Zähler und Nenner teilerfremde Form eines solchen Bruches ist daher unmöglich und damit überhaupt ein rationaler Bruch, da sich ein jeder durch eine solche darstellen läßt.

Also ist die Annahme, es gebe einen rationalen Bruch $\dfrac{a}{b}$, der zum Quadrat erhoben 2 gibt, falsch.

Es führt uns daher die Aufgabe, die Gleichung

$$x^2 - 2 = 0$$

zu lösen, auf eine neue Größe, falls wir nicht erklären wollen, die Gleichung sei unlösbar. Diese neue Größe, die wir hier einführen müssen, ist eben die bald näher zu charakterisierende *irrationale Zahl.*

Aber auch auf geometrischem Wege kommt man zur Notwendigkeit, neben den rationalen Zahlen noch andere, neue einzuführen. Dies wußten schon die alten griechischen Geometer und wir finden demnach diese Größen auch schon bei *Euklid* in seinen *Elementen.*

Wenn man nämlich die Diagonale eines Quadrates mit der Seite als Einheitsstrecke zu messen versucht, so findet man, daß diese Aufgabe nicht vollständig lösbar ist, so klein man auch die Teilstrecken der Quadratseite, d. h. der Einheit, die man als neue Vergleichsstrecken benutzt, nehmen mag; oder in anderen Worten: es läßt sich keine gemeinschaftliche, noch so kleine Maßstrecke zwischen Quadratseite und Diagonale finden. Man sagt, Diagonale und Seite eines Quadrates sind *inkommensurabel*[1]).

Übertragen wir nun diese geometrische Tatsache ins Arithmetische, so haben wir nach dem pythagoreischen Lehrsatz die Gleichung zu lösen:

$$a^2 + a^2 = 2a^2 = c^2$$

oder, wenn wir $a = 1$ annehmen:

$$2 = c^2$$

oder analog wie oben:

$$c^2 - 2 = 0$$

Wir haben also c so zu bestimmen, daß $c^2 = 2$ wird. Das ist aber durch einen rationalen Bruch und überhaupt eine rationale Zahl, wie wir eben bewiesen haben, nicht möglich, was sich geometrisch in der Inkommensurabilität der beiden Strecken ausdrückt.

Hier, bei der Betrachtung der Zahl für sich, ohne Bezugnahme auf andere Größen, sehen wir von den geometrischen Verhältnissen ab, denn man sieht leicht ein, daß, aus diesen abgeleitet, die Inkommensurabilität nur relativer Natur ist, daß sie von der Wahl der Einheitsstrecke abhängt.

Um nun die gewünschte reine

zahlenmäßige Festlegung der irrationalen Zahl

zu erreichen, wollen wir an die schon erwähnte Tatsache anknüpfen, daß ein Dezimalbruch mit unbegrenzt vielen Dezimalstellen ohne Periodizität als rationale Zahl jedenfalls nicht aufgefaßt werden kann. Wir sind zunächst nicht imstande, irgend etwas mit der Vorstellung zu verbinden, daß eine Zahl aus unbegrenzt vielen Zahlen, hier Dezimalen, bestehe. Der Begriff *unbegrenzt* schließt ja in sich eine Unabschließbarkeit eines Prozesses, so daß also das Endresultat zunächst unerreichbar erscheinen muß, während wir doch gewohnt sind, unter unseren bisherigen rationalen Zahlen etwas völlig Abgeschlossenes, eindeutig Bestimmtes zu verstehen. Wir können aber andererseits nicht umhin, doch zu versuchen, auch diesen Dezimalbrüchen mit unbegrenzt vielen Dezimalstellen eine bestimmte Bedeutung beizulegen, um so mehr,

---

[1]) Zwei Größen, die beide aus Vielfachen derselben dritten zusammengesetzt sind, heißen *kommensurabel* (z. B. Umfang und Seite des Quadrates) und die dritte ihr gemeinsames Maß. Gibt es kein solches gemeinsames Maß, so heißen sie *inkommensurabel*.

als sich die periodisch unbegrenzten Dezimalbrüche als wohl charakterisierte, uns schon bekannte Zahlen erweisen.

Betrachten wir irgend einen solchen Dezimalbruch, z. B. $0{,}578345\cdots$, so können wir jedenfalls sagen, daß sich, falls ihm eine bestimmte Zahl zukommt, dieselbe immer näher durch die Werte $0{,}5$; $0{,}57$; $0{,}578$ usw. angeben läßt. Denn, soll eben der ganze, unbegrenzte Dezimalbruch eine bestimmte Zahl darstellen, so muß ja dieselbe um so genauer ausgedrückt sein, je mehr Dezimalstellen wir benutzen.

Bezeichnen wir die so gefundenen aufeinanderfolgenden Werte allgemein mit a_1, a_2, a_3, $\cdots$, a_n, $\cdots$, so wäre in unserem Falle:

$$a_1 = 0{,}5 \; ; \; a_2 = 0{,}57 \; ; \; a_3 = 0{,}578 \quad \text{usw.}$$

Allgemein können wir das 4. Glied schreiben:

$$a_4 = T_4 + \frac{\alpha_4}{10^4}$$

wobei wir unter T_4 den ganzen Dezimalbruch bis zur Stelle der Zehntausendstel (mit dem Nenner 10^4) verstehen und α_4 die Anzahl der Zehntausendstel angibt. Analog können wir dann das allgemeine, n-te Glied schreiben:

$$a_n = T_n + \frac{\alpha_n}{10^n}$$

worin dann T_n und α_n in entsprechender Weise zu deuten sind.

Es ist dann weiter:

$$a_{n+m} = T_n + \frac{\alpha_n}{10^n} + \frac{\alpha_{n+1}}{10^{n+1}} + \cdots + \frac{\alpha_{n+m-1}}{10^{n+m-1}} + \frac{\alpha_{n+m}}{10^{n+m}}$$

Bilden wir nun die Differenz $(a_{n+m} - a_n)$, so ist diese gleich $\frac{\alpha_{n+1}}{10^{n+1}} + \cdots + \frac{\alpha_{n+m}}{10^{n+m}}$. Indem wir nun n genügend groß wählen, können wir den Bruch $\frac{\alpha_{n+1}}{10^{n+1}}$ beliebig klein machen, denn α_{n+1} ist eine der Zahlen $1, 2, 3, \cdots, 9$ und 10^{n+1} wird mit wachsendem n immer größer, also der Quotient beider immer kleiner. Zum Beispiel können wir diesen Bruch gleich $\frac{\varepsilon}{m}$ machen, worin ε eine beliebig klein zu wählende, positive Zahl ist. Damit aber können wir schließlich $(a_{n+m} - a_n)$ kleiner machen als $m \cdot \frac{\varepsilon}{m}$. d. h. kleiner als ε (weil dann jeder der Brüche in der Differenz $(a_{n+m} - a_n)$ kleiner wird als $\frac{\varepsilon}{m}$ und da ihrer m sind, ihre Summe, die ganze Differenz, kleiner als $m \cdot \dfrac{\varepsilon}{m}\Big)$. Es ergibt sich also, daß unsere Reihe a_1, a_2, a_3, $\cdots$, a_n, $\cdots$, die wir aus dem Dezimalbruch abgeleitet haben, die fundamentale Eigenschaft besitzt, daß die Differenz $(a_{n+m} - a_n)$ mit wachsendem n beliebig klein gemacht werden kann, oder, wie die mathematische Ausdrucksweise hierfür lautet:

Bei beliebig klein angenommener, positiver, rationaler Zahl ε ist es stets möglich, eine Zahl n der Art zu finden, daß

$$|a_{n+m} - a_n| < \varepsilon$$

wenn n genügend groß und m irgendeine beliebige positive ganze Zahl bedeutet[1]).

Diese Tatsache wird uns, wie wir bald zeigen werden, dazu dienen, die irrationalen Zahlen in ganz bestimmter, mathematisch streng definierender Weise einzuführen. Doch müssen wir noch etwas vorausschicken; denn blieben wir bei dem bisher Abgeleiteten stehen, so sähe es aus, als ob wir zur Einführung der irrationalen Zahlen unbedingt der Dezimalbrüche bedürften. Dies ist aber nicht zulässig, da die Dezimalbruchdarstellung, wie wir schon erwähnten, mehr oder weniger willkürlich ist und sich als zweckmäßig erwiesen hat, aber nicht die einzig mögliche Darstellungsweise der Zahlen ist. Man könnte ebensogut als Basis die Zahl 2 wählen und erhielte dann ein *dyadisches* oder mit der Zahl 12 als Basis ein *Duodezimal-System*. Das dyadische System wird indertat in der Mathematik für viele Zwecke benutzt und das duodezimale ist praktisch verwendet worden und wird noch heute in jenen Maßsystemen gebraucht, welche die Zwölf-Einteilung haben, wie dies z. B. der Fall ist beim Längenmaß: 1 Fuß = 12 Zoll, 1 Zoll = 12 Linien[2]).

---

[1]) Nach *G. Cantor*: Math. Annalen 1872, S. 123 ff.

[2]) Um eine Vorstellung davon zu geben, wie etwa die Zahlen im dyadischen System aussehen, wollen wir einige endliche Mengen durch dyadische Zahlen ausdrücken und ihnen zum Vergleiche die entsprechenden Dezimalzahlen zur Seite stellen.

Im dyadischen System existieren natürlich nur die Zahlen 0 und 1, da eben *Zwei* hier bereits eine neue Gruppe bedeutet, wie es die Zahl *Zehn* im Dezimalsystem tut, dem die zehn Zahlen 0, 1, 2, 3, 4, 5, 6, 7, 8, 9 zugrunde liegen. Wie wir im dezimalen System als erste höhere Zahleneinheit $10^1 = 10$, als nächst höhere $10^2 = 100$, weiter $10^3 = 1000$ usw. einführen, so ist im dyadischen System als erste höhere Einheit $2^1 = 2$, als nächst höhere $2^2 = 4$, dann $2^3 = 8$ usw. zu nennen. Nach unten fortgesetzt sind diese Einheiten dort $10^{-1} = \dfrac{1}{10}$, $10^{-2} = \dfrac{1}{100}$, $\cdots$, hier: $2^{-1} = \dfrac{1}{2}$, $2^{-2} = \dfrac{1}{4}$, $\cdots$ wenn wir zunächst noch die dyadischen Einheitsgruppen durch Dezimalzahlen ausdrücken. D. h., wenn uns eine endliche Menge von Dingen vorliegt und wir wollen dieselben nicht nur abzählen, sondern auch durch dyadische Zahlen darstellen, so müssen wir die Menge ordnen in Gruppen zu zwei, dann zu höheren Gruppen $2^2 = 4$, dann zu $2^3 = 8$ usw., analog wie wir sie bei der Benutzung des Dezimalsystems in höhere Gruppen zu $10^1 = 10$,

Wir müssen daher unsere Einführung eines arithmetischen Ausdruckes, der dann als Irrationalzahl anzusprechen wäre, etwas allgemeiner fassen und dies gelingt uns nach *Cantor* dadurch, daß wir die beim unbegrenzten Dezimalbruch gefundene Eigenschaft beibehalten.

$10^2 = 100, \cdots$, d. h. zu Zehnern, Hundertern scheiden und zur Dezimalzahl durch Nebeneinanderstellung der Gruppen zusammenordnen, und zwar von rechts nach links mit steigender Rangordnung (Zehner links neben Einer, Hunderter links neben Zehner usw.). Zahlen kleiner als 1 sind durch Brüche von der Form $\frac{1}{2}, \frac{1}{4}, \frac{1}{8}$ usw. darzustellen, d. h. wenn ich den Teil einer Einheit im dyadischen System darstellen will, so teile ich dieselbe zuerst in zwei, dann in vier, dann je wieder in zwei, also im ganzen in acht Teile usw. und gebe an, wieviel Hälften, Viertel, Achtel, Sechzehntel der Einheit dieser Teil ausmacht; genau so, wie ich im Dezimalsystem angebe, wieviel Zehntel, Hundertstel usw. dieser Teil der Einheit ausmacht. Die Zahlen, welche die Anzahlen dieser Teile angeben, ordnen wir mit deren Rang von links nach rechts vom Komma, das rechts von der Zahl der Einer gesetzt wird.

Betrachten wir demnach z. B. die Zahl 2 vom Dezimalsystem, so muß sie im dyadischen Zahlensystem geschrieben werden: 10, denn sie entspricht bereits gerade der Gruppe der ersten höheren Einheit im dyadischen System, welche links von den Einern, also vom Komma weg an zweiter Stelle nach links steht. Wir schreiben daher von rechts nach links die Anzahlen der Gruppen: 0 Einergruppen, 1 Zweiergruppe, kurz: $\overleftarrow{10}$. Die entsprechenden Überlegungen für die Interpretierung dieser Zahl *Zwei* im Dezimalsystem sind: 2 Einer, 0 Zehner und auch keine anderen Gruppen, kurz: $\overleftarrow{2}$. Eine andere Darstellung für die Zahl *Zwei* ist im dyadischen System nicht möglich, da in diesem nur die beiden Ziffern 0 und 1 existieren und daher die Zahl *Zwei* durch eine höhere Einheit, die durch den Ortswechsel gegenüber den einzig möglichen Einern 0 und 1 charakterisiert ist.

Analog findet man, daß sich die Zahl *Drei*, die im Dezimalsystem mit dem Zeichen 3 für drei Einer an der Einerstelle steht, im dyadischen System in der Schreibweise 11 zu geben ist, da sie sich aus einer höchsten Einheitsstufe gleich der Zahl *Zwei* und einem Einer gleich der Zahl 1 zusammensetzt.

Durch analoge Überlegungen ergibt sich eine in nebenstehender Tabelle gegebene Zusammenstellung für weitere Zahlen.

Anzahl	Im Dezimalsystem	Im dyadischen System
Null	0	0
Eins	1	1
Zwei	2	10
Drei	3	11
Vier	4	100
Fünf	5	101
Sechs	6	110
Sieben	7	111
Acht	8	1000
Neun	9	1001
Zehn	10	1010
Elf	11	1011
Zwölf	12	1100
$\cdots$	$\cdots$	$\cdots$
$\cdots$	$\cdots$	$\cdots$
Neunzehn	19	10011
Zwanzig	20	10100
$\cdots$	$\cdots$	$\cdots$
$\cdots$	$\cdots$	$\cdots$
Hundert	100	1100100
$\cdots$	$\cdots$	$\cdots$
$\cdots$	$\cdots$	$\cdots$
Zweihundertfünfundzwanzig	225	11100001
$\cdots$	$\cdots$	$\cdots$
$\cdots$	$\cdots$	$\cdots$
Tausend	1000	1111101000
$\cdots$	$\cdots$	$\cdots$
$\cdots$	$\cdots$	$\cdots$

Bezüglich der Zahlen kleiner als 1 erwähnen wir, daß z. B. eine im dyadischen Zahlensystem geschriebene Zahl von der Form:

$$0,0101001$$

Existiert eine Reihe von rationalen Zahlen a_1, a_2, a_3, $\cdots$, a_n, $\cdots$ und hat diese Reihe die Eigenschaft, daß $|a_{n+m} - a_n|$ kleiner wird als irgendeine gegebene, beliebig kleine, positive, rationale Zahl ε, für ein genügend groß gewähltes n bei beliebigem, positivem, ganzem m, so nennen wir diese Reihe eine *Fundamentalreihe* und drücken die eingeführte Eigenschaft dadurch aus, daß wir sagen, diese Reihe hat eine bestimmte Grenze b.

nach obigem die Zahl bedeutet, die sich in ganzen Zahlen und Brüchen in folgender Weise zusammensetzt:

$$0 + \frac{0}{2} + \frac{1}{4} + \frac{0}{8} + \frac{1}{16} + \frac{0}{32} + \frac{0}{64} + \frac{1}{128} = 0 + \frac{1}{4} + \frac{1}{16} + \frac{1}{128}$$

$$= \frac{32 + 8 + 1}{128} = \frac{41}{128}$$

sie wird daher im Dezimalsystem geschrieben:

$$0,3203125$$

Es wären somit hiernach auch oben genannte Einheitsstufen des dyadischen Systems korrigiert zu bezeichnen:

Zunahme   Abnahme

Erste Stufe

dyad. Syst.: **1**,   bedeutet: Eins

dezim. „ : 1,   „   : Eins

Zweite Stufe

dyad. Syst.: **10**,   bedeutet: Zwei; $\frac{1}{10}$,   bedeutet $\frac{1}{\text{Zwei}} = \left.\right\}$ Ein Zweitel (Ein Halbes)

dezim. „ : 10,   „   : Zehn; $\frac{1}{10}$,   „ $\frac{1}{\text{Zehn}} = $ Ein Zehntel

Dritte Stufe

dyad. Syst.: **100**, bedeutet: Vier; $\frac{1}{100}$,   bedeutet $\frac{1}{\text{Vier}} = $ Ein Viertel

dezim. „ : 100, bedeutet: Hundert; $\frac{1}{100}$,   „ $\frac{1}{\text{Hundert}} = $ Ein Hundertstel

Vierte Stufe

dyad. Syst.: **1000**, bedeutet: Acht; $\frac{1}{1000}$,   bedeutet $\frac{1}{\text{Acht}} = $ Ein Achtel

dezim. „ : 1000,   „   : Tausend; $\frac{1}{1000}$,   „ $\frac{1}{\text{Tausend}} = $ Ein Tausendstel

usw.   usw.

Wenn wir eine Strecke, die einer Zahl kleiner als 1 entspricht, im dyadischen Zahlensystem mittels dyadischer Zahlen darstellen wollen, so gehen wir nach Fig. 2 wie folgt vor: Wir teilen die Einheitsstrecke in zwei gleiche Teile. Befindet sich der Punkt x im Abstand von x Längeneinheiten rechts von der Mitte, so ist x gleich die Hälfte der Zahleneinheit 1 plus noch etwas. Die zweite Hälfte, in der sich der Ort von x befindet, teilen wir dann wieder in zwei gleiche Teile und untersuchen, ob das dritte Viertel der Einheitsstrecke links oder rechts vom Ort x liegt; in unserem Beispiele

Ein Beispiel für eine solche ist die Reihe:

$$\frac{1}{2}, \; \frac{2}{3}, \; \frac{3}{4}, \; \frac{4}{5}, \; \cdots \; \frac{n}{n+1}, \; \cdots$$

trifft ersteres zu, woraus folgt, daß — in Ziffern des Dezimalsystems ausgedrückt — x gleich ist $\frac{1}{2} + \frac{1}{4}$ plus etwas. Wir halbieren wieder das Viertel, in dem x liegt und finden, daß nun x in der ersten dieser Hälften, also im siebenten Achtel der Einheitsstrecke liegt und kleiner sein muß als $\frac{1}{2} + \frac{1}{4} + \frac{1}{8}$. Wir halbieren das Achtel, in dem x liegt und finden, daß x wieder in der ersten dieser letzteren Hälften liegt und somit kleiner ist als $\frac{1}{2} + \frac{1}{4} + \frac{1}{16}$. Die nächste Halbierung läßt x in der rechten Hälfte erscheinen, so daß x größer ist als $\frac{1}{2} + \frac{1}{4} + \frac{1}{32}$, aber kleiner als $\frac{1}{2} + \frac{1}{4} + \frac{1}{16}$, also gleich $\frac{1}{2} + \frac{1}{4} + \frac{1}{32}$ plus etwas; die weitere Halbierung läßt x wieder links, dann wieder rechts, so daß damit $x = \frac{1}{2} + \frac{1}{4} + \frac{1}{32} + \frac{1}{128} +$ etwas.
Und so fortfahrend mit Halbieren läßt sich die Strecke x in dyadischem Zahlensystem leicht darstellen; sie wird nämlich hiermit:

$$x = 0 + \frac{1}{2} + \frac{1}{4} + \frac{0}{8} + \frac{0}{16} + \frac{1}{32} + \frac{0}{64} + \frac{1}{128} + \cdots$$

im dyadischen System geschrieben:

$$= 0 + \frac{1}{10} + \frac{1}{100} + \frac{0}{1000} + \frac{0}{10\,000} + \frac{1}{100\,000} + \frac{0}{1\,000\,000} + \frac{1}{10\,000\,000} + \cdots = 0{,}1100101 \cdots$$

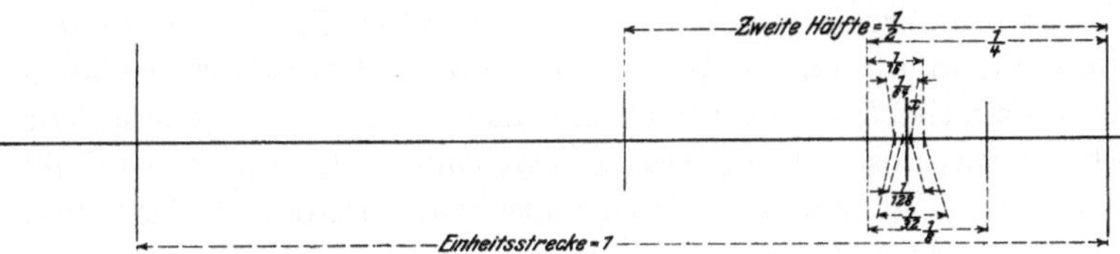

Fig. 2.

Man sieht jedenfalls, daß der Vorteil des dyadischen Zahlensystems der wäre, daß wir bei seiner Anwendung nur zwei Zahlen zu kennen brauchen, nämlich Null und Eins, in denen wir alle anderen Zahlen eindeutig auszudrücken imstande sind. Aber es besteht der unleugbare Nachteil, daß die Zahlen größer als 1 im dyadischen System viel mehr Stellen enthalten, also unbequemer zu handhaben, als im Dezimalsystem. Eine irrationale Zahl im dyadischen System hat insofern ein einfacheres Bild als eine irrationale Zahl im Dezimalsystem, weil sie nur die Ziffern 0 und 1 enthält, während sie im Dezimalsystem die Ziffern 0 bis 9 aufweist.

Im Duodezimalsystem verhält sich die Sache analog; nur müßte man hier auch für die Zahlen *Zehn* und *Elf* einfache neue Zeichen einführen, da eben die erste zusammengesetzte Zahl 12 ist, die dann hier also wieder 10 geschrieben würde. Man hätte so als Zahlen der niedrigsten Gruppe, größer als 0: 1, 2, 3, 4, 5, 6, 7, 8, 9, Γ, $\gimel$ und dann kämen, daran in Fortsetzung anschließend, zunächst die Zahlen der ersten höheren Zahleneinheit 12^1: 10, 11, 12, 13, 14, 15, 16, 17, 18, 19, 1Γ, $1\gimel$; 20, 22, $\cdots$, 29, 2Γ, $2\gimel$; 30, $\cdots$, wobei 10 hier der Zahl 12 im Dezimalsystem entspricht, 11 die Zahl 13 im Dezimalsystem bedeutet, 19 die Dezimalzahl 21, 1Γ die Dezimalzahl 22, $\cdots$, 29 die Dezimalzahl 31, $\cdots$, $4\Gamma\,7\gimel$ die Dezimalzahl $4 \cdot 12^4 + \Gamma \cdot 12^3 + 7 \cdot 12^2 + \gimel \cdot 12^1$ $= 4 \cdot 20736 + 11 \cdot 1728 + 7 \cdot 144 + 12 \cdot 12 = 82944 + 19008 + 1008 + 144 = 103100$.

denn hierfür ist:

$$a_{n+m} - a_n = \frac{n+m}{n+m+1} - \frac{n}{n+1} = \frac{m}{(n+m+1)(n+1)} < \frac{1}{n+1}$$

d. h. für genügend großes n wird diese Differenz beliebig klein, also haben wir es mit einer „Fundamentalreihe" zu tun. Bilden wir die Differenz

$$1 - a_n = 1 - \frac{n}{n+1} = \frac{1 \cdot}{n+1}$$

so nähert sich diese mit wachsendem n dem Wert 0 und a_n selbst der Einheit. Wir können daher sagen, daß die Grenze dieser Fundamentalreihe 1 ist, oder symbolisch schreiben:

$$1 = \left(\frac{1}{2}, \frac{2}{3}, \frac{3}{4}, \frac{4}{5}, \cdots \right)$$

Das allgemeine Zeichen b vertritt nun eine bestimmte Zahl, wenn wir noch nachweisen können, daß für verschiedene auf diese Weise definierte Zahlen sich Eigenschaften ergeben, vermöge derer diese Zahlen zur Rechnung mit ihnen geeignet werden. Ganz besonders wird diese Einführung neuer Zahlen zweckmäßig erscheinen, wenn für sie die uns bekannten Gesetze der rationalen Zahlen gelten.

Erinnern wir uns aber, daß die Reihe, die wir aus unserem unbegrenzten Dezimalbruch abgeleitet haben, dieselbe Eigenschaft besitzt und wir uns veranlaßt sahen, diese unbegrenzten Dezimalbrüche auch als Zahlen aufzufassen, so sehen wir, daß das Zeichen b eine ebensolche Zahl vertritt, wie unser unbegrenzter Dezimalbruch, und diese Zahl nennen wir nun eine *Irrationalzahl*, also eine bestimmte Zahl, und dieses mit besonderem Grund, wenn wir noch ihre Fundamentaleigenschaften in Übereinstimmung mit jenen der rationalen Zahlen gefunden haben.

Eine solche ist auch:

$$1,4 1 4 2 1 3 5 6 \cdots = \sqrt{2} = (1; 1,4; 1,41; 1,414; 1,4142; 1,41421; \cdots)$$

wo an Stelle des Zeichens b die spezielle Schreibweise $\sqrt{2}$ gewählt worden ist, um damit auch zugleich anzudeuten, daß diese irrationale Zahl durch Quadrierung zur rationalen Zahl 2 wird. Die Quadratwurzel aus 2 bekommt erst durch das jetzt Abzuleitende ihren Sinn, gleichzeitig mit dem allgemeinen Zeichen b für eine Fundamentalreihe.

Nicht nur die zweite Wurzel aus 2, sondern noch unzählig viele andere Wurzeln gibt es, welche eine irrationale Zahl darstellen, also einem nicht periodischen Dezimalbruch mit unzählig vielen Stellen gleich sind.

Andere sehr oft auftretende Irrationalzahlen mit speziellem, nur ihnen zukommendem Zeichen sind u. a. auch:

die Verhältniszahl des Kreisumfanges zu seinem Durchmesser:

$$3{,}141\ 592\ 653\ 589\ 793 \cdots = \pi$$

die Basis des natürlichen Logarithmensystems:

$$2{,}718\ 281\ 828\ 459\ 045 \cdots = e$$

Um der Anschauung ein wenig zu Hilfe zu kommen, können wir uns diese Zahlen der Fundamentalreihen, z. B. unseren früheren Dezimalbruch (S. 9), auf einer Geraden durch Punkte darstellen und finden dann, daß sich diese Zahlen einem ganz bestimmten Punkte mehr und mehr auf unbegrenzt kleine Nachbarschaft nähern, welcher dann Repräsentant unserer im allgemeinen mit b bezeichneten Irrationalzahl, hier des unbegrenzten Dezimalbruches, sein würde.

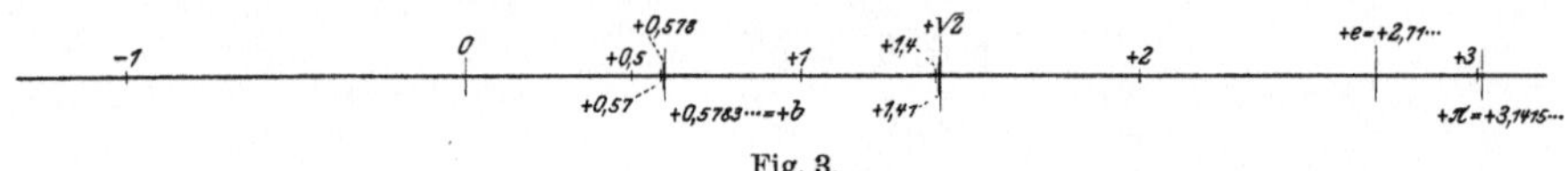

Fig. 3.

Haben wir nun zwei solche Zahlen dargestellt durch Fundamentalreihen:

$$b: \quad a_1, a_2, a_3, \cdots, a_n, \cdots \qquad (1)$$

$$b': \quad a_1', a_2', a_3', \cdots, a_n', \cdots \qquad (1')$$

so ergibt sich, daß zwischen den Reihen (1) und (1') nur folgende Beziehungen bestehen können, von denen stets eine vorhanden sein muß:

1. $a_n - a_n'$ wird mit wachsendem n (wobei n alle ganzen Zahlen bedeuten kann) immer kleiner oder, besser gesagt, diese Differenz nähert sich mit wachsendem n immer mehr der Null. Wir sagen dann, die Reihen b und b' bedeuten dasselbe und schreiben $b = b'$.

2. $a_n - a_n'$ bleibt von einem gewissen n an stets größer als eine positive, rationale Zahl ε; dann nennen wir b größer als b' und schreiben: $b > b'$.

3. $a_n - a_n'$ bleibt von einem gewissen n an stets kleiner als eine negative, rationale Zahl $-\varepsilon$; dann ist $b < b'$.

4. Wenn $b > b'$ und $b' > b''$, so ist auch $b > b''$; denn es muß dann nach obigem sein:

$$a_n - a_n' > \varepsilon$$

und:

$$a_n' - a_n'' > \varepsilon'$$

daher die Summe:

$$a_n - a_n'' > \varepsilon + \varepsilon'$$

Machen wir nun:

$$\varepsilon > \frac{\varepsilon''}{2} \quad \text{und} \quad \varepsilon' > \frac{\varepsilon''}{2}$$

so wird indertat von einem gewissen n an:

$$a_n - a_n'' > \varepsilon'', \quad \text{d. h.} \quad b > b''$$

Ebenso kann man nachweisen, daß eine solche Reihe auch zu einer rationalen Zahl a analoge Beziehungen haben kann und wir bekommen dann die drei Fälle:

$$b = a, \quad \text{d. h. } b \text{ würde sich dann als}$$
$$b > a \qquad \text{rationale Zahl erweisen.}$$
$$b < a$$

Wir wollen nun für diese Zeichen b, die wir als Repräsentanten der Fundamentalreihe eingeführt haben, versuchen, einige Rechnungsgesetze herzuleiten und zu dem Zweck beweisen, daß die Formeln:

$$b \pm b' = b''$$
$$b \cdot b' = b''$$
$$\frac{b}{b'} = b''$$

einen ganz bestimmten Sinn haben, indem wir zeigen, daß sich auf den rechten Seiten dieser Gleichungen stets wieder eine Fundamentalreihe, also in unserem oben festgesetzten Sinn das Zeichen für eine bestimmte Zahl findet.

Sei $b + b'$ aus

$$b : \quad a_1, a_2, a_3, \cdots, a_n, \cdots, a_{n+m}, \cdots$$
$$b': \quad a_1', a_2', a_3', \cdots, a_n', \cdots, a_{n+m}', \cdots$$

definiert durch:

$$b + b': a_1 + a_1', a_2 + a_2', a_3 + a_3', \cdots, a_n + a_n', \cdots, a_{n+m} + a_{n+m}', \cdots$$

und können wir nun beweisen, daß rechts wieder eine Fundamentalreihe steht, also wieder eine Größe von der nämlichen Natur, wie links in $b + b'$, so ist man offenbar berechtigt, diese Fundamentalreihe rechts als die Summe der beiden Fundamentalreihen links, bzw. b'' als die Summe von b und b' aufzufassen.

Um dies zu leisten, müssen wir zeigen, daß $|a_{n+m}'' - a_n''|$ kleiner wird als ε'' für ein bestimmtes n.

Es ist nun:

$$a_{n+m}'' - a_n'' = (a_{n+m} + a_{n+m}') - (a_n + a_n') = (a_{n+m} - a_n) + (a_{n+m}' - a_n')$$

und daraus ergibt sich, daß

$$\left|a''_{n+m} - a''_n\right| \leq \left|a_{n+m} - a_n\right| + \left|a'_{n+m} - a'_n\right|$$

da, wie auch später gezeigt wird, der absolute Wert einer Summe nie größer ist als die Summe der absoluten Werte der Summanden [1]).

Mit genügend großem n können wir aber nach obigem den absoluten Wert jeder der beiden rechtsstehenden Differenzen kleiner als eine beliebig kleine rationale Zahl, die $\dfrac{\varepsilon''}{2}$ sein kann, machen, so daß dann folgt:

$$\left|a''_{n+m} - a''_n\right| < \frac{\varepsilon''}{2} + \frac{\varepsilon''}{2}$$

und also:

$$\left|a''_{n+m} - a''_n\right| < \varepsilon''$$

Damit ist aber bewiesen, daß unsere obige Reihe rechts eine Fundamentalreihe ist, also eine Größe von derselben Art, wie diejenige links und wir daher berechtigt sind zu sagen, daß b'' die Summe von b und b' ist, also wirklich:

$$b + b' = b''$$

einen Sinn hat.

In gleicher Weise zeigt man es auch für die Differenz, das Produkt und den Quotienten [2]).

[1]) Vgl. S. 4 od. 48.
[2]) Ist wiederum:

$$b \ :\ a_1,\ a_2,\ a_3,\ \cdots,\ a_n,\ \cdots,\ a_{n+m},\ \cdots$$
$$b' :\ a'_1,\ a'_2,\ a'_3,\ \cdots,\ a'_n,\ \cdots,\ a'_{n+m},\ \cdots$$

so wird man berechtigt sein zu sagen: $b \cdot b' = b''$, d. h. b'' sei das Produkt von $b \cdot b'$, wenn wir nachgewiesen haben, daß:

$$b'' :\ a_1 \cdot a'_1,\ a_2 \cdot a'_2,\ a_3 \cdot a'_3,\ \cdots,\ a_n \cdot a'_n,\ \cdots,\ a_{n+m} \cdot a'_{n+m},\ \cdots$$
$$= a''_1,\quad a''_2,\quad a''_3\ \cdots,\quad a''_n,\quad \cdots,\quad a''_{n+m}$$

wieder eine Fundamentalreihe ist, d. h. die Eigenschaft besitzt, daß:

$$\left|a''_{n+m} - a''_n\right| < \varepsilon''$$

für genügend großes n.

Es ist nun:

$$a''_{n+m} = a_{n+m} \cdot a'_{n+m}$$

$$a''_n = a_n \cdot a'_n$$

folglich:

$$a''_{n+m} - a''_n = a_{n+m} \cdot a'_{n+m} - a_n \cdot a'_n$$

Nun ist:

$$(a_{n+m} - a_n)(a'_{n+m} - a'_n) = a_{n+m} \cdot a'_{n+m} - a_n \cdot a'_{n+m} - a_{n+m} \cdot a'_n + a_n \cdot a'_n$$

$$= a_{n+m} \cdot a'_{n+m} - a_n \cdot a'_{n+m} - a_{n+m} \cdot a'_n + 2 a_n a'_n - a_n \cdot a'_n$$

Damit ist also nachgewiesen, daß mit diesen neuen mathematischen Ausdrücken, die durch die sog. Fundamentalreihe definiert worden sind, eben vermöge ihrer Darstellung durch diese Fundamentalreihen, gerechnet werden kann. Mit Hilfe dessen kann man dann weiter nach-

somit:

$$|a_{n+m} \cdot a'_{n+m} - a_n \cdot a'_n| \leqq |(a_{n+m} - a_n)(a'_{n+m} - a'_n)| + |a_n \cdot a'_{n+m} + a_{n+m} \cdot a'_n - 2 a_n a'_n|$$

$$\leqq |a_{n+m} - a_n| \cdot |a'_{n+m} - a'_n| + |a_n(a'_{n+m} - a'_n) + a'_n(a_{n+m} - a_n)|$$

Es ist nun für genügend großes n aus den gegebenen Fundamentalreihen:

$$|a_{n+m} - a_n| < \varepsilon$$
$$|a'_{n+m} - a'_n| < \varepsilon'$$

wenn ε und ε' zwei beliebig kleine positive, rationale und verschiedene Zahlen sind. Somit folgt:

$$|a_{n+m} \cdot a'_{n+m} - a_n \cdot a'_n| = |a''_{n+m} - a''_n| < \varepsilon \cdot \varepsilon' + |a_n| \varepsilon' + |a'_n| \cdot \varepsilon$$

Wir setzen nun:

$$\varepsilon' = \frac{\varepsilon''}{2 a_n} \quad \text{und} \quad \varepsilon = \frac{a_n \varepsilon''}{\varepsilon'' + 2 a_n a'_n}$$

dann folgt:

$$\varepsilon \varepsilon' + a_n \varepsilon' + a'_n \varepsilon = \frac{a_n \varepsilon''^2}{2 a_n (\varepsilon'' + 2 a_n a'_n)} + \frac{\varepsilon''}{2} + \frac{a_n a'_n \varepsilon''}{\varepsilon'' + 2 a_n a'_n} = \varepsilon''$$

Macht man daher:

$$\varepsilon' \leqq \frac{\varepsilon''}{2 |a_n|} \quad \text{und} \quad \varepsilon \leqq \frac{|a_n| \varepsilon''}{\varepsilon'' + 2 |a_n a'_n|}$$

so wird:

$$\varepsilon \varepsilon' + |a_n| \varepsilon' + |a'_n| \varepsilon \leqq \varepsilon'' , \quad \text{also auch:} \quad |a''_{n+m} - a''_n| < \varepsilon''$$

womit nachgewiesen ist, daß das Produkt

$$b \cdot b' = b''$$

einen Sinn hat, da ja die rechte Seite b'' wieder eine Zahl oder ein Ausdruck von der Form b bzw. b' ist.

  Für die Division gestaltet sich der Beweis wie folgt:

$$b : \quad a_1, a_2, a_3, \cdots, a_n, \cdots, a_{n+m}, \cdots$$
$$b' : \quad a'_1, a'_2, a'_3, \cdots, a'_n, \cdots, a'_{n+m}, \cdots$$

$$\frac{b}{b'} : \quad \frac{a_1}{a'_1}, \frac{a_2}{a'_2}, \frac{a_3}{a'_3}, \cdots, \frac{a_n}{a'_n}, \cdots, \frac{a_{n+m}}{a'_{n+m}}, \cdots$$

Es muß sein:

$$|a''_{n+m} - a''_n| < \varepsilon''$$

oder

$$\left| \frac{a_{n+m}}{a'_{n+m}} - \frac{a_n}{a'_n} \right| = \left| \frac{a_{n+m} \cdot a'_n - a_n \cdot a'_{n+m}}{a'_{n+m} \cdot a'_n} \right| < \varepsilon''$$

Nun ist:

$$(a_{n+m} - a_n)(a'_{n+m} - a'_n) = a_{n+m} \cdot a'_{n+m} - a_n \cdot a'_{n+m} - a'_n \cdot a_{n+m} + a_n \cdot a'_n$$

$$= a_{n+m} \cdot a'_n - a_n \cdot a'_{n+m} - 2 a'_n a_{n+m} + a_{n+m} \cdot a'_{n+m} + a_n \cdot a'_n$$

weisen, daß auch für ihre Verknüpfungen diejenigen Gesetze gelten, die wir für rationale Zahlen gefunden haben. Zum Beispiel ist einzusehen, daß $b + b' = b' + b$, also das kommutative Gesetz der Addition auch für sie gilt, da ja die Zurückführung auf die Fundamentalreihen die Gültigkeit dieser Sätze nur für rationale Zahlen behauptet und sie von da vermöge der Eigenschaften der Fundamentalreihe auf diese neuen Ausdrücke überträgt.

Das alles bringt uns dazu, die durch die Fundamentalreihen definierten Ausdrücke ebenfalls als Zahlen einzuführen. Im Gegensatz zu den rationalen Zahlen wollen wir sie daher *irrationale Zahlen*[1]) nennen.

Da wir nun ferner sahen, daß die Dezimalbrüche mit unbegrenzter Anzahl von Dezimalen durchaus die Eigenschaften einer Fundamentalreihe erfüllen, so wollen wir direkt dieselben als die Definitions-Fundamentalreihen für unsere irrationalen Zahlen betrachten.

Somit:

$$\left| a_{n+m} \cdot a_n' - a_n \cdot a_{n+m}' \right| \leqq \left| a_{n+m} - a_n \right| \cdot \left| a_{n+m}' - a_n' \right| + \left| a_n'(a_{n+m} - a_n) - a_{n+m}(a_{n+m}' - a_n') \right|$$

Für n genügend groß:

$$\left| a_{n+m} - a_n \right| < \varepsilon$$
$$\left| a_{n+m}' - a_n' \right| < \varepsilon'$$

Folglich:

$$\left| a_{n+m} \cdot a_n' - a_n \cdot a_{n+m}' \right| < \varepsilon \varepsilon' + \left| a_n' \right| \varepsilon - \left| a_{n+m} \right| \cdot \varepsilon'$$

und damit auch:

$$\left| \frac{a_{n+m} \cdot a_n' - a_n \cdot a_{n+m}'}{a_n' \cdot a_{n+m}'} \right| = \left| a_{n+m}'' - a_n'' \right| < \frac{\varepsilon \varepsilon' + \left| a_n' \right| \varepsilon - \left| a_{n+m} \right| \varepsilon'}{a_n' \cdot a_{n+m}'}$$

Wir setzen:

$$\varepsilon^2 < \varepsilon'' \, a_{n+m} \cdot a_{n+m}' \; ; \qquad \varepsilon'^2 < \varepsilon'' \cdot \left| a_n'^2 \frac{a_{n+m}'}{a_{n+m}} \right.$$

womit dann folgt:

$$\frac{\varepsilon \varepsilon' + \left| a_n' \right| \varepsilon - a_{n+m} \, \varepsilon'}{a_n' \cdot a_{n+m}'} < \varepsilon''$$

und damit ist um so mehr:

$$\left| a_{n+m}'' - a_n'' \right| < \varepsilon''$$

und somit:

$$\frac{b}{b'} = b''$$

begründet.

[1]) Das Wort *irrational*, zum erstenmal getroffen in einer lateinischen Übersetzung eines arabischen Kommentars zu Euklid aus dem 12. Jahrh., war später bis ins 16. Jahrh. durch *surdus* (d. h. *taub*, lat.) ersetzt. Es kommt her vom griechischen Wort ἄλογος, lat. geschrieben *alogos*, d. h. *unaussprechbar*, begründet durch die richtige Erkenntnis der Pythagoreer, daß ein Verhältnis der Quadratdiagonale zur Quadratseite zwar existiere, sich aber mit den bis zu ihrer Zeit gekannten Zahlen nicht aussprechen lasse; die Übersetzung ins Lateinische machte aus *logos* dann *ratio*, Vernunft, woher die unglückliche, falsche Deutung *vernunftwidrig* für *irrational* stammt.

Um im weiteren nicht immer diese schwerfälligen Ausdrucks-
weisen mitschleppen zu müssen, erklären wir von nun an jeden nicht
periodischen Dezimalbruch mit unbegrenzt vielen Dezimalen als *irrationale Zahl*. Damit ist unser System von Zahlen
um unbegrenzt viele Zahlen, eben die irrationalen, bereichert worden
und damit hat auch der Ausdruck $\sqrt{2}$ z. B. jetzt einen Sinn bekommen;
denn nun gibt es eine Zahl, welche quadriert 2 ergibt, also die sog.
Quadratwurzel aus 2 ist, wie man sich ausdrückt, nämlich die entsprechende irrationale Zahl.

Bezeichnen wir nun für das Fernere die sämtlichen rationalen
Zahlen mit A und die irrationalen mit B, so können wir auch sagen,
daß wir in das Gebiet A nun ein neues Gebiet B eingeführt haben. Um
nun noch klarer zu sehen, in welcher Weise diese Einschiebung des
Gebietes B in das Gebiet A stattgefunden hat, wollen wir das Gemeinsame aufsuchen, das den rationalen und irrationalen Zahlen als Stellen
innerhalb der Zahlenreihe zukommt und ebenso das sie Unterscheidende.

Nehmen wir aus dem Gebiet A der rationalen Zahlen irgend eine
Zahl heraus, so können wir sagen, daß dieselbe innerhalb der rationalen
Zahlen einen Schnitt hervorbringt derart, daß durch sie die ganze
Zahlenreihe in zwei Abschnitte zerfällt. In den einen Abschnitt gehören
alle Zahlen, die kleiner sind, in den anderen alle jene, welche größer
sind als die herausgehobene. Die letztere selbst können wir entweder
zu dem ersten oder zum zweiten Abschnitt zählen. Im ersten Falle ist
diese Zahl die größte, im zweiten die kleinste des betreffenden Abschnittes und wir können daher sagen, daß durch eine rationale Zahl
m Gebiete A ein Schnitt derart hervorgebracht wird, daß entweder:

1. der erste Abschnitt eine größte Zahl hat und der zweite keine
   kleinste, weil zwischen die herausgehobene Zahl und irgendeine
   rationale Zahl des zweiten Abschnittes sich unbegrenzt viele
   andere rationale Zahlen einschalten lassen; oder
2. der zweite Abschnitt eine kleinste Zahl hat, aber der erste keine
   größte aus analogem Grunde.

Es liegt daher nahe zu fragen, was entsteht, wenn wir das rationale
Gebiet A so teilen wollen, daß weder der eine Abschnitt eine größte,
noch der andere eine kleinste Zahl besitzt. Daß dies keine rationale
Zahl sein kann, ergibt sich aus dem Vorhergehenden. Also müßten wir
zunächst sagen, daß ein solcher Schnitt überhaupt nicht existiert, was
auch richtig ist, so lange wir über das Zahlengebiet A nicht hinausgehen. Doch gibt es Gründe, welche uns zwingen, auch dieses noch mit
in Betracht zu ziehen.

Zunächst einmal führt uns, wie oben schon gesehen, eine geometrische Tatsache, die inkommensurable Größe von Quadratseite und -diagonale, sofort auf die Einführung noch anderer Zahlen als der rationalen.

Wollen wir aber trotzdem sagen, daß sich die Diagonale des Quadrates als Länge durch die Quadratseite und umgekehrt messen läßt, oder dies mit irgend zwei inkommensurablen Strecken der Fall ist, so müssen wir ebenfalls neben den rationalen Zahlen noch neue einführen[1]).

Alles dies wird besonders klar, wenn wir die rationalen Zahlen durch Punkte (sog. *rationale Punkte*) auf einer geraden Linie abbilden. Dann sieht man, daß jeder mit der angenommenen Längeneinheit inkommensurablen Strecke eine Zahl entsprechen muß, welche nicht mehr rational ist. Wir können also sagen, daß die Gerade an Punkten viel reicher ist als das Gebiet A der rationalen Zahlen. Wollen wir aber, wie es für das weitere Rechnen unbedingt notwendig ist, den Reichtum an einzelnen Individuen in der Zahlenreihe und auf der Geraden als gleich hinstellen oder (nach *Dedekind*) besser gesagt, alle Erscheinungen in der Geraden auch arithmetisch verfolgen, so müssen wir über das Gebiet der rationalen Zahlen A hinausgehen.

Ein solcher Punkt auf der Geraden, der von 0 aus gemessen eine zur Einheit inkommensurable Strecke darstellt, bietet eben wegen der Inkommensurabilität die Eigentümlichkeit, daß er die Punkte, welche durch Auftragen rationalen Zahlen entsprechender Strecken gefunden wurden, in zwei Gruppen zerlegt, von denen die einen links von ihm liegenden Punkte keinen letzten Punkt ihrer Art, die anderen von ihm rechts liegenden Punkte keinen ersten Punkt ihrer Art haben; denn wir können uns dem inkommensurablen Punkte durch entsprechendes Einteilen der Einheitsstrecke, d. h. Aufsuchen von Punkten, denen rationale Zahlen entsprechen, auf beliebige Nähe nähern, ohne je zu einem Ende, also zum inkommensurablen Punkt selbst zu gelangen. Wir müssen daher sagen, daß es Punkte der Geraden gibt, welche die rationalen Punkte der Geraden in zwei Gruppen derart einteilen, daß die eine Gruppe keinen letzten linken, die andere Gruppe keinen ersten rechten Punkt besitzt. Ein solcher Teil- oder Schnittpunkt vertritt dann also eine neue Zahl, eben die sog. irrationale Zahl. (*Dedekindscher Schnitt.*)

---

[1]) Im gleichen Falle befinden sich auch Kreisumfang und -durchmesser, die auch inkommensurabel sind und deren Verhältnis die irrationale Zahl $\pi = 3{,}141592653 \cdots$ entspricht. Die Zahl der geometrischen Beispiele ließe sich noch beliebig vergrößern; wir erinnern nur noch an die Inkommensurabilität der Seite vieler regulärer Vielecke zum Radius ihres um- oder eingeschriebenen Kreises. Der Begriff der irrationalen Zahlen ist denn auch geometrischen Ursprungs; inkommensurable Streckenpaare führen auf irrationale Zahlen, die ursprünglich auch als *inkommensurable Zahlen* bezeichnet wurden.

Damit sieht man aber ein, wie wir auch ohne die Gerade zu der Notwendigkeit gelangen, neue Zahlen neben den rationalen einzuführen, die einen Schnitt von der Art hervorrufen, wie wir ihn als in den rationalen Zahlen nicht vorhanden erkannt haben[1]).

Betrachten wir z. B. eine Zahl, welche die Gleichung

$$x^2 - 2 = 0$$

erfüllt.

Wir sahen schon, daß dies keine rationale Zahl sein kann, sind aber leicht imstande, nachzuweisen, daß diese Zahl, welche wir s y m b o l i s c h auch $\sqrt{2}$ schreiben können, eine derartige Scheidung des Gebietes der Zahlen hervorruft, die durch eine rationale Zahl nicht hervorgebracht werden kann. Wir beweisen zu dem Zweck, daß durch diese Zahl, welche ins Quadrat erhoben 2 geben soll, ein Schnitt innerhalb der Zahlenreihe derart entsteht, daß die Zahlen des einen Abschnittes kleiner sind als die Zahlen des andern; daß es aber auch keine größte Zahl des ersten und keine kleinste Zahl des zweiten Abschnittes gebe.

Nehmen wir an, es sei $x > 1$ eine solche Zahl, daß $x^2 < 2$, so wollen wir beweisen, daß es zu jeder solchen Zahl x noch eine größere Zahl $x + \delta$ gibt, deren Quadrat ebenfalls kleiner als 2 ist, womit dann nachgewiesen ist, daß wir niemals zu einer letzten solchen Zahl x gelangen können.

Indertat, soll $(x + \delta)^2 < 2$ sein, so folgt

$$x^2 + 2\,x\,\delta + \delta^2 < 2$$

oder

$$2\,x\,\delta + \delta^2 < 2 - x^2$$

d. h.

$$\delta < \frac{2 - x^2}{2\,x + \delta}$$

Nun muß aber $\delta < 1$ sein, weil ja $x > 1$ vorausgesetzt ist. Daraus folgt, daß, wenn wir in die letzte Form für δ nun 1 setzen, also

$$\delta < \frac{2 - x^2}{2\,x + 1}$$

nehmen, unsere Bedingung um so mehr erfüllt ist.

Da aber mit $\delta < 1$:

$$\frac{2 - x^2}{2\,x + \delta} > \frac{2 - x^2}{2\,x + 1}$$

---

[1]) Vgl. *R. Dedekind:* „Stetigkeit und irrationale Zahlen." Braunschweig 1872.
    —   „Was sind und was sollen die Zahlen?" Braunschweig 1888.

so erkennen wir, daß zu jeder Zahl x es stets eine Zahl $x + \delta$ gibt, deren Quadrat ebenfalls kleiner als 2 ist, wenn nur δ kleiner ist als 1 und kleiner als $\dfrac{2 - x^2}{2x + 1}$.

Es gibt somit indertat keine größte Zahl x, deren Quadrat kleiner als 2 ist.

Andererseits wollen wir zeigen, daß, wenn y eine rationale Zahl ist, deren Quadrat größer ist als 2, es stets noch eine rationale Zahl gibt von der Form $y - \delta$, die also kleiner ist als y, deren Quadrat größer als 2 ist, so daß es diesmal keine kleinste Zahl y gibt, deren Quadrat größer als 2 ist.

Soll also $(y - \delta)^2 > 2$ sein, so folgt:

$$y^2 - 2\,\delta\,y + \delta^2 > 2$$

$$-2\,\delta\,y + \delta^2 > 2 - y^2$$

$$\delta < \frac{y^2 - 2}{2y - \delta}$$

Da nun: $\dfrac{y^2 - 2}{2y - \delta} > \dfrac{y^2 - 2}{2y}$, so wird obige Ungleichung sicher erfüllt

sein für $\delta < \dfrac{y^2 - 2}{2y}$, so daß wir haben: Wählen wir eine Zahl y so, daß $y^2 > 2$, so gibt es stets noch eine Zahl δ derart, daß die kleinere Zahl $y - \delta$ zum Quadrat ebenfalls größer ist als 2, wenn nämlich $\delta < \dfrac{y^2 - 2}{2y}$.

Damit ist also erwiesen, daß wir nie zu einer kleinsten rationalen Zahl y gelangen können, deren Quadrat größer als 2 ist.

Wir finden daher das Resultat:

Diejenige Zahl — wenn eine solche existiert —, welche zum Quadrat erhoben 2 ergibt, teilt das Gebiet der *rationalen Zahlen* in zwei Gruppen derart, daß zwar die Zahlen der ersten Gruppe kleiner sind als diejenigen der zweiten Gruppe, daß es aber auch in der ersten Gruppe keine größte und in der zweiten keine kleinste *rationale* Zahl gibt. Es ist dies also ein Schnitt, wie er auch durch keine rationale Zahl hervorgebracht werden kann und was wiederum ein weiterer Beweis dafür ist, daß es keine rationale Zahl gibt, die zum Quadrat erhoben gleich 2 ist.

Da aber in ähnlicher Weise noch andere derartige Schnitte geführt werden können, die ebensolche Eigenschaften aufweisen, so können wir sagen, daß alle solche Schnitte in der Reihe der rationalen Zahlen innerhalb derselben zunächst gewisse Stellen darstellen. Jede Stelle innerhalb der Zahlenreihe ist aber doch eine Zahl, woraus weiter folgt, daß wir auch diese Schnitte Zahlen nennen müssen. Da sie aber durch rationale Zahlen nicht hervorgebracht werden können, so repräsentieren diese Schnitte eben die irrationalen Zahlen.

Fassen wir nun das Gesagte nochmals zusammen, so ergibt sich also:

Innerhalb der Zahlenreihe der *rationalen Zahlen* gibt es drei Arten von Schnitten. Das Gemeinsame aller ist, daß sie die *rationalen* Zahlen in zwei Gruppen A_1 und A_2 teilen, wobei die Zahlen der Gruppe A_1 kleiner sind als die Zahlen der Gruppe A_2. Sie unterscheiden sich aber darin, daß eine erste Hauptgruppe von Schnitten entweder eine größte Zahl in der Gruppe A_1 oder eine kleinste Zahl in der Gruppe A_2 hat. Diese beiden Fälle sind nicht wesentlich voneinander verschieden und werden die ihnen entsprechenden Schnitte durch *rationale Zahlen* hervorgebracht. Ein zweiter Hauptfall wird durch die dritte Art von Schnitten hervorgebracht, wo es weder in der Gruppe A_1 eine größte, noch in der Gruppe A_2 eine kleinste Zahl gibt, und werden diese Schnitte durch *irrationale Zahlen* erzeugt.

Man kann sich leicht überzeugen, daß diese Einführung der irrationalen Zahlen mit derjenigen, die wir vordem gegeben hatten, identisch ist. Wir wollen dies an einem einfachen Beispiele, der $\sqrt{2}$, zeigen.

Stellt man die $\sqrt{2}$ durch die Fundamentalreihe dar, so ergibt sich die folgende:

$$\sqrt{2} = (\quad 1 \quad 1{,}4 \quad 1{,}41 \quad 1{,}414 \quad 1{,}4142 \quad \cdots)$$

deren Zahlen alle der Klasse A_1 angehören; d. h. ihre Quadrate sind sämtlich kleiner als 2. Erhöhen wir in diesen Zahlen die jeweils letzte Stelle um 1, so erhalten wir die Reihe:

$$(\quad 2 \quad 1{,}5 \quad 1{,}42 \quad 1{,}415 \quad 1{,}4143 \quad \cdots)$$

deren Gliederquadrate durchwegs größer als 2 sind, weshalb sie zur Klasse A_2 gehören. Die Grenze zwischen diesen beiden Gruppen A_1 und A_2 ist nun eben nichts anderes als die durch diese beiden Fundamentalreihen definierte irrationale Zahl. Dazu brauchen wir ja nur noch zu beweisen, daß diese beiden Fundamentalreihen dieselbe Zahl darstellen.

Nach den früheren Darlegungen muß hierzu $|a_n - a_n'|$ mit wachsendem n zu Null werden. Nun sieht man aber leicht, daß nach unserer Aufstellung das allgemeine Glied a_n lautet: $T_n + \dfrac{\alpha_n}{10^n}$, worin unter T_n

die Zahl mit Ausnahme der letzten Dezimale verstanden wird. Dann ist ferner: $a_n' = T_n + \dfrac{\alpha_n + 1}{10^n}$, und es folgt:

$$a_n - a_n' = \left|\frac{\alpha_n}{10^n} - \frac{\alpha_n + 1}{10^{n+1}}\right| = \left|\frac{\alpha_n}{10^n} - \frac{\alpha_n}{10^n} - \frac{1}{10^n}\right| = \left|-\frac{1}{10^n}\right| = \frac{1}{10^n}$$

welcher Ausdruck aber mit wachsendem n kleiner, verschwindend klein wird.

Unsere beiden Fundamentalreihen sind daher einander gleich und stellen dieselbe Zahl dar, wobei jedoch die Zahlen der einen im Quadrat stets größer, die der anderen stets kleiner als 2 sind.

$Dedekind$[1]), von dem diese zweite Einführung der irrationalen Zahlen durch die oben charakterisierten Schnitte stammt, hat nun gezeigt, daß man unter Zugrundelegung dieser Definition der irrationalen Zahlen durch Schnitte die Rechnungsgesetze für die irrationalen Zahlen auf diejenigen für die rationalen Zahlen zurückführen kann und sich dieselben für die ersteren mit jenen für die letzteren als gleich erweisen.

Die rationalen Zahlen haben wir bereits oben durch Punkte einer geraden Linie dargestellt[2]).

Greift man nun zwei solche Punkte dieser Geraden heraus, welche die Bilder beliebig naheliegender rationaler Zahlen sind, so gibt es zwischen ihnen immer noch unbegrenzt viele Punkte, denen entweder die zwischenliegenden rationalen oder irrationalen Zahlen entsprechen. Auf diese Weise ist nun jeder Zahl der gefundenen Zahlenreihe ein Punkt der Geraden zugeordnet. Wir sagen: Wir haben die Zahlenreihe auf die Punkte der Geraden *abgebildet*, die wir in diesem Falle auch *Zahlenlinie* nennen.

Zahlen=Linie der reellen Zahlen.

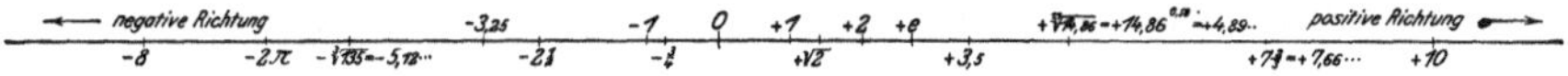

Fig. 4.

Ob auch umgekehrt jedem Punkte der Geraden eine Zahl entspricht, können wir nicht beweisen, sondern wir müssen es annehmen, d. h. wir sagen, daß jedem Punkte der Zahlenlinie eine bestimmte rationale oder irrationale Zahl entsprechen *soll*[3]). (*Cantorsches Axiom.*)

---

[1]) *Richard Dedekind:* „Stetigkeit und irrationale Zahlen."
[2]) Vgl. Fig. 1, S. 6.
[3]) Diese Annahme oder dieses Axiom hat sich als zweckmäßig und genügend für die analytisch-geometrischen Untersuchungen ergeben.
Daß dies nicht die einzige Möglichkeit ist, zeigt z. B. *Veronese* in seinen Grundlagen einer mehrdimensionalen Geometrie, denn man kann nach ihm noch andere

Fassen wir demnach unsere Auftragungen auf der Zahlenlinie zusammen, so können wir sagen:

1. Der *ganzen* (rationalen) *Zahl n* entspricht der Punkt, der durch n-maliges Abtragen der Einheitsstrecke gefunden wird.

2. Der *gebrochenen rationalen Zahl* $\frac{a}{b}$ entspricht der Punkt, der durch a-mal wiederholte Abtragung des b-ten Teiles der Einheitsstrecke gefunden wird.

3. Gefunden wird ein Punkt, welcher einer *irrationalen Zahl* entspricht, indem man sich vermittels der Fundamentalreihe oder dem unendlichen Dezimalbruch — der ja aus einer Summe von lauter rationalen Zahlen besteht — auf Grund der Angaben unter 1. und 2. einem bestimmten Punkte bis auf beliebige Annäherung nähert.

Für das Umgekehrte gilt dann eben das oben aufgestellte Axiom.

Wir haben im Falle 3. die Forderung gestellt, uns einem Punkte bis auf beliebige Nähe zu nähern. Wollen wir dies tatsächlich ausführen, so stoßen wir auf die Schwierigkeit, daß durch das Arbeiten mit unseren Meßinstrumenten sowohl wegen der nicht idealen Ausführung der Instrumente selbst als auch wegen der Unvermeidlichkeit von Ungenauigkeiten bei ihrem Gebrauche stets Fehler bedingt sind, d. h. wir können die Genauigkeit des Auftragens tatsächlich, wie in praktisch geometrischen Ausführungen, nicht bis ins Unbeschränkte steigern, sondern wir stoßen schließlich selbst bei Verwendung von Vergrößerungen, wie einem Mikroskop auf zwei Punkte, deren Entfernung so klein ist, daß wir dieses ganz kleine Stück der Geraden, selbst bei Betrachtung unter dem Mikroskop, als einen Punkt ansehen müssen. Wir sagen daher mit *Klein*, es bestehe für das tatsächliche Auftragen von Strecken ein sog. *Schwellenwert*, d. h. ein Mindestmaß für die Entfernung zweier Punkte, damit wir sie noch als getrennte Punkte auffassen imstande sind. Wie groß dieser Schwellenwert ist, hängt von unseren Instrumenten und der Präzision unseres individuellen Arbeitens ab.

Zahlen definieren, die gleichsam die Lücken zwischen den irrationalen Zahlen noch ausfüllen. *Veronese* stellt diese Zahlen dar durch die Form:

$$a = a_0 + \frac{a_1}{\eta_1} + \frac{a_2}{\eta_2} + \frac{a_3}{\eta_3} + \cdots$$

wo a_0, a_1, a_2, $\cdots$ gewöhnliche reelle Zahlen sind und η_1, η_2, $\cdots$ sog. unendlich große Zahlen von steigender Größenordnung, d. h. η_2 unendlich groß gegenüber η_1, aber unendlich klein gegenüber η_3 usw.

(Bezüglich der näheren Erläuterung der Begriffe „unendlich groß" und „unendlich klein" verweisen wir auf spätere Teile, S. 239 u. ff.)

Wenn dem aber so ist, dann hat es scheinbar eigentlich keinen Zweck, praktisch von irrationalen Zahlen zu sprechen, da wir ja tatsächlich nur endliche Dezimalbrüche aufzutragen imstande sind, ohne diejenigen Teile des Dezimalbruches, die noch Strecken liefern, unterhalb des Schwellenwertes in Betracht ziehen zu können. Ist z. B. der Schwellenwert $\frac{1}{10}$ Mikron $\left(\frac{1}{10}\,\mu\right)$, d. h. $\frac{1}{10\,000}$ mm, so hätte es keinen Zweck und Sinn mehr, die Millionstel des Dezimalbruches mit in Betracht zu ziehen. Ebenso kann es für gewisse andere Zwecke genügen, z. B. mit siebenstelligen Logarithmen zu arbeiten, worauf die Logarithmentafeln eingerichtet sind; mit anderen Worten: Das praktische Rechnen hat mit den unendlichen Dezimalbrüchen, also den irrationalen Zahlen, tatsächlich gar nichts zu tun. Wir kommen damit auf einen Gegensatz, den *Klein* als denjenigen zwischen *Präzisionsmathematik* und *Approximationsmathematik* bezeichnet, der uns noch öfter begegnen wird[1]).

Präzisionsmathematik ist nach *Klein* das Rechnen mit absolut genauen Zahlen, d. h. mit solchen, deren Genauigkeit unbegrenzt ist, für die es also überhaupt keinen Schwellenwert gibt.

Die *Approximationsmathematik* hingegen ist das Rechnen mit Zahlen von begrenzter Genauigkeit, d. h. es wird beim Aufstellen der Gesetze, denen die Zahlen unterworfen werden sollen, darauf Rücksicht genommen, daß dieselben nur bis auf einen gewissen Wert genau bekannt sind. Man untersucht also, welchen Einfluß die durch die Beobachtung notwendige Schwankung ihres Wertes auf das Endresultat hat. Das letztere wird infolgedessen hier selbstverständlich auch wieder nur bis auf eine gewisse kleine Größe genau berechnet werden können. Man treibt also eine Mathematik, die von den nur annähernd bekannten Größen handelt. Das Wort *Approximationsmathematik* ist also nicht so zu verstehen, als ob die Resultate wegen der ungenauen Rechnungsweise nur angenähert richtig wären, sondern sie sind es nur dadurch, daß eben schon in den Zahlen, mit denen wir zu rechnen haben, gewisse Schwankungen derselben eingeschlossen werden müssen. Es ist keine *näherungsweise Mathematik*, sondern eine *genaue Mathematik* der näherungsweisen (approximativen) Beziehungen[2]).

Währenddem für den Präzisionsmathematiker z. B. der konstruktive, zahlentheoretische Charakter der Zahl π von Bedeutung ist, begnügt

<hr>

[1]) vgl. IV, S. 235 u. ff.

[2]) oder mit Kleinschen Worten: Es ist keine approximative Mathematik (Approximationsmathematik), sondern eine Mathematik der approximativen Beziehungen. Näheres vgl. *Felix Klein:* „Anwendung der Differential- und Integralrechnung auf Geometrie; eine Revision der Prinzipien." Autogr. d. Vorlesg. SS. 1901 v. *Konr. Müller.* Leipzig 1902 i. Komm. bei Teubner, S. 5ff.

oder auch *F. Klein:* „Elementarmathematik vom höheren Standpunkt aus." Autogr. d. Vorlesg. WS. 1907/08 v. *E. Hellinger.* Leipzig 1908, Teubner, S. 89.

sich der Approximationsmathematiker mit der Angabe dieser Konstanten auf einige Dezimalen, die ihm jede Untersuchung mit der ihm nur erwünschten Genauigkeit gestattet.

Aus dieser Gegenüberstellung ergibt sich auch weiter, daß die Behandlung der Präzisionsmathematik doch die Grundlage für diejenige der Approximationsmathematik ist, und da wir niemals mit unfehlbarer Sicherheit die erreichbare obere Grenze für den Schwellenwert anzugeben imstande sind, so erwächst für uns die Aufgabe, selbst vom praktischen Standpunkt aus die Präzisionsmathematik in vollem Umfang zu behandeln.

Daher hat für uns indertat die irrationale Zahl genau so viel Bedeutung, wie die rationale[1]).

Fügen wir nun der natürlichen Zahlenreihe noch die so gefundenen rationalen und irrationalen Zahlen hinzu, so erhalten wir die Reihe der *reellen Zahlen.*

Schon durch die Einführung der rationalen Zahlen, von denen sich die gebrochenen zwischen die Zahlen der natürlichen Zahlenreihe einschieben, ist eine Zahlenreihe entstanden, in der die Unterschiede zwischen den aufeinanderfolgenden Zahlen sehr klein geworden sind; die Reihe ist, wie man sagt, *stetig*[2]) oder *kontinuierlich* geworden, und zwar sagt man, die Zahlen oder Punkte liegen in der Zahlenreihe überall *dicht*, d. h. zwischen zwei beliebig naheliegenden rationalen Zahlen gibt es immer noch unzählig viele dazwischen liegende ebensolche Zahlen; anschaulich ausgedrückt: In jedem noch so kleinen Bereich der kontinuierlichen Zahlenreihe gibt es immer noch beliebig viele rationale Zahlen[3]). Im weiteren kann man aber noch zwischen die ratio-

---

[1]) Vgl. auch S. 38 u. 236.

[2]) Auf den Begriff der *Stetigkeit* kommen wir später noch näher zurück (S. 120/21, 319 u. ff.).

[3]) Folgendes Beispiel möge dies erläutern: Wir wollen zeigen, wie man zwischen die Zahlen $\dfrac{1}{10^6}$ und $\dfrac{1}{10^7}$ noch unbegrenzt viele rationale Zahlen einschalten kann. Zunächst wählen wir die Zahl, welche zwischen ihnen in der Mitte liegt, also gleich $\dfrac{\dfrac{1}{10^6}+\dfrac{1}{10^7}}{2}=\dfrac{11}{2\cdot 10^7}$ ist. Zwischen dieser Zahl und der ersten gibt es wieder eine mittlere; sie ist $\dfrac{\dfrac{1}{10^6}+\dfrac{11}{2\cdot 10^7}}{2}=\dfrac{31}{4\cdot 10^7}$; ebenso zwischen der mittleren und der zweiten Zahl $\dfrac{1}{10^7}$, sie ist $\dfrac{\dfrac{11}{2\cdot 10^7}+\dfrac{1}{10^7}}{2}=\dfrac{13}{4\cdot 10^7}$. In einer Reihe geschrieben folgen die Zahlen: $\dfrac{1}{10^6}\cdots\dfrac{13}{4\cdot 10^7}\cdots\dfrac{11}{2\cdot 10^7}\cdots\dfrac{10}{4\cdot 10^7}\cdots\dfrac{1}{10^7}$. In gleicher Weise kann man nun leicht unbegrenzt viele solcher rationaler Zahlen einschalten und natürlich auch in anderer Teilung diese Zwischenschaltungen vornehmen.

nalen Zahlen unzählig viele irrationale Zahlen einschalten, wodurch also die Stetigkeit der Zahlenreihe noch erhöht wird. Sie bildet dann das, was man nach *Cantor* das **absolute Zahlenkontinuum** nennt.

Die ganze Art der Einführung der Zahlen, wie wir sie bisher behandelt haben, wird von *Hilbert*[1]) die *genetische Methode* genannt, weil wir hier, angefangen von der Zahl 1, durch sukzessive Erweiterung des Zahlbegriffes zunächst die ganzen rationalen positiven Zahlen, dann die ganzen rationalen negativen Zahlen, die gebrochenen rationalen Zahlen und schließlich die irrationalen Zahlen erzeugt und in jedem Stadium der Entwicklung ihre Rechnungsgesetze aufgesucht haben. Demgegenüber stellt dann *Hilbert* die *axiomatische Methode*, welche für die Zahlen in ähnlicher Weise ausgebildet wird, wie sie in der Geometrie seit *Euklid* gehandhabt wird; d. h. man geht, wie es *Hilbert* ausdrückt, von einem System von Dingen aus, die als Zahlen bezeichnet werden und durch gewisse Buchstaben $a, b, c, \cdots$ benannt werden.

Für diese stellt man dann gewisse „Axiome der Verknüpfung" auf, die durch bestimmte Grundsätze den Begriff der Addition, Multiplikation und der Zahl Null festlegen; dann die „Axiome der Rechnung", die uns als Assoziations-, Kommutations- und Distributionsgesetz bekannt sind, bei *Hilbert* also als Axiome aufgestellt; dann die sog. „Axiome der Anordnung", daß für $a > b$; $b > c$ auch $a > c$ folgt, und wenn $a > b$ dann $a + c > b + c$ und $c + a > c + b$ ist, und wenn $a > b$ und $c > 0$, dann $a \cdot c > b \cdot c$; und endlich die „Axiome der Stetigkeit", die in dem sog. Archimedischen Axiom, welches ausdrückt, wenn $a \neq b$ und $a > 0$ durch wiederholte Addition von a die Zahl b überschritten werden kann, also $a + a + a + \cdots + a > b$, und dem sog. „Vollständigkeitsaxiom" bestehen, welch letzteres im wesentlichen ausdrückt, daß man den Zahlen keine weiteren Dinge hinzufügen kann, die gleichzeitig alle diese Axiome mit erfüllen würden.

Diese axiomatische Einführung der Zahl werden auch wir später zum Teil bei der Einführung der komplexen Zahlen berühren.

Um in das Verhältnis, das zwischen der Menge der rationalen Zahlen und der Menge sämtlicher reellen Zahlen besteht, einen noch tieferen Einblick zu gewinnen, müssen wir einige Sätze aus der **„Mengenlehre"**[2]) einführen.

---

[1]) *D. Hilbert:* „Grundlagen der Geometrie." 3. Aufl. Anhang 6 in Samml. *Wissenschaft und Hypothese* Bd. VII, 1909.

[2]) Nach *Georg Cantor:* „Grundlagen einer allgemeinen Mannigfaltigkeitslehre." Leipzig 1883.

— Math. Ann. Bd. V, 1872, S. 122ff. Math. Ann. Bd. XV, 1882, S. 1 und Bd. XXI.

Vgl. auch *A. Schoenflies:* „Die Entwicklung der Lehre von den Punktmannigfaltigkeiten." Jahresber. d. Deutsch. Math.-Ver. VIII. Bd., 2. Heft, 1900.

— „Mengenlehre." Enzykl. d. math. Wiss. I. Bd., I, 5.

F. Klein: „Anwendung d. Diff. u. Integr.-Rechng. a. Geom." S. 210 u. ff.

Letztere beschäftigt sich mit den Eigenschaften, die einer Zusammenfassung von Objekten, welche man eben unter bestimmten Umständen eine *Menge* nennt, zukommen, insofern man davon abstrahiert, daß es gerade dieses oder jenes Objekt ist und nur auf ihre Zahlenmannigfaltigkeit achtet.

Man versteht nämlich unter einer *Menge* eine Zusammenfassung von Objekten, von denen durch die Art ihrer Einführung bekannt ist oder eindeutig ausgesagt werden kann, daß sie zu einer bestimmten Gruppe gehören.

Als Beispiele für solche Mengen nennen wir:

Nehmen wir eine Strecke und teilen diese in zwei gleiche Teile, dann jede Hälfte wieder in zwei gleiche Teile, jedes Viertel wieder in zwei gleiche Teile usw., so ist durch die Endpunkte dieser so entstehenden Teilstrecken eine gewisse Punktmenge definiert. Von jedem Punkt der Strecke können wir entscheiden, ob er der „Menge" angehört oder nicht; er muß sich eben durch einen solchen Halbierungsprozeß erreichen lassen oder nicht und gehört dann zur „Menge" oder nicht. Natürlich kann man auch andere Einteilungen wählen.

Für einen zweiten Fall denken wir uns ein Quadrat gegeben von bekannter Seitenlänge. Wir können dann einen Punkt im Innern des Quadrates dadurch festlegen, daß wir seine Abstände von in einem Eckpunkt zusammenstoßenden Seiten angeben. Solange diese Abstände kleiner sind als die Seite des Quadrates, liegt der Punkt im Innern desselben, und demnach sind wir imstande, von jedem Punkte der Ebene zu entscheiden, ob er innerhalb oder außerhalb des Quadrates liegt. Nach unserer Definition bilden daher die Punkte im Innern des Quadrates eine „Menge" und ebenso natürlich diejenigen außerhalb derselben.

Das wären Beispiele für „Mengen", die eine unbegrenzte Anzahl von Elementen enthalten; doch können natürlich auch eine begrenzte Anzahl von Elementen eine „Menge" bilden, wenn nur von den Elementen obiger Definitionssatz der „Menge" ausgesagt werden kann. So bilden z. B. die sämtlichen Wurzeln einer algebraischen Gleichung, deren Zahl bekanntlich vom Grade des Potenzexponenten der Unbekannten x abhängt, eine endliche „Menge"; denn von jeder Zahl kann ich entscheiden, ob sie Wurzel der Gleichung ist oder nicht. Auch die Bäume eines umgrenzten, umzäunten Gartens oder Waldes, die Ziegel eines Daches, die Blumen eines Straußes usw. bilden Mengen.

Eine „Menge", die nur einen Teil der Elemente einer solchen enthält, nennt man eine *Teilmenge* von dieser.

Zwei Mengen heißen *äquivalent* oder *gleich mächtig*, wenn sich die Elemente der einen Menge ohne Rest in eindeutiger und umkehrbarer Weise den Elementen der anderen Menge zuordnen lassen, indem man also jedem Element der einen „Menge" ein und nur ein Element der anderen zuordnet und umgekehrt.

So ist z. B. eine „Menge" von 8 Punkten oder 8 Körpern oder von 8 Zahlen, z. B. 1, 2, 3, 4, 5, 6, 7, 8 oder $10 \cdot 15 \cdot 17 \cdot 30 \cdot 51 \cdot 82 \cdot 90 \cdot 100$, kurz von 8 Elementen eine „Teilmenge" von einer solchen mit 12 Elementen. Diese beiden Mengen sind nicht gleich mächtig, weil sich die 8 Elemente nicht den 12 Elementen einzeln so zuordnen lassen, daß keine Elemente der einen ohne ihnen zugeordnete Elemente der anderen bleiben, wie Figur 5 andeutet.

Je nach dem Verhalten zu ihren Teilmengen unterscheidet man zwei fundamental verschiedene Arten von Mengen, nämlich:

1. „Mengen", die keiner ihrer „Teilmengen" äquivalent sind; das sind die *endlichen Mengen*, welche also nur aus einer *endlichen Anzahl*[1]) von Elementen bestehen, wie z. B. im obigen Beispiel.

---

[1]) Eine *endliche* Zahl (Anzahl) ist eine solche, für die es noch eine größere gibt, falls man eben die Null als die kleinste Zahl betrachtet und also nur absolute

2. „Mengen", die einer ihrer „Teilmengen" äquivalent sind; das sind die *unendlichen Mengen*. Sie bestehen aus einer nicht mehr durch eine endliche Zahl angebbaren Anzahl oder Mannigfaltigkeit von Elementen. Eine solche Menge bilden z. B. die Zahlen der natürlichen Zahlenreihe:

$$1 \quad 2 \quad 3 \quad 4 \quad 5 \quad 6 \cdots$$

von der das erste Element die Zahl 1, das zweite die Zahl 2, das dritte die Zahl 3 usw. ist.

Denn bezeichnen wir die allgemeine Zahl dieser Reihe mit n, so können wir eine andere Zahlenreihe bilden, deren allgemeines Glied die Form $2\,n$ hat, welche also z. B. für $n = 1, 2, 3, \cdots$ lautet:

$$2 \quad 4 \quad 6 \quad 8 \quad 10 \quad 12 \cdots$$

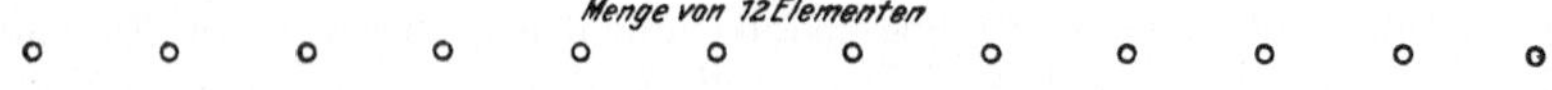

Fig. 5.

Hier können wir die Zahlen der zweiten Reihe den Zahlen der ersten einzeln ohne Rest zuordnen, indem wir einfach der Zahl 1 der ersten Reihe die Zahl 2 der zweiten Reihe, der Zahl 2 der ersten die Zahl 4 der zweiten Reihe, der Zahl 3 der ersten die Zahl 6 der zweiten Reihe zuordnen, wie Figur zeigt:

$$1 \quad 2 \quad 3 \quad 4 \quad 5 \quad 6 \cdots$$
$$2 \quad 4 \quad 6 \quad 8 \quad 10 \quad 12 \cdots$$

Diese beiden Zahlenmengen sind also äquivalent oder gleich mächtig und doch ist die zweite Reihe nur eine Teilmenge der ersten Reihe, da ihre Elemente, die Zahlen 2, 4, 6, $\cdots$, in der ersten enthalten sind.

Mit solchen „unendlichen Mengen" [1]) beschäftigt sich nun im besonderen die „Mengenlehre".

Werte der Zahlen in Betracht zieht; sie ist der Ordnungsbegriff der „endlichen Menge". Ihr gegenüber steht die *unendliche* Zahl als Ordnungsbegriff der „unendlichen Menge"; vgl. diesbezüglich das hier folgende; auch S. 122, 244.

[1]) Es wird dem Operieren mit unendlichen Mengen und überhaupt unendlichen Zahlen (dem Ordnungsbegriff der unendlichen Menge), was ebenso für Grenzprozesse überhaupt auszudehnen wäre, von philosophischer Seite der Vorwurf gemacht, daß man mit Größen operiere, die durch einen Prozeß entstanden sind, der tatsächlich unvollführbar ist. Diesem Einwand scheint aber ein Irrtum zugrunde zu liegen, denn wir müssen einen Unterschied machen zwischen einem Prozeß, den wir in unserer Vorstellung schrittweise auszuführen haben und einem Prozeß, den wir vermöge des Gesetzes, durch das er gegeben ist, vollführt denken können, ohne in der Vorstellung die Möglichkeit zu haben, alle Schritte tatsächlich auszuführen. Es ist eben ein Unterschied zwischen tatsächlicher Ausführung eines unbegrenzten Prozesses, die natürlich immer unmöglich bleiben muß und der durch logische Setzungen auf Grund der sie exakt definierenden Begriffe vollzogenen. Nur diese letztere ist die Grundlage der unendlichen Mengen, der unendlichen Zahlen und überhaupt der Grenzprozesse in der Mathematik; die erstere ist nur ein Veranschaulichungsmittel, ohne dies eben exakt

Wenn wir als Elemente der Menge Zahlen wählen, so erhalten wir eine „Zahlenmenge"; speziell in der natürlichen Zahlenreihe haben wir eine solche, deren Elemente die Zahlen sind. Hierbei haben die Bezeichnungen der Elemente (die natürlichen Zahlen): *Eins, Zwei, Drei* usw. oder *Zwei, Vier, Sechs* usw. nur den Zweck, die Rangordnung oder Aufeinanderfolge der Elemente festzulegen. Nehmen wir als solche Punkte oder Steine, so erhalten wir eine „Punktmenge" oder „Steinmenge" usw. Da wir die Zahlen durch Punkte auf einer Geraden mittels Zuordnung „abbilden" können, so genügt die Betrachtung von Punktmengen überhaupt. Dabei ist aber stets vor Augen zu halten, daß es zu jeder bestimmten „Zahlenmenge" auch nur eine ganz bestimmte „Punktmenge" gibt, die wir erhalten, indem wir den einzelnen Zahlen in ganz bestimmter Weise Punkte einer Geraden zuordnen; und nur die so gefundenen Punkte haben zu der gegebenen Zahlenmenge eine Beziehung. Will man eine Erweiterung vornehmen, so muß diese besonders definiert werden, z. B. indem wir, wie gezeigt wurde, die rationalen Zahlen dadurch auf eine Gerade abbilden, daß wir einen Nullpunkt und einen Einheitspunkt wählen, denen wir die Zahlen 0 und 1 zuordnen und dann

erreichen zu können, wie alle Veranschaulichungsmittel. Der letztere Prozeß gehört der Präzisionsmathematik an, während der erstere einem empirischen (erfahrungsgemäßen) Gesichtspunkt entspricht.

Die Vorstellung kann niemals adäquat (d. h. für die auszuführenden Operationen gleichwertig) sein der unendlichen Menge als Ganzes, als mathematisches Individuum, das wir mathematisch behandeln, weil sie eben als tatsächliche (empirische) Vorstellung stets nur eine endliche Menge von Objekten oder Prozessen zu umfassen imstande ist. Aber diese Vorstellung gibt vermöge des Gesetzes, auf Grund dessen sie die endliche Menge erzeugt hat, einen anschaulichen Führer für die logisch definierten und zu setzenden unbegrenzten Mengen von Objekten oder Prozessen. Die Vorstellung kann das Ende dieser unbegrenzten Reihe nicht erreichen, wohl aber vermag durch die gesetzmäßige Festlegung logisch der Prozeß für weitere Betrachtungen als zu Ende geführt gedacht werden.

Es kann also keine Vorstellung einer Menge dem Begriffe der unendlichen Menge jemals adäquat werden, sondern stets nur eine Annäherung an diesen ergeben.

Wenn ich sage, die Gesamtheit der reellen Zahlen existiert oder diese unendliche, nicht abzählbare Menge existiert, so soll damit nicht gesagt sein, ich könne diese Zahlen in einem Bewußtseinsakt als einzelne gegenwärtig, präsent haben, denn das ist indertat unmöglich, sondern nur, daß jede Zahl vermöge der Verknüpfungsgesetze und der Rechnungsgesetze, die endlich an Zahl sind, als zu dieser unendlichen Menge gehörig völlig festgelegt ist, und insofern bedeutet die Existenz der unendlichen Menge dieser Zahlen nur, daß, welche dieser Zahlen wir auch aus dieser Menge herausgreifen mögen, jede diesen Gesetzen unterliegt, also durch sie völlig charakterisiert ist. Sie sind also, um es nochmals zu wiederholen, nicht als Einzelindividuen in ihrer Gesamtheit in einem Bewußtseinsakt vorhanden, sondern ihre Gesamtheit, also die Menge als logischer Begriff, als mathematisches Individuum durch eben diese Eigenschaften herausgelöst, und nichts anderes soll ja die Existenz der Menge bedeuten.

Von dieser Frage verschieden ist dann die andere nach der Darstellbarkeit oder Vorstellbarkeit dieser einzelnen Individuen der Menge. Da kann natürlich keine endliche Anzahl von Prozessen sämtliche Zahlen liefern, sondern nur eine unbegrenzte; also z. B. bei der Dezimalbruch-Darstellung der irrationalen Zahlen die verschiedenen Möglichkeiten der Kombinationen der Zahlen a, die alle Zahlen zwischen 0 und 9 bedeuten können. Aber in diesem Sinne wird ja nicht die Existenz der unendlichen Mengen mathematisch verlangt, sondern nur in dem vorhin charakterisierten Sinne.

In dem eben betrachteten Sinne frägt man (bei der Dar- oder Vorstellung) nur nach dem einzelnen Individuum der Menge; die Menge als Gesamtheit dagegen ist eben durch die ihre Individuen charakterisierenden Eigenschaften, nicht durch die Dar- oder Vorstellbarkeit von den übrigen Dingen herausgehoben und daher nur nach logischem Gebrauche als Individuum abgegrenzt.

die Strecke 0 — 1 wiederholt auf der Geraden abtragen und den folgenden Endpunkten jeweils die folgenden Zahlen 2, 3, 4, 5, · · · zuordnen.

Bezüglich des Verhältnisses eines Punktes zur Menge unterscheidet man *isolierte Punkte* und *Verdichtungs-* oder *Grenz-* oder *Häufungs-Punkte* einer Menge. Ein Grenzpunkt ist ein solcher Punkt einer Menge, in dessen beliebig kleiner Umgebung ein- oder beidseitig es immer beliebig viele Punkte gibt, die der Menge angehören. Einem isolierten Punkt kommt diese Eigenschaft nicht zu.

So besteht z. B. die Reihe der natürlichen Zahlen

$$1 \quad 2 \quad 3 \quad 4 \mid 5 \quad 6 \cdots$$

aus lauter isolierten Punkten; denn man kann innerhalb der stetigen Zahlenreihe um jede dieser Zahlen Bereiche abgrenzen, innerhalb derer eine andere Zahl dieser Zahlenreihe nicht vorhanden ist, bildlich z. B. durch zwei Querstriche, wie oben angegeben.

Dagegen zeigt folgende Figur, welche die natürlichen Zahlen ihrer Ordnung nach von einer Geraden auf eine andere Gerade durch Projizieren von P aus überträgt (die Strecken auf g brauchen zu diesen Zahlen nicht gleich zu sein, da es sich nur um die Ordnungsangabe handelt), daß die Punkte auf g' in der Gegend von A sich häufen. Ein noch so kleiner Bereich bei A enthält also Punkte, die der Zahlenmenge angehören, und es muß also auch dasselbe für das unendlich ferne Element von g, insoweit es der gegebenen Zahlenmenge angehört, gelten. A ist somit ein „Häufungs-" oder „Grenzpunkt" der Zahlenmenge 1′ 2′ 3′ · · · und das unendlich ferne Element der natürlichen Zahlenreihe ein solcher von dieser.

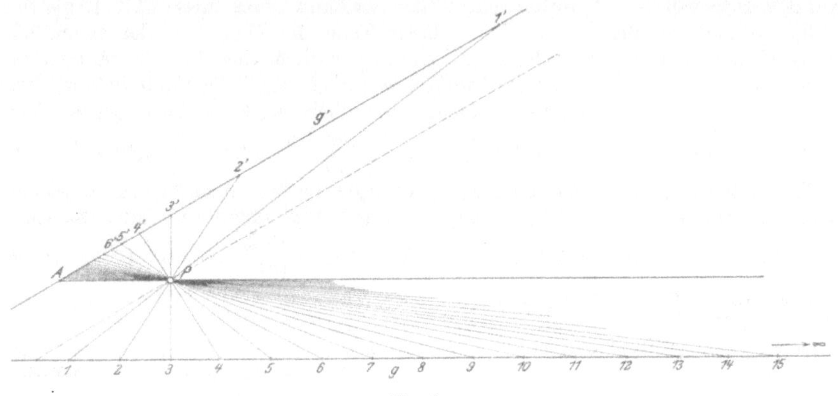

Fig. 6.

Ebenso ist der unbegrenzte oder — wie man auch sagt — unendliche Dezimalbruch nichts anderes als ein Aggregat, eine Menge oder Summe von unbegrenzt vielen rationalen Zahlen. Diese hat aber einen sog. Grenzwert, dem der Dezimalbruch mit wachsender Stellenzahl zustrebt, und dieser Grenzwert ist die irrationale Zahl. Stellen wir uns das Ganze durch Punkte auf einer Geraden dar, so bekommen wir eine Punktmenge, die den rationalen Zahlen entspricht. Zum Beispiel für den Dezimalbruch 2,5678 · · · ist es die Menge der rationalen Zahlen 2 2,5 2,56 2,567 2,5678 · · · oder die Summe solcher: $2 \; \dfrac{5}{10} \; \dfrac{6}{100} \; \dfrac{7}{1000} \; \dfrac{8}{10000} \cdots$, deren Bildpunkte sich einem bestimmten Punkt, eben jenem, welcher die irrationale Zahl darstellt, auf unmittelbare Nachbarschaft nähern. Also gibt es dann in jedem unmittelbaren Bereich um diesen Punkt Punkte dieser Reihe oder Menge; er ist daher der *Häufungs-* oder *Grenzpunkt* derselben.

Für die irrationale Zahl $\sqrt{2} = 1{,}41421356\cdots$ ist die zugehörige Punktmenge, dargestellt durch die Punkte mit den Rangwerten 1; $1{,}4$; $1{,}41$; $1{,}414$; $1{,}4142\cdots$, anschaulich abgebildet in folgender Figur.

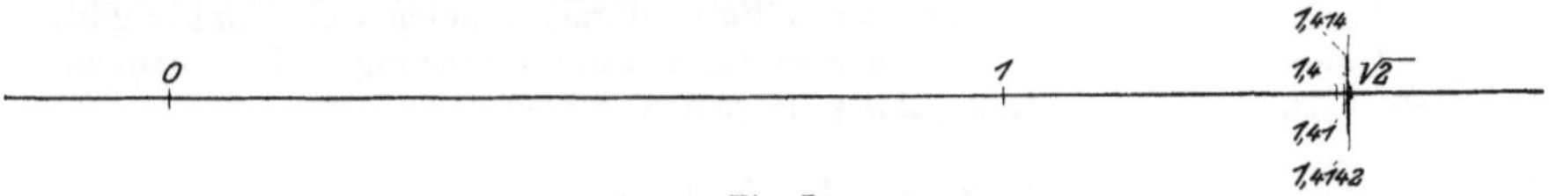

Fig. 7.

In allen diesen einzelnen Beispielen ist nun ein allgemeiner Satz enthalten, der für sie als Beweisgrund gilt, und wir wollen denselben hier der Vollständigkeit halber und um die gegebenen Erklärungen auf eine sicherere Basis zu stützen, einführen. Der Satz lautet:

Jede *unendliche Menge* hat mindestens einen *Verdichtungspunkt* d. h. einen Punkt, in dessen noch so kleiner Nähe stets Punkte der Menge vorhanden sein müssen oder der die Eigenschaft hat, daß in jedem noch so kleinen Intervall um diesen Punkt von beiden Seiten oder von einer Seite immer wieder Punkte der Menge vorhanden sind, also es ein Intervall bei diesem Punkte ohne andere Punkte der Menge nicht gibt.

Wir nehmen, um dieses zu beweisen, etwa an, es sei eine unendliche Menge auf dem Intervall $a\cdots b$ oder — da wir durch Übertragung bzw. Zuordnung[1]) ein solches endliches stets auf ein beliebiges anderes Intervall bringen können — auf dem Intervall $0\cdots 1$ vorhanden. Teilen wir dann dieses Intervall in 10 gleiche Teile, so muß mindestens in einem dieser Teile die Menge wieder unendlich groß sein; denn wären in jedem der Teile nur endlich viele Punkte, so gäbe es auch überhaupt nur endlich viele Punkte, was aber gegen die Voraussetzung ist. Sei nun der Teil, in welchem die Menge unendlich ist, etwa derjenige, welcher

dargestellt ist durch die Form $0 + \dfrac{c_1}{10}$ bis $0 + \dfrac{c_1 + 1}{10}$, wo c_1 eine der ganzen Zahlen $0, 1, 2 \ldots 9$, so teilen wir diesen Teil wieder in 10 gleiche Teile und es muß dann wieder aus analogem Grunde in einem dieser Teile die Menge unendlich sein; er sei dar-

gestellt durch die Form $0 + \dfrac{c_1}{10} + \dfrac{c_2}{10^2}$ bis $0 + \dfrac{c_1}{10} + \dfrac{c_2 + 1}{10^2}$, worin c_2 die nämliche Bedeutung wie c_1 hat. Dann teilen wir dieses Intervall wieder in 10 gleiche Teile

---

[1]) In nebenstehenden Skizzen ist angedeutet, wie man ein beliebiges endliches Intervall mit seinen Punkten durch Zuordnung leicht auf jedes beliebige andere endliche Intervall bringen kann. Man hat nur dafür zu sorgen, daß sich im veranschaulichenden, graphischen Bild die Strahlen durch Originalpunkt im alten Intervall und zugeordneten Punkt im neuen Intervall in einem Punkte schneiden, der uns durch die

Fig. 8.

zwischen den gegenseitig zugeordneten Punkten der gegebenen Endpunkte gezogenen Verbindungsgeraden gegeben wird.

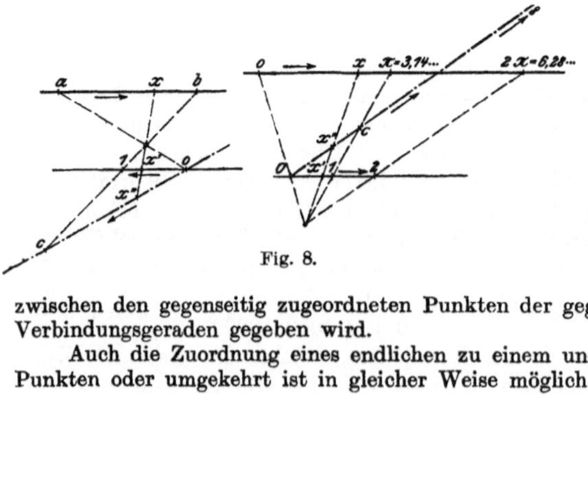

Auch die Zuordnung eines endlichen zu einem unendlichen Intervall mit seinen Punkten oder umgekehrt ist in gleicher Weise möglich.

und fahren so fort. — Diese Intervalle werden nun immer kleiner und in jedem
so gefundenen, noch so kleinen müssen sich immer wieder unendlich viele Punkte
befinden. Nach einem Satz[1]), den wir später ausführlich beweisen werden, nähern
sich diese Intervalle einem gewissen Grenzpunkte, der dann durch den unendlichen

Dezimalbruch: $0 + \dfrac{c_1}{10} + \dfrac{c_2}{10^2} + \dfrac{c_3}{10^3} + \cdots$ dargestellt wird. In der Umgebung

dieses Punktes, und mag sie noch so klein sein, muß es dann nach unserer Konstruktion unbegrenzt viele Punkte geben; der Punkt ist also ein sog. *Verdichtungs-*
oder *Grenzpunkt*, womit unsere Behauptung erwiesen ist.

Für die unendliche Menge der ganzen Zahlen ist die Sache geometrisch in
Fig. 6 anschaulich gemacht, indem durch die Projektion dieser Verdichtungspunkt
aus dem Unendlichen in den Punkt A auf g' hinüber projiziert wurde.

Bezeichnen wir eine Menge mit M, die Menge ihrer isolierten Punkte mit M_i
und die Menge der Grenzpunkte mit M_G, so sind folgende Fälle möglich:

1. Es ist $M_G = 0$, d. h. sämtliche Punkte der Menge sind isolierte Punkte;
man nennt die Menge dann eine *isolierte Menge*.

2. Die Menge hat Grenzpunkte und enthält jeden derselben; sie heißt dann
eine *abgeschlossene Menge*.

3. Es ist $M_i = 0$, d. h. die Menge enthält nur Grenzpunkte; sie heißt dann
in sich dicht.

4. Die Menge besteht aus lauter Grenzpunkten, ist also in sich dicht und
jeder ihrer Grenzpunkte gehört ihr an, also ist sie auch abgeschlossen. Man nennt
sie dann eine *perfekte Menge*.

Es gibt nämlich Mengen, welche Grenzpunkte haben, wo aber diese den
Mengen selbst nicht angehören, wie wir bald sehen werden. Darum muß man
unterscheiden zwischen solchen Mengen, die ihre Grenzpunkte enthalten und
solchen, die es nicht tun.

Man nennt ferner noch eine Menge *überall dicht liegend* in einem Bereiche, wenn es in diesem letzteren keinen Teilbereich gibt, in dem nicht Punkte
der ersteren Menge liegen.

Unter Zuhilfenahme dieser Begriffe können wir nun das Verhältnis der
Menge der rationalen Zahlen zur Menge der irrationalen Zahlen
folgendermaßen charakterisieren:

Die Menge der rationalen Zahlen ist *in sich dicht*; denn in jeder
noch so kleinen Umgebung irgendeiner rationalen Zahl gibt es beliebig viele ebensolche Zahlen. Also bildet jede *rationale Zahl* einen
Häufungs- oder Grenzpunkt. Aber diese Menge ist nicht *abgeschlossen*,
denn es gibt Grenzpunkte von rationalen Zahlen, eben die *irrationalen Zahlen*, die ihr nicht angehören.

In obigem Beispiel der Menge der rationalen Zahlen:

$$1;\ 1,4;\ 1,41;\ 1,414;\ 1,4142;\ 1,41421;\ 1,414213 \cdots$$

gehört deren Grenzpunkt, die irrationale Zahl $\sqrt{2} = 1,41421356 \cdots$, der die Elemente der Menge zustreben, derselben nicht an, wenn schon sich in denkbar größter
Nähe von $\sqrt{2} = 1,41421356 \cdots$ rationale Zahlen der Reihe befinden, nämlich zwei
sie beliebig eng einschließende Dezimalbrüche von begrenzter, wenn auch sehr
großer Stellenzahl.

Es bestehen also gleichsam noch offene Felder von Zahlen, falls man nur
die rationalen Zahlen in Betracht zieht. Nimmt man dagegen die irrationalen
Zahlen mit, betrachtet also die gesamte Menge der reellen Zahlen, so hat man eine

---

[1]) Satz über die Einschachtelung der Intervalle vgl. S. 384—86.

in sich dichte und auch abgeschlossene Menge, d. h. eine *perfekte Zahlenmenge* oder nach *Cantor* das absolute **Zahlenkontinuum.**

Aber noch ein weiterer fundamentaler Unterschied findet sich zwischen diesen beiden Reihen der rationalen und irrationalen Zahlen. Um ihn zu verstehen, müssen wir noch den Begriff der *Abzählbarkeit* von Mengen definieren. Da nämlich die Menge der natürlichen Zahlen die einfachste unendliche Menge ist, so hat man sie gleichsam als den Normal- oder besser Einheitstypus der unendlichen Mengen angenommen; ihre Mächtigkeit wird allgemein mit ω bezeichnet. Man kann nun, wie oben schon gesagt, Mengen vergleichen, indem man sie auf ihre *Mächtigkeit* prüft und geschieht dies, wie oben bereits gesagt, indem man untersucht, ob sich die Elemente der einen Menge eindeutig und umkehrbar den Elementen der anderen zuordnen lassen. Trifft es zu, so nennt man sie *Mengen von gleicher Mächtigkeit*. Man muß, um von Mächtigkeit der Mengen sprechen zu können, eine Vergleichsmenge haben, da ja dieser Begriff nach Definition nur relativ ist. Man nennt nun unendliche Mengen, deren Elemente für sich oder zu Gruppen — diese Gruppen können endliche Mengen oder selbst abzählbar unendliche Mengen sein — zusammengefaßt eindeutig und umkehrbar den Elementen der natürlichen Zahlenreihe zugeordnet werden können, *abzählbare Mengen*, indem man also dabei die Menge der natürlichen Zahlen als die nächstliegende und am leichtesten in ihren Eigenschaften übersehbare als Grundlage, als Element des Begriffes „Abzählbarkeit" wählt. Unter Zuhilfenahme dieses Begriffes kann man nachweisen [1]), daß die Menge der rationalen Zahlen abzählbar, während die Gesamtmenge der reellen Zahlen nicht mehr abzählbar ist; man sagt, die letztere ist von höherer Mächtigkeit, und zwar von jener des „Kontinuums c".

Als Beispiel wollen wir einen einfachen geometrischen Prozeß, der eigentlich bei Betrachtung der regelmäßigen Polygone sehr nahe liegt, konsequent verfolgen und zusehen, was dabei herauskommt.

Wir zeichnen einem Kreise mit dem Zentrum C ein gleichseitiges Dreieck ein und dann durch Halbierung der zwischen seinen drei Eckpunkten a, b, c

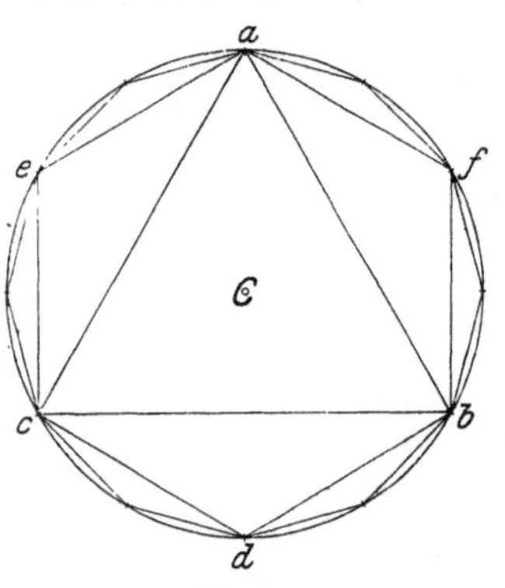

Fig. 9.

liegenden Kreisbogen ein Sechseck, durch wiederholte Halbierung ein 12-, 24-, $\cdots$ -Eck. Den so angedeuteten Konstruktionsgang denken wir uns immer weiter fortgesetzt und fassen nun die Eckpunkte dieser regelmäßigen Polygone ins Auge.

Die so entstehende Punktmenge ist zunächst abzählbar aus folgendem Grunde:

Wir ordnen der Zahl 1 zu die ersten drei Punkte a, b, c als Punktmenge I; dann ordnen wir der Zahl 2 zu die darauf entstandenen neuen Halbierungspunkte d, e, f als Gruppe II; der Zahl 3 ordnen wir die neuen im weiteren Halbierungsprozeß entstandenen 6 Punkte zu als Gruppe III und können so die Gesamtheit der Punkte, die durch diesen Prozeß entstehen, derart in Gruppen teilen, daß dieselben eindeutig den Zahlen der natürlichen Zahlenreihe zugeordnet werden [2]), wie folgendes Schema andeutet:

Punktgruppe:	I	II	III	IV	$\cdots$
	(3 El.)	(3 El.)	(6 El.)	(12 El.)	
Natürliche Zahlenreihe:	1	2	3	4	$\cdots$

---

[1]) Vgl. *G. Cantor:* „Grundlagen . . . l. c.; *A. Schoenflies:* „Die Entwicklung . . . l. c.

[2]) Dabei wäre auch die Zusammenfassung mit jeweils allen bisherigen Punkten zur neuen Gruppe zulässig.

Dann aber ist nach obigem diese Menge der Punktgruppen eine abzählbare und da jede dieser Gruppen eine abzählbare Punktmenge ist, so folgt, daß auch die Gesamtheit der so erhaltenen Polygonpunkte auf dem Kreise eine abzählbare Punktmenge bildet.

Außerdem liegen die Elemente dieser unendlichen Punktmenge, die Polygonecken, überall dicht auf dem Kreise C, weil wir in jedem noch so kleinen Intervalle auf demselben um einen Eckpunkt weitere solche Eckpunkte finden können; denn wegen der Unbegrenztheit des Prozesses, durch den die Polygonecken immer näher aneinander rücken, ist eine Grenze für das Intervall zwischen zwei Polygonecken nicht angebbar; also müssen in jedem noch so kleinen Intervalle Eckpunkte außer den angenommenen liegen und das ist ja nach der Definition die Bedingung für eine überall dichte Punktmenge. — Und doch bilden diese Polygonecken noch nicht die Gesamtheit der Punkte der Kreisperipherie, da zwei benachbarte Ecken stets ein Kreisbogen verbindet, sie also trotzdem niemals direkt zusammenkommen; die Überdeckung des Kreises C findet daher durch die unzählig vielen Polygonecken nie vollständig statt.

Während nämlich die Polygoneckpunkte sich wie die rationalen Zahlen in einem bestimmten Intervall, hier dem Umfang des Kreises C, verhalten, sind auf demselben, gleichsam auf den zwischenliegenden Kreisbogen liegend (wovon aber besser Abstand genommen wird, da unsere Vorstellung dem Prozesse, durch den sie entstanden, bis an sein Ende nicht zu folgen imstande ist; hier tritt an die Stelle der Vorstellung allein der logische Begriff), auch Grenzpunkte oder Verdichtungspunkte der Menge der ersteren vorhanden, die ihnen nicht angehören; diese würden somit den in diesem Intervall vorhandenen irrationalen Zahlen oder Punkten entsprechen.

Unsere abzählbare, überall dichte Punktmenge der Polygonecken bildet keine strenggenommen kontinuierliche Kurve, wenn schon sie den Eindruck einer vollen Kurve macht; d. h. es ist in der empirischen Vorstellung in der unmittelbaren Anschauung ein Unterschied zwischen beiden nicht erkennbar wegen des überall dichten Überdeckens, da man bei dieser Punktmenge nicht notwendig einen Punkt dieser „Kurve"[1] treffen muß, um von dem inneren ins äußere Gebiet zu gelangen,

---

[1] Wir haben das Wort Kurve in „"-Zeichen gesetzt, weil man nach dem eben Gesehenen den Begriff einer solchen einschränken muß. Man kann nicht schlechtweg eine unendliche, d. h. hier eine unbeschränkte Punktmenge (d. i. eine solche, deren Gesamtheit niemals erreichbar ist, so viel Punkte man auch im Moment annehmen mag, da es immer noch mehr Punkte gibt, die der Menge nicht angehören) auch eine Kurve nennen, sondern man macht dafür die Einschränkung, die durch *Jordan* in der nach ihm benannten Jordanschen Kurve (vgl. *Jordan: „Cours d'analyse"*) festgelegt ist, daß eine Punktmenge dann und nur dann als Kurve aufzufassen ist, wenn sie die Ebene in zwei Gebiete derart trennt, daß man von dem einen in das andere nur auf dem Wege gelangen kann, daß man einen Punkt der Punktmenge trifft. Die Grundlage für diese Definition bildet die Gerade mit ihren sämtlichen rationalen und irrationalen Punkten, die eine solche Gebietsteilung in der Ebene indertat hervorbringt.

Im Anschlusse hieran könnte man sich die Frage vorlegen, was unter dem Inhalt einer solchen Punktmenge, wie sie z. B. durch die von uns eingeführte überall dichte Punktmenge auf dem Kreise gegeben, verstanden werden soll, da ja der Umfang des Kreises zu $2\,r\,\pi$ erst wird, wenn wir die ausgelassenen irrationalen Grenzpunkte hinzufügen. Indertat hat man durch geeignete Definition gefunden, daß der Inhalt einer solchen abzählbaren Punktmenge und damit auch jeder endlichen stets null ist. So würden die auf dem Intervall $0 \cdots 1$ einer Geraden liegenden rationalen Punkte, obwohl für unsere Vorstellung schon die ganze Strecke repräsentierend, noch keinen Inhalt besitzen; erst mit den irrationalen Punkten bilden sie dann das für unsere Auffassung, was wir die Strecke $0—1$, eine Strecke von bestimmtem Inhalt, d. h. von bestimmter Länge, nennen.

in welche Gebiete ja die Ebene durch diese Punktmenge geteilt wird; das trifft zu, wenn man nämlich den Weg durch einen der irrationalen Punkte hindurch gewählt denkt, wie die Skizze andeutet.

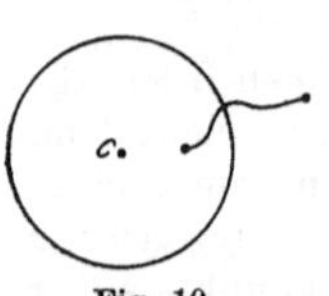

Fig. 10.

Die Gesamtheit der zur Kreisperipherie zu zählenden Punkte ist die Punktmenge aus allen rationalen und irrationalen Punkten, denen alle rationalen und irrationalen Zahlen dieses Intervalles (das durch die Länge seines Umfanges bzw., wenn wir als Veränderliche den Zentriwinkel betrachten, durch das Intervall $0 \cdots 2\pi$ gegeben ist)[1]) entsprechen. Erstere von ihnen bilden eine abzählbare, letztere eine nicht abzählbare Menge, beide zusammen das infolgedessen auch nicht abzählbare Kontinuum, das von höherer Mächtigkeit ist.

An diesem Beispiel erkennen wir auch wieder deutlich den Unterschied zwischen Präzisions- und Approximationsmathematik, wie schon die erwähnte Nichtvorstellbarkeit andeutet. Die erstere läßt die irrationalen Punkte nicht außer Betracht, wohingegen die letztere sich mit den rationalen Punkten der Polygonecken als Kreisangabe begnügt. Ebenso können wir bei den durch unseren Prozeß definierten Polygoneckpunkten, sobald ihre Gesamtheit als vorliegend betrachtet wird, in der Vorstellung nicht einzelne von ihnen herausheben, wohl aber durch unseren begrifflich festgelegten Prozeß, der sie uns einzeln liefert.

Eine irrationale Zahl wird, wie wir sahen, durch einen unbegrenzten Dezimalbruch dargestellt. Die Dezimalbrüche selbst unterscheiden sich durch die Zahlen, die an den verschiedenen Stellen — deren Stellenmenge abzählbar ist — stehen. Indem wir also diese Stellen sukzessive mit allen Zahlen der natürlichen Zahlenreihe belegen, d. h. mit den ganzen Zahlen 0, 1, 2 bis 9 in allen möglichen Kombinationen, so bekommen wir die sämtlichen Dezimalbrüche mit unbegrenzter Stellenzahl. Unter ihnen werden dann auch die periodischen Dezimalbrüche enthalten sein, die bekanntlich rationale Zahlen darstellen; trotzdem bleibt noch eine unbegrenzte Menge von irrationalen Zahlen.

§ 3. Die imaginäre Zahl.

Das Rechnen mit den Zahlen führt, indem man aus bekannten Größen unbekannte zu berechnen sucht, auf Gleichungen. Die Unbekannte bezeichnet man dann meist mit x oder, wenn ihrer mehrere sind, wählt man für sie die Buchstaben x, y, z, w, v usw. Nach dem höchsten Exponenten der Unbekannten teilt man die Gleichungen in solche ersten, zweiten usw. Grades ein, von denen uns schon die Gleichung vom zweiten Grade auf eine weitere. neue Art von Zahlen führt.

Eine solche Gleichung zweiten Grades lautet bekanntlich in ihrer allgemeinen Form, wenn wir mit a, b, c bestimmte positive oder negative Zahlen bezeichnen:

$$a x^2 + b x + c = 0$$

oder, wenn man durch den Koeffizienten von x^2 dividiert, auch kürzer:

$$x^2 + 2 p x + q = 0$$

[1]) Die Möglichkeit der Übertragung auf ein anderes Intervall ist gegeben nach S. 34.

Ihre Lösungen oder Wurzeln, d. h. die Werte von x, die sie erfüllen, finden sich aus der Formel:

$$x_{1,2} = -p \pm \sqrt{p^2 - q}$$

Der unter dem Wurzelzeichen befindliche Ausdruck $p^2 - q$, genannt die *Diskriminante* der quadratischen Gleichung, kann eine positive oder negative Zahl oder null werden. Er wird negativ, wenn q selbst positiv ist und p^2 kleiner als q ausfällt. In diesem Falle wäre also die Quadratwurzel aus einer negativen Zahl zu ziehen. Dies ist aber mit den bisher kennen gelernten reellen Zahlen nicht durchführbar, da es keine solche Zahl gibt, welche die Probe aushält; d. h. es ist unmöglich, unter den reellen Zahlen eine solche zu finden, die zum Quadrat erhoben den Wert der negativen Diskriminante liefert; ist ja doch das Quadrat jeder positiven und negativen Zahl stets positiv. Das Nächstliegende wäre daher die quadratische Gleichung als nicht immer lösbar zu erklären und, für eine mögliche Lösung derselben die angedeuteten Bedingungen anzugeben. Um nun aber die ausnahmslose Gültigkeit der mathematischen Sätze aufrecht erhalten zu können, ist man übereingekommen, hier neue Zahlen durch eine zweckdienliche Definition einzuführen. Führt man nun diese Zahlen, die den für reelle Zahlen gültigen Operationsgesetzen unterworfen werden können, in die Zahlenreihe als gleichberechtigt ein, so gilt dann natürlich der Satz über die zwei Wurzeln[1]) einer quadratischen Gleichung ganz allgemein; man hat nur hinzuzufügen, daß diese Wurzeln unter Umständen diesem neuen Zahlengebiet angehören können.

Diese so geschaffenen Zahlen sind uns in der nicht ganz glücklichen Bezeichnungsweise im Gegensatz zu den bisherigen reellen Zahlen als *imaginäre Zahlen*[2]) bekannt geworden, nicht ganz glücklich, denn es handelt sich tatsächlich um Zahlen, die gleichsam eine mathematische Notwendigkeit darstellen. Ihre allgemeine Form ist $\sqrt{-a}$, wo a selbst positiv. Unter Allgemeingültigkeit der Formel $\sqrt{A \cdot B} = \sqrt{A} \cdot \sqrt{B}$ kann man diese imaginäre Zahl auch durch das Produkt $\sqrt{a} \cdot \sqrt{-1}$ ersetzen, worin $\sqrt{a}$ eine reelle, positive, im allgemeinen irrationale Zahl ist. Das Neue an der imaginären Zahl reduziert sich damit auf den Ausdruck $\sqrt{-1}$, welchen man nun als die *Einheit der imaginären Zahlen* eingeführt hat. Für sie wird auch oft die zum erstenmal bei *Euler* getroffene und dann vom Göttinger Mathematiker *K. F. Gauss* verallgemeinerte Bezeichnung i (*Gausssches i*) verwendet. Wir haben also dort „1"

---

[1]) daß jede quadratische Gleichung (2. Grades) zwei Wurzeln hat, ein Spezialfall von dem viel allgemeineren, daß jede algebraische Gleichung m-ten Grades stets m Wurzeln besitzt.

[2]) Zum erstenmale sollen die imaginären Zahlen anno 1545 bei *Cardano* beiläufig bei der Lösung der kubischen Gleichung aufgetreten sein (vgl. *Klein, F.* Autogr. l. c., S. 138).

als Einheit der reellen und hier die Gausssche Einheit „$\sqrt{-1}$" $=$ „i" als Einheit der imaginären Zahlen. Bezeichnen wir vorübergehend die reelle Einheit 1 mit e und die imaginäre Einheit $\sqrt{-1}$ mit e_1, so besteht zwischen diesen beiden die Beziehung $e_1{}^2 = -e$, denn indertat ist $(\sqrt{-1})^2 = -(1)$, d. h. das Quadrat der imaginären Einheit ist gleich der negativen reellen Einheit. Ebenso gilt: $e \cdot e_1 = e_1$, also: $1 \cdot \sqrt{-1} = \sqrt{-1}$. Die ganzzahligen Potenzen der imaginären Einheit: $i^1 = \sqrt{-1}$, $i^2 = -1$, $i^3 = -\sqrt{-1} = -i$, $i^4 = +1$, $i^5 = i^1$, $i^6 = -1 = i^2$ usw. zeigen eine periodische Wiederholung der Zahlen $\sqrt{-1}$, $+1$, $-\sqrt{-1}$, -1, und zwar so, daß für n als beliebige positive, ganze Zahl

$$i^{4n} = +1 \; ; \; i^{4n+1} = \sqrt{-1} \; ; \; i^{4n+2} = -1 \; ; \; i^{4n+3} = -\sqrt{-1}$$

ist.

Die allgemeine imaginäre Zahl setzt sich aus einer bestimmten Anzahl imaginärer Einheiten zusammen, wie die reelle aus der reellen Einheit 1. So ist z. B. $\sqrt{-3} = 3\sqrt{-1} = \sqrt{-1} + \sqrt{-1} + \sqrt{-1} = 3i$ die imaginäre Zahl, welche aus der Zusammenfassung von drei imaginären Einheiten hervorgegangen ist; es ist also 3 der Koeffizient, der die Anzahl der zu nehmenden imaginären Einheiten angibt.

Auch hier kommt man, wie bei den reellen Zahlen, zur Unterscheidung von positiven und negativen imaginären Zahlen, deren gemeinschaftliche Einheit $\sqrt{-1}$ mit dem positiven Vorzeichen als Einheit der positiven, mit dem negativen Vorzeichen als Einheit der negativen imaginären Zahlen gilt.

§ 4. Die gewöhnliche komplexe Zahl.

So wenig sich eine bestimmte Anzahl von Dingen mit einer anderen bestimmten Anzahl qualitativ davon ganz verschiedener Dinge zu einer einzigen Gesamtzahl zusammenfassen läßt, d. h. es hat keinen Sinn z. B. zu sagen: Vier Steine und sechs Bäume sind gleich zehn $\cdots$ was? — falls man ihre qualitative Verschiedenheit aufrecht erhält — so ist es nun auch unzulässig, eine bestimmte Anzahl reeller und imaginärer Einheiten zu einer Gesamtzahl zusammenzufassen, also zu sagen: 4 reelle Einheiten $(4 = 4 \cdot 1)$ plus 6 imaginäre Einheiten $(6i = 6 \cdot \sqrt{-1})$ seien zusammen $4 + 10 = 14 \cdots$, denn man müßte ja fragen: was? Es bleibt also nichts übrig, als dieselben getrennt zu halten und diese abermals neuen Zahlen dadurch darzustellen, daß man durch ein $+$-Zeichen die Verbindung der reellen und imaginären Zahl zu einem neuen Zahlbegriff zum Ausdruck bringt. Das $+$-Zeichen wird hierbei im Anschluß an den Ausgangspunkt, diese Zahlen zur Darstellung der reell nicht vorhandenen Wurzeln einer quadratischen oder höheren Gleichung zu benutzen, gebraucht, wo es ja in der Lösung die beiden Zahlgattungen verbindet.

Die so entstandene Kombination bezeichnet man nach *Gauss* als **komplexe Zahl** [1]).

Obigem Beispiel, der Zusammenfassung von 4 reellen Einheiten und 6 imaginären Einheiten, entspricht daher die *komplexe Zahl* $4(1) + 6(i) = 4 + 6i$. Drücken wir die Anzahl der zu wählenden Einheiten allgemein im einen Fall durch a, im anderen Fall durch b aus, so erhalten wir als allgemeine Form der einfachen komplexen Zahl, die man auch schlechthin *die komplexe Zahl* nennt, den Ausdruck:

$$z = a + b\,i$$

zu verstehen und zu lesen: $z = a \cdot 1 + b \cdot i$, bzw. $z = a \cdot (\pm 1) + b \cdot (\pm \sqrt{-1})$, d. h. als eine Anzahl a reller Einheiten und eine Anzahl b imaginärer Einheiten, zusammengefaßt zu einem neuen Komplex. Für den Ausdruck wäre daher bezeichnender der Name eines *komplexen Zahlenpaares*, dessen allgemeine Form auch besser $z = a\,e_0 + b\,e_1$ ist, worin a und b Anzahlen von Einheiten, im ersten Fall reeller (± 1), im zweiten Falle imaginärer $\left(\pm \sqrt{-1}\right)$, bedeuten.

Auf Grund obiger Definition der einfachen komplexen Zahlen als aus zwei verschiedenen Zahlenarten (reelle und imaginäre) zusammengesetzte Zahlenpaare lassen sich nun für sie die folgenden grundlegenden Gesetze aufstellen:

1. Zwei *komplexe Zahlen* $[a_1 + b_1\,i]$ und $[a_2 + b_2\,i]$ können nur gleich sein, wenn $a_1 = a_2$ und $b_1 = b_2$ ist, d. h. wenn sowohl die reellen Bestandteile unter sich als auch die Koeffizienten der imaginären Teile einander gleich sind.

2. Die Summe (Addition) zweier *komplexen Zahlen* $[a_1 + b_1\,i]$ und $[a_2 + b_2\,i]$ kann nur die komplexe Zahl $[(a_1 + a_2) + (b_1 + b_2)\,i]$ bedeuten, da nur die reellen Teile unter sich und die imaginären Teile für sich vereinigt als gleichartige Zahlen addiert werden können; also gilt die Formel:

$$[a_1 + b_1\,i] + [a_2 + b_2\,i] = [(a_1 + a_2) + (b_1 + b_2)\,i]$$

3. Die Differenz (Subtraktion) zweier *komplexen Zahlen* ergibt sich analog aus der allgemeinen Form wieder als komplexe Zahl:

$$[a_1 + b_1\,i] - [a_2 + b_2\,i] = [(a_1 - a_2) + (b_1 - b_2)\,i]$$

---

[1]) welche Bezeichnung *Gauss* in einer Arbeit vom Jahre 1831 an Stelle des bis dahin für solche Zwecke gebrauchten Wortes *imaginär* vorschlägt (vgl. *Klein, F.* Autogr. l. c., S. 143).

4. Unter dem Produkt aus einer *reellen* **Zahl und einer** *komplexen Zahl* $[a + b\,i]$ versteht man eine andere *komplexe Zahl*, die sich ergibt, indem man die gegebene als Binom betrachtet, mit der reellen Zahl multipliziert, so daß:

$$m \cdot [a + b\,i] = [m\,a + m\,b\,i]$$

5. Als Produkt zweier *komplexen Zahlen* führen wir ein die Form:

$$[a_1 + b_1\,i] \cdot [a_2 + b_2\,i] = [a_1 a_2 + a_1 b_2 i + b_1 a_2 i - b_1 b_2]$$

$$[a_1 + b_1\,i] \cdot [a_2 + b_2\,i] = [(a_1 a_2 - b_1 b_2) + (a_1 b_2 + b_1 a_2)\,i]$$

also wieder eine *komplexe Zahl*, d. h. wir betrachten auch hier die komplexe Zahl wie ein Binom von Zahlen und wenden darauf die Multiplikationsregel der Binome an.

6. Für die Untersuchung der Division zweier *komplexen Zahlen* $[a_1 + b_1\,i]$ und $[a_2 + b_2\,i]$ suchen wir den Quotient zu bestimmen.

Wir setzen:

$$\frac{a_1 + b_1\,i}{a_2 + b_2\,i} = x + y\,i$$

und suchen die Unbekannten x und y.

Es muß dann nach Definition der Division sein:

$$a_1 + b_1\,i = (a_2 + b_2\,i)\,(x + y\,i)$$
$$= a_2 x + a_2 y\,i + b_2 x\,i - b_2 y$$
$$a_1 + b_1\,i = (a_2 x - b_2 y) + (b_2 x + a_2 y)\,i$$

Wenden wir auf die beiderseits stehenden komplexen Zahlen den obigen ersten Satz an, so ergeben sich die beiden Gleichungen:

$$a_1 = a_2 x - b_2 y \; ; \quad a_2 x - b_2 y - a_1 = 0$$
$$b_1 = b_2 x + a_2 y \; ; \quad b_2 x + a_2 y - b_1 = 0$$

woraus:

$$x = \frac{a_2 a_1 + b_2 b_1}{a_2{}^2 + b_2{}^2} \; ; \quad y = \frac{a_2 b_1 - b_2 a_1}{a_2{}^2 + b_2{}^2} \,.$$

Es werden also x und y wirklich reell und wir erhalten somit als Quotient zweier komplexen Zahlen wiederum eine reine komplexe Zahl:

$$\frac{[a_1 + b_1\,i]}{[a_2 + b_2\,i]} = \left[\frac{a_2 a_1 + b_2 b_1}{a_2{}^2 + b_2{}^2} + \frac{a_2 b_1 - b_2 a_1}{a_2{}^2 + b_2{}^2}\,i\right]$$

d. h.

Als Q̲u̲o̲t̲i̲e̲n̲t̲ zweier *komplexen Zahlen* folgt wieder eine (einfache) *komplexe Zahl,* deren reelle Bestandteile sich leicht unter Beachtung der vorgenannten Beziehungen bestimmen lassen.

Aus obigen Darlegungen ergibt sich, daß für die *einfachen komplexen Zahlen* das assoziative und kommutative Gesetz bei Addition gilt und dies auch für die Multiplikation der Fall ist, wenn wir das distributive Gesetz für imaginäre Zahlen als gültig voraussetzen.

Man erkennt ferner, daß das Produkt zweier (einfachen) *komplexen Zahlen* nur null werden kann, wenn ein Faktor zu Null wird, d. h. für eine komplexe Zahl sowohl der reelle Bestandteil, als auch der Koeffizient des imaginären.

Zwei einfache komplexe Zahlen mit entgegengesetztem Vorzeichen, also von der Form $[a + b\,i]$ und $-[a + b\,i] = [-a - b\,i]$ nennt man *entgegengesetzt.*

Unterscheiden sie sich aber nur im entgegengesetzten Vorzeichen des imaginären Teiles, was bei den Formen $[a + b\,i]$ und $[a - b\,i]$ der Fall ist, so spricht man von zwei *konjugiert komplexen* Zahlen, da die komplexe Zahl als Wurzel einer algebraischen Gleichung niemals allein auftritt, sondern immer in Verbindung mit der konjugiert komplexen Zahl, d. h. wenn $[a + b\,i]$ Wurzel einer solchen Gleichung ist, so ist es auch $[a - b\,i]$. Das Produkt zweier *konjugiert komplexen Zahlen,* hier $a^2 + b^2$, ist stets reell und ergibt sich die Form der zweiten derselben, $[a - b\,i]$, aus der ersteren, $[a + b\,i]$, indem man in diese als imaginäre Einheit nicht $+i$, sondern $-i$ einführt, sie also in der Form schreibt: $[a + b\,(-i)]$.

Aus diesem allem ist unter Berücksichtigung, daß mit $b = 0$ die komplexe Zahl $a \pm b\,i$ in die reelle a übergeht, ersichtlich, daß wir diese *komplexen Zahlen* als die allgemeinere Zahlenform gleichsam an die Spitze stellen könnten, um dann aus ihnen die reellen Zahlen samt ihren Gesetzen als Spezialfälle herzuleiten. Wir werden indertat sehen, daß ein wichtiger Begriff, nämlich der des absoluten Wertes, für die komplexe Zahl eine viel allgemeinere Bedeutung hat als bei der reellen; aber für letztere ergibt er sich aus der ersteren durch entsprechende Spezialisierung. Ebenso ist die oben besprochene imaginäre Zahl, oft präziser auch als *rein imaginäre Zahl* bezeichnet, ein Spezialfall der allgemeinen komplexen, nämlich derjenige, wo das reelle Glied den Koeffizienten 0 hat, also null reelle Einheiten zu nehmen sind. Die allgemeine Form der sog. *rein imaginären Zahl* ist daher: $0 \cdot (1) \pm b\,i = \pm\mathbf{b}\,\mathbf{i}$. Es müssen daher auch für die rein imaginären Zahlen die gleichen Gesetze gelten, wie für die einfach komplexen.

Für das weitere Arbeiten mit der komplexen Zahl empfiehlt es sich, für dieselbe eine

graphische Darstellung

zu verwenden, die an und für sich von Bedeutung ist, indem sie gewisse Begriffe der Mechanik und speziell der Bewegungslehre durch mathematische Größen leicht ausdrücken läßt. Diese graphische Darstellung ist vor allem durch *Gauss* bekannt geworden.

Wenn man auf einer geraden Linie die positive und negative Einheit als Einheitsstrecke aufträgt, so gelangt man, geometrisch ausgedrückt, durch eine Drehung um 180° von $+1$ nach -1 und es entsteht die Frage: Welche arithmetische Veränderung einer Größe findet bei einer Drehung um 90° statt? Das ist leicht auszurechnen, denn eine Drehung um 180° im entgegengesetzten Sinne zu der des Uhrzeigers von $+1$ nach -1 setzt sich aus zwei Drehungen zu je 90° im gleichen Sinne zusammen. Man muß also die Zahl $+1$ zweimal mit demselben Faktor multiplizieren, um vom Ort der Zahl $+1$ zum Ort von -1 zu gelangen. Bezeichnen wir diesen Faktor vorübergehend mit f, so bestände also die Gleichung:

$$+1 \cdot f^2 = -1 \quad \text{oder} \quad f^2 = -1$$

woraus folgt:

$$f = \sqrt{-1} = i$$

Wir sehen also, daß der Drehung um 90° die Multiplikation mit der imaginären Einheit i entspricht.

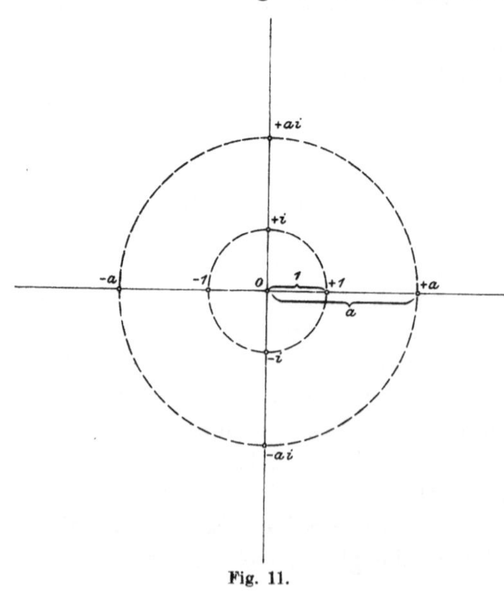

Fig. 11.

Die Darstellung der reellen und imaginären Zahlen ist nun dadurch gegeben, daß wir etwa auf einer horizontalen sog. Abszissenachse die reellen Zahlen, denen die Einheitsstrecke $+1$ zugrunde liegt, darstellen und auf der dazu senkrechten sog. Ordinatenachse die imaginären Zahlen mit der Einheitsstrecke $+i = +\sqrt{-1}$, welche die nämliche Länge wie die von $+1$ besitzen muß, da sich ja bei der besprochenen

Drehung die Länge der Strecke nicht ändert („reelle" und „imaginäre Achse"). Die beiden Einheitsstrecken der reellen und imaginären Zahlen besitzen daher die nämliche Länge, stehen aber, geometrisch aufgefaßt, senkrecht zueinander.

Ebenso folgt daraus, daß dem *Bildort* oder *Bildpunkt* der *rein imaginären Zahl* $(a\,i)$ auf der Ordinatenachse die gleiche Strecke als Abstand vom Nullpunkt zukommt, wie sie der ihrem Koeffizienten gleichwertigen *reellen Zahl* (a) auf der Abszissenachse entspricht.

Die Abszissenachse ist somit die **Zahlenlinie der reellen Zahlen,** die Ordinatenachse die **Zahlenlinie der rein imaginären Zahlen.**

Obige geometrische Darstellung der reellen und imaginären Einheiten, $+1, -1, +i, -i$ läßt sich auch derart interpretieren, daß man sagt, i als Zeichen wie „—" aufgefaßt diene nur dazu, ebenso wie das Zeichen „—" eine neue Richtung festzusetzen, nach welcher man sich bewegen muß, um z. B. die imaginäre Zahl $i\,a$ abzutragen, wie dies nach links vom Nullpunkt aus für die Zahl $-a$ erfolgt; denn für $+a, -a, +i\,a, -i\,a$ ist die abgetragene Strecke von O aus die gleiche, entsprechend a reellen Einheiten. In diesem Falle ist als imaginäre Einheit der positiven imaginären Zahlen $(+i)\,1$ oder $i\,1$ zu bezeichnen [d. h. 1 mit dem „Vorzeichen" $(+i)$ oder i], die man kurz auch $(+i)$ oder i schreibt, und als diejenige der negativen imaginären Zahlen $(-i)\,1$ [d. h. 1 mit dem „Vorzeichen" $(-i)$] oder kurz $(-i)$, welche Analogie sich bei den positiven und negativen reellen Zahlen durchführen läßt [$(+)1$ (d. h. 1 mit dem Vorzeichen „$+$") oder 1 für die positiven, $(-)1$ (d. h. 1 mit dem Vorzeichen „$-$") für die negativen]. In den *rein imaginären Zahlen* $+i\,a$ und $-i\,a$ sind hiernach $(+i)$ und $(-i)$ als Vorzeichen zu a aufzufassen, wie dies mit $+$ und $-$ in den reellen Zahlen $+a$ und $-a$ der Fall ist.

Die Kombination der reellen und rein imaginären Zahl ergibt nun die *einfache komplexe Zahl*, deren *Bildort* in geometrischer Darstellung die vierte, dem Nullpunkt gegenüberliegende Ecke eines Rechteckes ist. Die anderen beiden Ecken desselben sind die Bildpunkte des reellen und imaginären Bestandteiles derselben. Jeder Punkt der durch die beiden Achsen bestimmten Ebene repräsentiert somit eine bestimmte komplexe Zahl und umgekehrt ist damit jeder komplexen Zahl ein bestimmter Punkt dieser sog. **Zahlenebene der komplexen Zahlen** zugeordnet.

Die Verbindungsstrecke vom Nullpunkt nach dem Zahlort der komplexen Zahl, der sog. **Radiusvektor:** ϱ nach dem Punkt P, stellt dann geometrisch den **absoluten Wert** oder **Betrag** oder **Modul** derselben dar, den man für die komplexe Zahl $z = a + b\,i$ als den Wurzelausdruck $\sqrt{a^2 + b^2}$ einführt. Dabei ist die Wurzel stets positiv

zu nehmen, was geometrisch darauf hinauskommt, in demselben nur
die Länge der Strahlen in Betracht zu ziehen. Es ist also:

$$|a \pm b\,i| = \sqrt{a^2 + b^2}$$

Fig. 12 läßt erkennen, daß mit $\varrho = 0$ der Bildpunkt P der komplexen
Zahl in den Nullpunkt rückt, d. h. er wird zum Ort der verschwin-
denden komplexen Zahl, woraus hervorgeht, daß für das Verschwinden
der komplexen Zahl auch das Verschwinden ihres Moduls genügt.

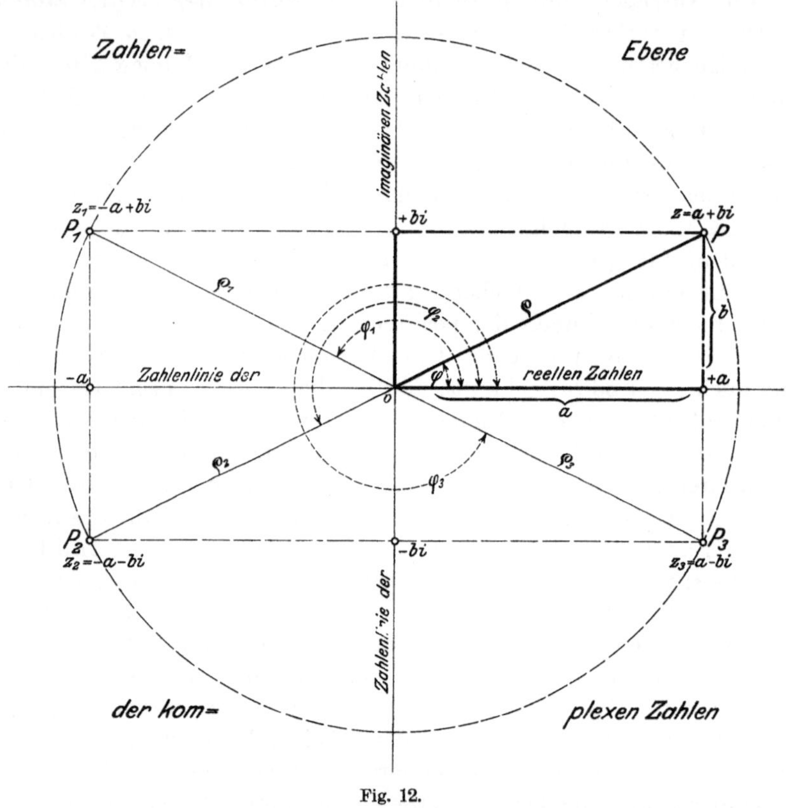

Fig. 12.

Ist $b = 0$, so geht $\sqrt{a^2 + b^2}$ über in a, und das ist dasselbe, was
wir früher als absoluten Wert der reellen Zahl eingeführt haben. Ist
$a = 0$, so erhalten wir daraus b, was uns sagt, daß der absolute Wert
der rein imaginären Zahl $\pm b\,i$ gleich b ist.

Wie aus Figur hervorgeht, entsprechen konjugiert komplexen Zahlen
Spiegelbilder, die sich an der positiven Abszissenachse spiegeln; ihre
Radienvektoren und absoluten Werte sind einander gleich.

Den Winkel, den der Strahl OP, der Radiusvektor der komplexen Zahl, mit der positiven Richtung der „reellen Achse" bildet, nennt man die *Amplitude* der komplexen Zahl: φ.

Es ist nach Skizze:

$$OQ = a = \varrho \cos\varphi$$

$$QP = b = \varrho \sin\varphi$$

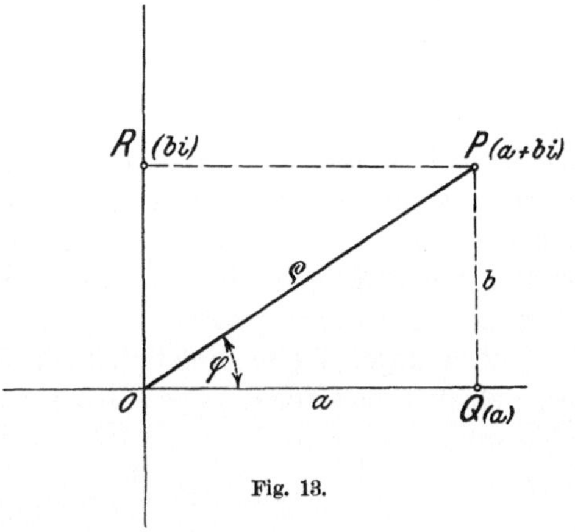

Man kann demnach die *komplexe Zahl* in allgemeiner Form auch schreiben:

$$a + bi = \varrho\,(cos\,\varphi + i\,sin\,\varphi)$$

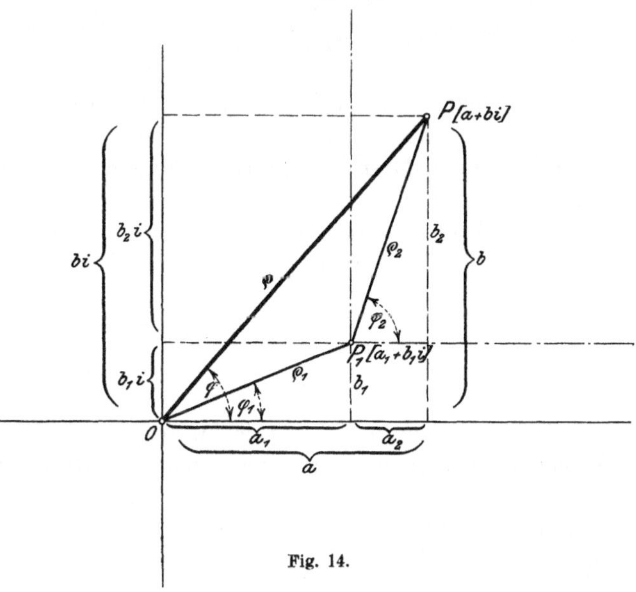

Fig. 13.

wenn man als erzeugende Elemente ϱ und φ betrachtet.

Aus unserer Einführung der komplexen Zahl ergibt sich, daß Addition und Subtraktion derselben nur möglich sind, indem man die reellen Teile für sich addiert bzw. subtrahiert und die imaginären Teile für sich gleich behandelt, so daß also:

$$[a_1 + b_1 i] + [a_2 + b_2 i] = [(a_1 + a_2) + (b_1 + b_2)\,i] = [a + b\,i\,]$$

und

$$[a_1 + b_1 i] - [a_2 + b_2 i] = [(a_1 - a_2) + (b_1 - b_2)\,i] = [a' + b'\,i]$$

Das nämliche Resultat folgt auch aus unserer geometrischen Darstellung:

Wir stellen zuerst die Zahl

$$[a_1 + b_1\,i]$$

dar und erhalten ihren Zahlort im Punkte P_1. Zur Darstellung der zweiten Zahl

$$[a_2 + b_2\,i]$$

denken wir uns P_1 als Nullpunkt und finden dann für sie

Fig. 14.

den Punkt P, welcher der Zahlort für die Summe

$$[a_1 + b_1\,i] + [a_2 + b_2\,i] = [a + b\,i]$$

ist; sein Radiusvektor ist ϱ und seine Amplitude ist φ. Wie Figur lehrt, besteht indertat der reelle Teil der Summe aus der Summe der reellen Teile der Summanden und entsprechend steht es mit dem imaginären Teil, der sich auch aus der Summe der imaginären Teile der Summanden zusammensetzt.

In analoger Weise bildet sich die Differenz, wo darauf zu achten ist, daß dem negativen Vorzeichen ein Abtragen vom Nullpunkt nach links bei der reellen, nach unten bei der imaginären Zahl zukommt. Nach Konstruktion entspricht der zu subtrahierenden komplexen Zahl ein Auftragen ihres Radiusvektors in entgegengesetzter Richtung.

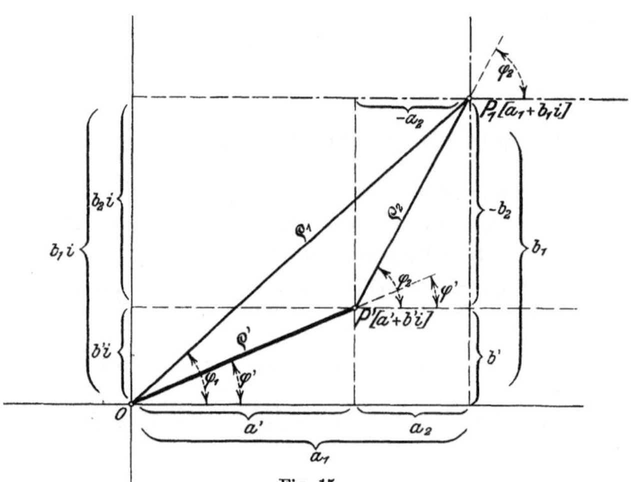

Fig. 15.

Wie die Figuren lehren und wie man auch algebraisch leicht nachweisen kann, ist der absolute Wert der Summe zweier komplexen Zahlen $|a + b|$ kleiner oder höchstens gleich der Summe der absoluten Werte der einzelnen Summanden, und der absolute Wert einer Differenz $|a - b|$ ist gleich oder größer als die Differenz der absoluten Werte von a und b.

In Form einer Formel:

$$|a + b| \leqq |a| + |b|$$
$$|a - b| \geqq |a| - |b|$$

Wir erwähnen noch, daß, wenn man zwei solche einfache komplexe Zahlen miteinander multipliziert, man als Resultat wieder eine komplexe Zahl erhält, deren Amplitude aber gleich ist der Summe der Amplituden der Faktoren und deren absoluter Wert durch das Produkt der absoluten Werte der Faktoren gegeben ist.

Es wird somit:
Wenn

$$[a_1 + b_1\, i] = \varrho_1 (\cos\varphi_1 + i \sin\varphi_1)$$

$$[a_2 + b_2\, i] = \varrho_2 (\cos\varphi_2 + i \sin\varphi_2)$$

für das Produkt:

$$[a_1 + b_1\, i] \cdot [a_2 + b_2\, i] = \varrho_1 (\cos\varphi_1 + i \sin\varphi_1) \cdot \varrho_2 (\cos\varphi_2 + i \sin\varphi_2)$$

$$[a_1 + b_1\, i] \cdot [a_2 + b_2\, i] = \varrho_1 \varrho_2 \left[\cos(\varphi_1 + \varphi_2) + i \sin(\varphi_1 + \varphi_2)\right]$$

also:

$$[a_1 + b_1\, i]\, [a_2 + b_2\, i] = \varrho'(\cos\varphi' + i \sin\varphi') = [a' + b'\, i]$$

Ganz analog liegen die Verhältnisse

für den Quotient[1]):

$$\frac{a_1 + b_1\, i}{a_2 + b_2\, i} = \frac{\varrho_1}{\varrho_2} \left[\cos(\varphi_1 - \varphi_2) + i \sin(\varphi_1 - \varphi_2)\right]$$

also:

$$\frac{a_1 + b_1\, i}{a_2 + b_2\, i} = \varrho''(\cos\varphi'' + i \sin\varphi'') = [a'' + b''\, i]$$

Für n-mal wiederholte Multiplikation ergibt sich eine auch für beliebiges n gültige Formel für die Potenz:

$$[\cos\varphi + i \sin\varphi]^n = \cos(n\,\varphi) + i \sin(n\,\varphi)$$

bekannt als *Moivresche Formel.*

§ 5. Die höhere komplexe Zahl, insbesondere die Quaternion.

Unsere Darstellung der gewöhnlichen komplexen Zahl hat gezeigt, daß wir dieselbe auffassen dürfen als Zahlenpaar oder schlechtweg als Paar, aufgebaut mit Hilfe von zwei verschiedenen Einheiten, der reellen und der gewöhnlichen imaginären Einheit. Dieses Prinzip, noch weitere, neue Zahlengrößen vermittels von Zahlentrippeln, Zahlenquadrupeln usw. in ähnlicher Weise wie bei der gewöhnlichen komplexen Zahl aufzubauen, liegt hier nahe und führt zu den sog. *höheren komplexen Zahlen*, deren allgemeine Form etwa wäre:

$$a = a_0\, e_0 + a_1\, e_1 + a_2\, e_2 + a_3\, e_3 + a_4\, e_4 + \cdots$$

____

[1]) Vgl. S. 42.

worin a_0, a_1, a_2, a_3, a_4, $\cdots$ reelle Zahlen, speziell die Anzahlen der verschiedenen Einheiten e_0, e_1, e_2, e_3, e_4, $\cdots$ bedeuten. Über die Beziehungen dieser Einheiten ist zunächst noch nichts ausgesagt und man kann darüber noch beliebige Festsetzungen treffen, wonach sich dann die speziellen Eigenschaften der damit gebildeten komplexen Zahlen richten.

Unter diesen höheren komplexen Zahlen haben nun eine besondere Bedeutung erlangt die sog. ***Hamiltonschen Quaternionen.***

Schon der Name sagt, daß es sich hier um komplexe Zahlen handelt, die aus vier Gliedern bestehen, welche neben der reellen Einheit $+1$ noch drei weitere Einheiten enthalten, so daß sich diese Zahlengrößen aus vier verschiedenen Zahlengattungen zusammensetzen und also die allgemeine Form der *Hamiltonschen Quaternion* wird:

$$q_a = a_0(+1) + a_1(+i) + a_2(+j) + a_3(+k)$$

oder kürzer:

$$\boldsymbol{q_a = a_0 + a_1 i + a_2 j + a_3 k}$$

worin i, j, k die Einheiten wären, über deren Beziehungen wir noch zu verfügen haben, und a_0, a_1, a_2, a_3 die Koeffizienten der Quaternion.

Da wir bald nachher mit den Grundbegriffen, mit welchen in den Hamiltonschen Quaternionen und auch besonders der modernen Vektoranalysis gearbeitet wird, näher zu tun haben werden, so wollen wir hier zunächst die rein mathematische Seite der Hamiltonschen Quaternionen kurz betrachten, nicht um eine vollständige Darstellung derselben zu geben, sondern nur, um an einem Beispiel zu zeigen, wie man auch praktisch verwertbare Größen durch scheinbar rein abstrakte Festsetzungen gewinnen kann; denn schließlich hat die Hamiltonsche Quaternion eine einfache geometrische Bedeutung.

Für *Hamilton*[1]), der seine Quaternionen vornehmlich in Rücksicht auf allgemein geometrische, zum Teil auch physikalische Anwendungen ausgearbeitet hat, ergaben sich aus ihrer geometrischen Bedeutung folgende festzusetzende Beziehungen zwischen den drei neuen Einheiten:

$$1. \quad i^2 = -1 \quad ; \quad j^2 = -1 \quad ; \quad k^2 = -1$$

$$2. \quad ij = k \quad ; \quad jk = i \quad ; \quad ki = j$$

$$3. \quad ji = -k \quad ; \quad kj = -i \quad ; \quad ik = -j$$

und schließlich ergibt sich aus: $i\,(j\,k) = i \cdot i = i^2 = -1$

$$4. \quad ijk = -1$$

---

[1]) *Hamilton, William, Rowan*, Mathematiker und Astronom 1805—1865, Professor in Dublin. Werke hierüber: „*Lectures on quaternions*" 1853; „*Elements of quaternions*" 1866, deutsch von *Glan* 1881.

Die Tatsache, daß i^2, j^2, k^2 stets alle gleich -1 sind, führt uns zunächst auf die Frage, ob die Größen i, j, k sämtlich Repräsentanten von $\sqrt{-1}$ sind; sie müßten dann aber durchwegs einander gleich sein und wir hätten es dann nicht mit einer neuen Zahl, einer *Quaternion* zu tun, sondern höchstens mit einer gewöhnlichen komplexen Zahl. Doch dem ist nicht so, denn die Formel $ij = k$ lehrt, daß eine solche Deutung von i, j und k, jede der Einheiten als $\sqrt{-1}$, nicht möglich ist. Indertat zeigt die geometrische Herleitung der Hamiltonschen Quaternionen, daß wohl i, j, k als Repräsentanten von $\sqrt{-1}$ betrachtet werden können, aber nicht in derselben Ebene, sondern in drei zueinander senkrecht stehenden Ebenen. Ihre Identifikation mit $\sqrt{-1}$ ist daher auch nicht zulässig, was uns noch leichter verständlich wird, wenn wir beachten, daß ja auch schon die reelle Einheit 1 und die imaginäre Einheit $i = \sqrt{-1}$ wohl bei ihrer geometrischen Veranschaulichung der Länge nach gleich sind, aber trotzdem nicht gleich gesetzt werden dürfen, weil sie sich durch den Richtungsfaktor bzw. die Richtung, wenn auch in der gleichen Ebene, in der sie um 90° differieren, unterscheiden. Es muß also etwas Ähnliches eintreten, wenn wir in den Raum hinausgehen.

Diese Bemerkungen mögen hier nur als zur vorläufigen Orientierung und bequemeren Vorstellung gegeben aufgefaßt werden, ohne uns hier zu veranlassen, eine geometrische Interpretation der Einheiten i, j, k zu geben und damit die Frage nach einer von ihnen eventuell repräsentierten Richtung aufzuwerfen.

Die S u m m e bzw. A d d i t i o n zweier *Quaternionen* ist unmittelbar gegeben nach der Einführung der Quaternion als höhere komplexe Zahl, und zwar, wie seinerzeit bei den gewöhnlichen komplexen Zahlen, durch:

$$q_a + q_b = [a_0 + a_1 i + a_2 j + a_3 k] + [b_0 + b_1 i + b_2 j + b_3 k]$$

$$q_a + q_b = (a_0 + b_0) + (a_1 + b_1) i + (a_2 + b_2) j + (a_3 + b_3) k$$

was mit $a_0 + b_0 = A_0$; $a_1 + b_1 = A_1$; $a_2 + b_2 = A_2$; $a_3 + b_3 = A_3$ der allgemeinen Form entspricht:

$$q_a + q_b = A_0 + A_1 i + A_2 j + A_3 k$$

es ergibt sich also wieder eine Quaternion.

In analoger Weise ergibt sich auch die D i f f e r e n z bzw. S u b t r a k t i o n.

Aus dieser Additionsformel folgt ohne weiteres, daß für die *Quaternionen* das a s s o z i a t i v e und k o m m u t a t i v e Gesetz der

Addition auch gilt. *Hamilton* hat nun vermöge seines geometrischen Ausgangspunktes nachgewiesen, daß für diese Quaternionen **auch das assoziative Gesetz der Multiplikation und das distributive Gesetz gelten.** Wir nehmen sie hier zweckmäßigerweise als bestehend an, um so weit als möglich die Gesetze unserer Zahlen mit jenen der gewöhnlichen Algebra in Übereinstimmung zu bringen; dies auch, weil eine nachträgliche Spezialisation der Quaternion auf die gewöhnliche komplexe Zahl führt, wenn nämlich in der Form der allgemeinen Quaternion a_2 und a_3 zu Null werden.

Es bliebe nun noch die Frage zu beantworten, wie es mit dem kommutativen Gesetz der Multiplikation von Quaternionen steht.

Daß dieses nicht gültig sein kann, erkennen wir schon daraus, daß ja schließlich die Einheiten selbst spezielle Fälle der Quaternionen bilden, für sie aber das kommutative Gesetz nicht gilt, da nach unserer Festsetzung $ij = k$, jedoch $ji = -k$ sein soll.

Das <u>Produkt</u> oder die Multiplikation zweier *Quaternionen*:

$$q_a \cdot q_b = [a_0 + a_1 i + a_2 j + a_3 k] \cdot [b_0 + b_1 i + b_2 j + b_3 k]$$

ergibt nun, wenn wir genau, wie bei den gewöhnlichen komplexen Zahlen, die beiden Faktoren als Polynome von vier Gliedern betrachten und ausmultiplizieren, unter Berücksichtigung der obigen Gesetze für die Einheiten und der Tatsache, daß $a\,i = i\,a$, usw., folgendes Resultat:

$$\begin{aligned}
q_a \cdot q_b = \quad & a_0 b_0 &&+ a_1 b_0\, i &&+ a_2 b_0\, j &&+ a_3 b_0\, k \\
+ & a_0 b_1\, i &&+ a_1 b_1\, i^2 &&+ a_2 b_1\, j\, i &&+ a_3 b_1\, k\, i \\
+ & a_0 b_2\, j &&+ a_1 b_2\, i\, j &&+ a_2 b_2\, j^2 &&+ a_3 b_2\, k\, j \\
+ & a_0 b_3\, k &&+ a_1 b_3\, i\, k &&+ a_2 b_3\, j\, k &&+ a_3 b_3\, k^2
\end{aligned}$$

Nun ist:

$$a_1 b_1\, i^2 = -a_1 b_1\,;\quad a_2 b_2\, j^2 = -a_2 b_2\,;\quad a_3 b_3\, k^2 = -a_3 b_3$$

so daß:

$$\begin{aligned}
q_a \cdot q_b = \quad & [a_0 b_0 - (a_1 b_1 + a_2 b_2 + a_3 b_3)] \\
& + [(a_0 b_1 + a_1 b_0) + (a_2 b_3 - a_3 b_2)] \cdot i \\
& + [(a_0 b_2 + a_2 b_0) + (a_3 b_1 - a_1 b_3)] \cdot j \\
& + [(a_0 b_3 + a_3 b_0) + (a_1 b_2 - a_2 b_1)] \cdot k
\end{aligned}$$

Bezeichnen wir die eckigen Klammern mit A_0, A_1, A_2, A_3, so folgt:

$$q_a \cdot q_b = A_0 + A_1 i + A_2 j + A_3 k$$

also auch wieder eine Quaternion.

Der Vertauschung der beiden Faktorquaternionen vor der Ausrechnung kommt eine Vertauschung der beiden Zahlen q_a und q_b gleich, was sich auch im Multiplikationsresultat zeigt. Unter Beobachtung dieser im letzteren erhält man für die erste große Klammer den nämlichen Ausdruck, während die anderen Klammern A_2, A_3 und A_4 übergehen in:

$$[(b_1 a_0 + b_0 a_1) + (b_2 a_3 - b_3 a_2)] \cdot i$$
$$\text{usw.,}$$

in welchen Ausdrücken aber die Teile $(b_2 a_3 - b_3 a_2)$ usw. gerade die mit entgegengesetztem Vorzeichen versehenen obigen sind, so daß man ersieht, daß mit dem Vertauschen der Faktorquaternionen sich ihr Produkt ändert und also das **kommutative Gesetz der Multiplikation für die** *Quaternionen* **nicht** gilt.

Währenddem sich mit Vertauschung der zu multiplizierenden Quaternionen der von den Einheiten i, j, k freie Teil des Produktes, der sog. *skalare Teil*, nicht ändert, erfährt der mit jenen behaftete sog. *vektorielle Teil*[1]) zum Teil eine Änderung des Vorzeichens, d. h. es ist, wenn wir

den skalaren Teil obigen Produktes $\qquad A_0 \qquad = S\, q_a q_b$

den vektoriellen Teil obigen Produktes $\quad A_1 i + A_2 j + A_3 k = V\, q_a q_b$

also

$$q_a \cdot q_b = S\, q_a q_b + V\, q_a q_b$$

setzen:

$$S\, q_a q_b = S\, q_b q_a$$
$$V\, q_a q_b \neq V\, q_b q_a$$

und damit wird:

$$q_a q_b \neq q_b q_a$$

Wir haben es daher hier mit einer **neuen Art von** *komplexen Zahlen* zu tun, die im Gegensatz zu den gewöhnlichen komplexen Zahlen das kommutative Gesetz nicht befolgen. Weil sich aber der erste Teil diesem Gesetze im Gegensatz zum zweiten, wie gesehen, fügt, so liegt es nahe, wie bereits getan, eine Trennung der beiden in einen sog. skalaren und vektoriellen Teil vorzunehmen.

Für den **Quotient** bzw. die **Division** zweier *Quaternionen* betrachten wir zunächst den reziproken Wert einer solchen.

Ist

$$q_a = a_0 + a_1\, i + a_2\, j + a_3\, k$$

eine gegebene Quaternion, so definieren wir als deren *reziproken Wert* diejenige Größe q_a', welche analog den reziproken reellen Zahlen die Bedingung erfüllt:

$$q_a \cdot q_a' = 1$$

---

[1]) Vgl. S. 57.

so daß, ausführlicher geschrieben, die Bedingungsgleichung erfüllt sein muß:

$$[a_0 + a_1 i + a_2 j + a_3 k] \cdot [a_0' + a_1' i + a_2' j + a_3' k] = 1$$

Nach obigem ergibt aber das Produkt zweier Quaternionen wieder eine Quaternion; es ergäbe sich also bei Ausführung der Multiplikation ein auf die rechte Seite der Gleichung zu setzender Ausdruck von der Form: $x_0 + x_1 i + x_2 j + x_3 k$, der nach Bedingung 1 ergeben soll. Daraus folgt, daß:

$$x_0 = 1 \qquad \text{und} \qquad x_1 = x_2 = x_3 = 0$$

sein muß.

Denken wir uns links das Resultat der Multiplikation nach früherem ausgerechnet und eingesetzt, so ergeben sich damit unter Gleichsetzung der links und rechts der Gleichung mit gleichen Einheiten behafteten Glieder die weiteren Bedingungen:

$$a_0 a_0' - a_1 a_1' - a_2 a_2' - a_3 a_3' = 1$$
$$(a_0 a_1' + a_1 a_0') + (a_2 a_3' - a_3 a_2') = 0$$
$$(a_0 a_2' + a_2 a_0') + (a_3 a_1' - a_1 a_3') = 0$$
$$(a_0 a_3' + a_3 a_0') + (a_1 a_2' - a_2 a_1') = 0$$

Setzen wir:

$$a_0{}^2 + a_1{}^2 + a_2{}^2 + a_3{}^2 = T_a{}^2$$

so ergibt sich durch Auflösung obiger Gleichungen:

$$a_0' = \frac{a_0}{T_a{}^2} \quad ; \quad a_1' = -\frac{a_1}{T_a{}^2} \quad ; \quad a_2' = -\frac{a_2}{T_a{}^2} \quad ; \quad a_3' = -\frac{a_3}{T_a{}^2}$$

so daß wir für die gesuchte *reziproke Quaternion* den Ausdruck erhallten:

$$q_a' = \frac{a_0}{T_a{}^2} - \frac{a_1}{T_a{}^2} i - \frac{a_2}{T_a{}^2} j - \frac{a_3}{T_a{}^2} k = \frac{a_0 - a_1 i - a_2 j - a_3 k}{T_a{}^2}$$

oder:

$$q_a' = \frac{a_0 - a_1 i - a_2 j - a_3 k}{a_0{}^2 + a_1{}^2 + a_2{}^2 + a_3{}^2} \, .$$

Diese Lösung ist immer möglich, solange

$$T_a{}^2 = (a_0{}^2 + a_1{}^2 + a_2{}^2 + a_3{}^2) \neq 0$$

was aber, da dies eine Summe von Quadraten, immer der Fall ist, solange nicht gleichzeitig a_0, a_1, a_2 und a_3 verschwinden. Da aber für $a_0 = a_1 = a_2 = a_3 = 0$ die Quaternione q_a selbst auch verschwindet und damit auch diese Untersuchung wegfällt, so erweist sich die **Lösung** als immer möglich.

Bezeichnen wir analog wie bei den gewöhnlichen komplexen Zahlen auch hier mit

$$q_a^* = a_0 - a_1\,i - a_2\,j - a_3\,k$$

den *konjugierten* Wert der *höheren komplexen Zahl*

$$q_a = a_0 + a_1\,i + a_2\,j + a_3\,k$$

so lautet also obiges Resultat auch:

$$q_a' = \frac{q_a^*}{T_a^{\,2}} = \frac{1}{q_a}$$

womit dann folgt:

$$q_a \cdot \frac{q_a^*}{T_a^{\,2}} = 1$$

oder:

$$\boldsymbol{q_a \cdot q_a^* = T_a^{\,2} = a_0{}^2 + a_1{}^2 + a_2{}^2 + a_3{}^2}$$

Vertauscht man die Rolle der beiden Quaternionen q_a und q_a^*, so findet man für

$$q_a^* \cdot q_a^{*\,\prime} = 1$$

weil auch q_a die konjugierte Zahl zu q_a^*, ist:

$$q_a^{*\,\prime} = \frac{q_a}{T_a^{\,2}}$$

also:

$$q_a^* \cdot \frac{q_a}{T_a^{\,2}} = 1$$

oder:

$$q_a^* \cdot q_a = T_a^{\,2} = a_0{}^2 + a_1{}^2 + a_2{}^2 + a_2{}^2$$

Auch daraus, daß die Ungültigkeit des kommutativen Gesetzes nur durch den vektoriellen Teil des Quaternionenproduktes bedingt ist, folgt aus $q_a \cdot q_a' = 1$ ohne weiteres:

$$q_a \cdot q_a' = q_a' \cdot q_a$$

oder also auch:

$$q_a \cdot q_a^* = q_a^* \cdot q_a = T_a^{\,2}$$

Hiermit ist es uns nun leicht möglich, die allgemeine Aufgabe der Division zweier *Quaternionen* zu lösen.

Es gilt dazu in der Gleichung

$$\frac{q_a}{q_b} = x$$

die Unbekannte x zu bestimmen.

Nun wird der Quotient zweier Zahlen definiert als die Aufgabe eine Zahl zu suchen, welche mit dem Nenner multipliziert den Zähler ergibt und ist es hier speziell nicht gleichgültig, welche Reihenfolge die Faktoren Quotient und Nenner haben, da ja eine Faktorenumstellung beim Produkte der Quaternionen einen Vorzeichenwechsel im vektoriellen Teil zur Folge hat. Wir setzen daher fest, daß stets der Zähler gleich sein soll dem Produkt aus Quotient mal Nenner. Es folgt damit für unsere Lösung die Erfüllung der Bedingungsgleichung:

$$q_a = x \cdot q_b$$

Nun multiplizieren wir beide Seiten mit $\dfrac{1}{q_b}$ und erhalten:

$$q_a \cdot \frac{1}{q_b} = x \cdot q_b \cdot \frac{1}{q_b} = x$$

Erinnern wir uns nun, daß

$$\frac{1}{q_b} = \frac{q_b^*}{T_b{}^2}$$

wenn wir mit q_b^* die zu q_b konjugierte Quaternion $b_0 - b_1 i - b_2 j - b_3 k$ bezeichnen und $T_b{}^2 = b_0{}^2 + b_1{}^2 + b_2{}^2 + b_3{}^2$ ist, so wird:

$$q_a \cdot \frac{q_b^*}{T_b{}^2} = x$$

womit wir also als Resultat für den Quotienten zweier Quaternionen finden:

$$\frac{q_a}{q_b} = q_a \cdot \frac{q_b^*}{T_b{}^2}$$

oder ausführlicher:

$$\frac{a_0 + a_1 i + a_2 j + a_3 k}{b_0 + b_1 i + b_2 j + b_3 k} = \frac{(a_0 + a_1 i + a_2 j + a_3 k)(b_0 - b_1 i - b_2 j - b_3 k)}{b_0{}^2 + b_1{}^2 + b_2{}^2 + b_3{}^2}$$

welcher Wert mit Rücksicht auf die Ungültigkeit des kommutativen Gesetzes für die Multiplikation zweier Quaternionen zu unterscheiden ist vom Wert:

$$\frac{q_b^*}{T_b{}^2} q_a = \frac{(b_0 - b_1 i - b_2 j - b_3 k)(a_0 + a_1 i + a_2 j + a_3 k)}{b_0{}^2 + b_1{}^2 + b_2{}^2 + b_3{}^2}$$

Auch für die Quaternionen gibt es, wie für die gewöhnlichen komplexen Zahlen, eine geometrische Deutung, und zwar erhält man dieselbe in ganz analoger Weise, indem man für die drei verschiedenen Einheiten i, j, k drei zueinander senkrechte Koordinatenachsenrichtungen und die Koeffizienten dieser Einheiten als Projektionen einer Strecke wählt, welche durch den Koordinatenanfangspunkt nach dem Punkt mit diesen drei Koordinaten von der Länge a_1, a_2, a_3 gezogen ist. Diese Strecke, welche man auch als *Vektor* bezeichnet, ist somit der geometrische Repräsentant des nach ihr benannten vektoriellen Teiles der Quaternion. Dem vierten Koeffizienten a_0 entsprechend, demjenigen der reellen Einheit $+1$, dem sog. skalaren Teile derselben, teilt man diesem Vektor ein gewisses *Gewicht* zu.

Die geometrische Addition und Subtraktion von *Quaternionen* ergibt sich dann analog ihrer Ausführung für die gewöhnlichen zweigliedrigen komplexen Zahlen in der Ebene, indem man die Resultierende der die zu verbindenden *Quaternionen* darstellenden *Vektorstrecken* konstruiert und ihr ein *Gewicht* beilegt, das gleich ist der Summe bzw. Differenz der Gewichte der einzelnen Strecken.

Die analog versuchte geometrische Deutung des Produktes zweier *Quaternionen* läßt uns erkennen, daß dasselbe, da es, wie oben schon erwähnt, wieder ein *Quaternion*, hier ebenfalls durch einen *Vektor* repräsentiert ist.

Wie aus der früher aufgestellten Formel für das Produkt (S. 52) hervorgeht, hat das Gewicht dieses Produktvektors der beiden Quaternionen q_a und q_b die Größe $a_0 b_0 - (a_1 b_1 + a_2 b_2 + a_3 b_3)$ und wird die Wurzel aus der Summe der Quadrate der Koeffizienten, welche Größe man auch allgemein als *Tensor* der komplexen Zahl bezeichnet:

$$\sqrt{A_0{}^2 + A_1{}^2 + A_2{}^2 + A_3{}^2} =$$

$$\sqrt{[a_0 b_0 - (a_1 b_1 + a_2 b_2 + a_3 b_3)]^2 + [(a_0 b_1 + a_1 b_0) + (a_2 b_3 - a_3 b_2)]^2 + [(a_0 b_2 + a_2 b_0) + (a_3 b_1 - a_1 b_3)]^2 + [(a_0 b_3 + a_3 b_0) + (a_1 b_2 - a_2 b_1)]^2}$$

welcher Ausdruck sich überführen läßt in die Form:

$$\sqrt{a_0{}^2 + a_1{}^2 + a_2{}^2 + a_3{}^2} \cdot \sqrt{b_0{}^2 + b_1{}^2 + b_2{}^2 + b_3{}^2}$$

was aber das Produkt der Tensoren von q_a und q_b ist, so daß das Produkt zweier *Quaternionen* eine *Vektorgröße* ergibt, deren *Tensor* gleich ist dem Produkte der *Tensoren* der Faktorenvektoren, in Formel geschrieben:

$$T_{(q_a, q_b)} = T_{q_a} \cdot T_{q_b}$$

Im besonderen bezeichnet man einen Vektor, dessen Tensor gleich 1 ist, als *Versor*.

Diese Begriffe eines Tensors und Versors übertragen sich natürlich auch auf Spezialfälle der Quaternionen, wie die dreigliedrigen eigentlichen Vektoren im dreidimensionalen Raume von der Form der drei gliedrigen komplexen Zahl des vektoriellen Teiles der Quaternion ($a_0 = 0$) und die Vektoren der Ebene entsprechend der gewöhnlichen komplexen Zahl ($a_2 = a_3 = 0$).

Zum Schlusse dieser Betrachtungen wollen wir noch auf eine andere Deutung der *komplexen Zahlen* hinweisen.

Zunächst kann man dem Produkt zweier gewöhnlichen komplexen Zahlen eine einfache Deutung geben, die wir seinerzeit, S. 48, 49, erwähnt haben, daß nämlich in dem Produkt

$$[a_1 + b_1 i] \cdot [a_2 + b_2 i] = [a' + b' i]$$

die Amplitude der komplexen Zahl rechts gleich ist der Summe der Amplituden der beiden komplexen Zahlen links und der absolute Wert oder Tensor der ersteren gleich ist dem Produkt der absoluten Werte oder Tensoren der Faktoren, in spezieller Darstellung:

$$[\varrho_1 (\cos\varphi_1 + i \sin\varphi_1)] \cdot [\varrho_2 (\cos\varphi_2 + i \sin\varphi_2)] =$$
$$= \varrho_1 \varrho_2 [\cos(\varphi_1 + \varphi_2) + i \sin(\varphi_1 + \varphi_2)]$$

Diese einfache Tatsache ergibt, zunächst für gewöhnliche komplexe Zahlen gedeutet, daß das Produkt zweier komplexen Zahlen in der Ebene als eine sog. *Drehstreckung* aufgefaßt werden kann, d. h. als ein mechanischer Vorgang, der aus einer Drehung um einen Punkt und einer Streckung der Größe, in unserem Falle also des Vektors, besteht.

Es kann daher das Produkt zweier solcher *Vektoren* wieder als ein *Vektor* gedeutet werden, der aus dem ersten Vektor (ϱ_1, φ_1) entsteht durch Drehung desselben um den Winkel ($\varphi_1 + \varphi_2) - \varphi_1 = \varphi_2$ und durch eine Verlängerung, Streckung desselben um das $\dfrac{\varrho_1 \varrho_2}{\varrho_1} = \varrho_2$ -fache. Setzen wir $\varrho_1 = 1$, also gleich der Länge des Einheitsvektors, so wird die Multiplikation eines Vektors mit einem Einheitsvektor hier

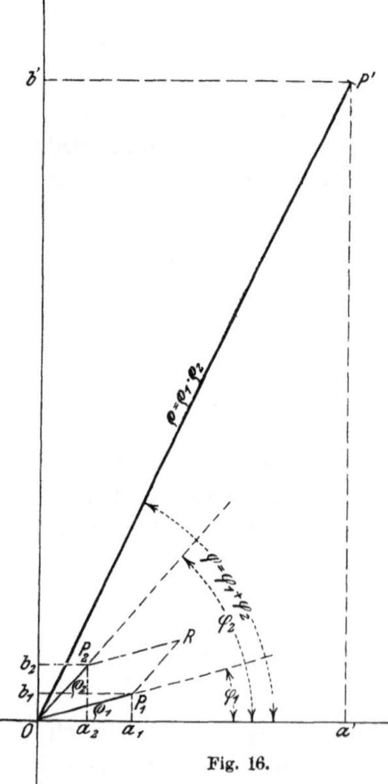

Fig. 16.

sich als eine Drehstreckung des letzteren darstellen, wobei die Strekkung des Einheitsvektors gleich dem Betrag oder Tensor des mit ihm multiplizierten oder auch des resultierenden Vektors ist.

Multipliziert man analog zwei Quaternionen miteinander und versucht dafür eine analoge Deutung, so ergibt sich auch eine Drehstreckung, aber im sog. *vierdimensionalen Raume.*

Was den Begriff des „vierdimensionalen Raumes" anbelangt, so wollen wir hier ganz kurz die beiden möglichen Einführungen desselben skizzieren.

Man kann nämlich einmal rein analytisch vorgehen, indem man von dem Gedanken ausgeht, daß in unserem gewöhnlichen *dreidimensionalen Raume* jedes Element, das wir Punkt nennen, durch drei unabhängige Größen, Koordinaten genannt, bestimmt ist. Indem wir diese drei Größen unabhängig voneinander sich verändern lassen, alle Zahlenwerte der reellen Zahlenreihe dabei durchlaufend, erhalten wir sämtliche Elemente, d. h. Punkte des Raumes. Löst man nun diesen analytischen Gedanken von dem geometrischen Hintergrunde ab, so erhält man einfach den Begriff einer mathematischen Mannigfaltigkeit, in welcher jedes Element durch drei unabhängige Zahlwerte bestimmt ist. So gefaßt läßt aber der Gedanke sofort eine Verallgemeinerung zu, indem wir einfach eine mathematische Mannigfaltigkeit definieren, in welcher jedes Element durch vier unabhängige Größen bestimmt ist, die, wieder sämtliche Werte der reellen Zahlenreihe durchlaufend (jede unabhängig von der anderen) sämtliche Elemente dieser Mannigfaltigkeit liefern, die wir eben auch wieder *Punkte* nennen dürfen.

Dies kann man natürlich auch auf 5, 6 und mehr Variable ausdehnen und bekommt so auch 4, 5 und mehrfache Mannigfaltigkeiten oder in einer anschaulichen Ausdrucksweise *4, 5* und *mehrdimensionale Räume.*

Allein auch eine geometrische Einführung des Begriffes eines „vier- und mehrdimensionalen Raumes" läßt sich geben, indem man von folgenden geometrischen Überlegungen ausgeht:

Nehmen wir außerhalb einer *Geraden* einen Punkt an und verbinden ihn mit sämtlichen Punkten dieser Geraden, so bekomme ich die Punkte eines neuen Gebildes, der *Ebene.* Wenn nun die *Gerade* als *eindimensional* betrachtet wird, so muß die *Ebene* als *zweidimensionales* Gebilde aufgefaßt werden. Nun denken wir uns außerhalb der Ebene einen Punkt — einen solchen gibt es, weil es in unserem dreidimensionalen Raume nicht nur eine Ebene gibt, da sonst ja unser Raum zweidimensional wäre — und verbinden diesen Punkt mit sämtlichen Punkten der gegebenen Ebene durch Gerade, so erhalten wir die Punkte des *dreidimensionalen Raumes.* Nehmen wir nun an, daß es noch außerhalb des dreidimensionalen Raumes — was wir uns allerdings nicht mehr anschaulich vorstellen können — einen *Punkt* gibt und verbinden ihn durch *Gerade* mit sämtlichen Punkten unseres *dreidimensionalen Raumes,* so erhalten wir analog einen sog. *vierdimensionalen Raum.* Wenn wir versuchen, diesen letzteren analytisch zu fassen, so ergibt sich die völlige Übereinstimmung mit der vorherigen Einführung mittels vier unabhängigen Koordinaten. Dieser Gedanke läßt sich natürlich auch auf *fünf-* und *mehrdimensionale Räume* erweitern.

Daß diese Einführung des Begriffes eines „vierdimensionalen Raumes" oft geometrisch und auch sonst von großem Nutzen sein kann, lehrt die schon weit gediehene Entwicklung der entsprechenden mathematischen Disziplin. Auf Näheres einzugehen ist hier nicht der Ort und verweisen wir bezüglich der geometrischen Seite z. B. auf das Buch von *Schoute:* „Mehrdimensionale Geometrie"[1]).

Es soll nun die Quaternion $[x_0 + x_1 i + x_2 j + x_3 k]$ in einem vierdimensionalen Raume vermöge der Punktkoordinaten x_0, x_1, x_2, x_3 gedeutet werden, indem wir im vierdimensionalen Raume vier zueinander senkrecht stehende, durch einen Punkt gehende Geraden (was hier möglich ist) annehmen und auf ihnen die Strecken x_0, x_1, x_2, x_3 abtragen. Es bedeutet dann die Strecke vom Anfangspunkt bis zu diesem Punkte (x_0, x_1, x_2, x_3) geometrisch die Quaternion im vierdimensionalen Raume.

Ist $q_a = a_0 + a_1 i + a_2 j + a_3 k$ eine Quaternion, der ein Punkt $P(a_0, a_1, a_2, a_3)$ mit den festen Koordinaten a_0, a_1, a_2, a_3 entspricht, und

$$q_x = x_0 + x_1 i + x_2 j + x_3 k$$

eine solche mit veränderlichen Koordinaten x_0, x_1, x_2, x_3, so wird das Produkt derselben nach früherem $q_a \cdot q_x$ auch wieder eine Quaternion q_y sein mit veränderlichen Koordinaten y_0, y_1, y_2, y_3.

Nach obigem folgt, daß der Tensor von q_y gleich ist dem Produkt der Tensoren von q_a und q_x.

Daraus folgt, daß durch die Bildung des Quaternionenproduktes $q_a \cdot q_x$ mit $q_a =$ konst. der veränderlichen Quaternion q_x eine andere veränderliche Quaternion q_y derart zugeordnet wird, daß die Tensoren der letzteren beiden sich proportional vergrößern oder, mechanisch ausgedrückt, proportional ausgedehnt werden.

Setzen wir zunächst den Tensor T_x von q_x für einen Moment gleich 1, so folgt, daß auch der Tensor von q_y unverändert bleibt. Nun wissen wir aber, daß jede Bewegung, bei welcher die Abstände der bewegten Punkte vom Anfangspunkt unverändert bleiben, eine Drehung des Raumes oder seiner Punkte um den Koordinatenanfangspunkt O bedeutet.

---

[1]) **Schuberts Sammlung Bd. XXXV.**

Auf einen Umstand sei hier noch besonders aufmerksam gemacht, nämlich auf die Tatsache, daß, wie bereits betont, von einer wirklichen Vorstellung vierdimensionaler Gebilde, etwa wie wir sie vom drei-, zwei- und eindimensionalen Raume („Raum", „Ebene", „Gerade") haben, natürlich keine Rede sein kann. Wie wir uns aber durch Projektion eines dreidimensionalen Körpers auf eine Ebene von diesem eine gewisse Vorstellung machen können — natürlich erst, wenn wir gelernt haben, räumliche Vorstellungen im dreidimensionalen Raume zu bilden —, so kann man auch im dreidimensionalen Raume Körper, wenn auch nicht sich vorstellen, so doch wenigstens unter gewissen Bedingungen deuten als Projektionen vierdimensionaler „Körper". Ein wesentlicher Unterschied bleibt zwischen diesen beiden Prozessen jedoch bestehen: Im ersten Falle können wir uns aus der Projektion (auf der Ebene) etwas vorstellen (den Körper im dreidimensionalen Raume), im zweiten Falle nur gedanklich erschließen; zu einer räumlich-anschaulichen Vorstellung des vierdimensionalen Raumes kommt es keinesfalls.

Daraus ergibt sich aber, daß durch unsere Zuordnung:

$$q_y = q_a \cdot q_x$$

jedem Strahl von O nach dem Punkt $P(x_0, x_1, x_2, x_3)$ ein Punkt $Q(y_0, y_1, y_2, y_3)$ zugeordnet wird, welcher gegen denselben verdreht und in seiner Länge im Verhältnis des konstanten Tensors von q_a verlängert ist; d. h. wir haben es mit einer Drehung des Raumes bzw. seiner durch q_x bzw. (x_0, x_1, x_2, x_3) repräsentierten Punkte verbunden mit einer Streckung im Verhältnis von $T_a = \sqrt{a_0{}^2 + a_1{}^2 + a_2{}^2 + a_3{}^2}$ zu tun, mit einer sog. *Drehstreckung im vierdimensionalen Raume* bei festliegendem Anfangspunkt[1]).

Unter einer *Drehstreckung im dreidimensionalen Raume* verstehen wir, wie schon angedeutet, eine solche Drehung des Raumes bzw. seiner Punkte, bei der gleichzeitig eine Streckung der Entfernungsstrecke der Punkte vom Anfangspunkt stattfindet oder, genauer ausgedrückt: Eine Drehstreckung des Raumes ist eine Beziehung der Punkte aufeinander derart, daß einem Punkte P mit den Koordinaten x_1, x_2, x_3, der also die Entfernung

$$\sqrt{x_1{}^2 + x_2{}^2 + x_3{}^2}$$

vom Anfangspunkt hat, ein Punkt Q mit den Koordinaten y_1, y_2, y_3 entspricht, der die Entfernung $\sqrt{y_1{}^2 + y_2{}^2 + y_3{}^2} = C \cdot \sqrt{x_1{}^2 + x_2{}^2 + x_3{}^2}$ vom Anfangspunkt hat. Der Strahl $\overline{OP}$ dreht sich also in die Richtung $\overline{OQ}$ und dehnt sich gleichzeitig bis auf die Länge $\overline{OQ}$, die gleich $C \cdot \overline{OP}$ ist, aus.

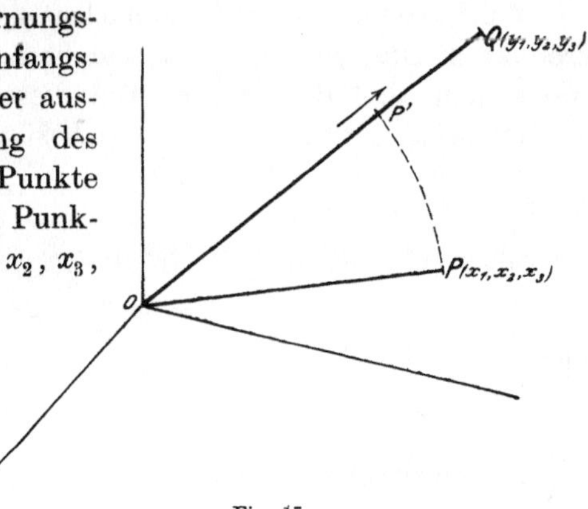

Fig. 17.

<hr>

[1]) Eine Bedeutung könnte einer Deutung der Quaternionen in einem vierdimensionalen Raume zukommen, wenn man sich etwa die Behandlung der Mechanik, wie sie von *Minkowski*[2]) in seinem Aufsatze über Raum und Zeit angebahnt ist, denkt, wo die Zeit als vierte Dimension zu den dreien des gewöhnlichen Raumes eingeführt und nun versucht wird, das physikalische Geschehen auf die Beziehungen der sog. *Weltlinien* einzelner Punkte zurückzuführen, wobei diese Weltlinien die Bahnen der Punkte im vierdimensionalen Raume sind, die also von den vier Koordinaten, den drei Raumkoordinaten und der Zeitkoordinate, abhängen.

Für nähere Ausführungen, insbesondere die Frage nach der allgemeinsten Drehstreckung im vierdimensionalen Raume vgl. *F. Klein:* „Elementarmathematik vom höheren Standpunkte aus." Autogr. v. *E. Hellinger.* Leipzig 1908, S. 158 ff. — *Cayley:* „*Collected mathematical papers.*" Vol. II. Cambridge 1889, p. 133 ff.

[2]) *Hermann Minkowski:* „Raum und Zeit", Vortrag gehalt. a. d. 80. Naturforsch.-Vers. zu Köln am 21. Sept. 1908; erschienen Sept. 1909 bei B. G. Teubner, Leipzig.

Wir betrachten nun, um den Zusammenhang mit den Quaternionen bzw. mit deren vektoriellem Teile zu geben, die Zuordnung oder, wie man sich auch anders ausdrückt, die „Transformation", welche gegeben ist durch die Formel:

$$q_y = q_a \cdot q_x \cdot q_a^*$$

wobei von q_x und q_y nur der vektorielle Teil genommen wird, dagegen q_a und q_a^* zwei vollständige konjugierte Quaternionen sind, so daß also:

$$q_x = x_1 i + x_2 j + x_3 k$$
$$q_y = y_1 i + y_2 j + y_3 k$$
$$q_a = a_0 + a_1 i + a_2 j + a_3 k$$
$$q_a^* = a_0 - a_1 i - a_2 j - a_3 k$$

Multiplizieren wir nun zunächst $q_a \cdot q_x$ nach der Regel über das Produkt zweier Quaternionen und hernach das Erhaltene mit q_a^*, so findet man, daß der skalare Teil dieses Produktes, also der obigen rechten Seite, gleich Null ist und bezüglich der Tensoren:

$$y_1{}^2 + y_2{}^2 + y_2{}^2 =$$
$$= (a_0{}^2 + a_1{}^2 + a_2{}^2 + a_3{}^2)\,(x_1{}^2 + x_2{}^2 + x_3{}^2)\,(a_0{}^2 + a_1{}^2 + a_2{}^2 + a_3{}^2) =$$
$$= (a_0{}^2 + a_1{}^2 + a_2{}^2 + a_3{}^2)^2\,(x_1{}^2 + x_2{}^2 + x_3{}^2)$$

oder:

$$\sqrt{y_1{}^2 + y_2{}^2 + y_3{}^2} = (a_0{}^2 + a_1{}^2 + a_2{}^2 + a_3{}^2)\,\sqrt{x_1{}^2 + x_2{}^2 + x_3{}^2}$$

welcher Ausdruck mit der Setzung

$$C = a_0{}^2 + a_1{}^2 + a_2{}^2 + a_3{}^2 = T_a{}^2$$

zur Übereinstimmung mit dem obigen für die Drehstreckung im dreidimensionalen Raume aufgestellten gelangt.

Es folgt daraus, daß das obige Produkt $q_a \cdot q_x \cdot q_a^*$ eine Quaternione q_y darstellt, deren skalarer Teil null ist und deren Tensor gleich ist dem um das Quadrat des Tensors von q_a gestreckten Tensor von der nur aus dem vektoriellen Teil bestehenden Quaternion q_x; es bedeutet geometrisch eine Drehstreckung im dreidimensionalen Raume.

Allerdings ist dies nicht die allgemeinste Drehstreckung in diesem Raume, sondern es erfolgt die Drehung um eine bestimmte Achse durch den Anfangspunkt nach dem Punkt mit den Koordinaten a_1, a_2, a_3, da sich nachweisen läßt, daß dieser auf seiner Verbindungsgeraden mit O bleibt[1]).

---

[1]) Näheres hierzu vgl. *Klein-Sommerfeld:* „Theorie des Kreisels," Heft 1.

Betrachten wir nun das **Produkt** nur der *vektoriellen Teile* zweier *Quaternionen*, so folgt zunächst unter Beobachtung der allgemeinen für deren Produkt gültigen Formel, in der man für ihre direkte Anwendung nur die skalaren Teile a_0 und b_0 gleich Null zu setzen hat:

$$[a_1\, i + a_2\, j + a_3\, k] \cdot [b_1\, i + b_2\, j + b_3\, k] = -\,(a_1\, b_1 + a_2\, b_2 + a_3\, b_3) \qquad \text{(I)}$$

$$\left.\begin{aligned} &+ (a_2\, b_3 - a_3\, b_2)\, i \\ &+ (a_3\, b_1 - a_1\, b_3)\, j \\ &+ (a_1\, b_2 - a_2\, b_1)\, k \end{aligned}\right\} \qquad \text{(II)}$$

Gibt man nun den dreigliedrigen Faktoren (II) eine naheliegende geometrische Deutung im gewöhnlichen, dreidimensionalen Raume, indem man a_1, a_2, a_3 als die Koordinaten eines Punktes P auf drei zueinander im Punkt O senkrecht stehenden Achsen der i-, j- und k-Richtung und b_1, b_2, b_3 als die gleichartigen Koordinaten eines Punktes Q auf diesen Achsen betrachtet, so findet sich, daß die Ausdrücke $(a_2\, b_3 - a_3\, b_2)$, $(a_3\, b_1 - a_1\, b_3)$ und $(a_1\, b_2 - a_2\, b_1)$ nichts anderes darstellen, als die Flächeninhalte der Projektionen des Parallelogrammes $OPRQ$ auf die $j\,k$-, $i\,k$- und $i\,j$-Ebene[1]).

Errichtet man nun im Punkt O auf die Ebene des Parallelogrammes $OPRQ$ eine Senkrechte und nimmt an, es gebe auf ihr einen Punkt S mit den Koordinaten $(a_2\, b_3 - a_3\, b_2)$, $(a_3\, b_1 - a_1\, b_3)$ und $(a_1\, b_2 - a_2\, b_1)$, so ist die Länge des zugehörigen Vektors:

$$\overline{OS} = \sqrt{(a_2\, b_3 - a_3\, b_2)^2 + (a_3\, b_1 - a_1\, b_3)^2 + (a_1\, b_2 - a_2\, b_1)^2}$$

von der sich nachweisen läßt, daß sie nach Maßzahl gleich ist dem Flächeninhalt des Parallelogrammes $OPRQ$. Denn, da der Neigungswinkel zweier Ebenen gleich ist dem Winkel, den zwei zu ihnen senkrecht stehende Gerade mit einander bilden, so folgt, daß der Neigungswinkel der Ebene $OPRQ$ zur $i\,j$-Ebene gleich ist dem Winkel, den $\overline{OS}$

---

[1]) Denn nach den Lehren der analytischen Geometrie drückt sich der Inhalt eines Dreieckes, dessen eine Ecke im Koordinatenanfangspunkt liegt und dessen andere zwei Ecken die Koordinaten $A\,(x_1,\, y_1)$ und $B\,(x_2,\, y_2)$ haben, wie leicht nachweisbar, aus durch die Formel:

$$J_\Delta = \frac{x_1\, y_2 - y_1\, x_2}{2}$$

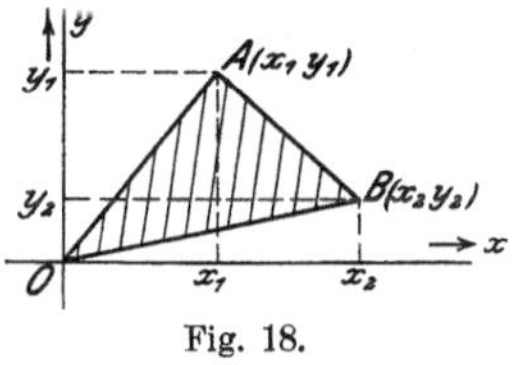

Also ist hier der Inhalt z. B. des Dreiecks $OP''Q''$ in der $j\,k$-Ebene, dessen zwei freie Eckpunkte P'' und Q'' die Koordinaten $(a_2\, b_2)$ und $(a_3\, b_3)$ haben:

$$J_{OP''Q''} = \frac{a_2\, b_3 - a_3\, b_2}{2}$$

Fig. 18.

und somit der Inhalt des genau doppelt so großen Parallelogrammes $OP''R''Q''$:

$$\text{Par. } OP''R''Q'' = a_3\, b_3 - a_3\, b_2$$

mit der k-Achse bildet. Durch Multiplikation mit dem Kosinus des Neigungswinkels φ zur Projektionsebene bzw. Projektionsachse erhält man aber aus der Größe des Originals diejenige seiner Projektion, d. h.

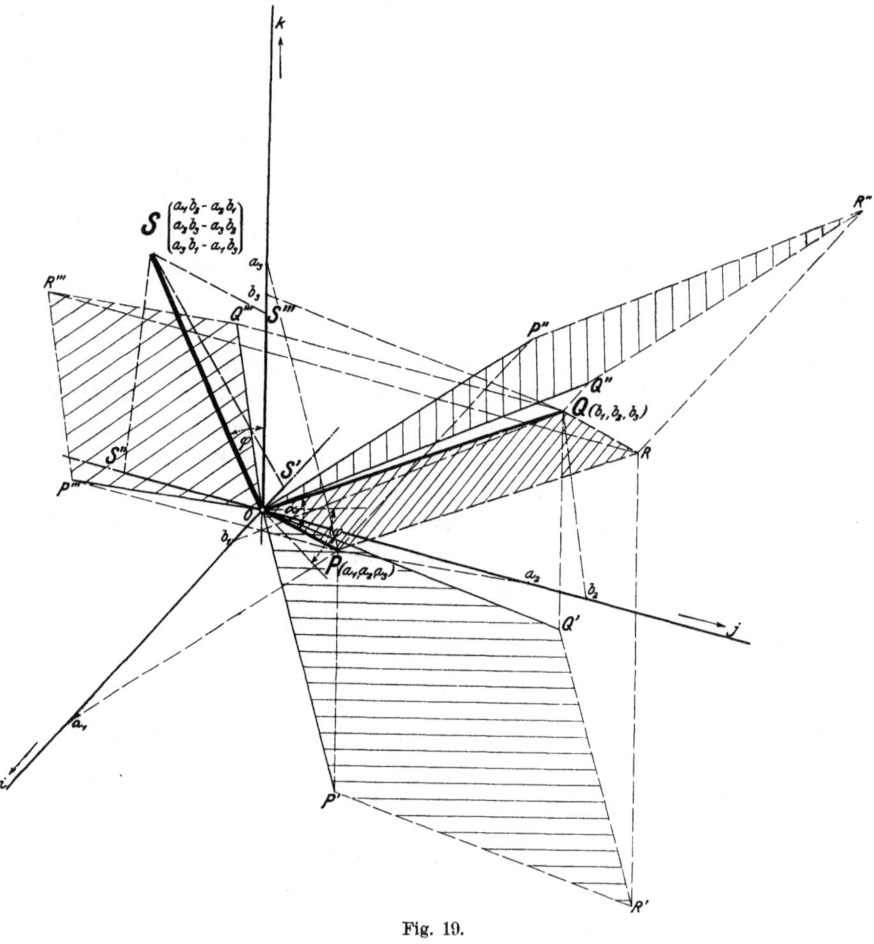

Fig. 19.

es ist hier, wenn $OP'R'Q'$ die Projektion von $OPRQ$ auf die ij-Ebene und $\overline{OS'''}$ die Projektion von $\overline{OS}$ auf die k-Achse ist:

$$OP'R'Q' = OPRQ \cos \varphi$$

und

$$\overline{OS'''} = \overline{OS} \cos \varphi$$

Da nun aber nach obigem aus den Koordinaten von $P\,(a_1,\,a_2,\,a_3)$ und $Q\,(b_1,\,b_2,\,b_3)$:

$$OP'R'Q' = a_1 b_2 - a_2 b_1$$

und andererseits nach Annahme der Koordinaten von S:

$$\overline{OS}''' = a_1\, b_2 - a_2\, b_1$$

so folgt:

$$OP'R'Q' = \overline{OS}$$

Zum gleichen Resultate kämen wir mit Benutzung der anderen beiden Projektionsebenen bzw. -achsen.

Damit folgt aber, daß erstens einmal unsere Annahme eines Punktes S mit den Koordinaten $(a_1\, b_2 - a_2\, b_1)$, $\cdots$ auf einer Senkrechten zu $OPRQ$ richtig ist[1]), was sich dann zweitens darin ausspricht, daß die Länge dieser Strecke $\overline{OS}$ ihrem Maß nach gleich dem Inhalte des Parallelogrammes $OPRQ$ ist.

Es ist somit zwei *Vektoren* $\overline{OP}$ und $\overline{OQ}$ von der Länge $L_P = \sqrt{a_1{}^2 + a_2{}^2 + a_3{}^2}$ und $L_Q = \sqrt{b_1{}^2 + b_2{}^2 + b_3{}^2}$ stets ein dritter *Vektor* $\overline{OS}$ zugeordnet, dessen Länge gleich ist:

$$L_S = \sqrt{(a_1\, b_2 - a_2\, b_1)^2 + (a_2\, b_3 - a_3\, b_2)^2 + (a_3\, b_1 - a_1\, b_3)^2}$$

Nun läßt sich der Inhalt eines Parallelogrammes auch noch ausdrücken als das Produkt aus den zwei Seiten und dem Sinus ihres eingeschlossenen Winkels, so daß hier:

$$
\begin{aligned}
OPRQ &= \overline{OP} \cdot \overline{OQ} \sin\alpha \\
&= L_P \cdot L_Q \sin\alpha \\
&= \sqrt{a_1{}^2 + a_2{}^2 + a_3{}^2} \cdot \sqrt{b_1{}^2 + b_2{}^2 + b_3{}^2}\,\sin\alpha
\end{aligned}
$$

womit dann für die Strecke $\overline{OS}$ auch folgt:

$$L_S = L_P \cdot L_Q \cdot \sin(L_P,\, L_Q) \qquad = \mathrm{II}$$

Das Produkt $L_P \cdot L_Q \cdot \sin(L_P, L_Q)$ läßt sich damit wieder als eine Strecke deuten, die auf der Ebene der beiden Vektoren mit den Längen L_P und L_Q senkrecht steht und in der Maßzahl gleich dem Inhalt von deren Parallelogramm ist. Als Repräsentant einer Strecke, also auch eines Vektors, führt es den Namen eines *vektoriellen Produktes*.

Auch für den übrigen Teil des obigen vektoriellen Quaternionen produktes, den Ausdruck

$$- (a_1\, b_1 + a_2\, b_2 + a_3\, b_3)$$

läßt sich eine analoge Produktdarstellung geben.

---

[1]) Es ist nämlich jener Punkt, der von O eine Entfernung dem Zahlenwerte nach gleich dem Flächeninhalt des Parallelogrammes hat, wie die Umkehrung obiger Betrachtung lehrt.

Da, wie aus Figur hervorgeht, die Koordinaten des Punktes R $(a_1 + b_1)$, $(a_2 + b_2)$, $(a_3 + b_3)$ sind, so folgt nach dem Kosinussatz im Dreieck OQR:

$$\overline{OR}^2 = \overline{OQ}^2 + \overline{QR}^2 - 2\,\overline{OQ} \cdot \overline{QR} \cdot \cos(\overline{OQ}, \overline{QR})$$

Nun ist:

$$\overline{OR}^2 = (a_1 + b_1)^2 + (a_2 + b_2)^2 + (a_3 + b_3)^2$$

$$\overline{OQ}^2 = b_1{}^2 + b_2{}^2 + b_3{}^2$$

$$\overline{QR}^2 = \overline{OP}^2 = a_1{}^2 + a_2{}^2 + a_3{}^2$$

$$\cos(\overline{OQ}, \overline{QR}) = \cos(180 - \alpha) = -\cos\alpha = -\cos(\overline{OP}, \overline{OQ})$$

und daher:

$$(a_1 + b_1)^2 + (a_2 + b_2)^2 + (a_3 + b_3)^2 = b_1{}^2 + b_2{}^2 + b_3{}^2 + a_1{}^2 + a_2{}^2 + a_3{}^2$$
$$+ 2\,\sqrt{b_1{}^2 + b_2{}^2 + b_3{}^2} \cdot \sqrt{a_1{}^2 + a_2{}^2 + a_3{}^2}\,\cos\alpha$$

Daraus folgt bei Auflösung der Klammern:

$$a_1 b_1 + a_2 b_2 + a_3 b_3 = \sqrt{a_1{}^2 + a_2{}^2 + a_3{}^2}\,\sqrt{b_1{}^2 + b_2{}^2 + b_3{}^2}\,\cos\alpha$$
$$-(a_1 b_1 + a_2 b_2 + a_3 b_3) = -L_P \cdot L_Q \cdot \cos(L_P, L_Q) = \mathrm{I}$$

Das Produkt $L_P \cdot L_Q \cos(L_P, L_Q)$ zeigt sich daher identisch mit dem ersten Teil im vektoriellen Quaternionenprodukt und zeigt keine Darstellungsmöglichkeit durch eine Strecke, sondern nur eine solche durch reine Zahlen, weshalb es als *skalares Produkt* im Gegensatz zu obigem bekannt ist.

Wie ersichtlich, erweist sich der *vektorielle Teil des vektoriellen Quaternionenproduktes* in geometrischer Veranschaulichung darstellbar durch einen Vektor mit den Koeffizienten der i-, j- und k-Richtung als Koordinaten oder als *Vektorprodukt* der beiden durch die Quaternionen repräsentierten Vektoren, während der *skalare Teil* desselben sich als *skalare Größe* zeigt, die gleich ist dem *skalaren Produkt* der beiden die Quaternionen repräsentierenden Vektoren.

Aus diesen Verhältnissen erklärt sich auch die später in der „Vektorrechnung" zu gebrauchende Unterscheidung eines „skalaren" und eines „vektoriellen Produktes" zweier Vektoren, zu welcher Rechnung wir uns jetzt im speziellen wenden wollen.

III. Die Vektorenrechnung.

§ 6. Die gerichtete und nicht gerichtete Größe.

In der bisherigen Darstellung sind wir im wesentlichen über das Gebiet der reinen Zahlenlehre nicht hinausgekommen. Die geometrischen Betrachtungen, die wir gelegentlich anstellten, hatten, wie wir ausdrücklich betonten, nur den Zweck, die Ableitungen, Untersuchungen anschaulicher zu gestalten und ihren Inhalt dem Verständnisse näher zu bringen. Sobald wir aber zu den Anwendungen der Zahlenlehre in Geometrie, Physik, Technik usw. uns wenden, so werden wir vor die Frage gestellt, inwiefern die dort auftretenden Dinge und Eigenschaften sich den Gesetzen der Zahlen unterwerfen lassen, falls wir sie durch Zahlenausdrücke darstellen wollen. Offenbar wird die Antwort auf diese Frage davon abhängen, wie man dieselben durch Zahlen zu geben vermag bzw. praktischer ausgedrückt, wie man ihnen in bestimmter, für die Anwendung zweckmäßiger Weise Zahlen zuordnen kann.

Bei den Anwendungen ist nun eine wesentliche Bestimmung der Erscheinungen die ihrer quantitativen Eigenschaften. Zu diesem Zwecke müssen sie quantitativ verglichen werden. Jede solche Vergleichung oder also „Messung" führt uns dann zu einer Vergleichungs- oder Maßzahl, die wir als den Ausdruck der betreffenden quantitativen Eigenschaft betrachten oder der letzteren zuordnen. Da also eine solche Zahl als Maßzahl eben dadurch, daß sie letzteres ist, noch einen neuen Inhalt erhalten hat, so führt sie auch zu einem neuen Begriff, nämlich dem der *Größe*.

Die *Größe* ist eine Zahl, welche eine bestimmte, im allgemeinen quantitative Eigenschaft einer Erscheinung repräsentiert oder sie ist eine *angewandte Zahl*[1]).

Daneben kann es bei den Erscheinungen notwendig werden, neben der Maßzahl für ihre quantitativen Eigenschaften noch eine Richtung zu unterscheiden, welche entweder geometrisch durch eine Gerade mit einem Pfeil bezeichnet sein kann oder wieder durch Zuordnung bestimmter weiterer Zahlen, die etwa die Maßzahlen für die Winkel sind,

---

[1]) Bezüglich einer noch allgemeineren Definition der „Größe" und eingehender Darlegung ihres Verhältnisses zur Zahl vgl. § 12, S. 114 u. ff.

welche diese Richtung mit drei festen, zueinander senkrecht stehenden, sog. *Koordinatenachsen* bildet. Die Vereinigung beider Eigenschaften, der quantitativen und gerichteten, ergibt dann das, was wir eine *gerichtete Größe* nennen.

Diese „gerichteten Größen", die wir damit zum erstenmale hier einführen, denen also, um es nochmals hervorzuheben, neben einer durch eine Zahl ausgedrückten quantitativen Bestimmung noch eine bestimmte Richtung im Raume zugeordnet wird, haben sich für die Anwendungen nicht nur in rein mathematischen Fragen, sondern auch vor allem und speziell für die Benutzung in der Physik und Technik als äußerst zweckmäßig und wertvoll erwiesen. Eine solche Größe — wie z. B. eine Strecke $\mathscr{AB}$, für die aber wesentlich ist, daß sie in der Richtung von $\mathscr{A}$ nach $\mathscr{B}$ durchlaufen werden soll, oder eine Kraft, für welche neben ihrer quantitativen Größe, d. h. der Maßzahl, noch die Richtung, in der sie wirkt, maßgebend ist, oder eine Geschwindigkeit, für die das nämliche gilt, wie für die Kraft — ist erst dann vollständig für das Rechnen mit ihr gegeben, sobald man neben dieser quantitativen Bestimmung noch ihre Richtung kennt. Da die Rechnung mit diesen Begriffen und Größen, die auch der Hamiltonschen Quaternionenlehre zugrunde liegen und die andererseits insbesondere von *Graßmann*[1]) eingeführt und ausgearbeitet wurden, viele

Fig. 20.

Beziehungspunkte mit der Rechnung der gewöhnlichen komplexen Zahlen besitzt und in gewisser Weise sich auf dieselben stützt, so wollen wir dieselben auch ihrer schon betonten, stets zunehmender Bedeutung in physikalisch-technischen Fragen halber hier einführen und die Grundlagen für ihre Rechnung entwickeln, weitere Betrachtungen darüber aber den Darlegungen, vor allem spezielleren Aufgaben an anderen Orten überlassen.

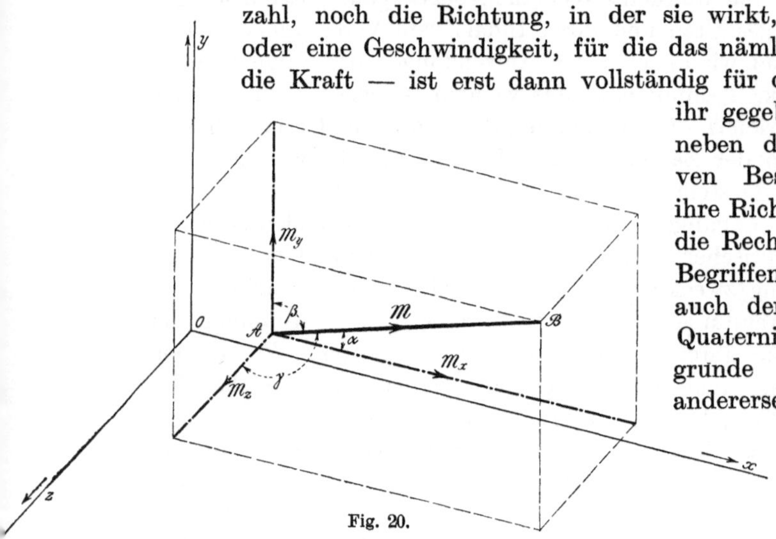

---

[1]) *Graßmann, Hermann, Günter*, Mathematiker und Sprachforscher 1809—1877, Gymnasialprofessor in Stettin.
Hauptwerk: „Die Wissenschaft der extensiven Größen oder die Ausdehnungslehre." Leipzig 1844, neue Bearbeitung 1862.

Früher hat man diese gerichteten Größen nicht als selbständige aufgefaßt, sondern hat die Richtung, wie wir eben ausführten, durch verschiedene Winkelangaben näher festgelegt. Dadurch kam aber doch ein Umstand in die gerichtete Größe hinein, der eigentlich nicht zu ihr gehörte, da das Koordinatensystem, auf das man etwa Kräfte bezieht, etwas den Kräften und ihrer Wirksamkeit nicht Eigentümliches, ihnen willkürlich Zugefügtes ist.

Es war daher von großem Gewinn, als vor allem *Hamilton* und *Graßmann* lehrten, wie man mit solchen „gerichteten Größen" auch rechnen kann, ohne zunächst die Beziehungen zu einem solchen Koordinatensystem einführen zu müssen. Immerhin wird man auch diese Zurückführung dennoch benützen, wo sie eben Vorteile bietet und wo sie unter Umständen leicht zugängliche Deutungen geometrischer oder mechanischer Natur gestattet. Aber das Wesentliche ist und bleibt, daß man gelernt hat, die gerichtete Größe als selbständiges Ganzes für sich zu betrachten und in die Rechnung einzuführen.

Tut man dies, so sind zunächst zwei grundverschiedene Arten von Größen zu unterscheiden, und zwar:

1. *Die skalare Größe* oder kurzweg *der Skalar*, welcher Name einer jeden Größe zukommt, die durch Angabe eines Zahlenwertes, einer Zahl als ihrer Maßgröße bezüglich ihrer Veränderlichkeit vollständig bestimmt ist.

Als Beispiele erwähnen wir den einfachsten Skalar, die absolute Zahl[1]), durch welche sich alle anderen Skalare, wie z. B. Zeit, Temperatur, Masse, Volumen, Dichte, Gewicht, Energie, Arbeit, Leistung usw. vermittels Zuordnung ausdrücken.

2. *Die gerichtete oder vektorielle Größe* oder nach *Hamilton* kurzweg *der Vektor*, nach *Graßmann* die „*Strecke*", welcher stets außer einem numerischen Werte, der Maßzahl, bezüglich ihrer Veränderlichkeit noch eine Richtung mit Richtungssinn zukommt, die beide veränderlich sein können.

Als Beispiele nennen wir auch wieder zunächst den einfachsten Vektor: die mit einer Richtung behaftete, die gerichtete Strecke, in welcher sich alle anderen Vektoren durch Zugrundelegung eines Maßstabes darstellen lassen, wie: Kraft, Geschwindigkeit, Beschleunigung, elektrische und magnetische Feldstärke und Induktion, elektrische Spannung, Stromstärke usw.

---

[1]) wo dann allerdings von ihr als Maßgröße bzw. Maßzahl im ebengenannten Sinne nicht geredet werden kann.

Graßmann macht noch einen weiteren Unterschied, der bei *Hamilton* nicht existiert, zwischen „freien" und „gebundenen Vektoren"[1]), von denen für uns hier auch nur die ersteren, sonst nur kurz als *Vektoren* bezeichneten, in Betracht kommen. Man versteht unter *freiem Vektor* einen solchen, der **parallel zu sich selbst** im Raume nach allen Richtungen verschoben werden kann, ohne sein Gleichbleiben für die Rechnung dadurch einzubüßen, während ein *gebundener Vektor* ein solcher ist, der **nur in seiner unbegrenzten Geraden**, in der er liegt, im einen oder anderen Sinne ohne Einfluß auf andere Größen verschoben werden darf. Zwei *freie Vektoren* sind daher einander gleich, wenn sie parallel zueinander sind, gleiches Maß und gleichen Richtungssinn besitzen, wie z. B. zwei parallele Kräfte von gleicher Größe und Pfeilrichtung, aber verschiedener Aktionslinie. Zwei *gebundene Vektoren* sind einander gleich, wenn sie nach Maßzahl, Richtung, Richtungssinn und Lage übereinstimmen, wenn sie sich also durch Verschiebung in ihrer Richtung zur Deckung bringen lassen, wie z. B. zwei Kräfte mit gleicher Größe, Pfeilrichtung und Aktionslinie.

Zwei *Skalare* unter sich sind auf Grund obiger Angaben noch nicht immer Größen gleicher Art; sie müssen außer in der Maßzahl, d. i. der ihrem quantitativen Werte zugeordneten Zahl auch in ihren physikalischen Dimensionen übereinstimmen. Ähnlich steht es mit den *Vektoren*, die nur dann als gleich zu bezeichnen sind, wenn nicht nur die sie repräsentierenden Strecken nach Länge und Richtung, bzw. auch noch Lage, sondern auch noch ihre Dimensionen[2]), in denen man sie ausdrückt, die nämlichen sind.

Diese Unterscheidungen bezüglich der physikalischen Dimensionen sind jedoch für uns hier nicht wesentlich, da wir für die mathematischen Betrachtungen von diesen Unterschieden absehen können; denn für diese kann es sich selbstverständlich nur um Vergleichung solcher *Vektoren* handeln, die überhaupt vergleichbar sind, also obenerwähnte Bedingungen erfüllen.

Nach oben bei den *freien Vektoren* gesagtem spielt die Lage der *Vektoren* im Raume keine Rolle.

In der gebräuchlichen Weise bezeichnen wir einen *Vektor* allgemein mit **gotischen Buchstaben** (deutsche Schrift: $\mathfrak{A}$, $\mathfrak{B}$, $\mathfrak{C}$, $\cdots$; $\mathfrak{a}$, $\mathfrak{b}$, $\mathfrak{c}$, $\cdots$ oder Fraktur: $\mathfrak{A}$, $\mathfrak{B}$, $\mathfrak{C}$, $\cdots$; $\mathfrak{a}$, $\mathfrak{b}$, $\mathfrak{c}$, $\cdots$) zum

---

[1]) Der Name selbst (*gebundener Vektor*) rührt von *Timerding* her, wofür *Graßmann* das Wort *Linienteil*, sein Sohn *Stab* vorschlugen und *Föppl linienflüchtiger Vektor* schreibt.

[2]) Unter *Dimension* in physikalischem Sinne — was streng zu unterscheiden ist von *Dimension* in geometrischem Sinne — versteht man bekanntlich die Art der Verknüpfungen der angenommenen Grundeinheiten in der zu messenden Größe. So ist z. B. im Zentimeter-Gramm-Sekunden-System (cm-gr-Sek- oder CGS-System) die *Dimension* der Geschwindigkeit cm Sek^{-1}, diejenige der Energie (und Arbeit) cm^2 gr Sek^{-2}.

Unterschied von dem stets mit lateinischen, auch griechischen Buchstaben bezeichneten *Skalar*.

Die Größe eines Vektors wird durch eine skalare Größe, seine Maßzahl, gegeben, die ihn in einem gewissen Maßstab mißt. Man bezeichnet diesen Skalar als den *Betrag des Vektors* oder auch seinen **absoluten Wert** und deutet ihn an durch Einschließen der Vektorbezeichnung in zwei vertikale Striche oder bezeichnet ihn, wie allgemein einen Skalar, mit lateinischen Buchstaben. So ist z. B. der absolute Wert des Vektors $\mathfrak{A}$ zu bezeichnen mit $|\mathfrak{A}|$ oder auch mit A [1]).

Vektoren, deren skalarer Betrag der Zahleneinheit 1 zugeordnet ist, nennt man *Einheitsvektoren* und bezeichnet sie wie die gewöhnlichen mit dem Index 1 : $\mathfrak{A}_1$, so daß:

$$|\mathfrak{A}_1| = A_1 = 1$$

Betrachten wir z. B. als Vektorgröße die Kraft $\mathfrak{P}$ von der Größe gleich 5 Krafteinheiten (z. B. kg) oder der Maßzahl 5 mit ihrer graphischen Darstellung durch die gerichtete Strecke, so entspricht die Einheitslänge dieser Strecke (z. B. 1 cm) mit gleicher Richtung der Einheit des Vektors (1 kg); sie ist also die graphische Veranschaulichung des Einheitsvektors von $\mathfrak{P}$, also von $\mathfrak{P}_1$ mit der Maßzahl 1.

Es ist also in unserer angeführten Bezeichnungsweise:

$$\mathfrak{P} = 5 \cdot \mathfrak{P}_1$$

und es folgt allgemein:

$$\mathfrak{P} = |\mathfrak{P}| \, \mathfrak{P}_1 = P \cdot \mathfrak{P}_1$$

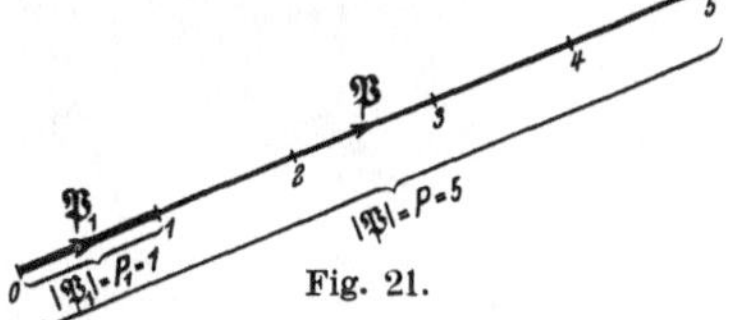

Fig. 21.

Die Kraft läßt sich also ausdrücken durch das Produkt aus einer skalaren Größe, die gleich ist ihrer Maßzahl und ihrem Einheitsvektor gleicher Richtung und Lage; allgemein folgt:

Der *Vektor* ist stets darstellbar als Produkt aus dem seine Maßgröße angebenden Skalar, seiner Maßzahl, und seinem Einheitsvektor.

Für die Herleitung der Rechnungsregeln und Grundgesetze der Vektoren wählen wir den anschaulicheren Weg, der von der Geometrie ausgeht, um so mehr, als dann die Anwendungen der *Vektoranalysis* mehr in die Augen springen. Wie eine rein arithmetische Ableitung einzuführen wäre, zeigt deutlich unsere Einführung der gewöhnlichen komplexen Zahlen und der Quaternionen.

---

[1]) Die Bezeichnung des absoluten Wertes eines Vektors mit lateinischen Buchstaben an Stelle des für den Vektor geltenden deutschen besitzt jedoch eine beschränktere Anwendungsfähigkeit als diejenige mit den einfassenden vertikalen Strichen, denn sie läßt sich nur auf die Schreibweise des Vektors in einem Buchstaben anwenden und nicht beibehalten, wenn ein Vektor als Resultat einer anzudeutenden Operation durch die operativ verbundenen Elemente geschrieben werden soll (vgl. S. 72, Anm. 2); sie hat aber den Vorteil der einfacheren Schreibweise.

§ 7. Addition und Subtraktion von Vektoren.

Zwei Vektoren werden addiert, indem man sie mit den Endpunkten ihrer sie darstellenden Strecken geometrisch, d. h. mit Berücksichtigung der Richtung, aneinander fügt, wie Fig. 22 zeigt.

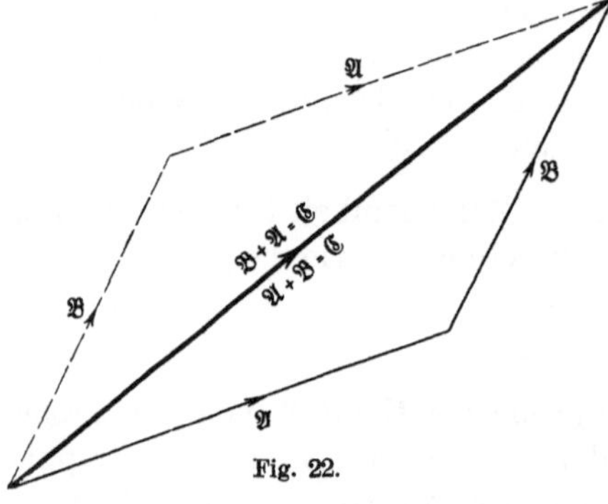

Fig. 22.

Als geometrische oder als
Vektorsumme der Vektoren $\mathfrak{A}$
und $\mathfrak{B}$ erscheint dann der Vektor $\mathfrak{C}$ als dritte Seite des Dreieckes, gebildet aus den Vektoren
$\mathfrak{A}$ und $\mathfrak{B}$, geschrieben:

$$\mathfrak{C} = \mathfrak{A} + \mathfrak{B} \qquad \text{1)}$$

Eine einfache Überlegung
lehrt, daß wir zu demselben
Resultat gelangen, wenn wir zuerst den Vektor $\mathfrak{B}$ angeben und

an ihn den Vektor $\mathfrak{A}$ in gleicher Weise anfügen.

Es ist somit auch:

$$\mathfrak{C} = \mathfrak{B} + \mathfrak{A} \qquad \text{2)}$$

und daher:

$$\underline{\mathfrak{A} + \mathfrak{B} = \mathfrak{B} + \mathfrak{A}}$$

was uns aber sagt, daß für die
Addition der *Vektoren* das
kommutative Gesetz gilt.

Für die Subtraktion eines
Vektors $\mathfrak{B}$ von einem Vektor $\mathfrak{A}$
setzen wir fest, daß darunter die
Addition eines Vektors $\mathfrak{B}$ vom gleichen Betrag aber mit zu obigem
entgegengesetzter Richtung zu verstehen sei, nach Fig. 23.

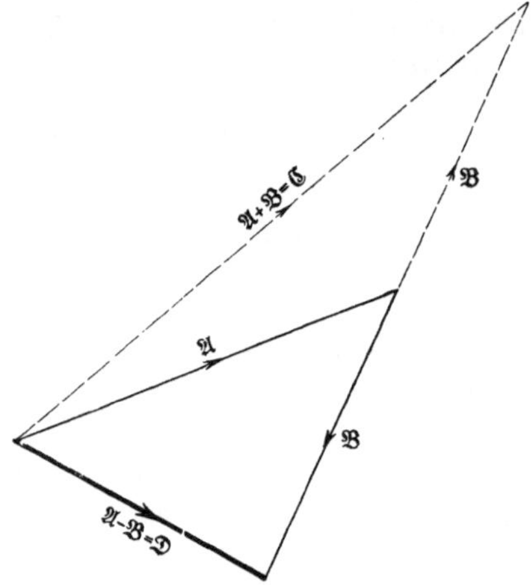

Fig. 23.

---

¹) Wenn schon das „+"-Zeichen sonst nur für die Andeutung der algebraischen
Addition eingeführt wurde, so pflegt man hier für diese geometrische, doch ganz anders
definierte Addition kein neues Additionszeichen aufzunehmen, sondern das algebraische
auch dafür beizubehalten. Die Andeutung der neuen Additionsart verlegt man in die andere Schreibweise der so addierten Größen, indem man für sie andere Buchstabenzeichen
(gotische) verwendet. Das Analoge ist von der Verwendung des „—"-Zeichens zu sagen.
Immerhin trifft man für die Andeutung der geometrischen Addition und Sub-
traktion a. a. O. auch die Zeichen: $\overset{\rightarrow}{+}$, $\overset{\rightarrow}{-}$, $\overset{\rightarrow}{\Sigma}$, oder $+\!\!\!\succ$, $\rightarrow$.

²) Der absolute Wert des Vektors $\mathfrak{C}$ ist $|\mathfrak{C}| = C$ oder mit Andeutung des Ent-
stehungsgesetzes des Vektors $\mathfrak{C}$ auch zu schreiben $|\mathfrak{A} + \mathfrak{B}|$; falsch wäre es aber, ihn
mit $A + B$ zu notieren, da dies die Summe der absoluten Werte der Vektoren $\mathfrak{A}$ und $\mathfrak{B}$
ist und diese nicht gleich ist dem absoluten Wert der Summe dieser Vektoren. Es ist:
$|\mathfrak{C}| = C = |\mathfrak{A} + \mathfrak{B}| \neq A + B = |\mathfrak{A}| + |\mathfrak{B}|$.

Das Resultat schreiben wir wieder symbolisch:

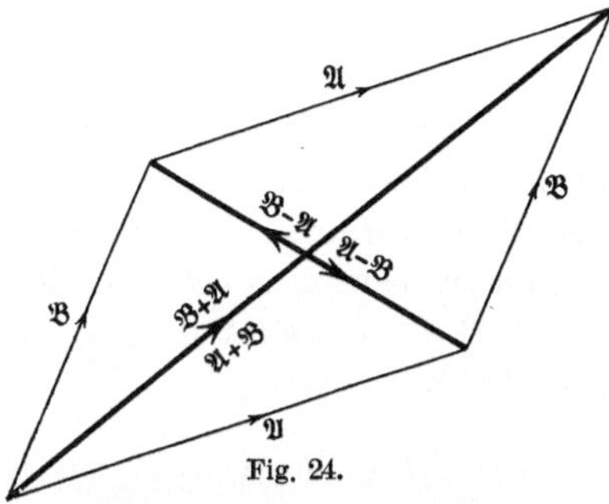

$$\mathfrak{D} = \mathfrak{A} - \mathfrak{B}$$

Man sieht auch leicht ein, daß sich *Summe* und *Differenz* zweier *Vektoren* $\mathfrak{A}$ und $\mathfrak{B}$ als die beiden Diagonalen des aus ihnen als Seiten konstruierten Parallelogrammes ergeben (Fig. 24).

Fig. 24.

Dehnen wir die Addition von Vektoren auf mehrere derselben aus, so erkennt man leicht, daß für die Addition von *Vektoren* auch das assoziative Gesetz gilt, daß z. B. nach Fig. 25:

$$(\mathfrak{A} + \mathfrak{B}) + \mathfrak{C} = \mathfrak{A} + (\mathfrak{B} + \mathfrak{C})$$

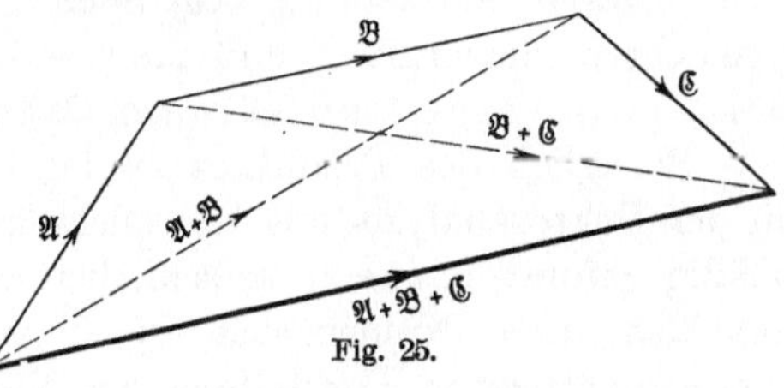

Fig. 25.

Es folgt auch ferner, wie aus Fig. 26 ersichtlich:

$$\mathfrak{A} + \mathfrak{B} + \mathfrak{C} + \mathfrak{D} + \mathfrak{E} + \mathfrak{F} + \mathfrak{G} = \mathfrak{D} + \mathfrak{C} + \mathfrak{G} + \mathfrak{A} + \mathfrak{E} + \mathfrak{B} + \mathfrak{F}$$
$$= \mathfrak{G} + \mathfrak{A} + \mathfrak{F} + \mathfrak{B} + \mathfrak{C} + \mathfrak{D} = \text{usw.}$$

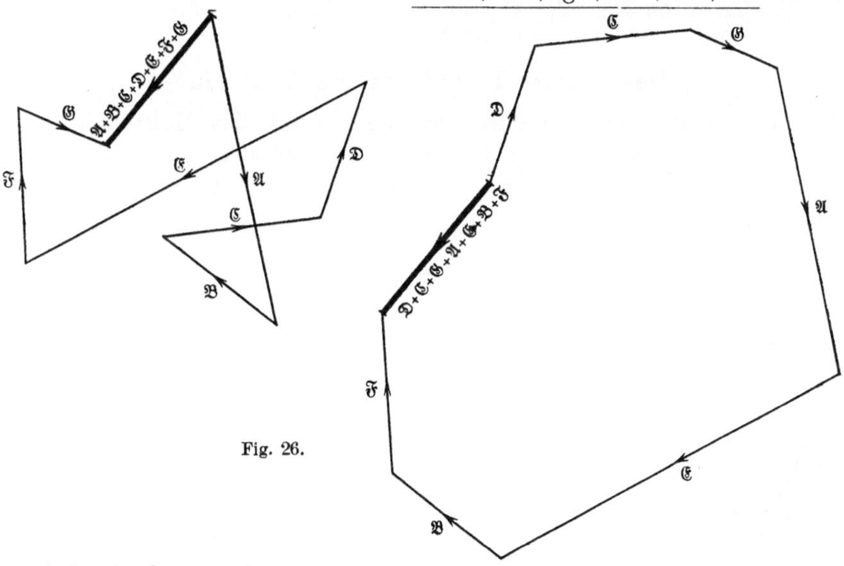

Fig. 26.

und desgleichen auch:

$$\mathfrak{T} - \mathfrak{U} + \mathfrak{B} - \mathfrak{Z} - \mathfrak{K} = \mathfrak{B} - \mathfrak{U} - \mathfrak{K} + \mathfrak{T} - \mathfrak{Z}.$$

§ 8. Das Produkt zweier Vektoren.

Als erste Frage wäre die nach dem Produkt eines Skalares mit einem Vektor zu betrachten. Da aber eine skalare Größe keine Richtung besitzt und infolgedessen auch keine Richtung ändern kann, so ergibt sich als festzusetzende Definition, daß man unter dem Produkt aus einem Skalar M und einem Vektor $\mathfrak{A}$ einen Vektor $\mathfrak{B}$ zu verstehen hat, der in der Richtung mit dem Vektor $\mathfrak{A}$ übereinstimmt, aber in seinem Betrage M-mal so groß ist, so daß:

$$\underline{\mathfrak{B} = M \cdot \mathfrak{A}}, \quad \text{wobei} \quad B = M \cdot A$$

In dieser Festsetzung liegt auch eine Bestätigung der bereits oben gemachten Bemerkung, daß man jeden Vektor als Produkt aus seinem Betrage und seinem Einheitsvektor auffassen kann.

Bezüglich des Produktes zweier beliebiger Vektoren hat man es in der Vektoranalysis mit Rücksicht auf die Anwendungen als zweckmäßig gefunden, zwei[1]) verschiedene Arten von Produkten zu unterscheiden, deren Namen sich, wie bereits früher schon angegeben, aus der geometrischen Darstellung des Vektors im Raume herleiten (vgl. S. 57, 63—66).

Es sind:
1. das *skalare oder innere Produkt*, kurz **Produkt**.
2. das *vektorielle oder äußere Produkt*[2]), kurz **Vektorprodukt**.

Das skalare Produkt zweier Vektoren

$\mathfrak{A}$ und $\mathfrak{B}$ deutet man an durch die auch durch das Multiplikationszeichen verbundenen Vektoren oder durch einfaches Nebeneinanderstellen derselben, auch durch ein Komma getrennt, in eine **r u n d e** Klammer gefaßt:

$$\mathfrak{A},\mathfrak{B} = \mathfrak{A} \cdot \mathfrak{B} = \mathfrak{A}\,\mathfrak{B} = (\mathfrak{A},\mathfrak{B}) = (\mathfrak{A}\,\mathfrak{B})$$

seltener durch die Schreibweise: $S\,\mathfrak{A}\,\mathfrak{B}$[3]).

---

[1]) Es könnten natürlich auch mehr als nur die folgenden zwei Produkte zweier Vektoren definiert werden; ihre Einführung ist jedoch durch das vorliegende Bedürfnis und ihre Eignung zu derartigen Kombinationen bedingt.

[2]) Der Name „äußeres Produkt" wird für das vektorielle in der Vektoranalysis von *Hamilton*, *Heaviside* und *Föppl* benutzt, wohingegen *Graßmann* darunter etwas anderes versteht, vgl. S. 80; aus diesem Grunde vermeiden wir hier diese Ausdrucksweise.

[3]) Um Mißverständnisse zu vermeiden, ziehen wir im allgemeinen die ersteren dieser Schreibarten vor und reservieren uns die runde Klammer möglichst allein für die übliche algebraische Zusammenfassung von Ausdrücken.

Es wird definiert durch die Gleichung:

$$\mathfrak{A},\mathfrak{B} = \mathbf{A\,B}\cos(\mathfrak{A},\mathfrak{B}) \qquad = C$$

Andere, auch oft gebrauchte Darstellungen sind:

$$(\mathfrak{A},\mathfrak{B}) = |\mathfrak{A}|\cdot|\mathfrak{B}|\cdot\cos(\mathfrak{A},\mathfrak{B}) = C$$
$$\mathfrak{A}\,\mathfrak{B} = A\cdot B\cdot\cos(\mathfrak{A},\mathfrak{B}) = C$$

worin unter $\cos(\mathfrak{A},\mathfrak{B})$ der Kosinus des von den beiden Vektoren $\mathfrak{A}$ und $\mathfrak{B}$ eingeschlossenen Winkels zu verstehen ist und zwar gemessen in Richtung von $\mathfrak{A}$ nach $\mathfrak{B}$ auf dem kürzeren Wege.

Wie der Name und der für dasselbe gesetzte Buchstabe C andeuten, ist das skalare Produkt selbst ein Skalar[1]).

Vertauschen wir in diesem Produkt die Vektoren, so erkennt man leicht, daß der Wert des Produktes sich dadurch nicht ändert; denn die beiden ersten Faktoren sind Skalare, deren Vertauschung, wie bei Zahlen,

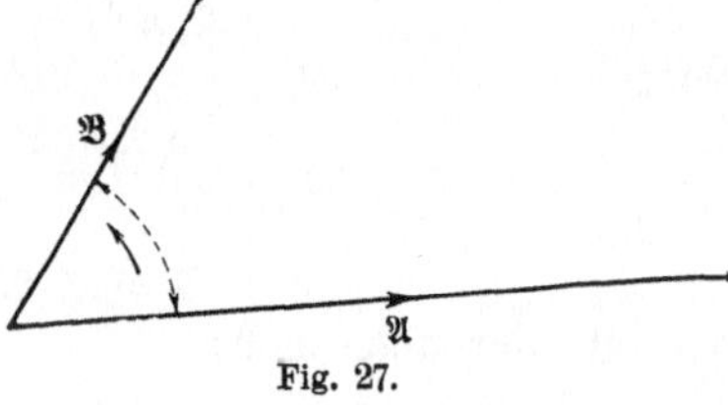

Fig. 27.

auf die durch ihr Produkt dargestellte skalare Größe keinen Einfluß ausüben kann, während die beiden Winkel $(\mathfrak{A},\mathfrak{B})$ und $(\mathfrak{B},\mathfrak{A})$ gleich, aber entgegengesetzten Vorzeichens sind, für welche bekanntlich der Kosinus gleich ausfällt.

Es besteht somit die Beziehung:

$$\mathfrak{A},\mathfrak{B} = \mathfrak{B},\mathfrak{A}$$

Mit Worten:

Das *skalare Produkt* zweier *Vektoren* befolgt das kommutative Gesetz der Multiplikation.

Nehmen wir vom Vektor $\mathfrak{A}$ den m-ten Teil, das ist ein Vektor, der mit diesem gleiche Richtung, gleichen Richtungssinn und gleiche Lage, aber nur den m-ten Teil seines Betrages besitzt, und bezeichnen diesen Teilvektor mit $\mathfrak{A}_{\frac{1}{m}}$, und nehmen wir analog vom Vektor $\mathfrak{B}$ den n-ten Teil als Teilvektor $\mathfrak{B}_{\frac{1}{n}}$, so wird:

$$\mathfrak{A} = m\cdot\mathfrak{A}_{\frac{1}{m}} \;\; ; \;\; \mathfrak{B} = n\cdot\mathfrak{B}_{\frac{1}{n}} \qquad \sphericalangle(\mathfrak{A},\mathfrak{B}) = \sphericalangle(\mathfrak{A}_{\frac{1}{m}},\mathfrak{B}_{\frac{1}{n}})$$
$$A = m\cdot A_{\frac{1}{m}} \;\; ; \;\; B = n\cdot B_{\frac{1}{n}}$$

und es folgt aus:

$$\mathfrak{A},\mathfrak{B} = A\cdot B\cdot\cos(\mathfrak{A},\mathfrak{B})$$
$$m\,\mathfrak{A}_{\frac{1}{m}},n\,\mathfrak{B}_{\frac{1}{n}} = m\,A_{\frac{1}{m}}\cdot n\,B_{\frac{1}{n}}\cos(\mathfrak{A}_{\frac{1}{m}},\mathfrak{B}_{\frac{1}{n}})$$
$$= m\cdot n\cdot A_{\frac{1}{m}}\,B_{\frac{1}{n}}\cos(\mathfrak{A}_{\frac{1}{m}},\mathfrak{B}_{\frac{1}{n}})$$

---

[1]) Sein Zahlenwert wird auch durch den Inhalt des Parallelogrammes angegeben, welches aus den den zugehörigen Komplement-Winkel einschließenden Vektoren gebildet wird oder aus zwei Vektoren als Seiten entsteht, wenn wir den einen der beiden Vektoren ersetzen durch den zu ihm senkrechten gleicher Länge.

Setzen wir vorübergehend:

$$\mathfrak{A}_{\underset{m}{1}} = \mathfrak{C} \quad ; \quad \mathfrak{B}_{\underset{n}{1}} = \mathfrak{D}$$

so folgt:

$$m\,\mathfrak{C}, n\,\mathfrak{D} = m \cdot n\,C\,D\cos(\mathfrak{C},\mathfrak{D})$$

und mit der Wiedereinführung der Bezeichnungen $\mathfrak{A}$ und $\mathfrak{B}$, indem wir jetzt setzen:

$$\mathfrak{C} = \mathfrak{A} \quad \text{und} \quad \mathfrak{D} = \mathfrak{B}$$

ergibt sich die allgemeine Beziehung:

$$m\,\mathfrak{A}, n\,\mathfrak{B} = m \cdot n\,AB\cos(\mathfrak{A},\mathfrak{B})$$

oder:

$$\underline{m\,\mathfrak{A}, n\,\mathfrak{B} = m \cdot n\,(\mathfrak{A},\mathfrak{B})}$$

Da

$$\mathfrak{A} = A\,\mathfrak{A}_1 \quad ; \quad \mathfrak{B} = B\,\mathfrak{B}_1$$

so folgt hiernach auch:

$$\mathfrak{A},\mathfrak{B} = (A\,\mathfrak{A}_1, B\,\mathfrak{B}_1) = \underline{A\,B\,(\mathfrak{A}_1,\mathfrak{B}_1)} \qquad\qquad \text{d. h.}$$

Das *skalare Produkt* läßt sich stets darstellen als das mit den Beträgen der beiden *Vektoren* multiplizierte skalare Produkt ihrer *Einheitsvektoren*.

Ferner folgt:

$$\mathfrak{A},\mathfrak{B} = A\,B\,(\mathfrak{A}_1,\mathfrak{B}_1) = A\,(\mathfrak{A}_1, B\,\mathfrak{B}_1)$$
$$= A\,(B\,\mathfrak{A}_1,\mathfrak{B}_1) = B\,(\mathfrak{A}_1, A\,\mathfrak{B}_1) \qquad \text{usw.}$$

d. h. in der Schreibweise des skalaren Produktes durch die Beträge der Vektoren und ihre Einheitsvektoren kann man erstere beliebig jedem der letzteren zuteilen.

Es wäre noch zu untersuchen, wie es mit dem **distributiven Gesetze**[1]) für *skalare Multiplikation* bei den Vektoren steht, also ob die Beziehung:

$$\underline{(\mathfrak{A} + \mathfrak{B}),\mathfrak{C} = \mathfrak{A},\mathfrak{C} + \mathfrak{B},\mathfrak{C}}$$

besteht.

Dies wollen wir hier zunächst geometrisch tun und uns eine analytische Darstellung vorbehalten, die wir ausführen werden, sobald die Komponentendarstellung eines Vektors gegeben ist.

Mit Berücksichtigung des kommutativen Gesetzes für die Multiplikation geht unsere zu beweisende Beziehung über in:

$$\mathfrak{C},(\mathfrak{A} + \mathfrak{B}) = \mathfrak{C},\mathfrak{A} + \mathfrak{C},\mathfrak{B}$$

oder ausgeschrieben:

$$\underline{|\mathfrak{C}| \cdot |\mathfrak{A} + \mathfrak{B}|\cos(\mathfrak{C},\mathfrak{A} + \mathfrak{B}) = |\mathfrak{C}| \cdot |\mathfrak{A}|\cos(\mathfrak{C},\mathfrak{A}) + |\mathfrak{C}| \cdot |\mathfrak{B}|\cos(\mathfrak{C},\mathfrak{B})}$$

---

[1]) Für eine analytische Einführung der Vektoren, wie dies bei den Quaternionen geschehen ist, müßte man das distributive Gesetz als gültig voraussetzen.

Nun ist aber $|\mathfrak{A}| \cos(\mathfrak{C},\mathfrak{A})$ nichts anderes als die orthogonale Projektion der Strecke von der Länge $|\mathfrak{A}|$ auf die Richtung $\mathfrak{C}$. Führen wir diese Auffassung auch für die anderen Glieder der Gleichung durch, so folgt:

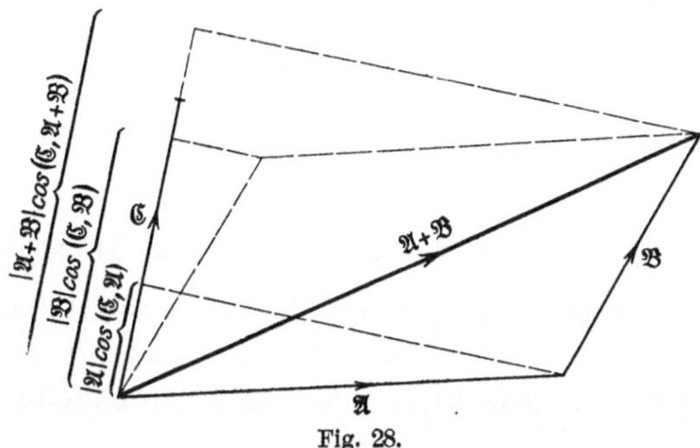

Fig. 28.

$|\mathfrak{C}| \times$ Projektion von $|\mathfrak{A}+\mathfrak{B}|$ auf $\mathfrak{C} = |\mathfrak{C}| \times$ Projekt. von $\mathfrak{A}$ auf $\mathfrak{C}$
$$+ |\mathfrak{C}| \times \text{Projekt. von } \mathfrak{B} \text{ auf } \mathfrak{C}$$

Dividieren wir die ganze Gleichung durch den Skalar $|\mathfrak{C}|$, so bleibt:

Projekt. von $|\mathfrak{A}+\mathfrak{B}|$ auf $\mathfrak{C} =$ Projekt. von $|\mathfrak{A}|$ auf $\mathfrak{C}$
$$+ \text{Projekt. von } |\mathfrak{B}| \text{ auf } \mathfrak{C}$$

was durch obige Figur als richtig erkannt wird und damit auch bewiesen ist.

Aus:
$$\mathfrak{A},\mathfrak{B} = \mathfrak{B},\mathfrak{A} = A \cdot B \cos(\mathfrak{A},\mathfrak{B})$$

folgt, daß das *skalare Produkt* verschwindet, wenn entweder einer der beiden *Vektoren* verschwindet, also $\mathfrak{A} = 0$ oder $\mathfrak{B} = 0$ ist, oder, wenn die beiden *Vektoren* aufeinander senkrecht stehen, da $\cos 90° = 0$.

Für $\mathfrak{B} = \mathfrak{A}$ folgt aus obiger Formel:
$$\mathfrak{A}^2 = A \cdot A \cdot \cos 0 = A^2 \qquad \text{d. h.}$$

Das *skalare Quadrat* eines *Vektors* ist gleich dem Quadrat seines Betrages.

Als Beispiel eines skalaren Produktes erwähnen wir die Arbeit, die ja bekanntlich stets gleich dem Produkt ist, welches aus der wirkenden Kraft und dem in ihrer Richtung zurückgelegten, d. h. auf ihre Richtung projizierten Wege ist; oder auch, was das Gleiche bedeutet: Weg mal Kraftkomponente in Richtung des Weges. Und zwar kommt dafür ja nur das Produkt der Beträge dieser beiden Vektoren $\mathfrak{P}$ und $\mathfrak{s}$ in Betracht, welches die skalare Größe der auf dem Wege $\mathfrak{s}$ durch die Kraft $\mathfrak{P}$ geleisteten Arbeit angibt. Wir erhalten demnach für die auf dem geradlinigen Wege $\mathfrak{s}$ von a bis b durch die in seiner Richtung wirkende Kraft $\mathfrak{P}$,

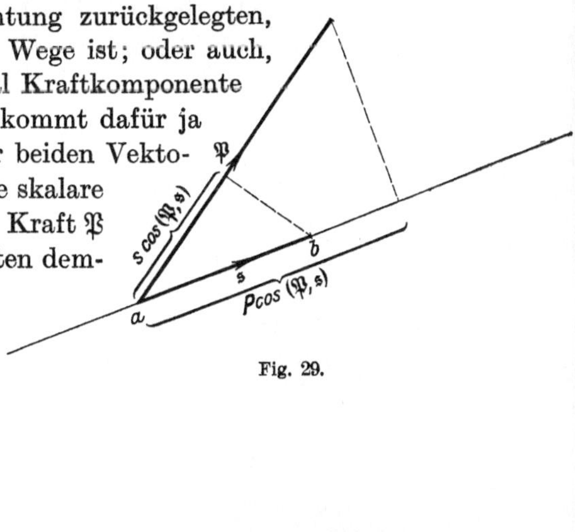

Fig. 29.

z. B. in Form der Bewegung eines Körpers über diese Wegstrecke, geleistete Arbeit den Ausdruck:

$$A_\mathfrak{s} = |\mathfrak{P}| \cdot |\mathfrak{s}| \cdot \cos(\mathfrak{P},\mathfrak{s}) = P \cdot s \cos(\mathfrak{P},\mathfrak{s}) = \mathfrak{P},\mathfrak{s}$$

Das vektorielle Produkt zweier Vektoren

$\mathfrak{A}$ und $\mathfrak{B}$ wird symbolisch allgemein dadurch angedeutet, daß man die beiden zu multiplizierenden, auch oft durch ein Komma getrennten Vektoren in eckige Klammern einschließt, also durch:

$$[\mathfrak{A},\mathfrak{B}] = [\mathfrak{A}\cdot\mathfrak{B}] = [\mathfrak{A}\,\mathfrak{B}]$$

seltener durch die Schreibweise $V\,\mathfrak{A}\,\mathfrak{B}$.

Es wird definiert durch die Gleichung:

$$[\mathfrak{A},\mathfrak{B}] = A\,B\,\sin(\mathfrak{A},\mathfrak{B}) \qquad = \mathfrak{C}$$

oder auch in anderen Darstellungen:

$$[\mathfrak{A},\mathfrak{B}] = |\mathfrak{A}| \cdot |\mathfrak{B}| \cdot \sin(\mathfrak{A},\mathfrak{B}) = \mathfrak{C}$$
$$[\mathfrak{A}\,\mathfrak{B}] = A \cdot B \cdot \sin(\mathfrak{A},\mathfrak{B}) = \mathfrak{C}$$

Wie Name und Buchstabe $\mathfrak{C}$ andeuten, verstehen wir unter demselben einen Vektor, im Gegensatz zur Graßmannschen Lehrè, wo das sog. „äußere Produkt" als ein Skalar erscheint. Die nähere Bedeutung dieses Vektors $\mathfrak{C}$ ergibt sich aus dem Folgenden:

Vertauschen wir die Faktoren und bilden also das Produkt $[\mathfrak{B},\mathfrak{A}]$, so wäre dieses nach Definition gleich:

$$[\mathfrak{B},\mathfrak{A}] = B\,A\,\sin(\mathfrak{B},\mathfrak{A}) \ .$$

Nun ist aber:

$$\sin(\mathfrak{A},\mathfrak{B}) = -\sin(\mathfrak{B},\mathfrak{A})$$

da mit entgegengesetzter Zählrichtung, d. h. für entgegengesetztes Vorzeichen des Winkels auch der Sinus sein Vorzeichen ändert.

Es folgt somit die Beziehung:

$$[\mathfrak{A},\mathfrak{B}] = -[\mathfrak{B},\mathfrak{A}]$$

womit erwiesen ist, daß das kommutative Gesetz der Multiplikation für das *Vektorprodukt* nicht gilt.

Damit erkennen wir das vektorielle Produkt zweier Vektoren als eine Größe anderer Art, als wie wir sie bisher kennen gelernt haben, eine Größe, wie wir sie in ebensolcher abweichender Weise bereits bei den Hamiltonschen Quaternionen konstatiert hatten.

Wir definieren nun das *vektorielle (äußere) Produkt* der *Vektoren* 𝔄 und 𝔅 als **einen *Vektor* ℭ, welcher auf der Ebene dieser beiden Vektoren senkrecht steht** und dessen Richtung dadurch festgesetzt wird, daß einer Drehung um ihn als Achse von 𝔄 nach 𝔅 und einem Vorrücken in seiner Richtung eine Rechtsschraubung entspricht (Korkzieherregel); sein *absoluter Wert* oder *Betrag* sei gleich dem Flächeninhalt des durch die beiden *Vektoren* 𝔄 und 𝔅 gebildeten Parallelogrammes[1]).

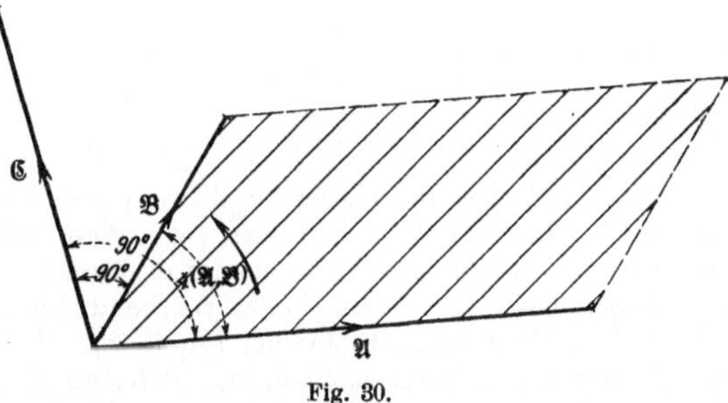

Fig. 30.

Die Reihenfolge der Vektoren im vektoriellen Produkt [𝔄,𝔅] deutet an, daß der Winkel zwischen den beiden zu nehmen ist vom Vektor 𝔄 ausgehend in einer Drehung von 𝔄 nach 𝔅[2]), was mit der Festsetzung eines Drehsinnes in der Ebene der beiden Vektoren 𝔄 und 𝔅 gleichbedeutend ist. Darin liegt auch die Berechtigung, eine solche Größe, wie dieses Produkt, als Vektor aufzufassen und also diese Drehrichtung durch eine gerichtete Größe, im Bild eine gerichtete Strecke, wiederzugeben.

Da nach Definition des Vektors, gleich dem Graßmannschen freien Vektor, derselbe nur durch Größe und Richtung, aber nicht durch eine bestimmte Lage (Aktionslinie) gegeben ist, so kann man die Vektoren 𝔄 und 𝔅 ihrem Parallelogramm auch nach Fig. 31 zuordnen, womit dann der Drehsinn für den zu lesenden Winkel auch durch die Folgerichtung der beiden Vektoren, durch den sog. *Umfahrungssinn* des Parallelogrammes angegeben wird. Das Vektorprodukt und also auch der Vektor ℭ ist damit auch bestimmt durch den Flächeninhalt und den Umfahrungssinn des Parallelogrammes.

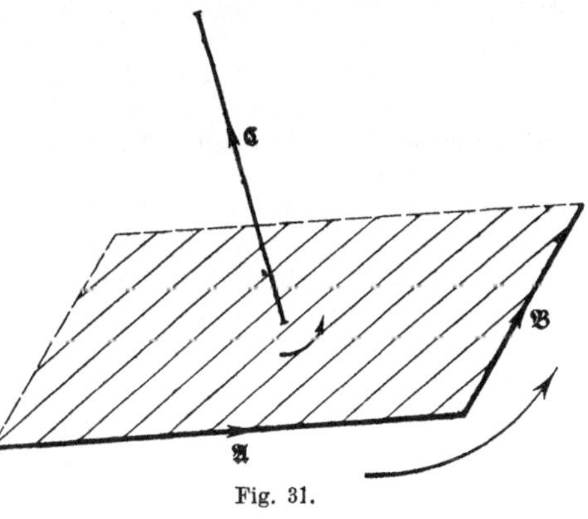

Fig. 31.

---

[1]) Daher ist das Vektorprodukt auch als „Parallelogrammvektor" bekannt.
[2]) auf kürzestem Wege.

Aus:

$$[\mathfrak{A},\mathfrak{B}] = A\,B\,\sin(\mathfrak{A},\mathfrak{B})$$

folgt für:

$$\mathfrak{B} = \mathfrak{A}$$

$$[\mathfrak{A},\mathfrak{A}] = A\,A\,\sin(\mathfrak{A},\mathfrak{A}) = A^2\sin 0$$

$$[\mathfrak{A},\mathfrak{A}] = 0$$

Umgekehrt folgt hiernach aus

$$[\mathfrak{A},\mathfrak{B}] = 0$$

daß entweder:

$$\mathfrak{A} = 0 \quad \text{oder} \quad \mathfrak{B} = 0$$

oder:

$$\sin(\mathfrak{A},\mathfrak{B}) = 0, \quad \text{d. h.} \quad \mathfrak{A} \parallel \mathfrak{B}$$

Die von *Graßmann* eingeführte Bezeichnung eines „äußeren Produktes" an Stelle des „vektoriellen" ist besser zu vermeiden, weil die Begriffe des *vektoriellen* und *äußeren Produktes* wohl in manchen Punkten übereinstimmen, jedoch im wesentlichen ganz verschieden sind. Während das *äußere Produkt* bei *Graßmann* skalaren Charakter hat, ist dies bei *Föppl* und *Hamilton, Heaviside, Gibbs* nicht der Fall, sondern da stellt es einen sog. **axialen Vektor** dar, den man dann vom **polaren Vektor** unterscheidet[1]). Auch ist die analytische Formel für beide *äußeren Produkte* die nämliche: $[\mathfrak{A},\mathfrak{B}] = AB\sin(\mathfrak{A},\mathfrak{B})$; beide befolgen nicht das kommutative Gesetz der Multiplikation mit der Beziehung $[\mathfrak{A},\mathfrak{B}] = -[\mathfrak{B},\mathfrak{A}]$. Während aber *Graßmann* dabei stehen bleibt, das *äußere Produkt* als *Skalar* aufzufassen mit dem Nichtbefolgen des kommutativen Gesetzes, wird es bei *Hamilton-Föppl* als *Vektor* definiert, wird ihm hier ein Vektor, der auf der Ebene der anderen beiden senkrecht steht, zugeordnet, dessen Betrag gleich ist dem Flächeninhalt ihres Parallelogrammes. Man geht also beim letzteren Fall mit dem *vektoriellen Produkt* in den Raum hinaus. *Graßmann* bleibt mit seinem *äußeren Produkt* in der Ebene und erhält durch dasselbe einfacherweise den Inhalt eines Flächenstückes, also eine zweidimensionale Größe; *Hamilton-Föppl* führen diese wieder in eine eindimensionale zurück durch Zuordnung einer senkrecht zu dieser Ebene stehenden linearen gerichteten Strecke, eines zunächst prinzipiell den Vektoren gleich gearteten Vektors. Während *Hamilton-Föppl* bereits durch das Vektorprodukt in den Raum hinauskommen, gelangt *Graßmann* erst durch Hinzufügung eines weiteren, dritten, nicht in der Ebene der anderen beiden Vektoren liegenden Vektors dazu. Der Unterschied liegt in der Zweckbestimmung dieser Größen begründet; nämlich der mehr geometrisch-mathematischen und systematischen Darstellung bei *Graßmann*, der physikalisch-technischen, praktischen und einfachste Formeln liefernden Auffassung bei *Hamilton-Föppl*. Und da hat es sich als praktisch und für die Physik und Mechanik als zweckmäßig und vorteilhaft erwiesen, eine Fläche mit Dreh- oder Umlaufssinn als *linearen Vektor* zu deuten, für den man dann auch den bezeichnenden Namen **Rotor** finden kann.

Bei *Graßmann* ist das äußere Produkt ein Skalar, für den das kommutative Gesetz nicht gilt, dem ein Drehsinn lediglich als skalare Eigenschaft — d. h. ohne das Produkt zu einer gerichteten Größe zu machen —, die nur durch entgegengesetztes Vorzeichen „+" oder „−" Berücksichtigung findet, beigeordnet ist. Weil aber die Zuordnung des Drehsinnes nichts anderes ist als eine Drehung in der Ebene der beiden Vektoren $\mathfrak{A}$ und $\mathfrak{B}$ um eine zu ihrer Ebene senkrecht stehende Achse und um die Zuordnung eindeutig zu machen, wird nach *Hamilton-Föppl*

---

[1]) Vgl. S. 98.

als Sinn derselben derjenige festgesetzt, welcher dem Vorrücken einer Rechtsschraube bei einer Drehung von $\mathfrak{A}$ nach $\mathfrak{B}$ entspricht und die Größe dieser so gerichteten Drehachse, dieses Vektors gleich dem Inhalt des Parallelogrammes der Vektoren $\mathfrak{A}$ und $\mathfrak{B}$ gewählt.

Bekanntlich ist das Drehmoment eines Kräftepaares gleich dem Produkt aus der Kraft multipliziert mit dem senkrechten Abstand seiner parallelen Kräfte, was sich auch durch den Flächeninhalt eines Parallelogrammes ausdrücken läßt — das die Kräfte zu par

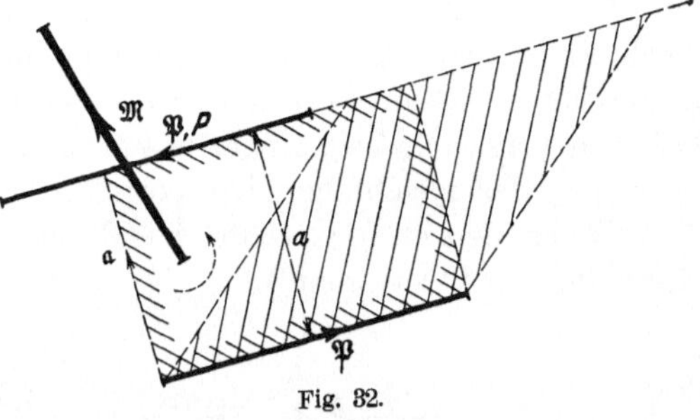

Fig. 82.

allelen Seiten und deren senkrechten Abstand zur Höhe hat — sowie durch einen bestimmten Drehsinn. Es läßt sich demnach ein **Drehmoment** nach dem Gesagten durch einen solchen *axialen Vektor* oder *Rotor* darstellen.

$$\mathfrak{M} = [\mathfrak{P},a] = P \cdot a \sin(\mathfrak{P},a) = \overset{\curvearrowright}{P\,a} \qquad {}^1)$$

Das distributive Gesetz für vektorielle Multiplikation wollen wir nachfolgend aus der Komponentendarstellung ableiten.

§ 9. Die Komponentendarstellung des Vektors. Grundvektoren.

Für die Komponentendarstellung eines Vektors, die sich in vieler Hinsicht als zweckmäßig erwiesen hat, wählt man gewöhnlich ein rechtwinkliges *Koordinatensystem*, d. h. ein solches, das aus drei zueinander senkrecht stehenden Achsen, den sog. *Koordinatenachsen* und aus den drei, durch sie gebildeten, zueinander senkrecht stehenden Ebenen, den *Koordinatenebenen* besteht. Man sagt auch, es bilden diese drei Achsen ein *dreirechtwinkliges Dreikant* bzw. die Ebenen ein *dreirechtwinkliges Dreiflach*.

Um mit einem solchen Koordinatensystem zu arbeiten, muß man die *positive* und *negative Richtung der Achsen* festlegen.

Von diesen Koordinatensystemen gibt es nun zwei wesentlich voneinander verschiedene, das sog. englische oder *Rechts-System* und das französische *Links-System*. Wie aus den beiden Figuren (Fig. 33) ersichtlich, entspricht dem *Rechtssystem* eine Drehung von der positiven ersten (x-) Achse zur positiven zweiten (y-) Achse mit fortschreitendem Sinn in Richtung der positiven dritten (z-) Achse; oder eine **Rechtsschraubung** mit Drehung in Richtung von der positiven 1ten zur positiven 2ten Achse und Fortschreiten in Richtung der

---

${}^1)$ Im besonderen ist dieser Vektor des Momentes eines Kräftepaares zugleich ein *freier Vektor* (vgl. S. 70), derjenige, durch den das statische Moment einer Kraft dargestellt wird, als gebunden an den Bezugspunkt, ein *gebundener Vektor*.

positiven 3ten Achse. Dem *Linkssystem* entspricht eine Linksschraubung mit Drehung in Richtung von der positiven 1ten zur positiven 2ten Achse und Fortschreiten in Richtung der positiven 3ten Achse. Auch kann man die beiden Systeme mittels der Dreifingerregel charakterisieren: „Man halte die drei ersten Finger nach ihrer Reihenfolge: Daumen (erster), Zeigefinger (zweiter), Mittelfinger (dritter) in die Richtung der gleichfolgenden positiven ersten, zweiten, dritten Achsen, so deutet die rechte Hand das Rechtssystem, die linke Hand das Linkssystem [1]."

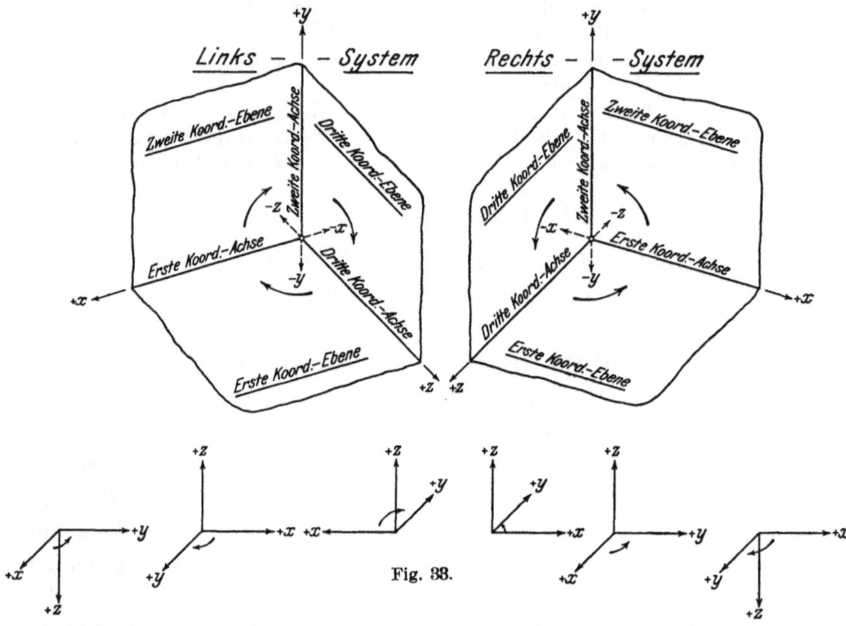

Fig. 33.

Wir können auch im „Rechtssystem" die Koordinatenebene der beiden ersten Koordinatenachsen (x und y) horizontal legen, wobei dann, mit positiver Richtung, die 1te Koordinatenachse (x) nach vorn, die 2te (y) nach rechts und die 3te (z) nach oben geht. Wir ziehen diese Lage für dasselbe vor, zumal dann unsere beiden Vektoren $\mathfrak{A}$ und $\mathfrak{B}$, wie in den früheren Darstellungen, in einer horizontalen Ebene bleiben und der dritte Vektor $\mathfrak{C}$, wie dort auch vertikal nach oben gerichtet erscheint. Auch bietet diese Lage eine nicht minder große Analogie

---

[1] Vertauschen Daumen und Mittelfinger ihre Rolle, so tun es auch die Hände, d. h. das Rechtssystem wird dann durch die sog. *Linke-Handregel*, das Linkssystem durch die *Rechte-Handregel* definiert.

Weil im Rechtssystem, von der Seite der positiven, ersten (x-) Achse aus gesehen, die Drehung der zweiten (y-) in die dritte (z-) Achse eine entgegen derjenigen des Uhrzeigers verlaufende, sog. positive Drehung ergibt, so bezeichnet man dasselbe auch als „positives Koordinatensystem" und dementsprechend das Linkssystem als „negatives".

zum gebräuchlichen Linkssystem, da dann in beiden Koordinatensystemen die wichtigste Koordinatenebene der x- und y-Achsen horizontal liegt und die dritte Koordinatenachse senkrecht zu ihr mit der positiven Richtung vertikal nach oben gerichtet ist. Schließlich nehmen wir damit auch die häufigste Darstellungsweise, welche auch der englische große Gelehrte *Maxwell* verwendete, an.

Die drei Koordinatenachsen bzw. Koordinatenebenen des zum Zweck der Betrachtungen am Vektor $\mathfrak{A}$ verwendeten Koordinatensystemes denken wir uns nun mit ihren oben angegebenen, ihnen stets eigenen Richtungen so gelegt, daß der Koordinatenanfangspunkt O mit dem Anfangspunkt des Vektors zusammenfällt [1]).

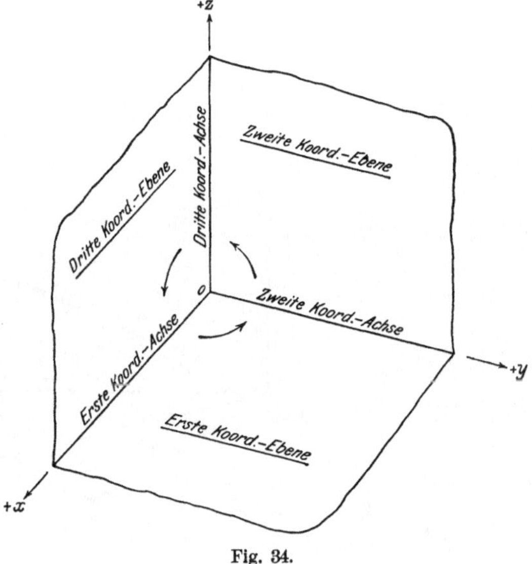

Fig. 34.

Die Komponenten des Vektors $\mathfrak{A}$, welche durch Zerlegung desselben nach den Richtungen der drei Koordinatenachsen erhalten werden, bezeichnen wir entsprechend den benannten Achsenrichtungen mit $\mathfrak{A}_x$, $\mathfrak{A}_y$, $\mathfrak{A}_z$; aus ihrer geometrischen oder vektoriellen Addition ergibt sich, wie aus Fig. 35, 37 deutlich hervorgeht, die Beziehung:

$$\mathfrak{A} = \mathfrak{A}_x + \mathfrak{A}_y + \mathfrak{A}_z$$

Wie aus folgender Figur hervorgeht, überträgt sich die geometrische Addition von Vektoren auch auf ihre Komponenten, denn, wenn

$$\mathfrak{A} + \mathfrak{B} = \mathfrak{C}$$

so folgt auch:

$$\mathfrak{A}_x + \mathfrak{B}_x = \mathfrak{C}_x$$
$$\mathfrak{A}_y + \mathfrak{B}_y = \mathfrak{C}_y$$
$$\mathfrak{A}_z + \mathfrak{B}_z = \mathfrak{C}_z$$

---

[1]) Da die Koordinatenachsen als solche zufolge ihrer Definition bereits eine ganz bestimmte, ihnen stets gleichbleibend eigene Richtung besitzen und wir zudem an ihnen keine Größe, Länge, keinen Betrag unterscheiden, so ist eine vektorielle Auffassung für sie im obigen Sinne ohne Belang. Für Größen, die stets nur eine bestimmte Richtung besitzen, die sie nie ändern, ist eine Betrachtung als Vektoren überflüssig. Wir verwenden daher überall für die Bezeichnungen der Achsen, wenn auch stets ihre Richtung gemeint ist, dem üblichen Gebrauche folgend, skalare Bezeichnung x, y, z.

denn es ist z. B. aus:

$$\Delta O\,b\,b' \cong \Delta a\,c\,d$$

$$O\,b' = a\,d = a'\,c'$$

somit:

$$O\,a' + O\,b' = O\,a' + a'\,c' = O\,c'$$

oder:

$$|\mathfrak{A}_y| + |\mathfrak{B}_y| = |\mathfrak{C}_y|$$

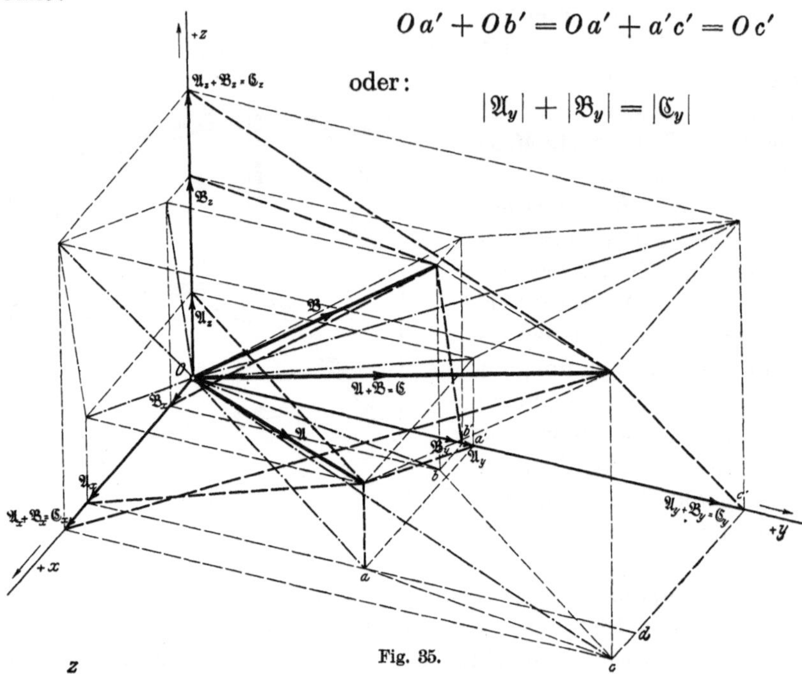

Fig. 35.

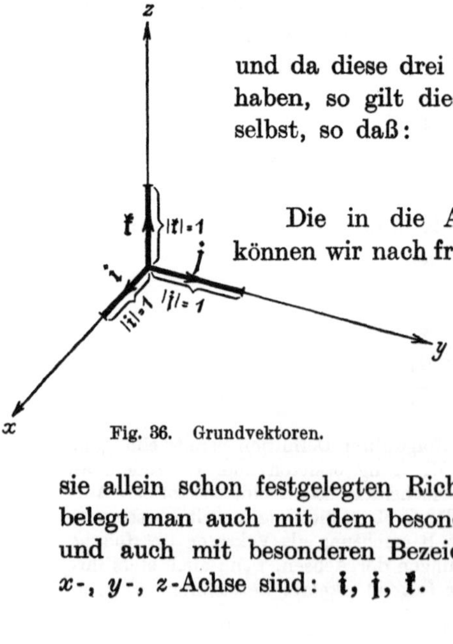

und da diese drei Vektoren gleiche Lage und Richtung haben, so gilt diese Beziehung auch für die Vektoren selbst, so daß:

$$\underline{\mathfrak{A}_y + \mathfrak{B}_y = \mathfrak{C}_y}$$

Die in die Achsenrichtungen fallenden Vektoren können wir nach früherem, wie jeden Vektor, ausdrücken durch das Produkt aus Betrag und Einheitsvektor.

Die speziell in die Achsenrichtungen fallenden Einheitsvektoren, die als Grundelemente für die Angabe jedes Vektors wegen der durch sie allein schon festgelegten Richtung der Koordinatenachsen dienen, belegt man auch mit dem besonderen Namen der *Grundvektoren* und auch mit besonderen Bezeichnungen, die in der Reihenfolge der x-, y-, z-Achse sind: $\mathfrak{i}, \mathfrak{j}, \mathfrak{k}$.

Fig. 36. Grundvektoren.

Mit ihnen können wir dann setzen:

$$\mathfrak{A}_x = A_x \cdot \mathfrak{i}$$
$$\mathfrak{A}_y = A_y \cdot \mathfrak{j}$$
$$\mathfrak{A}_z = A_z \cdot \mathfrak{k}$$

wenn A_x, A_y, A_z die nach den Koordinatenachsen gebildeten Komponenten des Betrages von $\mathfrak{A}$, also des Skalars A, sind.

Es wird dann:

$$\mathfrak{A} = A_x \mathfrak{i} + A_y \mathfrak{j} + A_z \mathfrak{k}$$

Aus Fig. 37 folgt weiter:

$$A_x = A \cos(\mathfrak{A},x)$$
$$A_y = A \cos(\mathfrak{A},y)$$
$$A_z = A \cos(\mathfrak{A},z)$$

$$A_x^2 + A_y^2 + A_z^2 = A^2$$

oder

$$A = |\mathfrak{A}| = \sqrt{A_x^2 + A_y^2 + A_z^2}$$

Ist $\mathfrak{a}$ irgend ein Teilvektor von $\mathfrak{A}$, etwa der m-te Teil desselben, so wird:

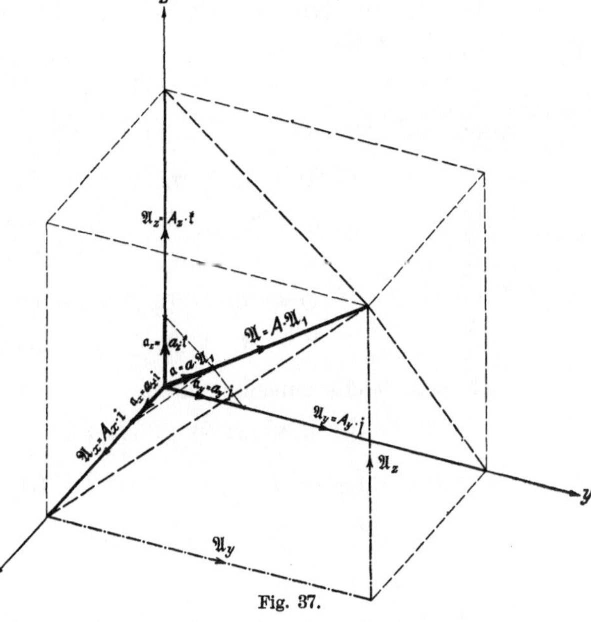

Fig. 37.

$$\mathfrak{A} = m \cdot \mathfrak{a} = m\, a_x \mathfrak{i} + m\, a_y \mathfrak{j} + m\, a_z \mathfrak{k}$$

so daß analog bei Kürzung mit der Zahl m folgt:

$$\mathfrak{a} = a_x \mathfrak{i} + a_y \mathfrak{j} + a_z \mathfrak{k} = \mathfrak{a}_x + \mathfrak{a}_y + \mathfrak{a}_z$$

wobei:

$$\frac{a}{A} = \frac{a_x}{A_x} = \frac{a_y}{A_y} = \frac{a_z}{A_z} = \frac{1}{m}$$

$$a_x = \frac{A_x}{m} = \frac{A_x}{\frac{A}{a}} = a\,\frac{A_x}{A} = \frac{a}{A} A_x$$

$$a_y = \frac{a}{A} A_y \quad ; \quad a_z = \frac{a}{A} A_z$$

Wie ersichtlich, ist ein Vektor stets durch seine Komponentenvektoren bestimmt und in den Grundvektoren darstellbar.

Letztere lassen sich auch nach einer oben gegebenen Auffassung als bloße Richtungszeiger der (skalaren) Komponenten des Vektors deuten, wie das „$+$"- und „$-$"-Zeichen der Zahl auf der Zahlenlinie bzw. die reelle und imaginäre Einheit 1 und i auf der reellen und imaginären Zahlenlinie.

Einfache geometrische Betrachtungen anhand dieser Komponentenzerlegung lehren, daß die Summe zweier oder mehrerer Vektoren gleich ist der Summe der Komponenten der einzelnen Vektoren.

Es ist ferner, wenn:

$$\mathfrak{A} + \mathfrak{B} + \mathfrak{C} + \mathfrak{D} = \mathfrak{R}$$

und nach obigem:

$$\mathfrak{A} = \mathfrak{A}_x + \mathfrak{A}_y + \mathfrak{A}_z = A_x\,\mathfrak{i} + A_y\,\mathfrak{j} + A_z\,\mathfrak{k}$$
$$\mathfrak{B} = \mathfrak{B}_x + \mathfrak{B}_y + \mathfrak{B}_z = B_x\,\mathfrak{i} + B_y\,\mathfrak{j} + B_z\,\mathfrak{k}$$
$$\mathfrak{C} = \mathfrak{C}_x + \mathfrak{C}_y + \mathfrak{C}_z = C_x\,\mathfrak{i} + C_y\,\mathfrak{j} + C_z\,\mathfrak{k}$$
$$\mathfrak{D} = \mathfrak{D}_x + \mathfrak{D}_y + \mathfrak{D}_z = D_x\,\mathfrak{i} + D_y\,\mathfrak{j} + D_z\,\mathfrak{k}$$
$$\mathfrak{R} = \mathfrak{R}_x + \mathfrak{R}_y + \mathfrak{R}_z = R_x\,\mathfrak{i} + R_y\,\mathfrak{j} + R_z\,\mathfrak{k}$$

wie sich leicht einsehen läßt:

$$A_x\,\mathfrak{i} + B_x\,\mathfrak{i} + C_x\,\mathfrak{i} + D_x\,\mathfrak{i} = (A_x + B_x + C_x + D_x)\,\mathfrak{i}$$
$$A_y\,\mathfrak{j} + B_y\,\mathfrak{j} + C_y\,\mathfrak{j} + D_y\,\mathfrak{j} = (A_y + B_y + C_y + D_y)\,\mathfrak{j}$$
$$A_z\,\mathfrak{k} + B_z\,\mathfrak{k} + C_z\,\mathfrak{k} + D_z\,\mathfrak{k} = (A_z + B_z + C_z + D_z)\,\mathfrak{k}$$

so daß auch:

$$\mathfrak{R} = \mathfrak{A} + \mathfrak{B} + \mathfrak{C} + \mathfrak{D} = \mathfrak{i}\cdot\sum x\text{-Beträge} + \mathfrak{j}\cdot\sum y\text{-Beträge}$$
$$+\ \mathfrak{k}\cdot\sum z\text{-Beträge}$$

Wenden wir das Gesetz des skalaren Produktes, welches verschwindet, wenn die beiden Vektoren senkrecht zueinander stehen, auf die Einheitsvektoren an, wie dies ja für deren Richtungen stets zutrifft, so folgt:

1. $\mathfrak{i},\mathfrak{j} = 0\ ;\ \mathfrak{j},\mathfrak{k} = 0\ ;\ \mathfrak{k},\mathfrak{i} = 0$

und da das Quadrat eines Skalares gleich ist dem Quadrat seines absoluten Wertes, so wird ferner:

2. $\mathfrak{i},\mathfrak{i} = 1\ ;\ \mathfrak{j},\mathfrak{j} = 1\ ;\ \mathfrak{k},\mathfrak{k} = 1$

und ferner:

3. $\mathfrak{i},\mathfrak{j} = \mathfrak{j},\mathfrak{i}\ ;\ \mathfrak{j},\mathfrak{k} = \mathfrak{k},\mathfrak{j}\ ;\ \mathfrak{i},\mathfrak{k} = \mathfrak{k},\mathfrak{i}$ [1]

---

[1] aber: $[\mathfrak{i},\mathfrak{j}] = -[\mathfrak{j},\mathfrak{i}]\ ;\ [\mathfrak{j},\mathfrak{k}] = -[\mathfrak{k},\mathfrak{j}]\ ;\ [\mathfrak{i},\mathfrak{k}] = -[\mathfrak{k},\mathfrak{i}]$,   vgl. S. 94.

womit die Grundbe-
ziehungen zwischen
unseren Grundvekto-
ren $\mathfrak{i}$, $\mathfrak{j}$, $\mathfrak{k}$ festgelegt
sind [1]).

Wie aus Fig. 38
hervorgeht, gilt für das
Dreieck, gebildet aus
den beiden Vektoren
$\mathfrak{A}$ und $\mathfrak{B}$ und dem
Vektor $\mathfrak{C}$, der seine
dritte Seite bildet, nach
dem Kosinussatz:

$$|\mathfrak{C}|^2 = |\mathfrak{A}|^2 + |\mathfrak{B}|^2$$
$$- 2|\mathfrak{A}| \cdot |\mathfrak{B}| \cos(\mathfrak{A},\mathfrak{B})$$

oder:

$$2A \cdot B \cos(\mathfrak{A},\mathfrak{B})$$
$$= A^2 + B^2 - C^2$$

Die linke Seite der
letzten Gleichung stellt

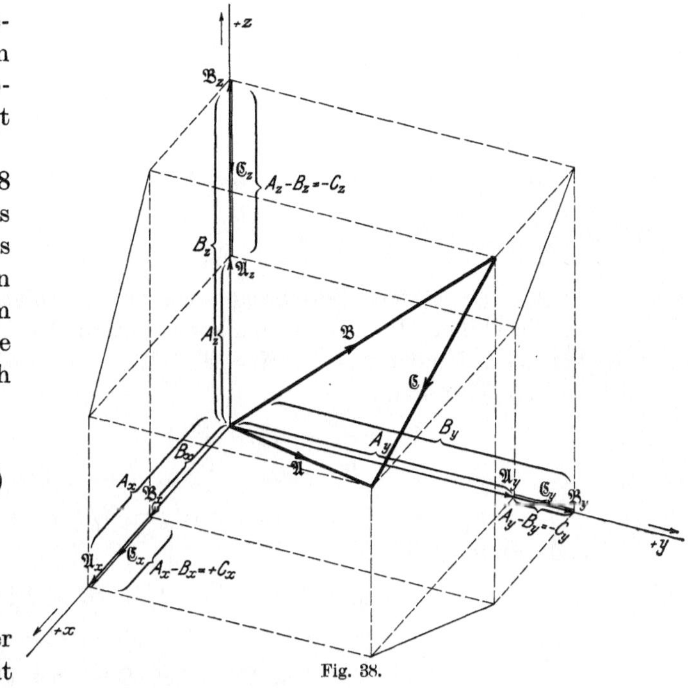

Fig. 38.

<hr>

[1]) Auch die geometrische Deutung der Quaternionen läßt sich hiernach in anderem
Sinne als früher ergänzen, wenn wir auch dort den Einheiten i, j, k nicht nur die Bedeutung einer reinen Zahl zuschreiben, sondern, damit verbunden, zugleich noch eine
bestimmte Richtung; wenn wir sie also auch als „gerichtete Einheiten" erklären, als
Größen, denen neben einer abstrakten Zahlenbedeutung noch eine Richtungsbedeutung
zukommt, kurz als sog. „Einheitsvektoren". In dieser Weise erklären sich dann die
Teilzahlen $a_1 i$, $a_2 j$, $a_3 k$ der Quaternionen als Größen mit dem Zahlenmaß a_1, a_2, a_3
und der durch die Einheiten i, j, k angegebenen Richtungen, als Vektoren von der
Maßgröße a_1, a_2, a_3.

Wie in der Ebene sich i auch als Richtungszeichen deuten ließ, so ist es hier
auch für i, j, k für drei zueinander senkrecht stehende Richtungen im Raume möglich.

Im Gegensatz zu diesen drei gerichteten Größen $a_1 i$, $a_2 j$, $a_3 k$ bezeichnet man
dann auch hier a_0 als skalare Größe.

Die Quaternion wird auch hiermit zu einer Zahl, die sich vom Charakter der
gewöhnlichen reellen, rein imaginären und gewöhnlichen komplexen sehr unterscheidet.
Wir finden in ihr eine neue Zahlenart, die nicht nur in ihrer Maßgröße durch vier Zahlen-
maße a_0, a_1, a_2, a_3 festgelegt, sondern zudem noch durch die in den drei Einheiten
i, j, k gegebenen Richtungen bestimmt ist.

Die der richtigen Auffassung näherkommende Schreibweise der Quaternionen
wäre demnach:
$$q_a = a_0(+1) + a_1(i) + a_2(j) + a_3(k)$$
oder:
$$q_a = + a_0 + (+i)a_1 + (+j)a_2 + (+k)a_3$$

also die „Einheitsquaternion", die sich aus den Einheiten der verschiedenen Zahlenarten zusammensetzt:
$$q_1 = 1(+1) + 1(i) + 1(j) + 1(k)$$
oder:
$$q_1 = +1 + (+i)1 + (+j)1 + (+k)1$$
kurz:
$$q_1 = 1 + i + j + k$$

nun aber das doppelte skalare Produkt der beiden Vektoren $\mathfrak{A}$ und $\mathfrak{B}$ dar, so daß, wenn wir dessen Schreibweise berücksichtigen:

$$2 \cdot \mathfrak{A},\mathfrak{B} = A^2 + B^2 - C^2$$

Nun sind die skalaren Komponenten von:

$$\mathfrak{A} : A_x,\ A_y,\ A_z$$
$$\mathfrak{B} : B_x,\ B_y,\ B_z$$
$$\mathfrak{C} : A_x - B_x,\ A_y - B_y,\ A_z - B_z$$

wovon die letztere Beziehung auch daraus folgt, daß in Erinnerung an die frühere Parallelogrammkonstruktion der Vektoren $\mathfrak{A}$ und $\mathfrak{B}$ in Fig. 23 gefunden wurde: $\mathfrak{C} = \mathfrak{A} - \mathfrak{B}$.

Es folgt dann:

$$A^2 = A_x^2 + A_y^2 + A_z^2$$
$$B^2 = B_x^2 + B_y^2 + B_z^2$$
$$C^2 = (A_x - B_x)^2 + (A_y - B_y)^2 + (A_z - B_z)^2$$

und somit wird:

$$2 \cdot \mathfrak{A},\mathfrak{B} = A_x^2 + A_y^2 + A_z^2 + B_x^2 + B_y^2 + B_z^2$$
$$- \left[(A_x - B_x)^2 + (A_y - B_y)^2 + (A_z - B_z)^2\right]$$
$$2 \cdot \mathfrak{A},\mathfrak{B} = 2\,A_x B_x + 2\,A_y B_y + 2\,A_z B_z$$

Also finden wir:

$$\mathbf{\mathfrak{A},\mathfrak{B} = A_x\,B_x + A_y\,B_y + A_z\,B_z}$$

oder auch:

$$\mathfrak{A},\mathfrak{B} = |\mathfrak{A}_x| \cdot |\mathfrak{B}_x| + |\mathfrak{A}_y| \cdot |\mathfrak{B}_y| + |\mathfrak{A}_z| \cdot |\mathfrak{B}_z|$$

als Darstellungsform des skalaren Produktes zweier Vektoren durch die Komponenten ihrer Beträge, die *Komponentendarstellung* **des skalaren Produktes.**

Alle bis dahin über Vektoren genannten Sätze lassen sich leicht auch mit Hilfe dieser Komponentenzerlegung ableiten, wie wir dies zeigen wollen für das distributive Gesetz des skalaren Produktes.

Hierin ist nun nach obiger Relation:

$$(\mathfrak{A} + \mathfrak{B}),\mathfrak{C} = |(\mathfrak{A} + \mathfrak{B})_x| \cdot |\mathfrak{C}_x| + |(\mathfrak{A} + \mathfrak{B})_y| \cdot |\mathfrak{C}_y| + |(\mathfrak{A} + \mathfrak{B})_z| \cdot |\mathfrak{C}_z|$$

Wie aus Fig. 35 ersichtlich, ist: $|(\mathfrak{A} + \mathfrak{B})_x| = |\mathfrak{A}_x + \mathfrak{B}_x|$ der skalare Teil der x-Komponente des Vektors $(\mathfrak{A} + \mathfrak{B})$ und analog ist es mit den anderen Teilen, so daß:

$$(\mathfrak{A} + \mathfrak{B}),\mathfrak{C} = |\mathfrak{A}_x + \mathfrak{B}_x|\,|\mathfrak{C}_x| + |\mathfrak{A}_y + \mathfrak{B}_y|\,|\mathfrak{C}_y| + |\mathfrak{A}_z + \mathfrak{B}_z|\,|\mathfrak{C}_z|$$

Ebenso ist nach der gleichen Relation:

$$\mathfrak{A},\mathfrak{C} = |\mathfrak{A}_x| \cdot |\mathfrak{C}_x| + |\mathfrak{A}_y| \cdot |\mathfrak{C}_y| + |\mathfrak{A}_z| \cdot |\mathfrak{C}_z|$$

und:

$$\mathfrak{B},\mathfrak{C} = |\mathfrak{B}_x| \cdot |\mathfrak{C}_x| + |\mathfrak{B}_y| \cdot |\mathfrak{C}_y| + |\mathfrak{B}_z| \cdot |\mathfrak{C}_z|$$

Somit:

$$\mathfrak{A},\mathfrak{C} + \mathfrak{B},\mathfrak{C} = |\mathfrak{A}_x| \cdot |\mathfrak{C}_x| + |\mathfrak{B}_x| \cdot |\mathfrak{C}_x|$$
$$+ |\mathfrak{A}_y| \cdot |\mathfrak{C}_y| + |\mathfrak{B}_y| \cdot |\mathfrak{C}_y|$$
$$+ |\mathfrak{A}_z| \cdot |\mathfrak{C}_z| + |\mathfrak{B}_z| \cdot |\mathfrak{C}_z|$$

Nun sind aber die rechten nur aus skalaren Größen bestehenden Seiten der letzteren Gleichungen einander gleich, wie ohne weiteres klar ist und somit auch die linken Seiten, d. h. es folgt:

$$(\mathfrak{A} + \mathfrak{B}),\mathfrak{C} = \mathfrak{A},\mathfrak{C} + \mathfrak{B},\mathfrak{C}$$

womit der Beweis für die Gültigkeit des distributiven Gesetzes bei *skalarer Multiplikation* von *Vektoren* erbracht ist.

Ebenso leicht läßt sich nachweisen, daß das skalare Produkt:

$$(\mathfrak{A} + \mathfrak{B}),(\mathfrak{C} + \mathfrak{D}) = \mathfrak{A},\mathfrak{C} + \mathfrak{B},\mathfrak{C} + \mathfrak{A},\mathfrak{D} + \mathfrak{B},\mathfrak{D}$$

also gleich der Summe von vier einfachen skalaren Produkten ist.

Um diesen Beweis zu leisten, setzen wir vorübergehend:

$$\mathfrak{C} + \mathfrak{D} = \mathfrak{D}^*$$

dann folgt nach obigem:

$$(\mathfrak{A} + \mathfrak{B}),(\mathfrak{C} + \mathfrak{D}) = (\mathfrak{A} + \mathfrak{B}),\mathfrak{D}^* = \mathfrak{A},\mathfrak{D}^* + \mathfrak{B},\mathfrak{D}^*$$

Führen wir nun rechts wieder $\mathfrak{D}^*$ den Wert $\mathfrak{C} + \mathfrak{D}$ ein, so folgt nach dem gleichen Satz:

$$\mathfrak{A},\mathfrak{D}^* = \mathfrak{A},(\mathfrak{C} + \mathfrak{D}) = \mathfrak{A},\mathfrak{C} + \mathfrak{A},\mathfrak{D}$$
$$\mathfrak{B},\mathfrak{D}^* = \mathfrak{B},(\mathfrak{C} + \mathfrak{D}) = \mathfrak{B},\mathfrak{C} + \mathfrak{B},\mathfrak{D}$$

und somit schließlich:

$$(\mathfrak{A} + \mathfrak{B}),(\mathfrak{C} + \mathfrak{D}) = \mathfrak{A},\mathfrak{C} + \mathfrak{A},\mathfrak{D} + \mathfrak{B},\mathfrak{C} + \mathfrak{B},\mathfrak{D}$$

Es folgt daraus mit Hilfe der oben gegebenen Komponentendarstellung eines Vektors:

$$\mathfrak{A} = A_x\,\mathfrak{i} + A_y\,\mathfrak{j} + A_z\,\mathfrak{k}$$

für das skalare Produkt zweier Vektoren, indem man obiges Resultat berücksichtigt:

$$\mathfrak{A},\mathfrak{B} = (A_x\,\mathfrak{i} + A_y\,\mathfrak{j} + A_z\,\mathfrak{k}),\,(B_x\,\mathfrak{i} + B_y\,\mathfrak{j} + B_z\,\mathfrak{k})$$
$$= A_x\,\mathfrak{i},\,B_x\,\mathfrak{i} + A_y\,\mathfrak{j},\,B_x\,\mathfrak{i} + A_z\,\mathfrak{k},\,B_x\,\mathfrak{i}$$
$$+ A_x\,\mathfrak{i},\,B_y\,\mathfrak{j} + A_y\,\mathfrak{j},\,B_y\,\mathfrak{j} + A_z\,\mathfrak{k},\,B_y\,\mathfrak{j}$$
$$+ A_x\,\mathfrak{i},\,B_z\,\mathfrak{k} + A_y\,\mathfrak{j},\,B_z\,\mathfrak{k} + A_z\,\mathfrak{k},\,B_z\,\mathfrak{k}$$

und mit Beachtung der allgemeinen Formel:

$$m\,\mathfrak{A},n\,\mathfrak{B} = m\,n\,(\mathfrak{A},\mathfrak{B})$$

wird:

$$\mathfrak{A},\mathfrak{B} = A_x\,B_x\,(\mathfrak{i},\mathfrak{i}) + A_y\,B_x\,(\mathfrak{j},\mathfrak{i}) + A_z\,B_x\,(\mathfrak{k},\mathfrak{i})$$
$$+ A_x\,B_y\,(\mathfrak{i},\mathfrak{j}) + A_y\,B_y\,(\mathfrak{j},\mathfrak{j}) + A_z\,B_y\,(\mathfrak{k},\mathfrak{j})$$
$$+ A_x\,B_z\,(\mathfrak{i},\mathfrak{k}) + A_y\,B_z\,(\mathfrak{j},\mathfrak{k}) + A_z\,B_z\,(\mathfrak{k},\mathfrak{k})$$

woraus mit Rücksicht auf die früher erkannten Beziehungen unter den Einheitsvektoren:

$$\mathfrak{i},\mathfrak{i} = \mathfrak{j},\mathfrak{j} = \mathfrak{k},\mathfrak{k} = 1$$
$$\mathfrak{i},\mathfrak{j} = \mathfrak{j},\mathfrak{k} = \mathfrak{k},\mathfrak{i} = 0$$
$$\mathfrak{i},\mathfrak{j} = \mathfrak{j},\mathfrak{i} \;\;;\;\; \mathfrak{i},\mathfrak{k} = \mathfrak{k},\mathfrak{i} \;\;;\;\; \mathfrak{j},\mathfrak{k} = \mathfrak{k},\mathfrak{j}$$

folgt:

$$\mathfrak{A},\mathfrak{B} = A_x\,B_x + A_y\,B_y + A_z\,B_z$$

was wir oben bereits direkt auf geometrischem Wege gefunden hatten und somit darauf hinweist, daß unsere eingeführte Multiplikation von Vektoren mit der geometrischen Einführung des Produktes in Übereinstimmung ist.

Da wir in obigem das Vektorprodukt zweier Vektoren $\mathfrak{A}$ und $\mathfrak{B}$ als einen neuen Vektor $\mathfrak{C}$ zu betrachten haben, der auf der Ebene der ersten beiden Vektoren senkrecht steht, dessen Größe gleich ist dem Flächeninhalt ihres Parallelogrammes und dessen Richtung sich nach der erwähnten Drehregel der Rechtsschraubung bestimmt, so wollen wir uns zunächst fragen, wie sich die Komponenten dieses Vektors $\mathfrak{C}$ durch die Komponenten der Vektoren $\mathfrak{A}$ und $\mathfrak{B}$ ausdrücken.

Wir projizieren zu dem Zweck das Parallelogramm der Vektoren $\mathfrak{A}$ und $\mathfrak{B}$ auf die drei Koordinatenebenen und den Vektor $\mathfrak{C}$ auf die drei Koordinatenachsen.

Ist F die Fläche des Parallelogrammes im Raume und sind $F_{x,\,y}$, $F_{y,\,z}$, $F_{z,\,x}$ seine Projektionen, so lehrt die analytische Geometrie, daß:

$$F^2 = F_{x,\,y}^2 + F_{y,\,z}^2 + F_{z,\,x}^2$$

Wir können diese Flächenprojektionen daher als die Komponenten der Fläche F betrachten, denn sie stehen unter sich in ganz gleichen Beziehungen wie die Größen der Komponenten oder Projektionen des Vektors $\mathfrak{C}$:

$$C_x = C\cos(\mathfrak{C},\mathfrak{C}_x) \;\;;\;\; C_y = C\cos(\mathfrak{C},\mathfrak{C}_y) \;\;;\;\; C_z = C\cos(\mathfrak{C},\mathfrak{C}_z)$$
$$C^2 = C_x^2 + C_y^2 + C_z^2$$

Nun sind Winkel, deren Schenkel bezüglich senkrecht zu einander stehen, einander gleich, womit folgt:

$$\cos(F, F_{x,y}) = \cos(\mathfrak{C}, \mathfrak{C}_z) \; ; \; \cos(F, F_{y,z}) = \cos(\mathfrak{C}, \mathfrak{C}_x) \, , \, \cos(F, F_{z,x}) = \cos(\mathfrak{C}, \mathfrak{C}_y)$$

so daß:

$$F_{x,y} = F \cos(\mathfrak{C}, \mathfrak{C}_z) = C \cos(\mathfrak{C}, \mathfrak{C}_z) = C_z$$
$$F_{y,z} = F \cos(\mathfrak{C}, \mathfrak{C}_x) = C \cos(\mathfrak{C}.\mathfrak{C}_x) = C_x$$
$$F_{z,x} = F \cos(\mathfrak{C}, \mathfrak{C}_y) = C \cos(\mathfrak{C}, \mathfrak{C}_y) = C_y$$

wobei auch:

$$C_z \perp F_{x,y} \; ; \; C_x \perp F_{y,z} \; ; \; C_y \perp F_{z,x}$$

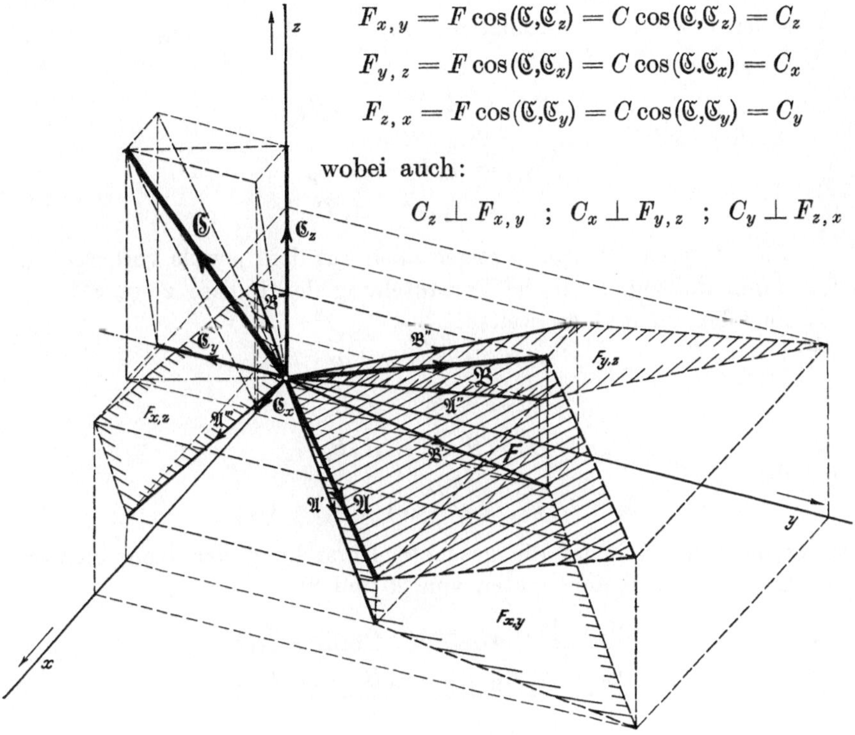

Fig. 39.

Es sind somit die Projektionen des Parallelogrammes der Vektoren $\mathfrak{A}$ und $\mathfrak{B}$ auf die Projektionsebenen ihrem Werte nach gleich den Skalarkomponenten des Vektors $\mathfrak{C}$ auf die senkrecht zu deren Ebenen stehenden Projektionsachsen und wir finden daher:

Die Vektorkomponenten des das Vektorprodukt $\lfloor\mathfrak{A}, \mathfrak{B}\rfloor$ darstellenden Vektors $\mathfrak{C}: \mathfrak{C}_x, \mathfrak{C}_y, \mathfrak{C}_z$ sind die Repräsentanten der Vektorprodukte der Vektorprojektionen der beiden Faktoren in den drei Koordinatenebenen, so daß:

$$\mathfrak{C}_z = [\mathfrak{A}, \mathfrak{B}]_{x,y} = [\mathfrak{A}', \mathfrak{B}']$$
$$\mathfrak{C}_x = [\mathfrak{A}, \mathfrak{B}]_{y,z} = [\mathfrak{A}'', \mathfrak{B}'']$$
$$\mathfrak{C}_y = [\mathfrak{A}, \mathfrak{B}]_{z,x} = [\mathfrak{A}''', \mathfrak{B}''']$$

Nun ist nach der analytischen Geometrie der Inhalt eines Parallelogrammes ausgedrückt durch die Koordinaten seiner Ecken, von denen eine im Koordinatenanfangspunkt liegt:

$$J_{\mathrm{Par}} = x_1 y_2 - y_1 x_2 = x_1 y_2 - x_2 y_1 \qquad\qquad {}^1)$$

Wenden wir diese Formel auf unser Parallelogramm in der xy-Ebene an, dessen Ecken die Koordinaten $(0,0)$, (A_x, A_y), (B_x, B_y), $(A_x + B_x)$, $(A_y + B_y)$ haben, so folgt:

$$F_{x,y} = A_x B_y - A_y B_x$$

Analog findet man:

$$F_{y,z} = A_y B_z - A_z B_y$$
$$F_{z,x} = A_z B_x - A_x B_z$$

Die letzteren Ausdrücke folgen auch aus dem jeweils vorhergehenden durch die sog. zyklische Vertauschung der Indizes x, y, z [2]).

Es folgt somit dann weiter:

$$C_z = A_x B_y - A_y B_x$$
$$C_x = A_y B_z - A_z B_y$$
$$C_y = A_z B_x - A_x B_z$$

und da:

$$\mathfrak{C}_z = C_z \,\mathfrak{k} \;\; ; \;\; \mathfrak{C}_x = C_x \,\mathfrak{i} \;\; ; \;\; \mathfrak{C}_y = C_y \,\mathfrak{j}$$

so ergibt sich zunächst die gesuchte Darstellung der Komponenten von $\mathfrak{C}$ durch die Komponenten von $\mathfrak{A}$ und $\mathfrak{B}$:

$$\underline{\mathfrak{C}_x = [\mathfrak{A},\mathfrak{B}]_{y,z} = (A_y B_z - A_z B_y)\,\mathfrak{i}}$$
$$\underline{\mathfrak{C}_y = [\mathfrak{A},\mathfrak{B}]_{z,x} = (A_z B_x - A_x B_z)\,\mathfrak{j}}$$
$$\underline{\mathfrak{C}_z = [\mathfrak{A},\mathfrak{B}]_{x,y} = (A_x B_y - A_y B_x)\,\mathfrak{k}}$$

---

[1]) Es ist nach Fig. 40:

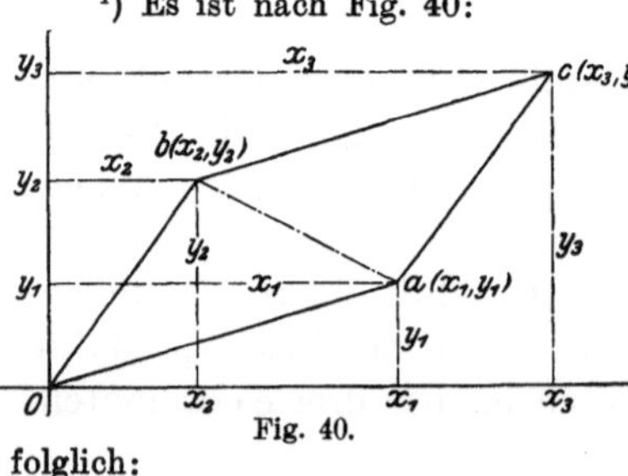

Fig. 40.

Par. $O\,a\,c\,b = 2\,\varDelta\,O\,a\,b$

Nun ist:

$$\varDelta\,O\,a\,b = \varDelta\,O\,x_2\,b + \mathrm{Trap.}\;x_2\,x_1\,a\,b - \varDelta\,O\,x_1\,a$$
$$= \frac{x_2\,y_2}{2} + \frac{(y_1 + y_2)\,(x_1 - x_2)}{2} - \frac{x_1\,y_1}{2}$$
$$= \frac{1}{2}\,(x_1 y_2 - y_1 x_2)$$

folglich:

$$\mathrm{Par.}\;O\,a\,c\,b = x_1 y_2 - y_1 x_2$$

[2]) Man denkt sich dabei die Punkte x, y, z auf einer Kreislinie nach Fig. 41 angegeben und im gleichen Folgesinn, z. B. im Sinne des Uhrzeigers gelesen, nach einem Umgang jeweils beim folgenden derselben beginnend.

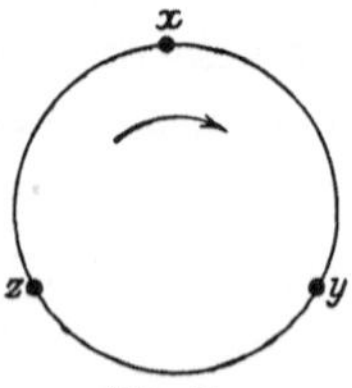

Fig. 41.

und somit, da der Vektor $\mathfrak{C}$ als geometrische Summe der Komponentenvektoren $\mathfrak{C}_x$, $\mathfrak{C}_y$, $\mathfrak{C}_z$ dargestellt werden kann nach:

$$\mathfrak{C} = \mathfrak{C}_x + \mathfrak{C}_y + \mathfrak{C}_z$$

so folgt:

$$\mathfrak{C} = [\mathfrak{A},\mathfrak{B}] = [\mathfrak{A},\mathfrak{B}]_{x,y} + [\mathfrak{A},\mathfrak{B}]_{y,z} + [\mathfrak{A},\mathfrak{B}]_{z,x}$$

oder:

$$\mathfrak{C} = [\mathfrak{A},\mathfrak{B}] = \begin{cases} (A_y B_z - A_z B_y)\,\mathfrak{i} \\ + (A_z B_x - A_x B_z)\,\mathfrak{j} \\ + (A_x B_y - A_y B_x)\,\mathfrak{k} \end{cases}$$

was nun die gewünschte *Komponentendarstellung* des Vektors $\mathfrak{C}$ oder *des vektoriellen Produktes* bezw. des *Vektorproduktes* $[\mathfrak{A},\mathfrak{B}]$ ist.

Wenden wir obige Komponentendarstellung von $\mathfrak{C}$ durch $\mathfrak{A}$ und $\mathfrak{B}$ auf den Spezialfall an, daß:

$$\mathfrak{A} = \mathfrak{i} \quad \text{und} \quad \mathfrak{B} = \mathfrak{j}$$

so wird:

$$A_x = 1 \;\; ; \;\; A_y = A_z = 0$$
$$B_y = 1 \;\; ; \;\; B_x = B_z = 0$$

und somit folgt durch Einsetzung dieser Werte in obigen Ausdruck für $\mathfrak{C} = [\mathfrak{A},\mathfrak{B}]$:

$$[\mathfrak{i},\mathfrak{j}] = (0 \cdot 0 - 0 \cdot 1)\,\mathfrak{i} + (0 \cdot 0 - 1 \cdot 0)\,\mathfrak{j} + (1 \cdot 1 - 0 \cdot 0)\,\mathfrak{k}$$
$$[\mathfrak{i},\mathfrak{j}] = \mathfrak{k}$$

welches Resultat auch ohne dies aus der Überlegung folgt, daß die Grundvektoren $\mathfrak{i}$ und $\mathfrak{j}$ auf der x- und y-Achse von der Länge 1 ein Parallelogramm (Quadrat) vom Inhalt 1 bestimmen und der dazu senkrecht stehende Vektor von der Länge 1, der ihrem Vektorprodukt gleich ist, der Grundvektor $\mathfrak{k}$ ist.

Setzen wir oben:

$$\mathfrak{A} = \mathfrak{i} \;\; ; \;\; \mathfrak{B} = \mathfrak{i}$$

so wird:

$$A_x = B_x = 1$$
$$A_y = B_y = 0$$
$$A_z = B_z = 0$$

und daher:

$$[\mathfrak{i},\mathfrak{i}] = (0 \cdot 0 - 0 \cdot 0)\,\mathfrak{i} + (0 \cdot 1 - 1 \cdot 0)\,\mathfrak{j} + (1 \cdot 0 - 0 \cdot 1)\,\mathfrak{k}$$
$$[\mathfrak{i},\mathfrak{i}] = 0$$

was sich auch daraus ergibt, daß dieses Vektorprodukt gleich dem Inhalt eines Parallelogrammes ist, das aus zwei zusammenfallenden und gleichen Grundvektoren $\mathfrak{i}$ besteht, also den Inhalt null hat.

Es ergeben sich somit auf Grund dieser auch für die anderen Grundvektoren fortgesetzten Überlegungen, die für die **Grundvektoren in Vektorprodukten** geltenden Formeln:

1. $\quad [\mathfrak{i},\mathfrak{i}] = \quad 0 \;\; ; \;\; [\mathfrak{j},\mathfrak{j}] = \quad 0 \;\; ; \;\; [\mathfrak{k},\mathfrak{k}] = \quad 0$

2. $\quad [\mathfrak{i},\mathfrak{j}] = \quad \mathfrak{k} \;\; ; \;\; [\mathfrak{j},\mathfrak{k}] = \quad \mathfrak{i} \;\; ; \;\; [\mathfrak{k},\mathfrak{i}] = \quad \mathfrak{j}$

3. $\quad [\mathfrak{j},\mathfrak{i}] = -\mathfrak{k} \;\; ; \;\; [\mathfrak{k},\mathfrak{j}] = -\mathfrak{i} \;\; ; \;\; [\mathfrak{i},\mathfrak{k}] = -\mathfrak{j}$

Denken wir uns jeden der beiden Vektoren $\mathfrak{A}$ und $\mathfrak{B}$ durch den ihrer Lage und Richtung entsprechenden Einheitsvektor ausgedrückt, so wird:

$$\mathfrak{A} = A \cdot \mathfrak{A}_1 \;\; ; \;\; \mathfrak{B} = B \cdot \mathfrak{B}_1$$

und der ihr Vektorprodukt andeutende Vektor $\mathfrak{C} = C \cdot \mathfrak{C}_1$ bekommt einen Betrag $C = A \cdot B \cdot \sin(\mathfrak{A},\mathfrak{B})$, der nach Größe gleich ist dem Inhalt des Parallelogrammes von $\mathfrak{A}$ und $\mathfrak{B}$ oder gleich der skalaren Größe: $C = A \cdot B \cdot \sin(\mathfrak{A},\mathfrak{B})$, so daß auch $\mathfrak{C} = A \cdot B \cdot \sin(\mathfrak{A},\mathfrak{B}) \cdot \mathfrak{C}_1$. Der Einheitsvektor $\mathfrak{C}_1$ hat den Betrag 1 und ist auch gleich dem Inhalt des Parallelogrammes der Einheitsvektoren $\mathfrak{A}_1$ und $\mathfrak{B}_1$, so daß: $\mathfrak{C}_1 = [\mathfrak{A}_1,\mathfrak{B}_1]$.

Es folgt somit aus:

einerseits: $\qquad [\mathfrak{A},\mathfrak{B}] = [A\,\mathfrak{A}_1,B\,\mathfrak{B}_1]$

und andererseits: $\qquad [\mathfrak{A},\mathfrak{B}] = \mathfrak{C} = A\,B[\mathfrak{A}_1,\mathfrak{B}_1]$

ganz allgemein:

$$[A\,\mathfrak{A}_1,B\,\mathfrak{B}_1] = A\,B[\mathfrak{A}_1,\mathfrak{B}_1]$$

so daß z. B. auch aus:

$$\mathfrak{A} = A_x\,\mathfrak{i} + A_y\,\mathfrak{j} + A_z\,\mathfrak{k}$$
$$\mathfrak{B} = B_x\,\mathfrak{i} + B_y\,\mathfrak{j} + B_z\,\mathfrak{k}$$

folgt:

$$[\mathfrak{A}_x,\mathfrak{B}_x] = [A_x\,\mathfrak{i},B_x\,\mathfrak{i}] = A_x B_x[\,\mathfrak{i},\mathfrak{i}\,]$$

$$[\mathfrak{A}_y,\mathfrak{B}_z] = [A_y\,\mathfrak{j},B_z\,\mathfrak{k}] = A_y B_z[\,\mathfrak{j},\mathfrak{k}\,]$$

$$\text{usw.}$$

Dies überträgt sich, wie man bei einfacher Überlegung leicht einsieht, ohne weiteres auf eine andere Vektorunterteilung, so daß noch allgemeiner:

$$\left[m\cdot\mathfrak{A}_{\frac{1}{m}}, n\cdot\mathfrak{B}_{\frac{1}{n}}\right] = m\cdot n\left[\mathfrak{A}_{\frac{1}{m}},\mathfrak{B}_{\frac{1}{n}}\right]$$

Setzen wir nun allgemein den m-ten Teil des Vektors $\mathfrak{A}$ gleich $\mathfrak{C}$ und den n-ten Teil des Vektors $\mathfrak{B}$ gleich $\mathfrak{D}$, so folgt:

$$[m\cdot\mathfrak{C},n\cdot\mathfrak{D}] = m\cdot n[\mathfrak{C},\mathfrak{D}]$$

oder, wenn wir nun wieder $\mathfrak{A}$ und $\mathfrak{B}$ einführen mit der Setzung:

$$\mathfrak{C} = \mathfrak{A} \quad \text{und} \quad \mathfrak{D} = \mathfrak{B}$$

so folgt die allgemeine Beziehung:

$$[m\,\mathfrak{A}, n\,\mathfrak{B}] = m \cdot n\,[\mathfrak{A},\mathfrak{B}]$$

Setzen wir:

$$\mathfrak{A} = A\,\mathfrak{A}_1 \quad \text{und} \quad \mathfrak{B} = B\,\mathfrak{B}_1$$

so folgt aus obigem:

$$[\mathfrak{A},\mathfrak{B}] = [A\,\mathfrak{A}_1, B\,\mathfrak{B}_1] = A\,B\,[\mathfrak{A}_1,\mathfrak{B}_1]$$

d. h.

Das *vektorielle Produkt* läßt sich stets darstellen als das mit den Beträgen der beiden Vektoren multiplizierte *vektorielle Produkt* ihrer *Einheitsvektoren*.

Es ist weiter:

$$[\mathfrak{A},\mathfrak{B}] = A\,B\,[\mathfrak{A}_1,\mathfrak{B}_1] = A\,[\mathfrak{A}_1, B\,\mathfrak{B}_1]$$
$$= A\,[B\,\mathfrak{A}_1,\mathfrak{B}_1] = B\,[\mathfrak{A}_1, A\,\mathfrak{B}_1] = [\mathfrak{A}_1, A\,B\,\mathfrak{B}_1] \quad \text{usw.}$$

also kann man auch im vektoriellen Produkt zweier Vektoren deren Beträge den dafür eingeführten Einheitsvektoren in beliebiger Weise zuteilen.

Unter Zugrundelegung obiger Formel (S. 93 für $\mathfrak{C}$) können wir nun auch die Gültigkeit des distributiven Gesetzes für das vektorielle Produkt nachweisen.

Es ist also zu zeigen, daß:

$$[(\mathfrak{A} + \mathfrak{B}),\mathfrak{C}] = [\mathfrak{A},\mathfrak{C}] + [\mathfrak{B},\mathfrak{C}]$$

was uns leicht gelingt, indem wir für beide Seiten der Gleichung gleiche Komponentendarstellung bringen.

Zu diesem Zwecke setzen wir zur Abkürzung:

$$\mathfrak{A} + \mathfrak{B} = \mathfrak{D}$$

dann ist auch nach früherem:

$$\mathfrak{A}_x + \mathfrak{B}_x = \mathfrak{D}_x \quad \text{und ebenso} \quad A_x + B_x = D_x$$
$$\mathfrak{A}_y + \mathfrak{B}_y = \mathfrak{D}_y \quad \text{,,} \qquad \text{,,} \quad A_y + B_y = D_y$$
$$\mathfrak{A}_z + \mathfrak{B}_z = \mathfrak{D}_z \quad \text{,,} \qquad \text{,,} \quad A_z + B_z = D_z$$

Dann wird nach obigem:

$$[(\mathfrak{A} + \mathfrak{B}),\mathfrak{C}] = [\mathfrak{D},\mathfrak{C}] = (D_y C_z - D_z C_y)\,\mathfrak{i} + (D_z C_x - D_x C_z)\,\mathfrak{j}$$
$$+ (D_x C_y - D_y C_x)\,\mathfrak{k}$$
$$= ((A_y + B_y)C_z - (A_z + B_z)C_y)\,\mathfrak{i}$$
$$+ ((A_z + B_z)C_x - (A_x + B_x)C_z)\,\mathfrak{j}$$
$$+ ((A_x + B_x)C_y - (A_y + B_y)C_x)\,\mathfrak{k}$$
$$= (A_y C_z + B_y C_z - A_z C_y - B_z C_y)\,\mathfrak{i}$$
$$+ (A_z C_x + B_z C_x - A_x C_z - B_x C_z)\,\mathfrak{j}$$
$$+ (A_x C_y + B_x C_y - A_y C_x - B_y C_x)\,\mathfrak{k}$$

Nun ist nach Gleichung Seite 93:

$$[\mathfrak{A},\mathfrak{C}] = (A_y C_z - A_z C_y)\,\mathfrak{i} + (A_z C_x - A_x C_z)\,\mathfrak{j} + (A_x C_y - A_y C_x)\,\mathfrak{k}$$
$$[\mathfrak{B},\mathfrak{C}] = (B_y C_z - B_z C_y)\,\mathfrak{i} + (B_z C_x - B_x C_z)\,\mathfrak{j} + (B_x C_y - B_y C_x)\,\mathfrak{k}$$

und da ferner auch:

$$A\,\mathfrak{i} + B\,\mathfrak{i} + C\,\mathfrak{i} + \cdots = (A + B + C + \cdots)\,\mathfrak{i}$$

so wird durch Addition der letzteren beiden Ausdrücke:

$$[\mathfrak{A},\mathfrak{C}] + [\mathfrak{B},\mathfrak{C}] = (A_y C_z + B_y C_z - A_z C_y - B_z C_y)\,\mathfrak{i}$$
$$+ (A_z C_x + B_z C_x - A_x C_z - B_x C_z)\,\mathfrak{j}$$
$$+ (A_x C_y + B_x C_y - A_y C_x - B_y C_x)\,\mathfrak{k}$$

Aus der Gleichheit der rechten Seiten folgt auch die der linken, womit:

$$[(\mathfrak{A} + \mathfrak{B}),\,\mathfrak{C}] = [\mathfrak{A},\mathfrak{C}] + [\mathfrak{B},\mathfrak{C}]$$

und also erwiesen ist, daß das distributive Gesetz auch für die vektorielle Multiplikation gilt.

Unter Zuhilfenahme dieses Satzes beweisen wir noch endlich, daß auch:

$$[(\mathfrak{A} + \mathfrak{B}),\,(\mathfrak{C} + \mathfrak{D})] = [\mathfrak{A},\mathfrak{C}] + [\mathfrak{B},\mathfrak{C}] + [\mathfrak{A},\mathfrak{D}] + [\mathfrak{B},\mathfrak{D}]$$

sodaß man bei der Bildung eines Vektorproduktes aus additiv zusammengesetzten Vektoren die Vektorgrößen wie algebraische Zahlen behandeln kann und so die Summe der Zweifaktorenprodukte findet.

Wir setzen zu dem Zweck: $\mathfrak{C} + \mathfrak{D} = \mathfrak{E}$, womit nach Vorhergehendem:

$$[(\mathfrak{A} + \mathfrak{B}),\mathfrak{E}] = [\mathfrak{A},\mathfrak{E}] + [\mathfrak{B},\mathfrak{E}]$$
$$= [\mathfrak{A},(\mathfrak{C} + \mathfrak{D})] + [\mathfrak{B},(\mathfrak{C} + \mathfrak{D})]$$

Da beim Vektorprodukt eine Vertauschung der Vektoren ein entgegengesetztes Vorzeichen des Produktes zur Folge hat, so wird mit abermaliger Anwendung obigen Satzes:

$$[\mathfrak{A},(\mathfrak{C} + \mathfrak{D})] = -[(\mathfrak{C} + \mathfrak{D}),\mathfrak{A}] = -[\mathfrak{C},\mathfrak{A}] - [\mathfrak{D},\mathfrak{A}]$$
$$[\mathfrak{B},(\mathfrak{C} + \mathfrak{D})] = -[(\mathfrak{C} + \mathfrak{D}),\mathfrak{B}] = -[\mathfrak{C},\mathfrak{B}] - [\mathfrak{D},\mathfrak{B}]$$

woraus unter Vertauschung der Vektoren in den letzteren Vektorprodukten folgt:

$$[(\mathfrak{A} + \mathfrak{B}),(\mathfrak{C} + \mathfrak{D})] = [\mathfrak{A},\mathfrak{C}] + [\mathfrak{B},\mathfrak{C}] + [\mathfrak{A},\mathfrak{D}] + [\mathfrak{B},\mathfrak{D}]$$
w. z. z. w.

Setzt man:

$$[\mathfrak{A},\mathfrak{B}] = [(\mathfrak{A}_x + \mathfrak{A}_y + \mathfrak{A}_z),(\mathfrak{B}_x + \mathfrak{B}_y + \mathfrak{B}_z)]$$
$$= [(A_x\,\mathfrak{i} + A_y\,\mathfrak{j} + A_z\,\mathfrak{k}),(B_x\,\mathfrak{i} + B_y\,\mathfrak{j} + B_z\,\mathfrak{k})]$$

so findet man bei Anwendung der algebraischen Multiplikation auf die beiden Trinome nach obigem:

$$[\mathfrak{A},\mathfrak{B}] = [A_x\,\mathfrak{i},B_x\,\mathfrak{i}] + [A_y\,\mathfrak{j},B_x\,\mathfrak{i}] + [A_z\,\mathfrak{k},B_x\,\mathfrak{i}]$$
$$+ [A_x\,\mathfrak{i},B_y\,\mathfrak{j}] + [A_y\,\mathfrak{j},B_y\,\mathfrak{j}] + [A_z\,\mathfrak{k},B_y\,\mathfrak{j}]$$
$$+ [A_x\,\mathfrak{i},B_z\,\mathfrak{k}] + [A_y\,\mathfrak{j},B_z\,\mathfrak{k}] + [A_z\,\mathfrak{k},B_z\,\mathfrak{k}]$$

Da nun aber allgemein nach früherem:

$$[A_x\,\mathfrak{i},B_x\,\mathfrak{i}] = A_x\,B_x\,[\mathfrak{i},\mathfrak{i}]$$
usw.,

so folgt:

$$[\mathfrak{A},\mathfrak{B}] = A_x\,B_x\,[\mathfrak{i},\mathfrak{i}] + A_y\,B_x\,[\mathfrak{j},\mathfrak{i}] + A_z\,B_x\,[\mathfrak{k},\mathfrak{i}]$$
$$+ A_x\,B_y\,[\mathfrak{i},\mathfrak{j}] + A_y\,B_y\,[\mathfrak{j},\mathfrak{j}] + A_z\,B_y\,[\mathfrak{k},\mathfrak{j}]$$
$$+ A_x\,B_z\,[\mathfrak{i},\mathfrak{k}] + A_y\,B_z\,[\mathfrak{j},\mathfrak{k}] + A_z\,B_z\,[\mathfrak{k},\mathfrak{k}]$$

Mit:

$$[\mathfrak{i},\mathfrak{i}] = [\mathfrak{j},\mathfrak{j}] = [\mathfrak{k},\mathfrak{k}] = 0$$
$$[\mathfrak{i},\mathfrak{j}] = \mathfrak{k} \;;\; [\mathfrak{j},\mathfrak{k}] = \mathfrak{i} \;;\; [\mathfrak{k},\mathfrak{i}] = \mathfrak{j}$$
$$[\mathfrak{j},\mathfrak{i}] = -\mathfrak{k} \;;\; [\mathfrak{k},\mathfrak{j}] = -\mathfrak{i} \;;\; [\mathfrak{i},\mathfrak{k}] = -\mathfrak{j}$$

erhält man auch hieraus wiederum die Komponentendarstellung des Vektorproduktes:

$$[\mathfrak{A},\mathfrak{B}] = (A_y\,B_z - A_z\,B_y)\,\mathfrak{i}$$
$$+ (A_z\,B_x - A_x\,B_z)\,\mathfrak{j}$$
$$+ (A_x\,B_y - A_y\,B_x)\,\mathfrak{k}$$

§ 10. Spezielle Skalare und Vektoren.

In der Vektoranalysis unterscheidet man nach *Voigt* neben den gewöhnlichen Skalaren auch noch sog. *Pseudoskalare,* die man auch nach *Klein* und *Timerding* als *Skalare erster* und *zweiter Art* auseinanderhält. Während erstere die *Skalare* schlechtweg und messende Zahlen, wie z. B. für eine Menge, Masse, Dichte, Energie usw. sind und auch das skalare Produkt zweier Vektoren eine solche Größe ist, bedeuten letztere, also die *Pseudoskalare* oder Skalare II. Art, gewisse Rechnungsgrößen, die in der Lösung von Problemen auftreten, wie z. B. Inhalte von Körpern als Resultat aus Grundfläche mal Höhe, die sekundliche Durchflußmenge einer Substanz, z. B. Wasser, durch ein Profil, der elektrische Kraftfluß durch eine Fläche. Sie zeigen einen ähnlichen wesentlichen Unterschied, wie die zwei Arten von *Vektoren,* die *polaren* und die *axialen* (nach *Maxwell translatorische* und *rotatorische*), von denen die ersteren die *Vektoren* schlechthin sind, repräsentiert durch die geradlinige Verrückung, die gerichtete Strecke schlechthin, und die letzteren, auch *Rotoren* genannt, als Vertreter des vektoriellen Produktes, repräsentiert sind durch eine mit Umfahrungssinn behaftete, ebene Fläche oder eine zu dieser senkrechte, mit bestimmten Drehsinn behaftete Strecke (Rotationsachse), auch dargestellt als dem Drehsinn entsprechend gerichtete Strecke. Die Unterscheidung dieser Skalare und Vektoren ist begründet durch das Verhalten derselben gegenüber einer Inversion des Koordinatensystems, d. h. einer Vertauschung des Rechtssystemes mit einem Linkssystem, was vor sich geht, wenn man z. B. die Richtungen aller drei Grundvektoren umkehrt, oder das System an einer seiner Koordinatenebenen spiegelt. Während bei diesem Übergang *gewöhnlicher Skalar* und *axialer Vektor* das Vorzeichen nicht wechseln, tun dies *Pseudoskalar* und *polarer Vektor.*

Man erkennt dies für die Vektoren sofort, wenn man beachtet, daß der „polare Vektor", seinem Richtungssinn nach, vom Koordinatensystem unabhängig ist. Vertauscht man daher das Rechtssystem mit einem Linkssystem, so müssen die sämtlichen Komponenten des seinen Richtungssinn nicht ändernden Vektors das entgegengesetzte Vorzeichen bekommen, da ja die alte positive x-Achse in die negative x-Achse übergegangen ist usw. Bei einem „axialen Vektor" ist jedoch die Sache anders, denn der Richtungssinn desselben hängt ab von der Drehrichtung von $\mathfrak{A}$ nach $\mathfrak{B}$, seiner Definitionsvektoren, und demnach auch von derjenigen, die sich in deren Projektionen, in den Projektionsebenen ergibt, also von der von $\mathfrak{A}'$ nach $\mathfrak{B}'$ in der xy-Ebene (vgl. Fig. 39). Diese aber wird bei Vertauschung des Rechtssystems mit einem Linkssystem in letzterem die entgegengesetzte, weil man jetzt die xy-Ebene von unten betrachtet (nämlich jetzt entgegengesetzt der negativen z-Richtung), während sie vorhin, vor dem Übergang, für die Beobachtung der Drehrichtung von oben (entgegen der positiven z-Richtung) betrachtet wurde. Also muß der „axiale Vektor" nun die entgegengesetzte Richtung bekommen und somit hat sich, vom Koordinatensystem aus gesehen, nichts geändert.

Diese Unterscheidungen spielen daher vor allem bei Untersuchungen in beiden Koordinatensystemen eine Rolle. Man benützt aber auch gerne die Bezeichnungen *Pseudoskalar* und *axialer Vektor* bei Betrachtungen über Vektoren überhaupt, wenn man bezweckt, ihre Herkunft besonders zu betonen oder auch nur, um einfachere Ausdrucksformen mit ihnen zu gewinnen, wie dies in den folgenden Darlegungen besonders hervortritt. Das geht schon daraus hervor, daß man oft, statt vom „Vektorprodukt" zu sprechen, es vorzieht, den Namen des „axialen Vektors" oder „Rotors" statt dessen zu gebrauchen, da ja, wie aus obigem folgt, ein „axialer Vektor" stets als „Vektorprodukt" zweier „polaren Vektoren" betrachtet werden kann und umgekehrt.

Wir werden im folgenden aber immer nur ein ganz bestimmtes Koordinatensystem, das Rechtssystem, zugrunde legen, so daß diese Unterscheidungen für das Weitere hier unwesentlich und demnach auch nicht weiter in Betracht gezogen werden.

Um Vorstellung und Darstellungsweise in der Vektoranalysis mehr zu befestigen und etwas einzuüben, sollen im nachfolgenden auf Grund der bisher abgeleiteten Formeln noch neue Vektorbeziehungen abgeleitet werden, die neben deren Wert für den genannten Zweck auch sonst allgemeine Bedeutung in der Vektoranalysis haben.

Bildet man das s k a l a r e P r o d u k t a u s e i n e m *polaren* und einem *axialen Vektor* und denkt man sich der Definition gemäß ersteren durch eine gewöhnliche gerichtete Strecke, letzteren durch das Parallelogramm dargestellt, so kann man sich aus diesen Elementen ein Parallelepiped konstruiert denken, welches das Parallelogramm zur Grundfläche und die Projektion des polaren Vektors auf eine zum Parallelogramm senkrecht stehende Richtung zur Höhe hat. Das Parallelepiped ergibt sich dann aus dem axialen Vektor (Parallelogramm als Basis) und dem polaren Vektor als dritte Kante, auch als ein durch drei polare Vektoren bestimmtes.

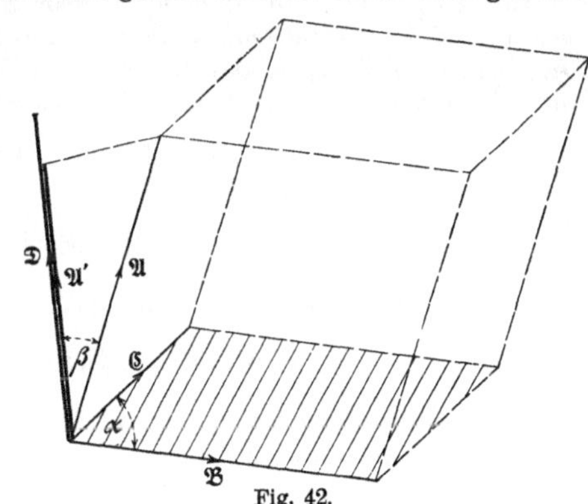

Fig. 42.

Bezeichnen wir diese letzteren mit 𝔄, 𝔅, ℭ und den axialen Vektor mit 𝔇, so folgt nach Figur:

Für den Inhalt des Parallelepipeds:

$$\text{Parallelepiped} = \text{Parallelogramm} \times \text{Projektion von } A,$$
$$J_{\text{Parp.}} = B \cdot C \cdot \sin\alpha \cdot A \cos\beta,$$
$$J_{\text{Parp.}} = D \cdot A \cos\beta.$$

Das Produkt rechts ist aber das skalare Produkt der Vektoren $\mathfrak{D}$ und $\mathfrak{A}$, sodaß:

$$J_{\mathrm{Parp.}} = \mathfrak{D},\mathfrak{A}$$

und da:

$$\mathfrak{D} = [\mathfrak{B},\mathfrak{C}]$$

so folgt:

$$J_{\mathrm{Parp.}} = [\mathfrak{B},\mathfrak{C}],\mathfrak{A}$$

Der Rauminhalt des Parallelepipeds mit den Vektoren $\mathfrak{A}$, $\mathfrak{B}$, $\mathfrak{C}$ als Kanten drückt sich daher auch aus im skalaren Produkt des axialen Vektors $[\mathfrak{B},\mathfrak{C}]$ (des Vektorproduktes) und des polaren Vektors $\mathfrak{A}$ (des gewöhnlichen Vektors), oder in der symbolischen Schreibweise:

$$J_{\mathrm{Parp.}} = [\mathfrak{B},\mathfrak{C}],\mathfrak{A} = \mathfrak{A},[\mathfrak{B},\mathfrak{C}]$$

Diese Größe stellt sich nun, wie oben bereits angedeutet, als *Pseudoskalar* heraus, wenn man beachtet, daß der eine Faktor dieses Produktes, der axiale Vektor $[\mathfrak{B},\mathfrak{C}]$ bei der Inversion sein Vorzeichen nicht ändert, wohl aber der andere, der polare, $\mathfrak{A}$ und infolgedessen dann für das Produkt auch ein Vorzeichenwechsel folgt.

Es zeigt sich, daß durch zyklische Vertauschung in obigem skalaren Produkte sich nichts ändert, daß also für drei Vektoren $\mathfrak{A}$, $\mathfrak{B}$, $\mathfrak{C}$ die Beziehung gilt:

$$\mathfrak{A},[\mathfrak{B},\mathfrak{C}] = \mathfrak{B},[\mathfrak{C},\mathfrak{A}] = \mathfrak{C},[\mathfrak{A},\mathfrak{B}]$$

$$= -\mathfrak{A},[\mathfrak{C},\mathfrak{B}] = -\mathfrak{B},[\mathfrak{A},\mathfrak{C}] = -\mathfrak{C},[\mathfrak{B},\mathfrak{A}]$$

Den Grund dafür erkennt man ohne weiteres schon darin, daß diese Pseudoskalare alle den Inhalt des Parallelepipeds bedeuten, mit jeweils einem anderen Parallelogramm als Basis.

Fällt der Vektor $\mathfrak{A}$ in die Ebene des Parallelogrammes $[\mathfrak{B},\mathfrak{C}]$, so wird der Inhalt des Parallelepipeds gleich Null, woraus folgt, daß dann $\mathfrak{A},[\mathfrak{B},\mathfrak{C}] = 0$.

In diesem Falle läßt sich der Vektor $\mathfrak{A}$ durch Vielfache x und y der Vektoren $\mathfrak{B}$ und $\mathfrak{C}$ ausdrücken, wenn man ihn nämlich nach deren Richtungen in Komponenten zerlegt, so daß dann $\mathfrak{A} = x\,\mathfrak{B} + y\,\mathfrak{C} = \mathfrak{B}' + \mathfrak{C}'$, und damit folgt dann mit Anwendung des distributiven Gesetzes für skalare Multiplikation:

$$\mathfrak{A},[\mathfrak{B},\mathfrak{C}] = (\mathfrak{B}' + \mathfrak{C}'),[\mathfrak{B},\mathfrak{C}]$$

$$= \mathfrak{B}',[\mathfrak{B},\mathfrak{C}] + \mathfrak{C}',[\mathfrak{B},\mathfrak{C}]$$

$$= x\,\mathfrak{B},[\mathfrak{B},\mathfrak{C}] + y\,\mathfrak{C},[\mathfrak{B},\mathfrak{C}]$$

und hieraus mit Anwendung des obigen Satzes für zyklische Vertauschung:

$$\mathfrak{A},[\mathfrak{B},\mathfrak{C}] = x\,\mathfrak{C},[\mathfrak{B},\mathfrak{B}] + y\,\mathfrak{B},[\mathfrak{C},\mathfrak{C}] = 0$$

Die Untersuchung des *vektoriellen Produktes* aus einem *polaren* und *axialen Vektor* (gewöhnlichem Vektor und Vektorprodukt), das sich also symbolisch schreibt:

$$[\mathfrak{A},[\mathfrak{B},\mathfrak{C}]] = -[[\mathfrak{B},\mathfrak{C}],\mathfrak{A}]$$

führen wir anhand nebenstehender Figur[1]) durch, wobei wir zur Vereinfachung der Ableitung voraussetzen, daß Vektor $\mathfrak{C}$ in die positive Richtung der x-Achse und Vektor $\mathfrak{B}$ in die xy-Ebene fallen. Mit diesen speziellen Lagen

---

[1]) die den Zweck hat, nur allgemein in einfachster Weise zu orientieren, ohne Rücksichtnahme auf einen bestimmten Fall, wie den folgenden.

im Koordinatensystem ergeben sich dann die Koordinatendarstellungen der drei Vektoren:

$$\mathfrak{A} = A_x\,\mathfrak{i} + A_y\,\mathfrak{j} + A_z\,\mathfrak{k}$$
$$\mathfrak{B} = B_x\,\mathfrak{i} + B_y\,\mathfrak{j}$$
$$\mathfrak{C} = C_x\,\mathfrak{i}$$

wobei also:

$$B_z = C_y = C_z = 0$$

Es wird dann mit Anwendung der allgemeinen Formel[1]) für die Koordinatendarstellung des Vektorproduktes:

$$[\mathfrak{B},\mathfrak{C}] = \mathfrak{D} = (B_y\,C_z - B_z\,C_y)\,\mathfrak{i}$$
$$+ (B_z\,C_x - B_x\,C_z)\,\mathfrak{j} + (B_x\,C_y - B_y\,C_x)\,\mathfrak{k}$$

und da $B_z = C_y = C_z = 0$, so verschwinden alle Glieder bis auf eines und es bleibt:

$$[\mathfrak{B},\mathfrak{C}] = \mathfrak{D} = -B_y\,C_x\,\mathfrak{k}$$

was uns zugleich sagt, daß der axiale Vektor $\mathfrak{D}$ den Betrag $B_y\,C_x$ hat und in die negative Richtung der z-Achse fällt.

Es folgt dann weiter:

$$[\mathfrak{A},[\mathfrak{B},\mathfrak{C}]] = [\mathfrak{A},\mathfrak{D}] = [\mathfrak{A},\,-B_y\,C_x\,\mathfrak{k}]$$
$$= [1\cdot\mathfrak{A},\,-B_y\,C_x\,\mathfrak{k}]$$
$$= 1\cdot -B_y\,C_x\,[\mathfrak{A},\mathfrak{k}]$$
$$= -B_y\,C_x\,[\mathfrak{A},\mathfrak{k}]$$

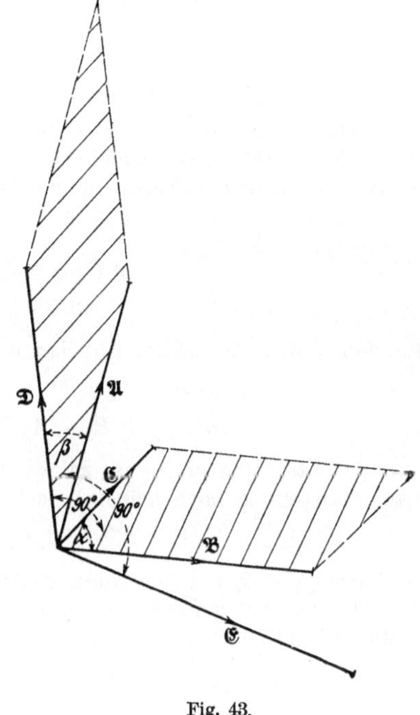

Fig. 43.

wobei wir uns an die früher aufgestellte allgemeine Beziehung erinnern:

$$[\mathfrak{A}_y,\mathfrak{B}_z] = [A_y\,\mathfrak{j},\,B_z\,\mathfrak{k}] = A_y\,B_z\,[\,\mathfrak{j},\mathfrak{k}\,]$$

Entwickeln wir auch das erhaltene Vektorprodukt nach der Komponentendarstellung unter der Beachtung, daß $\mathfrak{k}$ als Grundvektor nur einen Betrag in der z-Achsenrichtung von der Größe 1 aufweist, so daß also $k_z = 1$, $k_x = k_y = 0$, dann wird:

$$[\mathfrak{A},\mathfrak{D}] = -B_y\,C_x\,[\mathfrak{A},\mathfrak{k}]$$
$$= -B_y\,C_x\,\{(A_y\,k_z - A_z\,k_y)\,\mathfrak{i} + (A_z\,k_x - A_x\,k_z)\,\mathfrak{j} + (A_x\,k_y - A_y\,k_x)\,\mathfrak{k}\}$$
$$= -B_y\,C_x\,(A_y\,\mathfrak{i} - A_x\,\mathfrak{j})$$

welches Resultat wir auch direkt unter Anwendung der Komponentendarstellungsformel für $[\mathfrak{A},\mathfrak{D}]$ mit Berücksichtigung von $D_x = D_y = 0$ und $D_z = -B_y\,C_x$ erhalten können.

Wir erinnern uns nun, daß der dem Vektorprodukt $[\mathfrak{A},\mathfrak{D}]$ entsprechende Vektor $\mathfrak{E}$ in die Ebene von $\mathfrak{B}$ und $\mathfrak{C}$ fallen muß, so daß er sich nach deren Richtungen in Komponenten zerlegen läßt und wir ihn daher auch darstellen können in der Form:

$$[\mathfrak{A},\mathfrak{D}] = \mathfrak{E} = m\,\mathfrak{B} + n\,\mathfrak{C}$$

wobei m und n noch unbestimmte Zahlen sind, die angeben den wievielfachen Betrag die nach $\mathfrak{B}$ und $\mathfrak{C}$ gebildeten Komponenten von $\mathfrak{E}$ von diesen letzteren ausmachen.

---

[1]) S 93.

Wir erhalten damit die Beziehung:

$$[\mathfrak{A},\mathfrak{D}] = \mathfrak{E} = m\,\mathfrak{B} + n\,\mathfrak{C} = -B_y\,C_x(A_y\,\mathfrak{i} - A_x\,\mathfrak{j})$$

woraus:

$$m(B_x\,\mathfrak{i} + B_y\,\mathfrak{j}) + n \cdot C_x\,\mathfrak{i} = -B_y\,C_x(A_y\,\mathfrak{i} - A_x\,\mathfrak{j})$$

$$(m\,B_x + n\,C_x)\,\mathfrak{i} + m\,B_y\,\mathfrak{j} = -B_y\,C_x\,A_y\,\mathfrak{i} + B_y\,C_x\,A_x\,\mathfrak{j}$$

Sollen nun wirklich die beiden für $[\mathfrak{A},\mathfrak{D}] = \mathfrak{E}$ aufgestellten Ausdrücke einander gleich, also diese Gleichungen erfüllt sein, so müssen die in gleiche Achsenrichtung fallenden Vektorkomponenten einander gleich sein oder also die mit gleichen Grundvektoren behafteten Ausdrücke beider Seiten, womit also die Gleichungen folgen:

$$m\,B_x + n\,C_x = -B_y\,C_x\,A_y$$
$$m\,B_y \quad = \quad B_y\,C_x\,A_x$$

aus denen sich die beiden Unbekannten m und n bestimmen:

$$m = A_x\,C_x$$
$$n = -A_y\,B_y - A_x\,B_x = -(A_x\,B_x + A_y\,B_y)$$

Beachtet man, daß das skalare Produkt der Vektoren $\mathfrak{A}$ und $\mathfrak{C}$ in Komponentendarstellung nach früherem sich ausdrückt durch:

$$\mathfrak{A},\mathfrak{C} = A_x\,C_x + A_y\,C_y + A_z\,C_z$$

und hier $C_y = C_z = 0$, so folgt, daß $A_x\,C_x$ auch zugleich das skalare Produkt $\mathfrak{A},\mathfrak{C}$ ist und analog folgt, daß $A_x\,B_x + A_y\,B_y$ das skalare Produkt $\mathfrak{A},\mathfrak{B}$ darstellt, so daß wir erhalten:

$$[\mathfrak{A},\mathfrak{D}] = \mathfrak{E} = m\,\mathfrak{B} + n\,\mathfrak{C} = (\mathfrak{A},\mathfrak{C})\,\mathfrak{B} - (\mathfrak{A},\mathfrak{B})\,\mathfrak{C}$$
$$= \mathfrak{B}\,(\mathfrak{A},\mathfrak{C}) - \mathfrak{C}\,(\mathfrak{A},\mathfrak{B})$$

und wir bekommen für das Vektorprodukt des polaren und axialen Vektors das Resultat:

$$\underline{[\mathfrak{A},[\mathfrak{B},\mathfrak{C}]] = \mathfrak{B}\,(\mathfrak{A},\mathfrak{C}) - \mathfrak{C}\,(\mathfrak{A},\mathfrak{B})}$$

Damit ist dieses Vektorprodukt dargestellt durch die Differenz zweier mit je einem polaren Vektor multiplizierten skalaren Produkte. Da letztere reine Skalare sind, so steht rechts die Differenz zweier polaren Vektoren und muß daher auch die linke Seite, das *vektorielle Produkt* eines polaren („gewöhnlichen") und *axialen Vektors* („Vektorproduktes") ein *polarer Vektor* sein.

Durch zyklische Vertauschung folgt analog:

$$[\mathfrak{B},[\mathfrak{C},\mathfrak{A}]] = \mathfrak{C}\,(\mathfrak{B},\mathfrak{A}) - \mathfrak{A}\,(\mathfrak{B},\mathfrak{C})$$
$$[\mathfrak{C},[\mathfrak{A},\mathfrak{B}]] = \mathfrak{A}\,(\mathfrak{C},\mathfrak{B}) - \mathfrak{B}\,(\mathfrak{C},\mathfrak{A})$$

woraus mit Berücksichtigung, daß $(\mathfrak{A},\mathfrak{C}) = (\mathfrak{C},\mathfrak{A})$; $(\mathfrak{A},\mathfrak{B}) = (\mathfrak{B},\mathfrak{A})$; $(\mathfrak{B},\mathfrak{C}) = (\mathfrak{C},\mathfrak{B})$ durch Summierung der drei Gleichungen die interessante Beziehung folgt:

$$\underline{[\mathfrak{A},[\mathfrak{B},\mathfrak{C}]] + [\mathfrak{B},[\mathfrak{C},\mathfrak{A}]] + [\mathfrak{C},[\mathfrak{A},\mathfrak{B}]] = 0}$$

Während das Produkt zweier polaren Vektoren im früheren bei der Betrachtung des Produktes von Vektoren schlechthin erledigt wurde, wollen wir hier auch noch das Produkt zweier axialen Vektoren, also von Vektorprodukten schlechthin, untersuchen.

Auch hier ist wieder, wie dort, zwischen skalarem und vektoriellem Produkt zu unterscheiden.

Das *skalare Produkt* zweier *axialen Vektoren (Rotoren)* oder *Vektorprodukte* schlechthin, hat demnach die symbolische Schreibweise:

$$[\mathfrak{A},\mathfrak{B}],[\mathfrak{C},\mathfrak{D}]$$

Führen wir vorübergehend für das eine Vektorprodukt seinen (axialen) Vektor ein, so folgt:

$$[\mathfrak{A},\mathfrak{B}],[\mathfrak{C},\mathfrak{D}] = \mathfrak{E},[\mathfrak{C},\mathfrak{D}]$$

Betrachten wir die rechte Seite für sich, so spielt der Vektor $\mathfrak{E}$ die Rolle eines polaren Vektors, der im skalaren Produkt steht mit dem Vektorprodukt oder axialen Vektor $[\mathfrak{C},\mathfrak{D}]$. Dafür, d. h. für das skalare Produkt eines Vektors (schlechthin, bzw. polaren Vektors) und eines Vektorproduktes (axialen Vektors), gilt nach obigem die zyklische Vertauschbarkeit, so daß die linke Seite auch gleich $\mathfrak{C},[\mathfrak{D},\mathfrak{E}]$ gesetzt werden kann und wir erhalten, wenn wir dann für $\mathfrak{E}$ das Vektorprodukt wieder einsetzen:

$$[\mathfrak{A},\mathfrak{B}],[\mathfrak{C},\mathfrak{D}] = \mathfrak{C},[\mathfrak{D},[\mathfrak{A},\mathfrak{B}]]$$

Für das Vektorprodukt $[\mathfrak{D},[\mathfrak{A},\mathfrak{B}]]$, eines gewöhnlichen (polaren) Vektors und eines Vektorproduktes (axialen Vektors) folgt aber nach obigem die Zerlegung: $\mathfrak{A} \cdot (\mathfrak{D},\mathfrak{B}) - \mathfrak{B} \cdot (\mathfrak{D},\mathfrak{A})$, worin $\mathfrak{A}$ und $\mathfrak{B}$ Vektoren (schlechthin, gewöhnliche) sind, multipliziert mit den skalaren Produkten $(\mathfrak{D}, \mathfrak{B})$ und $(\mathfrak{D}, \mathfrak{A})$. Es folgt also:

$$[\mathfrak{A},\mathfrak{B}],[\mathfrak{C},\mathfrak{D}] = \mathfrak{C},\big\{\mathfrak{A} \cdot (\mathfrak{D},\mathfrak{B}) - \mathfrak{B}(\mathfrak{D},\mathfrak{A})\big\}$$

worin $(\mathfrak{D},\mathfrak{B})$ und $(\mathfrak{D},\mathfrak{A})$ als skalare Produkte reine Skalare sind. Daher auch:

$$[\mathfrak{A},\mathfrak{B}],[\mathfrak{C},\mathfrak{D}] = \mathfrak{C},\big\{(\mathfrak{D},\mathfrak{B}) \cdot \mathfrak{A} - (\mathfrak{D},\mathfrak{A}) \cdot \mathfrak{B}\big\}$$

Setzen wir:

$$(\mathfrak{D},\mathfrak{B})\,\mathfrak{A} = m\,\mathfrak{A} = \mathfrak{A}'$$

$$(\mathfrak{D},\mathfrak{A})\,\mathfrak{B} = n\,\mathfrak{B} = \mathfrak{B}'$$

so bleibt das skalare Produkt

$$\mathfrak{C},(\mathfrak{A}'-\mathfrak{B}')$$

auf welches wir das für dasselbe gültige distributive Gesetz anwenden:

$$\mathfrak{C},(\mathfrak{A}'-\mathfrak{B}') = \mathfrak{C},\mathfrak{A}' - \mathfrak{C},\mathfrak{B}'$$

so daß:

$$[\mathfrak{A},\mathfrak{B}],[\mathfrak{C},\mathfrak{D}] = \mathfrak{C},\mathfrak{A}' - \mathfrak{C},\mathfrak{B}', \quad \text{eine Differenz zweier skalaren Produkte}$$

$$= \mathfrak{C},m\,\mathfrak{A} - \mathfrak{C},n\,\mathfrak{B}$$

Nach der früher genannten Beziehung für das skalare Produkt

$$m\,\mathfrak{A},n\,\mathfrak{B} = m\,n\,(\mathfrak{A},\mathfrak{B})$$

folgt hier:

$$\mathfrak{C},m\,\mathfrak{A} = (1\,\mathfrak{C},m\,\mathfrak{A}) = 1 \cdot m\,(\mathfrak{C},\mathfrak{A}) = m\,(\mathfrak{C},\mathfrak{A})$$

$$\mathfrak{C},n\,\mathfrak{B} = n\,(\mathfrak{C},\mathfrak{B})$$

womit wir schließlich erhalten:

$$[\mathfrak{A},\mathfrak{B}],[\mathfrak{C},\mathfrak{D}] = m\,(\mathfrak{C},\mathfrak{A}) - n\,(\mathfrak{C},\mathfrak{B})$$

$$= (\mathfrak{D},\mathfrak{B}) \cdot (\mathfrak{C},\mathfrak{A}) - (\mathfrak{D},\mathfrak{A})\,(\mathfrak{C},\mathfrak{B})$$

Berücksichtigen wir noch die Gültigkeit des kommutativen Gesetzes für das skalare Produkt, so erhalten wir mit Ordnung des Resultates das *skalare Pro-*

dukt zweier *Vektorprodukte* oder *axialen Vektoren*, dargestellt durch die Differenz zweier Produkte von *skalaren Produkten:*

$$[\mathfrak{A},\mathfrak{B}],[\mathfrak{C},\mathfrak{D}] = (\mathfrak{A},\mathfrak{C})\cdot(\mathfrak{B},\mathfrak{D}) - (\mathfrak{B},\mathfrak{C})\cdot(\mathfrak{A},\mathfrak{D})$$

Es ist daher eine *skalare* Größe.

Das *vektorielle Produkt* zweier *axialen Vektoren* (*Rotoren*) oder *Vektorprodukte* erhält die symbolische Schreibweise:

$$[[\mathfrak{A},\mathfrak{B}],[\mathfrak{C},\mathfrak{D}]]$$

Mit $[\mathfrak{A},\mathfrak{B}] = \mathfrak{C}$ wird:

$$[[\mathfrak{A},\mathfrak{B}],[\mathfrak{C},\mathfrak{D}]] = [\mathfrak{C},[\mathfrak{C},\mathfrak{D}]]$$

und für dieses vektorielle Produkt aus einem (polaren) Vektor und einem Vektorprodukt (axial. Vektor) folgt nach obigem:

$$[[\mathfrak{A},\mathfrak{B}],[\mathfrak{C},\mathfrak{D}]] = \mathfrak{C}\cdot(\mathfrak{C},\mathfrak{D}) - \mathfrak{D}\cdot(\mathfrak{C},\mathfrak{C})$$

und somit ist, wenn wir für den Vektor $\mathfrak{C}$ sein Vektorprodukt wieder einführen:

$$[[\mathfrak{A},\mathfrak{B}],[\mathfrak{C},\mathfrak{D}]] = \mathfrak{C}\cdot([\mathfrak{A},\mathfrak{B}],\mathfrak{D}) - \mathfrak{D}\cdot([\mathfrak{A},\mathfrak{B}],\mathfrak{C})$$

Die Klammerausdrücke, die skalaren Produkte: $[\mathfrak{A},\mathfrak{B}],\mathfrak{D}$ und $[\mathfrak{A},\mathfrak{B}],\mathfrak{C}$ sind nach obigem Pseudoskalare. Da sie mit je einem Vektor (schlechthin, also polarem) multipliziert sind und wie jene bei Inversion das Vorzeichen wechseln, so ändert bei einer solchen der ganze Ausdruck rechts sein Vorzeichen nicht und wird daher zu einem mit einem Skalar multiplizierten Vektor, der sein Vorzeichen bei Inversion nicht ändert, also einem axialen Vektor. Es ergibt sich also hiermit das *vektorielle Produkt* zweier *axialen Vektoren* oder das *Vektorprodukt* zweier *Vektorprodukte* als ein *axialer Vektor.*
    Weiter folgt aus obigem durch Analogie:

$$[[\mathfrak{A},\mathfrak{B}],[\mathfrak{C},\mathfrak{D}]] = -[[\mathfrak{C},\mathfrak{D}],[\mathfrak{A},\mathfrak{B}]]$$
$$= -\{\mathfrak{A}\cdot([\mathfrak{C},\mathfrak{D}],\mathfrak{B}) - \mathfrak{B}([\mathfrak{C},\mathfrak{D}],\mathfrak{A})\}$$

so daß mit Berücksichtigung des obigen Ausdruckes für die linke Seite:

$$\mathfrak{C}([\mathfrak{A},\mathfrak{B}],\mathfrak{D}) - \mathfrak{D}([\mathfrak{A},\mathfrak{B}],\mathfrak{C}) = -\mathfrak{A}([\mathfrak{C},\mathfrak{D}],\mathfrak{B}) + \mathfrak{B}([\mathfrak{C},\mathfrak{D}],\mathfrak{A})$$

und es ergibt sich daher die zwischen den vier Vektoren $\mathfrak{A}$, $\mathfrak{B}$, $\mathfrak{C}$, $\mathfrak{D}$ bestehende Beziehung:

$$([\mathfrak{A},\mathfrak{B}],\mathfrak{C})\,\mathfrak{D} + ([\mathfrak{B},\mathfrak{A}],\mathfrak{D})\,\mathfrak{C} + ([\mathfrak{C},\mathfrak{D}],\mathfrak{A})\,\mathfrak{B} + ([\mathfrak{D},\mathfrak{C}],\mathfrak{B})\,\mathfrak{A} = 0$$

Derartige Untersuchungen lassen sich auch stets auf dem Wege der Koordinatendarstellung der Vektoren und ihrer skalaren bzw. vektoriellen Produkte machen und ist dies namentlich für verwickeltere Fälle der leichtere, wenn auch viel umständlichere Weg.

Dies sei an zwei Beispielen kurz dargetan:

1. Daß das skalare Produkt aus einem Vektor mit einem skalaren Produkt:

$$\mathfrak{A},(\mathfrak{B},\mathfrak{C})$$

wieder ein Vektor ist, zeigt sich sofort aus der Schreibweise:

$$\mathfrak{A},(\mathfrak{B},\mathfrak{C}) = A\,\mathfrak{A}_1\,,\ BC\cos(\mathfrak{B},\mathfrak{C})$$
$$= ABC\cos(\mathfrak{B},\mathfrak{C})\,\mathfrak{A}_1 = \mathfrak{D}$$

worin $ABC\cos(\mathfrak{B},\mathfrak{C})$ eine rein skalare Größe ist, multipliziert mit dem Einheitsvektor $\mathfrak{A}_1$, so daß die rechte Seite einen Vektor $\mathfrak{D}$ darstellt, der Richtung und Lage von $\mathfrak{A}$ und den Betrag $D = ABC\cos(\mathfrak{B},\mathfrak{C})$ hat.

2. Analog untersucht man:

$$\overline{[\mathfrak{A},[\mathfrak{B},\mathfrak{C}]]}$$

$$[\mathfrak{B},\mathfrak{C}] = (B_y C_z - B_z C_y)\,\mathfrak{i} + (B_z C_x - B_y C_z)\,\mathfrak{j} + (B_x C_y - B_y C_x)\,\mathfrak{k}$$
$$= D_x\,\mathfrak{i} + D_y\,\mathfrak{j} + D_z\,\mathfrak{k} = \mathfrak{D}$$
$$[\mathfrak{A},\mathfrak{D}] = (A_y D_z - A_z D_y)\,\mathfrak{i} + (A_z D_x - A_x D_z)\,\mathfrak{j} + (A_x D_y - A_y D_x)\,\mathfrak{k}$$

folglich:

$$[\mathfrak{A},[\mathfrak{B},\mathfrak{C}]] = (A_y(B_x C_y - B_y C_x) - A_z(B_z C_x - B_x C_z))\,\mathfrak{i}$$
$$+ (A_z(B_y C_z - B_z C_y) - A_x(B_x C_y - B_y C_x))\,\mathfrak{j}$$
$$+ (A_x(B_z C_x - B_x C_z) - A_y(B_y C_z - B_z C_y))\,\mathfrak{k}$$

wenn man rechts noch $A_x B_x C_x\,\mathfrak{i}$, $A_y B_y C_y\,\mathfrak{j}$ und $A_z B_z C_z\,\mathfrak{k}$ zusammenzieht:

$$[\mathfrak{A},[\mathfrak{B},\mathfrak{C}]] = (A_x C_x + A_y C_y + A_z C_z)\,B_x\,\mathfrak{i}$$
$$+ (A_x C_x + A_y C_y + A_z C_z)\,B_y\,\mathfrak{j}$$
$$+ (A_x C_x + A_y C_y + A_z C_z)\,B_z\,\mathfrak{k}$$
$$- (A_x B_x + A_y B_y + A_z B_z)\,C_x\,\mathfrak{i}$$
$$- (A_x B_x + A_y B_y + A_z B_z)\,C_y\,\mathfrak{j}$$
$$- (A_x B_x + A_y B_y + A_z B_z)\,C_z\,\mathfrak{k}$$
$$= (\mathfrak{A},\mathfrak{C})\,\mathfrak{B}_x + (\mathfrak{A},\mathfrak{C})\,\mathfrak{B}_y + (\mathfrak{A},\mathfrak{C})\,\mathfrak{B}_z$$
$$- \{(\mathfrak{A},\mathfrak{B})\,\mathfrak{C}_x + (\mathfrak{A},\mathfrak{B})\,\mathfrak{C}_y + (\mathfrak{A},\mathfrak{B})\,\mathfrak{C}_z\}$$
$$= (\mathfrak{A},\mathfrak{C})\,\{\mathfrak{B}_x + \mathfrak{B}_y + \mathfrak{B}_z\} - (\mathfrak{A},\mathfrak{B})\,\{\mathfrak{C}_x + \mathfrak{C}_y + \mathfrak{C}_z\}$$
$$= (\mathfrak{A},\mathfrak{C})\,\mathfrak{B} - (\mathfrak{A},\mathfrak{B})\,\mathfrak{C}$$
$$[\mathfrak{A},[\mathfrak{B},\mathfrak{C}]] = \mathfrak{B}\cdot(\mathfrak{A},\mathfrak{C}) - \mathfrak{C}\cdot(\mathfrak{A},\mathfrak{B})$$

Es sei nochmals darauf aufmerksam gemacht, daß wohl:

$$\mathfrak{A},(\mathfrak{B},\mathfrak{C}) = (\mathfrak{B},\mathfrak{C})\,\mathfrak{A} = ABC\cos(\mathfrak{B},\mathfrak{C})\,\mathfrak{A}_1 = \mathfrak{A}'$$

aber:

$$\mathfrak{A},(\mathfrak{B},\mathfrak{C}) \neq (\mathfrak{A},\mathfrak{B})\,\mathfrak{C} = ABC\cos(\mathfrak{A},\mathfrak{B})\,\mathfrak{C}_1 = \mathfrak{C}'$$

Aus obigen Darlegungen resultieren folgende Sätze:

1. Das *skalare* oder *vektorielle Produkt* aus einem gewöhnlichen *Skalar* mit einem *polaren* oder *axialen Vektor* (*Vektorprodukt*) ist wiederum ein *polarer* bzw. *axialer Vektor.*

2. Das *skalare Produkt* aus einem *polaren* und *axialen Vektor* (*Vektorprodukt*) ist ein *Pseudoskalar.*

3. Das *skalare Produkt* aus einem *Pseudoskalar* und einem *polaren* bzw. *axialen Vektor* (*Vektorprodukt*) ist ein *axialer* bzw. *polarer Vektor*.

4. Das *skalare Produkt* zweier *polaren*, wie auch zweier *axialen Vektoren* (*Vektorprodukte*) ist ein *gewöhnlicher Skalar*.

5. Das *vektorielle Produkt* aus einem *polaren* und einen *axialen Vektor* (*Vektorprodukt*) ist ein *polarer Vektor*.

6. Das *vektorielle Produkt* zweier *polaren* wie auch zweier *axialen Vektoren* (*Vektorprodukte*) ist ein *axialer Vektor* (*Vektorprodukt*).

§ 11. Division von Vektoren.

Während wir bei der Multiplikation von Vektoren durch die angegebene Spezialisierung von skalarem und vektoriellem Produkte eindeutige Resultate erzielten, wird die Sache etwas schwieriger, wenn man zur Division von Vektoren übergeht, da man hier nicht ohne weiteres eindeutige Resultate erzielt, sondern dies erst durch geeignete Festsetzungen möglich wird.

Die **Division eines *Vektors* durch eine *skalare Größe*** leidet zunächst an dieser Mehrdeutigkeit nicht, denn sie kommt schließlich auf die Multiplikation eines Vektors mit einem Skalar zurück nach Definition des Quotienten als diejenige Größe, welche mit dem Nenner (Skalar) multipliziert den Zähler (Vektor) ergibt.

Es bedeutet

$$\frac{\mathfrak{A}}{B} = \mathfrak{C}$$

daß $\mathfrak{C}$ ein Vektor mit gleicher Richtung und Lage wie der Vektor $\mathfrak{A}$ ist, dessen absoluter Betrag aber gleich ist dem absoluten Betrag des Zählers dividiert durch den Nenner, denn es ist:

$$\frac{\mathfrak{A}}{B} = \frac{A_x \mathfrak{i} + A_y \mathfrak{j} + A_z \mathfrak{k}}{B} = \frac{A_x}{B} \mathfrak{i} + \frac{A_y}{B} \mathfrak{j} + \frac{A_z}{B} \mathfrak{k}$$

folglich:

$$\left| \frac{\mathfrak{A}}{B} \right| = \sqrt{\left(\frac{A_x}{B}\right)^2 + \left(\frac{A_y}{B}\right)^2 + \left(\frac{A_z}{B}\right)^2} = \frac{1}{B} \sqrt{A_x^2 + A_y^2 + A_z^2} = \frac{1}{B} |\mathfrak{A}|$$

sodaß:

$$\frac{\mathfrak{A}}{B} = \frac{|\mathfrak{A}|}{B} \mathfrak{A}_1 = \frac{A}{B} \mathfrak{A}_1$$

Steht dagegen im Nenner ein Vektor, so sind noch zwei Fälle auseinander zu halten, je nachdem ob nämlich der Zähler ein Vektor oder ein Skalar ist.

Betrachten wir zunächst den ersten Fall, wo also **Zähler und Nenner** *Vektoren* sind, so haben wir die Gleichung zu lösen:

$$\frac{\mathfrak{A}}{\mathfrak{B}} = \overline{C} \qquad\qquad ^1)$$

wo $\overline{C}$ eine zu suchende Größe, deren Natur noch zu bestimmen ist.

Um dieser Aufgabe einen bestimmten Sinn beizulegen, wollen wir im Anschluß an die gewöhnliche Definition die Division aus der Multiplikation herleiten, indem wir sagen: „Den Vektor $\mathfrak{A}$ durch den Vektor $\mathfrak{B}$ dividieren soll heißen eine Größe $\overline{C}$ suchen, die mit dem Nenner $\mathfrak{B}$ multipliziert den Zähler $\mathfrak{A}$ gibt." Um über die Art der Größe $\overline{C}$ zu entscheiden, hat man zu untersuchen, ob dieselbe direkt als Vektor angenommen werden darf oder nicht. Die erstere Annahme läge nahe, insbesondere, wenn man noch das Ganze in Koordinatenform schreibt:

$$\frac{\mathfrak{A}}{\mathfrak{B}} = \frac{A_x\,\mathfrak{i} + A_y\,\mathfrak{j} + A_z\,\mathfrak{k}}{B_x\,\mathfrak{i} + B_y\,\mathfrak{j} + B_z\,\mathfrak{k}} = C_x\,\mathfrak{i} + C_y\,\mathfrak{j} + C_z\,\mathfrak{k}$$

Allein man überzeugt sich leicht, daß diese Annahme nicht zulässig ist, denn wir hätten bei Wegschaffung des Nenners rechts das vektorielle Produkt von $\mathfrak{B}$ und $\mathfrak{C}$ zu schreiben, da ja links ein Vektor $\mathfrak{A}$ steht, dem die rechte Seite gleich sein muß. Dann aber steht links ein polarer Vektor einem axialen rechts gegenüber, die einander nach früherem nicht gleich sein können.

Auch eine geometrische Überlegung führt zum gleichen Ziel: Wenn die Gleichung bestehen sollte:

$$\mathfrak{A} = [\mathfrak{C},\mathfrak{B}]$$

so müßte $\mathfrak{A}$ auf der Ebene $\mathfrak{C}$, $\mathfrak{B}$ also auch auf $\mathfrak{B}$ senkrecht stehen, was im allgemeinen nicht der Fall sein wird, weil wir an den Winkel von $\mathfrak{A}$ und $\mathfrak{B}$ keine speziellen Bedingungen knüpfen dürfen.

$\overline{C}$ als skalare Größe anzunehmen, würde auf die Gleichung führen:

$$\frac{\mathfrak{A}}{\mathfrak{B}} = C \quad ; \quad \mathfrak{A} = C \cdot \mathfrak{B}$$

d. h. der Vektor $\mathfrak{A}$ wäre gleich dem C-fachen Vektor $\mathfrak{B}$, womit zugleich gesagt ist, daß $\mathfrak{A}$ und $\mathfrak{B}$ gleiche Richtung und Lage besitzen, was im allgemeinen auch nicht möglich ist, da über den Winkel von $\mathfrak{A}$ und $\mathfrak{B}$ nichts Bestimmtes ausgesagt ist, er also eine beliebige Größe haben kann und jedenfalls, nicht wie hier verlangt, gleich Null sein muß.

$^1)$ Für eine weder als Skalar noch als Vektor bekannte Größe wählen wir vorübergehend diese Schreibweise; die Unbestimmtheit wird durch den über dem Buchstaben der Größe angegebenen horizontalen Strich angedeutet.

Wir müssen demnach für $\overline{C}$ eine allgemeinere Annahme treffen, wofür die nächstliegende die ist, daß man $\overline{C}$ gleich der Summe aus einem Skalar und einem Vektor setzt. Wir bekommen dann:

$$\frac{\mathfrak{A}}{\mathfrak{B}} = N + \mathfrak{C}$$

Nun entsteht die Frage, was für eine Multiplikation rechts beim Ausmultiplizieren für $\overline{\mathfrak{C}\,\mathfrak{B}}$[1]) zu nehmen ist, wenn $\mathfrak{A}$ nach Voraussetzung ein polarer Vektor ist, wohl nur die vektorielle, da ja das skalare Produkt zweier Vektoren eine skalare Größe ist. Alsdann bildet sich aber wegen des Vorzeichens weiter die Frage nach der Reihenfolge der Faktoren und hierfür setzen wir fest, daß stets der Zähler gleich sein soll dem Produkt aus Quotient mal Nenner. In Koordinatenform ausgedrückt erhalten wir dann also:

$$A_x\,\mathfrak{i} + A_y\,\mathfrak{j} + A_z\,\mathfrak{k} = N(B_x\,\mathfrak{i} + B_y\,\mathfrak{j} + B_z\,\mathfrak{k})$$
$$+\, [(C_x\,\mathfrak{i} + C_y\,\mathfrak{j} + C_z\,\mathfrak{k}),(B_x\,\mathfrak{i} + B_y\,\mathfrak{j} + B_z\,\mathfrak{k})]$$

Führen wir die Multiplikation aus, indem wir rechts zur vektoriellen Multiplikation die früher behandelte Darstellung des Vektorproduktes durch die Koordinaten benützen, und vergleichen wir dann die Glieder links und rechts, so folgt:

$$A_x = N\,B_x + (C_y\,B_z - C_z\,B_y)$$
$$A_y = N\,B_y + (C_z\,B_x - C_x\,B_z)$$
$$A_z = N\,B_z + (C_x\,B_y - C_y\,B_x)$$

Dies sind die drei Bedingungsgleichungen für die vier Größen N, C_x, C_y, C_z, woraus folgt, daß eine von ihnen noch willkürlich angenommen werden kann.

Die Sache wird etwas einfacher, wenn man — was immer möglich und wegen der für die Betrachtung gleichgültigen Lage der Koordinatenachsen stets zulässig ist — die Koordinatenachsen gegenüber den Vektoren in einer speziellen Lage annimmt, und zwar etwa folgendermaßen:

Es falle der Vektor $\mathfrak{B}$ in die Richtung der x-Achse, $\mathfrak{A}$ liege in der xy-Ebene und Vektor $\mathfrak{C}$ sei beliebig.

Es wird dann:

$$\mathfrak{B} = B_x\,\mathfrak{i}\,,$$
$$\mathfrak{A} = A_x\,\mathfrak{i} + A_y\,\mathfrak{j}\,,$$
$$\mathfrak{C} = C_x\,\mathfrak{i} + C_y\,\mathfrak{j} + C_z\,\mathfrak{k}$$

---

[1]) Die Bedeutung des Horizontalstriches wurde auf vorausgehender Seite bereits genannt.

und obige Bedingungsgleichungen gehen über in:

$$A_x = N\,B_x\; ; \qquad N = \frac{A_x}{B_x}$$

$$A_y = C_z\,B_x\; ; \qquad C_z = \frac{A_y}{B_x}$$

$$0 = -C_y\,B_x\; ; \quad \text{d. h. } C_y = 0\,, \text{ da } B_x \text{ mit } \mathfrak{B} \text{ im allgemeinen}$$
$$\text{nicht verschwindet.}$$

Für C_x folgt keine bestimmte Angabe, d. h. diese Komponente ist willkürlich. Dies deutet auch die geometrische Darstellung an, aus welcher hervorgeht, daß der Ausdruck:

$$\frac{\mathfrak{A}}{\mathfrak{B}} = N + \mathfrak{C} \qquad \text{oder} \qquad \mathfrak{A} = N\,\mathfrak{B} + [\mathfrak{B},\mathfrak{C}]$$

ganz unabhängig von der Wahl von C_x ist. Denn welche Richtung auch der Vektor $\mathfrak{C}$ in der xz-Ebene, bzw. welche Größe seine x-Komponente C_x haben mag, so ändert sich damit weder die von ihm gar nicht beeinflußte Größe $N\,\mathfrak{B}$ noch das Vektorprodukt $[\mathfrak{B},\mathfrak{C}]$ durch den Inhalt des Parallelogrammes seiner Vektoren $\mathfrak{B}$ und $\mathfrak{C}$.

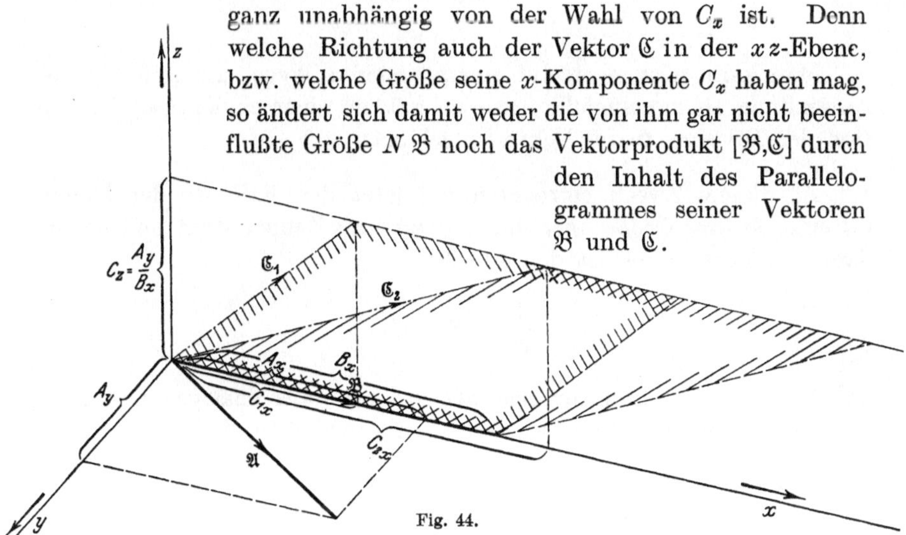

Fig. 44.

Wir erhalten somit für den Vektor $\mathfrak{C}$ den Ausdruck:

$$\mathfrak{C} = C_x\,\mathfrak{i} + C_y\,\mathfrak{j} + C_z\,\mathfrak{k} = C_x\,\mathfrak{i} + 0\,\mathfrak{j} + \frac{A_y}{B_x}\,\mathfrak{k}$$

$$\mathfrak{C} = C_x\,\mathfrak{i} + \frac{A_y}{B_x}\,\mathfrak{k}$$

d. h. der gesuchte *Vektorquotient* wird:

$$\frac{\mathfrak{A}}{\mathfrak{B}} = \frac{A_x}{B_x} + \frac{A_y}{B_x}\,\mathfrak{k} + C_x\,\mathfrak{i}$$

Er ist nach dieser Form wegen der unbestimmten Größe C_x unendlich vieldeutig.

Man sieht also, daß nur durch Beseitigung dieser unbestimmten Größe C_x, indem wir etwa die Festsetzung machen, daß $C_x = 0$ sei, d. h. die Komponente von $\mathfrak{C}$ in der Richtung des Vektors $\mathfrak{B}$ im Nenner verschwinden soll (was der Fall ist, wenn $\mathfrak{C}$ senkrecht zu $\mathfrak{B}$ steht, also hier in die xz-Ebene fällt), wir zu einer eindeutigen Division zweier Vektoren, $\dfrac{\mathfrak{A}}{\mathfrak{B}}$, gelangen, die sich als Summe aus einem skalaren Teil $\dfrac{A_x}{B_x}$ und aus einem vektoriellen Teil $\dfrac{A_y}{B_y}\,\mathfrak{k}$ darstellt, in unserem Spezialfall:

$$\frac{\mathfrak{A}}{\mathfrak{B}} = \frac{A_x}{B_x} + \frac{A_y}{B_x}\,\mathfrak{k}$$

Man kann aber noch auf einem anderen Wege, der sich für die Anwendung als zweckmäßig erwiesen hat, zu einer eindeutigen Definition der Division zweier Vektoren gelangen.

Zu diesem Zweck betrachten wir jetzt den Fall, wo der **Zähler als eine** *skalare Größe* **über einem** *Vektor* **als Nenner** steht und haben dann wiederum zunächst den Ansatz:

$$\frac{A}{\mathfrak{B}} = N + \mathfrak{C}$$

da Skalar oder Vektor für sich als Resultat, aus analogen Gründen, wie vordem ohne weiteres wiederum auszuschließen sind.

Es muß dann sein:

$$A = (N + \mathfrak{C})\,\mathfrak{B} = N\,\mathfrak{B} + \overline{\mathfrak{C}\,\mathfrak{B}}$$

Da links in A ein Skalar steht, muß daher auch rechts eine skalare Größe hervorgehen. Da aber, solange $\mathfrak{B}$ Vektor, $N\,\mathfrak{B}$ stets auch Vektor ist, so muß $N = 0$ sein und für $\overline{\mathfrak{C}\,\mathfrak{B}}$ das skalare Produkt gelten, womit dann folgt:

$$A = \mathfrak{C},\mathfrak{B} = (C_x\,\mathfrak{i} + C_y\,\mathfrak{j} + C_z\,\mathfrak{k}),(B_x\,\mathfrak{i} + B_y\,\mathfrak{j} + B_z\,\mathfrak{k})$$

woraus für obigen Spezialfall: $\mathfrak{B} = B_x\,\mathfrak{i}$:

$$A = (C_x\,\mathfrak{i} + C_y\,\mathfrak{j} + C_z\,\mathfrak{k}),B_x\,\mathfrak{i} = C_x\,B_x\,(\mathfrak{i},\mathfrak{i}) = C_x\,B_x$$

da

$$\mathfrak{i},\mathfrak{i} = 1 \qquad \text{und} \qquad \mathfrak{j},\mathfrak{i} = \mathfrak{k},\mathfrak{i} = 0$$

Es wird also: $C_x = \dfrac{A}{B_x}$ und ergeben sich für C_y und C_z keine Bedingungsgleichungen, weshalb sie willkürlich sind, so daß wir nun als Resultat erhalten:

$$\frac{A}{\mathfrak{B}} = N\,\mathfrak{B} + \overline{\mathfrak{C}\,\mathfrak{B}} = 0 + \mathfrak{C}_{,}\mathfrak{B}$$

$$\frac{A}{\mathfrak{B}} = \frac{A}{B_x}\,\mathfrak{i} + C_y\,\mathfrak{j} + C_z\,\mathfrak{k}$$

Setzen wir nun speziell $A = 1$, so folgt:

$$\frac{1}{\mathfrak{B}} = \frac{1}{B_x}\,\mathfrak{i} + C_y\,\mathfrak{j} + C_z\,\mathfrak{k}$$

$\dfrac{1}{\mathfrak{B}}$ wollen wir als *reziproken Wert des Vektors* $\mathfrak{B}$ definieren, welcher hiernach, da C_y und C_z noch ganz willkürlich sind, unbeschränkt vieldeutig ist. Um zu einer eindeutigen Zuordnung von Vektor und seinem reziproken Werte zu kommen, müssen wir diese Unbestimmtheit ausschalten, indem wir etwa $C_y = C_z = 0$ setzen. Es folgt dann als

Reziproker Wert des Vektors $\mathfrak{B}$:

$$\frac{1}{\mathfrak{B}} = \frac{1}{B_x}\,\mathfrak{i}$$

womit Vektor $\mathfrak{B}$ und $\dfrac{1}{\mathfrak{B}}$ den gleichen Grundvektor $\mathfrak{i}$ erhalten und also der reziproke Wert des Vektors gleiche Richtung und Lage mit dem Vektor selbst besitzt. Auch ist dann der absolute Betrag des reziproken Wertes eines Vektors gleich dem reziproken Wert des absoluten Betrages des Vektors.

Ganz allgemein wird dann der gesuchte Quotient:

$$\frac{A}{\mathfrak{B}} = \frac{A}{B_x}\,\mathfrak{i}$$

Wir untersuchen nun noch, ob die Multiplikation mit dem reziproken Wert eines Vektors wirklich identisch ist mit der Division durch ihn. Dabei haben wir auch wieder zwei Fälle auseinander zu halten, je nachdem der Zähler ein Vektor oder ein Skalar ist.

Für den ersten Fall erhalten wir als zunächst *skalares Produkt* aus einem Vektor $\mathfrak{A}$ und dem reziproken Wert eines Vektors $\mathfrak{B}$, wenn wir uns wiederum auf obige vereinfachende Lage der Koordinatenachsen beziehen:

$$\mathfrak{A},\frac{1}{\mathfrak{B}} = (A_x\,\mathfrak{i} + A_y\,\mathfrak{j}),\frac{1}{B_x}\,\mathfrak{i} = \frac{A_x}{B_x}\,(\mathfrak{i},\mathfrak{i}) + \frac{A_y}{B_x}\,(\mathfrak{j},\mathfrak{i}) = \frac{A_x}{B_x}$$

oder:

$$\mathfrak{A},\frac{1}{\mathfrak{B}} = \frac{1}{B_x}\,\mathfrak{i},A_x\,\mathfrak{i} = \frac{1}{\mathfrak{B}},\mathfrak{A}$$

Für das vektorielle Produkt der beiden folgt unter Zugrundelegung der allgemeinen Formel der Komponentendarstellung des Vektorproduktes für den vorliegenden Fall, in welchem $A_z = B_y = B_z = 0$:

$$\left[\mathfrak{A},\frac{1}{\mathfrak{B}}\right] = \left[(A_x\,\mathfrak{i} + A_y\,\mathfrak{j}),\frac{1}{B_x}\,\mathfrak{i}\right] = -A_y\,\frac{1}{B_x}\,\mathfrak{k} = -\frac{A_y}{B_x}\,\mathfrak{k}$$

Ferner wird aus gleichen Gründen:

$$\left[\frac{1}{\mathfrak{B}},\mathfrak{A}\right] = \left[\frac{1}{B_x}\,\mathfrak{i},(A_x\,\mathfrak{i} + A_y\,\mathfrak{j})\right] = \frac{1}{B_x}\,A_y\,\mathfrak{k}$$

so daß, wie zu erwarten:

$$\left[\mathfrak{A},\frac{1}{\mathfrak{B}}\right] = -\left[\frac{1}{\mathfrak{B}},\mathfrak{A}\right]$$

Nun folgt:

$$\mathfrak{A},\frac{1}{\mathfrak{B}} - \left[\mathfrak{A},\frac{1}{\mathfrak{B}}\right] = \frac{1}{\mathfrak{B}},\mathfrak{A} + \left[\frac{1}{\mathfrak{B}},\mathfrak{A}\right] = \frac{A_x}{B_x} + \frac{A_y}{B_x}\,\mathfrak{k}$$

Nach früherem drückt sich aber der Vektorquotient aus durch:

$$\frac{\mathfrak{A}}{\mathfrak{B}} = \frac{A_x}{B_x} + \frac{A_y}{B_x}\,\mathfrak{k} + C_x\,\mathfrak{i}$$

woraus nach obigem:

$$\frac{\mathfrak{A}}{\mathfrak{B}} = \frac{1}{\mathfrak{B}},\mathfrak{A} + \left[\frac{1}{\mathfrak{B}},\mathfrak{A}\right] + C_x\,\mathfrak{i}$$

oder:

$$\frac{\mathfrak{A}}{\mathfrak{B}} = \mathfrak{A},\frac{1}{\mathfrak{B}} - \left[\mathfrak{A},\frac{1}{\mathfrak{B}}\right] + C_x\,\mathfrak{i}$$

Setzen wir die ganz willkürliche Größe C_x auch hier wiederum gleich 0, so wird:

$$\frac{\mathfrak{A}}{\mathfrak{B}} = \frac{1}{\mathfrak{B}},\mathfrak{A} + \left[\frac{1}{\mathfrak{B}},\mathfrak{A}\right] = \mathfrak{A},\frac{1}{\mathfrak{B}} - \left[\mathfrak{A},\frac{1}{\mathfrak{B}}\right]$$

d. h.

Die Division zweier *Vektoren* läßt sich eindeutig ersetzen durch die Summe oder Differenz vom *skalaren* und *vektoriel-*

len Produkt des reziproken Wertes des *Vektors* des Nenners mit dem Zähler bzw. umgekehrt.

Man sieht, daß der Quotient zweier Vektoren aus einem skalaren und einem vektoriellen Teile besteht, was wir auch bereits bei den Quaternionen konstatiert hatten, womit sich indertat die Quaternion als Quotient zweier Vektoren erweist.

Für den Fall, daß der Zähler ein Skalar ist, folgt unter den nämlichen Vereinfachungen:

$$A \cdot \frac{1}{\mathfrak{B}} = A \cdot \frac{1}{B_x}\,\mathfrak{i} = \frac{A}{B_x}\,\mathfrak{i}$$

Nach früherem ist aber:

$$\frac{A}{\mathfrak{B}} = \frac{A}{B_x}\,\mathfrak{i} + C_y\,\mathfrak{j} + \dot C_z\,\mathfrak{k}$$

mit $C_y = C_z = 0$ wird:

$$\frac{A}{\mathfrak{B}} = \frac{A}{B_x}\,\mathfrak{i} = A \cdot \frac{1}{\mathfrak{B}}$$

und es folgt daher:

$$\frac{A}{\mathfrak{B}} = A \cdot \frac{1}{\mathfrak{B}} = \frac{1}{\mathfrak{B}} \cdot A$$

d. h.

Die Division eines *Skalares* durch einen *Vektor* läßt sich ersetzen durch das Produkt aus dem *Skalar* des Zählers mit dem reziproken Wert des *Vektors* des Nenners oder umgekehrt.

Wir erwähnen zum Schluß noch folgende Sätze über die Division:

Der Quotient aus einem *polaren* oder *axialen Vektor* durch einen gewöhnlichen Skalar ergibt wieder einen *polaren* bzw. *axialen Vektor.*

Der Quotient aus einem *polaren* oder *axialen Vektor* durch einen *Pseudoskalar* ergibt einen *axialen* bzw. *polaren Vektor.*

IV. Die Funktion.

§ 12. Zahl und Größe.

Für die Mathematik ist es — was schon gelegentlich betont wurde, jedoch hier nochmals hervorgehoben werden soll — von grundlegender Bedeutung, daß sie ihre Operationen und Gesetze nicht für spezielle Zahlen, sondern für Zahlen schlechthin ableitet. Daher werden wir im folgenden, ausgenommen in besonderen Beispielen, immer mit Zeichen operieren, die uns eine Zahl eines gewissen Zahlentypus oder Zahlengebietes zu repräsentieren haben. Schreiben wir z. B. „a", so meinen wir damit irgendeine reelle Zahl und was wir über dieses a auszusagen imstande sind, gilt dann für alle reellen Zahlen, insoweit sie eben von diesem a repräsentiert sind. Es ist gleichsam der Buchstabe a das Zeichen für den Typus, für die Gattung; die einzelnen Individuen sind dann die Zahlen, die er repräsentiert, also in unserem Falle z. B. 1, 2, $2\frac{5}{10}$, $-3{,}187$, $\sqrt{2}$, $0{,}0357 \cdots$ usw., kurz alle reellen, rationalen und irrationalen Zahlen. Sollten z. B. durch die Zeichen a, b, c nur ganze Zahlen bezeichnet werden, so muß dies ausdrücklich betont werden und alle Gesetze, die wir dann unter dieser Voraussetzung ableiten, gelten natürlich nur für die ganzen Zahlen. Es ist dann nicht notwendig, für die einzelnen Zahlen jeweils die Sache speziell abzuleiten, sondern die Ableitung für den Typus oder Repräsentanten enthält in sich die Ableitung für alle einzelnen Individuen. Zum Unterschied von den speziellen einzelnen Zahlen spricht man von ihrem Repräsentanten, der Zahl a oder b als der *allgemeinen Zahl.*

Würden wir uns auf das eben Gesagte beschränken, so blieben wir im Gebiete der reinen Zahlenrechnung. Für die praktische Verwendung derselben ist es aber wesentlich, daß diese Zahlen in derselben nicht an und für sich Bedeutung haben, sondern als Vertreter von gewissen Eigenschaften physikalischer oder chemischer Zustände und Vorgänge, die den Gesetzen, welche für die Zahlen gelten, unterworfen werden können. In diesem Sinne können wir dann die Zahlen selbst als *Größen* bezeichnen, indem sie eben bestimmte Quantitäten („Mengen" in gewöhnlicher Ausdrucksweise) zur Darstellung bringen[1]).

---

[1]) Vgl. hierzu auch S. 67.

Im allgemeinen sind die Größen sehr verschiedener Art und können gegenseitig miteinander nicht verglichen werden, wie dies z. B. für Zeit und Temperatur, Wärme und Länge einleuchtet; sondern dies ist nur mit Größen gleicher Art möglich. Jede Größenart steht für sich und ist nur durch ihresgleichen stets meßbar. Die Quantität derselben, mittels der man die Größe mißt und angibt, nennt man die *Größen-Einheit*, welche an und für sich eigentlich willkürlich wäre, aber doch so gewählt werden muß, daß sie möglichst unveränderlich ist[1]), so daß man sie nötigenfalls jederzeit hinreichend genau herstellen könnte, daß sie ferner in der Rechnung nicht unbequem große oder kleine Maßzahlen bedingt und leichte gegenseitige Verständigung ermöglicht u. a. m. Sie wird daher meist in einer fest beibehaltenen Größe, wie Ausdehnung, Menge, Stärke usw. gewählt, welche für die Längeneinheit z. B. das in Paris aufbewahrte Normalmeter ist.

Für besondere Verhältnisse wählt man dann von dieser in bequemer Unterteilung, meist Dezimalteilung, erhaltene Einheiten, wie z. B. für die Längenmessungen der äußerst kleinen Lichtwellenlängen den millionsten Teil des Meters als *ein Mikrometer* oder *Mikron* ($1\,\mu$); andererseits für sehr große Längen den tausendfachen Betrag des Meters als *Kilometer*, den 7420,44-fachen Betrag als sog. *geographische Meile*; für ganz große Verhältnisse in der Astronomie, das Meter verlassend, die mittlere Entfernung der Erde von der Sonne (*Solardistanz*) oder die große Achse der Erdbahnellipse. Für Kräfte ist in der Technik z. B. das *Kilogramm* die Normalmaßeinheit, d. i. das Gewicht eines Kubikdezimeters Wasser von $+4$ Grad Celsius Temperatur, also die Kraft, mit der diese Wassermenge unter 45 Grad georgr. Breite infolge der Erdanziehung auf ihre Unterlage drückt; davon abgeleitete Einheiten sind *Milligramm*, *Gramm*, *Tonne* u. a. Die Leistung oder der Effekt einer Maschine wird ausgedrückt in den Einheiten *Meter-Kilogramm pro Sekunde* oder *Watt* (davon abgeleitet *Hekto-* und *Kilowatt*) und *Pferdekraft*.

Indem man eine solche Einheit jeweils als Vergleichsmaß der Größenart zugrunde legt, kann man alle Größen quantitativ durch Zahlen ausdrücken, da sich alle Größenausdehnungen immer in dieser ihrer Größeneinheit vermöge ihres Verhältnisses zu dieser Einheit mittels eines Zahlenfaktors ausdrücken lassen. Indem wir nun der Größeneinheit die Zahleneinheit „1" *zuordnen*, können wir jeder Menge, Quantität, Ausdehnung der Größenart eine Zahl zuordnen, die sie bezüglich ihres Maßes vollkommen zu vertreten imstande ist und erhalten so die Quantität (Größe als Längenausdehnung u. dgl.) einer Größenart ganz ausgedrückt durch Zahlen.

Trifft man nun auf Größen, bei denen unter Zuordnung der bisher

---

[1]) oder dann das Gesetz ihrer Veränderlichkeit genau bekannt sein muß.

genannten Zahlen die auf letztere angewandten Rechnungsregeln derselben zu keinen richtigen Resultaten führen, indem eben diese Größen
ihrer inneren Natur nach die Gesetze der auf sie angewandten Zahlen
nicht befolgen, dann kann man auch dazu kommen, eben auf Grund
dieser Nichtübereinstimmung neue „Zahlen" einzuführen und dieselben
so zu definieren und ihre Rechnungsregeln gerade so aufzustellen, daß
die mit ihnen gewonnenen Resultate in die Sprache der durch sie vertretenen Größen übersetzbar sind. Wir erinnern diesbezüglich an den
ausführlich behandelten Fall der Vektoren und auch der Quaternionen.

Das Wort *Größe* umfaßt also den allgemeinen **Begriff
einer quantitativ bestimmbaren, d. h. meßbaren Eigenschaft eines Körpers, eines physikalischen oder anderen Vorganges,**

oder einer Eigenschaft, welcher eventuell auch in anderer
als genannter Weise noch Zahlen zugeordnet werden
können[1]).

Für uns kommt aber nicht diese allgemeine Definition in Betracht,
sondern jene, die wir auf Seite 67 der Vektorenrechnung angeführt
haben und welche der Vollständigkeit halber nochmals zitiert werden soll:

Die *Größe* ist eine Zahl, welche eine bestimmte, im allgemeinen quantitative Eigenschaft einer Erscheinung repräsentiert oder eine **angewandte Zahl.**

Diese Meßbarkeit nun drückt nichts anderes aus, als daß wir diese
Eigenschaft mit irgendeiner als Einheit angenommenen, ihr gleichartigen vergleichen können. Jede solche Messung setzt eine Abstraktion voraus, das will sagen, für die betreffende Messung wird nur
eben die zu messende Eigenschaft in Betracht gezogen, von allem anderen wird abgesehen. So kann es vorkommen, daß scheinbar auch
heterogene Dinge verglichen werden; in Wirklichkeit hat man dann
aber durch Abstraktion gewisse Gleichartigkeiten in ihnen gefunden,
die dann der Vergleichung, der Messung und damit der Zuordnung
von Zahlen unterworfen werden konnten. Die Zahl selbst ist eben gleichsam das *Abstractum par excellence*, indem für ihre Begriffsbildung von
jeder speziellen Eigenschaft physikalischer Körper abstrahiert wird, sie
demnach zum Repräsentanten für alle verwertet werden kann.

---

[1]) So sind z. B. *Größen*: Die Höhe eines Turmes, die Länge einer Stange, die
Distanz, der Abstand zweier Punkte, der Inhalt einer Fläche oder das Volumen
eines Körpers, die Intensität des Lichtes, die Temperatur oder Temperatur-
differenzen, die Geschwindigkeit eines fallenden, überhaupt bewegten Körpers,
die Energiemenge z. B. von Akkumulatoren aller Art, die Explosionsmöglich-
keit bei der Herstellung von Schießpulver, die Sterbens- oder Erlebenswahr-
scheinlichkeit in der Versicherungsrechnung usw. usw.

Das Resultat dieser Vergleichung ist eine gewisse Zahl, die wir als *Maßzahl* der zu messenden Quantität beifügen oder zuordnen; in der gewöhnlichen Ausdrucksweise gesprochen: „Wir messen durch diese Zahl diese Eigenschaft", also z. B. die Energie eines Körpers, oder die Zeit als Eigenschaft für den Verlauf, das Fortschreiten eines Prozesses. Dabei ist aber immer festzuhalten, daß nicht die Zahl selbst mißt, sondern die Zahl nur der Ausdruck der Messung in der Sprache der Arithmetik ist und das Resultat derselben angibt. Allerdings unterscheidet sich die so gewonnene Zahl als Maßzahl von der reinen Zahl, und zwar dadurch, daß sie nur in Relation zur betreffenden gemessenen Eigenschaft für die Anwendung einen Sinn bekommt.

Dieses Ausdrücken von quantitativen Eigenschaften bestimmter Größen, wie Länge, Zeit, Stromstärke, Spannung usw. durch Zahlen hat den großen Vorteil, daß man, nachdem einmal eine zweckmäßige Zuordnung dieser Zahlen zu den zu messenden Eigenschaften stattgefunden hat, mit diesen Zahlen nach den für sie allein geltenden Gesetzen rechnen kann und nur die Resultate wieder in die Sprache der durch die Zahlen bezeichneten Eigenschaften zu übersetzen hat. Die Zahlenrechnung leistet dann Zeit- und Arbeitsersparnis, insofern sie uns die Mühe abnimmt, in jedem Augenblick die zu behandelnden Eigenschaften mit den Größen, zu denen sie gehören, die oft die kompliziertesten Zusammenhänge zeigen, vorzustellen und ihre Beziehungen festzuhalten.

So z. B. ist in $J = r^2 \pi$ die allgemeine Zahl r der Vertreter der meßbaren Größe des Kreisradius; die ebenfalls allgemeine Zahl, durch das Zeichen, den Buchstaben J dargestellt, ist hier Repräsentant der ebenfalls meßbaren Größe oder der quantitativen Seite des Flächeninhaltes des Kreises. Beide Größen, Inhalt des Kreises und Radius, stehen in einem gesetzmäßigen Zusammenhang, dem auch die beiden allgemeinen Zahlen J und r unterworfen sind und der in dem durch diese Gleichung ausgedrückten Gesetze gegeben ist. π und 2 sind hier bestimmte Zahlen und nicht etwa auch Vertreter von Größen, die den Zusammenhang der beiden Größen J und r (die nun als Zahlengrößen oder allgemeine Größen aufgefaßt werden können) charakterisieren. Ebenso könnten die Zeichen oder Buchstaben J und r zwei andere Größen vertreten, wenn diese den gleichen gesetzmäßigen Zusammenhang zeigen, sogar in der genau gleichen Form und Schreibweise derselben nach obiger Gleichung.

Zufolge ihrer Definition als meßbare Eigenschaft läßt sich die *Größe* in der Rechnung stets durch allgemeine Zahlen bzw. deren Buchstabenzeichen ersetzen und vertreten, insofern sie eben diese meßbare Eigenschaft nach dem Vorhergehenden darzustellen imstande sind, d. h.

wir von ihnen aussagen können, daß die eine größer oder kleiner ist als die andere, daß sie zunehmen oder abnehmen, Wachstums- und Abnahmeeigenschaft besitzen, welche Verhältnisse sich alle durch die **Maßzahlen**, also in bestimmten Zahlen ausdrücken.

Vergleichen wir z. B. zwei Längen als „Größen" miteinander, indem wir etwa sagen, die eine ist doppelt so groß als die andere oder indem wir sagen, die eine ist 10 Meter und die andere 5 Meter, so kann ich sie in der Rechnung auch ohne weiteres durch zwei Zeichen x und y ersetzen, die allgemeine Zahlen bedeuten, wenn diese das gleiche Verhältnis aufweisen, also x doppelt so groß ist als y oder $\dfrac{x}{y} = 2$ ist. Statt an die beiden Längen zu denken, können wir in der Rechnung kürzer und einfacher die beiden allgemeinen Zahlen oder Größen x und y betrachten und behandeln unter steter Berücksichtigung, daß ihr Verhältnis gleich 2 ist.

Wenn wir im weiteren Verlauf der Darstellung unter fortdauernder Rücksicht auf die mathematische Behandlung von „Größen" sprechen, so verstehen wir demnach darunter stets Größen, **die durch allgemeine Zahlen ausgedrückt sind und die so quantitative Eigenschaften in bestimmter, vorher festgestellter Weise darstellen**. Auf diese Art können wir die zwischen den genannten Eigenschaften bestehenden Gesetze in einfachster Weise kurz mittels der leicht zu übersehenden und einfacher zu behandelnden Zahlen und der Zahlenrechnung ableiten, um dann im Resultat sofort durch **Deutung der Zahlen als Repräsentanten der quantitativen Eigenschaften von Größen** unter Beifügung der Vorstellung der betreffenden Größe ihren gesetzmäßigen Zusammenhang zu erkennen. Dies ist natürlich auch stets während der Ableitung und Behandlung an jeder Stelle möglich und muß auch immer eingreifen, wenn es sich um andere als bloße mathematisch - rechnerische Diskussionen handelt.

Die Zahlenrechnung ermöglicht uns ferner, sobald einmal die richtige Darstellung der Größen durch die Zahlen stattfindet, Vorausrechnungen zu machen; sie enthebt uns der Notwendigkeit, alles zu messen.

Infolge der Repräsentanz durch die Zahlen liegt es nahe, auch die Rechnungsgrößen in der Mathematik diesen entsprechend zu unterscheiden in *positive* und *negative, ganze* und *gebrochene, rationale* und *irrationale, reelle, imaginäre* und *komplexe Größen*, welche vermittels der sie repräsentierenden Zahlen auch zur geometrischen Darstellung gelangen können auf der Zahlenlinie bzw. Zahlenebene und im Zahlenraum. Es sind somit alle Größen einer bestimmten Größenart graphisch als Strecken darstellbar, sobald man ihrer Einheit eine Einheitsstrecke zugeordnet hat, das ist auch die der Maßzahl oder der dieser zugeordneten Zahleneinheit, der Zahl 1 entsprechende.

Durch andere Zuordnungen kann man die Darstellungsmöglichkeit einer Größe auch noch erweitern. Indem man ihrer Einheit z. B. eine bestimmte Fläche als Flächeneinheit zuordnet, kann man die Größe nach Ausdehnung, Gewicht usw. in Form von Flächeninhalten darstellen und erhält in Gestalt von deren zahlenmäßig ausgedrückter Flächengröße auch wiederum die der allgemeinen Größe zugeordneten, sie vertretenden Zahlen.

Durch die Rechnung mit Größen vermittels der Zuordnung von Zahlen erklärt sich auch sofort das Auftreten von sog. *negativen* oder gar *imaginären* allgemeinen *Größen* physikalischer Art, obgleich wir uns solche eigentlich nicht vorstellen können. Es leuchtet ja ein, daß man nicht von einem „negativen Körperinhalt" reden kann, wenn der kleinste überhaupt mögliche null ist; ebenso ist es in diesem Sinne sinnlos, von einer imaginären Vieleckseite oder gar Temperatur zu sprechen. Beachten wir aber, daß diese Namen sich auf die den Größen zugeordneten Zahlen beziehen, so ist uns ihre Bedeutung erklärlich; sie sollen uns lediglich das sagen, daß sich die ihnen zugeordneten Größen bezüglich ihres Maßes so zueinander verhalten, wie diese Zahlen. Eine „negative Temperatur" bedeutet in diesem Sinne nicht, daß die Temperatur eine andere physikalische Beschaffenheit aufweist; die Größe ist genau die nämliche geblieben, aber ihr Verhalten zu einer anderen (positiven) Temperatur ist wie dasjenige einer ihrem Maß entsprechenden negativen Zahl zur entsprechenden positiven Zahl. Eine negative Temperatur von $-x°$ Cels. besitzt zur positiven Temperatur $+y°$ Cels. eine Temperaturdifferenz von $y-(-x) = (y+x)°$ Cels., wie die Zahlen $-x$ und $+y$ eine Differenz $y+x$ aufweisen. Durch einfache Versetzung des Anfangspunktes der Zählung, des Nullpunktes, um wenigstens x Einheiten tiefer können wir alle diese Temperaturen „positiv" machen. Das Verhalten der neuen so gewonnenen Maßzahlen deutet uns dann in nur positiven Zahlen das nämliche Verhalten der Temperaturen. Ein „negativer Körperinhalt" von -5 m³ bedeutet den Inhalt eines Körpers von 5 m³, der mit entgegengesetzter Wirkung in Rechnung zu setzen ist, als wie ein anderer (positiver) z. B. von der Größe 10 m³; das sind zwei Körperinhaltsgrößen, die sich in der Rechnung verhalten wie die Zahlen -5 und $+10$ und daher in dieser auch so zu betrachten und zu behandeln sind. In gleichem und keinem anderen Sinne ist auch eine „negative Länge", ein „negativer Flächeninhalt", eine „imaginäre Weglänge" oder Beschleunigung, Arbeit usw. zu verstehen; zu einer wirklichen Vorstellung, die unmöglich ist, kommt es dabei nicht.

Es möge an dieser Stelle ein für allemal hervorgehoben sein, daß wir uns im **weiteren**, mit wenigen Ausnahmen, die jeweils besonders betont sind, nur auf Betrachtungen im Gebiete der **reellen Zahlen und Größen** beziehen. Einmal liegt dies begründet in der weitaus maßgebenderen Bedeutung der reellen Größen für die Anwendungen auf Probleme des Technikers und dann würde uns eine fortwährende ausführliche Berücksichtigung, namentlich der allgemeinen einfachen komplexen Zahl und Größe — als deren Spezialfall immerhin in allen Betrachtungen und Ableitungen stets die reelle hingestellt werden könnte — viel zu weit führen.

§ 13. Konstante und Variable.

Im vorausgehenden ist auch der Gedanke enthalten, daß wir stets darauf achten müssen, einerseits die Zahlen den Größen so zuzuordnen, daß letztere von ihnen in zweckentsprechender und nicht auf Irrwege führender Weise dargestellt werden und andererseits wir auch umgekehrt durch diese Größen aufgefordert werden, unseren Zahlen gewisse Bedingungen aufzuerlegen unter Berücksichtigung der Operationen, die wir mit ersteren durchzuführen haben. Darin ist aber enthalten, daß wir für die Anwendung der Mathematik in die Zahlen dieselben Konstanzen oder Veränderlichkeiten hineinzulegen haben, die uns die durch die Zahlen zu messenden Größen darbieten, und da ist es eine ganz allgemeine Tatsache, daß wir zwei Arten von Größen kennen: solche, die in ihren Eigenschaften oder in ihren Quantitätswerten nach menschlicher Voraussicht unveränderlich sind und solche, die Veränderungen zeigen, letztere stetig[1]), d. h. ohne, daß Zwischenwerte übersprungen werden oder unstetig, sprungweise.

Wenn man auch nicht behaupten kann, daß die Unterscheidung konstanter und veränderlicher Zahlen allein dadurch bedingt ist, daß es meßbare Eigenschaften von Dingen gibt, die entweder konstant oder veränderlich sind, so kann man auch nicht umgekehrt ohne weiteres behaupten, daß die letztere Unterscheidung auf die erstere ohne jeden Einfluß geblieben ist. Jedenfalls sind wir also gezwungen, zwei Hauptarten von Zahlen zu unterscheiden:

1. **Unveränderliche oder konstante Zahlen,** die im Laufe der Betrachtung ihren Wert nicht ändern, ihn beibehalten; man bezeichnet sie kurz als *Konstante* und setzt für sie gewöhnlich die Anfangsbuchstaben des Alphabetes:

$$A, B, C, D, \cdots \quad a, b, c, d, \cdots \quad \alpha, \beta, \gamma, \delta, \cdots$$

---

[1]) Auf die Begriffe „stetig" und „unstetig" kommen wir im folgenden noch eingehender zurück (vgl. S. 319 ff.).

2. **Veränderliche oder variable Zahlen,** die im Laufe der Operation ihren Wert ändern; man bezeichnet sie kurz als *Veränderliche* oder *Variable* und setzt für sie gewöhnlich die Endbuchstaben des Alphabetes:

$$\cdots\; W,\; X,\; Y,\; Z \;\cdots\; w,\; x,\; y,\; z \;\cdots\; \varphi,\; \chi,\; \psi,\; \omega$$

Konstante Größen, repräsentiert durch konstante Zahlen, sind z. B. historische Daten, die Gewichts- und Längeneinheiten, der Nominalwert eines Wertpapieres, die Beschleunigung des freien Falles (an ein und demselben Ort) usw.

Variable Größen, repräsentiert durch variable Zahlen sind z. B. die mittlere Jahrestemperatur eines Ortes, der Kurswert eines Wertpapieres, die Geschwindigkeit eines fallenden Körpers usw.

Im Anschluß an den zweiten obigen Fall wären noch weiter zu unterscheiden:

a) die *stetig* veränderlichen Zahlen,

b) die *unstetig* bzw. *sprungweise* veränderlichen Zahlen.

Was die stetig veränderlichen Zahlen anbelangt, so wollen wir diese *Stetigkeit* zunächst dahin festlegen, daß eine Zahl „stetig" veränderlich heißen soll, wenn es beim Durchlaufen eines gewissen Zahlengebietes (Zahlenintervalles) keine Zahl desselben gibt, die nicht von der veränderlichen Zahl erreicht werden könnte. Also, wo wir auch in dem durchlaufenen Intervall eine Zahl auswählen, können wir sicher sein, daß die Veränderliche einmal diesen Wert annehmen muß. Sie muß jede zwischenliegende Zahl, rationale und irrationale, treffen, und zwar in der Reihenfolge, welche durch das einsinnige Fortschreiten vom Anfangs- zum Endpunkt ihres Zahlengebietes oder umgekehrt gegeben ist. Ist diese Forderung nicht erfüllt, so nennen wir die Zahl „unstetig" oder „sprungweise veränderlich". Eine solche ist z. B. auch eine Variable, welche nur die Werte aller ganzen Zahlen durchläuft.

Je nachdem eine Veränderliche nur reelle Zahlen oder auch komplexe Zahlenwerte besitzen kann, sprechen wir von einer *reellen Variablen* oder von einer *komplexen Variablen.*

Das Zahlengebiet, welches die veränderliche Zahl bei ihrer Veränderung innerhalb der reellen oder komplexen Zahlenreihen durchlaufen darf, ist im allgemeinen nicht unbeschränkt, sondern innerhalb gewisser Grenzen eingeschlossen. Seien z. B. für die Veränderlichkeit der Zahl x die Grenzen, innerhalb deren sie sich verändern darf, a und b, wobei $b > a$, so nennen wir $a \cdots b$ das *Intervall der Veränderlichen* x, a den Anfangs- und b den Endwert desselben. Hierbei ist aber noch jeweils genauer anzugeben, ob die Anfangs- und Endwerte zum Intervall mit hinzuzurechnen sind oder nicht. Wir werden indertat später Beispiele kennen lernen, wo dies von Bedeutung wird (wenn z. B. im einen Endwert eine Funktion ihre normalen Eigenschaften verliert, z. B. „unendlich groß" [siehe unten] wird). Es ist nicht selbstverständlich, daß, wenn ein Gesetz für die veränderliche Zahl, solange sie innerhalb des Intervalles $a \cdots b$ sich befindet, gilt, für sie auch gelten muß, wenn sie die Endwerte desselben erreicht; sie kann in diesen ganz anderen Gesetzen folgen. Darf die Veränderung der Zahl derart sein, daß die Endwerte des Intervalles mit zum Veränderungsbereiche derselben gerechnet werden, so nennt man das Intervall ein *abgeschlossenes*. Daher wollen wir noch den Begriff des Veränderungsbereiches einer Variablen näher dadurch festlegen, daß wir sagen, eine Veränderliche ist für denjenigen Wert *definiert*, den sie zufolge ihrer Bedeutung und ihrem Verhalten annehmen darf. Demnach ist eine stetig Veränderliche in einem bestimmten Intervall für alle Zahlwerte des Intervalles definiert, die Endwerte miteingerechnet oder nicht. Eine unstetig Veränderliche dagegen ist nur für bestimmte Zahlwerte des Intervalles definiert, so z. B. wenn eine Veränderliche im Intervalle $a \cdots b$ nur alle ganzen Zahlen annehmen darf, so ist sie nach der gegebenen Ausdrucksweise nur für die ganzen Zahlen definiert oder mit anderen Worten für sie gültig.

Man spricht ferner von *beschränkt* und *unbeschränkt Variablen*, je nachdem die Veränderliche einerseits nur bestimmte endliche Werte, z. B. nur alle positiven, ganzen Zahlen oder alle Werte zwischen bestimmten Grenzen, wie von 0 bis 1, $7 \cdots 12$, $-20 \cdots +10$ usw. annehmen kann oder andererseits überhaupt alle möglichen Werte.

Überschreitet eine Veränderliche jeden irgendwie erreichbaren endlichen Wert, so nennt man sie *unendlich groß* und gebraucht dafür das Zeichen „∞"[1]).

Das Intervall einer positiven, unbeschränkt Variablen ist demnach: $0 \cdots +\infty$ und das größtmögliche Intervall einer reellen unbeschränkt Variablen: $-\infty \cdots +\infty$.

§ 14. Einführung der Funktion.

Wir haben oben gesagt, daß uns, für die praktische Verwertung, die Zahlen in irgendwelcher Art Größen repräsentieren, die meßbar sind oder überhaupt, allgemein gesagt, mit Zahlen in bestimmte Beziehung gebracht werden können. Aber es geht nicht an, nur einzelne derartige Größen für sich zu betrachten. Was wir antreffen, sind stets

---

[1]) Vgl. auch S. 31, 244.

Beziehungen von zwei oder mehreren solchen Größen, also für uns Beziehungen von zwei oder mehreren solchen veränderlichen oder unveränderlichen Zahlen. Vor allem sind es die ersteren, die dabei von Interesse für uns sind. Wenn ich z. B. die Beziehungen ermitteln will, die zwischen Weg und Fahrzeit, elektrischer Stromstärke und Spannung, Erzeugungswärme und erzeugter Dampfmenge bestehen, so habe ich es mit zwei veränderlichen Größen zu tun, die aber sich nicht von einander unabhängig verändern können, sondern durch gewisse Gesetze in ihrer Veränderlichkeit aneinander gebunden sind. Daraus entsteht für uns in der reinen Zahlenrechnung die Forderung, solche Gesetzmäßigkeiten der Beziehungen zweier oder mehrerer veränderlichen Größen zu betrachten. Wir nennen eine solche Beziehung eine *funktionale Beziehung* der veränderlichen Zahlen bzw. Größen.

Versuchen wir also die Veränderung einer Zahl (Größe) mit der Veränderung einer anderen Zahl (Größe) zu kombinieren und deren gegenseitige Beziehung in jedem Moment ins Auge zu fassen, so gelangen wir zum Begriffe der **Funktion**, wie er in der Mathematik, entsprechend formuliert, Verwendung findet. Dieser ist nach obigem wesentlich, daß in ihr vermöge irgendwelcher Festsetzung den einzelnen Werten einer Veränderlichen, einer Zahl, die Werte einer anderen veränderlichen Zahl z u g e o r d n e t werden; es reduziert sich somit der wesentliche Inhalt des Funktionsbegriffes auf den Begriff der Z u o r d n u n g. In welcher Weise diese Zuordnung zu geschehen hat, d. h. wie sie näher zu bestimmen ist, ergibt sich entweder aus der Art der Beziehung der Größen, welche durch diese Zahlen vertreten werden oder in der reinen Mathematik durch Festsetzungen, die in irgendeiner Weise gefordert oder durch logische Setzungen, durch Ansätze begründet sind. In dieser D e f i n i t i o n d e r F u n k t i o n ist dieselbe in ihrer v o l l s t e n Allgemeinheit enthalten, welche wir gegeben haben, um von vornherein zu zeigen, daß man nicht auf jenen Begriff der Funktion beschränkt ist, wie er am häufigsten in den Anwendungen vorkommt, sondern wie er zweckmäßig dazu benutzt werden kann, Zusammenhänge jedweder Art darzustellen; es ist eben nur notwendig, daß man sich erstens über den Zusammenhang der Größen klar werde und nachher ihm in eindeutig gültiger Weise die Zahlenveränderung zuordne, dazu vor allem den Bereich festlege, innerhalb dessen diese Funktion und damit die sie vertretende Veränderliche, Zahl, Werte haben darf.

Es ist natürlich nicht möglich, die Funktion in dieser allgemeinen Form zu behandeln, sondern man hat sich darauf zu beschränken, Funktionen von gewisser Art, wir können sagen, bestimmte Funktionsklassen in Behandlung zu ziehen.

Zunächst erscheint als einfachste derselben diejenige, wo j e d e m

Werte einer Veränderlichen x innerhalb eines gewissen Intervalles, des sog. *Definitionsbereiches* derselben, ein bestimmter Wert einer anderen Veränderlichen y zugeordnet wird. Diese Zuordnung geschieht nach einem bestimmten Gesetze. Das mathematische Zeichen für dieses Gesetz ist, sobald dasselbe nicht in irgendwelcher speziellen Weise festgelegt werden soll, ein vor eine die erstere Variable umschließende Klammer gesetztes „f" oder „φ" oder „F" usw. und wir finden daher:

Sind zwei veränderliche Größen repräsentiert durch allgemeine, ihnen zugeordnete veränderliche Zahlen, auf irgendeine Weise nach einem bestimmten Gesetz aneinander gebunden, so daß sich die eine derselben (y) verändert, je nachdem es die andere (x) tut, so nennt man die erstere eine Funktion der letzteren [1]), so daß wir für die Funktion in dem für uns wesentlichen engeren Sinne folgende Definition geben können:

Eine Größe (Zahl) y, deren Wert von einer anderen veränderlichen Größe (Zahl) x nach einem bestimmten Gesetze abhängig ist, heißt eine *Funktion* von x.

Man sagt auch, die Werte von y sind denjenigen von x zugeordnet und schreibt dieses Abhängigkeitsverhältnis in symbolischer Weise folgendermaßen:

$$y = f(x) \qquad\qquad {}^{2})$$

(sprich: „y gleich Funktion von x").

Diese Art des *funktionalen* Zusammenhanges nennen wir im Gegensatz zum *geometrischen*, der, wie wir ausführlich zeigen werden, durch Kurven gegeben ist, die *algebraische* oder *analytische Form* im weiteren Sinne dieser Worte.

Da die Veränderlichkeit von y hier durchaus durch diejenige von x bedingt ist, so kann y nur ganz bestimmte Werte annehmen, die denen von x entsprechen; mit anderen Worten: Die Variable y ist in ihrer Veränderlichkeit von x abhängig, wohingegen x gegenüber y die Rolle der unabhängig Veränderlichen spielt. Man bezeichnet in solchem Falle daher auch x als *unabhängig Variable* oder *Urvariable* oder als

---

[1]) Dabei braucht das Gesetz der gegenseitigen Beziehung nicht durchaus bekannt zu sein.

[2]) Wir machen hier ausdrücklich darauf aufmerksam, daß „f" in dieser Schreibweise durchaus nicht als Faktor aufzufassen ist, sondern nur die Rolle eines Schreibzeichens spielt, um das Funktionsverhältnis zwischen x und y, bzw. der durch sie vertretenen Größen anzudeuten; es kann als Abkürzung der Worte: „Funktion von" betrachtet werden.

Argument der Funktion und y als *abhängig Variable* oder kurz als **Funktion**.

Unsere früher gegebene, allgemeine Definition der Funktion sagt zunächst nichts darüber aus, welche von den beiden Veränderlichen wir als die unabhängig Veränderliche zu nehmen, bzw. welche Größe wir als von der anderen abhängig zu betrachten haben. Die obige Schreibweise $y = f(x)$ jedoch macht bereits darüber eine Festsetzung, indem sie ausdrücken soll, daß darin stets x die unabhängig Veränderliche ist, während y die abhängige, d. h. diejenige Größe oder Zahl, die in ihrem Momentanwerte durch das Gesetz „f" an den Momentanwert von x gebunden ist. Daß die Variable x dabei doch wieder ihrerseits in gewisse Grenzen eingeschlossen sein kann, ändert an dieser Sache nichts und wurde auch früher bereits erwähnt.

Man nennt diese Form der Funktionsdarstellung, die in $y = f(x)$ oder $y = \varphi(x)$ oder $z = F(u)$ usw. vorliegt, die *explizite Form* oder *Schreibweise* der Funktion, während man die Form, in welcher darüber noch nicht entschieden ist, welche von den beiden Variablen die abhängige und welche als die unabhängige zu betrachten ist, die *implizite Form* oder *implizite Angabe* der Funktion nennt. In letzterer Form pflegt man stets alles auf die linke Seite zu setzen, so daß sich diese allgemeine Angabe z. B. für die beiden Variablen x und y ergibt in der Schreibweise:

$$f(x, y) = 0$$

Daß sich auch jede explizite Form auf diese Gestalt bringen läßt, ist klar, folgt aus der obigen Darstellung übrigens auch sofort, wenn wir $f(x)$ auf die linke Seite schaffen und schreiben: $y - f(x) = 0$. Ob aber auch umgekehrt die implizite Form stets auf eine der expliziten Schreibweise $y = f(x)$ oder $x = \varphi(y)$ gebracht werden kann, darf im allgemeinen nicht ohne weiteres behauptet werden.

Aus der obigen Schreibart des Funktionsverhältnisses geht das spezielle Gesetz der Abhängigkeit oder Zuordnung der beiden Variablen nicht hervor.

Um zugleich anzudeuten, wie im speziellen y von x abhängt, schreibt man statt des allgemeinen Zeichens f die spezielle Form, z. B. $ax + bx^3$, oder an Stelle derselben ein bestimmtes, nur für ihre Andeutung gewähltes Zeichen, wie z. B. in $\sqrt{x}$, $\sin x$, $\cos x$, $\operatorname{arctg} x$, $\lg x$, $\overset{a}{\Gamma}(x)$, $J(x)$ usw.

Diese besonderen Formen von Funktionen werden nach ihrem mathematischen Aufbau, der natürlich auch ihre besonderen Eigenschaften mit bedingt, mit verschiedenen Namen belegt, wodurch auch eine Klassifikation derselben erzielt wird. So nennt man alle Funktionen, in denen die beiden Unbekannten x und y durch keine anderen als die vier rationalen Operationen: Addition, Subtraktion, Multiplikation (Potenzierung mit ganzzahligen Exponenten) und Division miteinander verbunden sind, *rationale Funktionen*. Diese teilt man unter sich wieder ein in *ganze* und *gebrochene rationale Funktionen*, je nachdem das Argument nur im Zähler oder im Nenner eines Bruches auftritt; im besonderen nennt man sie *unecht gebrochen* oder *echt gebrochen* nach dem Verhältnis der höchsten Potenzen des Argumentes in Zähler und Nenner.

Beispiele:

für eine *ganze, rationale Funktion:*

$$y_1 = f(x) = a + b\,x^2 - c\,x^5$$

für eine *unecht gebrochene, rationale Funktion:*

$$y_2 = \varphi(x) = \frac{3 + 4\,x^4 + x^7}{3\,x^3 - x^4} + 5$$

für eine *echt gebrochene, rationale Funktion:*

$$y_3 = \psi(x) = \frac{a\,x^3 - 5\,x + c}{2 + x^4}$$

Kommt das Argument unter einem Wurzelzeichen vor, so nennt man die Funktion *irrational*, wie z. B. $\sqrt{x}$ oder auch

$$y_4 = f_1(x) = \sqrt{a\,x^2 + b}$$

Rationale und irrationale Funktionen, in denen die unabhängig Variable also keiner anderen als einer oder mehreren der sechs Grundoperationen (obige fünf und Radizierung) unterworfen erscheint, faßt man auch zusammen als *algebraische Funktionen*. Alle anderen Funktionen, in denen noch andere auf das Argument auszuübende Operationen auftreten, sind bekannt als *transzendente Funktionen*, obwohl man auch hier noch weiter Unterscheidungen machen kann, auf welche wir aber hier nicht eingehen. Sie haben alle die gemeinsame Eigenschaft, sich nicht in geschlossener Form durch eine der vorher genannten Funktionen ausdrücken zu lassen, sondern sind gewöhnlich, wie wir vorgreifend bemerken, durch unbegrenzte Potenzreihen sog. „unendliche Reihen" (als unendliche Summen oder Produkte), dargestellt und definiert.

Zu ihnen gehören daher die goniometrischen oder trigonometrischen Funktionen: $\sin x$, $\cos x$, $\operatorname{tg} x$, $\cdots$, der Logarithmus: $\operatorname{Log} x$, usw. Wie die genannten bezeichnet man gewisse Funktionen, denen eine spezielle Bedeutung zukommt, oft mit besonderen Namen, auch nach der Persönlichkeit, die sie zuerst näher untersucht und ausführlicher beschrieben hat. Wir nennen als Beispiele dafür:

Die sog. *Gamma-Funktion* mit der allgemeinen Form:

$$\Gamma(a) = \frac{n!\, n^a}{a(a+1)(a+2)\cdots(a+n)}$$

für unendlich groß werdendes n

und die *Besselsche* oder *Zylinderfunktion:*

$$\overset{a}{J}(x) = \sum_{\lambda=0}^{\lambda=\infty}(-1)^\lambda\,\frac{\left(\dfrac{x}{2}\right)^{a+2\lambda}}{\lambda!\,\Gamma(a+\lambda+1)}$$

Ferner spricht man von *Elliptischen, Kugel-, Theta-, Sterblichkeits-Funktionen,* von *Bernoullischer, Riemannscher, Weierstraßscher Funktion* usw.

In genauer Angabe der Art der Zuordnung werden nun auch Funktionen nach folgenden Beispielen angegeben:

$$y = a\,x + b\,x^3$$
$$z = 3\,\mathrm{tg}\,x$$
$$t = \overset{n}{J}(x) - 7\sqrt{x}$$

also in Form von Gleichungen, welche den Funktionen entsprechend auch in *algebraische Gleichungen* (die erste dieser drei) und *transzendente Gleichungen* (die letzteren beiden) unterschieden werden.

Durch diese Funktionen ist nicht nur angegeben, daß überhaupt ein Funktionsverhältnis zwischen den Variablen besteht, sondern im besonderen auch, welche spezielle Beschaffenheit dasselbe besitzt.

Die implizite Form, deren allgemeine Gestalt wir oben angegeben haben, würde in diesem speziellen Falle heißen:

$$y - a\,x - b\,x^3 = 0$$

und den folgenden Beispielen:

$$z - 3\,\mathrm{tg}\,x = 0$$
$$t - \overset{a}{J}(x) + 7\sqrt{x} = 0$$

Auch wenn man die besondere analytische oder algebraische Form der Funktion kennt, so benutzt man in der Rechnung für dieselbe doch oft lieber ein allgemeines Zeichen f oder φ usw., weil dies im Interesse einer leichteren Behandlung der Rechnung und der Übersichtlichkeit derselben liegt.

Die Darstellung des gesetzmäßigen oder funktionalen Zusammenhanges ist durchaus nicht an die Darstellungsmöglichkeit in obiger Weise in Form der algebraischen bzw. transzendenten Gleichung gebunden. Fälle von Funktionen, welche in dieser Art nicht definiert werden können, lassen sich leicht geben durch folgende Beispiele[1]:

Für alle positiven Werte von x sei y gleich $2\,x$, für alle negativen x-Werte sei y gleich $-c$.

Eine Funktion $z = \varphi(w)$ sei dadurch festgelegt, daß sie für alle rationalen Zahlenwerte von w verschwinde, für alle irrationalen Werte von w gleich 1 sei.

In der Funktion $u = F(t)$ sei, solange $0 < t < 10$: $u = 2\,t$, für $10 < t < 30$: $u = 20$; für $30 < t \leqq 50$ sei $u = 50 - t$, so daß diese Funktion nur für Zahlwerte zwischen $t = 0$ und $t = 50$ gegeben ist und außerhalb dieses Intervalles nicht existiert.

Von einer Variablen können zugleich mehrere Größen in nicht gleicher Weise abhängig sein, d. h. sie kann das Argument verschiedener Funktionen bilden. Um eine solche mehrfache Zuordnung auszudrücken, verwendet man verschiedene Funktionszeichen oder auch ein und dasselbe mit verschiedenen Indices.

Ist z. B.

$$y = a\,x + b$$

so kann man dies abgekürzt auch schreiben:

$$y = f(x)$$
$$(\text{sprich:}\ \text{,,}y = f\text{-Funktion von} \cdot x\text{``}).$$

Ist ferner eine andere Variable von x abhängig in der Weise, daß:

$$z = a\,x + b + c\,x^2$$

so folgt analog:

$$z = f_1(x)$$
$$(\text{sprich:}\ \text{,,}z = f_1\text{-Funktion von } x\text{``}).$$

Analog folgt auch, wenn:

$$u = \sqrt{13\,x^2}\quad :$$
$$u = \varphi(x)$$
$$(\text{,,}u = \varphi\text{-Funktion von } x\text{``})$$
$$\text{usw.}$$

Andere gebräuchliche Funktions-Schreibarten sind z. B.:

$$y = \zeta(s)\,; \quad t = \xi(R); \quad u = F(t); \quad X = \Phi(U)$$
$$\text{usw.}$$

---

[1] Vgl. auch S. 286.

Ist eine Veränderliche zugleich abhängig von mehreren anderen Größen, so ist sie eine *Funktion mehrerer Variablen*, was man ausdrückt durch die Schreibweisen z. B. von der Form:

$$z = f(x,y) \; ; \quad T = \Theta(R,S,U); \quad \text{usw.}$$

Es ist hierbei zu beachten, daß die Reihenfolge der Argumente in den Klammern im allgemeinen nicht ganz beliebig ist, was z. B. daraus hervorgeht, daß, wenn wir in:

$$f(x,y) = a\,x^2 + 2\,x\,y + y$$

die Argumente x und y vertauschen, eine ganz andere Funktion entsteht, nämlich:

$$f(y,x) = a\,y^2 + 2\,y\,x + x$$

Ist y eine Funktion von x, so kann es vorkommen, daß x seinerseits wieder eine Funktion von einer anderen Variablen t ist, so daß:

$$y = f(x) \; ; \quad x = \varphi(t)$$

Dann ist offenbar y auch von t abhängig; man spricht dann von y als einer *zusammengesetzten* oder *mittelbaren Funktion* von t und sagt, man habe es mit einer „*Funktion von einer Funktion*“ zu tun. Geschrieben wird dieses Verhältnis in zusammenfassender Weise:

$$y = f[\varphi(t)]$$

(lies: „y gleich f-Funktion von φ-Funktion von t“
oder kurz: „y gleich f-φ-Funktion von t“).

Ist z. B.:

$$y = \sqrt[3]{a\,x + b}$$

so kann man setzen:

$$a\,x + b = f(x) = z$$

Dann wird:

$$y = \sqrt[3]{f(x)} = \sqrt[3]{z} = \varphi(z)$$

und somit, wenn wir für z seinen Wert in x ausgedrückt einführen:

$$y = \varphi[f(x)]$$

Analog folgt als dreifach zusammengesetzte Funktion aus:

$$y = \sin[\lg(z^2 - m\,z)] \quad :$$

$$z^2 - m\,z = f(z) = u$$

$$\lg(z^2 - m\,z) = \lg u = \varphi(u) = v$$

$$\sin[\lg(z^2 - m\,z)] = \sin[\varphi(u)] = \sin v = \psi(v)$$

folglich:

$$y = \psi(v) = \psi[\varphi(u)] = \psi\left\{\varphi\left[f(z)\right]\right\}$$

Wir haben es hier mit einer dreifach zusammengesetzten Funktion zu tun, mit einer „ψ-Funktion von der φ-Funktion von der f-Funktion von z“, oder auch mit einer „Funktion von einer Funktion von einer Funktion“.

Da überall, wo eine von einer anderen abhängige oder beeinflußte Größe auftritt oder überhaupt einander zugeordnete Variable vorkommen, uns das Funktionsverhältnis entgegentritt, so ist es nicht schwer, dafür praktische

Beispiele

zu finden, von denen wir zur weiteren Erläuterung nur die folgenden wenigen anführen:

1. Da der **Umfang des Kreises** stets durch $U = 2\,r\,\pi$ als Abhängige **vom Radius** erklärt ist, so ist er eine **Funktion** desselben: $U = f(r)$; analog ist der **Kreisinhalt eine Funktion des Kreisradius**, aber eine **andere**: $J = r^2\,\pi = \varphi(r)$. Umgekehrt kann es vorkommen, daß der Radius die Rolle der Abhängigen vom Kreisumfang oder -inhalt spielt: $r = \psi(U)$; $r = \zeta(J)$.

2. Oberfläche und Volumen von Prismen sind Funktionen ihrer Grundfläche, Höhe, Kantenlängen, Kantenwinkel usw.

3. Die Abhängigkeit der Bogenlänge der gemeinen *Kettenlinie*, der Kurve, nach welcher ein vollkommen biegsamer Faden von überall gleichem Querschnitt und Material durchhängt[1]), lautet:

$$s = \frac{a}{2}\left[e^{\frac{x}{a}} - e^{-\frac{x}{a}}\right]$$

worin s die Bogenlänge der einzelnen Kurvenpunkte, gemessen vom tiefsten Punkt, x den zugehörigen horizontalen Abstand dieser Punkte vom tiefsten Punkt oder der Symmetrieachse der Kurve bedeuten und a eine Konstante, der sog. *Parameter* der Kurve (Abstand des tiefsten Punktes von der horizontalen *Leitlinie*) ist.

Man kann daher allgemein diese Beziehung auch andeuten durch die kürzere Schreibweise:

$$s = F(x,a)$$

Währenddem für s diese explizite Angabe in a und x möglich ist, gelingt es nicht, den Parameter a in expliziter, geschlossener Form als Funktion von x und s anzugeben und muß man sich daher für die Andeutung des Funktionsverhältnisses bezüglich a begnügen mit der impliziten Form:

$$\Phi(a,x,s) = 0$$

---

[1]) gegeben durch die Form einer zwischen zwei Aufhängepunkten frei herabhängenden Kette oder Schnur (Seil).

4) Die Geschwindigkeit des frei fallenden Körpers ist eine Funktion der Fallzeit: $v = \eta(t)$; desgleichen sein sekundlich zurückgelegter Weg: $s = \eta_1(t)$.

5. Die Schwingungsdauer des Pendels ist eine Funktion seiner Länge: $\tau = \Theta(L)$.

6. Das durch Zinseszins angewachsene Kapital drückt sich aus durch:

$$K = a \cdot p^n = a\left(1 + \frac{r}{100}\right)^n$$

es ist somit eine Funktion der drei Größen von Anlagekapital, Zinsfuß und Anzahl der Jahre, die hier vertreten sind durch die Zeichen und allgemeinen Zahlen a, r und n, also:

$$K = F(a,r,n)$$

(worin natürlich dieses Funktionszeichen F nicht das gleiche Gesetz andeutet wie in Beispiel 3; das Analoge ist auch von den Funktionszeichen in den noch folgenden Beispielen zu sagen).

7. Das Volumen einer Gasmenge ist stets eine Funktion von Spannung und Temperatur desselben und ebenso seine Spannung eine (andere) Funktion seines Volumens und der Temperatur, die Temperatur Funktion von Volumen und Spannung:

$$V = f(p,t)\,; \qquad p = \varphi(V,t)\,; \qquad t = \psi(V,p)$$

8. Die auf die Kolbenstange der Dampfmaschine wirkende Kraft K ist eine Funktion der Dampfspannung: $K = f(D)$; letztere ist ihrerseits eine Funktion der Dampftemperatur: $D = \varphi(\vartheta)$, somit haben wir hier in der Kolbenstangenkraft eine zusammengesetzte Funktion und zwar eine Funktion von einer Funktion:

$$K = f[\varphi(\vartheta)]$$

9. Die Schneeschmelze S ist eine Funktion der Witterungsverhältnisse W, die letzteren sind eine solche der Jahreszeit Z und vom Barometerstand (Luftdruck) B; letzterer ist eine Funktion der Höhenlage H; folglich kann man setzen:

$$B = \psi(H)\,; \qquad W = \varphi(Z,B) = \varphi\big[Z, \psi(H)\big]$$

$$S = \Phi\big\{\varphi\big[Z, \psi(H)\big]\big\}$$

Dazu sei betont, daß diese, Jahreszeit und Barometerstand, nicht die einzigen Argumente der Funktion W sind, sondern nur zwei von den vielen anderen Größen, welche die Witterung beeinflussen; wir erinnern dazu nur an Temperatur, Feuchtigkeit, Vegetation, geographische Lage usw.

10. Der Preis (P) einer Maschine oder einer Ware überhaupt richtet sich ganz nach den Kosten der Rohmaterialien (K_1, $K_2 \cdots$), nach dem gegenwärtigen Stand der Arbeitslöhne (L), den Lebensbedingungen (B) und -ansprüchen (A), dem momentan bestehenden Zinsfuß (Z). Er ist auch eine sehr zusammengesetzte Funktion all dieser Größen, die unter sich wieder Funktionsverhältnisse aufweisen und Funktionen anderer Argumente sein oder als unabhängige Veränderliche nebeneinander auftreten können, so daß sich, ohne das genaue Gesetz des Zusammenhanges dieser einzelnen Veränderlichen zu kennen, derselbe in der mathematischen Form:

$$P = f(K_1, K_2 \cdots, L, B, A, Z)$$

niederschreiben läßt.

Liegt eine Funktion:

$$y = f(x) = 15 x^2 + 8 x - 6$$

vor und wollen wir ihren Wert bestimmen für $x = a$, so bezeichnet und schreibt man den hierfür resultierenden Funktionswert:

$$y_a = f(a) = (15 x^2 + 8 x - 6)_{x=a} = 15 a^2 + 8 a - 6$$

So ist z. B. für diese Funktion auch:

$$f(2) = 15 \cdot 2^2 + 8 \cdot 2 - 6 = 70$$

Analog folgt aus der anderen Funktion:

$$z = \varphi(s) = \sqrt{17 s} + 12$$

für $\quad s = 10 \quad : \quad \varphi(10) = \sqrt{170} + 12 = 25{,}038 \cdots$

für $\quad s = 2 \quad : \quad \varphi(2) = \sqrt{34} + 12 = 17{,}830 \cdots$

Auch als gerichtete Größe oder Vektor kann das Argument einer Funktion auftreten, in welchem Falle man von ihr als einer *Vektorfunktion* spricht.

Derartige Funktionen kommen vor bei der Betrachtung der sog. *physikalischen Felder*, das sind Gebiete, in denen jeder Stelle ein bestimmter physikalischer Zustand entspricht, der durch einen Vektor oder Skalar ausgedrückt ist, wo also die abhängig Variable sich ändert mit der Lage ihres ihr zugeordneten Ortes im Raume. Als ein bekanntestes solcher Felder kennen wir das magnetische Feld, ein Gebiet, in welchem in jedem Punkt desselben eine bestimmte magnetische Kraftwirkung, die sog. magnetische Feldstärke, von bestimmter Größe und Richtung auftritt. Mit dem Ort, das ist dem Abstand gegenüber einem festen Punkt im Raume, den wir nach Größe und Richtung als gerichtete Strecke, als *vektorielle Variable* einführen, variiert auch die Größe und Richtung der Feldstärke, so daß diese, selbst ein Vektor, sich als Funktion des Abstandes, eines Vektors, darstellen läßt. Man könnte sie daher „*vektorielle Vektorfunktion*" nennen, zieht aber die Bezeichnung als *eigentliche Vektorfunktion* oder kurz **Vektorfunktion** vor. Ihre mathematische Schreibweise ist in Anwendung des in der vorausgegangenen Vektorenrechnung Gesagten:

$$\mathfrak{H} = \mathfrak{f}(\mathfrak{A})$$

Dies ist auch die analytische Darstellungsform des *vektoriellen* oder *Vektorfeldes*.

In gleicher Weise besteht auch um einen elektrischen Massenpunkt ein elektrisches Feld, das sich in der nachweisbaren elektrischen Feldstärke äußert, welch letztere sich ebenfalls als Funktion eines Abstandes von einem festen Punkt darstellen läßt.

Um die Erdkugel besteht das Feld der terrestrischen Gravitation, in welchem die Kraft der Erdanziehung — von Ort zu Ort mit veränderlichem Abstand vom Erdmittelpunkt verschieden nach Größe, von Ort zu Ort im gleichen Abstand davon verschieden nach Richtung — wirkt, die stets senkrecht zur Oberfläche gerichtet ist.

Ist die dargestellte Vektorfunktion selbst keine vektorielle Größe, sondern eine *skalare*, so erhalten wir auf diese Art die Darstellung einer *skalaren Vektorfunktion*, eines *skalaren Feldes*, wie es z. B. gegeben ist im erleuchteten Raume um eine Lichtquelle, wo jede Stelle desselben eine bestimmte, vom Abstand von der Lichtquelle abhängige Lichtstärke besitzt, die dort nach allen Richtungen die gleiche ist, also keine ausgesprochene Richtung besitzt, wo die Funktionsgröße an jedem Ort durch eine bloße Zahlenangabe, hier die in Zahlen ausgedrückte Stärke des Lichtes, vollständig bestimmt ist.

Das nämliche ist der Fall mit einem beliebigen Raume, in welchem die Temperatur von Ort zu Ort sich ändert oder mit einem eingeschlossenen Gas bezüglich seines Gasdruckes usw.

§ 15. Veranschaulichung der Funktion.

Wenn wir in der Technik der Untersuchung irgendeiner Frage näher treten, so handelt es sich wohl meist um die Auffindung des den Vorgang beherrschenden Gesetzes, um die Bestimmung des gesetzmäßigen Zusammenhanges der mitspielenden Größen. Man geht dabei z. B. so vor, daß man eine sog. Versuchsreihe aufstellt, d. h. einen Versuch durchführt, in welchem man zu verschiedenen nach Willkür hergestellten Werten einer der maßgebenden Größen die entsprechenden Werte einer der anderen mitspielenden Größen bestimmt.

Füllen wir z. B. ein Gefäß zum Teil mit Wasser und erwärmen es nach guter Verschließung vermittels einer Flamme von außen, so entsteht bekanntlich gesättigter Wasserdampf, dessen Temperatur und Druck mit fortdauernder Erwärmung steigen. Stellt man durch geeignete, dementsprechend regulierte Wärmezufuhr den Kesselinhalt unter verschiedene, willkürlich herausgegriffene, vorteilhaft in gleichen Abständen befindliche Temperaturen und notiert dann diese, sowie auch die jeweils im gleichen Moment beobachteten Dampfspannungen, so ergibt sich etwa nebenstehende Zusammenstellung[1]).

Aus dieser Tabelle erkennen wir einen gewissen gesetzmäßigen Zusammenhang von Temperatur und Dampfdruck, eine Zunahme der Dampfspannung, wenn wir durch Wärmezufuhr von außen die Temperatur des Kesselinhaltes erhöhen. Mit anderen Worten: Diese Tabelle stellt uns das *funktionale Verhältnis von Dampftemperatur und Dampfspannung* dar und zwar spielt die Temperatur t, die wir ja frei gewählt, nach unserer Willkür (vermittels entsprechender Heizung, Wärmezufuhr) erstellt haben, die Rolle der unabhängig Variablen, nach welcher sich dann die Größe der Dampfspannung p als abhängig Variable richtet. Wir haben in dieser Tabelle eine neue

Tabellarische Darstellung

der Funktion

$$p = f(t)$$

Temperatur (t) des gesättigten Wasserdampfes in Grad Celsius	Spannung (p) des gesättigten Wasserdampfes in kg pro cm²
100°	$1{,}03_3$ kg/cm²
110	$1{,}46_2$
120	$2{,}02_7$
130	$2{,}76_0$
140	$3{,}69_5$
150	$4{,}86_8$
160	$6{,}32_3$
170	$8{,}10_4$
180	$10{,}25_8$
190	$12{,}83_5$
200	$15{,}89_0$

Fig. 45.

Darstellungsart eines funktionalen Zusammenhanges oder, wie man auch sagt: die *tabellarische Darstellung der Funktion* $p = f(t)$.

Wennschon diese Tabelle einen Einblick in das Verhalten der Dampfspannung mit zunehmender Temperatur, auch über die Grenzen der Tabellenwerte hinaus und zwischen denselben gewährt, dies also ein Beispiel für eine übersichtliche Darstellung einer Funktion mit einem Argument ist, so fehlt ihr doch noch manches, was andere Darstellungsmöglichkeiten ihr voraus haben.

Nach früheren Auseinandersetzungen können wir die Werte der

---

[1]) Vgl. „*Hütte*", „*Des Ingenieurs Taschenbuch*" 20. Aufl. 1908, I S. 336.

unabhängig Variablen, die ja durch Zahlen repräsentiert werden, auf einer Zahlenlinie abtragen. Denken wir uns einen ihrer Werte auf dieser

Geraden durch den entsprechenden Bildpunkt (B) dargestellt, vgl. Fig. 46, so läßt sich durch diesen Punkt eine Gerade ziehen, welche z. B. senkrecht zur Zahlenlinie gerichtet ist. Von ihrem Schnittpunkt mit der Zahlenlinie, dem *Zahlort* (B) des *Argumentwertes* aus, tragen wir, diese Senkrechte als Zahlenlinie für die Funktionswerte betrachtend, den zum Argumentwert zugehörigen Wert der ab-

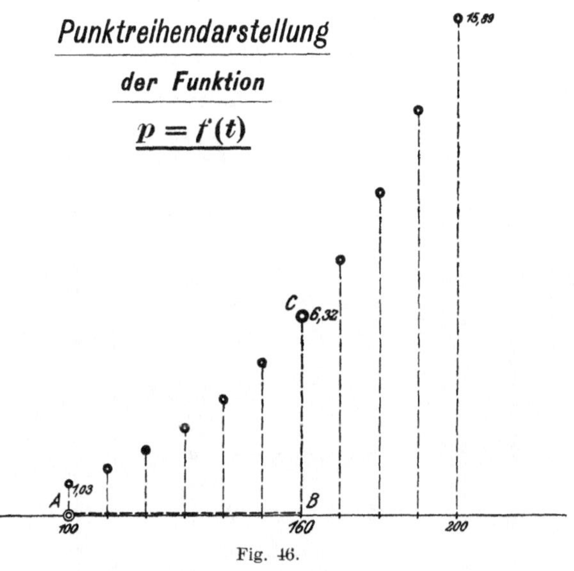

Fig. 46.

hängig Variablen auf ihr ab, und zwar nach oben, wenn er positiv ist, nach unten, wenn er negatives Vorzeichen besitzt. Wir gelangen so zu einem Punkte (C) in der Ebene der beiden Geraden, welcher als *Abbildungs*-Ort der zwei zusammengehörigen Werte von Argument und Funktion, weil durch diese bestimmt, betrachtet werden kann.

　　Machen wir dies noch für weitere zusammengehörige Werte, hier von Temperatur und Dampfspannung mittels der obigen Tabellenwerte, so erhalten wir lauter Punkte in der Zeichnungsebene, welche die geometrischen Bilder zusammengehöriger Funktionswerte sind, wie Fig. 46 zeigt. Sie geben uns auch eine Darstellung der Funktion und zwar eine geometrische, oder allgemeiner, graphische *Darstellung vermittels einer Punktreihe* von der Funktion $p = f(t)$, unter der gleichen Einschränkung, wie oben schon erwähnt.

　　Zum gleichen Resultat gelangen wir aber auch auf folgendem Wege, der meist vorgezogen wird:

　　Wir tragen die Zahlenwerte der beiden Variablen auf zwei zueinander senkrechten Geraden als Zahlenlinien, auch *Achsen* genannt, auf, indem wir deren Schnittpunkt als Anfangspunkt der Zählung, als sog. *Nullpunkt* der Zahl 0 bzw. dem Paar der Anfangszahlen unserer Versuchsreihe zuordnen. Dann ziehen wir durch die so erhaltenen Bildpunkte zweier dieser zusammengehörigen Maßzahlen der beiden Größen jeweils eine Parallele zur anderen Achse. Der Schnittpunkt dieser beiden letzteren Geraden ist dann als Punkt der geometrische Repräsentant der beiden zusammengehörigen Größenwerte der Variablen. Durch wiederholte Bestimmung des in dieser Weise den zusammengehörigen Momentanwerten von Argument und Funktion zugeordneten Punktes in der Ebene erhalten wir eine der obigen gleiche Punktreihe als Darstellung der Funktion, falls wir dieselben Werte benutzen[1]) (Fig. 47).

Zufolge dieser Darstellung durch *koordinierte*, d. h. zugeordnete Punkte und Strecken auf den Achsen, bezeichnet man diese Art der geometrischen Darstellung als **Koordinatendarstellung einer Funktion** und bezeichnet im speziellen die Streckenabstände des Punktes von

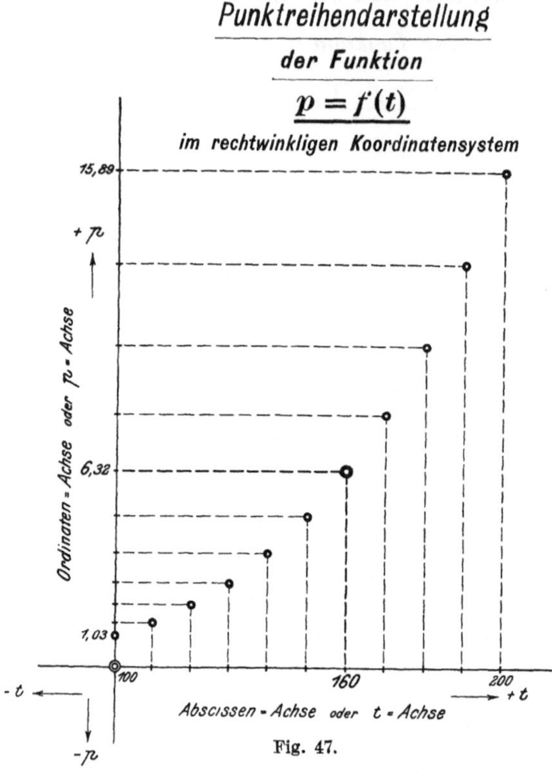

Fig. 47.

den Achsen, den sog. **Koordinatenachsen,** als **Koordinaten des Punktes.** Es ergibt sich hiermit, daß die Punkte der letzteren Punktreihendarstellung der Funktion sich mit den zusammengehörigen Werten von unabhängiger und abhängiger Variabler als Koordinaten im rechtwinkligen Koordinatenachsenkreuz bestimmen. Zum Unterschied voneinander bezeichnet man die eine, meist horizontal gelegte Achse als **Abszissenachse,** die vertikal zu ihr stehende als **Ordinatenachse**; auch benennt man beide kurz nach den auf ihnen abgetragenen Variablen, in unserem Falle als *t-Achse* und *p-Achse*.

---

¹) Wennschon die in diesen Figuren gegebene Darstellung der unabhängig Variablen in gleichen Zwischenräumen nicht durchaus nötig ist, so zieht man sie doch, wo möglich, vor, da sie eine leichtere Übersicht über die relative Veränderung der beiden Variablen namentlich in der Tabellendarstellung gestattet. Es fällt eben weniger schwer die ungleichmäßige Änderung einer Größe gegenüber der gleichmäßig fortschreitenden einer anderen zu beurteilen, als wenn beide Variable in ungleichmäßigen Wertabständen zu beobachten sind. Dies zeigt sich auch in einem ausgeglicheneren Bild der graphischen Darstellung mit in einer Richtung gleichen Abständen der Punkte.

Wäre der Zweck dieser Darstellungen einzig der, die Ergebnisse der Versuchsreihe zu fixieren, so könnten wir weder der tabellarischen Darstellung, noch der durch Punktreihen den Vorzug geben. Aber das ist nicht die alleinige Absicht; sondern, was wir hier und überhaupt in der Naturwissenschaft und Technik verfolgen, ist ein anderes Ziel. Wir wollen nämlich auch aus den durch den Versuch direkt beobachteten Wertegruppen von Temperatur und Spannung auf nicht direkt beobachtete Wertegruppen schließen. Wir wollen also wissen, welche Spannung einer Temperatur entspräche, die zwischen oder jenseits der direkt beobachteten Werte liegt. Das ist aber nur möglich, wenn die einer Temperatur entsprechende Spannung ihr nicht völlig willkürlich beigeordnet werden kann, sondern durch die Natur des Vorganges sich eine Regelmäßigkeit in den zusammengehörigen Wertepaaren von Temperatur und Spannung ergibt. Eine solche *Regelmäßigkeit* müssen wir aber voraussetzen, ansonst die Aufstellung von Regeln für Vorgänge oder Prozesse oder gar von Naturgesetzen unmöglich wäre. Von diesem Gesichtspunkt aus müssen wir also fragen:

Welche von den beiden gegebenen Darstellungen läßt uns leichter diesen Zusammenhang, diese *Regelmäßigkeit* in der Gruppierung der Wertepaare übersehen?

Vergleichen wir zu diesem Zweck die Eindrücke, die uns einerseits der Anblick der Tabelle, andererseits jener der Punktreihe ergibt, so müssen wir sagen, daß letztere, weil sie auf einmal die Gesamtheit der beobachteten Wertepaare überblicken läßt, den Vorzug verdient. Sie zeigt uns ohne weiteres Suchen, wie es bei der tabellarischen Darstellung notwendig wäre, daß nicht ein willkürliches Durcheinander vorhanden ist, was die jeweilige Größenbeziehung der Spannung zur entsprechenden Temperatur anbelangt, und sich in einem völlig unregelmäßigen Auf- und Abspringen der Punkte zeigen müßte, sondern daß eine gewisse, zunächst unbestimmt bleibende Regelmäßigkeit vorliegt.

Doch wir wollen ja aus unserer Versuchsreihe erfahren, welche Spannungswerte den Temperaturwerten zwischen oder jenseits der beobachteten zukommen, und da müssen wir nicht nur, wie bisher, die Voraussetzung machen, daß überhaupt eine Regelmäßigkeit in dem Verlauf dieses Prozesses vorhanden ist, sondern, daß im besonderen diese Regelmäßigkeit durchgängig ist und von mehr oder weniger einfacher Natur.

Mit anderen Worten:

Wir nehmen an, daß einer stetigen Veränderung der Temperaturwerte eine ebensolche der Spannungswerte entspricht, d. h. wenn die Temperaturwerte eine zusammenhängende Zahlenreihe oder kurz die sämtlichen reellen Zahlen eines bestimmten Intervalles bilden, daß dann auch die Spannungswerte die aufeinanderfolgenden Zahlen eines bestimmten anderen Intervalles der Zahlenreihe darstellen. Natürlich

gilt, was wir für das hier gewählte Beispiel gesagt haben, als Voraussetzung für alle Naturvorgänge, die wir unserer Betrachtung
unterziehen wollen.

Von diesem Gesichtspunkte aus müssen wir aber sagen, daß unsere
Punktreihendarstellung noch durchaus nicht vollkommen ist, da sie
uns eben über die verlangten Zwischenwerte keinen Aufschluß erteilt.
Somit müssen wir nun versuchen, in irgendwelcher Weise die vorhandene
Lücke auszufüllen.

Es würde also das vollkommen lückenlose, graphische Bild einer
solchen allgemeinen und im speziellen der obigen Funktion $p = f(t)$
aus einem ununterbrochenen, fortlaufenden Linienzug, einer sog. *kontinuierlichen Kurve*[1]) bestehen. Jeder ihrer unzählig vielen, sich unmittelbar aneinander reihenden Punkte entspricht einem zusammengehörigen Wertepaar der beiden Variablen, deren Zahlenwerte durch
die Koordinaten des Punktes angegeben werden. In tabellarischer
Darstellung würde der kontinuierlichen oder, wie man auch sagt,
stetigen Kurve eine Zahlentabelle entsprechen, deren Zahlenwerte für
beide Variablen sich wie im Zahlenkontinuum folgen würden, was tatsächlich unausführbar ist, weil jede noch so ausführliche und gründliche Zahlendarstellung das Zahlenkontinuum immer durch eine unstetige Folge repräsentieren muß.

Da von den unzähligen Wertepaaren bzw. Punkten nur verhältnismäßig wenige, durch Messung und Zeichnung bestimmt, vorliegen, so
folgt, daß die graphischen Bilder, diese *Meßpunkte*, wie man sie
dann auch nennt, auf einer fortlaufenden Kurve liegen, also die Kurve
durch sie hindurchgehen muß. Diese, der Darstellung der Funktion in
allen Teilen genau entsprechende sog. *Funktionskurve,* das möglichst genaue, *graphische Bild der Funktion* in Koordinatendarstellung zu finden, ist unser Ziel und müssen wir uns dazu, wie gesehen,
auf einzelne Punkte stützen, die bereits ihr angehören.

Der aufmerksame Beobachter obiger graphischen Bilder wird diese
Punktreihen ohnehin schon nicht betrachten können, ohne daß ihn seine
Phantasie veranlaßt, die Punkte durch eine, wenn auch vorläufig nur
gedachte, fortlaufende Linie zu verbinden, womit wir zu einer weiteren,
dem wahren Ziel um einen Schritt näheren Darstellung gelangen.

Um sich nämlich die Vorstellung, die Übersicht zu erleichtern und
die Punkte im Zusammenhange betrachten zu können, denkt man sich
dieselben der so aufgezeichneten Punktreihe zu einem ganzen kontinuierlichen Linienzug verbunden. Man kann dies nun auf sehr verschiedene Weise tun, da uns ja Zwischenwerte der Funktion nicht
bekannt sind und uns die diesbezüglich erwähnten und noch zu machen

---
[1]) Vgl. S. 342.

den Bemerkungen eine eindeutig bestimmte Direktive nicht geben. Indertat findet man allerlei Ausführungen für die Verbindungen der Punkte zu einem fortlaufenden Linienzug.

Der einfachste Weg ist, wenn man, wie es hie und da vorkommt, die Punkte der nach obiger Art aufgestellten Punktreihe von Punkt zu Punkt durch Gerade verbindet. Man erhält dann einen Polygonzug, der mit größerer oder kleinerer Genauigkeit, je nach Umständen, auf Zwischenwerte der Funktion schließen läßt: die *Polygondarstellung der Funktion.* Wir bringen dies in Fig. 48 zur Anschauung. Weitere und ausgeprägtere Beispiele folgen später[1]).

Diese Darstellung der Funktion würde der Wirklichkeit genau und vollkommen entsprechen, wenn sich die Funktion zwischen zwei Meß- oder Zeichnungspunkten genau linear, proportional dem Argument ändern würde, was aber im allgemeinen nicht zutrifft.

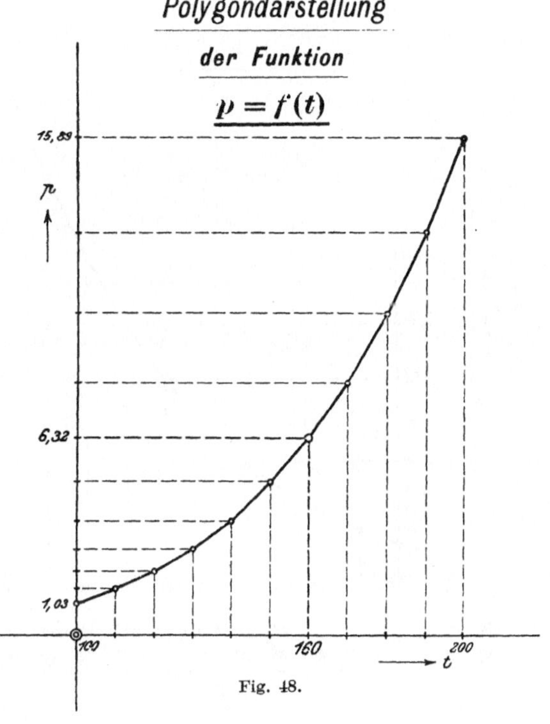

Fig. 48.

Wie man einen dem wirklichen Verhalten der Funktion, auch in den Zwischenstellen möglichst genau entsprechenden Linienzug einzuzeichnen hat, zeigt uns nachfolgende Überlegung:

Die Erfahrung lehrt, daß nicht nur die Voraussetzung, die wir schon gemacht haben, daß nämlich die Prozesse im allgemeinen regelmäßig verlaufen, zulässig ist, sondern daß auch weiterhin die Voraussetzung gemacht werden kann, die Prozesse verlaufen so, daß der Zusammenhang durch möglichst einfache Kurven dargestellt wird. Durch diese letztere Tatsache ist uns nun wieder ein leitender Gedanke gegeben, wie wir die durch direkte Versuche gegebene Punktreihe durch eine Kurve zu verbinden haben, um die eigentliche *Kurvendarstellung der Funktion* zu erhalten.

---

[1]) Vgl. S. 146, 159—167, 170, 192.

Man führt letzteres so aus, daß alle Punkte in einer möglichst ausgeglichenen, keine dem allgemeinen Verlauf sich nicht gut einfügende Krümmungen oder gar Ecken aufweisenden Linie liegen. Auch in dieser Art der Einzeichnung

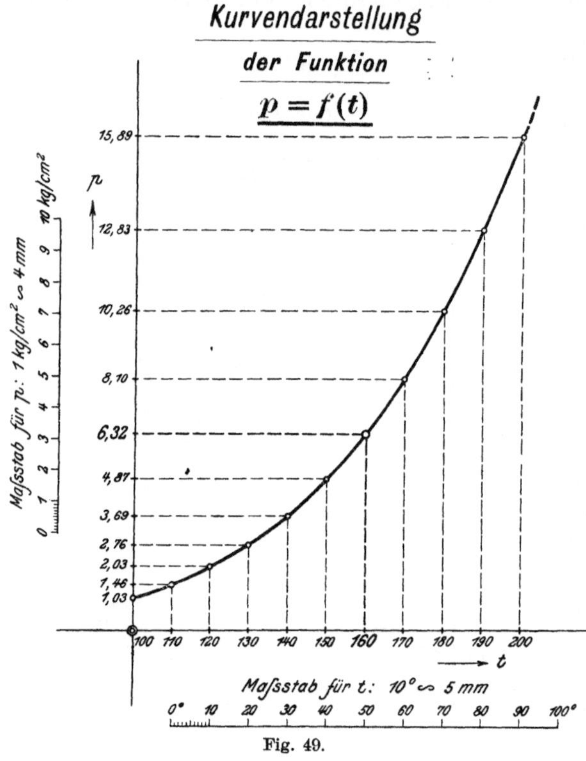

Fig. 49.

der die Punkte verbindenden Kurve liegt noch überaus viel Willkür und muß es ganz der Erfahrung und Geschicklichkeit des Zeichners anheimgestellt werden, die richtige Kurve, d. h. welche der die Funktion vollkommen repräsentierenden Kurve am nächsten kommt, zu treffen, was noch öfters mit nicht unerheblichen Schwierigkeiten verbunden ist. In anderen Fällen wiederum, glücklicherweise wohl den meisten der Praxis, liegen die Verhältnisse derart, daß es leicht ist, durch die den Weg der Kurve genügend präzis markierenden Meßpunkte dieselbe in schöner und sicherer Weise zu ziehen. Namentlich gilt das letztere auch von dem hier gerade vorliegenden Beispiel in ganz besonderer Art, wie Fig. 49 zeigt.

Bei all diesen graphischen Darstellungen spricht man von einem *Maßstab*[1]) *der Darstellung* der bestimmten Größe und versteht darunter die Länge derjenigen Strecke, die man der Größeneinheit zuordnet. Er wird gewöhnlich auf eine Einheit bezogen angegeben und der einfacheren Verwendung, vor allem der leichteren Ablesung halber möglichst im Dezimalsystem gewählt und in ganzen Zahlen ausgesprochen.

So ist z. B. in obiger Fig. 49 der Maßstab für die Dampfspannung

---

[1]) Vgl. S. 142 Anm.

4 mm $\backsim$ 1 kg/cm² [1]), weil der Spannungsgröße von 1 kg pro cm² die Länge von 4 mm zugeordnet ist. Die Temperatur ist aufgetragen im Maßstab: 10° Cels. $\backsim$ 5 mm oder, was das gleiche sagt: 1 mm $\backsim$ 2,0° Cels., d. h. die Länge von 5 mm auf der Abszissenachse bedeutet eine Temperaturdifferenz (Zu- oder Abnahme) von 10° Celsius, bzw. eine Länge von 1 mm eine solche von 2,0°.

Je nach der Streckenlänge, die man der Größeneinheit, der Maßeinheit, der Maßzahl 1 zuordnet, kommen die Punkte mehr oder weniger weit voneinander entfernt zu liegen und man kann, je nach dem Maßstab für die graphische Darstellung einer Größe, scheinbar ganz verschiedene Bilder, Kurven erhalten.

Dies geht aus Fig. 50 hervor, in welcher die Funktion $p = f(t)$, in zehn verschiedenen Maßstäben dargestellt, wiedergegeben ist.

Und zwar sind die zu ihrer Zeichnung gewählten Maßstäbe:

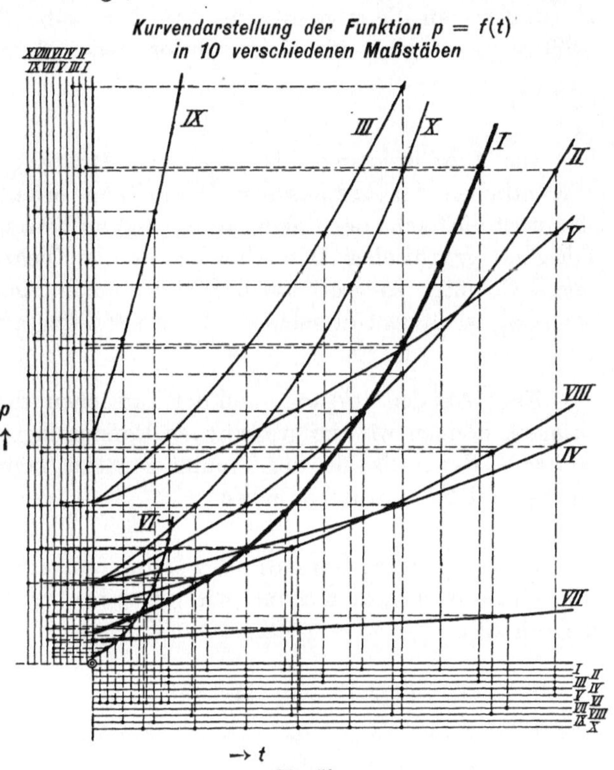

Fig. 50.

für Kurve		im gleichen Maßstab wie in obigen Fig. 46—49	Temperatur t^0 C	Dampfspannung p kg/cm²
für Kurve	I,	im gleichen Maßstab wie in obigen Fig. 46—49	10° $\backsim$ 5 mm	1 kg/cm² $\backsim$ 4 mm
„	„ II		10° $\backsim$ 1 cm	1 „ $\backsim$ 1 cm
„	„ III		10° $\backsim$ 1 „	1 „ $\backsim$ 2 „
„	„ IV		10° $\backsim$ 2 „	1 „ $\backsim$ 1 „
„	„ V		10° $\backsim$ 2 „	1 „ $\backsim$ 2 „
„	„ VI		10° $\backsim$ 1 mm	1 „ $\backsim$ 1 mm
„	„ VII		10° $\backsim$ 27 „	1 „ $\backsim$ 3 „
„	„ VIII		1° $\backsim$ 1,3 „	3 „ $\backsim$ 22 „
„	„ IX		10° $\backsim$ 4 mm	7 „ $\backsim$ 20 cm
				(1 „ $\backsim$ 2,86 „)
„	„ X		40° $\backsim$ 27 „	1 „ $\backsim$ 10 mm
			(10° $\backsim$ 6,75 „)	

---

[1]) Das Zeichen $\backsim$ ist zu lesen: *entsprechend*; man sagt dafür nicht korrekt auch: *gleich*.

Welche dieser unzähligen und gleich möglichen Kurven als Darstellerin ein und derselben Funktion man zur Ablesung von zusammengehörigen Wertepaaren der beiden Variablen benutzt, ist zunächst ohne Belang; man hat nur darauf zu achten, daß die zu ihr gehörenden zwei Maßstäbe angewendet werden. Bezüglich Genauigkeit der Ablesung ist es aber nicht gleichgültig, in welchem Maßstab man die Kurve konstruiert und nachher zu weiteren Ablesungen verwendet. Je größer man die zugeordneten Strecken wählt, um so mehr kommt größere Genauigkeit für Konstruktion und Ablesung zur Geltung.

Die Durchführung des gegebenen Beispieles hat uns mit dem Wesentlichen der graphischen Darstellung bekannt gemacht. Allein damit ist die Sache noch nicht als erledigt zu betrachten, da die Mannigfaltigkeit graphischer Darstellungen in der Technik und auch in anderen Gebieten so groß ist, daß sich notwendigerweise für ihre Verwendung wichtige Unterschiede der Darstellungsarten ergeben mußten.

Nach Art der Vorgänge und der Tatsachen, die sie zur Anschauung bringen, können wir die graphischen Darstellungen, *Diagramme* oder *Schaubilder*, wie sie der Techniker meist nennt, gruppieren in solche, welche veranschaulichen:

I. Vorgänge, bei denen wir berechtigt sind, eine stetige Veränderung in dem Sinne, wie wir es bereits erläutert haben[2]), anzunehmen.

Beispiele: Fig. 51—56, 84—89[3]).

---

[1]) Der Gedanke, der in dieser Zuordnung verschiedener Längen zu einer Maßzahl liegt, ist entstanden im Anschlusse an die sonst geläufige Definition des Maßstabes, nach welcher man unter dem *Maßstab* einer Zeichnung ursprünglich das Verhältnis zweier Längen versteht, von denen die eine zur Messung der anderen benutzt wird. Von einer Zeichnung, in der die Gegenstände z. B. 5-mal kleiner, als ihren wirklichen Längen im Original entspricht, dargestellt sind, sagt man, sie sei im Maßstab 1 : 5 gezeichnet; das will sagen: Die auf ihr sich findenden Distanzen verhalten sich zu den wirklichen entsprechenden im Original wie 1 : 5 oder: 1 mm der Zeichnung bedeutet, daß die betreffende Länge im Original 5 mm mißt, kurz geschrieben: 1 mm $\backsim$ 5 mm. Dieser Gedanke der Zuordnung verschiedener Längen oder, wie man hier auch sagen kann, einer Strecke (auf der Zeichnung) zu einer Maßzahl (im Original), hat sich dann nach dieser letzteren Auffassung auf die Zuordnung einer Strecke zu jedweder Größe vermittels der Zuordnung der Maßzahlen übertragen und führt diese ganz allgemeine Zuordnung einer gezeichneten Strecke, Länge zu einer durch sie quantitativ dargestellten Größe auch den Namen *Maßstab*.

[2]) Vgl. S. 137/38.

[3]) S. 146—153, 181—185.

Indem wir nun in Betracht ziehen, daß die Versuche (Experimente) stets nur diskrete Wertepaare oder Wertegruppen der zu messenden Größen liefern, haben wir natürlich, wie schon erwähnt, ein nach Umständen großes Interesse daran, die Werte der zu messenden Größen auch in den nicht direkt gemessenen Zeitmomenten kennen zu lernen.

Von diesem Gesichtspunkt aus können wir alsdann diese erste Hauptgruppe wiederum unterteilen in zwei Untergruppen:

A) Die Verbindung der durch direkte Messung erhaltenen Bildpunkte geschieht durch eine stetige Kurve, eventuell einen Flächenstreifen.

Beispiele: Fig. 52—56 [1]); Fig. 57—59.

B) Die Verbindung dieser Punkte erfolgt, weil diese Annäherung genügend ist oder die inter- oder extrapolierten [2]) Werte nicht in den Vordergrund des Interesses treten, durch einen Polygonzug, dessen einzelne Seiten je zwei einander folgende Punkte des graphischen Bildes verbinden.

Beispiele: Fig. 65—69, 84—87 [3]).

Wenn es sich aber überhaupt nicht um einen stetig verlaufenden Prozeß handelt, sondern die durch die Beobachtungen oder durch statistische Aufnahmen gewonnenen Einzelwerte allein Bedeutung haben, so erhalten wir die zweite Hauptgruppe:

II. Vorgänge, bei denen nur die aufgenommenen Einzelwerte eine Bedeutung haben und wir nicht berechtigt sind, Zwischenwerte anzunehmen, weil keine solchen existieren können.

Beispiele: Taf. I, Fig. 61—64, 88—91 [4]).

Wir kommen hierbei zu graphischen Bildern, in denen eigentlich nur die gezeichneten Bildpunkte allein vorhanden sein dürften. Aber da es schwer ist, eine Gesamtheit mehrerer Punkte, die miteinander

---

[1]) S. 148—153, 155.
[2]) Vgl. S. 158.
[3]) S. 165—167, 181—184.
[4]) S. 160—164, 185—187.

nicht verbunden sind, zu einem einzigen Bilde in der Vorstellung zusammenzufassen, so verbindet man auch hier die Punkte am einfachsten, wie es weitaus am meisten geschieht, durch gerade Linien und erhält so auch einen Polygonzug, der natürlich nun nicht die Bedeutung des Polygonzuges im obigen Falle (I, B) hat, indem eben hier die Zwischenlinien, die Seiten des Polygonzuges, einzig den Zweck der anschaulichen Zusammenfassung der Punkte und der durch sie allein ausgedrückten Veränderungen verfolgen.

In obigen beiden Hauptgruppen hat es sich vor allem um zeitliche Verläufe oder Prozesse gehandelt, wo also die zugrunde liegende Variable eigentlich immer die Zeit war und da wir uns ein Bild des reinen zeitlichen Verlaufes als eines solchen, der endlos sich in einer einzigen bestimmten Richtung abspielt, am besten durch die Bewegung längs einer endlosen geraden Linie darstellen, so ist dadurch das Koordinatensystem mit den beiden Zahlenlinien, das *Achsen-Koordinatensystem*, als am nächsten liegend und zweckmäßigsten gegeben.

Wenn es sich aber um Zustände handelt, die insbesondere noch von einem Winkel als Argument abhängen, so ist ein anderes Koordinatensystem, das *Polar-Koordinatensystem*, als zweckmäßiger für die graphische Darstellung zu erachten. Beispiele bieten die Fig. 95, 96. Es eignet sich ganz besonders gut für die Darstellung periodischer Funktionen im sog. *Vektordiagramm*; vgl. S. 206.

Natürlich kann in allen Fällen das eine oder andere Darstellunnssystem benutzt werden mit gleicher Leichtigkeit, speziell auch, wenn es sich um nur zwei Variable handelt, deren Werte dann einerseits im einen System auf die Abszissenachse, im anderen als Winkelgrößen, andererseits auf der Ordinatenachse bzw. in der Länge eines Radius fixiert werden. Insbesondere wird über die Wahl des speziellen Koordinatensystemes leicht zu entscheiden sein, wenn durch dasselbe, d. h. die räumliche Anordnung im graphischen Bilde, leicht diejenige beim wirklichen physikalischen Vorgang repräsentiert wird. Wenn wir z. B. die Art der räumlichen Verteilung der von einer elektrischen Bogenlampe nach den verschiedenen Richtungen ausgesandten Lichtmenge in Funktion dieser Richtung angeben wollen, so liegt es auf der Hand daß wir das Polarsystem wählen, da ja dieses ohne weiteres auch die Vorstellung, der wirklichen räumlichen Verteilung nach sich zieht. Wir tragen dann die Größen der nach den verschiedenen Richtungen wirksamen Lichtstärken maßstäblich mittels zugeordneter Strecken auf Radien von der Lichtquelle in der betreffenden Richtung ausgehend auf. Zufolge der graphischen Darstellung in einer Ebene kann es sich hierbei natürlich nur um die räumliche Lichtverteilung in irgendeiner durch die Lichtquelle gelegten Ebene handeln, von denen fast immer nur eine durch die Achsen der Kohlenstifte gehende oder die senkrecht zu dieser letzteren durch die Lichtquelle gehende Ebene in Betracht fallen[1]).

Für räumlich-konzentrisch angeordnete Zustände, die in Abhängigkeit von einer Winkelgröße stehen, wird man also am besten das Polarsystem wählen.

Auch ist die Zeit nicht immer als das einzige Argument zu betrachten; sie wurde oben nur als die weitaus wichtigste zur Geltung kommende Urvariable besonders berücksichtigt.

Diese allgemeinen Ausführungen geben uns nun ein Bild im großen und ganzen von der Verschiedenheit der gebräuchlichen graphischen Darstellungsmethoden und geben uns auch Richtlinien an die Hand, zu deren nun folgenden noch näheren Erörterung, für die wir uns auf eine

Auswahl von typischen Beispielen

aus der Unmenge von Fällen ihrer Anwendung in der Praxis des Ingenieurs beschränken müssen.

Was zunächst noch die Wahl des Maßstabes anbelangt, so kann man hierfür folgende allgemeine Gesichtspunkte erwähnen:

Will man die Variationen der auf der einen, z. B. der Ordinatenachse, aufgetragenen Größe besonders hervorheben, so wird es zweckmäßig sein, den Maßstab für die Ordinaten groß zu wählen, d. h. den Ordinatenwerten große Strecken zuzuordnen, was insbesondere auch dann notwendig sein wird, wenn durch die Natur der Sache die Ordinatenwerte bezüglich der Abszissenwerte an und für sich sehr klein sind (vgl. Beispiel Fig. 51, S. 146).

Ist man dagegen umgekehrt bestrebt, diese Variationen der Ordinaten aus irgendeinem Grunde für das graphische Bild zu mildern, so wird man einen großen Abszissenmaßstab und einen verhältnismäßig kleinen Ordinatenmaßstab zu wählen haben.

Immer aber ist dabei im Auge zu behalten, daß durch solche Maßstabswahl selbstverständlich die Verhältnisse, die ja durch Zahlenwerte gegeben sind, nicht geändert werden, sondern nur das Bild für unseren Gesamteindruck das eine oder andere besonders hervorhebt, und wird man daher, wo es sich um solche besondere Hervorhebungen nicht handelt, einen Maßstab wählen, der eben solche Besonderheiten für die Abszisse oder für die Ordinate nicht aufweist.

---

[1]) Näheres vgl. S. 190/91.

Ein großer Abszissenmaßstab wird auch dann zweckmäßig werden, wenn die Interpolationen[1]) möglichst genau ausgeführt werden sollen, ein kleiner dagegen, wenn man den ungleichmäßigen Verlauf zu verdecken sucht.

Ein prägnantes Beispiel für die Anwendung „sehr stark verschiedener Maßstäbe" — wie man sich nun einmal auch im allgemeinen nicht immer ganz korrekt ausdrückt — bieten die Längenprofile von Bahnen, Straßen, Wasserläufen usw., welche bekanntlich als die Darstellung der längs der Bahnachse bzw. der Straßen- oder Wasserlaufmitte verfolgten Bodenerhebungen (der Erdoberflächenpunkte in dieser Richtung) in Abhängigkeit von dem horizontalen Abstand vom gewählten Ausgangspunkt definiert werden können. Sie geben die Änderung der Terrainhöhe in Funktion der horizontalen Ausdehnung längs einer bestimmten, im allgemeinen an und für sich auch veränderlichen Richtung und zwar „in größerem Maßstabe" (vgl. oben) als die Horizontaldistanzen aufgezeichnet sind, damit die viel kleineren Schwankungen der Höhe nicht zu sehr zurücktreten und deutlich erkennbar und ablesbar ausfallen.

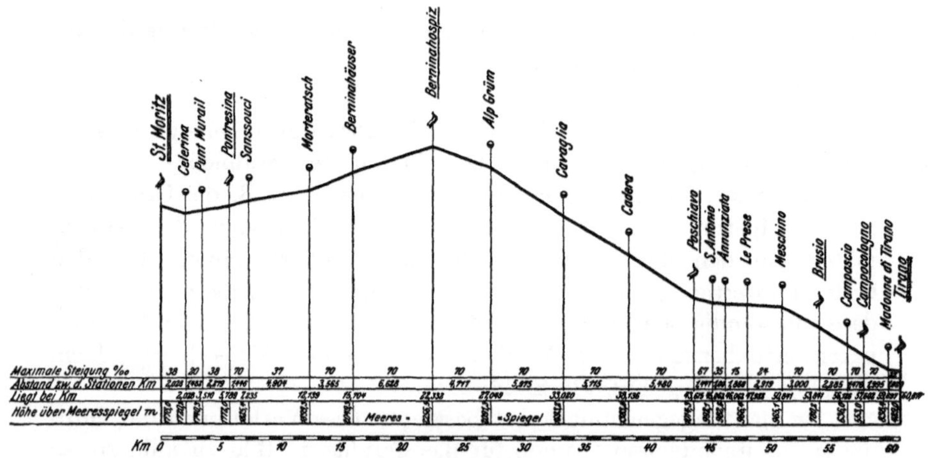

Längenprofil der Bernina-Bahn
Längen: 1:625000   Höhen: 1:62500
Fig. 51.

Als Beispiel hierfür zitieren wir in Fig. 51 das Längenprofil der *Bernina-Bahn*[2]).

In der so gezogenen fortlaufenden Kurve haben wir nun eine unseren Zwecken entsprechendere Darstellung, als sie die Tabellen-

---

[1]) Vgl. hierzu S. 158.
[2]) Vgl. Zeitschr. *Elektrische Kraftbetriebe u. Bahnen* (E. K. u. B.) 1911, S. 64.

und Punktreihendarstellung bot. Sie hat den großen Vorteil, daß sie ein einfaches, übersichtliches und ganzes Bild über das Verhalten der Funktion innerhalb des gewählten Intervalles gibt, das überdies in gewissen Fällen durch sinngemäße Fortsetzung der Kurve noch leicht etwas erweitert werden kann. Diese Kurvendarstellung hat also den Vorteil, daß sie Zwischenwerte der Funktionsgrößen leicht, wenn auch mit verschiedener, für die Praxis meist völlig ausreichenden Genauigkeit durch direkte Ablesung der Koordinatenwerte der betreffenden Kurvenpunkte zu liefern imstande ist. Denn, wenn wir auch nicht sicher sagen können, daß der tatsächliche Verlauf der Funktionskurve dem von uns eingezeichneten genau entspricht, so lehrt doch die Übereinstimmung der nach dieser Methode gewonnenen Resultate, daß die Annäherung praktisch völlig ausreichend ist. Natürlich hat man zum sicheren Einzeichnen der Kurve in die Schar der Meßpunkte letztere nahe genug aneinander anzugeben, damit die Schwankungen und der Verlauf der Funktion innerhalb derselben durch Erfahrung oder sonstige Kenntnisse über das Verhalten der Funktion genügend festgelegt sind und so die Kurve mit Sicherheit gezogen werden kann. Die Größe der dazu einzuhaltenden minimalen Distanzen folgt aus der durch Erfahrung bekannten Gesamtform der zu erwartenden Kurve oder aus den von anderer Seite her bekannten Eigenschaften der Funktion, sowie aus der zur Disposition stehenden Fertigkeit des Zeichners.

Wohl höchst selten werden aber alle Meßpunkte in dieser Weise günstig liegen, daß man über den richtigen Verlauf der Kurve nicht geringste Zweifel hegen kann. Im Gegenteil, einer wirklichen Messung entsprechend werden sich die erhaltenen und aufgezeichneten Meßresultate, repräsentiert durch die zugeordneten sog. *Meßpunkte*, nur zu einem etwas unregelmäßigen, obigen Gesichtspunkten nicht entsprechenden Linienzug verbinden lassen, sofern wir die Kurve stets durch alle Punkte in ihrer wahren Aufeinanderfolge hindurchziehen. In diesem Falle ist vielmehr zu berücksichtigen, daß alle Messungen stets mehr oder weniger mit unvermeidlichen Fehlern behaftet sind, hervorgerufen durch die unmöglich mathematisch genaue Durchbildung der Meßinstrumente, ihrer Beeinflussung durch Wärme, Feuchtigkeit, Erschütterungen, magnetische, elektrische und optische Störungen und die physischen und psychischen Unvollkommenheiten beteiligter Organe des Beobachters. Selbst mit allen möglichen Korrekturen können die wirklichen Ablesungen nur bis zu einem gewissen Grade genau sein. Daraus ergibt sich aber, daß der zu einem bestimmten Wert der unabhängig variablen Größe zugehörige tatsächlich abgelesene oder wirkliche Wert bald größer, bald kleiner sein wird, als derjenige ist, der sich bei idealer Genauigkeit oder, umgekehrt ausgedrückt, bei völliger Abwesenheit jedweder Ungenauigkeit ergeben würde, dem wir als Ideal

zuzustreben haben und in diesem Sinne als existent voraussetzen. Wir
dürfen dann in diesem Falle die erhaltenen Punkte nicht direkt durch
eine kontinuierliche Kurve verbinden, sondern müssen dieselbe, eben
womöglich um den Fehler von ihnen entfernt, an ihnen vorbeiziehen.
Die zu ziehende Kurve erhält auf diese Weise eine gewisse Mittellage
in einem von den zerstreut liegenden Meßpunkten bedeckten Streifen
und hängt es wiederum in erhöhtem Maße ganz von der Geschicklich-

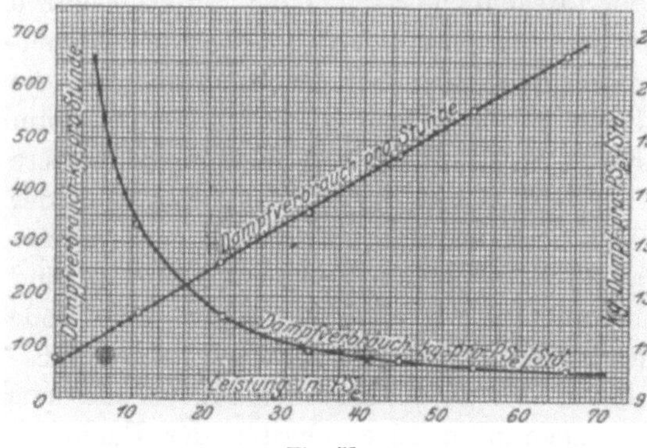

Fig. 52.

keit und Erfahrung
des Zeichners ab, für
sie durch die Meß-
punkte hindurch die
wahrscheinlich richtige
Bahn zu finden.

Wie verschieden
die Lage der gefunde-
nen Meßpunkte geeig-
net sein kann, eine si-
chere Kurve durch sie
hindurch zu zie-
hen, geht mit Deut-
lichkeit aus den in der
Fig. 52 und 53 gege-

benen Darstellungen hervor, welche beide den im Jahre 1907 bestimmten Dampfverbrauch einer Kondensations-Elektra-Dampf-
turbine, gemessen in Kilogramm pro effektive Pferdekraft und Stunde, für verschiedene Leistungen der Turbine angeben[1]).

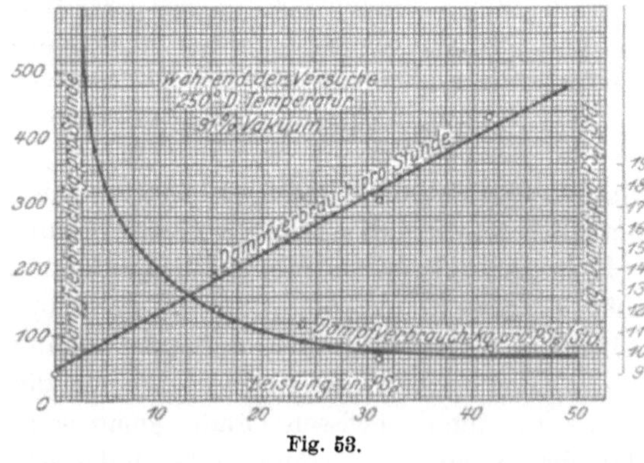

Fig. 53.

turbine, gemessen in
Kilogramm pro effek-
tive Pferdekraft und
Stunde, für verschie-
dene Leistungen der
Turbine angeben[1]).

Es geht daraus
hervor, daß der spezi-
fische Dampfverbrauch
mit zunehmender Lei-
stung der Turbine sehr
angenähert nach dem
Gesetz einer gleichsei-
tigen Hyperbel zurück-
geht. Währenddem in

Fig. 52 die Kurve fast genau durch alle durch den Versuch bestimmten
Punkte als ausgeglichener Linienzug sich leicht ziehen ließ, ist dies in der

---

[1]) Die Kurven wurden aufgestellt nach Versuchen der Herren Prof. *Stodola* und
Farny, vgl. *Zeitschrift für das gesamte Turbinenwesen* (Z. f. d. g. T.)

Fig. 53 nicht möglich gewesen. Für die Kurve mußte hier ein gewisser Mittelweg zwischen den bestimmten Punkten gewählt werden, sollten

Durchschlagversuche
mit Paraffinplatten unter Öl
zwischen abgerundeten Plattenelektroden.

Plattendicke in Millimetern	Durchschlagsspannung in Kilo-Volt [1]
0,6 mm	30 KV
0,7 ,,	7 ,,
0,9 ,,	33 ,,
1,0 ,,	20 ,,
1,1 ,,	28 ,,
1,1 ,,	30 ,,
1,4 ,,	9 ,,
1,5 ,,	28 ,,
1,6 ,,	35 ,,
2,5 ,,	40 ,,
3,0 ,,	56 ,,
3,0 ,,	61 ,,
3,4 ,,	61,5 ,,
3,5 ,,	64 ,,
3,6 ,,	46 ,,
3,8 ,,	49 ,,
3,9 ,,	45 ,,
4,0 ,,	56 ,,
4,4 .,	59 ,,
4,5 ,,	68 ,,
4,6 ,,	64 ,,
5,0 ,,	58 ,,
5,1 ,,	59 ,,
5,3 ,,	78 ,,
6,1 ,,	72 ,,
6,6 ,,	76 ,,
6,7 ,,	69 ,,
7,0 ,,	67 ,,
7,0 ,,	69 ,,
8,3 ,,	74 ,,
9,7 ,,	83 ,,
9,9 ,,	85 ,,
10,0 ,,	77 ,,
10,2 ,,	97 ,,
11.0 ,,	95 ,,
12,8 ,,	85 ,,
13,0 ,,	100 ,,
14,0 ,,	90 ,,

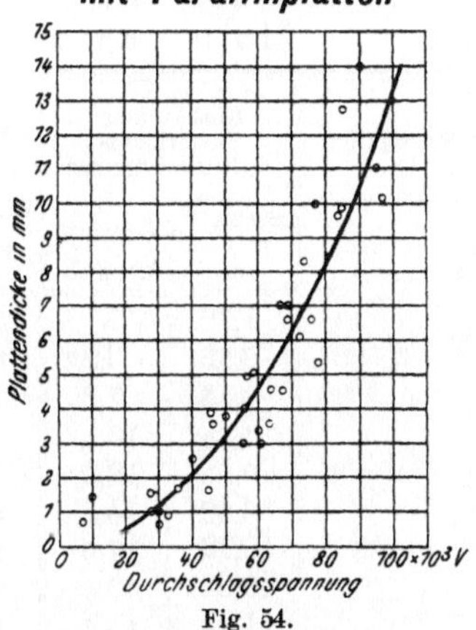

Fig. 54.

alle möglichst gleichmäßig Berücksichtigung finden. Das nämliche trifft auch, wie ersichtlich, mit der zweiten Funktionsdarstellung, die in der gleichen Zeichnungsfläche gegeben ist, zu, nämlich mit dem totalen stündlichen Dampfverbrauch der Turbine. in Abhängigkeit von der Leistung, als deren Bild sich eine Gerade ergab, was auf einen linearen Zusammenhang der beiden Größen schließen läßt.

Die beiden Figuren deuten zugleich an, wie außerordentlich weittragend der erfahrene, mit der Sache vertraute Ingenieur imstande ist, seine Meßresultate durch die graphische Darstellung auszunutzen, in einer Weise, die nur durch die geometrische Veranschaulichung der Funktion im großen Gegensatz zur tabellarischen Darstellung möglich wird. Die paar wenigen Punkte genügten, um die Kurve um ein bedeutendes

[1] 1 Kilo-Volt (KV) = 1000 Volt (V).

Maß verlängert zeichnen zu können, also das Verhalten der Funktion weit über den eingehaltenen oder möglich gewesenen Meßbereich hinaus angeben zu können.

Bremsversuche an einem elektrisch betriebenen Motorwagen mit einem Anhängewagen.

Bremssystem	Einkammer-Sicherheits-Luftdruckbremse		Motorwagen: Kurzschlußbremse. Anhängewagen: Solenoidbremse.		Motorwagen, Anhängewagen: Luftdruckbremse direkt wirkend.		Zweikammerbremse	
	Bremsweg m	bei Geschw. km/Std.	Bremsweg m	bei Geschw. km/Std.	Bremsweg m	bei Geschw. km/Std.	Bremsweg m	bei Geschw. km/Std.
	1,70	5	9,15	5,1	1,10	4,9	3,69	6,0
	2,32	6,2	8,10	5,5	2,05	6,3	4,37	6,5
	3,45	7,8	7,13	5,9	1,90	7,5	4,30	6,8
	4,35	10,3	6,50	6,4	2,0	7,6	6,0	8,5
	6,53	12,0	6,30	7,8	2,15	7,8	9,24	11,9
	8,32	14,8	6,10	8,5	3,10	9,2	10,28	13,0
	10,72	17,5	6,10	9,3	3,30	10,2	12,93	15,1
	10,83	17,5	6,35	9,7	3,75	10,3	17,35	18,0
	11,93	18,5	6,25	10,9	4,87	11,8	20,0	19,5
	13,0	19,0	6,65	12,0	4,85	12,0	23,89	22,0
	14,68	20,0	6,65	12,2	5,08	12,0	27,08	23,5
	15,0	21,0	6,92	12,9	5,55	12,9	30,97	25,5
	17,55	22,9	6,87	13,0	7,38	14,5	36,27	27,9
	16,98	23,0	7,55	14,1	6,58	14,6	41,45	30,3
	18,33	23,9	7,50	14,9	8,45	16,5	48,72	34,0
	20,40	25,0	7,10	16,0	9,32	16,9	55,30	35,9
	23,07	26,0	7,67	16,0	11,15	18,5		
	27,78	28,2	8,25	17,7	12,05	20,0		
	30,0	30,0	9,80	18,2	11,65	20,5		
	30,13	30,9	9,45	19,1	12,50	21,0		
	30,40	32,6	10,45	19,6	12,25	21,8		
	34,11	32,8	13,75	20,8	15,10	23,0		
	37,45	35,0	15,40	22,4	18,40	24,4		
			15,60	23,5	19,40	25,2		
			16,25	24,2	22,07	26,3		
			14,95	24,3	23,60	27,2		
			16,95	24,7	25,40	28,2		
			16,30	24,9	26,90	29,0		
			17,25	25,0	27,55	29,2		
			19,0	27,0	28,0	29,5		
			17,85	27,2	29,2	30,9		
			22,25	28,0	31,65	31,0		
			22,85	28,1	31,85	32,2		
			19,25	28,2	34,30	33,2		
			22,0	30,1	37,40	34,1		
			20,30	30,6	38,75	34,8		
			24,0	32,0	41,50	36,0		
			22,85	32,8				
			28,0	34,0				
			24,05	34,2				

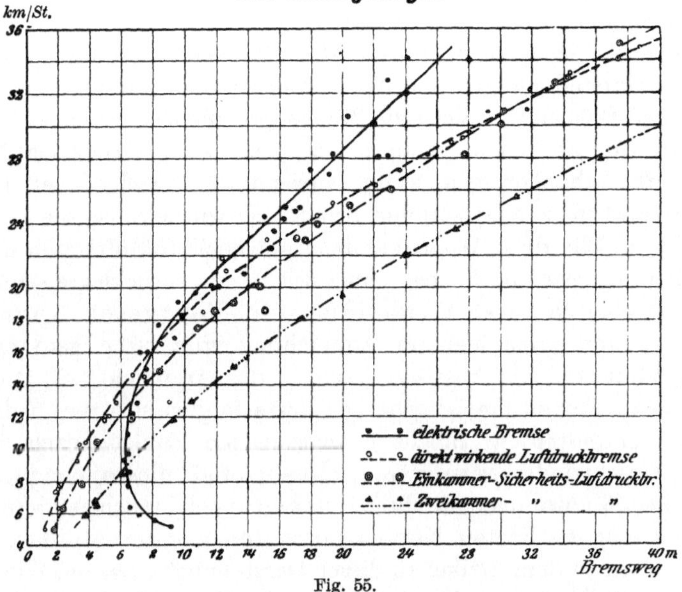

Fig. 55.

Mit großem Vorteil benutzt der praktische Techniker, wie in den eben erwähnten Darstellungen gezeigt ist, zur schnellen Herstellung solcher Bilder sog. *Millimeterpapier*, d. h. ein nach Millimetereinteilung durchgebildetes Netz gerader, senkrecht zueinander stehender Linien, in welchem er unter Zugrundelegung eines gewissen, passend gewählten Maßstabes direkt die zuzuordnenden Streckenlängen ablesen und eintragen kann; er verbindet in der Anwendung desselben eine überaus schnelle und auch genaue Einzeichnung der Funktionskurve mit leichter Ablesung aller möglichen Zwischenwerte.

Als schönes Beispiel für die in eine Schar von Meßpunkten eingezeichnete ausgleichend gezogene Kurve, die sog. *Ausgleichungskurve*, welche die Lage aller Punkte mit möglichst gleicher Abweichung berücksichtigt, zitieren wir Versuche von *Weickert*[1]), welche den Zusammenhang von elektrischer Durchschlagspannung und Stärke von Paraffinplatten klarlegen.

Die bezüglich aufgenommenen Zahlenwerte sind in der Tabelle[2]) Seite 149 niedergeschrieben.

Fig. 54 zeigt die im rechtwinkligen Koordinaten aufgetragenen zugehörigen Meßpunkte mit der eingezeichneten resultierenden Funk-

---

[1]) Vgl. *Elektrotechnische Zeitschrift* (E. T. Z.) 1904, S. 8.
[2]) Nach freundlicher Übermittlung des Experimentators.

tionskurve, zu welcher an genannter Stelle noch gesagt wird: „*Aus derselben ist deutlich zu ersehen, wie unsicher eine solche Kurve ist, und daß verschiedene Materialien möglichst gleicher Fabrikation und Dicke außerordentlich verschiedene Durchschlagspannungen verlangen*".

Eine Darstellung gleicher Art veranschaulicht Bremsversuche an elektrischen Bahnen[1]), welche die Bremswege, die sich bei verschiedenen Fahrgeschwindigkeiten u. a. an einem elektrisch betriebenen Motorwagen mit Anhängewagen unter Anwendung verschiedener Bremssysteme ergaben, zur Darstellung bringt. Es wurden also die Strecken bestimmt, welche diese Wagenkombination nach Inkrafttreten der betreffenden Bremse noch bis zum Stillstand zurücklegte, also die **Bremsweglänge als Funktion der Fahrgeschwindigkeit** beobachtet und zwar hier (in Abweichung vom bisherigen) erstere, also die Funktion, als Abszisse, letztere, das Argument, als Ordinate aufgetragen. Für zusammengehörige Werte fanden sich die in der auf Seite 150 dargestellten Tabelle[2]) angegebenen Zahlen, nach zunehmenden Geschwindigkeitswerten geordnet, und diesen entsprechend die in Fig. 55 zusammengestellten Punktgruppen, welch letztere dann durch die eingezeichneten Kurven im weiteren ersetzt wurden.

Wir lesen in dem Artikel zu dieser Darstellung: „*Die mit einem „.“ markierten Stellen gelten für die elektrische Kurzschlußbremse in Verbindung mit der Solenoidbremse des Anhängewagens, d. h. der Motorwagen wurde nur durch die Kurzschlußbremse gebremst, und in dem Kurzschlußstromkreis war die Solenoidbremse des Anhängewagens eingeschaltet. Die sehr charakteristische Kurve zeigt, daß die auf Kurzschluß geschalteten Motoren bei langsamer Fahrt sich erst nach einiger Zeit erregen*[3]). *Bei den Bremsungen traten Stöße auf, auch waren die einzelnen Bremsungen sehr ungleich, was die Streuung der Punkte um die Kurve herum beweist . . .*"

Wie aus obigem Vergleich der graphischen mit der tabellarischen Darstellung erneut die viel übersichtlichere und auch räumlich anspruchslosere Darstellung der graphischen Methode hervorgeht, so hat diese letztere auch den großen Vorteil, mehrere Funktionsdarstellungen durch verschiedene Kurven in einem Bilde leicht und ohne gegenseitige Störung zur Anschauung zu bringen. Dies ist aber nicht nur für gleichartige Größen in Abhängigkeit von ein und demselben Argument möglich, sondern ebenso einfach gestaltet sich die Darstellung ganz verschiedenartiger Argument- und Funktionsgrößen, kurz

---

[1]) Vgl. E. K. u. B. 1909, S. 113 oder E. T. Z. 1910, S. 201.

[2]) Die Angaben der genauen Zahlenwerte verdanken wir der Freundlichkeit des Herrn Obering. *Schörling* in Hannover.

[3]) weil dann nämlich der Bremsweg mit abnehmender Anfangsgeschwindigkeit unverhältnismäßig größer wird, der Eintritt der vollen Bremswirkung somit länger auf sich warten läßt.

beliebiger Funktionen. Man hat in solchen Fällen nur dafür zu sorgen, daß die verschiedenen Variablen in den ihnen entsprechenden Strecken richtig und leicht abgelesen werden können und erreicht dies höchst einfach durch Angabe bzw. Andeutung der ihnen zugehörenden verschiedenen Maßstäbe auf einer jeweils zur betreffenden Achse gezogenen Parallelen oder auch mittels direkter Eintragung derselben in die vorhandene Lineatur.

Als schönes, namentlich in technischen Zeitschriften viel zu sehendes Beispiel lassen wir nachfolgend die charakteristischen Kurven eines elektrischen Bahnmotors[1]) folgen, deren Gesamtbild über all seine wichtigsten Haupteigenschaften in der denkbar einfachsten, übersichtlichsten und klarsten Weise Aufschluß gibt.

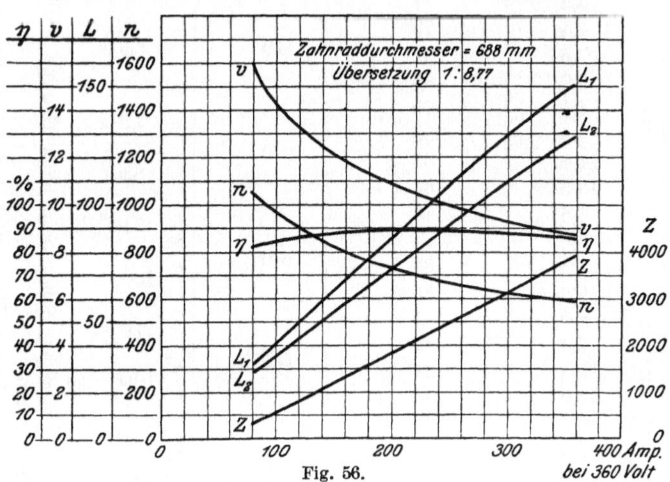

Fig. 56.

L_1 ∽ Leistung des Motors in PS. η ∽ Wirkungsgrad des Motors in %.
L_2 ∽ Leistung am Radumfang in PS. n ∽ Drehzahl pro Minute.
Z ∽ Zugkraft in kg. v ∽ Geschwindigkeit des Fahrzeuges in km/Std.

Es gibt nun aber viel Fälle, wo überhaupt schon der Natur der Sache halber eine wirkliche *Kurve* als Naturgesetz in geometrischer Darstellung sich nie ergeben kann und wo es daher noch besser ist und bleibt, den durch die aufgezeichneten Meßpunkte besetzten gebogenen *Flächenstreifen* oder kurz *Funktionsstreifen* an Stelle einer durchgezogenen Linie, einer *Funktionskurve* als graphische Veranschaulichung der Funktion zu betrachten.

Ein solcher Fall liegt z. B. vor, wenn wir Gewicht oder Preis

---

[1]) Vgl. EK. u. B. 1909, S. 628.

Gleichstrommotoren der S-Sch-W. Modell GM.
für 220 Volt Betriebs-Spannung.

Typus	Leistung PS	Wirkungsgrad η %	Gewicht kg	Preis Mk.	
A	1,2	65			
	1,4	70			
	2,5	78	80	420	
	3,0	80			
B	1,4	68			
	1,7	72			
	3,0	79	80	450	
	3,6	81			
C	2,3	74			
	2,8	78			
	5,0	80	100	530	
	6,0	82			
D	3,5	77			
	4,4	79			
	7,5	81	110	660	
	9,0	83			
E	4,5	79		770	
	5,5	80			
	11,0	82	130	830	
	13,5	84			
F	5,5	80		940	
	6,5	81			
	13,5	83	140	1000	
	16,5	85			
G	8,0	81		1190	
	9,5	82			
	19,5	84	160	1260	
	24,0	86			
H	10,0	82		1420	
	12,0	83			
	25,0	85	170	1500	
	31,0	87		1600	
J	13,0	83		1600	
	16,5	84			
	34,0	86	200	1800	
	42,0	88		1900	

Die ersten beiden Motoren in jeder Gruppe sind sog. *langsam laufende* mit 700—500 Touren. Die letzten beiden Motoren in jeder Gruppe sind sog. *schnell laufende* mit 1800—1200 Touren.

und Wirkungsgrad von Maschinen in Abhängigkeit von ihrer Leistung betrachten.

Währenddem bei Elektromotoren z. B. der Wirkungsgrad in ziemlich präziser Weise sowohl für eine ganze Motorenklasse als auch für eine und dieselbe Maschine sich als Funktion der Leistung ausdrückt und sich als geometrische Darstellung dafür eine Schar von Punkten ergibt, die einen sehr schmalen Streifen, also sehr angenähert eine Kurve bestimmen, hängen Gewicht und Preis mit der Leistung bei

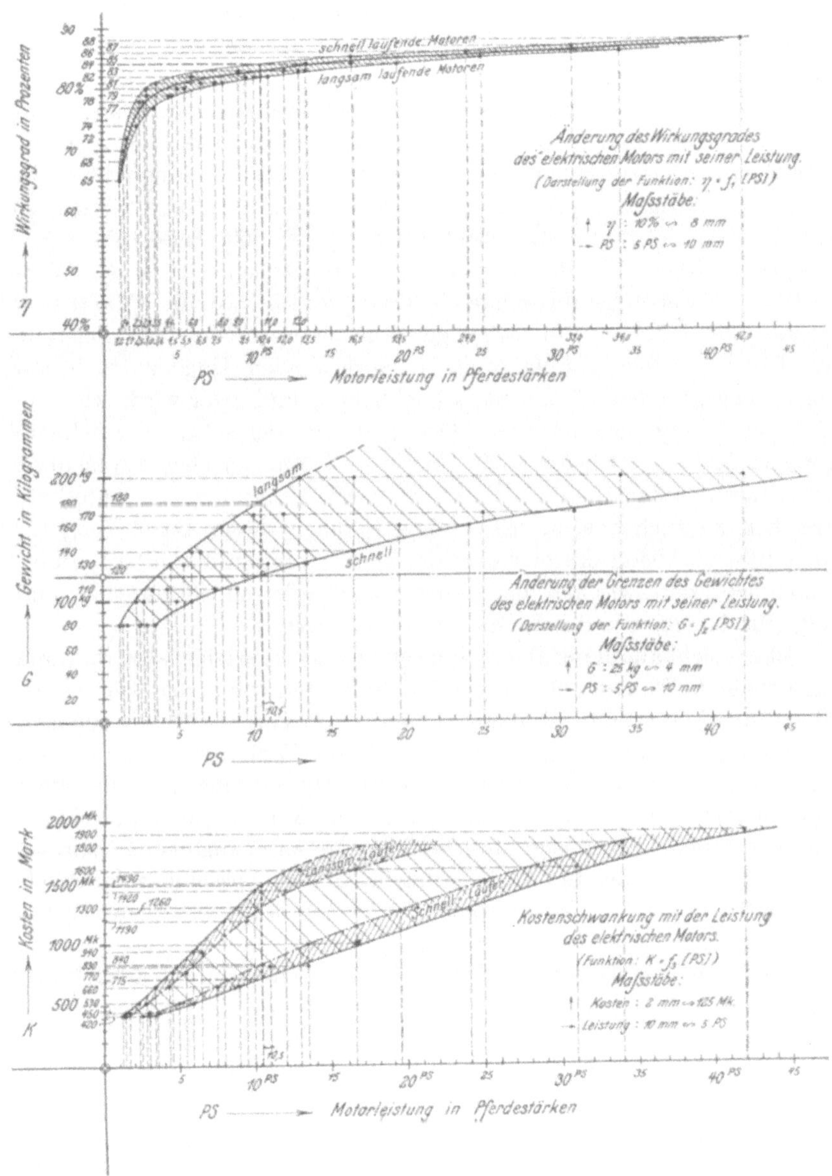

Fig. 57—59.

einer Motorenklasse nicht so einfach zusammen; sie schwanken un-
regelmäßiger mit der Leistungsgröße und ergeben daher in der Darstellung des Zusammenhanges einen gekrümmten Flächenstreifen von
größerer Breite.

Einem Kataloge[1]) entnehmen wir z. B. die oben (S. 154) mitgeteilten Zahlenwerte für die Angaben einer Klasse von elektrischen Gleichstrommotoren.

Tragen wir diese Zahlenwerte derart auf zwei zueinander senkrecht stehenden Koordinatenachsen auf, daß wir jedem derselben eine bestimmte Strecke zuordnen, indem wir für die Größeneinheit bzw. die sie repräsentierende Zahleneinheit 1 eine bestimmte Länge wählen, so ergeben sich die graphischen Bilder der Fig. 57—59, Seite 155.

Die in Fig. 57 in den Streifen der geometrischen Orte der Wirkungsgradwerte als Mittellinie eingezeichnete Kurve, die *Wirkungsgradkurve*, läßt uns für beliebige Zwischenwerte der Motorleistung mit der der halben Streifenbreite entsprechenden Ungenauigkeit auf den zu erwartenden Wirkungsgrad schließen, und zwar wird, wie man leicht sieht, sein geometrischer Ort, genauer angegeben, für schnelllaufende Motoren (1200 ÷ 1800 Touren pro Minute) eher etwas über, für Langsamläufer (500 ÷ 700 Touren pro Minute) etwas unterhalb derselben zu suchen sein. Es wird z. B. nach dieser Darstellung für einen $10^1/_2$ pferdigen Motor ein mittlerer Wirkungsgrad von 83% zu erwarten sein, der zwischen den Grenzen 84% (für schnell laufende) und 82% (für langsam laufende Motoren) schwankt.

Man ersieht aus dieser Darstellung auch, daß es ein leichtes wäre, durch entsprechende Wahl des Maßstabes der Ordinaten, von η, den Streifen beliebig schmal zu erhalten, so daß es hier lediglich eine Sache der genauen Rechnung und Darstellung bleibt, die Größe des Wirkungsgrades in einem mehr oder weniger breiten Streifen zu finden. Mit derselben geht aber auch Hand in Hand eine mehr oder weniger genaue Ablesungsmöglichkeit der zu erwartenden Wirkungsgradwerte bzw. der zu erwartenden Schwankungen von η für bestimmte Leistungen, welche Ablesungsmöglichkeit mit der Breite des Streifens, also der Größe des Maßstabes auch wächst.

Übersteigt der Bereich der Funktionswerte eine gewisse Grenze, wie dies in der bereits beträchtlichen Streifenbreite von Fig. 58 zutrifft, so ist eine Ersetzung desselben durch eine als Mittellinie gezogene Kurve nicht mehr gut zulässig. Man begnügt sich dann mit der Darstellung der Funktion durch den *Funktionsstreifen*, der den Schwankungsbereich derselben angibt. Indertat kann man aus der Darstellung der Fig. 58 leicht herauslesen, zwischen welchen Werten für eine beliebige Leistung das Gewicht eines solchen Motors zu suchen ist. So z. B. wird es für den $10^1/_2$ pferdigen Motor nach dieser Darstellung von 120 kg als schnell laufender Motor bis 180 kg als langsam laufender Motor schwanken. Auch diesen Streifen kann man durch entsprechend andere Wahl eines der beiden Maßstäbe zu einem beliebig schmalen, einer an-

---

[1]) Preislisten der *Siemens-Schuckert-Werke G. m. b. H.* (graugrün eingebunden) Bd. I, „Maschinen und Zubehör". September 1909, S. 28.

genäherten „Kurve" machen, womit natürlich wiederum die Genauigkeit der Ablesung in Richtung der „Streifenbreite", der „Kurvendicke"
in gleichem Maße abnimmt.

Ähnliche Verhältnisse treten in Fig. 59 auf, wo die Kosten des
Motors in Abhängigkeit von seiner Leistung aufgezeichnet sind und
der Unterschied zwischen Langsam- und Schnelläufern sehr ausgeprägt
hervortritt. Dieselben betragen hiernach für den $10^1/_2$ pferdigen „Schnell-
läufer" 715 bis 840 Mk., für den „Langsamläufer" 1300 ÷ 1490 Mk.

Man vergegenwärtige sich die übersichtliche Darstellung von Wir-
kungsgrad-, Gewicht-, Kosten- u. a. Verhältnissen des Elektromotors
in Abhängigkeit von seiner Leistung nach Art dieser graphischen Darstellung solcher Funktionen im Vergleich zu obiger Tabellenform, wozu
noch die unschätzbare, überaus leichte direkte Ablesung von Zwischenwerten in weitaus überlegenerer Form zur Geltung kommt.

Deutlich erkennt man auf einen Blick, daß die langsamer laufenden Motoren einen zwar etwas (um ca. 1%) schlechteren Wirkungsgrad
gegenüber den schnell laufenden aufweisen, ein größeres auf gleiche
Leistung bezogenes Gewicht und größere „spezifische" Kosten.

Wohl kann man auch aus der tabellarischen Darstellung der Funktion Zwischenwerte herauslesen, indem man sich zwischen die aufeinanderfolgenden Zahlen der Tabelle andere Zahlen eingeschaltet denkt,
die den allmählichen Übergang herstellen, muß aber zur Berechnung
derselben ein Gesetz für die zwischen ihnen stattfindende Veränderung
der Variablen annehmen, wie man es in der Verbindung der Punkte
durch einen willkürlich gewählten Linienzug ja auch tat. In letzterem
Falle jedoch ist eben dieses Gesetz durch die Natur der Darstellung in
mehr oder weniger bestimmter Weise nahe gelegt, was man bei der
tabellarischen Darstellung nicht sagen kann. Wie dort muß man auch
hier, dem genau nicht bekannten Gesetz entsprechend, für dasselbe eine
Annahme treffen und wählt hier dazu meistens das Gesetz des linearen
Zusammenhanges von beiden Variablen zwischen zwei bekannten, aufeinanderfolgenden Wertepaaren der Tabelle. Das heißt man nimmt an,
daß das Verhältnis zusammengehöriger Änderungen oder Differenzen
der Variablen zwischen zwei sich folgenden Tabellenwerten ein kon-
stantes bleibe. Dies entspricht im graphischen Bilde genau der geradlinigen Verbindung zweier benachbarten Meßpunkte.

Sind (x_1, y_1) und (x_2, y_2) zwei in der Tabelle aufeinanderfolgende
Wertepaare, so folgt daher für irgendein zwischenliegendes Wertepaar
(x, y) unter Zugrundelegung dieses Veränderungsgesetzes der beiden
Variablen nach Fig. 60 aus ähnlichen Dreiecken:

$$(x_2 - x_1) : (x - x_1) = (y_2 - y_1) : (y - y_1)$$

und aus dieser Proportion läßt sich zu irgendeinem Wert von x, der zwischen x_1 und x_2 liegt, der zugehörige Wert von y berechnen, und zwar wird er:

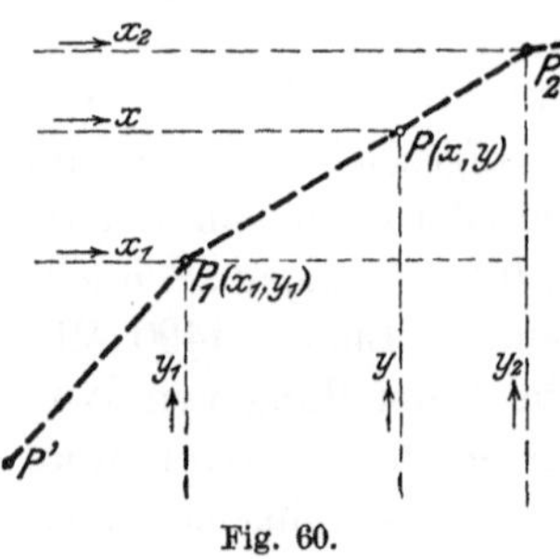

Fig. 60.

$$y = y_1 + (x - x_1) \frac{y_2 - y_1}{x_2 - x_1}$$

Ein solches Verfahren der Zwischenwertberechnung bezeichnet man als *Interpolieren* [1]).

Statt nun geradlinig die Bilder der gegebenen Wertepaare zu verbinden, kann man sie auch durch eine frei gewählte, den Verhältnissen mehr entsprechende, einfache Kurve verbinden, was sich analytisch in einem Zusammenhang der beiden Variablen zeigt, der höhere Potenzen derselben als die erste aufweist. Da aber eine Kurve durch nur zwei Punkte nicht definiert ist, hat man zu ihrer Festlegung mehrere Punkte zu benutzen, durch die man eine möglichst einfache geometrische Kurve legt. Je nach Wahl einer solchen, hier meist nur gedachten Verbindungslinie, spricht man von verschiedenartiger Interpolation; in obigem Falle von *linearer Interpolation*; dann auch von *parabolischer Interpolation*, wenn man eine durch drei sich folgende Meßpunkte gezogene Parabel zugrunde legt, usw. Im Gegensatz zu diesem rechnerischen Bestimmen von Zwischenwerten nennt man das Herauslesen derselben durch Abmessung aus dem graphischen Bilde der Funktion auch die **graphische Interpolation.**

_____

Nicht immer wird das graphische Bild einer Funktion durch eine ausgleichende, gleichmäßig gekrümmt verlaufende Kurve anzugeben sein. Es gibt vielmehr Fälle, wo es geradezu unmöglich, ja falsch wäre, eine fortlaufende Kurve durch die erhaltenen „Meßpunkte" — die geometrischen Örter zweier zusammengehöriger Werte von Argument und Funktion — hindurchzuziehen, weil der Funktionswert entweder nicht verlangt wird oder überhaupt nicht existiert, welchen Fällen also die reine *Punktreihendarstellung* der Funktion zukommt und deren Bilder daher nur in solcher anzusehen und zu lesen sind.

Betrachten wir z. B. die Kursschwankungen eines Wertpapieres, so erinnern wir uns, daß der *Kurswert* desselben zu ganz bestimmten Zeiten auf der Börse festgelegt wird, ohne daß vorher ein allmähliches Ansteigen oder Sinken desselben in Zahlen angegeben werden könnte. Man kennt seinen Verkaufswert, den sog. *Kurs* an jedem Tage, also im Zeitabstand von 24 Stunden, ohne Zwischenwerte angeben zu

_____

[1]) Liegt der zu bestimmende Punkt nicht zwischen den Ausgangspunkten, so spricht man von *Extrapolieren* oder *Extrapolation*.

können. Als graphisches Bild müssen wir daher, den tatsächlichen Verhältnissen entsprechend, eine bloße Punktreihendarstellung dieser Funktion erhalten, wenn wir nämlich den Kurswert in Abhängigkeit von der Zeit betrachten. Weil nun aber ein solches Bild nicht sehr übersichtlich ist und der Zusammenhang der Kurswerte zu den verschiedenen Zeiten daraus nicht sehr hervortritt, so pflegt man unter rein willkürlicher, nicht den Tatsachen entsprechender Annahme die aufgezeichneten Punkte miteinander durch einen Linienzug zu verbinden und wählt dafür als einfachste Verbindungsstrecke zwischen je zwei aufeinanderfolgenden Punkten die Gerade. Eine mittlere, die verschiedenen Punkte in mehr oder weniger gleichen Distanzen durchziehende Kurve zu ziehen, ist hier gar nicht am Platz, da es sich hier nicht um Annäherungswerte in den aufgetragenen Punkten handelt, sondern um Punkte, die genaue, sicher festgestellte Punkte zu genauen Funktionswerten sind, durch die also die „Funktionskurve" genau hindurchgehen muß. Hingegen wäre es auch ebenso zu rechtfertigen, eine beliebige Linie durch die aufgetragene Punktreihe hindurchzuziehen, die Punkte geradlinig oder krummlinig zu verbinden; lediglich der Einfachheit halber zieht man die geradlinige Verbindung der Punkte vor, die auch das ganze Bild der Punktreihe am wenigsten stört und in seinem Zusammenhang am deutlichsten bringt. Es ergibt sich alsdann als Funktionsbild eine zickzackförmig verlaufende Linie, ein *Polygonzug als Funktions„kurve"* des Kurswertes.

Als Beispiel hierfür zitieren wir zunächst eine von Banken gern gemachte graphische Veranschaulichung der Kursschwankungen eines bestimmten Wertpapieres.

Die Aktien der *Deutsch-Überseeischen Elektrizitätsgesellschaft* vom nominellen Werte von Fr. 1250.— unterlagen im Jahre 1910 an der Zürcher Effektenbörse Kursschwankungen, wie sie in der Tabelle auf der nachfolgenden Seite niedergelegt sind[1]).

In graphischer Veranschaulichung gibt Tafel I an Stelle dieser schwer zu übersehenden Zahlenreihen ein recht übersichtliches Bild über Steigen und Fallen, Maximal- und Minimalgrößen des Kurswertes dieses Papieres. Um den Wert der geradlinigen Verbindung der Funktionspunkte für die Anschaulichkeit recht zur Einsicht gelangen zu lassen, ist für die Zeit der ersten zwei Monate das richtige, den Verhältnissen streng entsprechende Bild als Punktreihendarstellung dieser Funktion etwas unterhalb des Polygonzuges angegeben. Es wird bei Betrachtung derselben im Vergleich zu jenem wohl außer Zweifel stehen, daß nur durch den verbindenden Linienzug aus dem schein-

---

[1]) Die Angaben verdanken wir dem freundlichen Entgegenkommen der *Bank in Winterthur.*

Die Funktion.

baren Wirrwarr von Punkten ein geordneter, gesetzmäßiger Verlauf ohne Schwierigkeiten zu erkennen ist.

Tafel I.

Kurse der Aktien der Deutsch-Überseeischen Elektrizitäts-Gesellschaft an der Zürcher Effektenbörse im Jahre 1910.
Nomineller Wert 1250,— Fr.

	Jan.	Febr.	März	April	Mai	Juni	Juli	Aug.	Sept.	Okt.	Nov.	Dez.
1.	—	2315	—	2416	—	2425	2233	—	2324	2345	2315	2323
2.	—	2306	2328	2415	2380	2416	2236	2258	2320	—	—	2325
3.	—	2307	2327	—	2380	2418	—	2272	2316	—	2308	2324
4.	2315	2290	2325	2413	2394	2410	2249	2270	—	2323	2308	—
5.	2305	2330	2331	2355	—	—	2240	2278	—	2323	2303	2325
6.	2300	—	—	2362	2390	2408	2218	2285	2328	2332	—	2325
7.	2308	2333	2332	2360	—	2423	2225	—	2326	2325	2302	2320
8.	2310	2329	2357	2350	—	2424	2215	2298	2326	2328	2295	2322
9.	—	2317	2366	2340	2388	2297	2212	2297	2325	—	2298	2320
10.	2295	2336	2367	—	2395	2290	—	2300	2328	2322	2293	2315
11.	2302	2331	2378	2339	2390	2286	2220	2298	—	2323	2296	—
12.	2295	2333	—	2340	—	—	2220	2311	2337	2318	2295	2322
13.	2290	—	—	2345	2374	2280	2215	2316	2337	2319	—	2322
14.	2300	2330	—	2355	—	2280	2230	—	2340	2318	2300	2325
15.	2300	2330	2368	2356	—	2290	—	2312	2330	2330	2308	2329
16.	—	—	2366	2360	—	2280	2241	2305	2326	—	2314	2335
17.	2296	2328	2358	—	2380	2276	—	2302	2329	2325	2310	2336
18.	2295	2331	—	—	2375	2276	2250	2295	—	2320	2310	—
19.	2308	2329	2355	2364	2370	—	2258	2290	2325	2313	2308	2336
20.	2305	—	—	2348	2370	2278	2257	2295	2325	2312	—	2336
21.	2300	2318	2364	2340	2378	2278	2255	—	2328	2317	2320	2335
22.	—	2324	2370	2344	—	2275	2232	2295	2328	2310	2308	2336
23.	—	2326	2375	—	2364	2271	2232	2295	2335	—	2308	—
24.	2300	2323	2380	—	2375	2272	—	2290	2330	2306	2308	—
25.	2288	—	—	2342	2388	—	2227	2290	—	2298	2308	—
26.	2285	—	—	2340	2391	—	2226	2292	2332	2297	2306	—
27.	—	—	—	2344	2393	2260	2228	2305	2344	2317	—	2337
28.	2290	2315	—	2346	2390	2250	2238	—	—	2312	2314	2328
29.	2280	—	2385	2355	—	—	—	—	—	2315	2310	2325
30.	—	—	2395	2355	2415	2230	—	2328	—	—	—	2327
31.	2280	—	—	—	2416	—	—	2328	—	2315	—	2325

In etwas weniger präziser Angabe pflegt man zur Vereinfachung bei derartigen Veranschaulichungen der Kursschwankungen während eines Jahres nicht sämtliche Tageskurse zu berücksichtigen, sondern nur die auf alle ersten, zehnten, zwanzigsten und letzten Tage jedes Monats fallenden einzutragen und diese dann noch in gleichen Abständen. Inwiefern das so erhaltene Bild von dem genauen abweicht, möge der Leser selbst beurteilen mittels der beigegebenen Fig. 61, welche eine Darstellung nach der Veranschaulichung der Kursschwan-

Additional information of this book

(Differential- und Integralrechnung;978-3-642-89466-4; OSFO1)

is provided:

http://Extras.Springer.com

kungen dieses Wertpapieres, veröffentlicht von der *Bank in Winterthur*[1]), zeigt. Es leuchtet aus dem Vergleich ein, daß für eine Unterrichtung im großen und ganzen auch die letztere Art genügen kann.

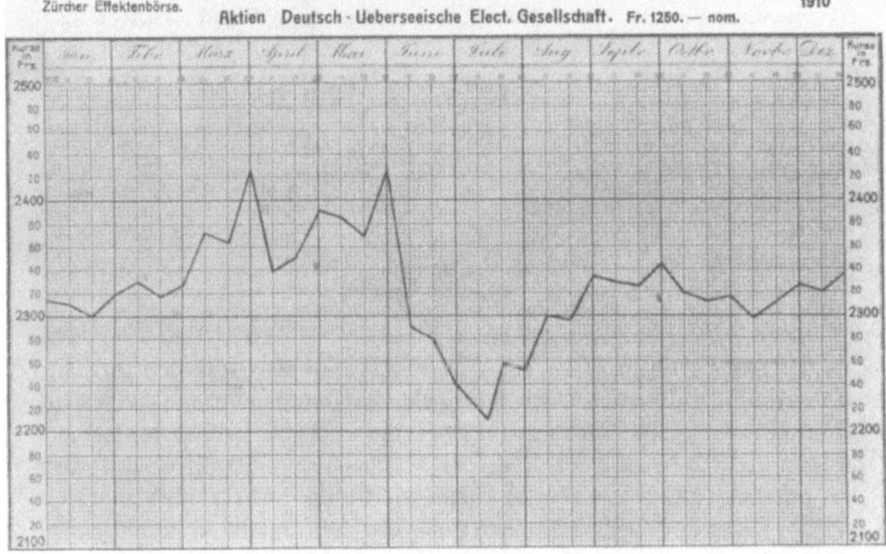

Fig. 61.

Eine noch rohere Annäherungs-„Kurve" erhält man mittels Benutzung von je nur einem Monatswert entweder zu Anfang oder zu Ende oder auf ein bestimmtes, für alle Monate gleiches Tagesdatum.

Für die Beobachtung der Kursschwankungen über größere Zeiträume interessiert oft nur ein im Jahr erreichtes Maximum oder Minimum oder ein bestimmter Mittelwert, den man für mehrere Jahre berücksichtigt und kann so ein angenähertes graphisches Bild über die Jahresschwankungen des Kurses eines Wertpapieres innerhalb einer bestimmten Anzahl von Jahren aufgestellt werden.

In gleicher Weise läßt sich eine derartige Veranschaulichung erstellen, um starke und stete Preisschwankungen von Stoffen, wie von Metallen, z. B. Kupfer, Zinn usw., von Gummi, von Brennmaterialien u. dgl. leicht zu überblicken, die man mit Vorteil an Stelle der schwer übersichtlichen, in den Tagesblättern und Zeitschriften erscheinenden Zahlenreihen verwendet.

Einer statistischen diesbezüglichen Zusammenstellung[2]) entnehmen

---

[1]) „Graphische Tabellen" 1910.
[2]) „Statistische Zusammenstellungen über Blei, Kupfer, Zink usw. von der *Metallgesellschaft Frankfurt a. M.*", Mai 1910, S. 96 und Juli 1911, S. 92.

wir folgende Angaben über die **Kupferpreisbewegungen** seit dem Beginn des gegenwärtigen Jahrhunderts.

Monats- und Jahresdurchschnittspreise von Elektrolytkupfer in *New-York* in Cents per Pfund

(1 amerikan. Cent. = 4,198 Pfennig; 1 amerikan.-engl. Pfund = 0,4536 kg.)

Jahr	Jan.	Febr.	März	April	Mai	Juni	Juli	Aug.	Sept.	Okt.	Nov.	Dez.	Jahres-Mittel-wert
1900	15,58	15,78	16,29	16,76	16,34	15,75	15,97	16,35	16,44	16,37	16,40	16,31	16,19
1901	16,25	16,38	16,42	16,43	16,41	16,38	16,31	16,25	16,25	16,25	16,22	13,82	16,11
1902	$11,05_3$	$12,17_3$	$11,88_2$	$11,61_8$	$11,85_6$	$12,11_0$	$11,77_1$	$11,40_4$	$11,48_0$	$11,44_9$	$11,28_8$	$11,43_0$	$11,62_6$
1903	$12,15_9$	$12,77_8$	$14,41_6$	$14,45_4$	$14,43_5$	$13,94_2$	$13,09_4$	$12,96_2$	$13,20_5$	$12,80_1$	$12,61_7$	$11,95_2$	$13,23_5$
1904	$12,41_0$	$12,06_3$	$12,29_9$	$12,92_3$	$12,75_8$	$12,26_9$	$12,38_0$	$12,34_3$	$12,49_5$	$12,99_3$	$14,28_4$	$14,66_1$	$12,82_3$
1905	$15,00_8$	$15,01_1$	$15,12_5$	$14,92_0$	$14,62_7$	$14,67_3$	$14,88_8$	$15,66_4$	$15,96_5$	$16,27_9$	$16,59_9$	$18,32_8$	$15,59_0$
1906	$18,31_0$	$17,86_9$	$18,36_1$	$18,37_5$	$18,45_7$	$18,44_2$	$18,19_0$	$18,38_0$	$19,03_3$	$21,20_3$	$21,83_3$	$22,88_5$	$19,27_8$
1907	$24,40_4$	$24,86_9$	$25,06_5$	$24,22_4$	$24,04_8$	$22,66_5$	$21,13_0$	$18,35_6$	$15,56_5$	$13,16_9$	$13,39_1$	$13,16_3$	$20,00_4$
1908	$13,72_6$	$12,90_5$	$12,70_4$	$12,74_3$	$12,59_8$	$12,67_5$	$12,70_2$	$13,46_2$	$13,38_8$	$13,35_4$	$14,13_0$	$14,11_1$	$13,20_8$
1909	$13,89_3$	$12,94_9$	$12,38_7$	$12,56_{25}$	$12,89_3$	$13,21_4$	$12,88_0$	$13,00_7$	$12,87_0$	$12,70_0$	$13,12_5$	$13,29_8$	$12,98_2$
1910	$13,62_0$	$13,33_2$	$13,25_5$	$12,73_3$	$12,55_0$	$12,40_4$	$12,21_5$	$12,49_0$	$12,37_9$	$12,55_3$	$12,74_2$	$12,58_1$	$12,73_8$

Tragen wir die mittleren Monatspreise als Ordinaten in einem gewissen Maßstabe auf zu der Zeit nach Monaten gemessen als Abszisse, so erhalten wir den Polygonzug I der Fig. 62, wobei jeweils der Ordinaten-Mittelwert auch über der zeitlichen Monatsmitte, d. h. über der mittleren Abszisse seines Monates, durch einen Punkt markiert wurde. Statt dessen könnte man auch die dem mittleren Monatspreise entsprechende mittlere Monatsordinate jeweils zum Anfangswert der Monatsabszisse oder zu deren Endwert auftragen und würde damit den genau gleichen Linienzug I erhalten, nur um eine halbe Monatsabszisse bzw. die Zeit von $^1/_2$ Monat nach links im ersten, nach rechts im zweiten Fall verschoben. Es bleibt somit die Zickzacklinie, die „Kurve“, gleich, zu was für Monatsabszissen oder -zeiten wir die jeweiligen mittleren Monatsordinaten bzw. -preise auftragen, wenn sie nur im gleichen Abstande der Zeit eines Monats entsprechend aufgetragen werden. Das sagt aber, daß die mittleren Monatspreise als Ordinaten kurzerhand in gleichen Abständen entsprechend ihrem gleichen zeitlichen Abstande der Monatszeit aufzutragen sind, unbekümmert um die den Monatszeiten als solche zukommenden Abszissenwerte.

In gleicher Weise kann man vorgehen, um ein Bild über die Schwankungen der mittleren Jahrespreise (Polygonzug II) zu bekommen. Man hat dazu in den den Jahren entsprechenden Zeit- oder Abszissenabständen die mittleren Jahrespreise aufzutragen, die sich aus den mittleren Monatspreisen als arithmetisches Mittel berechnen[1]).

---

[1]) Sie lassen sich auch graphisch bestimmen als Höhe des Rechteckes, das mit der zwischen der „Kurve“ und der Abszisse über der zum Jahr gehörigen Abszisse liegenden Fläche gleichen Inhalt hat, da sie durch die mittlere Ordinate der über diese Zeit auftretenden Monatsordinaten gegeben sind. Der vom Rechteck über die „Kurve‘ hinaus mehr eingeschlossene Flächenteil ist stets gleich dem von der „Kurve“ über das Rechteck hinaus eingeschlossenen (in Fig. 62 durch Schraffur angedeutet für das Jahr 1905).

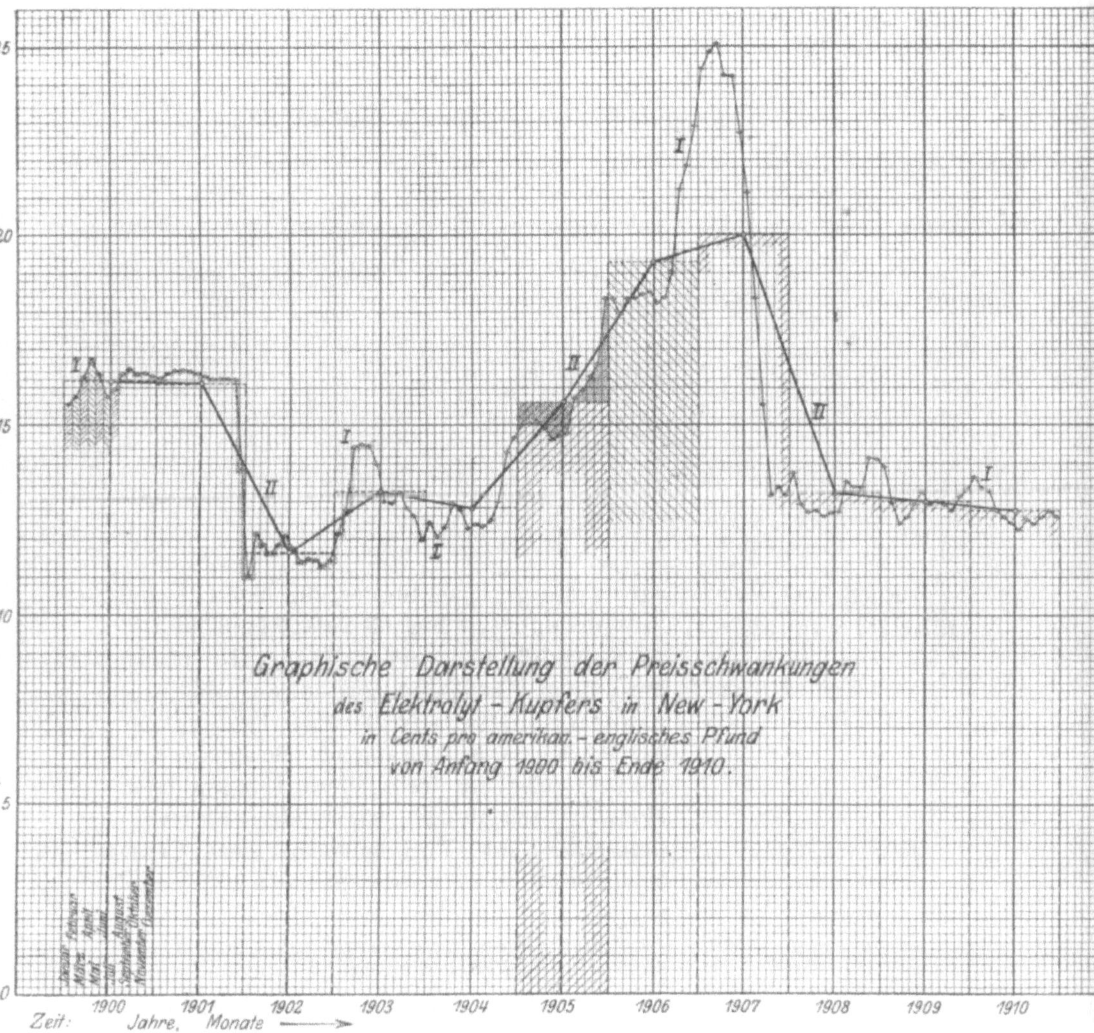

Fig. 62.

Auch hierfür haben wir, weil es sich um Mittelwerte handelt, zum
Auftragen derselben die der Jahresmitte entsprechende Abszisse gewählt, die, wie schon gesagt, nur dann als solche Bedeutung erlangt,
wenn man, wie in obiger Fig. 62, die relative Lage der zur Mittelwert-
Ordinate gehörenden Jahreszeit nach Ausdehnung von Jahresanfang
bis -ende anzugeben gezwungen ist.

Wie die Jahresmittelwerte und ihre „Kurve" II zu den Monats-
mittelwerten und ihrer „Kurve" I verhalten sich letztere zu den Tages-
werten, deren Angabe hier umgangen ist; ihr graphisches Bild wäre

eine um die „Kurve" I als „Achse" in wiederum kleineren Verhältnissen oszillierende „Kurve", wie es der Linienzug I gegenüber II ist.

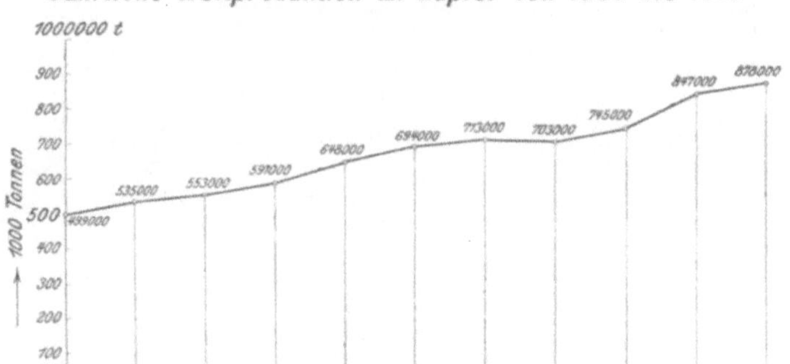

Fig. 63.

Auch über **Produktionsmenge** eines Stoffes, die hier für die
jährlich erzeugte Kupfermenge[1]) in Fig. 63 veranschaulicht ist,
die Vergrößerung eines Materialbestan-
des, wie in Fig. 64 des deutschen und englischen Schiffsbaues[2]), über die Zunahme
der jährlichen Energieabgabe (Belastungsdia-
gramm) oder der installierten Lampen oder
Motoren (Anschlußdiagramm) eines Elektrizi-
tätswerkes, der Einwohnerzahl eines Ortes
usw. usw., kurz über jede statistisch aufgenom-
mene, in bestimmten, meist gleichen Zeitab-
schnitten verzeichnete veränderliche Größe läßt
sich auf diese Weise ein übersichtlicheres Bild
ihrer Veränderung gewinnen, als es in Tabellenform möglich ist.

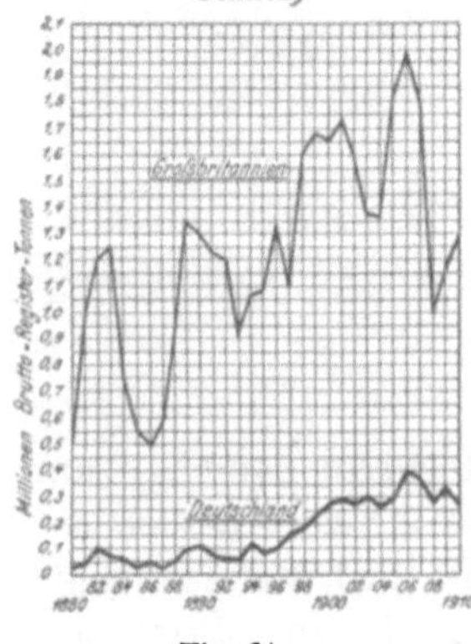

Fig. 64.

Auch für Fälle, für welche beliebig naheliegende Zwischenwerte existieren, wie dies z. B.
ausnahmslos bei **physikalischen** oder **chemischen** bzw. **technischen Vorgängen** zutrifft, findet man sehr gern als Mittel zur Veranschaulichung des Vorganges einen **Polygon-
zug**, unsere „Spitzen"- oder „Eckenkurve" angewendet, die durch

---

[1]) Vgl. „Statistische Zusammenstellungen der *Metallgesellschaft*" 1910 und 1911,
S. XIV.

[2]) Vgl. Zeitschr. *Stahl und Eisen* (St. u. E.) 1911, S. 122.

geradlinige Verbindung der verhältnismäßig wenigen, durch Beobachtung und Messung festgestellten Meßpunkte entsteht.

Für sich allmählich, nicht plötzlich, sprungweise ändernde Größen, wie sie bei Naturvorgängen stets auftreten und anders strenggenommen überhaupt nicht möglich sind, bleibt aber diese *Spitzenkurve* als Darstellung einer Funktion stets eine ganz rohe Annäherung an die, im Grunde genommen, auf ihrer ganzen Ausdehnung spitzen- und eckenlos, gut ausgeglichen verlaufende Funktionskurve.

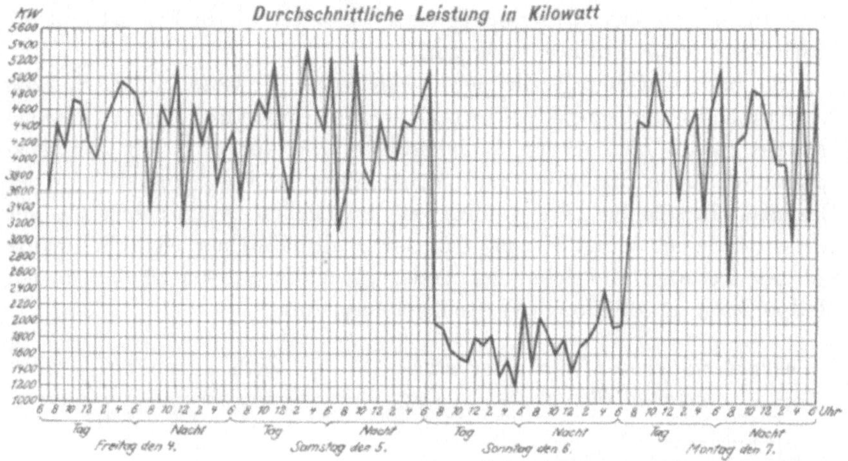

Fig. 65.

Als Beispiel für diesen Fall zitieren wir in Fig. 65 den in der Zeitschrift *Stahl und Eisen*[1]) dargestellten Verbrauch an elektrischer Energie von einem Hüttenwerk während 4 Tagen und Nächten, konstruiert auf Grund der stündlichen Mittelwerte.

Man pflegt überhaupt noch oft die geradlinige Verbindung von derartig bestimmten „Funktionspunkten" anzuwenden, selbst in Fällen, wo ein Hindurchziehen einer gekrümmten Ausgleichslinie als Funktionskurve nicht schwer ist, wie es namentlich bei physikalischen und chemischen bzw. technischen Naturvorgängen (Experimenten) ebenso nahe liegt.

Wie aus Fig. 66 leicht hervorgeht, könnte man mit mindestens gleichem, wenn nicht größerem Recht eine stets gekrümmte eigentliche Kurve durch all die Meßpunkte

Fig. 66.

---

[1]) St. u. E. 1911, S. 1002.

ziehen nach Art der gestrichelten Linie oder in noch größerer Abrundung eine ausgleichende „Mittellinie“ nach der strichpunktiert gezeichneten.

Von den ersten beiden Fällen dürfte wohl im allgemeinen dem zweiten größere Genauigkeit mit etwas mehr Mühe für gute Herstellung zuzuschreiben sein, während der dritte Fall der „Total-Ausgleichskurve“ mehr zur Anwendung kommt, wenn die aufgezeichneten Punkte zum voraus als sehr unsicher festliegende bekannt sind und das Ziehen einer den Zusammenhang klärenden, deutlichen Linie durch alle angegebenen Punkte fast oder ganz zur Unmöglichkeit wird (wenn z. B. zur gleichen Abszisse verschiedene Punkte gehören oder sich dieselben sonst für diesen Zweck ungünstig verteilen oder, wie in Fig. 54 und 55, erdrückend viele Punkte vorliegen).

So finden wir z. B. in der *Elektrotechn. Zeitschr.* 1908, S. 1263 Lichtstärke und spezifischen Energieverbrauch einer Osramlampe zu 32 Hefnerkerzen Lichtstärke und für 122 Volt Betriebsspannung, sowie Spannung und Stromstärke in Abhängigkeit von der Brennzeit in solchen „Polygonkurven“ angegeben, wenn schon aus der Natur der Dinge sofort klar ist, daß nur in allmählichen, sicherlich meist von der Geraden abweichenden Änderungen die Größen zu den in den Meßpunkten abgebildeten Werten gelangt sind.

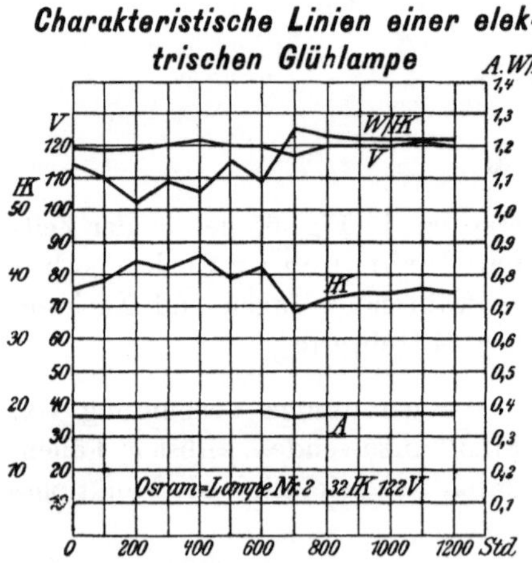

Fig. 67.

Zahlenwerte[1]).

V	A	HK	W/HK	Std.
119	0,36	37,74	$1{,}13_5$	0
$118{,}_5$	0,36	39,00	$1{,}09_5$	100
119	0,36	42,07	$1{,}01_8$	200
120	0,37	40,90	$1{,}08_b$	300
$121{,}_5$	$0{,}37_5$	42,90	$1{,}06_1$	400
120	$0{,}37_5$	39,26	$1{,}14_5$	500
120	$0{,}37_5$	41,21	$1{,}09_1$	600
117	0,36	33,78	$1{,}24_5$	700
120	0,37	36,28	$1{,}22_5$	800
120	0,37	36,98	1,20	900
120	0,37	36,98	1,20	1000
121	0,37	37,70	1,18	1100
120	0,37	37,24	1,20	1200

Es bedeuten:

HK = Hefnerkerzen	Maßeinheit für die Lichtstärke,	
V = Volt	„	„ „ elektr. Lampenspannung,
A = Ampere	„	„ den Strom in der Lampe,
W/HK = Watt pro Hefnerkerze	„	„ den elektr. Effektverbrauch in der Lampe, bezogen auf die Lichtstärke,
Std. = Stunden	„	„ die Brenndauer der Lampe.

____

[1]) Vom Verfasser, Herrn *Otto Brandt* in *Chemnitz* freundlich zugestellt.

Wie sehr sich mit abnehmender Distanz der Meßpunkte die geradlinige Verbindung derselben dem wahren Kurvenbilde nähert, läßt
deutlich Fig. 68[1]) er-
kennen, die sie bereits
aus verhältnismäßig
kleiner Entfernung
zum Teil als fort-
dauernd gekrümmte
Linie, als eigentliche
Kurve erscheinen
läßt. Sie stellt die
Veränderung des
elektrischen Wi-
derstandes vom
menschlichen
Körper in Abhän-
gigkeit von der Zeit

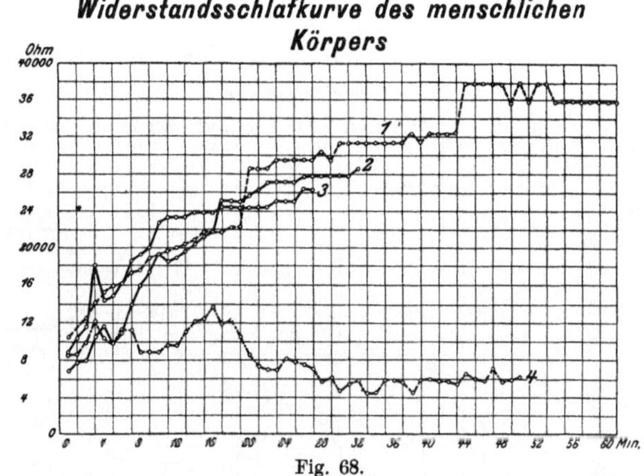

Fig. 68.

dar, und zwar für einen 35-jährigen Mann während des Schlafes,
zu Zeiten nervös erregt durch äußere Geräusche.

Über die Beobachtungen der elektrischen Betriebsverhältnisse eines
Zuges in Abhängigkeit vom Orte auf der Fahrstrecke bzw. vom Abstand vom Ausgangspunkt nach dieser Art gibt Fig. 69[2]) Aufschluß.

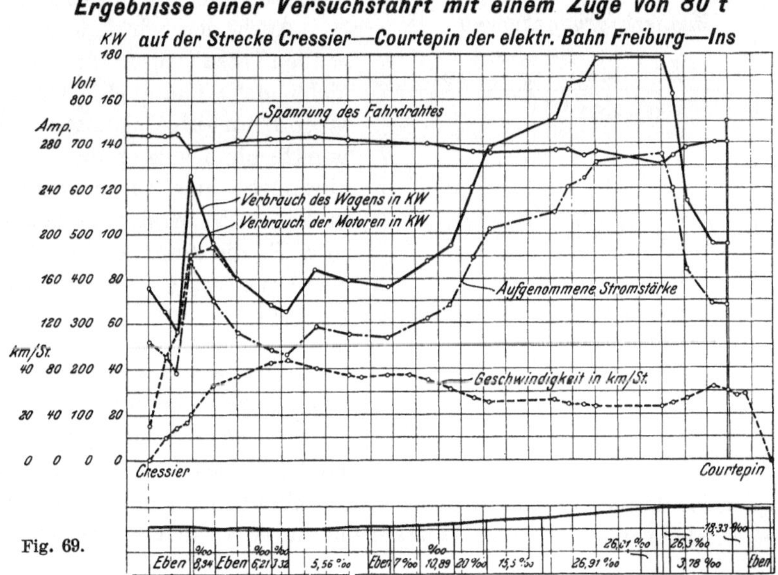

Fig. 69.

<hr>

[1]) Aus *Schweizerische Elektrotechnische Zeitschrift* (S. E. Z.) 1905, S. 352, 353.
[2]) Vgl. E. K. u. B. 1908, S. 40.

Schöne Beispiele für die V̲e̲r̲b̲i̲n̲d̲u̲n̲g̲ der Meßpunkte d̲u̲r̲c̲h̲ möglichst angepaßte k̲r̲u̲m̲m̲e̲ ̲L̲i̲n̲i̲e̲n̲ zwecks bester Annäherung an die wirkliche Kurve gibt *Arnold*[1]) in seinen aufgenommenen Feldkurven,

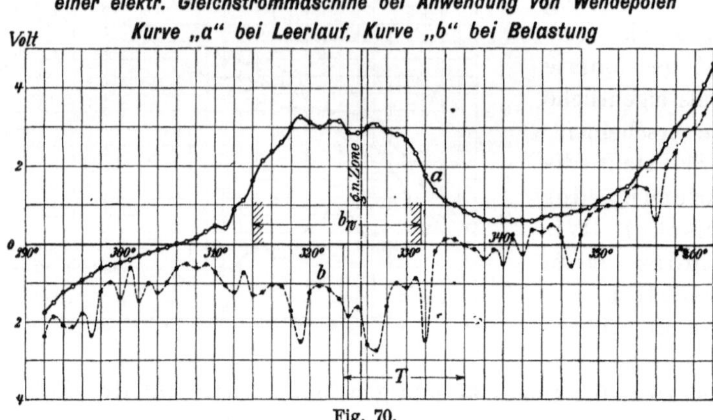

Fig. 70.

von denen in Fig. 70 eine vorliegt. Sie gibt Aufschluß über die Veränderlichkeit der Stärke des magnetischen Feldes vor dem Polschuh eines sog. Wendepoles (von der eingetragenen Breite b_w) einer elektrischen Gleichstrommaschine.

Auch den wirklich vorliegenden Tatsachen entsprechend, nicht mehr und nicht weniger sagend, nur aufgezeichnete Meßpunkte ohne hinzugefügte Verbindungs- oder Ausgleichslinie, finden sich in der Literatur, so z. B. die Angabe der M̲a̲g̲n̲e̲t̲i̲s̲i̲e̲r̲u̲n̲g̲s̲k̲u̲r̲v̲e̲ nach Fig. 71[2]).

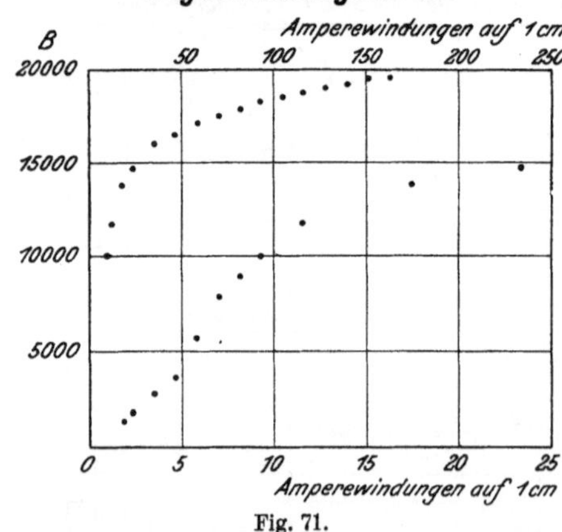

Fig. 71.

Wie sich aus obigen Betrachtungen bereits einsehen läßt, ist die Polygonlinie als Darstellung eines Funktionsverhältnisses meist da angebracht, wo eine Kurve als krumme Linie mit nicht besserer oder gar schlechterer Annäherung an die wirklich zu erwartende

---

[1]) Prof. Dr.-Ing. *E. Arnold*: „Arbeiten aus dem Elektrotechn. Institut der großherzogl. techn. Hochschule Friedericiana zu Karlsruhe“ 1908/09, S. 32.
[2]) vgl. E. T. Z. 1908, S. 833.

Kurve durch die festgestellten Punkte zu ziehen ist, was namentlich auch
dann der Fall ist, wenn sich die Punkte in verhältnismäßig großen horizontalen[1]) oder vertikalen[2]) Abständen folgen. Auch wird als einfachste
Verbindungslinie die geradlinige Verbindung überall dort bevorzugt sein,
wo die weniger bekannten Punkte als ganz genaue, eventuell gegebene
Angaben festliegen im Gegensatz zu Punkten, die mit Fehlern infolge
Bestimmung aus Versuchen mittels stets mit Fehlern behafteten Ablesungen versehen sind und daher nur mit mehr oder weniger großer
Annäherung als Kurvenpunkte zu betrachten sind, oder auch, wo die
abhängige Variable als Schwankungen ausgesetzte Größe zum voraus
bekannt ist. Die geradlinige Verbindung der Punkte zum „Funk-
tionspolygon", wie man dies nennen könnte, wird daher in erster
Linie bei Darstellungen statistischer Natur zu treffen sein. Das Feld
der „ausgleichenden Mittellinie", der „mittleren Funktionskurve" ist
die graphische Darstellung von mittels Versuchen gewonnenen Funk-
tionsverhältnissen, welche stets nur eine gewisse beschränkte Genauigkeit beanspruchen kann, die aber für alle ihre Punkte im Gegensatz
zum Polygon die nämliche ist und mit Vorteil gestattet, mit ziemlich
gleicher Annäherung bzw. Genauigkeit überall auf dem ihrer ganzen
Ausdehnung entsprechenden Intervall Funktionswerte durch Ablesung
zu entnehmen.

Als eigenartiges Beispiel besonderer Art nennen wir hier noch den
von den Eisenbahnern bevorzugten graphischen Fahrplan, für
welchen wir hier als Beispiel den im Winter 1911/12 von der elektrischen Bahn *Stansstad—Engelberg*[3]) zur Anwendung gelangten in
Fig. 72 zitieren.

Trägt man nämlich die durchlaufene Strecke und die zugehörige
Fahrzeit eines Eisenbahnzuges auf zwei zueinander senkrechten Achsen
in beliebig gewählten Maßstäben auf, wobei jedoch nur Ankunft und
Abgang in den Stationen als Kontrollmomente gewählt werden, so erhält man durch geradlinige Verbindung ihrer graphischen Bilder, der
Meßpunkte, eine graphische, angenäherte Darstellung des Zusammenhanges von Fahrweg und Fahrzeit aus der zu jeder Zeit in der Größe
des ersteren der Ort des Zuges entnommen werden kann. Da die Halte-
stellen stets in gleichem Abstand voneinander bleiben, also auch von
der Ausgangsstation, so bleiben auch die ihren Abständen entsprechenden, auf der Ordinatenachse abgetragenen Strecken stets von gleicher
Länge. Die den in einer bestimmten Station ankommenden Zügen entsprechenden Bildorte, für zwei zusammengehörige Werte von Zeit und

---

[1]) Vgl. S. 146, Längenprofil.
[2]) Vgl. Fig. 65, S. 165.
[3]) Vgl. *Schweizerische Bauzeitung* 1899, Bd. XXXIII, S. 126 oder Broschüre der
A.-G. *Brown, Boveri & Cie., Baden*, Schweiz.

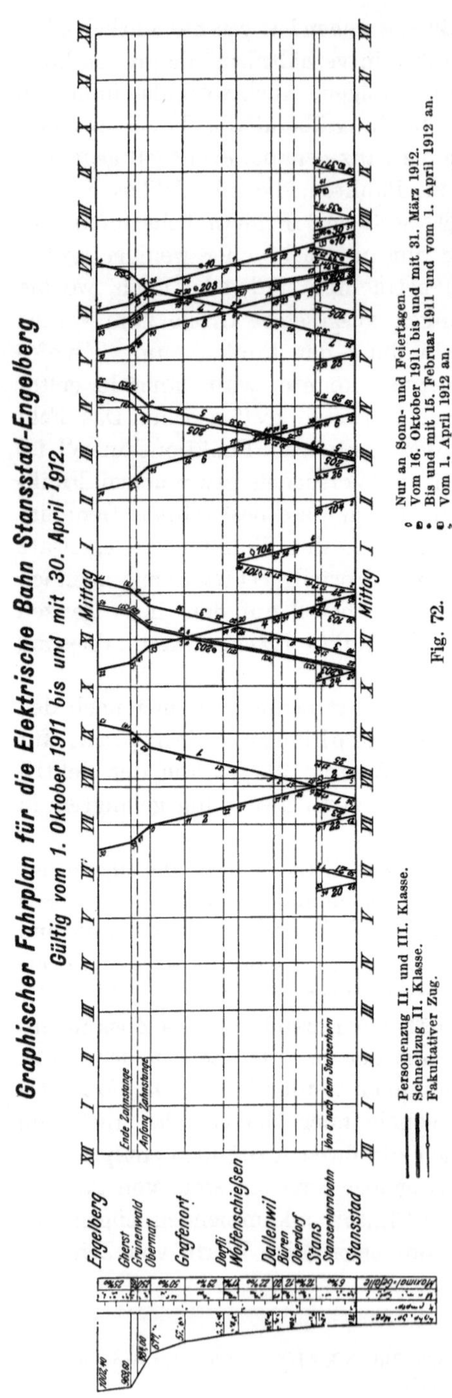

Fig. 72.

durchlaufener Wegstrecke, finden sich daher stets auf einer Parallelen zur (horizontalen) Zeitachse.

So befindet sich z. B. Zug Nr. 1, dessen Fahrverhältnisse in der mit „1" angeschriebenen Linie wiedergegeben sind, zur Zeit $7^h 30^m$ morgens in Haltestelle *Stansstad*, fährt zu dieser Zeit, deren Minuten — weil sie aus der Zeichnung nicht gut exakt zu entnehmen sind und um diese auch von zu großer Genauigkeitsforderung zu entbinden — an diesem Ort angeschrieben sind, dort ab und kommt um $7^h 47^m$ zur Station der *Stanserhorn-Bahn* und um $7^h 48^m$ nach *Stans*, wo er 3 Min. Aufenthalt hat, um $7^h 51^m$ weiterzufahren und $7^h 57^m$ in *Oberdorf* anzukommen usw. Er erreicht sein Ziel in *Engelberg* um $9^h 13^m$. Ein ihm entgegenfahrender Zug Nr. 2 verläßt *Engelberg* um $6^h 30^m$ und erreicht *Stans* um $7^h 51^m$, welche Station dieser nach 2 Min. Aufenthalt wieder verläßt, um die Endstation *Stansstad* um $8^h 5^m$ zu erreichen. Wie ersichtlich, kreuzen sich die beiden Züge in *Stans*, nämlich an der Stelle, wo zur gleichen Zeit beide Züge am gleichen Orte sind, also hier gleiche Ordinate ha·ben, zur Zeit $7^h 51^m$. Und diese Kreuzungsstelle ist gerade dort, wo sich die beiden gebrochenen Linienzüge „1" und „2" schneiden; denn der

Schnittpunkt hat für beide Linien gleichwertige Abszissen und Ordinaten.

Wie hieraus hervorgeht, ist es mittels der graphischen Zeichnung außerordentlich leicht, die Kreuzungsstellen und dazu gehörigen Zeiten kennen zu lernen: Überall, wo sich zwei solche Linien schneiden, haben wir eine Zugkreuzung, sei es, wie hier und sonst bei eingeleisigen Bahnen nur möglich, auf den Stationen oder bei Doppelspur zwischen denselben (vgl. die drei Kreuzungen von Zug 7 in *Wolfenschießen*, *Grafenort* und *Obermatt* mit den Zügen Nr. 8, 208, 10). Obige Darstellung lehrt auch, daß alle Linienzüge, die von unten links nach oben rechts verlaufen, Zügen entsprechen, welche in Richtung *Stansstad—Engelberg* fahren; die Linien von oben links nach unten rechts geben Züge *Engelberg—Stansstad* an.

Tabellen-Darstellung des Fahrplanes.

Elektrische Bahn Stansstad-Engelberg

Ab 1. Oktober 1911.

km.			**1**	**203**	**3**	**101**	**5**	**7**		
	Stansstad	ab	7^{36}	10^{22}	10^{40}	12^{02}	2^{55}	5^{25}	—	—
	Stans	an	7^{48}		10^{52}	12^{14}	3^{07}	5^{37}	—	—
4		ab	7^{51}		10^{54}	12^{16}	3^{09}	5^{39}	—	—
6	Oberdorf . . . „		7^{57}		11^{00}	12^{22}	3^{15}	5^{45}	—	—
7	Büren . . . . „		8^{02}		11^{05}	12^{27}	3^{20}	5^{50}	—	—
8	**Dallenwil** . . „		8^{06}		11^{09}	12^{31}	3^{24}	5^{54}	—	—
11	**Wolfenschießen** . „		8^{16}		11^{20}	12^{40}	3^{35}	$6^{\underline{06}}$	—	—
12	Dörfli . . . . „		8^{21}		11^{25}	an	3^{40}	$6^{\underline{11}}$	—	—
15	**Grafenort** . . . „		8^{32}		11^{36}	—	3^{51}	$6^{\underline{22}}$	—	—
20	Grünenwald . . „		8^{56}		12^{00}	—	4^{15}	$6^{\underline{47}}$	—	—
23	**Engelberg** . . . an		9^{13}	11^{43}	12^{17}	—	4^{32}	$7^{\underline{04}}$	—	—

Spalte **203**: *Vom 20. Dez. bis und mit 15. Februar.* — Spalte **101**: *Nur an Sonn- u. allgemeinen sowie lokalen Feiertagen.*

km.			**2**	**4**	**102**	**6**	**8**	**208**	**10**
	Engelberg . . . ab		6^{30}	10^{22}	—	2^{14}	5^{10}	5^{43}	$6^{\underline{04}}$
4	Grünenwald . . „		6^{47}	10^{41}	—	2^{32}	5^{28}		$6^{\underline{22}}$
8	**Grafenort** . . . „		7^{11}	11^{04}	—	2^{56}	5^{51}		$6^{\underline{46}}$
11	Dörfli . . . . „		7^{22}	11^{14}	—	3^{07}	$6^{\underline{02}}$		$6^{\underline{57}}$
13	**Wolfenschießen** . „		7^{27}	11^{20}	12^{42}	3^{13}	$6^{\underline{08}}$		$7^{\underline{03}}$
16	**Dallenwil** . . . „		7^{37}	11^{30}	12^{52}	3^{24}	$6^{\underline{19}}$		$7^{\underline{15}}$
16	Büren . . . . „		7^{41}	11^{34}	12^{56}	3^{28}	$6^{\underline{23}}$		$7^{\underline{19}}$
18	Oberdorf . . . „		7^{46}	11^{39}	1^{01}	3^{33}	$6^{\underline{28}}$		$7^{\underline{24}}$
19	**Stans** an		7^{51}	11^{44}	1^{06}	3^{38}	$6^{\underline{33}}$	$6^{\underline{47}}$	$7^{\underline{29}}$
	ab		7^{53}	11^{46}	2^{35}	3^{40}	$6^{\underline{36}}$	$6^{\underline{48}}$	$7^{\underline{32}}$
23	**Stansstad** . . . an		8^{05}	11^{58}	2^{47}	3^{52}	$6^{\underline{48}}$	$6^{\underline{58}}$	$7^{\underline{41}}$

Spalte **102**: *Nur an Sonn- u. allgemeinen sowie lokalen Feiertagen.* — Spalte **208**: *Vom 20. Dezember bis 15. Februar.* — rechts von **208**: *Bis 15. Oktober und vom 1. April an.* — rechts von **10**: *• Vom 16. Okt. bis 31. März.*

Lokalverbindung Stansstad-Stans-Stansstad.

Stansstad *ab* $5^{\underline{50}}$ 7^{17} 8^{12} 12^{02} 3^{59} •$7^{\underline{00}}$ ■$7^{\underline{12}}$ ■$8^{\underline{03}}$ □$8^{\underline{58}}$

Stans   *ab* $5^{\underline{33}}$ 7^{00} 10^{08} 2^{35} 4^{57} ■$7^{\underline{15}}$ □$8^{\underline{40}}$

• Vom 16. Oktober bis 31. März.   ■ Bis 15. Oktober und vom 1. April an.   □ Vom 1. April an.

Auch die Geschwindigkeit des Zuges auf den verschiedenen Strecken läßt sich mit Leichtigkeit in genügender Genauigkeit ablesen. Fährt der Zug langsamer, so braucht er zur Zurücklegung des Weges zwischen zwei Stationen eine größere Zeit, im Bild wird dann die Zeitdistanz der beiden Stationspunkte, d. h. die Abszisse in obiger Darstellung, eine größere sein bei gleichem Ortsabstand (Ordinate); dann wird aber die Verbindungslinie der beiden Punkte, welche Ankunft und

Abgang des Zuges in den Endpunkten der Fahrstrecke, den benachbarten Stationen, angeben, eine größere Neigung erhalten. Sie ist ja Hypotenuse in einem rechtwinkligen Dreieck, dessen horizontale Kathete größer ist bei konstanter vertikaler Kathete und muß daher schräger verlaufen mit wachsender Zeitkathete oder Fahrzeit. Wir können daher schließen, daß je geneigter die Strecken im graphischen Fahrplan sind, um so langsamer der Zug fährt, und um so steiler sie liegen, um so größer die mittlere Geschwindigkeit desselben auf dieser Strecke ist, womit sich auch die Unregelmäßigkeiten des Terrains, wie Steigung, Gefälle, stärkere und kleinere Kurven, zu denen die Geschwindigkeitsgröße in bekanntem Verhältnis steht, leicht erkennen lassen. Indertat zeigt sich dies auch deutlich in unserem Bilde, wo sich die steilere Zahnradstrecke zwischen den Stationen *Obermatt* und *Gherst* mit viel kleinerer Fahrgeschwindigkeit durch mehr geneigte Linien bemerkbar macht.

Wir sagen ausdrücklich **mittlere** Geschwindigkeit, denn nur diese läßt die Darstellung erkennen: die Wegstrecke von Halt zu Halt dividiert durch die bei Zurücklegung derselben vergangene Zeit. Sie entspricht bekanntlich auch der Geschwindigkeit eines Zuges, der mit konstanter Geschwindigkeit den gleichen Weg in der gleichen Zeit zurücklegen würde. Innerhalb dieser Strecke von Station zu Station kann unser Zug also noch bedeutend höhere oder auch kleinere Geschwindigkeiten erreichen, die aber oft wechseln und von Zufälligkeiten in hohem Maße abhängig sind und daher auch unmöglich auf längere Zeit hinaus, wie es der Fahrplan verlangt, genau festgelegt werden könnten. Die gezeichnete gerade Linie ist die Ausgleichslinie der unregelmäßig gewundenen Kurve der Wirklichkeit. Für den Bahnbetrieb kommt aber vor allem eine genaue Angabe von Ankunfts- und Abgangszeit und der Kreuzungsorte der Züge in Betracht, die beim graphischen Fahrplan vermittels kleiner, den Linien beigesetzter Zahlen leicht auf die Minute genau abzulesen sind; dazu kommt hier eine übersichtliche Angabe der Bewegungsverhältnisse nicht nur eines Zuges, sondern auch zugleich aller anderen Züge, wie es keine Darstellung besser vermag, als die graphische; können wir ja aus dem graphischen Fahrplan mit einem Blick die Anzahl der zu einer bestimmten Zeit in Bewegung befindlichen Züge, ihre Bewegungsrichtung, mittlere Schnelligkeit, Kreuzungspunkte und noch mehr herauslesen. Er bietet Vorzüge, die der vom großen Publikum gewöhnlich benutzten Tabellendarstellung in den sog. Eisenbahn-Kursbüchern, die wir zum Vergleich für diese Bahn auch angegeben haben[1]) (S. 171), mit unübersichtlichen Zahlenreihen nie auch nur angenähert erreicht werden können. Kein Wunder, wenn er beim Fachmann ausnahmslos vorgezogen wird.

---

[1]) Entnommen aus: *Bürkli, Kursbuch,* „Reisebegleiter für die Schweiz, Wintersaison 1911/12", S. 123.

Auch dies ist wieder eines der schlagendsten Beispiele für die Überlegenheit der graphischen Darstellung einer Funktion.

Im besonderen sind auch die von den sog. registrierenden Instrumenten aufgezeichneten „*Registrierkurven*" reine graphische Funktionsdarstellungen, in denen meistens die Zeit als Argument und Abszisse gewählt, als deren Funktion irgendeine andere Größe, in der Ordinatenlänge senkrecht zu dieser, angegeben und aufgezeichnet ist.

So wird z. B. beim *Limnigraph* die variierende Höhe des Wasserspiegels (Wasserspiegelbewegung), die an einer bestimmten Stelle des Flusses oder Sees auftritt, automatisch auf einem sich mit konstanter Geschwindigkeit fortbewegenden Papierstreifen mittels eines Schreibstiftes (Feder) aufgezeichnet, der seinen Abstand von der Abszisse in fester mechanischer Bewegungsverbindung (durch Rollen und Eisenschnüre od. dgl.) mit der Wasserspiegelhöhe proportional dem Wasserstand ändert. Auf dem Streifen entsteht damit ein ununterbrochener Linienzug, dessen Ordinaten sich als Funktion zu der von einem Punkt des Streifens zurückgelegten Weglänge darstellen. In gleichen Zeiten legt der Streifen gleiche Wege zurück und man kann daher seinen Weglängen auch Zeitintervalle der ebenfalls gleichförmig fortschreitenden Zeit zuordnen. Tut man dies, indem man die Punkte auf der Abszisse, der geraden Linie, die der Stift beschreibt, zeichnet, markiert, welche der Streifen unter dem Zeichnungsstift in bestimmten Zeitabständen zurücklegt, so erhält man auf der Abszisse die graphische Darstellung der Zeit, der Zeitintervalle und Zeitpunkte, zu denen die verschiedenen Wasserspiegelhöhen gehören. Mit anderen Worten: Man erhält die graphische Darstellung des Wasserstandes in Funktion der Zeit.

Zur praktischen Verwirklichung dieses Zieles erfolgt meistens die Zuordnung der bestimmten Weglängen des Papierstreifens zu entsprechenden Zeiten in der Weise, daß man einen — auf der Abszissenachse nach der Zeiteinteilung, in senkrechter Richtung zu dieser nach der Dezimaleinteilung — bereits eingeteilten und linierten Papierstreifen unter dem Schreibstift sich vorbeibewegend anbringt. Die genau konstant gehaltene Bewegungsgeschwindigkeit des Streifens (hervorgebracht durch ein Gewicht, welches am Streifen zieht und durch ein Uhrwerk reguliert wird, oder durch Aufspannung des Streifens auf eine durch ein Uhrwerk bewegte Trommel, oder durch Ab- und Aufwicklung des ausgespannten Streifens zwischen zwei durch einen Uhrwerkmechanismus bewegten Rollen) ist so gewählt, daß der Stift die angeschriebenen Zeitlinien so berührt, daß die tatsächlichen Zeiten mit dem Eintreffen des Schreibstiftes auf diesen Linien jeweils genau übereinstimmen.

Die Zeichenfläche ist hier ein Zylindermantel oder auch ein fortschreitend bewegtes Band.

So zeigt uns z. B. Fig. 73[1]) eine Darstellung, die uns ein solches Funktionsbild in starker Abszissenverkürzung wiedergibt.

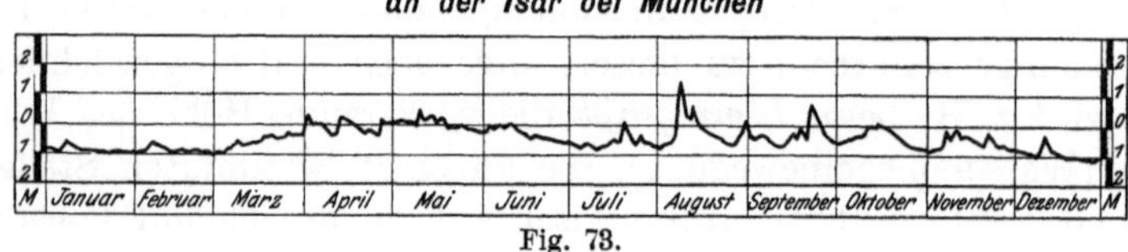

Fig. 73.

Der selbstaufzeichnende Geschwindigkeitsmesser (*Tachograph*) gibt die Kurve der Geschwindigkeit des Fahrzeuges in Abhängigkeit von der Fahrzeit an.

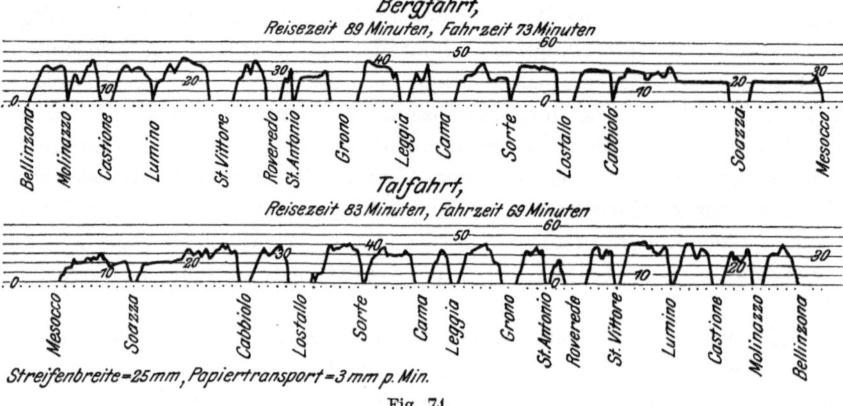

Fig. 74.

Als Beispiel hierfür geben wir in Fig. 74 die Kurven an, welche durch den Geschwindigkeitsmesser „Tel“ für einen Motoren-Triebwagen der elektrischen Bahn *Bellinzona—Mesocco*[2]) bei einer Fahrt auf dieser Strecke aufgezeichnet wurden.

Wie aus der Bemerkung der Reisezeit und Fahrzeit (das sind hier einerseits die von Anfangs- bis Endstation, andererseits nur die von den Kurven überdeckten Längen der Abszissenachse) hervorgeht, bedeutet der Abstand zweier Punkte (am Original-Streifen 3 mm) die Zeit einer Minute. Die Zahlen für den Geschwindigkeitsmaßstab auf den zur Abszissenachse parallelen Linien sind bei Bahnen, wie üblich, in Kilometern pro Stunde zu verstehen.

<hr>

[1]) Vgl. E. K. u. B. 1908, S. 316.
[2]) Vgl. E. K. u. B. 1909, S. 89.

Fig. 75[1]) zeigt einen Diagrammausschnitt eines selbstschreibenden Gasdruckmessers einer Hochofengasreinigung, der nach der schematischen Darstellung von Fig. 76[1]) arbeitete.

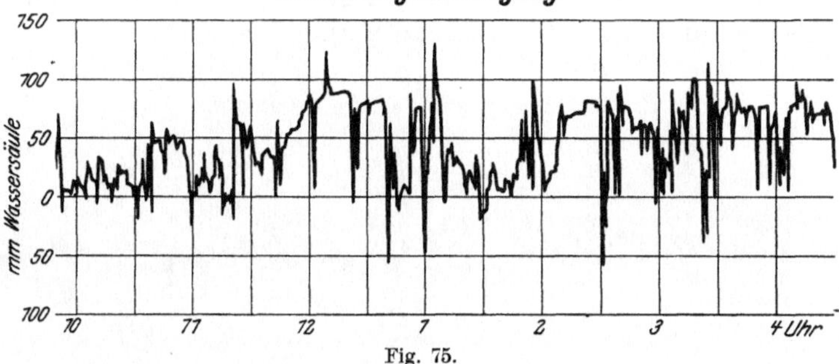

Fig. 75.

Die registrierenden Instrumente geben uns in der so aufgezeichneten Kurve die vollkommenste graphische Veranschaulichung der Funktion, da zur Herstellung derselben nicht nur einige wenige aufgezeichnete Punkte benutzt, sondern fortlaufend Punkte der Kurve unter dem vollen Einflusse des stets arbeitenden, messenden Instrumentes aufgezeichnet werden. Diese so erhaltenen Funktionsbilder geben uns daher auch für alle Argumentwerte zuverlässig und sicher den zugehörigen Funktionswert mit der größtmöglichen Genauigkeit, soweit sie im Rahmen der Zeichnung überhaupt möglich ist. Nicht umsonst gelten sie heute als der beste Kontrolleur eines industriellen Betriebes, der jede Unregelmäßigkeit in aufrichtigster und exakter Weise meldet

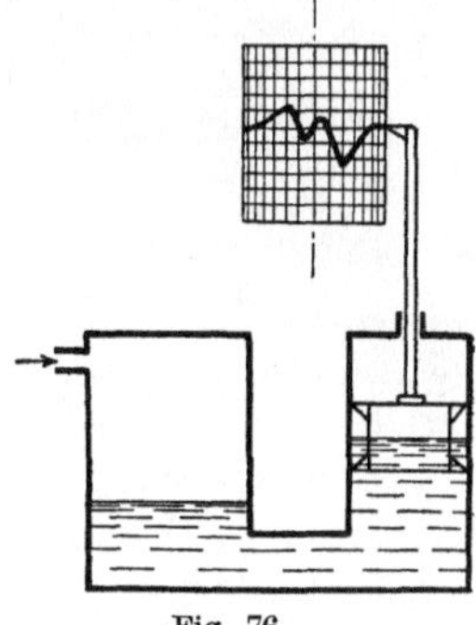

Fig. 76.

und über jeden Zeitmoment der Tätigkeit gründlichen Aufschluß gibt.

Auch Fig. 77a und b[2]) stellen eine sehr oft zu treffende, auf gleiche Weise gewonnene Funktionskurve dar, die uns die Stromstärke zweier Bogenlampentypen (einer *Conta-Lampe* und einer gewöhnlichen *Differential-Lampe*) in Abhängigkeit von der Brennzeit darstellt; beide Lampen sind gebaut für 11 Amp. und 110 Volt.

Namentlich in der unteren Darstellung für die Differential-Lampe ist die eigentliche Kurve schwer zu erkennen und sind gute Ablesungen auf ihr fast unmöglich. Die Zeichnung läßt nur einen rohen Mittelwert

---

[1]) Vgl. St. u. E. 1911, S. 1758 u. 1755.
[2]) Vgl. E. T. Z. 1909, S. 829.

des zeitlichen Verlaufes der Stromstärke erkennen. Durch größere Wahl des Abszissenmaßstabes, also schnelleres Passieren des Papierstreifens unter dem zeichnenden Stift hat man es jedoch in der Hand, auch diese Kurve so leserlich wie die obigen zu erhalten, womit aber andere Unbequemlichkeiten, wie ein größerer Streifenverbrauch, häufigere Bedienung des Registrators durch Einlegen neuer Papierstreifen usw. oder sonst größerer und teurerer Apparate verbunden sind.

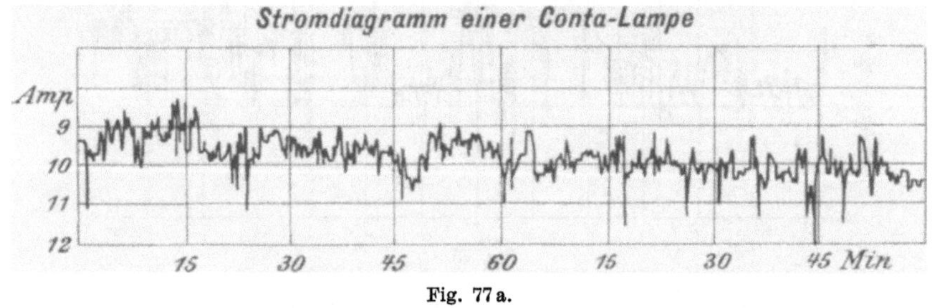

Fig. 77 a.

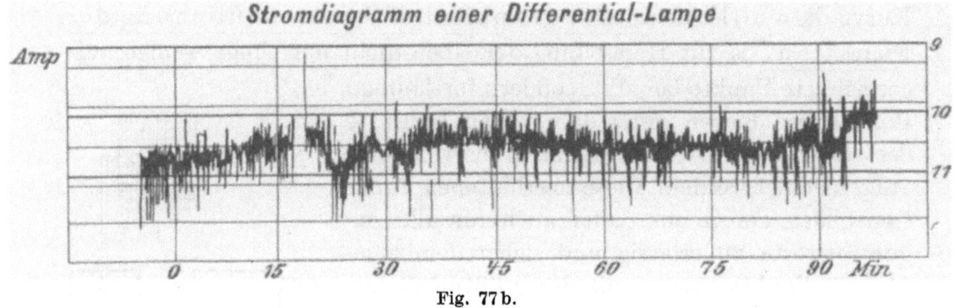

Fig. 77 b.

Eine ebensolche Angabe der Funktion, welche den Druck auf den Kolben einer Dampf- oder Explosionsmaschine (*Gasmotor*) in Abhängigkeit vom Kolbenwege registriert, finden wir stets im bekannten *Indikatordiagramm* (Fig. 78), aus dem sich die an den Kolben vom Dampf oder Gas abgegebene Arbeit, die sog. „indizierte Leistung" der Maschine, berechnet und welches bekanntlich den besten Aufschluß über die verborgensten Fehler in Konstruktion und Arbeit der Maschine gibt.

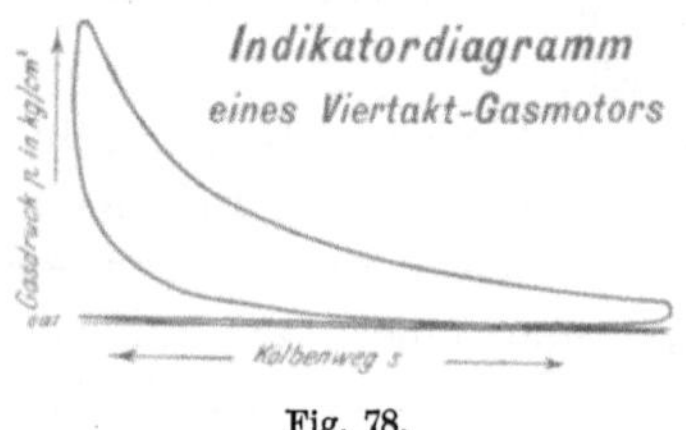

Fig. 78.

Da viele Meßinstrumente, insbesondere die elektrischen Spannungs-, Strom- und Leistungsmesser, die Funktionsgröße durch die Größe des Ausschlages (Winkel gegenüber der Null- oder Ruhelage, welche der Zeiger einnimmt, wenn das Instrument außer Betrieb ist) der um eine feste Drehachse beweglichen Zeigernadel angeben, so muß demnach auch die Instrumentenskala der durch das Zeigerende beschriebenen Kurve angepaßt sein, wenn der Zeiger in jeder Stellung eine direkte Ablesung gestatten soll.

Die prinzipielle Einrichtung einer solchen Schreib- oder Registriervorrichtung zeigt Fig. 79. Steht die Trommel still und dreht sich der Schreibhebel (Zeiger), so beschreibt die Schreibspitze auf dem Trommelmantel eine Kurve, die als Ordinatenlinie zu gelten hat. Würde man die Trommel um gleiche Teile einer vollen Umdrehung nach und nach rotieren und in jeder so erhaltenen Stellung immer den Schreibhebel seinen Bogen beschreiben lassen, so erhielte man die nötigen Ordinatenlinien. Die Kreise auf dem Trommelmantel, in Ebenen senkrecht zur Drehachse der Trommel, liefern die Abszissenlinien. Beide Arten von Linien zusammen ergeben das Koordinatennetz. Man wählt dann einen der Kreise als „Abszissenachse" und

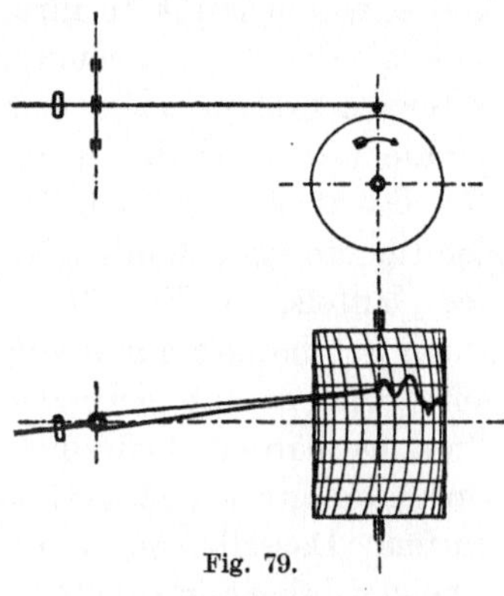

Fig. 79.

eine der Ordinatenlinien als „Ordinatenachse". Die Punkte der ersteren erhalten die Ordinate 0, die der letzteren die Abszisse 0. Ein beliebiger Punkt hat also auf dem Trommelmantel zwei krummlinige Koordinaten, nämlich die entsprechenden Kurvenlängen von Kreis und Ordinatenlinie.

Die Ordinatenlinien sind nun durch die eben beschriebene Art ihrer Entstehung auch mathematisch bestimmt. Nehmen wir nämlich zunächst an, daß der Schreibhebel (bzw. seine Mittellinie) sich genau in einer Ebene bewegt, so beschreibt der Schreibstift, der ja zum Schreibhebel und der erwähnten Ebene senkrecht steht, einen Zylindermantel mit einer Achse senkrecht zur Trommelachse. Es wäre daher theoretisch die von der Schreibstiftspitze beschriebene Kurve die Durchdringungskurve dieser beiden Zylindermäntel.

In Wirklichkeit wird sich die Sache dadurch etwas komplizieren, daß der Zeiger (Schreibhebel) etwas federt während seiner Bewegung, damit die Schreibstiftspitze in allen ihren Lagen gegen die Trommel gleich stark angepreßt sei. Der Hebelarm biegt sich also etwas durch, weswegen der Radius des Kreises, den ein Punkt des Schreibstiftes beschreibt, sich etwas ändert, je nach der Stellung des Schreibhebels. Die beschriebene Fläche ist daher nicht mehr genau ein Zylindermantel. Doch wird die Abweichung von dem letzteren praktisch nicht in Betracht kommen. Dies um so mehr, als der Zeiger meist Ausschläge im Betrage von nur wenigen Graden im Verhältnis zur vollen Umdrehung macht und daher auch nur ein kleiner Teil jener Fläche zu berücksichtigen wäre. Aus dem gleichen Grunde wird für eine Kurve auch nur ein schmaler Streifen, zwischen zwei Abszissenlinien (Parallelen zur „Abszissenachse") gelegen, verwendet werden.

Wickelt man dann den Trommelmantel in eine Ebene ab, so werden dabei die Ordinatenlinien, die aufgezeichnete Kurve und die Zylinderkreise, wie bekannt, in ihrer Länge nicht geändert, wohl aber geschieht dies mit der Art der Kurven. Sie gehen in ihre Abgewickelten oder Verwandelten über, wobei die Abgewickelten der Kreise parallele, gerade Linien, in den nachfolgenden Beispielen horizontal gelegt, sind.

Da aber das Stück der Ordinatenlinien auf dem Trommelmantel, das für die gezeichneten Kurven nötig ist, auf einem schmalen Streifen des Mantels, wie Fig. 79 zeigt, zu liegen kommt und dieser sich wegen seiner Schmalheit nur wenig von einem ebenen unterscheidet, der seinerseits wieder mit geringem Fehler als in der Tangentialebene des Trommelmantels befindlich genommen werden kann, so werden die Ordinatenlinien mit geringem Fehler als Kreise genommen werden dürfen. Dasselbe gilt dann auch für ihre Abwicklung. In dieser erscheinen daher dann die Ordinatenlinien als Kreisbogen mit gleichem Radius, deren Mittelpunkte auf jener Abszissenlinie liegen, die sich in der Höhe der Zeigerachse befindet, wenn diese senkrecht zur Trommelachse steht.

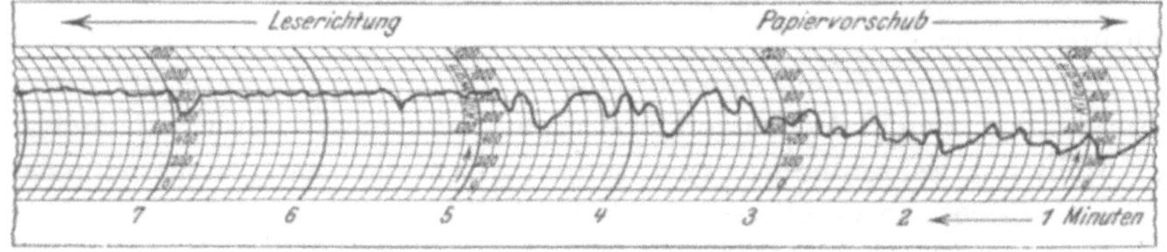

Fig. 80.

Praktisch werden diese Instrumente empirisch geeicht, d. h. man sieht zu, welche Ausschläge die Schreibstiftspitze auf dem Zylindermantel macht bei bekannter Belastung des Instrumentes, z. B. bei bekannter Leistung, wie in unserer Fig. 80[1]), welche uns als erste für das eben Gesagte als Veranschaulichung dienen möge.

Nach diesen bekannten Ausschlagswerten des Instrumentes zieht man die Parallelen zur Abszissen-(Zeit-)Achse. Für gleiche Differenzen in der gezeigten Größe werden die zugehörigen Parallelen im allgemeinen nicht gleiche Abstände besitzen, weder auf dem Bogen der Ordinaten, noch als senkrecht gemessene. Das hängt vom Instrument ab und gilt auch im gleichen Sinne für rechtwinklig-geradlinige Kordinatenachsen.

---

[1]) Vgl. *Zeitschrift des Vereins deutscher Ingenieure* (Z. d. V. d. I.) 1907, S. 114; E. T. Z. 1908, S. 18.

Fig. 81[1]) zeigt uns ein an einem elektrisch betriebenen Pflug aufgenommenes **Diagramm von elektrischer Leistung und Spannung in Funktion der Arbeitszeit**. Deutlich erkennt man die Schwankungen, insbesondere auch genau die Zeiten der Arbeitspausen.

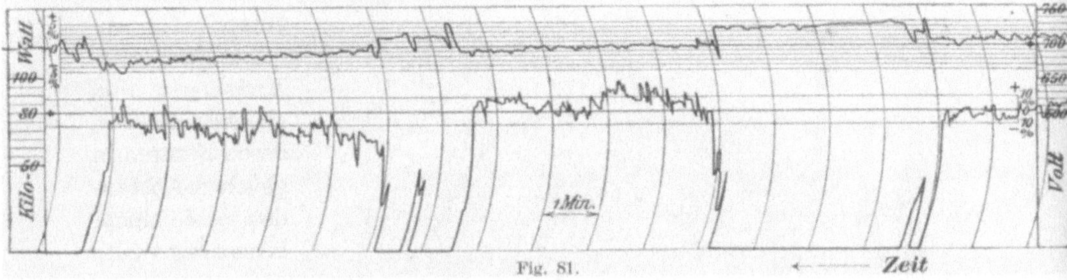

Fig. 81.

Eine genaue Einsicht in die **Druckverhältnisse** vor und hinter einer **Abdampfturbine** während einer bestimmten Zeit von 11 Stunden gestattet die Betrachtung des Diagrammabschnittes der Fig. 82[2]).

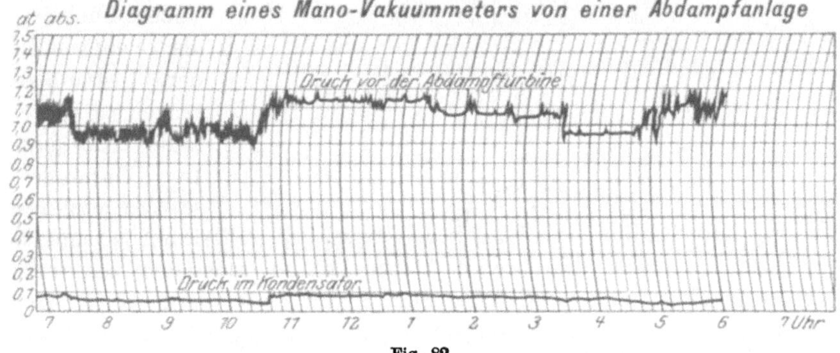

Fig. 82.

Wollte man von diesem Koordinatennetz, das also krummlinige Ordinatenlinien besitzt, zum gewöhnlichen übergehen, wo sie geradlinig sind, so hätte man die **Bogenlänge**, von der Abszissenachse bis zum betreffenden Punkte, aus dem ersteren Koordinatensystem als Strecke auf die gerade Ordinatenlinie in letzterem zu übertragen.

Eine andere Funktionsveranschaulichung zeigt Fig. 83[3]), ebenfalls aufgezeichnet von einem registrierenden Instrument, dessen ähnlich wie oben gelagerter Zeichenstift sich über einer Zeichenfläche in einem Kreisbogen bewegt, welche **Zeichenfläche** eine um ihren Mittel

---

[1]) Vgl. E. T. Z. 1909, S. 239.
[2]) Vgl. St. u. E. 1911, S. 1757.
[3]) Vgl. E. K. u. B. 1905, S. 540.

punkt drehbare Kreisscheibe ist. Die Lineatur des Papiers besteht einerseits aus zum Drehpunkt der Kreisscheibe konzentrischen Kreisen, deren kleinster innerster hier der „Abszissenachse" entspricht, andererseits aus Kreisbögen von gleichem Radius, deren Zentren in gleichen Abständen auf einem Kreise liegen, der zu genannten Kreisen auch konzentrisch ist und durch die Achse des Schreibhebels, als welcher meist der Instrumentenzeiger ausgebildet ist, geht. Der Durchmesser des letzteren

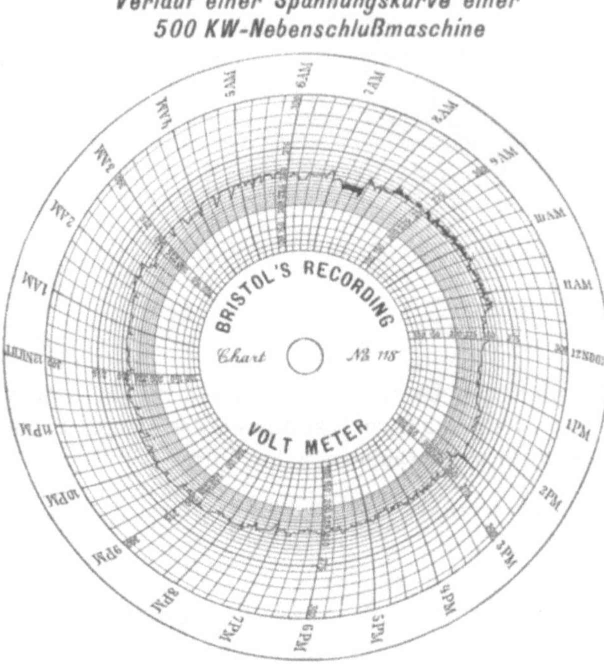

Fig. 83.

Kreises und Radius der Kreisbögen bzw. des Schreibhebels sind so gewählt, daß sich die beiden Liniensysteme möglichst senkrecht durchschneiden. Als „Ordinatenachse" wird einer dieser Kreisbögen gewählt, der durch den Anfangspunkt der Zählung auf der Abszissenlinie geht. Die Zählung erfolgt für das Argument auf der Teilung des innersten Kreises, welch letztere so eingerichtet ist, daß einer Peripherielänge gerade die Zeit eines Tages entspricht. Die Scheibe dreht sich daher in 24 Stunden gerade einmal herum und muß täglich ausgewechselt werden. Die Ordinatenzählung erfolgt auch auf gedachten Zwischenordinaten als Kreisbogen. Natürlich kann man auch diese Skala für beliebige größere Schreibdauer einrichten, indem man entweder die Drehgeschwindigkeit entsprechend vermindert oder den Abszissenkreis und damit den ganzen Papierring der Skala größer wählt. Diese Instrumente haben daher gegenüber den früheren Registrierapparaten den bei ihnen unvermeidlichen Nachteil beschränkter Skalenlänge, wenn man ein Überdecken der aufgezeichneten Funktionskurve vermeiden will.

Auch hier haben wir ein Koordinatensystem mit krummlinigen Koordinatenachsen vor uns, wo also die Koordinaten durch Bogenlängen auf Kreisen gemessen werden.

Statt nun tatsächlich vorkommende Momentanwerte als Ordinaten aufzutragen und zu einer Funktionskurve zu vereinigen, kann man auch nur Mittelwerte als Ausgangspunkte für deren Konstruktion benutzen und erhält dann eine „*Mittelwertskurve*", wie sie in einer Art bereits in Fig. 62[1]) angegeben wurde.

Besser pflegt man in solchen Fällen den Mittelwert als konstante Ordinate über die ganze Ausdehnung des zugehörigen Bereiches des Argumentes anzugeben und erhält so eine graphische Funktionsdarstellung, deren eingeschlossene Fläche sich in lauter aneinandergereihten schmaleren oder breiteren rechteckigen Flächenstreifen zeigt. Die *Funktions*„kurve" besteht in diesem Falle als grobe Annäherung aus einem treppenförmigen Linienzug, zusammengesetzt aus lauter im rechten Winkel parallel und senkrecht zur Abszissenachse aneinander gereihten Strecken.

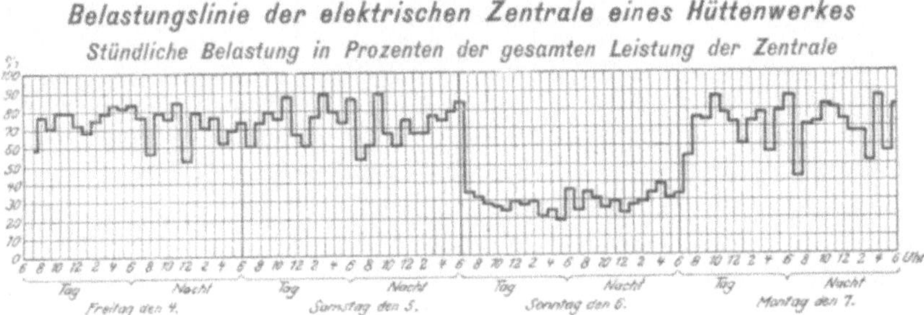

Fig. 84.

So zeigt uns Fig. 84[2]) die Veränderung der mittleren stündlichen Belastung des oben bereits in Fig. 65[3]) zitierten Hüttenwerkes, ausgedrückt in Prozenten der totalen zur Verfügung stehenden Leistung desselben, jeweils (im Gegensatz zu Fig. 65) angegeben als konstanter Mittelwert für gleichviel Zeit ($\frac{1}{2}$ Stunde) vor und nach dem zugehörigen, dort angegebenen Momentanwert der Spitzenkurve.

Fig. 85[4]) zeigt uns die nach dieser Art aufgezeichneten Belastungsverhältnisse einer elektrischen Zentrale mit Angabe der täglichen Mittelwerte, also genau das nämliche, was Fig. 65) in anderer Weise sagen will.

---

[1]) S. 163. [2]) Vgl. St. u. E. 1911, S. 1002.
[3]) S. 165. [4]) Vgl. E. K. u. B. 1908, S. 240.

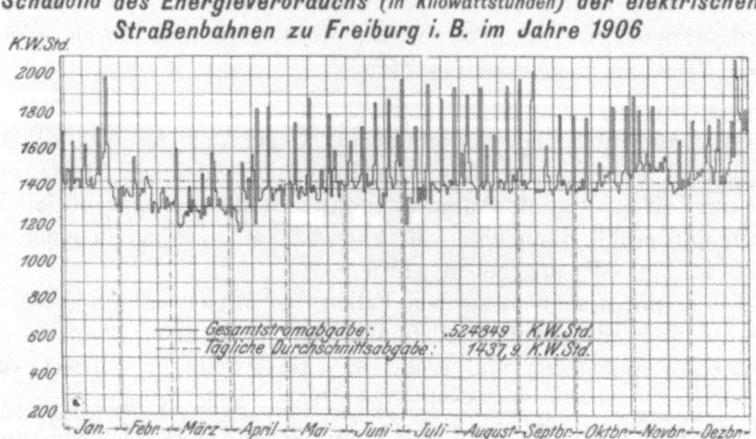

Fig. 85.

Es kann auch vorkommen, daß im Bild die Breite der nebeneinander liegenden Streifen ungleich groß ausfällt, wenn

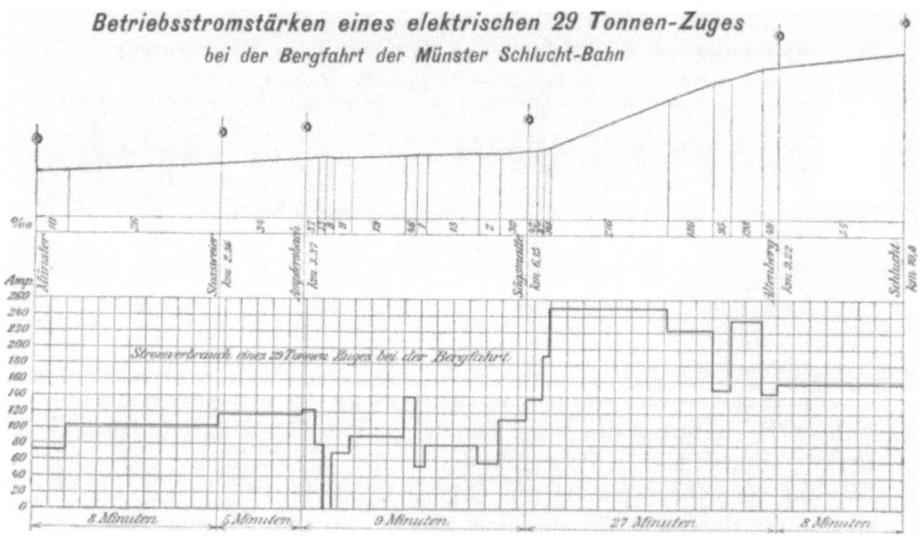

Fig. 86.

nämlich der Mittelwert auf das eingeführte, konstante Argument-
intervall (eines Teiles der Abszisseneinteilung) auf zwei oder mehr
Intervalle konstant bleibt, wie es z. B. aus Fig. 86[1]) hervorgeht. Die-

---

[1]) Vgl. E. K. u. B., 1908, S. 294; auch S. E. Z. 1908, S. 267. Es möge hier
kurz angedeutet sein, daß die im Original gewählte, oft getroffene Bezeichnung
„Stromverbrauch" aus leichtfaßlichen Gründen nicht korrekt ist.

selbe zeigt uns die Größe der von einem berganfahrenden elektrischen Wagen der *Münster-Schlucht-Bahn* aufgenommenen Stromstärke in Abhängigkeit von der Stelle, wo er sich befindet, bzw. von der Distanz vom Ausgangspunkt. Wir haben etwas Ähnliches in anderer Darstellung auch schon bereits in Fig. 69[1]) kennen gelernt.

Diese Darstellungsart kommt namentlich in Projektarbeiten viel vor, wo man der Unkenntnis halber über alle kleinsten Einzelheiten hinweggeht und auch wegen Zeitersparnis mit möglichst guten, auf größere Abszissenlängen (hier Fahrstrecke bei konstanter Bahnneigung) konstanten Mittelwerten der Funktionsgröße rechnen muß, die man dann den entsprechenden größeren Argumentintervallen als innerhalb derselben konstante Größe zuordnet.

Bemerkt sei noch, daß der Inhalt der so mit Mittelwerten der Funktion über ihren Argumentintervallen gezeichneten Fläche zwischen dieser „Funktionskurve" und der Abszissenachse genau dem Inhalt der Fläche gleich ist, welche mit der richtigen, mit jedem Momentanwert der Funktionsgröße mittels des Registrierinstrumentes aufgezeichneten Funktionskurve sich ergibt, sofern eine solche, wie es für tatsächliche Vorgänge stets zutrifft, existiert. Und zwar folgt dies ohne weiteres aus der Überlegung über die Bedeutung der als Ordinaten aufgetragenen Mittelwerte. Das ist nicht der Fall bei der nach Art der „Spitzenkurve" (Polygonzug) gegebenen Darstellung oder auch bei der in gekrümmtem Linienzug durch die Meßpunkte hindurch gezogenen Funktionskurve, sowie auch bei einer als Ausgleichslinie durch eine Schar von solchen gelegten Linie. Daraus erhellt ein nicht unerheblicher Vorteil dieser „Streifendarstellung", wenn es sich, wie sehr oft, um die Bedeutung und Anwendung dieses Flächeninhaltes zwischen Kurve und Abszissenachse handelt, der sich hier auch ganz besonders leicht, wenn einmal die Aufzeichnung erfolgt ist, als Summe von Rechtecken ermitteln läßt. Je schmaler die gewählten Argumentintervalle, d. h. je schmaler die Rechtecke der Fläche ausfallen, um so mehr nähert sich dieses Diagramm dem tatsächlichen, um ihm schließlich an der Grenze mit zu Null herabgesunkener Rechteckbreite völlig gleich zu werden. Damit hat es daher der Konstrukteur auch in der Hand, die Genauigkeit dieser Darstellung — allerdings auf Kosten größerer Umständlichkeiten und Arbeit — beliebig zu steigern.

Nicht nur für Mittelwerte von sich beständig ändernden Größen wird diese Veranschaulichung angewendet, sondern ganz besonders auch für die statistischen Angaben.

So findet sich z. B. im Jahresbericht der Stadt *Genf* die in Fig. 87[2]) wiedergegebene Darstellung der Variationen ihres monatlichen

---

[1]) S. 167.
[2]) Vgl. *Ville de Genève, „Compte rendu des services industrielles"*, 1908.

Gaskonsums vom Anfange des Jahres 1904 bis Ende 1908. Die Höhe
des Rechteckstreifens entspricht demselben in einem gewissen, frei gewählten und an den links angeschriebenen Zahlen erkennbaren Maßstab, die Breite des Streifens der Zeit eines Monats.

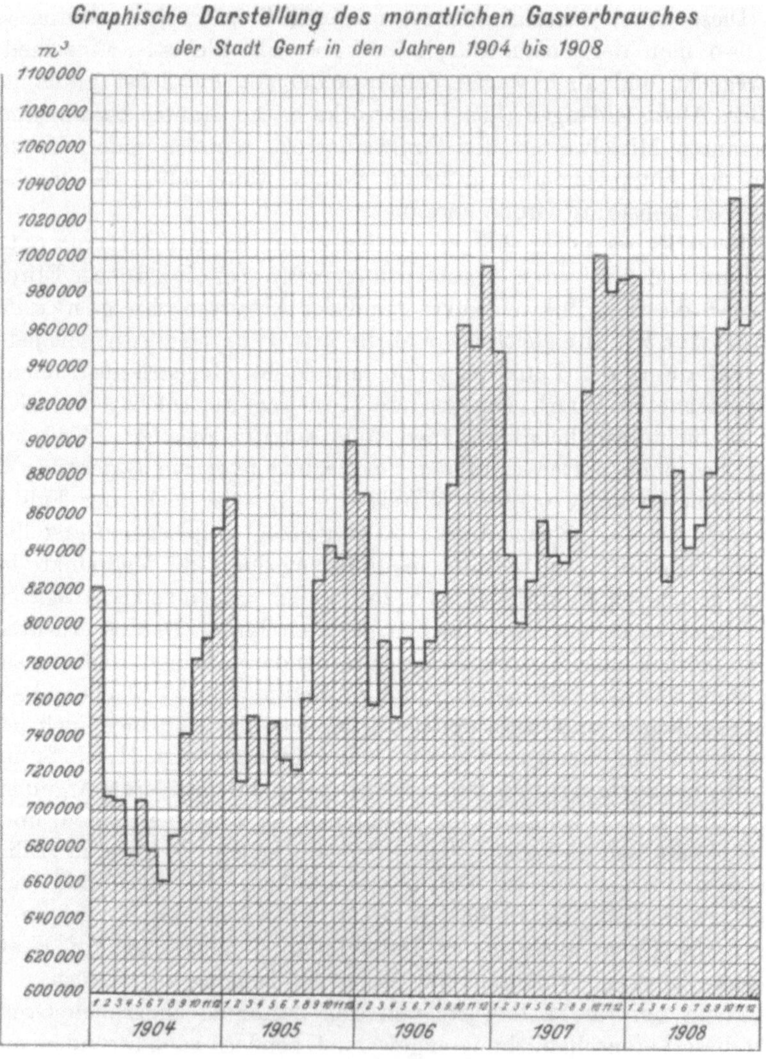

Fig. 87.

Alle früher besprochenen und erwähnten „statistischen Funktionen"
lassen sich auch in dieser Weise veranschaulichen. So namentlich auch
wiederum Kursschwankungen, wie dies in Taf. I u. Fig. 61, 62 auch

angedeutet ist, Preise, Ein- und Ausfuhr von Waren, Änderungen in Einwohnerzahlen, Verkehrsgrößen usw.

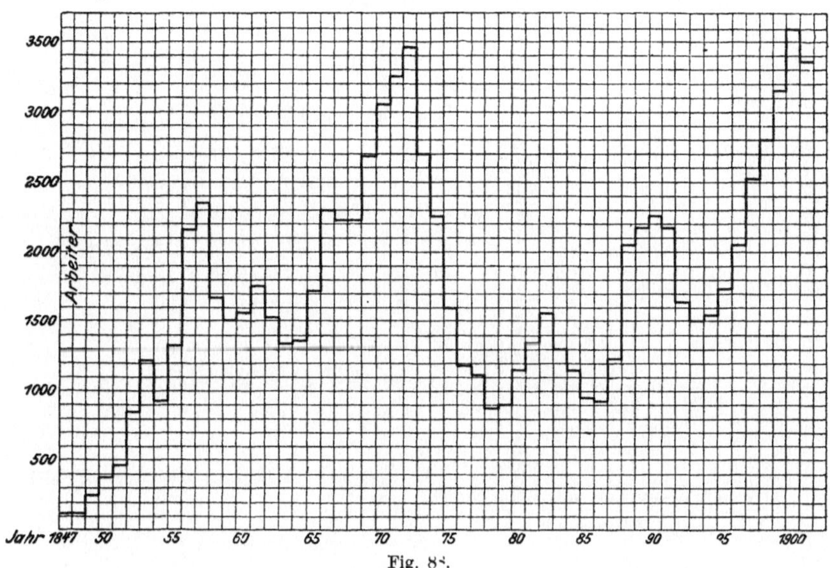

Fig. 88.

So wird z. B. die Änderung der Arbeiterzahl mit den Jahren einer großen Maschinenfabrik in Nürnberg nach Fig. 88[1]) angegeben.

Fig. 89[2]) gibt in dieser Art Aufschluß darüber, wie sich die Zahl der im Jahre 1909 in England gebauten Frachtdampfer zu ihrer Länge verhält.

Fig. 90[3]) ver-

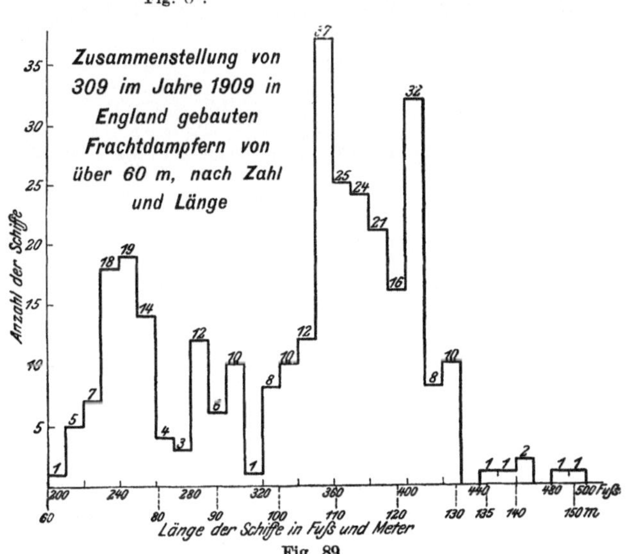

Fig. 89.

<hr>

1) Vgl. Z. d. V. d. I. 1903, S. 1203.
2) Vgl. „*Technik und Wirtschaft*", Beilage zur Z. d. V. d. I., Juni 1911, S. 380.
3) Vgl. Z. d. V. d. I. 1909, S. 1777.

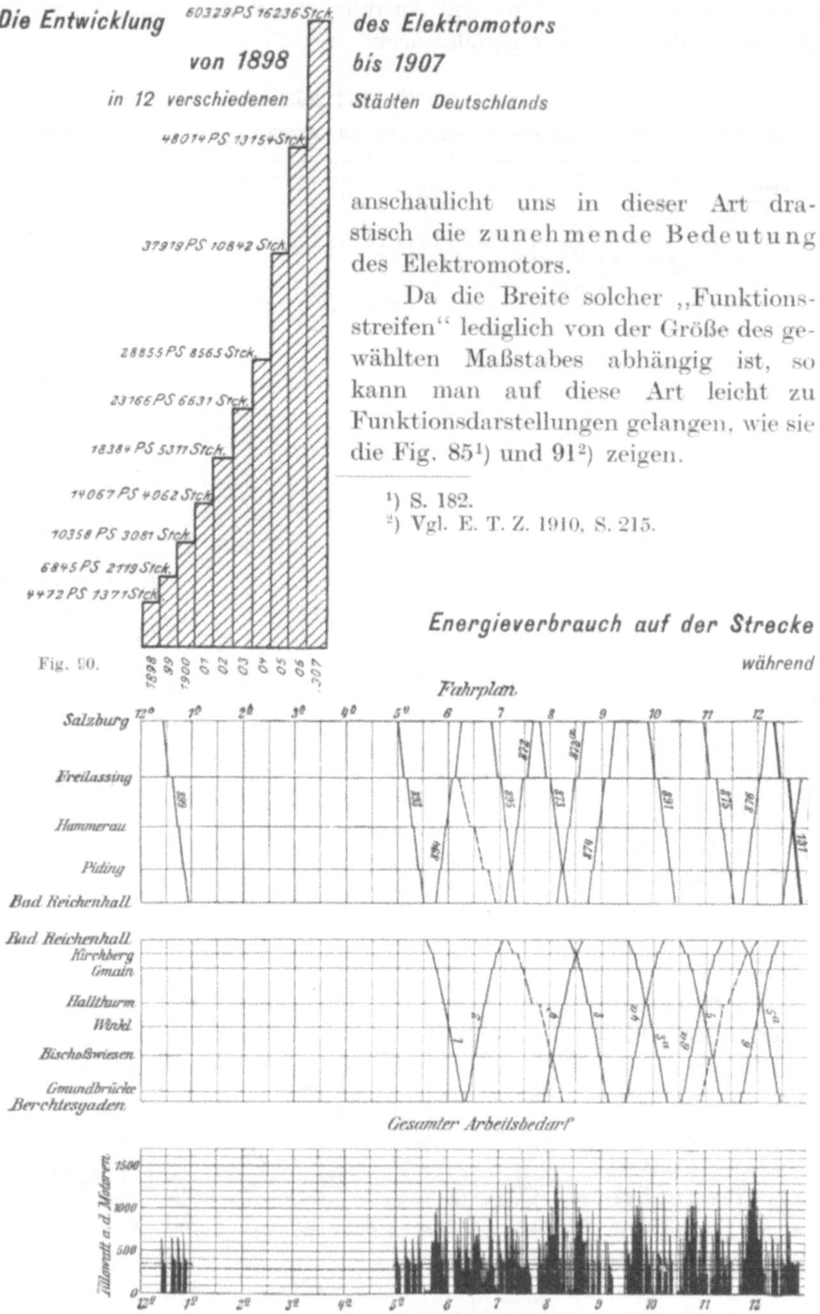

Fig. 90.

anschaulicht uns in dieser Art drastisch die zunehmende Bedeutung des Elektromotors.

Da die Breite solcher „Funktionsstreifen" lediglich von der Größe des gewählten Maßstabes abhängig ist, so kann man auf diese Art leicht zu Funktionsdarstellungen gelangen, wie sie die Fig. 85[1]) und 91[2]) zeigen.

[1]) S. 182.
[2]) Vgl. E. T. Z. 1910, S. 215.

Fig. 91.

Nicht immer werden diese Rechteckstreifen, deren Länge. das Wachstum oder Abnehmen des Funktionswertes angibt, unmittelbar sich berührend nebeneinander gelegt gezeichnet; es genügt auch, wenn sie bei konstant gleicher Breite in einem gewissen, konstant gehaltenen Abstand voneinander getrennt gehalten sind. In dieser Art pflegt man im speziellen auch gerne alle damit stets angebbaren statistischen Änderungen anzugeben, wie z. B. die Entwicklung einer Fabrik durch Angabe der jährlich verkauften Maschinen, angegeben durch deren Zahl oder Gesamtleistung oder ihrer Arbeiter. Fig. 92[1]) veranschaulicht uns diese Darstellungsweise.

Die Breite der Streifen spielt hier für konstante Argumentdifferenzen keine Rolle, da wir z. B. der in der obigen Figur durch sie repräsentierten Jahreszeit ohne wesentliche Beeinflussung des Bildes

---

[1]) Vgl. Z. d. V. d. J. 1907, S. 107.

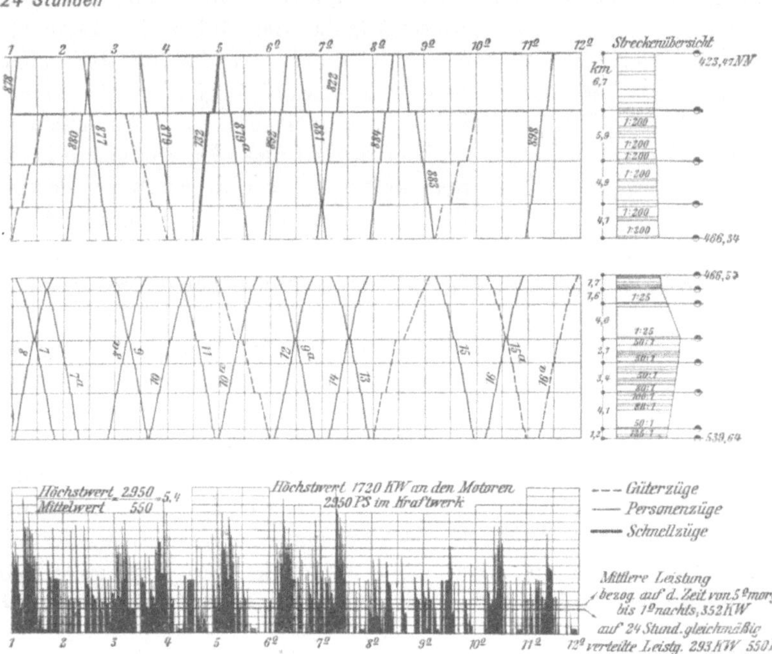

Fig. 91.

(nur der Maßstab wird damit ein anderer) eine beliebige Streifenbreite
zuordnen können; denn bei konstanter Argumentwertdifferenz ist **nur
die Höhe dieser Streifen von Belang**. So kann man
ohne Nachteil für die Darstellung der dadurch bezweckten Veranschaulichung mit der Streifenbreite theoretisch auch bis zu Null herabgehen und erhält damit eine auch oft gesehene **Funktionsdarstellung als Liniendiagramm.** Fig. 93 gibt uns ein Beispiel

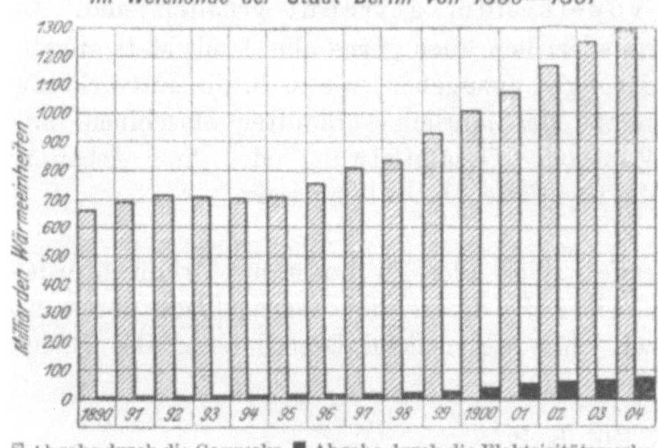

Fig. 92.

dafür. Es ist eine aus der Zeitung[1]) entnommene Angabe der **Veränderung des Barometerstandes mit der Zeit**, aufgenommen mittels Angabe von täglich drei Beobachtungen in nicht gleichen Zeitabständen, die aber gleichwohl in gleichen Abszissenabständen aufgetragen sind. Es geht daraus hervor, daß diese Darstellung nur ein angenähertes rohes Bild der durch sie veranschaulichten Funktion repräsentieren kann. Dasselbe hat als großen Vorzug die Eigenschaft, insofern sehr überzeugend zu wirken, als man sich unter den Linien ohne weiteres die jeweilige Länge des Quecksilberfadens vorstellen kann. Auch wird dadurch sehr an Raum gespart.

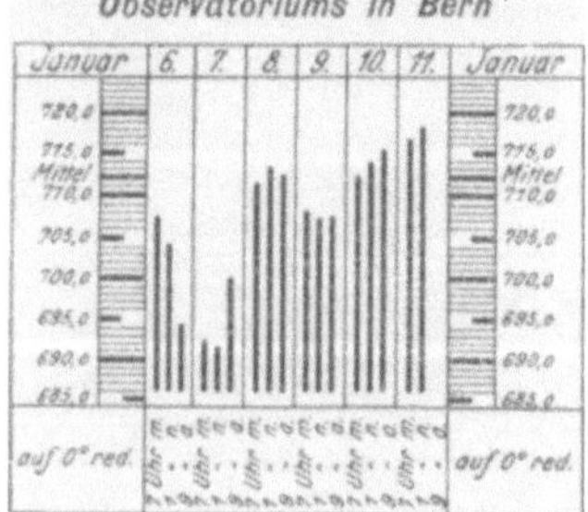

Fig. 93.

Man kann nun noch einen Schritt weitergehen in der Darstellung einer Funktion durch in gewissen konstanten Abständen aufeinanderfolgende, je nach der Größe des Funktionswertes bemessene, ihr zugeordnete Längen, indem man nicht Rechteck- bzw. Streifenlängen oder Linienlängen, sondern **Flächeninhalte, ja auch Körperinhalte**

---

[1]) Siehe „*Der Bund*“, in Bern erscheinende Tageszeitung, vom 14. Dezember 1911,
Nr. 586.

beliebiger, der Übersichtlichkeit aber meist von geometrisch ähnlicher
Form, den **Funktionswerten zuordnet.**

Die Veränderung des Querschnittes oder Gewichtes oder
der Kosten einer Kupfer-Fernleitung für die Übertragung einer
bestimmten Leistung, z. B. von 600 Pferdestärken auf eine Distanz
von 30 Kilometer, kann man in Abhängigkeit von der Übertragungsspannung, z. B. auch
leicht übersichtlich durch Angabe der betreffenden Werte mittels
zugeordneter, ähnlicher Flächen als Kreisflächen, Rechtecke, Quadrate
usw. angeben und erhält damit etwa die in Fig. 94 wiedergegebene Veranschaulichung dieser drei verschiedenen Funktionen des nämlichen Arguments, der aufgegebenen Spannungsdifferenz am Anfang der Leitung. (Angenommener Verlust auf der Leitung 8%.)

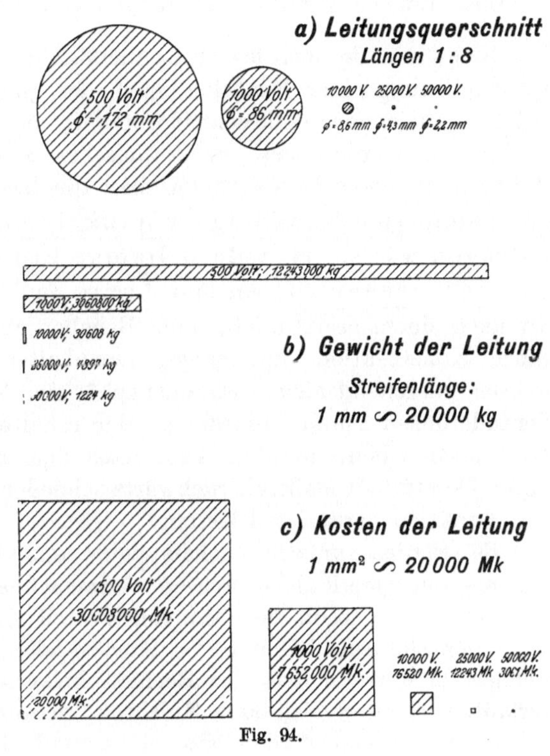

Fig. 94.

Um Funktionsverhältnisse und -veränderungen möglichst einfach
übersehbar zu gestalten, greift man auch oft, namentlich gegenüber
einem größeren Laienpublikum zu dem konkreten Mittel, die veränderliche Größe durch verschiedene Größenangabe eines
Gefäßes oder sonstigen Körpers, im Bild oder auch Modell anzugeben, mit dem sie in engstem Zusammenhang steht, oder durch Angabe entsprechender Größe ein und desselben Bildes, in dem sie auftritt, oder überhaupt irgendeiner Kombination, mit welcher sie sich in
enge Verbindung bringen läßt. So macht uns der Maschinenbauer die
jährlich sich vergrößernde Produktion einer bestimmten
Maschine verständlich durch dieser Produktionsmenge entsprechend
verschieden dimensionierte, nebeneinander angeordnete Ausführungen
derselben. Der Landwirt zeigt uns den mit den Jahren wachsenden
Ertrag seines Feldes durch eine Reihe des in verschiedenen Größen
gezeichneten Getreidekornes oder der ganzen Ähre an oder durch die

in entsprechend verschiedenen Maßstäben gezeichnete Größe eines
Bildes seines Kornfeldes. Der Viehherdenbesitzer veranschaulicht uns
den Zuwachs seiner Herde im Laufe der Jahre durch eine Anzahl
hintereinander marschierender Rinder von entsprechender Größe usw.
— Alles einfache Veranschaulichungen von Funktionen.

Nicht nur die oben fast ausschließlich durchgeführte Art der Veranschaulichung einer Funktion, nach der man ihre beiden Variablen
auf zwei zueinander senkrechten Geraden, sog. Achsen, abträgt, ist zulässig; man würde ebenso ein graphisches Bild der Funktion, ein sog.
Achsendiagramm erhalten, wenn man die beiden Veränderlichen auf
zwei sich unter beliebigem Winkel schneidenden Geraden
abtragen würde. Ja, jede beliebige Linie könnten wir uns zur
„Achse" machen und ein brauchbares Funktionsbild erhalten, wenn
wir nach einem bestimmten, nach Belieben aufgestellten, aber für die
ganze Konstruktion durchgängig einzuhaltenden Gesetz von diesen
Achsen ausgehend allen zusammengehörigen Wertepaaren der beiden
Veränderlichen Punkte zuordnen. Wir erhalten in jedem dieser Fälle
ein Funktionsbild, aus dem sich, nach dem nämlichen zugrunde gelegten Gesetz und Maßstab rückwärts schließend, Werte von Argument
und Funktion herauslesen lassen.

Es werden indertat solche vom rechtwinkligen Koordinatensysteme mit geradlinigen Achsen abweichende Darstellungen manchmal verwendet, wenn sie eben von Vorteil sind, sei es, daß sich die
instrumentelle Aufzeichnung von Kurven leichter und genauer bewerk-
stelligen läßt, wenn man das Rechtwinkelsystem mit geraden Achsen
verläßt, wie unsere Fig. 80 u. ff. lehren, wo auf diese Abweichung auch
näher eingegangen worden ist, sei es, daß sich dadurch leichter ein
Übergang vom Schaubild zum wirklichen Zusammenhang der Objekte
ergibt.

Für diesen letzteren Fall ist auch die nachfolgend skizzierte Darstellungsweise von Bedeutung, welche eine noch verhältnismäßig oft
getroffene Veranschaulichung einer Funktion, diejenige im sog. *Polar-*
koordinatensystem, angibt.

Hier trägt man die Werte des Argumentes nicht in zugeordneten
Strecken auf einer Geraden ab, sondern in zugeordneten Winkeln. Man
geht zu dem Zweck von einer Nullage aus, als die man meist eine
nach rechts sich ausdehnende Gerade, also die positive obige Abszissenachse wählt und trägt in der zur Drehrichtung des Uhrzeigers entgegengesetzten Richtung, der sog. positiven Winkelzählung, dem Argument
proportionale Winkel (bzw. Bogenlängen auf einem bestimmten Kreise)
ab. Auf dem zum Winkel gehörigen anderen, freien Schenkel trägt man
den zugehörigen Funktionswert in einer zugeordneten Strecke von dessen

Anfangspunkt aus ab. Zu jedem Wertepaar der Funktion findet sich so ein und nur ein bestimmter Punkt. Die so erhaltenen Punkte geben, miteinander verbunden, ein graphisches Bild der Funktion in Form einer „Kurve", die für wachsendes Argument im positiven Drehsinne, d. h. nach obiger Festsetzung in einem der Uhrzeigerdrehung entgegengesetzten Sinne zu durchlaufen ist.

Es leuchtet ohne weiteres ein, daß man sämtliche bisher im rechtwinkligen Achsenkreuz gegebenen Funktionsdarstellungen auch im Polarsystem leicht angeben kann, wenn man, um eine Übereinanderlagerung der Kurven nach einem Umgang zu verhüten (ein Nachteil dieser Polar-Koordinatendarstellung), dafür sorgt, daß dem größten vorkommenden Argumentwert ein Winkel oder Bogen entspricht, der kleiner, höchstens gleich 360° bzw. $2\,r\,\pi$ oder $2\,\pi$ ist. Es sind daher insbesondere auch alle die erwähnten verschiedenen Darstellungsarten als durch die Meßpunkte gehende ausgeglichene Verbindungslinie, als Ausgleichungskurve, Polygonzug usw. möglich.

Eine sehr häufige Anwendung in der Technik macht man von diesem Polardiagramm, wie schon erwähnt, bei Größen, deren funktionale Abhängigkeit von dem Abstande von einem festen Punkte, sei es in der Ebene, sei es im Raume, von Bedeutung ist. Dies ist z. B. der Fall mit der von einer Lichtquelle ausgesandten Lichtmenge, der durch sie erzeugten Helligkeit im umgebenden Raume.

Als Beispiele hierfür zeigen wir die graphischen Veranschaulichungen der räumlichen Verteilung der Lichtstärke einer Petroleumlampe[1]) und einer elektrischen Bogenlampe[2]). In ersterem Falle (Fig. 95) geht die Meßebene, in welcher die Messungen vorgenommen wurden und welcher daher die Kurvenebene entspricht, durch die vertikale Achse der Flamme, in letzterem Falle (Fig. 96) erfolgte die Messung in einer durch den Lichtbogen und die Achse der Kohlenstifte gelegten Vertikalebene. Die Horizontalebene, von der aus die Winkel gezählt werden, ging in beiden Fällen durch den Mittelpunkt der Flamme, der als Nullpunkt, Pol, im Diagramm auftritt.

Ein solches Diagramm bietet uns somit die Veranschaulichung der Lichtstärke in Abhängigkeit vom Winkel, den der Strahl, in dessen Richtung sie gemessen wurde und der durch die Lichtquelle, welche im Pol gedacht ist, geht, mit der Horizontalen oder Vertikalen durch diese bildet; und zwar in einer vertikalen, durch die Achse der Flamme gelegten Ebene.

Eine eigentümliche Darstellung einer Funktion zeigt noch die Fig. 97[3]), gewissermaßen eine Verbindung von Achsen- und

---

[1]) Vgl. *Journal für Gasbeleuchtung und Wasserversorgung* 1908, S. 61.
[2]) Vgl. S. E. Z. 1911, S. 457.
[3]) Vgl. E. K. u. B. 1911, S. 226.

Verteilung der Lichtstärke einer Petroleum-Tischlampe

von 14''' Größe, mit Milchglasglocke; Petroleumverbrauch 0,043 Lit./Std.

x, o Ablesungen zweier Beobachter,   HK Hefnerkerzen (Einheit der Lichtstärke)

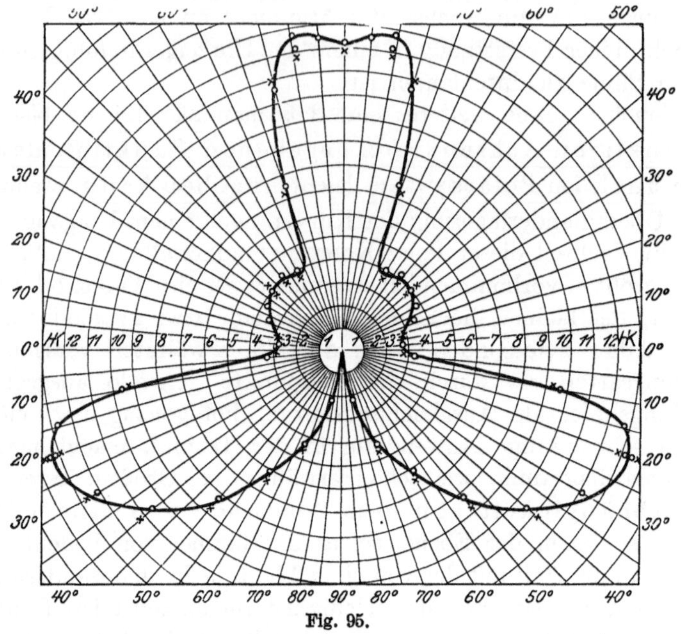

Fig. 95.

Polardiagramm

für die Lichtverteilung einer elektrischen Bogenlampe

Regina – Bogenlampe – 6 Amp. 110 Volt

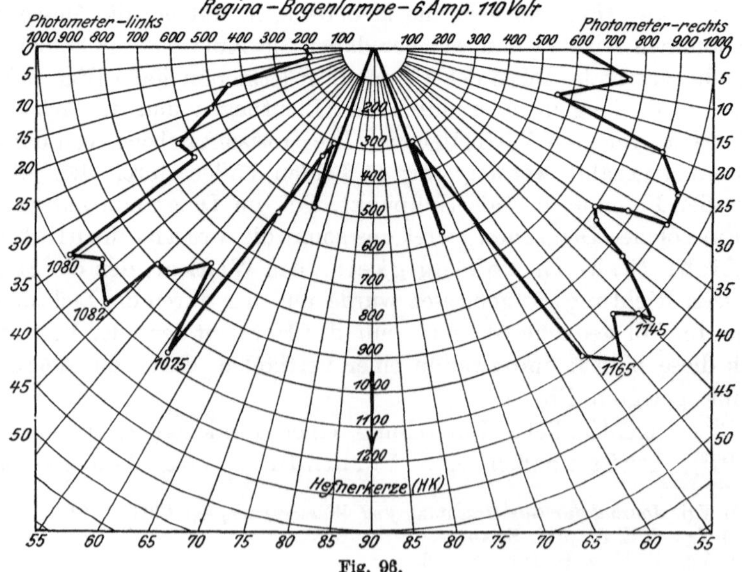

Fig. 96.

Polardiagramm. Sie gibt uns durch Breite, Länge und Richtung der Streifen die Verkehrsstärke in den verschiedenen Richtungen an, und

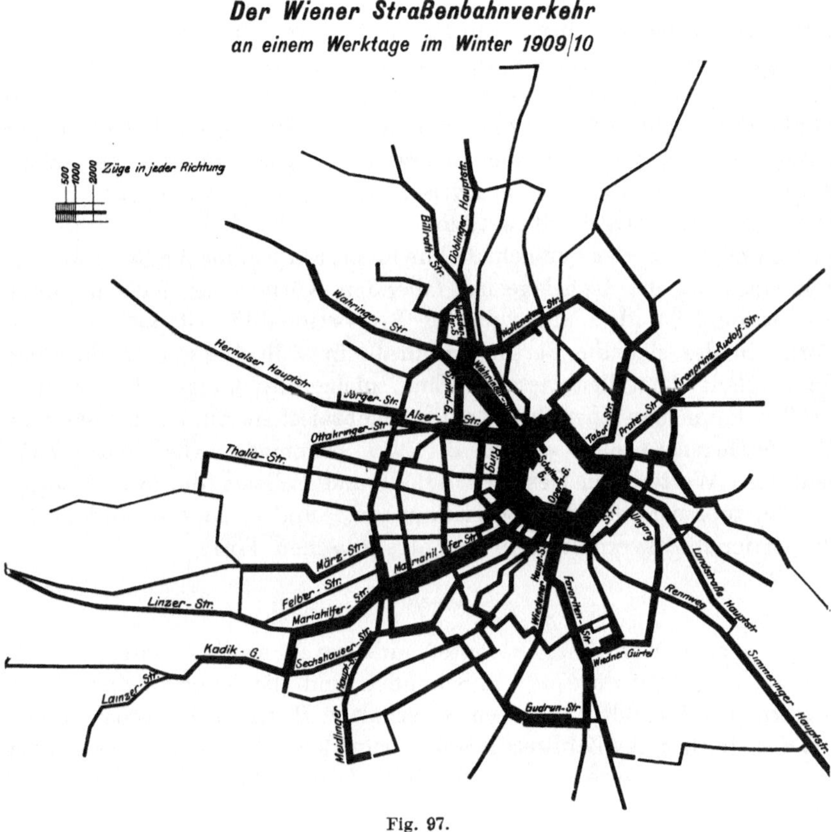

Fig. 97.

zwar läßt die Breite der Streifen auf die Verkehrsstärke an der betreffenden Stelle, die Länge derselben auf die Verkehrsausdehnung längs der Straße schließen und endlich ist auch die Richtung angegeben, in welcher diese Verhältnisse statthaben.

Statt nun, wie es in allen eben behandelten Fällen angenommen wurde, den funktionalen Zusammenhang zweier veränderlichen Größen der Erfahrung zu entnehmen, also *empirisch* zu bestimmen, sei es durch direkt für diesen Zweck angestellte Versuche, sei es durch Beobachtung der eintretenden Veränderungen, und sich mit den so gewonnenen Schaubildern oder Diagrammen, eventuell Tabellen zu begnügen[1]), kann man auch weiter gehen. Man versucht, obige Resultate einer genügend großen Zahl von Messungen in eine Form zu bringen, die mathematisch leichter zu handhaben ist und die wir auf Seite 124 die algebraische oder analytische genannt haben. Für dieses Ersetzen der empirisch gefundenen Resultate durch eine analytische Funktion gilt dann die analoge Voraussetzung, welche wir auf Seite 139 u. f. für die Kurvendarstellung gegeben haben, d. h. die analytische Funktion muß einfach sein und doch die empirischen Resultate mit ausreichender Genauigkeit wiedergeben. Bei theoretischen Überlegungen über solche Zusammenhänge ist diese analytische Form die gewöhnliche, in der die Ergebnisse dargestellt werden.

So zeigt z. B. der Versuch, daß im luftleeren Raume die Geschwindigkeit eines aus der Ruhelage frei fallenden Körpers der Fallzeit direkt proportional ist (d. h. diese direkte Proportionalität ist die einfachste Form, in der sich die Versuchsresultate in vollständig befriedigender Genauigkeit darstellen lassen). Eine solche Beziehung zwischen zwei Größen kann man aber durch einen algebraischen Ausdruck kurz und klar festlegen. Geben wir z. B. zwei beliebigen, aber zusammengehörigen Werten von Geschwindigkeit und Fallzeit, die ihre Maßzahl (Größe) repräsentierenden Bezeichnungen v und t, so erscheint dieses Proportionalitätsverhältnis in der algebraischen Form

$$v = c\,t$$

worin c eine Konstante bedeutet, und zwar ergeben entsprechende Messungen: Wird die Zeit t in Sekunden und die Geschwindigkeit v in Metern pro Sekunde angegeben, so erhält z. B. unter $45°$ geogr. Breite die Konstante c den Zahlwert $9{,}806\cdot\cdot$, rund $9{,}81$. Gewöhnlich bezeichnet man diese Konstante mit g und erhält dann die bekannte Formel:

$$v = g\,t$$

Durch diese Art der Darstellung der Abhängigkeit der beiden Größen v und t ist eine Vollständigkeit erreicht, wie sie weder die Kurven- und noch weniger die tabellarische Darstellung erreichen kann. Erstere, weil sie immer nur in einem begrenzten Intervall gezeichnet werden kann, letztere, weil sie immer nur diskrete Punkte herauszugreifen vermag, für dazwischenliegende Interpolationen verlangt. Dazu kommt, daß wir bei graphischer Darstellung auch noch die Ungenauigkeit der Zeichnung in den Kauf nehmen müssen.

Die *analytische Darstellung der Funktion* vereinigt also die Vorteile beider, nämlich die lückenlose Darstellung der einen

---

[1]) Diese Methode der Untersuchung nennt man die *empirische* und bezeichnet demnach auch die dadurch gewonnenen Kurven und Formeln als *empirische*.

mit der Genauigkeit der andern und fügt beiden die Geschlossenheit und die Freiheit in der Erweiterung ihres Anwendungsgebietes hinzu.

Diese Eigenschaften machen nun

die analytische Form der Darstellung

der Abhängigkeiten von Größen besonders geeignet für weitere Untersuchungen mit ihr, insbesondere weil sie in dieser Gestalt leichter in die Rechnungen eingeführt, d. h. mit anderen Größen kombiniert werden können.

Nicht immer sind natürlich die Zusammenhänge so einfach, wie in dem von uns gegebenen Beispiele, wie wir ja auch schon aus den bisherigen Betrachtungen wissen.

Unsere Beziehung zwischen Geschwindigkeit und Zeit von vorhin erhält z. B. schon den etwas komplizierteren Ausdruck

$$v = v_0 + g\,t$$

wenn die Bewegung nicht aus der Ruhelage erfolgt, sondern schon vorher die Geschwindigkeit v_0 vorhanden war. Der von dem Körper zurückgelegte Weg s drückt sich bereits in der noch komplizierteren Form

$$s = v_0\,t + \frac{g}{2}\,t^2$$

aus, wo also die unabhängig Variable t im zweiten Grade erscheint. Die Beziehung zwischen s und t ist also vom zweiten Grade (*quadratisch*) in t, dagegen jene von v und t in $v = v_0 + g\,t$ vom ersten Grade oder, wie man auch sagt *linear*.

Daß mit der Zusammengesetztheit der Vorgänge auch diese analytischen Ausdrücke komplizierter werden müssen, ist leicht begreiflich. Man geht dann zu ihrer theoretischen Darstellung so vor, daß man gewisse einfache Elementarbeziehungen zugrunde legt und vermöge deren Kombination die komplizierteren darzustellen sucht. So werden z. B. all die komplizierten astronomischen Erscheinungen, soweit sie durch Massenanziehungen bedingt erscheinen, durch das bekannte Newtonsche Massenanziehungsgesetz:

$$K = k \cdot \frac{m_1 \cdot m_2}{r^2}\,^{1)}\ \text{erklärt, bzw. dargestellt.}$$

---

[1]) K ist die zwischen den beiden Körpern bestehende Anziehungskraft, k ein konstanter Proportionalitätsfaktor, m_1 und m_2 die sich anziehenden Massen, und r ihre Entfernung.

Solche Elementarbeziehungen aufzufinden, ist jedoch nicht immer leicht. Aber selbst, wenn man darauf verzichtet und nur darauf ausgeht, die empirisch gefundene Beziehung durch Kurve oder Tabelle, vermittels eines einfachen analytischen Ausdruckes darzustellen, gelingt dies nicht immer. Ein interessantes Beispiel hierfür ist die sog. *Magnetisierungskurve*, welche die Abhängigkeit der Magnetisierungsstärke oder des induzierten Magnetismus (*magnetische Induktion*) von der magnetisierenden oder induzierenden Kraft zu zeigen hat. Die vielen Versuche, die darüber angestellt wurden, ergaben stets eine Kurve von ganz charakteristischer Gestalt — wie sie nebenstehende Skizze zeigt (Fig. 98) —, die also analytisch durch die Form zu geben wäre:

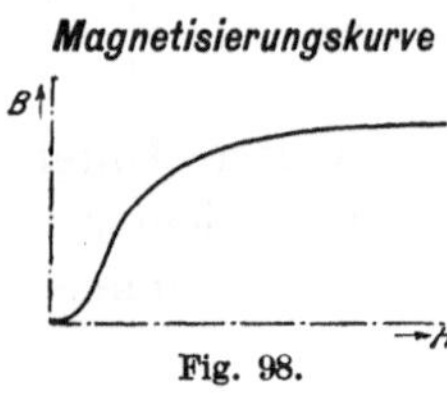

Fig. 98.

$$B = f(H)$$

worin B die induzierte, H die induzierende magn. Kraft bedeutet. Was unbekannt, ist eben die Art der analytischen Funktion, die das f repräsentieren soll, von der man auch fordern muß, daß sie einfach und damit praktisch brauchbar sei.

Ein Beispiel, etwas verschieden von den bisher betrachteten, bietet die mathematische Behandlung der Wechselströme in der Elektrotechnik. Es werden hier die durch Versuche gefundenen Kurven, welche sich analytisch nicht ganz einfach darstellen ließen, durch die verhältnismäßig einfache Sinusfunktion ersetzt. Auf diese Weise geht der Vorteil analytischer Darstellung nicht ganz verloren, indem die Rechnungen dadurch sehr vereinfacht werden. Die erzielten Resultate erweisen sich meist als praktisch genügend genau.

Aus alledem erkennt man zur Genüge, daß die analytische Form der Darstellung der Größenbeziehungen auch für den Ingenieur mindestens ebenso wichtig ist, wie die rein graphische. Dazu kommt, daß sie für theoretische Untersuchungen meist unentbehrlich ist. Man muß also ihre Eigenschaften untersuchen. Wie das geschehen kann, werden uns die Betrachtungen der nachfolgenden Paragraphen des näheren zeigen. Für diese nun kann man im Interesse der Anschaulichkeit und leichteren Faßlichkeit, dann aber auch wegen der Beziehungen zu den empirisch gefundenen Kurven auf die tabellarische, insbesondere aber auf die graphische Darstellung der analytisch gegebenen Funktionen nicht verzichten. Wir geben daher im folgenden diese Darstellungen von einfacheren und viel gebrauchten solchen Funktionen.

1. Tabellarische Darstellung

analytischer Funktionen.

$$3. \quad \frac{z}{y}(z+3) - 10 = \frac{3z - y^2}{y} + y$$

$$z^2 = 10y \quad \text{oder:} \quad z = \pm \sqrt{10y}$$

(Parabel)

1. $y = 2x - 4$ **2.** $y = 2x^2$

x	y
-2	-8
-1	-6
0	-4
$+1$	-2
$+2$	0
$+3$	$+2$
$+4$	$+4$
$+5$	$+6$

x	y
$\pm 0,0$	$+0,0$
$\pm 0,1$	$+0,02$
$\pm 0,2$	$+0,08$
$\pm 0,3$	$+0,18$
$\pm 0,4$	$+0,32$
$\pm 0,5$	$+0,50$
$\pm 0,6$	$+0,72$
$\pm 0,7$	$+0,98$
$\pm 0,8$	$+1,28$
$\pm 0,9$	$+1,62$
$\pm 1,0$	$+2,00$

y	z
neg.	imaginär
0	± 0
$+1$	$\pm 3,16$
$+2$	$\pm 4,48$
$+3$	$\pm 5,48$
$+4$	$\pm 6,33$
$+5$	$\pm 7,08$
$+6$	$\pm 7,74$
$+7$	$\pm 8,37$
$+8$	$\pm 8,95$
$+9$	$\pm 9,48$
$+10$	$\pm 10,00$

4. $y^2 = 25 - x^2$

$$y = \pm \sqrt{25 - x^2}$$

(Kreis)

5. $\dfrac{y}{x} - x^2 - 3x + \dfrac{24}{x} + 10 = 0$

$$y = f(x) = x^3 + 3x^2 - 10x - 24$$

x	y
$-\infty$	imag.
-6	,,
-5	0
-4	$\pm 3,00$
-3	$\pm 4,00$
-2	$\pm 4,58$
-1	$\pm 4,90$
0	$\pm 5,00$
$+1$	$\pm 4,90$
$+2$	$\pm 4,58$
$+3$	$\pm 4,00$
$+4$	$\pm 3,00$
$+5$	± 0
$+6$	imag.
$+\infty$	,,

y	x
$-\infty$	$-\infty$
-72	-6
-24	-5
0	-4
$+6$	-3
0	-2
-12	-1
-24	0
-30	$+1$
-24	$+2$
0	$+3$
$+48$	$+4$
$+126$	$+5$
$+240$	$+6$
$+\infty$	$+\infty$

7. $f(x) = 10^x$

6. $y = \overset{10}{\text{Log}}\, x$ $(x = \overset{10}{\text{Log}}\, y)$

x	y
0	$-\infty$
+ 0,001	$-3,00000$
+ 0,05	$-1,30103$
+ 0,1	$-1,00000$
+ 0,5	$-0,30103$
+ 1,0	$0,00000$
+ 2	$+0,30103$
+ 4	$+0,60206$
+ 6	$+0,77815$
+ 8	$+0,90309$
+ 10	$+1,00000$
+ 15	$+1,17609$
+ 20	$+1,30103$
+ 30	$+1,47712$
+ 60	$+1,77815$
+ 100	$+2,00000$
+ 200	$+2,30103$
+ 500	$+2,69897$
+1000	$+3,00000$
usw.	usw.

x	$f(x)$
$-\infty$	0
$-2,0$	+ 0,01
$-1,5$	+ 0,03
$-1,0$	+ 0,1
$-0,75$	+ 0,13
$-0,50$	+ 0,32
$-0,25$	+ 0,56
0	+ 1,0
$+0,25$	+ 1,78
$+0,5$	+ 3,16
$+0,75$	+ 5,63
$+1,0$	+ 10,0
$+1,5$	+ 31,63
$+2,0$	+100,0

Im 1. Beispiele stellt die Tabelle eine lineare Funktion (vom ersten Grade) dar, die in gewöhnlicher[1]) graphischer Deutung als Bild eine *Gerade* ergibt. Die Beispiele 2., 3. und 4. geben die Tabellen für Funktionen vom zweiten Grade, wobei sich graphisch im 2. und 3. Beispiel eine *Parabel*, im 4. Beispiel ein *Kreis* ergibt. Die Tabelle des 5. Beispieles stellt eine Kurve dritten Grades dar, wie man aus dem Gliede x^3 erkennt, und endlich sind in den Tabellen der Fälle 6. und 7. Teile der gewöhnlichen Logarithmentafeln verwirklicht.

2. Graphische Darstellung

analytischer Funktionen.

Hierzu benutzen wir zunächst das wichtigste und schon so häufig in diesem Buche verwendete Koordinatensystem mit zwei zueinander senkrecht stehenden Achsen, das von dem französischen Mathematiker *Descartes* (*Cartesius*) (1596—1650) eingeführt worden ist und nach ihm auch häufig benannt wird.

---

[1]) Vgl. S. 200.

Die nebenstehenden Figuren mögen das Notwendigste, das zu seinem Verständnis nötig ist, ins Gedächtnis zurückrufen.

Bestimmt man nun für alle möglichen Wertepaare (x,y) der Funktion $y = f(x)$ oder $\varphi(x,y) = 0$ die zugehörigen Bildpunkte P und verbindet diese durch eine sie alle gleichmäßig berücksichtigende Kurve, so nennt man diese **das graphische Bild der analytischen Funktion** $y = f(x)$ oder $\varphi(x, y) = 0$.

Als Beispiele wählen wir zu-

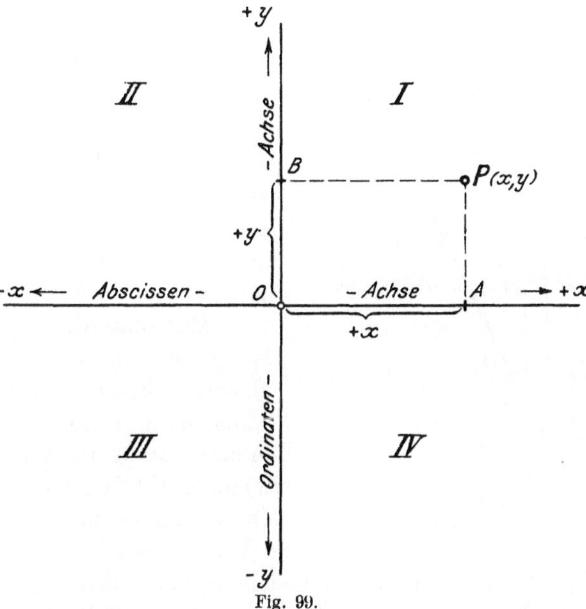

Fig. 99.

nächst die Funktionen, für die wir auf Seite 197, 198 die Tabellen angegeben haben[1]). (Das graphische Bild zur Funktion $y^2 = 25 - x^2$ findet sich in Fig. 108, S. 202.)

Da wir hier auf beiden Koordinatenachsen reelle Zahlen abtragen, so sind sie selbstverständlich, im speziellen auch die Ordinatenachse, für die Darstellung imaginärer Zahlenwerte in diesem Falle nicht verwendbar. Die Ebene wird hier zum Feld von reellen Zahlenpaaren (Zahlenebene der reellen Zahlenpaare), in der imaginäre Zahlen oder auch komplexe Zahlen keine Veranschaulichung finden können. Imaginäre Zahlenwerte der Funktionen können daher auch in solcher Veranschaulichung als Bild- bzw. Kurvenpunkte überhaupt keine Darstellung finden.

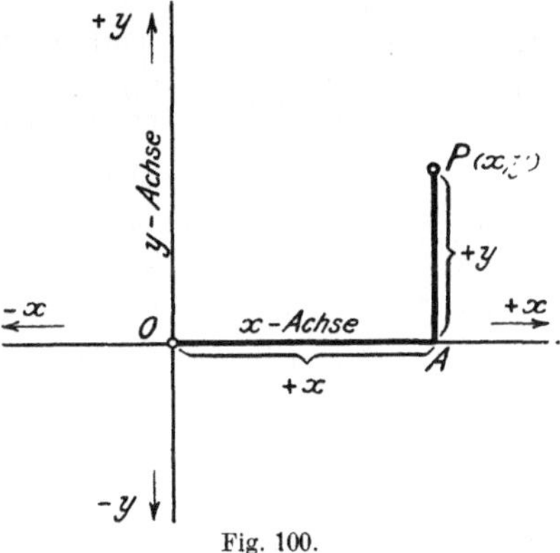

Fig. 100.

Da die beiden Variablen x und y der analytischen Funktion reine Zahlen bedeuten, so müssen im allgemeinen — d. h. wenn keine Veranlassung vorliegt, die ausdrücklich anderes verlangte — gleichen

---

[1]) Die den Tabellen-Zahlenwerten entsprechenden Kurvenpunkte sind im Bilde jeweils leicht sichtbar angegeben.

Zahlenintervallen auch gleiche Strecken auf beiden Achsen zugeordnet werden, wie wir es auch in den eben angeführten Figuren[1])

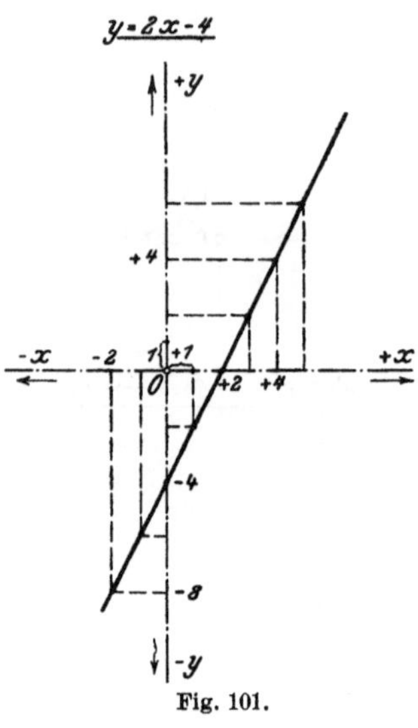

Fig. 101.

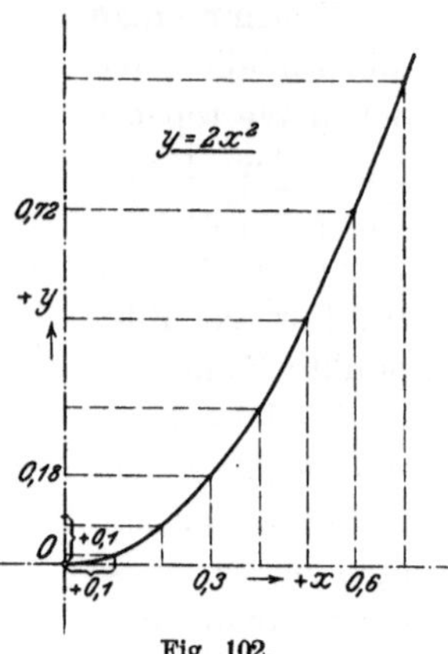

Fig. 102.

durchgehends eingehalten haben. Es sind, kurz gesagt, die Maßstäbe auf den beiden Achsen gleich zu wählen, was durch Wahl gleich langer Einheitsstrecken erreicht wird.

Wählt man die Maßstäbe nicht gleich, sondern nimmt man z. B. den einen Maßstab als das Zwei-, Drei-, Vier-, allgemein Vielfache des anderen, so ergeben sich im Vergleich zu den Figuren im Koordinatensystem mit gleichen Maßstäben — wobei wir zunächst den einfachsten Fall nehmen, indem wir dieselben bei der nämlichen Funktion gleich einem der beiden vorhin betrachteten gleichen Maßstäbe annehmen und die Achsen beibehalten wollen — folgende Veränderungen: Es werden entweder die Abszissen der Punkte in beiden Kurven gleich sein und die Ordinaten im gleichen Verhältnis, wie die Maßstäbe vergrößert oder umgekehrt. Man nennt zwei solche Figuren *affin*[2]). Wir

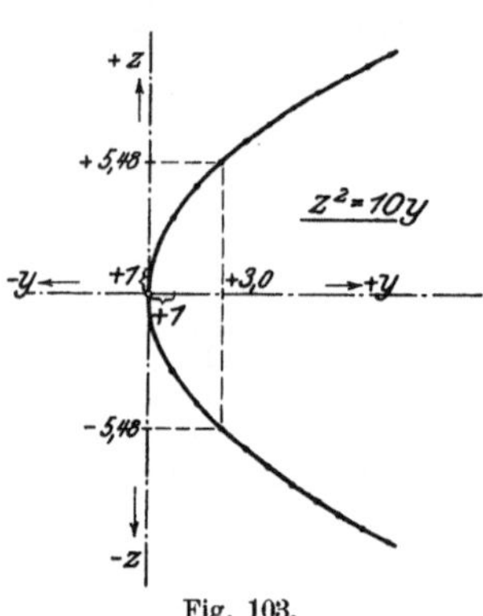

Fig. 103.

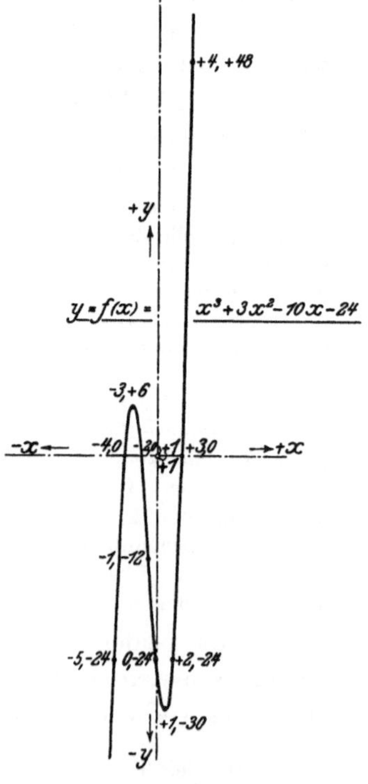

Fig. 104.

<hr>

[1]) Vgl. die Fig. 101 bis 106.

[2]) Allerdings ist dies nur ein Spezialfall der *Affinität* und für denselben im besondern noch die *orthogonale*; doch kommt einzig diese im obigen Falle in Betracht.

können daher sagen: **Bei verschiedenen Maßstäben auf beiden Achsen ist das Bild einer bestimmten Funktion** $y = f(x)$

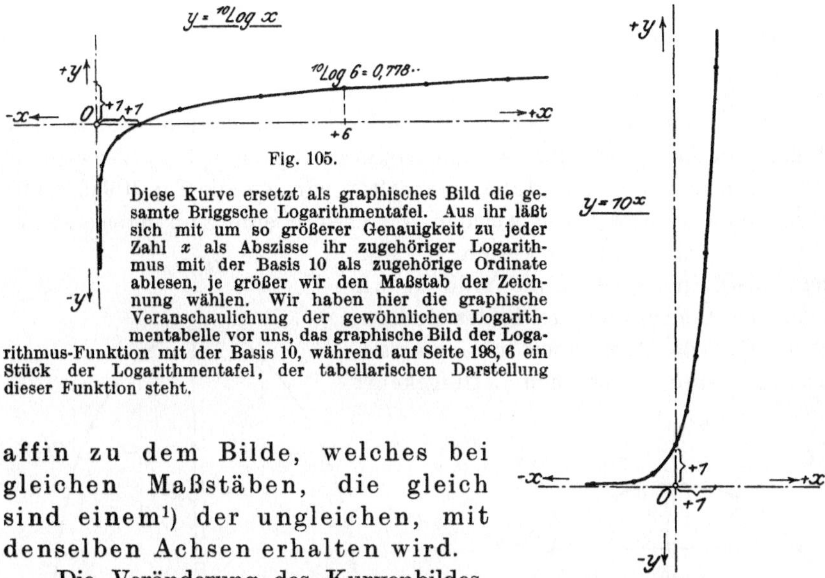

Fig. 105.

Diese Kurve ersetzt als graphisches Bild die gesamte Briggsche Logarithmentafel. Aus ihr läßt sich mit um so größerer Genauigkeit zu jeder Zahl x als Abszisse ihr zugehöriger Logarithmus mit der Basis 10 als zugehörige Ordinate ablesen, je größer wir den Maßstab der Zeichnung wählen. Wir haben hier die graphische Veranschaulichung der gewöhnlichen Logarithmentabelle vor uns, das graphische Bild der Logarithmus-Funktion mit der Basis 10, während auf Seite 198, 6 ein Stück der Logarithmentafel, der tabellarischen Darstellung dieser Funktion steht.

Fig. 106.

affin zu dem Bilde, welches bei gleichen Maßstäben, die gleich sind einem[1]) der ungleichen, mit denselben Achsen erhalten wird.

Die Veränderung des Kurvenbildes, die dabei eintritt, veranschauliche die Fig. 107, in welcher neben dem Bilde mit gleichen Maßstäben sich auch jenes findet, in dem die Maßstäbe auf den Achsen sich ver-

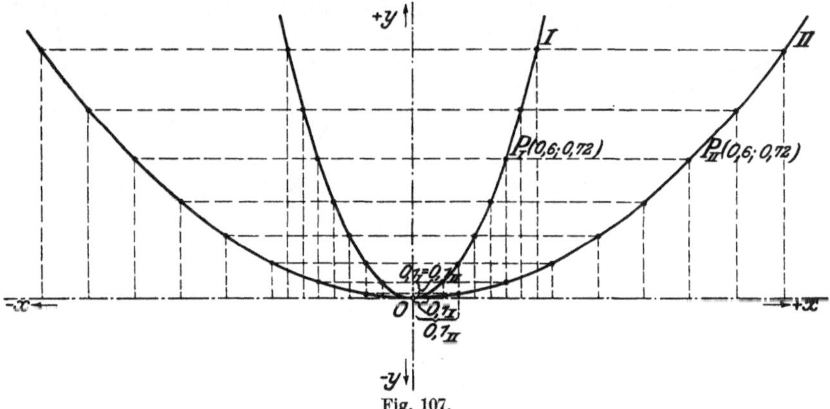

Fig. 107.

halten wie 3 : 1, und zwar von der schon früher in tabellarischer und graphischer Veranschaulichung zitierten Parabel $y = 2\,x^2$. Dieses Verhältnis nennt man in Rücksicht auf die affine Umformung der Kurve auch *Affinitätsverhältnis*.

---

[1]) Andern wir beide Maßstäbe auf beiden Achsen, so besteht keine direkte *Affinität*.

Wie man sieht, wird die Parabel um vieles flacher.

Besonders interessant werden die Verhältnisse in einigen speziellen Fällen. Als wichtigsten davon führen wir die Darstellung der analytischen Funktion

$$x^2 + y^2 = r^2$$

durch, für $r = 5$.

Stellen wir diese im rechtwinkligen Koordinatensystem mit gleichen Maßstäben dar, so erhalten wir einen *Kreis*; vgl. Fig. 108. Verwenden wir jedoch ungleiche Maßstäbe, so erhalten wir, wie die Fig. 109 und 110 lehren, eine *Ellipse*, von welchen die erstere eine zum Kreise affine Figur ist, nicht aber die letztere[1]). Man sieht also, in diesem Falle müßten wir sogar die Benennung des Bildes ändern, wenn wir von dem einen zum anderen Maßstabsystem übergehen. Umgekehrt

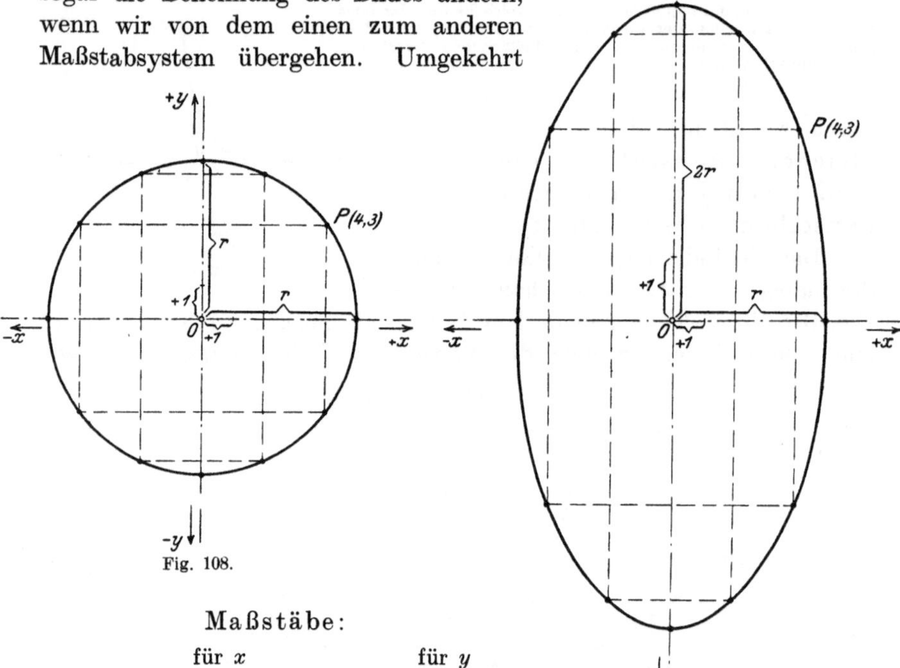

Fig. 108.

Fig. 109.

Maßstäbe:

	für x	für y
Fig. 108:	1 ∽ 4 mm	1 ∽ 4 mm
„ 109:	1 ∽ 4 „	1 ∽ 8 „

würde sich die gefundene Ellipse, wenn wir von ihr als gegeben ausgingen, wo ihre Gleichung lauten würde:

$$\frac{x^2}{r^2} + \frac{y^2}{(2\,r)^2} = \frac{x^2}{r^2} + \frac{y^2}{4\,r^2} = 1\,; \quad \text{bezw.} \quad x^2 + \frac{y^2}{4} = r^2 \qquad \text{Fig. 109}$$

---

[1]) Zwischen Fig. 108 und 110 oder 110 und 111, sowie 109 und 110, 109 und 111 ist die Affinität (auch bei Beibehaltung der Achsen) gestört, weil nicht mehr wenigstens einer der beiden Maßstäbe in beiden Figuren der gleiche ist (vgl. Fußbemerkung S. 201).

oder:

$$\frac{x^2}{\left(\dfrac{8}{5}r\right)^2} + \frac{y^2}{\left(\dfrac{3}{5}r\right)^2} = \frac{25\,x^2}{64\,r^2} + \frac{25\,y^2}{9\,r^2} = 1\,;\quad \text{bezw.}\quad \frac{25}{64}\,x^2 + \frac{25}{9}\,y^2 = r^2$$

Fig. 110

bei passender Änderung eines oder beider Maßstäbe im Bilde als Kreis zeigen (Fig. 111), also würde abermals eine Namensänderung eintreten müssen.

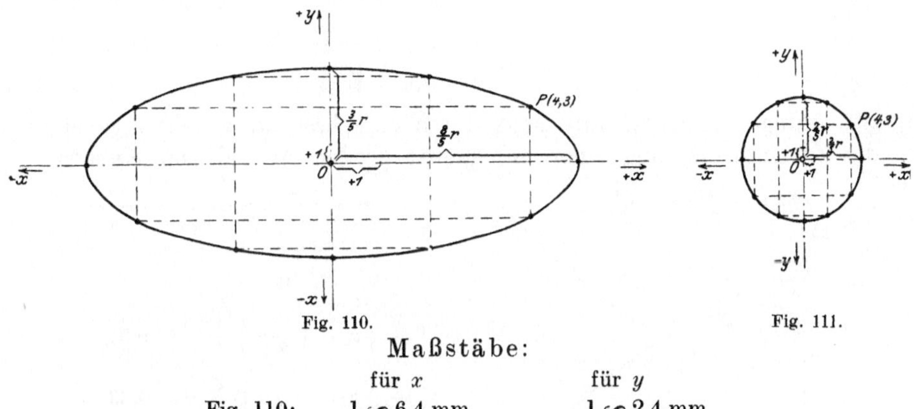

Maßstäbe:

	für x	für y
Fig. 110:	1 ∽ 6,4 mm	1 ∽ 2,4 mm
„ 111:	1 ∽ 1,6 „	1 ∽ 1,6 „

Diese Schwierigkeit wird erst aufgehoben, wenn man den praktischen Standpunkt für die Benennung verläßt und den theoretischen

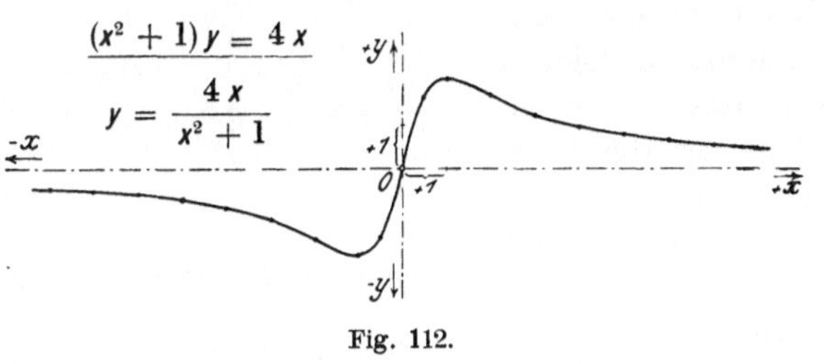

einnimmt. Die Theorie betrachtet eben den Kreis ebenfalls als Ellipse; sie würde ihn einfach „gleichachsige Ellipse" nennen.

Ein analoges Beispiel wäre durch die gewöhnliche Hyperbel und ihren Spezialfall, die gleichseitige, gegeben.

Bei den empirisch aufgenommenen Kurven, wo also auf den Achsen die Maßzahlen verschiedener Größenarten aufgetragen werden, ist ein direkter Vergleich der Maßstäbe gar nicht möglich, da man nur gleichartige Größen miteinander vergleichen kann. Auf das Resultat der Untersuchung ist dies aber, wie man leicht sieht,

x	y
$-\infty$	0
-8	$-0,49$
-7	$-0,56$
-6	$-0,65$
-5	$-0,77$
-4	$-0,94$
-3	$-1,2$
-2	$-1,6$
-1	$-2,0$
$-0,5$	$-1,6$
0	0
$+0,5$	$+1,6$
$+1$	$+2,0$
$+2$	$+1,6$
$+3$	$+1,2$
$+4$	$+0,94$
$+5$	$+0,77$
$+6$	$+0,65$
$+7$	$+0,56$
$+8$	$+0,49$
$+\infty$	0

ohne Einfluß, da es für dieses einzig auf die Frage ankommt: „Welcher Wert der einen Größe gehört der anderen zu?“ und die Antwort darauf hängt nicht vom Maßstabe unseres Koordinatensystemes ab.

Als weitere interessante Beispiele der graphischen Darstellung analytischer Funktionen seien mit Fig. 112, S. 203 noch die folgenden angeführt.

Die Funktion:

$$9\,a\,u^2 = t(3\,a - t)^2$$

oder:

$$u = f(t) = \pm\, \frac{3\,a - t}{3}\, \sqrt{\frac{t}{a}}$$

ist, solange die Konstante nicht durch eine bestimmte Zahl gegeben, die Zusammenfassung einer unbegrenzt großen Anzahl von Kurven,

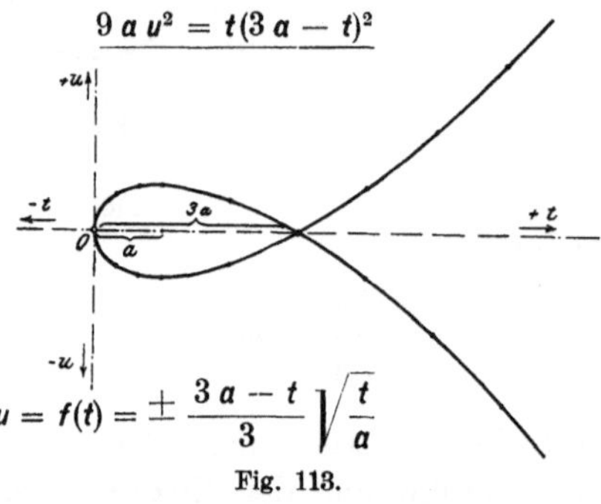

Fig. 113.

t	u
0	$\pm\,0$
$+\dfrac{1}{3}\,a$	$\pm\,\dfrac{9}{8}\,a\,\sqrt{\dfrac{1}{3}} = \pm\,0{,}51\cdots a$
$+\dfrac{2}{3}\,a$	$\pm\,\dfrac{7}{9}\,a\,\sqrt{\dfrac{2}{3}} = \pm\,0{,}63\cdots a$
$+\;a$	$\pm\,\dfrac{2}{3}\,a\ \ \ \ \ = \pm\,0{,}66\cdots a$
$+2\,a$	$\pm\,\dfrac{1}{3}\,a\ \sqrt{2} = \pm\,0{,}47\cdots a$
$+3\,a$	$\pm\,0$
$+4\,a$	$\mp\,\dfrac{2}{3}\,a\ \ \ \ \ = \mp\,0{,}66\cdots a$
$+5\,a$	$\mp\,\dfrac{2}{3}\,a\,\sqrt{5} = \mp\,1{,}49\cdots a$
$+6\,a$	$\mp\ \ a\,\sqrt{6} = \mp\,2{,}45\cdots a$
$+7\,a$	$\mp\,\dfrac{4}{5}\,a\,\sqrt{7} = \mp\,2{,}53\cdots a$

die sich durch Variation des Zahlwertes a ergeben, den man in solchen Fällen *Parameter* dieser Kurvenschar nennt. Indem wir die Konstante a als Einheit für die aufzutragenden Koordinaten wählen, erhalten wir ein allgemeines Bild, das in der nebenstehenden Fig. 113 mit beigegebener Tabellendarstellung wiedergegeben ist.

$$y = \sin\varphi = \sin x$$

In dieser sog. *Sinusfunktion*, die wir zu erwähnen bereits Gelegenheit hatten[1]), bedeutet das Argument φ oder x einen Winkel, ausgedrückt in Graden, Minuten und Sekunden, oder eine unbenannte Zahl, wenn man nämlich den Winkel durch das Verhältnis aus Bogenlänge zu Radius ausdrückt. Es ist dann dem vollen Winkel (360°) die Zahl $\dfrac{2\,r\,\pi}{r} = 2\,\pi$ zuzuordnen, und den übrigen Winkeln, kleiner als ein

---

[1]) Vgl. S. 125, 126.

voller, Zahlen zwischen 0 und 2π [1]). Als graphisches Bild ergibt sich eine unbegrenzte Wellenlinie, die nach Fig. 114 leicht konstruiert werden kann.

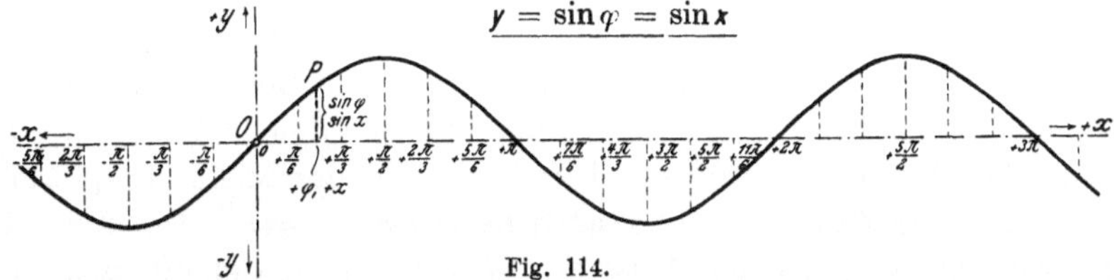

Fig. 114.

In der elementaren Trigonometrie wird der Sinus eines Winkels durch das Verhältnis aus Gegenkathete zu Hypotenuse in einem rechtwinkligen Dreieck definiert. Indem wir diese Definition beibehalten, ergibt sich eine einfache graphische Darstellung der Sinusfunktion, die, für sich genommen, gegenüber der in Fig. 114 gezeigten den Nachteil geringerer Anschaulichkeit, aber den Vorteil der Raumersparnis und einfacheren Handhabung hat. Immerhin stehen beide in einem einfachen graphischen Zusammenhang, wie wir bald sehen werden.

Für den Winkel $\varphi = 90° = \dfrac{\pi}{2}$ ist $\sin 90° = \sin \dfrac{\pi}{2} = +1$ der größte Wert, den y annehmen kann, da der Sinus eines Winkels nur zwischen -1 und $+1$ schwankt. Wir zeichnen nun einen Kreis (Fig. 115) mit dem Radius gleich einer Strecke, die wir diesem Maximalwert zuordnen, also gleich 1 annehmen. Ist dann $\varphi = x$ irgendein Wert des Argumentes, abgetragen als Winkelgröße von OH aus im entgegengesetzten Sinne der Uhrzeigerbewegung, so brauchen wir nur den Endpunkt A des Strahles $\overline{OA}$ oder, wie man auch sagt, des „Vektors" $\overline{OA}$ orthogonal auf die vertikale Achse zu projizieren und erhalten in der Strecke $\overline{OA'}$ unmittelbar den Ordinatenwert y. Denn der Winkel OAA' ist als Wechselwinkel an Parallelen gleich $\varphi = x$ und daher folgt im rechtwinkligen Dreieck OAA' die Beziehung:

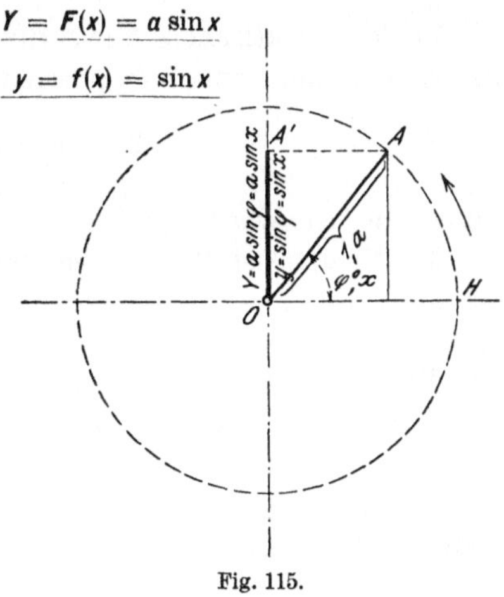

Fig. 115.

$$\sin\varphi = \sin x = \frac{\overline{OA'}}{\overline{OA}} = \frac{\overline{OA'}}{1} = \overline{OA'} = y$$

---

[1]) die sich aus der Proportion $360° : \varphi° = 2\pi : x$ bestimmen, woraus einerseits: $x = \dfrac{\pi}{180}\,\varphi$, andrerseits: $\varphi° = \dfrac{180}{\pi}\,x$.

also:

$$\overline{OA'} = y$$

d. h. $\overline{OA}'$ ist gleich dem Ordinatenwerte y, gemessen mit $\overline{OA}$ als Einheitsstrecke. Für jeden Argumentenwert x, abgetragen als Winkelgröße vom Strahl $\overline{OH}$ aus in dem angeführten Sinne, erhalten wir so in einfacher Weise die Ordinate Y bzw. y, und damit eine graphische Darstellung, die man auch *Vektordiagramm* nennt[1]). Die Fig. 116 lehrt, wie man in einfacher Weise von diesem zu dem anschaulicheren Bilde der Sinuslinie übergehen kann.

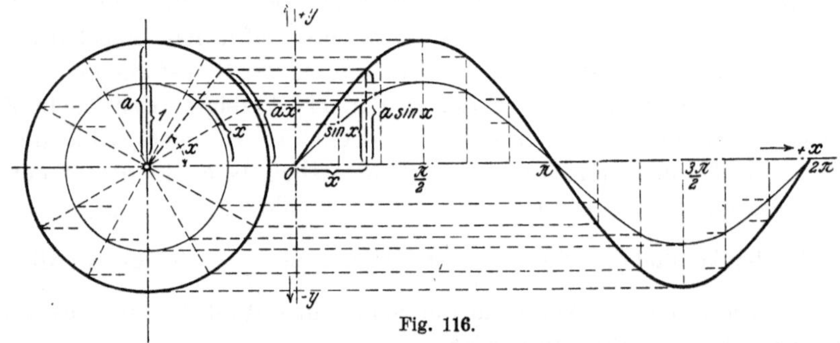

Fig. 116.

In den praktischen Anwendungen hat man die Sinusfunktion gewöhnlich in der etwas erweiterten Form:

$$Y = a \sin\varphi = a \sin x$$

wo a eine Konstante ist.

In dieser Gestalt sind die Ordinaten y jeweils a-mal größer als in der Funktion $y = \sin x$ bei gleichem Argumentenwert x. Es stellt also in der früher[2]) gegebenen Ausdrucksweise $Y = a \sin x$, graphisch dargestellt, eine zu $y = \sin x$ **affine Kurve** dar, falls wir beide im gleichen Koordinatensysteme veranschaulichen.

Auch im Vektordiagramm ist ihre Darstellung einfach, indem jetzt der Maximalwert von $y = a$ ist, also a-mal größer als im Falle $y = \sin x$. Ordnen wir der Zahl a in Fig. 115 wieder die gleiche Strecke $\overline{OH} = \overline{OA}$ zu, so können wir dieses Diagramm auch unmittelbar für diesen Fall benutzen, indem wir nur beachten, daß die neue Darstellung in einem a-mal kleineren Maßstabe erscheint.

Der Vollständigkeit halber erwähnen wir eine andere, aber weniger gebräuchliche Darstellung der Funktion $y = \sin x$ oder $Y = a \sin x$ in

---

[1]) Die Darstellung nach Fig. 114 ist auch bekannt als *Glockendiagramm*.
[2]) S. 200 u. ff.

Form eines Vektordiagramms. Die Fig. 117
läßt diese Darstellung ohne weiteres verstehen. Man kann dieselbe, die offenbar
einen weniger einfachen Übergang zur Wellenlinie erlaubt, als wie das Vektordiagramm
in Fig. 116, zur Unterscheidung als *Polardiagramm* bezeichnen.

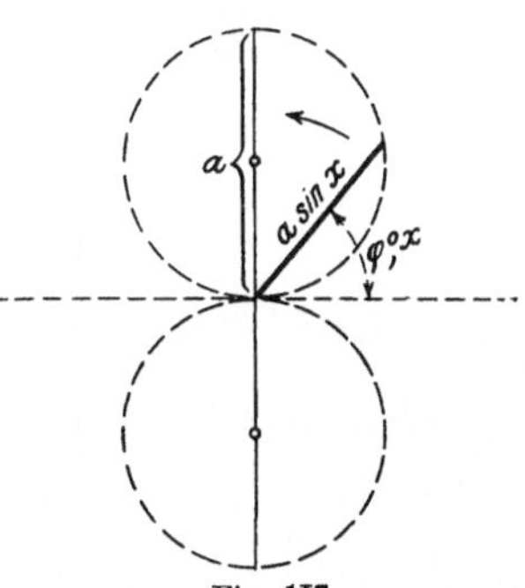

Fig. 117.

Wie ersichtlich, hat jede Funktion mit
nur einem Argument als Bild eine in einer
Ebene, der Ebene des Koordinatensystemes,
liegende Kurve oder kurz eine *ebene Kurve*.

Liegt dagegen eine

Funktion mit drei Veränderlichen

vor, wovon dann zwei unabhängig Veränderliche oder Argumente sind,
so wird das graphische oder geometrische Bild ein anderes. Für dessen
Herstellung, bzw. für die Aufsuchung der Bildpunkte, die den Tripeln
zusammengehöriger Werte von x, y und z zukommen, bedarf man aber
auch eines neuen Koordinatensystemes, das eben, zur Auftragung dreier
verschiedenen Veränderlichen, drei verschiedene Achsen haben muß, eine
für die Abtragung der x-Werte, eine für y und eine für z. Es ist dies
das **räumliche Kartesische Koordinatensystem**, in welchem
man wieder gewöhnlich die Achsen senkrecht zueinander nimmt. Da
uns aber für das Zeichnen nur eine Ebene, die Papierfläche, zur Verfügung steht, so müssen wir, um die Sache zeichnerisch zu vermitteln,
von diesem räumlichen Zusammenhange ein **Projektionsbild** auf
unsere Papierfläche herstellen. Dies kann in verschiedener Weise geschehen, z. B. in Form eines perspektivischen Bildes, im Zweitafel-
system (Aufriß- und Grundriß- oder Mongesche Methode), in orthogonaler oder schiefer **Axonometrie** (im speziellen in der sog. *Kavalierperspektive*). Dieses letztere Verfahren ist unseren Figuren zugrunde gelegt.

Ist also eine Funktion dreier Veränderlichen

$$z = f(x, y)$$

gegeben, so nimmt man x und y beliebig an, berechnet den zugehörigen
Wert von z, nimmt auf den Achsen des räumlichen Koordinatensystems
drei beliebige, aber gleich lange[1]) Einheitsstrecken an und trägt vermittels derselben die Koordinatenwerte x, y, z auf den zugehörigen,
d. h. gleichbenannten Koordinatenachsen vom *Ursprung O* aus ab und
findet die Punkte A, B, C, deren Projektionsbilder in der Fig. 118

---

[1]) Vgl. S. 199, 200 u. ff.

zu sehen sind. Dann bestimmt man vermöge der Wertepaare (x,y), (x,z) und (y,z) die Punkte P', P'' und P'''. Errichtet man dann in diesen drei Punkten Senkrechte zu der jeweiligen Koordinatenebene, so schneiden sich diese drei Senkrechten in einem einzigen Punkte $P(x,y,z)$, der sog. „freien Ecke" des entstandenen Parallelepipeds oder Quaders. Dieser Punkt ist dann das räumliche Bild des vermöge der Funktion zusammengehörigen Z a h l e n t r i p e l s (x,y,z).

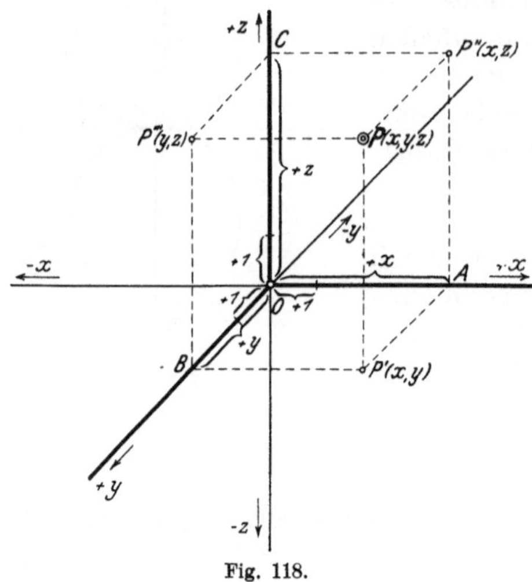

Fig. 118.

Von all den zuletzt beschriebenen Dingen haben wir in unserer Figur das Projektionsbild, was wir von nun an, als selbstverständlich, nicht mehr besonders betonen werden.

Die Gesamtheit der so erhaltenen Bildpunkte P liegt auf einer *krummen Fläche*, dem graphischen Bilde der Funktion $z = f(x,y)$.

Man kann zum Bildpunkte P einfacher auch so gelangen, daß man z. B. zunächst den Punkt A, im Abstande x von O, aufsucht,

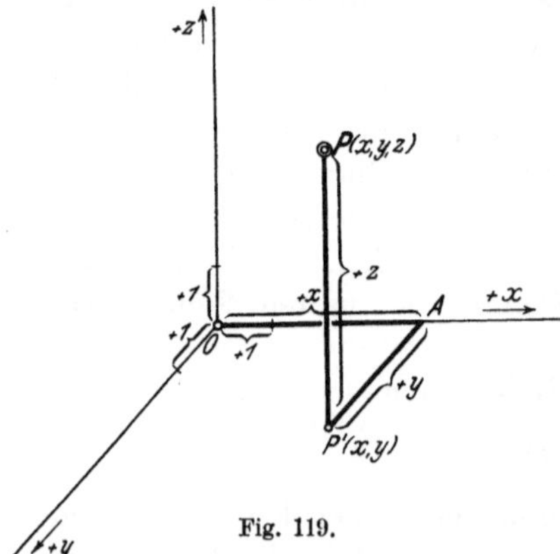

Fig. 119.

durch diesen eine Senkrechte zur xz-Ebene zieht, die also in der xy-Ebene senkrecht zur x-Achse liegt, auf dieser Senkrechten den Streckenwert der Zahl y abträgt und durch den so gewonnenen Punkt P' eine Senkrechte zur xy-Ebene oder eine Parallele zur z-Achse konstruiert, auf der man schließlich den Streckenwert der Koordinate z abträgt (Fig. 119). P erscheint so als Endpunkt des gebrochenen Linienzuges $OAP'P$.

Als instruktives Beispiel zitieren wir einen Fall, der praktisch tatsächlich ausgeführt wurde, also nicht nur von theoretischem Interesse ist. Obering. *Lasche*-Berlin[1]) untersuchte die gegenseitige Ab-

<hr>

[1]) Z. d. V. d. I. 1901, S. 1269; Untersuchungen an Schnellbahnwagen der *Allgemeinen Elektrizitäts-Gesellschaft (A. E. G.)* in Berlin, ausgeführt in der mechanischen Versuchsanstalt dieser Firma.

hängigkeit der drei Größen Reibungskoeffizient, Temperatur und Umfangsgeschwindigkeit eines in einem Lager rotierenden Zapfens. Als unabhängig Variable wurden dabei die Temperatur t (gemessen in Graden Celsius) und die Umfangsgeschwindigkeit v (gemessen in Metern pro Sekunde) genommen. Der Reibungskoeffizient μ, eine reine Zahl, ist die abhängig Variable. Zur Überführung in die Form $z = f(x, y)$ haben wir also zu setzen $x = t$; $y = v$ und $z = \mu$, oder auch $x = v$, $y = t$ und $z = \mu$. Letztere Einführung wollen wir wählen und erhalten dann die Funktion:

$$\mu = f(v, t)$$

Die zusammengehörigen Werte von μ, v und t wurden hier empirisch bestimmt[1]), und zwar wurde der Reibungskoeffizient μ untersucht:

1. bei verschiedenen, aber für den Einzelversuch konstant gehaltenen Temperaturen und veränderlicher Geschwindigkeit v. Die Fig. 120 zeigt die so erhaltenen Kurven für die Temperaturen 20°, 40°, 60°, 80° und 100°;

2. bei verschiedenen, aber für den Einzelversuch konstant gehaltenen Geschwindigkeiten und veränderlicher

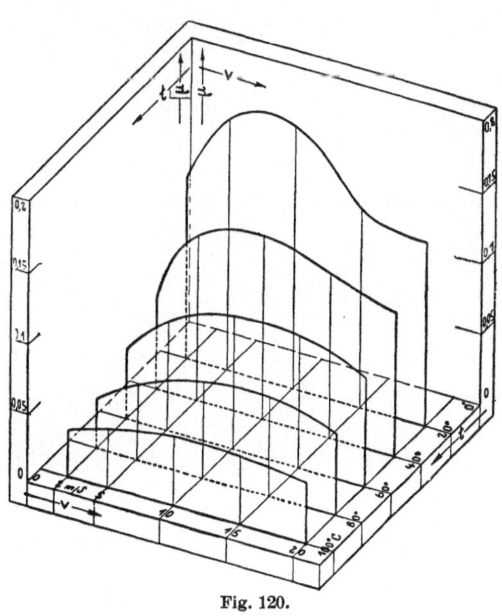

Fig. 120.

Temperatur t. Die Fig. 121 zeigt die erhaltenen Kurven für die Geschwindigkeiten 2, 5, 10, 15 und 20 m/sec.

Man sieht, daß die ersteren dieser Kurven in Ebenen liegen parallel der $v\mu$-Ebene (entsprechend der xz-Ebene), weil ja alle Punkte, z. B. der ersten dieser Kurven, von der $v\mu$-Ebene gleichen Abstand haben, nämlich jenen, welcher der Strecke entspricht, die der Maßzahl,

---

[1]) Aus diesem Grunde hätten wir diese Funktion eigentlich schon früher, im Anschlusse an die empirischen ebenen Kurven anführen sollen. Um aber unnötige Wiederholungen zu vermeiden, fanden wir es für zweckmäßiger, den Fall an dieser Stelle vorzuführen.

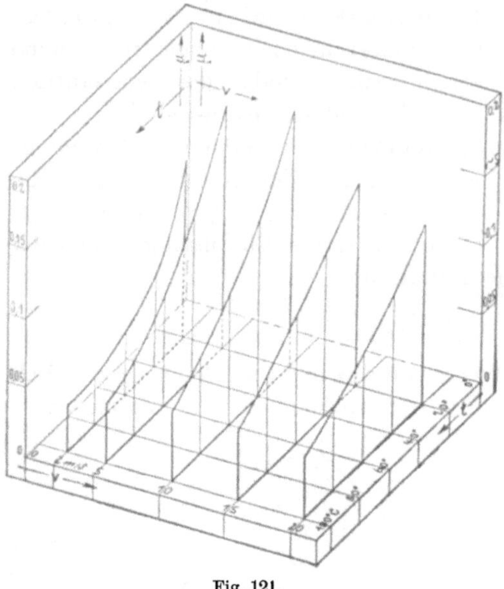

Fig. 121.

der Größe 20° zugeordnet ist, und diese Eigenschaft haben sämtliche Punkte der Ebene parallel zur $v\mu$-Ebene im gleichen Abstande von letzterer. Man nennt diese Kurven *Isoplethen*. Die Kurven, Isoplethen, der Fig. 121 sind dann ebene Kurven in Ebenen parallel zur $t\mu$-Ebene (entsprechend der yz-Ebene).

Diese beiden Kurvensysteme werden nun, analog wie die Punkte bei der empirischen ebenen Kurve, durch eine sie enthaltende, möglichst einfache krumme Fläche verbunden in einem entsprechenden Modell, wie dies Fig. 122 veranschaulicht[1]).

Jedem Punkte dieser Fläche gehört je ein Wert von v, t und μ zu, die also angeben, welcher Reibungskoeffizient bei der bestimmten Temperatur und Umfangsgeschwindigkeit zu erwarten ist. Das hergestellte Modell ist das angemessenste Veranschaulichungsmittel der Funktion dieser drei Veränderlichen, aber die Schwierigkeit liegt in der mühevollen, zeitraubenden, sowie kostspieligen Arbeit, die zur Anfertigung

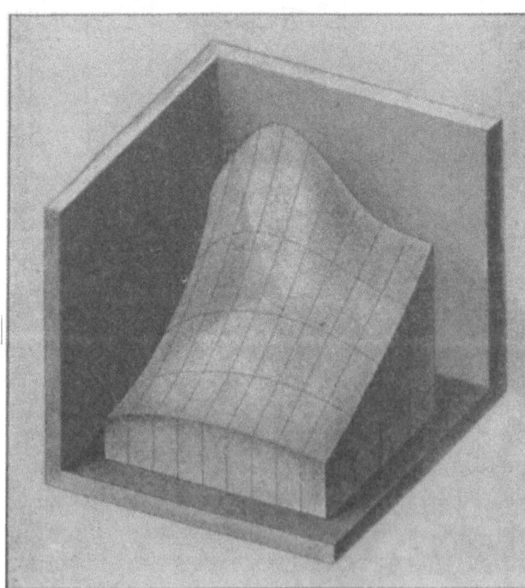

Fig. 122.

---

[1]) Alle drei Fig. 120, 121 und 122 sind natürlich wieder nur Projektionsbilder der räumlichen Modelle. Der einzig richtige Weg zur Demonstration dieser Sache wäre, dem Leser das Modell selbst zu zeigen. Dieser Weg ist hier aber ungangbar.

solcher Modelle nötig ist[1]). Sie werden daher in der Praxis nicht oft verwendet, während die Geometrie ihrer nicht entbehren kann. Dort sind es dann bestimmte analytische Funktionen, die in solchen Modellen dargestellt werden, wie z. B. $x^2 + y^2 + z^2 = r^2$, die Kugel und viele andere.

Da aber der Praktiker doch recht häufig in die Lage kommt, solche Funktionen dreier Veränderlichen, seien sie nun empirisch gegeben oder aus theoretischen Überlegungen direkt in Form analytischer Funktionen bekannt, geometrisch bzw. graphisch zu veranschaulichen, so muß man andere Wege einschlagen. Diese sind zunächst in der Verwendung der verschiedenen Projektionsverfahren gegeben, wie sie die „Darstellende Geometrie" lehrt. Dasjenige Verfahren, das die anschaulichsten Bilder liefert, weil unserem Sehen am nächsten kommend, ist die *Zentralprojektion* oder *Perspektive*, deren gewöhnliche Verwirklichung wir aus den Photographien kennen. Sie hat aber den für unsere Zwecke großen Nachteil, daß Maße aus ihr nicht auf einfache Weise entnommen werden können. Die axonometrischen Verfahren eignen sich schon besser in dieser Hinsicht, denn, wie schon der Name sagt, wird auf das Messen auf den Achsen abgestellt, was ja auch unserer Methode des Koordinatensystemes entspricht. Es werden hierzu die Projektionsbilder der drei Achsen gegeben und je nachdem, ob man es mit rechtwinkliger (*orthogonaler*) oder schiefwinkliger (*klinogonaler*, „schiefer") Axonometrie zu tun hat, die Verkürzungen, unter denen die Einheitsstrecken (z. B. 1 cm) auf den drei Achsen sich projizieren, geometrisch bzw. konstruktiv zu bestimmen sein oder sie können beliebig angenommen werden. Aus der zuletzt genannten Tatsache ergibt sich, daß für Herstellung von Schaubildern die „schiefe Axonometrie" besser geeignet ist, indem sie rascher zeichnen läßt, weil man die Verkürzungen der Einheitsstrecke auf den drei Achsen beliebig nehmen kann. Unter den hier gebräuchlichen Verfahren ist nun wieder das einfachste das, wo zwei Achsen, z. B. die x- und z-Achse, den rechten Winkel zwischen sich im Projektionsbilde beibehalten (siehe Fig. 125), die Einheitsstrecken auf ihnen also unmittelbar in wahrer Größe auch im Projektionsbilde eingetragen werden können. Die Projektion der dritten Achse nimmt man dann, in dem speziellen Falle der *Kavalierperspektive*, unter 45° zur x- und z-Achse und setzt fest, daß auf ihr die Einheitsstrecke ebenfalls in wahrer Größe aufgetragen werden soll, oder, wie in Fig. 125, in einem anderen Maßstab.

Wollten wir nun in diesem Projektionsverfahren, also der Kavalierperspektive, die Projektionsbilder der sämtlichen Punkte einer krummen Fläche bestimmen, so würden diese einfach die ganze oder einen Teil der Projektionsebene überdecken[2]). Man würde also auf diese

---

[1]) Auch eignen sich dieselben aus naheliegenden Gründen nicht sehr zur direkten Entnahme von Zwischenwerten der Variablen.

[2]) Man nehme irgendeine krumme Fläche, z. B. ein verbogenes Blatt Papier und stelle sich die Projektion der Punkte derselben vor.

Weise kein oder jedenfalls kein anschauliches Bild erhalten. Man muß
daher anders vorgehen.

Denkt man sich nun auf der krummen Fläche K u r v e n gezogen,
so werden diese eine von der Natur der Fläche abhängige Gestalt haben,
dieselbe also charakterisieren und in ihrer Verbindung in der Vorstellung, wie bei den Punkten und der ebenen Kurve, ein Bild der Fläche
und damit des funktionalen Zusammenhanges vermitteln[1]). Wie man
diese Kurven, die man natürlich erst wieder aus Punkten bestimmt,
legt, ist zunächst gleichgültig. Man wird jedoch danach trachten
müssen, die Arbeit möglichst zu vereinfachen und zunächst daran denken,

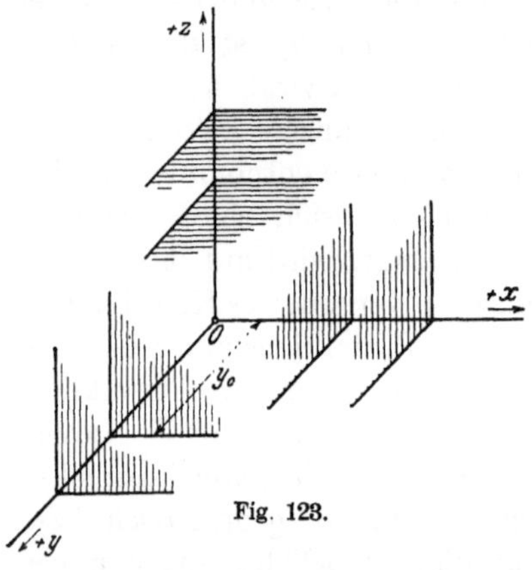

Fig. 123.

die Kurven nicht beliebig auf der
Fläche zu legen, sondern so, daß sie
ebene Kurven darstellen, also als
Schnitte von Ebenen mit der Fläche
erscheinen. Auch wird man mit
Vorteil diese Ebenen in möglichst
einfache Lage zu den Koordinatenebenen bringen, welche einfachste
Lage wohl gegeben ist, wenn wir die
Ebenen parallel nehmen zur xz-, zur
xy- und yz-Ebene. Man nennt solche
Ebenen in der Darstellenden Geometrie *Hauptebenen*. In Fig. **123**
sind je zwei solcher Ebenen angedeutet. Man sieht leicht, daß alle Punkte z. B. einer Ebene parallel
zur xz-Ebene die gleiche y-Koordinate y_0 besitzen. Analoges gilt für
die anderen Hauptebenen.

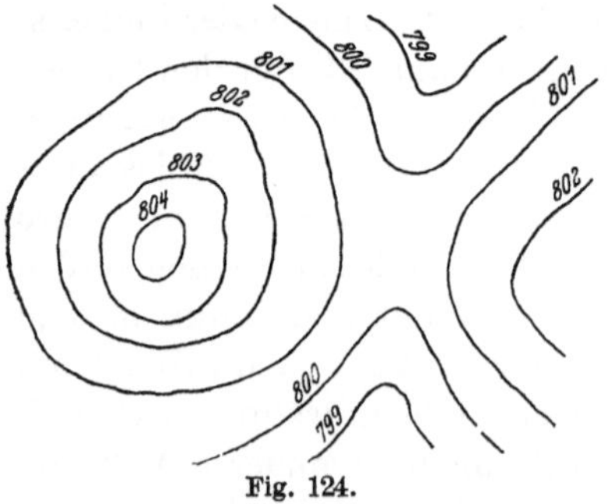

Fig. 124.

Nehmen wir z. B. die Ebenen
parallel zur xy-Ebene, die also
sämtlich horizontal sind, wenn, wie
es gewöhnlich geschieht, die xy-
Ebene selbst horizontal ist, so haben wir die im Ingenieurwesen gebräuchliche Darstellung kleinerer
Teile des Geländes, der Erdoberfläche, vermöge der sog. *Niveau-*
oder *Schichtenlinien*. Es sind dies
Kurven, die als Schnitte äquidistanter, horizontaler Ebenen[2]) mit der
Erdoberfläche anzusehen sind. Durch Angabe der Höhenkote — d. i.

---

[1]) Vgl. S. 133 u. ff.

[2]) als Ebenen so weit, als man eben die Oberfläche der Erdkugel als Ebene betrachten darf, in größeren Ausdehnungen: äquidistanter, zum Erdmittelpunkt konzentrischer Kugel- (Elliksoid-) Flächen, vgl. auch S. 216.

die Zahl, welche die Höhe (in Metern) über dem Meeresspiegel angibt — dieser Schichtlinien ist auch die Fläche bestimmt.

Wir suchen also die Kurven der Fläche in den Hauptebenen parallel zur xz-Ebene und yz-Ebene und tragen diese in unser Projektionsbild ein, wodurch uns ein Schaubild der Fläche vermittelt wird.

Wie dies im einzelnen zu geschehen hat, zeigen wir an dem

Beispiel der analytischen Funktion dritten Grades:

$$z^2(1 + y) + 2xy - 35 = 0$$

oder

$$z = \pm\sqrt{\frac{35 - 2xy}{1 + y}}$$

für welche sich zunächst folgende

Tabellendarstellung

ergibt:

I. Kurven K

$K_0: y = y_0 = 0 \qquad z = 5{,}91$ für alle x

$K_1: y = y_1 = 1 \qquad z = \sqrt{\dfrac{35 - 2x}{2}}$

x	z
0	4,18
1	4,06
2	3,94
3	3,81
4	3,68
5	3,54
6	3,39
7	3,24
8	3,08
9	2,91
10	2,74
11	2,55
12	2,34
13	2,12
14	1,87
15	1,58
16	1,22
17	0,71
17,5	0

$K_2: y = y_2 = 2 \qquad z = \sqrt{\dfrac{35 - 4x}{3}}$

x	z
0	3,42
1	3,22
2	3,00
3	2,77
4	2,52
5	2,24
6	1,93
7	1,53
8	1,00
8,75	0

$K_3: y = y_3 = 3 \qquad z = \sqrt{\dfrac{35 - 6x}{4}}$

x	z
0	2,96
1	2,69
2	2,40
3	2,06
4	1,66
5	1,12
5,83$_3$	0

$K_4: y = y_4 = 4 \qquad z = \sqrt{\dfrac{35 - 8x}{5}}$

x	z
0	2,65
1	2,32
2	1,95
3	1,48
4	0,77$_5$
4,37$_5$	0

$K_5: y = y_5 = 5 \qquad z = \sqrt{\dfrac{35 - 10x}{6}}$

x	z
0	2,42
1	2,04
2	1,58
3	0,91
3,5	0

$K_6: y = y_6 = 6 \qquad z = \sqrt{\dfrac{35 - 12x}{7}}$

x	z
0	2,24
1	1,81
2	1,25
2,92	0

$K_7: y = y_7 = 7 \qquad z = \sqrt{\dfrac{35 - 14x}{8}}$

x	z
0	2,09
1	1,62
2	0,93$_6$
2,5	0

$K_8: y = y_8 = 8 \qquad z = \sqrt{\dfrac{35 - 16x}{9}}$

x	z
0	1,97
1	1,45
2	0,58
2,19	0

$K_9: y = y_9 = 9 \qquad z = \sqrt{\dfrac{35 - 18x}{10}}$

x	z
0	1,87
1	1,30$_4$
1,94	0

$$K_{10}: y = y_{10} = 10 \qquad K_{12,5}: y = y_{12,5} = 12,5 \qquad K_{15}: y = y_{15} = 15 \qquad K_{17,5}: y = y_{17,5} = 17,5$$

$$z = \sqrt{\frac{35 - 20\,x}{11}} \qquad z = \sqrt{\frac{35 - 25\,x}{13,5}} \qquad z = \sqrt{\frac{35 - 30\,x}{16}} \qquad z = \sqrt{0} = 0$$

x	z		x	z		x	z
0	1,78		0	1,61		0	1,48
1	1,17		1	0,86		1	0,56
1,75	0		$1,34_6$	0		$1,16_6$	0

II. Kurven C

$$C_0: x = x_0 = 0 \qquad C_1: x = x_1 = 1 \qquad C_2: x = x_2 = 2 \qquad C_3: x = x_3 = 3$$

$$z = \sqrt{\frac{35}{1+y}} \qquad z = \sqrt{\frac{35 - 2\,y}{1+y}} \qquad z = \sqrt{\frac{35 - 4\,y}{1+y}} \qquad z = \sqrt{\frac{35 - 6\,y}{1+y}}$$

y	z		y	z		y	z		y	z
0	5,91		0	5,91		0	5,91		0	5,91
1	4,18		1	4,06		1	3,94		1	3,81
2	3,42		2	3,22		2	3,00		2	2,77
3	2,96		3	2,69		3	2,40		3	2,06
4	2,65		4	2,32		4	1,95		4	1,48
5	2,42		5	2,04		5	1,58		5	0,91
6	2,24		6	1,81		6	1,25		5,83	0
7	2,09		7	1,62		7	0,94			
8	1,97		8	1,45		8	0,58			
9	1,87		9	1,30		8,75	0			
10	1,78		10	1,17						
11	1,71		11	1,04						
12	1,64		12	0,92						
13	1,58		13	0,80						
14	1,53		14	0,68						
15	1,48		15	0,56						
16	1,43		16	0,42						
17	1,39		17	0,24						
18	1,36		17,5	0						
∞	0									

$$C_4: x = x_4 = 4 \qquad C_5: x = x_5 = 5$$

$$z = \sqrt{\frac{35 - 8\,y}{1+y}} \qquad z = \sqrt{\frac{35 - 10\,y}{1+y}}$$

y	z		y	z
0	5,91		0	5,91
1	3,68		1	3,54
2	2,52		2	2,24
3	1,66		3	1,12
4	$0,77_5$		3,5	0
$4,37_5$	0			

$C_6: x = x_6 = 6$	$C_7: x = x_7 = 7$	$C_8: x = x_8 = 8$	$C_9: x = x_9 = 9$
$z = \sqrt{\dfrac{35 - 12\,y}{1 + y}}$	$z = \sqrt{\dfrac{35 - 14\,y}{1 + y}}$	$z = \sqrt{\dfrac{35 - 16\,y}{1 + y}}$	$z = \sqrt{\dfrac{35 - 18\,y}{1 + y}}$

y	z		y	z		y	z		y	z
0	5,91		0	5,91		0	5,91		0	5,91
1	3,39		1	3,24		1	3,08		1	2,92
2	1,93		2	1,53		2	1,0		1,94	0
2,92	0		2,5	0		2,19	0			

Es bedeutet in der Fig. 125 z. B. C_5 eine Kurve der Fläche in der Ebene parallel zur yz-Ebene im Abstande gleich 5 Einheitsstrecken von der yz-Ebene, K_3 eine Kurve der Fläche in einer Ebene parallel zur xz-Ebene im Abstande gleich 3 Einheitsstrecken von ihr. Die Figur enthält nicht die ganze durch genannte Funktion gegebene Fläche, sondern nur einen Teil derselben, nämlich jenen, der in den ersten Oktanten der positiven x-, y- und z-Achse fällt und vorn und rechts längs der Kurven K_8 bzw. C_9 abgeschnitten ist.

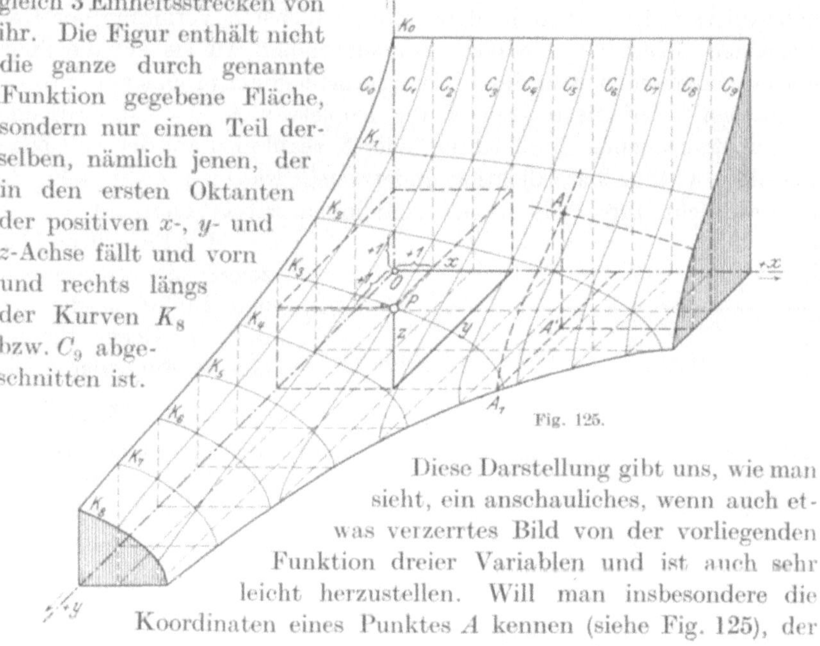

Fig. 125.

Diese Darstellung gibt uns, wie man sieht, ein anschauliches, wenn auch etwas verzerrtes Bild von der vorliegenden Funktion dreier Variablen und ist auch sehr leicht herzustellen. Will man insbesondere die Koordinaten eines Punktes A kennen (siehe Fig. 125), der nicht auf einer der gezeichneten Kurven liegt, so würde man durch ihn etwa eine Parallele zur z-Achse ziehen. Um aber die Länge der z-Koordinate zu bestimmen, müßte man den Durchstoßpunkt dieser Vertikalen mit der xy-Ebene haben, für den eine unmittelbare Bestimmung nicht möglich ist. Man muß dazu die Kurve C oder die Kurve K dieses Punktes durch Interpolation einzeichnen (in der Fig. 125 sind beide angedeutet). Vermöge z. B. der Kurve C durch A gelangt man dann auf

die xy-Ebene im Punkte A_1, von da mit einer Parallelen zur y-Achse
bis auf die Vertikale durch A und erhält so den gesuchten Durchstoßpunkt A'. Damit sind die Koordinaten des Punktes A aus der Figur
abmeßbar. Man kann natürlich auch nur eine von ihnen direkt ab-
messen und die beiden anderen vermittels der entsprechenden, oben
angegebenen Formel berechnen.

Diese Schaubilder erfordern aber ziemlich viel Raum und haben
ferner noch den Nachteil, daß die Kurven C, weil der Winkel zwischen
der y- und z-Achse im Projektionsbilde kein rechter mehr ist, ver-
zerrt erscheinen, nicht unmittelbar genau die Gestalt aufweisen, wie sie
dem gewohnten Bilde im Kartesischen Koordinatenkreuz entspricht[1]).
Man wendet daher diese Isoplethendarstellung einer Fläche sehr
häufig in einer Form an, wo diese Nachteile dahinfallen, wenn man
auch auf den Vorteil der Anschaulichkeit dabei verzichten muß. Diese
ergibt sich sofort, wenn wir die in den verschiedenen Hauptebenen
konstruierten Isoplethen in dem gebräuchlichsten Verfahren der Darstellenden Geometrie zeichnen, nämlich, indem wir sie auf die ihnen
korrespondierenden Koordinatenebenen orthogonal projizieren, also die
Isoplethen C auf die yz-Ebene, die Isoplethen K auf die xz-Ebene,
die (nicht angegebenen) Schichten- oder Niveaulinien auf die xy-Ebene.
Bei dieser Orthogonalprojektion ändern sich, wie man leicht sieht, die
Kurven nicht, ihre Projektionen sind ihnen selbst kongruent.

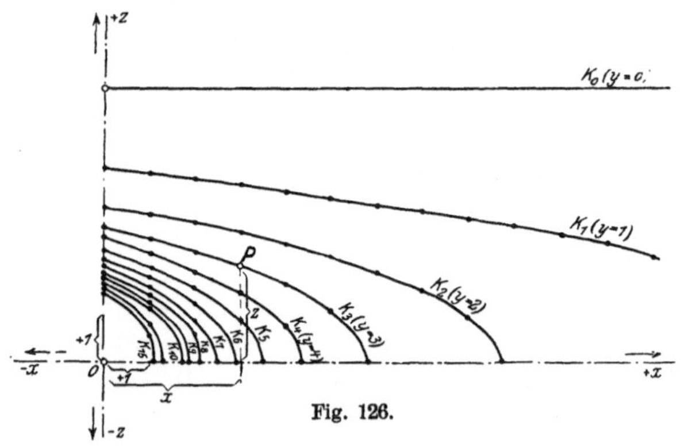

Fig. 126.

Die Fig. 126 und 127
zeigen die sich ergeben-
den Bilder in der xz-
bzw. yz-Ebene für die
gleiche Funktion:
$$z^2(1+y)+2xy-35=0$$
die wir schon im vor-
hergehenden Falle be-
nutzt haben, so daß ein
Vergleich leicht mög-
lich ist.

Ein solches Bild
ist bekannt als *Isoplethendiagramm* oder *Nomogramm*[2]) der
Funktion
$$z = f(x, y)$$
dessen Kurven oft nur durch die ihnen zukommenden konstanten
Zahlenwerte, als *Koten* dazugeschrieben, unterschieden werden. Gerade

---

[1]) Dasselbe gilt auch für die nicht eingezeichneten Kurven in den Ebenen parallel
zur xy-Ebene.
[2]) Vgl. hierzu auch Seite 235.

diese Nomogramme spielen in neuerer Zeit in der Praxis des Ingenieurs eine bedeutende Rolle.

Ist die Zahl der Variablen noch größer als drei[1]), also z. B. vier, wo dann drei unabhängig Veränderliche und eine abhängige vorhanden wären, so versagt unser Raum für deren Darstellung. Immerhin lehrt uns die eben vorausgegangene Betrachtung, wie man sich helfen kann. Man setzt zunächst eine der Koordinaten, z. B. $x = x_0$ gleich konstant in der Funktion $u = f(x, y, z)$ und erhält die Funktion $u = f(x_0, y, z)$, die dann nur drei Veränderliche enthält, also durch eine Fläche darzustellen ist. Indem man dem x_0 verschiedene Werte beilegt, bildet man eine Schar dieser Flächen. Das gleiche geschieht mit y, indem man $y = y_0 =$ konstant setzt, $u = f(x, y_0, z)$ erhält und eine Schar solcher

Fig. 127.

Flächen mit verschiedenen y_0 bildet. Ebenso für z.

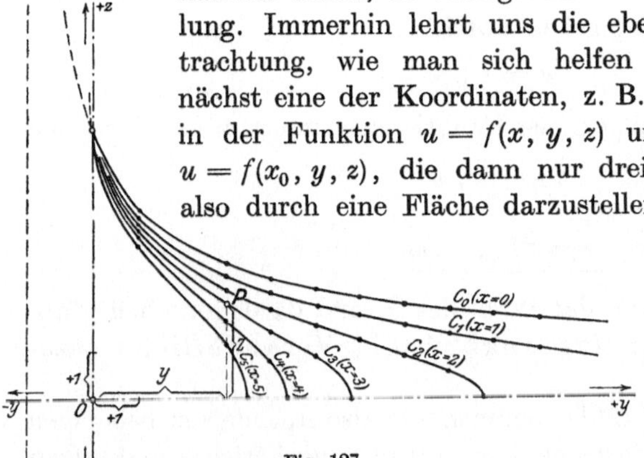

Die Gesamtheit dieser Flächen, die selbst wieder nach einem der besprochenen Verfahren dargestellt werden, vermittelt uns ein Bild der Funktion $u = f(x, y, z)$. Würde unserer Vorstellung ein vierdimensionaler Raum zugänglich sein, so wäre die Frage in diesem am anschaulichsten so zu lösen, wie wir es für $z = f(x, y)$ auf Seite 207 u. ff. beschrieben haben[2]).

Immerhin erkennt man daraus, daß für rein theoretische Überlegungen die Annahme oder Hypothese eines solchen vierdimensionalen Raumes Dienste leisten kann.

Wir kehren jetzt nochmals zu dem Falle dreier Veränderlichen zurück. Die Voraussetzung war dort, daß beide Veränderlichen x und y unabhängig seien. Es soll nun diese Voraussetzung fallen gelassen werden, d. h. wir nehmen an, x und y seien nicht vonein-

---

[1]) die sich z. B. ergibt, wenn die Dichte, Temperatur usw. eines inhomogenen Körpers eine Funktion ist der drei Raumkoordinaten x, y, z, d. h. von Punkt zu Punkt variiert, wo dann die Dichte bzw. Temperatur die vierte Veränderliche wäre.

[2]) $u = f(x, y, z)$ ist das im vierdimensionalen Raume entsprechende Gebilde der Fläche im dreidimensionalen Raum, wobei man aber zu beachten hat, daß es selbstverständlich räumlich ausgedehnt ist. Setzt man eine Variable konstant, so hätte man dies zu betrachten als den Schnitt dieses Gebildes mit einem dreidimensionalen Raume, der parallel wäre zum dreidimensionalen Raum der drei übrigen Koordinaten. Setzt man zwei der Variablen konstant, so ergäbe sich der Schnitt des vierdimensionalen Gebildes mit einer Ebene parallel zur Koordinatenebene der anderen beiden Variablen.

a n d e r u n a b h ä n g i g, sondern mit der Annahme von z. B. x sei y direkt rechnerisch oder graphisch bestimmbar.

Wir haben dann eigentlich nur eine unabhängig Veränderliche. Das graphische oder geometrische Bild ist nun keine Fläche mehr, wie wir bald sehen werden. Es sei nämlich die behauptete Abhängigkeit von x und y gegeben durch

$$y = \psi(x)$$

Führen wir dies in die allgemeine Funktionsgleichung dreier Variablen

$$z = f(x, y)$$

ein, so erhalten wir

$$z = f[x, \psi(x)]$$

d. h. z allein abhängig von der Wahl des x, und da davon auch y abhängt, ist x als die einzige unabhängig Veränderliche anzunehmen [1]).

Zur Auffindung des Bildes nehmen wir also irgendeinen beliebigen Wert von x, berechnen vermöge $y = \psi(x)$ das zugehörige y und setzen beide Werte in $z = f(x, y)$ ein, womit wir z erhalten.

Für die Erleichterung der Rechnung können wir auch so vorgehen, daß wir die Funktion $z = f[x, \psi(x)]$ zusammenziehen zu der Form:

$$z = \varphi(x)$$

so daß wir zusammenfassend sagen können:

Die drei Veränderlichen x, y und z müssen die beiden Gleichungen:

$$\left\{ \begin{array}{l} z = \varphi(x) \\ y = \psi(x) \end{array} \right\}$$

gleichzeitig erfüllen.

Versuchen wir uns diese beiden Funktionsgleichungen zu deuten, so erkennen wir leicht, daß die erste derselben als graphisches Bild eine Kurve in der xz-Ebene ergäbe, die zweite eine solche in der xy-Ebene, wie Fig. 128 erkennen läßt. Doch wir können diesen Funktionsgleichungen noch eine weitergehende Deutung geben. Denken wir uns nämlich in einem Punkte mit den Koordinaten x, z eine Senkrechte zur xz-Ebene errichtet [2]), so sind für alle Punkte derselben nur die y-Koordinaten verschieden, dagegen die x- und z-Koordinaten gleich. Daraus aber folgt, daß die Koordinaten dieser Punkte die Bedingung $z = \varphi(x)$ erfüllen, weil y darin nicht vorkommt und die x- und z-Koordinaten dieser Punkte gleich jenen des entsprechenden Punktes in

---

[1]) Man könnte natürlich auch durch Umkehrung der Funktion $y = \psi(x)$ die Veränderliche y dazu nehmen.

[2]) Vgl. Fig. 128.

der xz-Ebene selbst sind. Stellen wir diese Betrachtung für sämtliche Punkte der Kurve $z = \varphi(x)$ an, so erkennen wir, daß die Koordinaten aller Punkte des Zylinders, der diese Kurve als Leitlinie hat und zur xz-Ebene senkrecht steht, diese Bedingung befriedigen, demnach $z = \varphi(x)$ als graphisches Bild auch diesen Zylinder haben kann. Analog ergibt sich, daß $y = \psi(x)$ als Schaubild einen Zylinder hat, der die Kurve, die das Bild von $y = \psi(x)$ in der xy-Ebene ist, als Leitlinie besitzt und zur xy-Ebene senkrecht steht. Diese beiden

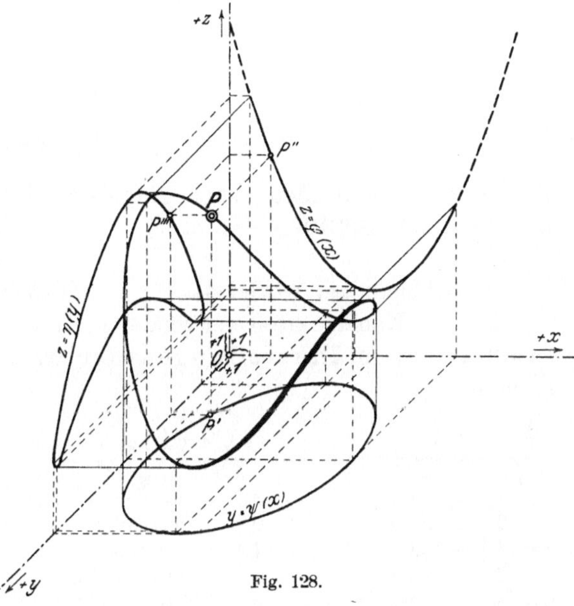

Fig. 128.

Zylinder haben eine Kurve gemeinsam, die man eine *Raum- oder gewundene*[1]*) Kurve* nennt und auch als *Durchdringungskurve* der beiden Flächen bekannt ist.

Wir können daher sagen:

Eine Funktion mit drei Veränderlichen, wovon aber nur eine unabhängig ist, was geschrieben werden kann in den Formen:

$$\begin{cases} z = f(x,y) \\ y = \psi(x) \end{cases} \quad \text{oder} \quad \begin{cases} z = \varphi(x) \\ y = \psi(x) \end{cases}$$

hat als Schaubild oder graphisches Bild eine *Raumkurve.*

Diese Erläuterungen möge nun das folgende Beispiel veranschaulichen.

Es sei das graphische Bild zu bestimmen von einer Funktion, welche definiert ist durch die Beziehungen:

1) $(x - c)^2 + 2p(z - d) = 0 \qquad z = \varphi(x) = d + \dfrac{(x - c)^2}{2p}$ (Parabel)

oder

2) $(x - a)^2 + (y - b)^2 - r^2 = 0 \qquad y = \psi(x) = b \pm \sqrt{r^2 - (x - a)^2}$ (Kreis)

---

[1]) weil sie nicht in einer Ebene liegt und eine gewundene Gestalt hat.

Nehmen wir an:

$$a = 6 \; ; \quad b = 7 \; ; \quad r = 5 \; ;$$
$$c = 7 \; ; \quad d = 3 \; ; \quad p = 2$$

so folgen:

$$1) \quad z = 3 + \frac{(x-7)^2}{4}$$

$$2) \quad y = 7 \pm \sqrt{25 - (x-6)^2}$$

als spezielle Funktionen, deren graphische Bilder zu bestimmen sind, siehe Fig. 128, S. 219.

Wir wählen dazu wieder das Projektionsbild in Kavalierperspektive.

Die zur Konstruktion verwendeten Koordinaten wurden folgenden tabellarischen Darstellungen der drei Projektionskurven entnommen.

$z = \varphi(x)$		$y = \psi(x)$		$z = \eta(y)$	
x	z	x	y	y	z
+ 0	+ 15,25	+ 0	imaginär	0	imaginär
+ 1	+ 12,0	+ 1	+ 7,0	1	imaginär
+ 2	+ 9,25	+ 2	+ 10,0 ; + 4,0	2	3,25
+ 3	+ 7,0	+ 3	+ 11,0 ; + 3,0	3	4,0 ; 7,0
+ 4	+ 5,25	+ 4	+ 11,58; + 2,42	4	5,25; 9,25
+ 5	+ 4,0	+ 5	+ 11,9 ; + 2,1	5	6,20; 10,79
+ 6	+ 3,25	+ 6	+ 12,0 ; + 2,0	6	6,80; 11,70
+ 7	+ 3,0	+ 7	+ 11,9 ; + 2,1	7	7,0 ; 12,0
+ 8	+ 3,25	+ 8	+ 11,58; + 2,42	8	6,80; 11,70
+ 9	+ 4,0	+ 9	+ 11,0 ; + 3,0	9	6,20; 10,79
+ 10	+ 5,25	+ 10	+ 10,0 ; + 4,0	10	5,25; 9,25
+ 11	+ 7,0	+ 11	+ 7,0	11	4,0 ; 7,0
+ 12	+ 9,25	+ 12	imaginär	12	3,25
+ 13	+ 12,0			13	imaginär
+ 14	+ 15,25				
+ 15	+ 19,0				

Der Vollständigkeit und größeren Anschaulichkeit halber wurde auch das Bild der Funktion $z = \eta(y)$ eingezeichnet. Sie ergibt sich aus 1) und 2) zu

$$z = \frac{14\,y - \left[11 \pm 2\sqrt{14\,y - (y^2 + 24)} + y^2\right]}{4}$$

und kann in Umkehrung der früheren Betrachtung als Orthogonalprojektion der Raumkurve auf die $y\,z$-Ebene betrachtet werden.

Diese Art, eine Raumkurve als die gemeinsame Kurve zweier Zylinderflächen zu finden, können wir leicht verallgemeinern, wodurch das Anwendungsfeld erweitert wird.

Es seien uns nämlich die beiden Funktionen

$$z = F(x\,,\,y)$$

und

$$z = \Phi(x\,,\,y)$$

gegeben und es sei uns ferner die Aufgabe gestellt, das graphische Bild aller jener Punkte aufzusuchen, deren Koordinaten x, y, z gleichzeitig beiden Funktionen genügen. Da jede der Funktionen, wie wir wissen, als Bild eine krumme Fläche hat, so müssen die verlangten Punkte auf **beiden Flächen** liegen, also ihre gemeinsamen Punkte sein. Diese liegen dann auf einer **Raumkurve**, wie wir leicht durch Zurückführung auf den vorigen Fall erkennen können. Da für einen gemeinsamen Punkt beider Flächen alle **drei Koordinaten gleichen** Wert haben müssen, so ergibt sich durch Gleichsetzung:

$$F(x\,,\,y) = \Phi(x\,,\,y)$$

oder

$$F(x\,,\,y) - \Phi(x\,,\,y) = 0$$

oder, wenn dies nach y aufgelöst wird:

$$y = \psi(x)$$

also eine Abhängigkeit zwischen x und y. Setzen wir dies z. B. in $z = F(x\,,\,y)$ ein, so erhalten wir:

$$z = F\big[x\,,\,\psi(x)\big] = \varphi(x)$$

und die Koordinaten der gesuchten Punkte müssen also auf den graphischen Bildern der Funktionen:

$$y = \psi(x)$$

und

$$z = \varphi(x)$$

gleichzeitig liegen, d. h. aber, daß wir wieder den ersten Fall haben. Die graphischen Bilder dieser beiden Funktionen sind dann die Orthogonalprojektionen der Raumkurve auf die $x\,y$- bzw. $x\,z$-Ebene.

Damit verlassen wir die Behandlung der Funktionen mit mehr als zwei Veränderlichen und kehren nochmals zu jenen mit zwei Veränderlichen zurück, um noch ergänzend zwei Betrachtungen anzustellen, von denen insbesondere die zweite praktisch von großer Bedeutung ist.

Bei der Besprechung der durch Registrierinstrumente aufgezeichneten Kurven konnten wir bereits zeigen, daß unter Umständen eine Abweichung vom rechtwinkligen, Kartesischen Koordinatensysteme erwünscht sein kann. Mit dieser Abweichung ist aber gesagt, daß die Art des zu verwendenden Koordinatensystemes nicht etwas

Starres, Absolutes ist, sondern etwas, das sich der praktischen Verwendung anpassen muß und kann.

Mit der Einführung eines neuen Koordinatensystemes ändert sich aber das graphische Bild eines und desselben funktionalen Zusammenhanges. Solche Zusammenhänge lernten wir nun als durch analytische Funktionen gegebene kennen und wir wollen daher zur Veranschaulichung des Gesagten zeigen, wie sich das Schaubild der einfachsten analytischen Funktion, die wir kennen, nämlich der Funktion:

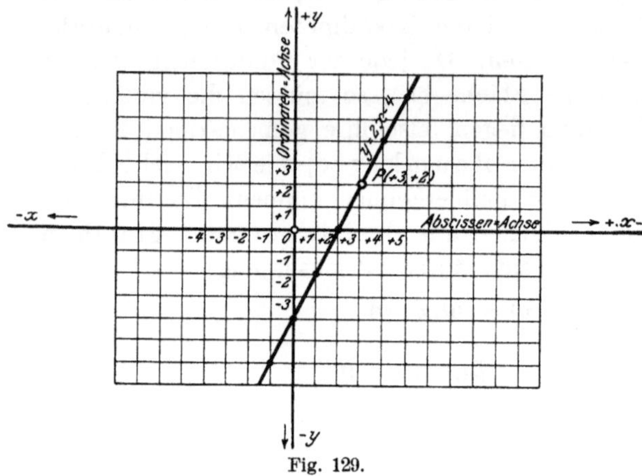

Fig. 129.

$$y = a\,x + b$$

welche im Kartesischen Koordinatensysteme eine *Gerade* als graphisches Bild erhält, in den auf Seite 176 bis 181 betrachteten krummlinigen Koordinatensystemen gestaltet.

Für $a = 2$ und $b = -4$ ergibt sich:

$$y = 2x - 4$$

Davon ist das graphische Bild in nebenstehenden Figuren gezeichnet.

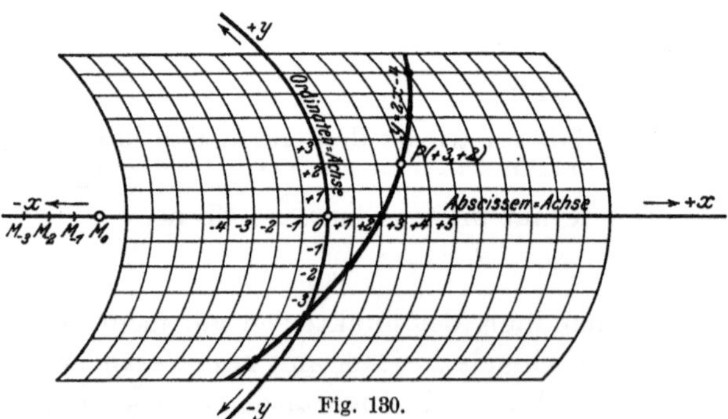

Fig. 130.

Man erkennt auch leicht, daß, wenn wir umgekehrt in eine der Fig. 130 und 131 eine *Gerade* einzeichnen, für ihre Punkte die Koordinaten aus dem krummlinigen Koordinatensysteme als Strecke oder als Maßzahl entnehmen

und ins rechtwinklige Kartesische Koordinatensystem eintragen, wir dort als Bild eine *Kurve* bekämen. Es ergeben also gewisse *Kurven* (krumme Linien) im Kartesischen Koordinatensystem *Gerade* (gerade Linien) in einem krummlinigen, wobei aber, und das ist sehr wichtig, der analytisch gegebene funktionale Zusammenhang der gleiche bleibt, nur sind die Zahlwerte x und y in beiden Fällen auf verschiedene Weise als Längen aufgetragen.

Als Geraden im graphischen Bilde aber erlauben diese funktionalen Zusammenhänge eine viel leichtere Übersicht und Weiterbehandlung durch diese leicht und genau beliebig weit fortsetzbare „Kurve", die zu ihrer Festlegung nur zweier Punkte bedarf.

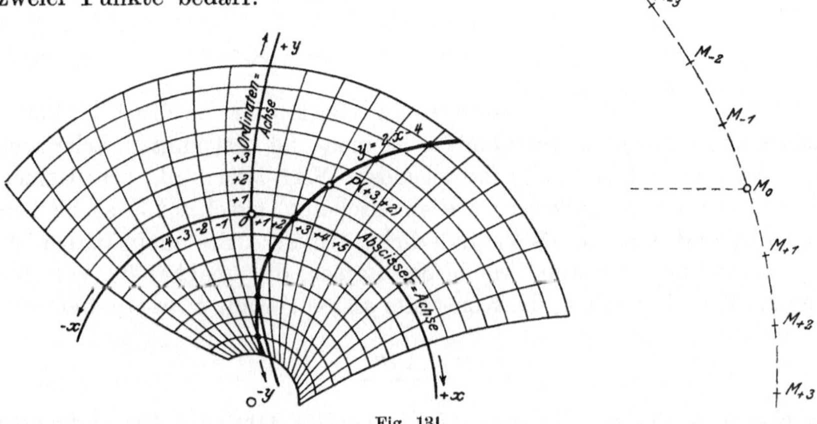

Fig. 131.

Es wäre jedoch ein für den Praktiker zu beschwerlicher Weg, auf diese Weise seine Konstruktionen zu vereinfachen und damit gleichsam das Koordinatensystem der Kurve anzupassen. Außerdem muß bedacht werden, daß dabei allerdings die Anschaulichkeit des Zusammenhanges der Veränderlichen nicht mehr dieselbe ist, wie im gewöhnlichen, bisher von uns allgemein verwendeten Schaubild, da alle Funktionen als graphisches Bild eben Geraden ergeben würden und damit die verschiedenen Zusammenhänge erst wieder erschlossen werden müßten, z. B. aus den zusammengehörigen Zahlen. Doch kann dieser Mangel für bestimmte Zwecke, für bestimmte graphische Darstellungen von Funktionen zurücktreten gegenüber dem Vorteil der rascheren Behandlung der Funktion, wenn sie als graphisches Bild eine Gerade bekommt.

Dies ist denn auch für gewisse Funktionen, welche dem Ingenieur und auch Physiker besonders häufig begegnen, eingetreten, so daß eine Anpassung des Koordinatensystemes gerechtfertigt erscheinen mag, insbesondere, wenn dies in so einfacher Weise geschehen kann, wie bald gezeigt werden wird.

Da es sich hier um einen Gegenstand handelt, der von der Praxis schon aufgenommen worden ist, wollen wir auch mit einem ihr wertvollen Beispiele beginnen. Es beziehe sich auf die Untersuchung der Abhängigkeit zwischen Riemenzug und umspanntem Winkel bei feststehender Riemenscheibe und gleitendem Riemen.

In der Fig. 132 bedeuten S den Riemenzug oder die Zugkraft, S_0 den Gegenzug, der auch von S überwunden werden muß, um das Gleiten des Riemens zu bewirken, α den umspannten Winkel. Es ist also S_0 als Konstante zu betrachten, S und α als Veränderliche. Ist noch μ der Reibungskoeffizient zwischen Riemen und Riemenscheibe, so ergibt die Mechanik folgende funktionale Beziehung:

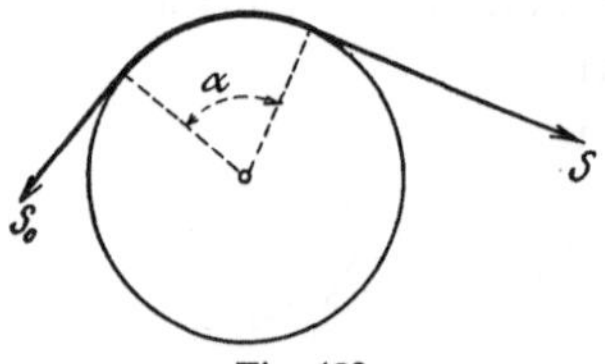

Fig. 132.

$$S = S_0 \cdot e^{\mu\alpha}$$

worin e die Basis der natürlichen Logarithmen ist. Da μ bei bestimmtem Riemen und bestimmtem Scheibenmaterial ein zahlenmäßig festliegender Wert ist, z. B. bei Riemen (Leder) auf Eisen (gußeiserner Riemenscheibe) gleich 0,25, so bleiben weiter S und α allein als Veränderliche, wovon α die unabhängige ist.

Bezeichnen wir nun, wie bisher immer, die unabhängig Variable mit x, die andere mit y, die Konstante allgemein mit k, so erhalten wir:

$$y = k\,e^{\mu x}$$

welche Form die sog. *Exponentialfunktion* darstellt. Der einfachste Fall derselben liegt vor, wenn wir $k = \mu = 1$ setzen dürfen:

$$y = e^x$$

Wollten wir nun für verschiedene Winkel α die Zugkraft S bestimmen, so könnten wir das rechnerisch oder graphisch tun; das letztere natürlich nur, wenn wir die zugehörige Kurve aufgezeichnet hätten. Dafür aber müßten wir wieder zunächst für verschiedene Werte von α zwischen 0 und 2π das zugehörige S berechnen, falls uns nicht die Kurve auf empirischem Wege gegeben ist. In beiden Fällen wäre eine größere Anzahl von Punkten nötig, um den Verlauf der Kurve einigermaßen sicher und genau zu bestimmen. Würde man dagegen ein Koordinatennetz haben, in welchem diese Funktion als Schaubild eine Gerade hat, so wäre das ein bedeutender Vorteil, denn für eine Gerade braucht man nur zwei Punkte zu bestimmen; drei geben bereits eine Genauigkeitsprobe, da drei Punkte im allgemeinen nicht auf einer Geraden liegen. Im Falle der empirischen Kurve müßte man allerdings mehr Punkte bestimmen, aber immerhin würde die Bestimmung des Bildés sehr vereinfacht.

Wie ein solches Koordinatennetz gefunden werden kann, wollen wir nun sehen.

Aus

$$y = k\,e^{\mu x}$$

folgt durch Logarithmieren z. B. im Briggschen Systeme, also mit der Basis 10:

$$^{10}\mathrm{Log}\, y = {}^{10}\mathrm{Log}\,(k\, e^{\mu x}) = {}^{10}\mathrm{Log}\, k + \mu x\, {}^{10}\mathrm{Log}\, e \qquad 1)$$

Setzen wir nun der Kürze halber:

$$^{10}\mathrm{Log}\, y = \lg y\, ; \quad {}^{10}\mathrm{Log}\, k = \lg k = K\, ; \quad \mu\, {}^{10}\mathrm{Log}\, e = \mu \cdot \lg e = \mu \cdot M$$

so folgt:

$$\lg y = K + M x$$

und weiter mit $\lg y = Y$:

$$Y = M x + K$$

eine Funktion, die in x, Y genau so gebaut ist, wie $y = a x + b$ in x, y.

Würden wir nun ein Koordinatennetz haben, in welches wir unmittelbar Y (also den $\lg y$) eintragen könnten — bei bekanntem y, das zu einem bestimmten x gehört —, so müßte das Bild dieser Funktion eine Gerade werden. Es seien nämlich x_1 und Y_1 sowie x_2 und Y_2 zwei zusammengehörige Wertepaare dieser Funktion, so daß gilt:

$$Y_1 = M x_1 + K$$

und

$$Y_2 = M x_2 + K$$

oder durch Subtraktion:

$$Y_2 - Y_1 = M (x_2 - x_1)$$

Dann sieht man, daß bei Verdoppelung der Differenz $(x_2 - x_1)$ auch die Differenz $(Y_2 - Y_1)$ sich verdoppelt, bei Verdreifachung der Differenz $(x_2 - x_1)$ auch $(Y_2 - Y_1)$ verdreifacht wird usw. Nun sollen aber in unser Koordinatennetz unmittelbar die Strecken eingetragen werden, die den Differenzen $(Y_2 - Y_1)$ und ihren Vielfachen entsprechen. Es besteht also immer direkte (lineare) Proportionalität zwischen den zugehörigen Strecken auf der x- und Y-Achse, also lägen die Punkte mit den Koordinaten x und Y auf einer Geraden in unserem neuen Koordinatennetz. Um dasselbe herzustellen, gehen wir folgendermaßen vor:

Zunächst stellen wir auf der Abszissenachse die gewöhnliche Zahlenskala [„gleichförmige“ Teilung[2])] her, indem wir eine bestimmte Einheitsstrecke nehmen (in der Figur 5 mm) und diese nun unverändert weiter abtragen.

Nun die Y-Achse. Da $\lg 1 = 0$ und $\lg 10 = 1$ ist, so werden auf dem Intervall 0 bis 1 der Y-Achse die Strecken abzutragen sein, die den Briggschen Logarithmen der Zahlen zwischen 1 und 10 zukommen.

---

[1]) Die Basis des Logarithmensystemes spielt dabei keine Rolle; im natürlichen Systeme mit der Basis e hieße die Gleichung: $\ln y = \ln k + \mu x$.

[2]) Vgl. S. 234.

Wir müssen aus diesem Grunde die Einheitsstrecke der Y größer nehmen, um noch genügend genau zu bleiben (in der Figur gleich 50 mm). Bei den einzelnen Punkten stehen in der Figur nun nicht die Y selbst, sondern die y, d. h. es bedeutet der Punkt, bei dem z. B. die Zahl 4,5 steht, daß er zugeordnet ist dem Logarithmus (Basis 10) von 4,5. Also allgemein: Steht bei einem Punkt der Y-Achse die Zahl q, so ist der betreffende Punkt zugeordnet dem $\lg q$. Wir tragen also auf der Y-Achse eine der Funktion $\lg y$ zugeordnete Skala ein [*Funktionsskala*[1])]. Man hat dadurch den Vorteil, zu jedem y auch ohne jedwede weitere Überlegung den zugehörigen Punkt des Koordinatennetzes zu finden, der in demselben natürlich den Ordinatenwert $\lg y = Y$ hat.

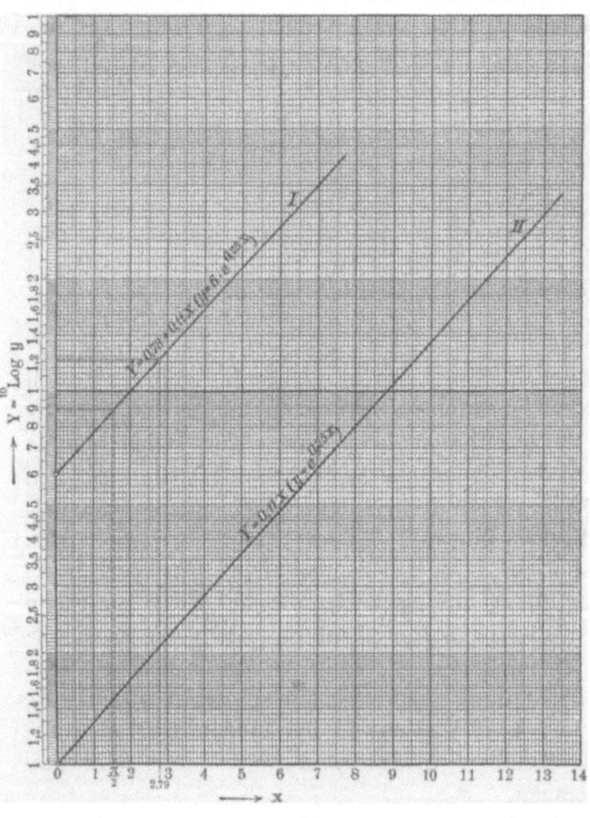

Da $\lg 100 = 2$ ist, so liegen auf der zweiten Einheitsstrecke der Y-Achse die den Logarithmen der Zahlen zwischen 10 und 100 zugeordneten Punkte usw.

Die Herstellung eines solchen Koordinatennetzes ist nun theoretisch einfach. Sie läuft, wie das Gesagte zeigt, darauf hinaus, daß man einer Logarithmentafel die Briggschen Logarithmen der Zahlen, von 1 angefangen, in gewissen Intervallen entnimmt, z. B. die Logarithmen von 1,1, 1,2 usw. und diese nun mit dem Maßstabe, in welchem die Einheit des

Fig. 183.

Logarithmus gleich 50 mm ist, auf der Y-Achse abträgt. So ist der $\lg 1{,}2 = 0{,}07918$; daher haben wir auf der Y-Achse aufzutragen $0{,}07918 \cdot 50 = 3{,}95900$ mm $= 0{,}3959$ cm.

---

[1]) Vgl. S. 234.

Praktisch würde .jedoch diese Sache zu langwierig sein. Die Schwierigkeit ist aber dadurch behoben, daß solche sog. *Logarithmenpapiere* fertig gekauft werden können[1]). Die nachstehende Figur ist eine Reproduktion eines solchen Papieres auf $^1/_2$ der natürlichen Größe[2]).

In die Fig. 133 ist außerdem noch das graphische Bild für unser Beispiel eingezeichnet und zwar für $S_0 = 6$ kg/cm^2 und $\mu = 0{,}25 = {}^1/_4$. Die zugehörigen Gleichungen bzw. Funktionen sind also:

$$S = 6\,e^{\,0,25\,\alpha}$$

oder:

$$y = 6\,e^{\,0,25\,x}$$

so daß für das Logarithmenpapier die Funktion ist:

$$Y = \lg 6 + 0{,}25\,\lg e \cdot x$$

Es sind also:

$$K = \lg 6 = 0{,}77815 \backsim 0{,}78$$

$$M = 0{,}25\,\lg e = 0{,}25 \cdot 0{,}43429 = 0{,}10857 \backsim 0{,}11$$

Daher auch:

$$Y = 0{,}78 + 0{,}11\,x$$

Die Gerade *I* in Fig. 133 wurde dadurch erhalten, daß von ihr zwei Punkte, nämlich jene mit den Abszissen $x = 0$ und $x = +4$ vermöge der soeben gegebenen Gleichung bestimmt wurden. Die zugehörigen Ordinaten ergeben sich zu $y = +6$ bzw. 16,69 und $Y = 0{,}78$ bzw. 1,22. Als Genauigkeitsprobe wurde noch der Punkt mit den Koordinaten $x = \dfrac{\pi}{2} = \dfrac{3{,}1416}{2} = 1{,}57$ und $y = 8{,}89$ bzw. $Y = 0{,}95$ eingetragen. Man sieht, daß die drei Punkte sehr genau auf einer geraden Linie liegen.

Um aber die Genauigkeit des Arbeitens mit dem Logarithmenpapier noch deutlicher zu machen, wurde für den Winkel $\alpha = 160°$, dem ein $x = 2{,}79$ entspricht[3]), der Wert von y sowohl berechnet, als auch der Zeichnung entnommen, welch letzteren Wert man leicht nachkontrollieren kann. Der berechnete Wert ist $y = 12{,}05$ und der dem Logarithmenpapier entnommene 12,1. Also besteht ein Fehler in der Ablesung vom Papier von nur $0{,}05 \backsim {}^1/_2\%$.

Die Gerade *II* der gleichen Fig. 133 geht durch den Nullpunkt des Koordinatennetzes und ist zur Geraden *I* parallel. In ihrer Gleichung (im Logarithmenpapier) muß daher das konstante Glied wegfallen, also $K = 0$ sein. Demnach wird der Faktor von $e^{0,25\,x}$: $k = e^0 = 1$ und bezieht sich diese Gerade auf einen Gegenzug von der Größe $\dfrac{S}{6} = 1$ kg/cm^2.

Zum Vergleiche ist in Fig. 134 die nämliche Funktion

$$S = 6 \cdot e^{0,25\,x}$$

---

[1]) bei der Firma *Carl Schleicher und Schüll* in Düren, Rheinland.

[2]) Die genannte Firma stellt solche Papiere auch in anderen Formaten und Maßstäben her, insbesondere in einem Maßstabe, wo die Einheitsstrecke auf der Y-Achse $= 25$ cm ist, so daß zur Abmessung von Strecken auf ihr unmittelbar der gebräuchliche Rechenschieber verwendet werden kann.

[3]) Vgl. S. 205, Anm.

im gewöhnlichen rechtwinkligen Koordinatennetz, und zwar auf dem gebräuchlichen Millimeterpapier in gleicher $^1/_2$ facher Verkleinerung reproduziert.

Die Kurve *I* in Fig. 133 entspricht genau der Geraden *I* im Logarithmenpapier (Fig. 132), und zwar für eine Gegenzugspannung von 6 kg/cm² und die Kurve *II* entspricht einem Gegenzug für 1 kg/cm².

Beide Kurven sind durch direkte Übertragung aus dem Logarithmenpapier gewonnen worden.

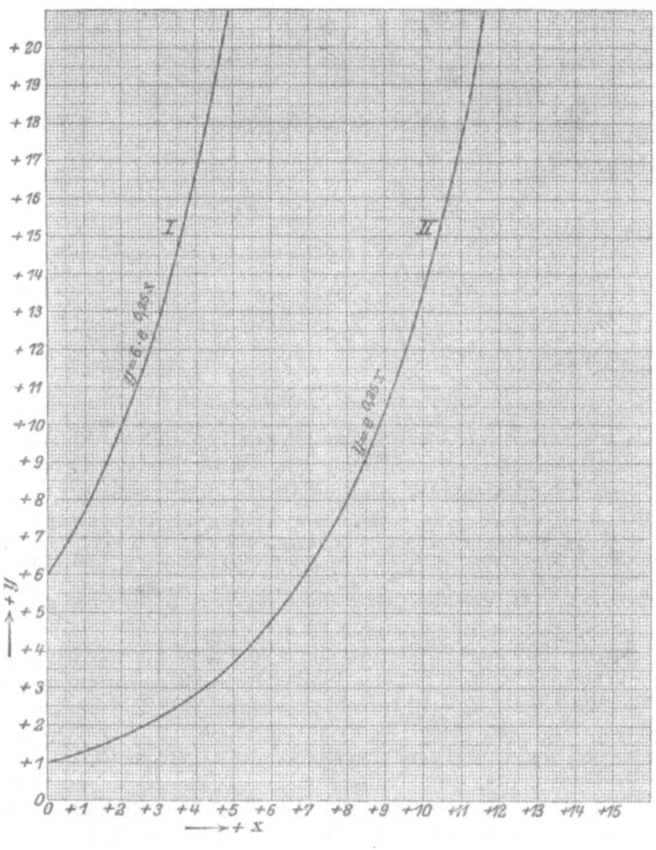

Fig. 134.

Um zu zeigen, daß das angeführte praktische Beispiel nur ein unter vielen herausgegriffenes ist, seien hier noch weitere Fälle solcher Exponentialfunktionen aus den Anwendungen angeführt:

1. Bedeuten p die Potentialdifferenz zwischen den beiden Belegungen eines Kondensators, a eine Konstante, C die Kapazität, R den Widerstand und t die Zeit, so ergibt die Elektrizitätslehre folgenden Zusammenhang dieser Größen:

$$p = a\,e^{-\frac{1}{CR}\,t}$$

Das „—"-Zeichen bedeutet, daß die Potentialdifferenz abnimmt mit wachsender Zeit. Doch hindert dieses Vorzeichen nicht die Anwendung auf das Logarithmenpapier, denn es ist:

$$p = a \frac{1}{e^{\frac{1}{CR}t}}$$

also:

$$\lg p = \lg a - \lg \left(e^{\frac{1}{CR}t}\right)$$

$$\lg p = \lg a - \frac{1}{CR} t \cdot \lg e$$

oder in unserer Schreibweise:

$$Y = K - M x$$

also wieder eine Gerade auf dem Logarithmenpapier.

2. Sind J die radioaktive Wirkung eines Elementes — gemessen etwa durch die Stärke der von ihm hervorgerufenen Ionisation der Luft, diese wieder bestimmt mit Hilfe der Ausschläge eines Elektrometers —, λ eine Konstante und t die Zeit, sowie J die radioaktive Wirkung zur Zeit $t = 0$, so ist:

$$J = J_0 e^{-\lambda t}$$

3. Eine Exponentialfunktion ergibt sich auch bei kontinuierlicher Verzinsung mit Zinseszins.

4. Die Barometerformel für die Bestimmung der Höhe über der Meeresoberfläche aus dem Drucke der Luft, gemessen z. B. durch die Höhe einer Quecksilbersäule, lautet auf eine einfache Formel gebracht:

$$\lg b = \alpha + \beta \cdot h \tag{1}$$

worin b der Barometerstand, h die Höhe und α sowie β Konstante bedeuten. Auf dem Logarithmenpapier ist das Schaubild eine Gerade.

Noch zahlreicher werden die Anwendungen, wenn man Kombinationen zweier Exponentialfunktionen zuläßt. Wir erinnern nur an die allbekannte und häufig vorkommende Kettenlinie:

$$y = \frac{a}{2}\left(e^{\frac{x}{a}} + e^{-\frac{x}{a}}\right)$$

Das Gebiet praktischer Anwendungsmöglichkeiten wird noch erweitert, wenn man nicht nur eine, sondern beide Achsen mit solchen logarithmischen Einteilungen versieht, auf beiden also nicht die Zahlen selbst, sondern ihre Logarithmen in bestimmtem Maß-

---

[1]) Vgl. „Beiträge zur Ermittlung der Tragkraft und Bewegung eines Freiballons mit Hilfe von Logarithmenpapier." Von *Dr. Paul Schreiber*. Abhandl. der naturw. Gesellschaft *Isis* in Dresden 1910, Heft 2.

stabe aufträgt. Die nebenstehende Fig. 135 ist die Reproduktion eines
solchen Papieres der Seite 227 genannten Firma in $\frac{1}{2}$-facher Verkleinerung. Es entspricht auf beiden Achsen dem Intervall lg 1 bis
lg 10, also 0 bis 1 die Strecke 5 cm.

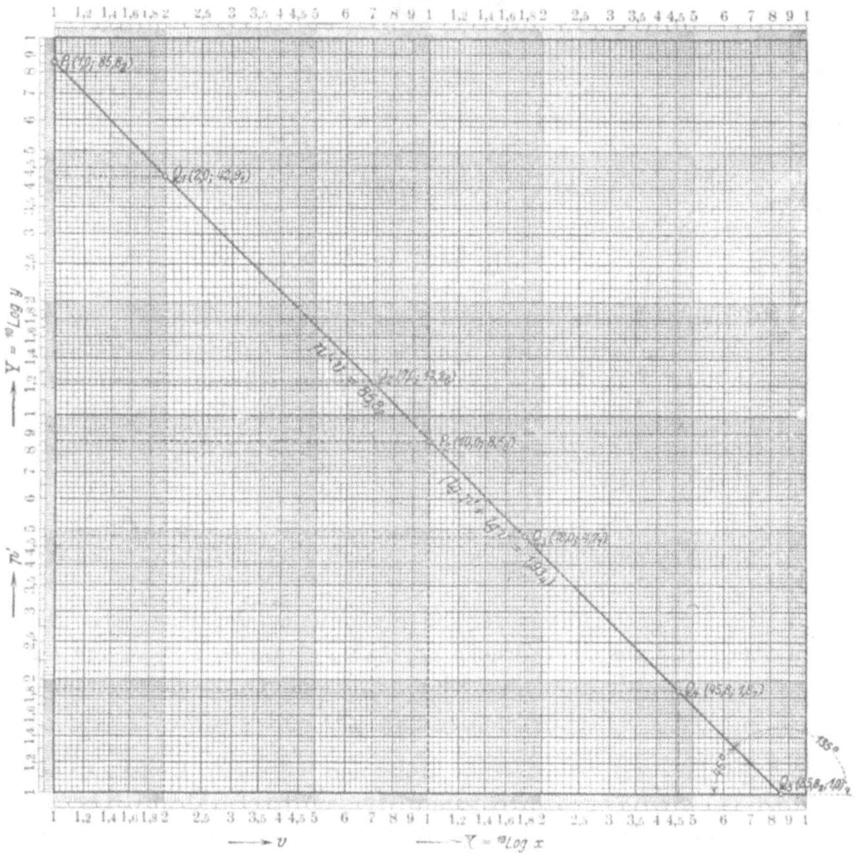

Fig. 135.

Einige Beispiele mögen kurz betrachtet werden, um die Anwendung zu beleuchten.

1. Bedeuten p den Druck eines Gases, etwa in kg pro m², v sein
Volumen, R die Gaskonstante und T die absolute Temperatur, so
lautet das Gasgesetz bekanntlich:

$$p \cdot v = RT \qquad \text{(für 1 kg des Gases)}$$

Betrachten wir nun die Abhängigkeit von Druck und Volumen
bei konstanter Temperatur T (isothermischer Prozeß), so ist RT eine
Konstante und wir setzen:

$$RT = k$$

daher:

$$p \cdot v = k$$

logarithmiert ergibt sich:

$$\lg p + \lg v = \lg k$$

woraus für $\lg k = K$:

$$\lg p = K - \lg v$$

entsprechend der allgemeinen Form in x und y,

$$\lg y = K - \lg x$$

p ist die abhängig, v die unabhängig Veränderliche. Setzen wir daher noch:

$$\lg p = Y \quad \text{und} \quad \lg v = X$$

so haben wir die Funktion:

$$Y + X = K$$

oder:

$$Y = K - X$$

Eine analoge Betrachtung wie die auf Seite 225 ff. geführte zeigt uns ohne Schwierigkeit, daß diese Funktion auf dem zuletzt angeführten Logarithmenpapiere[1]) als Schaubild oder Kurve eine Gerade ergibt, und zwar unter 135° zur X-Achse, während $p \cdot v = RT$ oder $y \cdot x = k$ im gewöhnlichen Koordinatennetz eine gleichseitige Hyperbel ergibt.

2. Nehmen wir eine Parabel

$$y^2 = 2\,p\,x$$

und logarithmieren wir ihre Gleichung, so erhalten wir:

$$2\lg y = \lg 2\,p + \lg x$$

$$\lg y = \frac{\lg 2\,p}{2} + \frac{1}{2}\lg x$$

oder, wenn wir setzen: $\dfrac{\lg 2\,p}{2} = K$:

$$\lg y = K + \frac{1}{2}\lg x, \text{ woraus:}$$

für $\lg y = Y$ und $\lg x = X$:

$$Y = K + \frac{1}{2}X$$

also wieder eine Gerade in diesem Logarithmenpapier.

In Fig. 135 ist die Gerade für folgende Werte eingezeichnet:

Für Kohlenoxyd-Gas ist $R = 30{,}25$ (wenn der Druck in kg/m² gemessen wird).

---

[1]) Vgl. S. 232, insbesondere auch Fig. 135.

Die Temperatur ist mit $10{,}7\,°$ Celsius angenommen, demnach $T = 273\,° + 10{,}7\,° = 283{,}7\,°$.

Die Gleichung lautet daher in diesem speziellen Falle:

$$p \cdot v = 30{,}25 \cdot 283{,}7 = 8581{,}92_5 \sim 8581{,}93$$

Da diese Zahlen für das Eintragen aufs Papier zu große Werte von p bedingen würden, so dividieren wir links und rechts durch 100, d. h. wir bestimmen vermöge der Fig. 135 nicht p, sondern $\dfrac{p}{100} = p \cdot 10^{-2}$. Bezeichnen wir diesen letzteren Wert mit p', so folgt für unsere Gleichung:

$$p' \cdot v = 85{,}82$$

oder:

$$\lg p' + \lg v = \lg 85{,}8_2$$
$$\lg p' = \lg 85{,}8_2 - \lg v$$
$$Y = 0{,}93_4 - X$$

Die Gerade in Fig. 135 wurde gewonnen vermöge der Werte:

$v = 1 : \lg v = 0$, daher $\lg p' = 1{,}93_4 - 0 = 1{,}93_4$; $p' = \mathrm{Nlg}\,1{,}93_4 = 85{,}8_2 \cdots P_1$

$v = 10 : \lg v = 1$, daher $\lg p' = 1{,}93_4 - 1 = 0{,}93_4$; $p' = \mathrm{Nlg}\,0{,}93_4 = 8{,}5_8 \cdots P_2$

Als Probe wurden die Punkte benutzt:

$$v = 2 \qquad p' = 42{,}9_1 \cdots Q_1$$
$$v = 7 \qquad p' = 12{,}2_6 \cdots Q_2$$
$$v = 18 \qquad p' = 4{,}7_7 \cdots Q_3$$
$$v = 45{,}8 \qquad p' = 1{,}8_7 \cdots Q_4$$

3. Durch einfache Überlegungen erkennen wir in gleicher Weise, daß auch allgemein die Funktion:

$$y^p = c\,x^q$$

worin p, q und c Konstante sind, in unserem XY-Koordinatennetz als Schaubild eine Gerade hat.

Logarithmieren wir nämlich obige Funktion, so erhalten wir:

$$p \lg y = \lg c + q \lg x$$

oder:

$$\lg y = \frac{\lg c}{p} + \frac{q}{p} \lg x$$

oder:

$$Y = K + Q \cdot X$$
$$Y = Q \cdot X + K$$

Auch hierfür haben sich bedeutungsvolle praktische Anwendungen bereits ergeben, z. B. für die Untersuchung des Magnetisierungsverlustes bei Eisen[1]).

Daß mit Hilfe dieser Papiere bei empirischer Aufsuchung von Kurven, die voraussichtlich eine der genannten Formen haben werden, die Ausgleichung sehr erleichtert wird, ist ohne weiteres verständlich[2]).

Man könnte das Gebiet der so im Logarithmenpapier als Gerade darstellbaren Funktionen noch erweitern. Wir zeigen dies an der in der Elektrotechnik und auch sonst häufig auftretenden Funktion

$$y = a \cdot \sin x$$

Logarithmieren wir diese, so ergibt sich

$$\lg y = \lg a + \lg (\sin x)$$

Wird wieder

$$\lg y = Y \;;\; \lg a = A \;;\; \lg (\sin x) = X$$

gesetzt, so lautet die Gleichung

$$Y = A + X$$

Für $a = 1$ ergäbe sich aus

$$y = \sin x$$
$$Y = X$$

Wenn wir dies nun im „doppelten" Logarithmenpapier[3]) eintragen, so erhalten wir eine Gerade unter $45°$ gegen die Abszissen- und Ordinatenachse geneigt — falls gleicher Maßstab auf beiden Achsen gewählt wird —, die im letzteren Falle durch den Nullpunkt geht. Man muß dann auf der Abszissenachse die Logarithmen der Sinus der Winkel etwa von 0 bis $\dfrac{\pi}{2}$ eintragen, was aber leicht zu machen ist, da ja die gewöhnlichen Logarithmentafeln diese auch enthalten und dieselben auch auf dem Rechenschieber zu finden sind.

Analoges gilt auch für die übrigen trigonometrischen Funktionen.

Das Funktionsbild wird hierbei allerdings sehr ausgedehnt, weil einerseits für $x = 0$, $\sin x = 0$ und $X = \lg \sin x = -\infty$ und anderer-

---

[1]) „Über Logarithmenpapiere und ihre Anwendung in der Elektrotechnik, besonders bei Eisenuntersuchungen", von *O. Weisshaar*. E. T. Z. 1910, S. 400.

[2]) Vgl. bezüglich des zuletzt betrachteten Gegenstandes die Schriften von Dr. *A. Schreiber:* „Über Logarithmenpapiere", *Zentralblatt der Bauverwaltung* 1909, S. 574 und „Über Logarithmenpapiere und deren Anwendung", *Zeitschr. f. Vermessungswesen* 1910, Heft 4.

[3]) Als *„doppeltes Logarithmenpapier"* bezeichnen wir kurz dasjenige mit logarithmischer Teilung auf beiden Achsen im Gegensatz zum „*einfachen Logarithmenpapier*" mit nur einer logarithmischen Achseneinteilung neben der „*gleichförmigen*" der anderen Achse.

seits für $x = \dfrac{\pi}{2}$, $\sin x = 1$ und $X = 0$ wird[1]) und man hätte im gegebenen Falle zu entscheiden, ob man diesen Übelstand und alles, was daran geknüpft ist, in den Kauf nehmen darf.

Befreien könnte man sich von ihm auch dadurch, daß man im rechtwinkligen Achsensystem auf der Ordinatenachse die gewöhnliche *gleichförmige Skala* (so genannt, wenn gleichen Zahlenintervallen gleiche Strecken entsprechen) aufträgt, auf der Abszissenachse aber nicht die x, sondern unmittelbar die Funktionswerte $\sin x = X$ bzw. $a \cdot \sin x = X$. In diesem Koordinatensysteme ist dann die Gleichung unserer Funktion:

$$y = X$$

d. h. das graphische Bild eine Gerade unter $45°$ Neigung zur x- bzw. X-Achse, wenn wieder der Längenmaßstab der y und X gleich gewählt wird.

Wir hätten uns also statt eines *Logarithmenpapieres* in diesem Falle ein *Sinuspapier* herzustellen.

Damit wäre der vorhin erwähnte Übelstand behoben, da nun für $x = 0$ auch $X = 0$ wird.

Der in der zuletzt gegebenen Betrachtung ruhende Gedanke ist natürlich nicht auf diese Funktionen beschränkt, sondern läßt sich auf jede stetige Funktion $y = f(x)$ auch ohne präparative Operation, wie soeben das Logarithmieren, übertragen. Wir tragen hierzu auf der Abszissenachse unmittelbar (ohne zu logarithmieren) die Skala der $f(x) = X$ als sog. *Funktionsskala* in gleichen Abständen vom Nullpunkt, wie auf der y-Achse ein (an die wir aber die x-Werte anschreiben). Die Funktionsgleichung ist dann $y = X$ und die Funktion selbst hat dann eine Gerade als Schaubild in diesem Koordinatenachsensystem, und zwar unter $45°$ gegen die X-Achse, durch den Nullpunkt.

Auch kann man durch Variation der Maßstäbe für die X und y auf diese Weise jede beliebige geneigte Gerade für jedwede Funktion erhalten.

Es braucht wohl nicht besonders hervorgehoben zu werden, daß natürlich nur Funktionen gleicher Art in dem so erstellten Koordinatensystem als Gerade sich zeichnen; jede andere Funktion erscheint in ihm auch wieder als Kurve.

Immerhin können sehr viele Funktionen diesen Vorteil bieten, wie es laut vorausgegangener Bemerkung (S. 232) im doppelten Logarithmenpapier für alle Potenzdarstellungen $y^p = c \cdot x^q$ für beliebige Potenzexponenten der Fall ist.

---

[1]) Dies ist auch der Fall bei obigen Fällen für Werte von x bzw. y, die zwischen 0 und 1 liegen, dort jedoch nebensächlich auftraten und daher unberücksichtigt blieben.

Der Unterschied beider Darstellungsformen, derjenigen im gewöhnlichen Kartesischen Koordinatensystem und derjenigen mit der neuen Skala, hängt lediglich davon ab, welche Punkte auf der Ordinaten- und Abszissenachse man als zusammengehörig betrachtet. Im ersteren gewöhnlichen Falle sind es die von Y und X bzw. von y und $X = f(x)$; im zweiten schreibt man aber an die Punkte, welche durch Auftragen der Zahlenwerte Y bzw. X gefunden wurden, nicht diese Zahlen, sondern die Zahlen y bzw. x. Dadurch wird die Skala in den y bzw. x ungleichförmig, während sie in den Y und X natürlich gleichförmig (*linear*) ist. Die Ungleichförmigkeit ist somit dadurch bedingt, daß den Punkten andere Zahlen zugeordnet werden, als ihren Maßstrecken entsprechen würde.

Für empirisch zu suchende Funktionen haben diese Darstellungen neben dem obenerwähnten Nachteil noch den, daß man, um die Funktionsskala herzustellen, die Funktion bereits kennen muß. Brauchbar wird in dem Falle die Sache nur, wenn man von vornherein Funktionen erwarten darf, die in einem der gebräuchlichen Logarithmenpapiere oder in einem eventuellen Sinuspapier od. dgl. Geraden ergeben, wobei dann eine Gerade im einfachen Logarithmenpapier auf eine Exponentialfunktion, im doppelten auf eine ihrer Neigung entsprechende Potenzfunktion zu schließen gestatten würde.

Hat man eine Funktion dreier Veränderlichen, wie sie sich z. B. auf Seite 230 ergibt, wenn man dort auch die absolute Temperatur T und damit auch k variieren läßt, wo dann in $p \cdot v = k$ auch k Variable wird, so erhellt, daß die Änderung von k bei der Darstellung im doppelten Logarithmenpapier eine Parallelverschiebung der Schaubildgeraden bedingt. Man erhält also für eine Reihe von k-Werten eine Schar paralleler Geraden. Im Kartesischen Koordinatensysteme erhielte man eine Schar von gleichseitigen Hyperbeln, die alle die Koordinatenachsen zu ihren Hauptachsen hätten, also *coaxial* wären.

Ein solches Gesamtbild bezeichnet man auch als *Nomogramm*[1]). Dasselbe präsentierte sich uns bereits in den Figuren 126 und 127[2]).

Zum Schlusse dieses ganzen Teiles IV über die Veranschaulichung der Funktion wollen wir noch eine Betrachtung anstellen, welche für die Verwertung dieser Veranschaulichung von Bedeutung ist[3]).

---

[1]) vom griechischen „νόμος“, lat. geschrieben „*nomos*“, d. h. *das Gesetz*. „*Nomographie*“, von *M. d'Ocagne* eingeführte Bezeichnung der Lehre von der geometrischen (zeichnerischen) Darstellung gesetzmäßiger Abhängigkeiten zwischen veränderlichen Größen (von Funktionen).

[2]) S. 216/17.

[3]) Vgl. hierzu auch *Klein:* „Anwendg. d. Diff.- u. Integr.-Rechng. a. Geom.“ S. 5, 257.

Verschiedene Wege waren es, auf denen wir zu Kurven als Veranschaulichungen funktionaler Zusammenhänge gelangt sind. Einmal waren es Versuchsreihen, die wir graphisch durch Punkte in einem Koordinatensystem darstellten und dann unter den seinerzeit angegebenen Voraussetzungen durch eine Kurve verbanden. Dann erhielten wir durch Registrierinstrumente unmittelbar solche Kurven aufgezeichnet und endlich haben wir analytisch oder algebraisch gegebene Funktionen vermittels Berechnung von zusammengehörigen Wertepaaren (x, y) durch Punkte dargestellt, die durch eine Kurve verbunden wurden.

Da im letzteren Falle die analytische oder algebraische Funktion den funktionalen Zusammenhang genau oder — wie wir uns auf Seite 27 ausdrückten — präzisionsmathematisch wiedergiebt (in das Gebiet der Präzisionsmathematik gehört) und dieser Fall somit theoretisch der einfachste ist, so wollen wir zunächst fragen, ob die Kurve, welche sich als graphisches Bild dieser Funktion ergab (vgl. Fig. 101 ff.) ebenfalls der Präzisionsmathematik angehört, d. h. absolut genau den funktionalen Zusammenhang wiedergibt. Die Antwort lautet: nein. Denn wenn auch die Werte x und y absolut genau gegeben sind, so können wir sie nur mit beschränkter Genauigkeit wegen der Existenz des *Schwellenwertes* (vgl. S. 26) in die Zeichnung eintragen. Außerdem ist die mit irgendeinem Zeichnungsinstrument gezeichnete Kurve niemals, wie es die Präzisionsmathematik verlangt, von der Breite null. Das heißt wir haben es in der Zeichnung niemals mit einer idealen Linie zu tun, sondern mit einem Streifen, dessen Breite dem erreichbaren Schwellenwert entsprechen wird. Selbst wenn wir auf das Zeichnen verzichten wollten und die Kurve uns nur vorstellten, so ist auch diese Vorstellung nur eine Annäherung (Approximation). Einzig die begriffliche Erfassung des funktionalen Zusammenhanges ist sein idealpräzisionsmathematischer Ausdruck. Es gehört jede gezeichnete Kurve in Wirklichkeit in das Gebiet der Approximationsmathematik. Dies kommt noch schärfer zum Ausdruck, wenn wir die beiden anderen Wege analysieren, auf denen wir zu Kurven gelangt sind.

Im zweiten Falle der Registrierinstrumente sieht man auch unmittelbar, daß wir keine ideale Kurve, sondern nur einen schmalen Streifen erhalten, dessen Breite von der Präzision des Instrumentes bzw. des Zeichnungsstiftes abhängig ist. Aber selbst wenn diese Breite sehr gering wäre und wir sie für einen Moment vernachlässigen würden, so bleibt doch die erhaltene Kurve nur eine angenäherte, approximative Darstellung des gesuchten, funktionalen Zusammenhanges, da das Instrument verschiedenen Einflüssen unterworfen ist, die schwer oder gar nicht zu übersehen sind, so daß auch unter dieser Bedingung die gezeichnete Kurve nur ein angenähertes Bild des funktionalen Zusammenhanges gibt. Beides zusammengefaßt, haben wir es also auch hier wieder mit einem Kurvenstreifen als Repräsentant dieses funktionalen Zusammenhanges zu tun, weshalb auch dieses dem Gebiete der Approximationsmathematik zuzuzählen ist.

Gehen wir endlich zum ersten Fall über, so erkennen wir, daß auch hier die Versuchsergebnisse nur mit einer gewissen Genauigkeit wiedergegeben sind, d. h. wenn wir zu einem Werte x einen entsprechenden Wert finden, so ist dieser nicht dem vorausgesetzten ideal genauen[1]) Werte y gleich, sondern wir müßten ihn darstellen durch die Form $y \pm \varepsilon$, worin ε eine sehr kleine Größe ist, die eventuell noch von x, ja selbst von y abhängig sein kann insofern, als die Ablesungen am Versuchsinstrument mehr oder weniger genau sein können, je nachdem, ob die abgelesenen Werte größer oder kleiner ausfallen müssen. Eine andere Möglichkeit liegt vor, wenn die Versuche, zu verschiedenen Zeiten angestellt, für den gleichen Argumentwert x um eine kleine Größe verschiedene Werte der anderen abhängig Veränderlichen ergeben. Die Punkte, die wir bei der graphischen Darstellung erhalten, bedecken dann einen Streifen, den wir durch eine ausgleichende Kurve ersetzen [vgl. Fig. 57—59)[2]]. Aber auch diese Kurve selbst wieder ist nur ein wenn auch viel schmalerer Kurvenstreifen und keine ideale Kurve und gibt demnach den idealen funktionalen Zusammenhang wieder nur angenähert an, gehört somit abermals in das Gebiet der Approximationsmathematik.

Aus alledem erkennen wir, daß wir es in der graphischen Behandlung von funktionalen Zusammenhängen immer nur mit Funktionsstreifen, die wir auch *technische „Kurven"* nennen könnten, zu tun haben. Es könnte daher die Frage auftauchen, wozu wir dann überhaupt präzisionsmathematische Betrachtungen funktionaler Zusammenhänge anstellen, wenn solche praktisch gar nicht in Betracht zu kommen scheinen. Die Antwort darauf ist analog derjenigen, die wir auf Seite 27, 28 gegeben haben. Wir können ja die überhaupt erreichbare Grenze der Genauigkeit niemals angeben. Daraus aber entspringt für uns die Notwendigkeit, uns von dieser schwankenden Grenze unabhängig zu machen und streng theoretisch genaue funktionale Zusammenhänge zu behandeln in Form analytisch gegebener Funktionen, die dann eben, weil sie völlig genau bekannt sind, als Grundlage für die Analyse empirischer Kurven und empirisch gefundener funktionaler Zusammenhänge dienen können. Unter welchen Voraussetzungen das zu geschehen hat, haben wir bereits auseinandergesetzt und man wird eben von Fall zu Fall zu entscheiden haben, ob die zugrunde gelegte analytische Funktion, welche also, für sich genommen, präzisionsmathe-

---

[1]) Vgl. S. 147/48.   [2]) S. 155.

matisch ist, die empirischen Ergebnisse so genau darstellt, daß die
Abweichungen der aus der theoretischen Funktion berechneten Resultate von den tatsächlich beobachteten nicht größer als die durch
die Messung bedingten Fehler sind; oder, wenn es sich bloß um die
graphische Veranschaulichung einer analytisch gegebenen Funktion
handelt, die durch direkte Messung aus der Kurve gewonnenen Zahlwerte von den theoretisch berechneten nur einen Unterschied aufweisen, der auf Kosten des Schwellenwertes gesetzt werden kann, also
diesen nicht erheblich überschreitet.

Noch in einem anderen Sinne ist die graphische Veranschaulichung
nur approximativ.

Denken wir z. B. an jenen Kreis auf Seite 36—38, der durch
Polygonecken sich ergab, so konnten wir dort bereits bemerken, wie
uns die Anschauung nicht bis in alle Feinheiten des theoretisch mathematischen Aufbaues zu führen vermag. Ein sehr instruktives Beispiel
hierfür bringen wir später in der sog. Weierstraßschen Kurve[1]), wo der
begriffliche funktionale Zusammenhang der Art ist, daß er durch die
Zeichnung oder auch durch die Vorstellung gar nicht mehr genau
wiedergegeben werden kann. Im übrigen kann man auch leicht entsprechende Beispiele aus der täglichen Erfahrung finden.

Betrachtet man z. B. den gegen den Himmel sich abhebenden
oberen Rand eines Waldes, den oberen Waldsaum aus der Ferne, gegen
den Horizont, so erscheint er einem als eine kontinuierliche, strecken-
weise fast gar keine stärkeren Unregelmäßigkeiten aufweisende Linie.
Wir würden ihn also approximativ als Kurve auffassen, während wir
doch wissen, daß diese scheinbare Kurve eigentlich aus lauter Spitzen
besteht, und so wäre es hiernach gar nicht ausgeschlossen, daß ein
gesuchter funktionaler Zusammenhang gar nicht einer Kurve im gewöhnlichen Sinne angehört, die stetig[2]) ist und noch andere mathematische Eigenschaften aufweist, z. B. einer differentiierbaren[2]) Funktion angehört, sondern, daß der gesuchte funktionale Zusammenhang
präzisionsmathematisch eigentlich nur durch Punkte (bzw. eine Punktmenge) dargestellt wird, während approximativ eine anschaulich stetige
Kurve erscheint.

Andere Beispiele hierfür finden sich z. B. auch im Weg- und
Wiesenrand, in den aus der Ferne betrachteten Trennungslinien der
Getreidefelder usw., ja, streng genommen, überhaupt in allen Grenz-
linien der Natur.

---

[1]) S. 369 u. ff.
[2]) Näheres über diese Begriffe folgt später; vgl. S. 319, 342, 367/68.

V. Stetigkeit und Unstetigkeit.

§ 16. Unendlich kleine, unendlich große und endliche Zahlen und Größen.

Für die weiteren Betrachtungen ist nun ein Begriff von fundamentaler Wichtigkeit zu erläutern, der unter dem Namen *Grenzwert* oder *limes* bekannt ist.

Um dies tun zu können und auch noch weitere die Eigenschaften der Funktion betreffende Fragen zu lösen, müssen wir uns vorerst mit den Zahlenwerten der Veränderlichen näher beschäftigen.

Wählen wir innerhalb der Zahlenreihe irgendeine bestimmte Zahl, etwa 1, so können wir durch rationale und irrationale Operationen Zahlen bilden, die kleiner als 1 sind, und zwar geht diese Zahlenbildung herunter bis auf Zahlen, die wir als *sehr klein* im Verhältnis zur Ausgangszahl 1 betrachten können, z. B. $\frac{1}{10^8}$, $\frac{1}{10^{30}}$ u. a. Das Verhältnis der Ausgangszahl 1 zu einer solchen Zahl ist stets sehr groß, z. B. für die Zahl $\frac{1}{10^8}$ wäre es gleich $1 : \frac{1}{10^8} = 10^8$. Das Produkt zweier solcher sehr kleinen Zahlen ist auch stets wieder eine sehr kleine Zahl, kleiner als jeder der beiden Faktoren; dagegen kann das Verhältnis zweier solcher groß, sehr groß sein, wie es z. B. von $\frac{1}{10^8} : \frac{1}{10^9} = 10$ ist, oder von $\frac{1}{10^8} : \frac{1}{10^{30}} = 10^{22}$. Die Summe und Differenz zweier solcher sehr kleinen Zahlen ist stets wieder eine sehr kleine Zahl.

Lassen wir dieses Kleinerwerden der Zahlen nicht über eine gewisse, willkürliche, sehr kleine Zahl hinausgehen, so können wir auch sagen: wir haben es hier mit s e h r k l e i n e n Z a h l e n begrenzten Zahlenwertes zu tun. Diese Festsetzung einer Grenze für das Kleinerwerden dieser sehr kleinen Zahlen ist willkürlich. Lassen wir sie fallen, so kommen wir zum Begriff der *beliebig kleinen Zahl*, indem wir uns vorzustellen haben, daß in Rücksicht auf die Stetigkeit der Zahlenreihe, die wir früher erläutert haben (S. 28 u. ff.), von jeder erreichten, noch so kleinen Zahl im Kleinerwerden weitergegangen werden kann. Das Verhältnis zweier solcher Zahlen kann dabei stets noch eine Zahl sein, die bezüglich ihrer Stellung in der Zahlenreihe nicht zu ihnen gehört, sondern größer ist, ja selbst auch über 1 liegen kann. Indem wir bei weiterer Verfolgung dieses Kleinerwerdens immer nur zu beliebig kleinen Zahlen, aber von immerhin endlichen Zahlenwerten, gelangen, d. h. zu Zahlen, die wir stets in ein Intervall einschließen können, dessen Endpunkte durch eine endliche Anzahl von Schritten von der Anfangszahl 1 aus zu erreichen sind, wobei man unter einer endlichen Anzahl von Schritten eine solche versteht, für die man stets noch eine größere Anzahl angeben kann, indem wir also so zu beliebig kleinen Zahlen gelangen, nähern wir uns dem Zahlenwert Null (0), ohne aber denselben auf diesem Wege je erreichen zu können, da wir eben nur endliche, beliebig kleine Zahlen zu erreichen imstande sind[1]).

Ändern wir dagegen unsern Ausgangspunkt, d. h. gehen wir von der Zahl 0 aus, so können wir Zahlenwerte denken, die so nahe an 0 liegen, d. h. die so wenig von 0 differieren, daß sie auf dem vorher beschriebenen Wege nicht erreicht werden können, d. h. nicht in einer endlichen Anzahl noch so kleiner, endlicher Intervallschritte.

Wir nennen solche Zahlen **unendlich kleine Zahlen** [2]) und man sieht, daß ihre Haupteigenschaft ist: **kleiner zu sein als jede noch so kleine endliche Zahl** (aber auch nicht null).

Soweit wir die Sache bis hierher betrachtet haben, hatten wir stets im Auge, zu versuchen, die hier eingeführten neuen Begriffe auf anschauliche Weise zu erreichen, d. h. durch das Mittel der Vorstellung, also entweder mit Hilfe der Zahlenlinie oder des sukzessiven Fortschreitens innerhalb des Zahlenkontinuums. In diesem Sinne können wir die Betrachtungen auch noch weiter führen und kommen damit zu folgendem:

---

[1]) Sei z. B. eine eben erreichte sehr kleine Zahl $\dfrac{1}{10^{30}}$, so können wir von ihr aus gegen Null vorwärts schreiten, indem wir den Exponenten im Nenner z. B. je um 10 erhöhen, also mit $\dfrac{1}{10^{40}}$, $\dfrac{1}{10^{50}}$, ... Da nun aber nicht angebbar ist, welchen Exponenten 10 im Nenner haben müßte, der auf diese Weise in endlicher Schrittanzahl erreichbar wäre, damit die so erhaltene Potenz in 1 dividiert 0 gäbe, so ist die Null auf diese Weise nicht erreichbar.

Analoges gilt für andere Annäherungsarten.

[2]) Diese Bezeichnung klingt etwas sehr paradox, d. h. sie schließt in sich als einem Wort scheinbar einen direkten Widerspruch ein. Dieser verschwindet aber, wenn man das Wort *unendlich* nicht, wie gewöhnlich falscherweise schlechthin mit *überaus groß* identifiziert, sondern ihm die exaktere, richtigere Auffassung *unerreichbar* oder *unbeschränkt* läßt. Dasselbe ist zu sagen vom Ausdruck: „unendlich nahe" u. dgl. (Vgl. S. 342, 367.)

Diese so definierten *unendlich kleinen Zahlen* können nun noch in zweierlei Weise aufgefaßt werden.

Einmal als fest bestimmte; man nennt sie dann *eigentlich* oder **aktuell unendlich klein.** Sie haben als Haupteigenschaft neben der erwähnten die, daß sie mit einer endlichen Zahl nicht verglichen werden können, da sie vermöge ihrer Definition an diese nicht heranreichen, d. h. einem anderen Zahlengebiete angehören. In diesem Bereich können nun diese unendlich kleinen Zahlen noch ihre eigenen Gesetze befolgen, d. h. z. B. unter sich Verhältnisse aufweisen, die wieder endlich sind. Wir kommen später auf solche Fälle eingehender zu sprechen[1]).

Andererseits kann man auch diese unendlich kleinen Zahlen wieder als veränderliche betrachten und zwar noch kleiner werdend, sich der Null noch mehr annähernd; man spricht dann von uneigentlich unendlich kleinen Zahlen. In diesem Sinne werden die schlechthin unendlich kleinen Zahlen im folgenden meistens verwendet werden. Wir können dann sagen:

Eine *unendlich kleine Zahl* ist eine solche Zahl, die kleiner als jede beliebig kleine endliche Zahl ist und sich der Null, fortwährend kleiner werdend, nähert.

Sie ist hiernach als Variable zu betrachten.

Man sieht aber, daß vermöge dieser letzteren Einführung das Erreichen der Null möglich ist, während wir von den sehr kleinen endlichen Zahlen aus zunächst niemals auf dem bisher eingeschlagenen Wege zur Null gelangen können.

Doch ist noch eine andere Betrachtungsweise der bisher erwähnten Verhältnisse möglich.

Ihnen liegt ja, aus der Vorstellung entnommen, ein gewisser, begrifflich festgelegter Prozeß, eben der des Verkleinerns oder des Vergrößerns, zugrunde, dessen Schrittanzahl auf dem obigen Wege immer nur endlich bleiben kann. Denken wir uns aber begrifflich, d. h. mit Verzicht auf das in der tatsächlichen Vorstellung Ausführbare, den Prozeß in einem bestimmten Momente zu Ende gebracht, wobei wir also in der Vorstellung den Prozeß nur bis zu einem gewissen Punkte führen und weiterhin denselben durch logische Verknüpfung und Festsetzung als vollzogen betrachten, dann wird die Kluft, welche zwischen den endlich sehr kleinen und den unendlich kleinen Zahlen besteht, insofern überbrückt, als wir von den ersteren zu den letzteren und endlich auch zur Null gelangen können; eben dadurch, daß wir den

---

[1]) Vgl. S. 247 u. ff.

Prozeß des Verkleinerns begrifflich, d. h. in rein logischer Fortsetzung über jede Schranke hinweg als vollführt betrachten dürfen[1]).

Da aber nun doch die so eingeführten unendlich kleinen Zahlen begrifflich aus den beliebig kleinen endlichen Zahlen entstanden gedacht werden können, so dürfen wir für die Rechnung zweckmäßigerweise auch von den beliebig kleinen endlichen Zahlen die Forderung nach Vollführung eines gewissen begrifflichen Prozesses zu Null zu werden, stellen. Damit verschwindet die Kluft zwischen beliebig kleinen endlichen Zahlen und den oben definierten sog. unendlich kleinen Zahlen; es ergibt sich ein lückenloser Übergang von den endlichen Zahlen durch die endlich sehr kleinen zu den un· endlich kleinen, bis schließlich zur Null unter wohl betonter Wahrung ihrer oben ausgesprochenen gegenseitigen Verhältnisse.

In Anwendung der Zahlen — mittels ihrer bekannten Zuordnung — zur messenden Bestimmung von Größen gelangt man, in Ausdehnung dieses Begriffes des Unendlich-Kleinen, zu den sog. *unendlich kleinen Größen*. Man spricht in diesem Sinne von *unendlich kleiner Distanz, Länge, Breite, Höhe, Ausdehnung, Geschwindigkeit, Beschleunigung, Kraft, Arbeit, Leistung, Energiemenge, Masse, Elektrizitätsmenge, Lichtstärke* usw. usw.[2]).

---

[1]) Wollen wir uns diesen Gegensatz von schrittweiser Verfolgung eines Prozesses in der Vorstellung und sein begriffliches Vollendetsein an einem sehr naheliegenden Beispiele klarmachen, so betrachten wir etwa die Frage, wie man dazu gelangt, einen ganz bestimmten Menschen von allen anderen Menschen zu unterscheiden und damit als den so bestimmten auch anderen gegenüber zu charakterisieren.

Der eine Weg ist der, daß wir versuchen, die seelischen und körperlichen Eigenschaften dieses Menschen einzeln aufzuzählen. Und da werden wir bald gewahr, daß wir auf diesem Wege nie zu einem Ende gelangen, indem wir immer wieder neue Eigenschaften entdecken. Aber das heißt nichts anderes, als daß auf diesem Wege überhaupt nicht zu einem Ziele zu gelangen ist, also eine Abgrenzung dieses Menschen und also Definition dieses Individuums theoretisch unmöglich wäre.

Daher versuchen wir es auf andere Weise: Wir belegen diesen Menschen mit einem Namen, der also das Zeichen für einen Begriff ist, nämlich den Begriff dieses Individuums, den Inbegriff aller seiner Eigenschaften. Dann aber haben wir in diesem Begriff die vorher nicht erreichte Gesamtheit aller seiner Eigenschaften mitzudenken, wenn wir auch nicht imstande sind, sie alle einzeln uns zu vergegenwärtigen.

Was auf dem Wege der reinen Anschaulichkeit, der Vorstellung, nicht zu erreichen war, ist also auf dem Wege des Begriffes einfach und indem man den Prozeß des ersteren Weges als vollendet denkt, ausgeführt worden.

[2]) Im speziellen nennen wir als Beispiele für aktuell unendlich kleine Größen: Das Volumen oder Gewicht des Staubteilchens gegenüber dem des Tisches, auf dem es liegt, um so mehr gegenüber der Erde, aber ev. auch schon gegenüber der Pflanze, an der es sitzt, wenn es die genannte Haupteigenschaft hat, für einen Vergleich nicht in Betracht zu fallen. Ebenso ist je nach Umständen und Forderungen, die bezüglich der für Betrachtung und Rechnung willkürlich gestellten Grenzen der Genauigkeit gestellt werden: Die Erde als unendlich kleine Größe zu betrachten im Weltenraum, das Tier gegenüber diesem oder schon gegenüber der Erde, ev. gegenüber einem Erdteil oder einem Land in einer gemeinschaftlichen Maßeinheit behandelt; und nicht nur das Elektron gegenüber dem leitenden Draht, sondern auch gegenüber dem Molekül, in

Wir können daher den Begriff einer unendlich kleinen Größe nach der letzteren Definition der unendlich kleinen Zahl und dem nachträglich von dieser ihrer Auffassung Gesagten in ausführlicher Weise auch folgendermaßen fassen:

Die Bezeichnung für den Begriff der *unendlich kleinen Größe* oder auch des *Unendlichkleinen* ist als Name aufzufassen für einen Veränderungsprozeß, dem eine veränderliche Größe unterworfen ist, die sich von zunächst endlichen sehr kleinen Werten, fortwährend kleiner werdend, dem Grenzwert Null nähert[1]).

Von der oben (willkürlich) festgesetzten Zahl 1 können wir nun auch zu Zahlen gelangen, die größer sind als diese und immer größer werden. Wir gelangen auf diese Weise schließlich zu Zahlen, die wir im Verhältnis zu dieser Eins oder auch zu einer anderen Ausgangszahl als sehr große Zahlen bezeichnen müssen. Für diese können wir nun wieder festlegen, daß sie über eine gewisse obere Grenze, die sich wieder in ein Intervall einschließen läßt, dessen Endwerte von 1 aus durch eine endliche Zahl von Schritten erreichbar sein müssen, nicht hinausgehen. In diesem Falle sprechen wir von *sehr großen* Zahlen, aber begrenzten Zahlenwertes. Diese Festlegung einer Grenze, über welche die sehr großen Zahlen nicht hinausgehen dürfen, kann aber wieder fallen gelassen werden, und dann erfährt der Prozeß des Größerwerdens kein Ende; immer aber führt er uns nur zu endlichen sehr großen Zahlen.

Dieses unbegrenzte Wachsen der Zahl kann man dahin ausdrücken, daß man sagt, diese *Zahl werde beliebig groß* oder sie nehme über alle Grenzen zu, was sagen will, daß keine erreichbare (endliche) Zahl als das Ende des Wachstums zu betrachten ist. Letztere Tatsache drückt man auch dahin aus, daß man sagt, *die Zahl wachse ins Unendliche* oder *werde unendlich* (d. h. unvergleichbar) *groß*, und wir können von diesem Standpunkt aus die **unendlich große Zahl** oder auch kurz die *unendliche Zahl* als das Symbol dafür auffassen, daß die größer werdende Zahl in diesem Wachstumsprozeß nie ein Ende erreicht; sie ist eine unbegrenzt zunehmende Veränderliche.

Wenn man also sagt, die Zahl „a“ sei gleich unendlich ($a = \infty$), so heißt dies in abgekürzter Ausdrucksweise nur, daß wir für ihren

---

viel höherem Maße gegenüber der Erdkugel (höherer Ordnung; vgl. S. 248, 252 u. ff.), da dieser gegenüber schon der Draht unter normalen Verhältnissen unendlich klein erscheint; stets aber nur so lange, nur unter der Bedingung, daß es nach Größe oder Wirkung im betreffenden Fall vernachlässigt werden kann.

[1]) In diesem Sinne ist die „unendlich kleine Größe“ mit dem Begriff eines ohne Aufhören fortgesetzten Näherungsprozesses, des fortdauernden Annäherns an einen bestimmten endlichen Wert, dem Begriff des später im besonderen zu behandelnden „Grenzwertes“ untrennbar verbunden (vgl. S. 297/98).

Wert keine obere Grenze angeben können, also auch keinen bestimmten Zahlwert[1]). Wir nennen sie auch *uneigentlich unendlich große* Zahl.

Wir können daher in analoger Ausdrucksweise zur unendlich kleinen Zahl aussprechen:

Eine *unendlich große Zahl* ist eine solche Zahl, die größer als jede beliebig große, endliche Zahl ist und fortwährend zunehmend, in ihrem Wachstum keine Grenze erreicht.

Sie ist hiernach auch als Variable aufzufassen.

In Übertragung auf die allgemeine Größe erhalten wir:

Die Bezeichnung für den Begriff der *unendlich großen Größe* oder auch des *Unendlichgroßen* ist als Name aufzufassen für einen Veränderungsprozeß, dem eine veränderliche Größe unterworfen ist, die sich von zunächst endlichen, sehr großen Werten, fortwährend größer werdend, ändert und numerisch unbeschränkt wächst.

Es kann sich aber auch hier noch eine andere Auffassungsweise der unendlichen Zahl bzw. Größe als zweckmäßig erweisen, indem man sie sich als eine fest bestimmte Stelle innerhalb der fortlaufenden Zahlenreihe denkt und zwar an einer Stelle, welcher eine Zahl zukommt, die größer ist als jede endliche, beliebig große Zahl.

Wir nennen solche Zahlen (Größen) *eigentlich* oder **aktuell unendlich groß.**

Sie haben analoge Eigenschaften, wie die aktuell unendlich kleinen Zahlen (Größen); sie können auch vor allem mit jeder endlichen (noch viel weniger mit der unendlich kleinen) Zahl (Größe) nicht verglichen werden und befolgen in ihrem Gebiet ihre eigenen Gesetze.

Es ist dann das „*unendlich*" ähnlich aufgefaßt, wie „*null*" beim endlich Beliebig-Kleinen, als eine Stelle, eine bestimmte Zahl (Größe), die bei noch so weit fortgesetzter Veränderung endlicher Zahlen von diesen nie ganz erreicht wird. Dann hat natürlich auch der Ausdruck *unendlich große Zahl* [das Zeichen für diese ist bekanntlich: ∞[2])] einen etwas anderen Sinn bekommen, und wenn sich dieser als zweckmäßig

---

[1]) Von einer unendlichen Zahl als einer bestimmten im Sinne der endlichen Zahl können wir daher hiernach auch nicht reden, sie ist für diese Auffassung keine eigentliche Zahl.

[2]) Vgl. S. 31, 122.

und widerspruchsfrei erweist, so dürfen wir ihn auch mathematisch verwerten[1]).

Von da aus kann man dann nun wieder durch rein logische Festsetzung (mit Verzicht auf eine konkrete Vorstellung) bestimmte unendlich große Zahlen jenseits dieser ersten unendlich großen Zahl einführen und die für dieselben geltenden Gesetze aufstellen bzw. erforschen (aktuell unendlich große Zahlen).

Es ist nützlich zu versuchen, uns von obigen Darlegungen auch in geometrischer, graphischer Darstellung ein Bild zu machen, um auch von dieser Seite her die Sache zu beleuchten. Dies wird uns auch hier leicht möglich mit der Erinnerung an eine schon früher bei der Behandlung der unendlichen Menge betrachteten Hilfsfigur (vgl. Fig. 6, S. 33).

Wir ziehen von einem Punkt P aus nach einer in seiner Nähe gelegenen Geraden g ein Büschel von bestimmten Geraden, welche dieselbe in den Punkten $A_1, A_2, A_3, \cdots$ schneiden und mit der durch P senkrecht zu g gezogenen Geraden $\overline{PQ}$ auf g immer größer werdende Strecken $\overline{QA_1}, \overline{QA_2}, \overline{QA_3}, \cdots$ herausschneiden.

Je mehr die Punkte A nach rechts liegen, um so mehr nähern sich die durch P und sie hindurch gelegten Geraden l der durch P zu g parallel gezogenen Geraden g'.

---

[1]) In manchen Lehrbüchern wird diese Zahl „∞" auch als *eingebildete* oder *fiktive* Zahl bezeichnet. Doch ist dies nicht ganz streng richtig; denn diese Bezeichnungsweise würde bedeuten, daß ihre Einführung völlig der Willkür anheimgestellt ist. Dem ist aber nicht so, sondern die Aufstellung dieser Zahl ist durch einen logisch-mathematischen Gedankenprozeß gefordert als logisches Endglied desselben und aus diesem Grunde ihre Einführung berechtigt und nicht völlig willkürlich.

Übrigens sei noch bemerkt, daß es sich ähnlich mit fast allen sog. fiktiven Größen der Mathematik verhält, wie z. B. mit dem unendlich fernen Punkt einer Geraden, der unendlich fernen Geraden und der unendlich fernen Ebene in der Geometrie, deren bloßer Ersatz die unendliche Zahl in der Analysis ist.

[Nach dem „*unendlich fernen Punkt*" gehen alle Parallelen bestimmter Richtung und ist derselbe also auch durch eine Gerade, eben ihre Richtung, gegeben. Konstruiert wird mit ihm, indem man weitere Gerade nach ihm zieht, d. h. Parallele, genau so, wie ein im Endlichen liegender Punkt durch mindestens zwei Geraden als deren Schnittpunkt bestimmt ist.

Die „*unendlich ferne Gerade*" ist diejenige Linie, welche von jeder Geraden in einem und zwar unendlich fernen Punkte geschnitten wird; sie ist daher auch jeder anderen Geraden (im Endlichen) parallel. In jeder Ebene gibt es eine (als einzige) unendlich ferne Gerade. Jeden ihrer sämtlichen Punkte kann ich auffinden und angeben durch eine Gerade und ihre Parallele in der Ebene. Man konstruiert mit ihr, indem man sie durch zwei parallele Ebenen festlegt, genau so, wie man eine im Endlichen liegende Gerade durch den Schnitt zweier nicht parallelen Ebenen festlegt.

Die „*unendlich ferne Ebene*" ist diejenige räumliche Fläche, welche jede Gerade des Raumes in nur einem Punkte schneidet. Sie enthält alle unendlich fernen Punkte und alle unendlich fernen Geraden, in denen sich je zwei parallele Ebenen schneiden.

Legen wir eine Gerade durch zwei Punkte im Raume fest, so können wir in Analogie auch die unendlich ferne Gerade als Verbindung zweier unendlich fernen Punkte festlegen, welch letztere durch die Richtungen je zweier parallelen Geraden gegeben sind. Die Ebene, welche zu diesen Parallelen parallel ist, enthält dann die beiden unendlich fernen Punkte und damit auch ihre Verbindungsgerade.

Eine Vorstellung von diesen unendlich fernen Elementen: Punkt, Gerade, Ebene ist uns unmöglich.]

Diese Größen gehören auch in das Gebiet der durch Vorstellung nicht zugänglichen, sondern nur begrifflich, durch rein logische Entwicklung gewonnenen.

Das nämliche ist der Fall mit einer durch P gehenden, sich aus einer beliebigen Anfangslage um P drehenden Geraden l.

Stützen wir uns auf das fünfte Euklidsche Postulat, wonach es durch einen Punkt nur eine Gerade gibt, welche parallel zu einer anderen geht, so gibt es dementsprechend nur eine einzige Lage für die Gerade l, in der sie parallel zu g ist, nämlich diejenige, in welcher sie mit g' zusammenfällt. Dieser Lage schreiben wir daher in Analogie dazu nur einen einzigen Schnittpunkt mit der Geraden g zu, welchen man den *unendlich fernen*, d. h. unerreichbaren Punkt auf ihr nennt und den wir hier mit A_∞ bezeichnen wollen[1]). Die Strecke von Q bis zu diesem ist *unendlich groß (unendlich lang)*, d. h. größer als jede angebbare vorhergehende. Als Maßzahlen entsprechen diesen Strecken $\overline{QA}$ endliche Zahlen, die stets größer werden und sich der der Grenzlage g' von l entsprechenden „Grenzzahl", einer unbegrenzt großen Zahl, der Maßzahl der Strecke $\overline{QA_\infty}$, nähern. Diese als einzige resultierende unendlich große Zahl entspricht dem Begriff der sog. *eigentlichen* oder *aktuell unendlichen* Zahl; sie tritt als Grenze des Wachstums auf und kann daher auch als Grenze aller endlichen Zahlen betrachtet werden, da sie als solche nach obiger Betrachtung erscheint und größer ist als jede der vorausgehenden endlichen, die, wenn auch sehr weit entfernten, aber im Endlichen[2]) auf der Geraden g liegenden Schnittpunkten entsprechen.

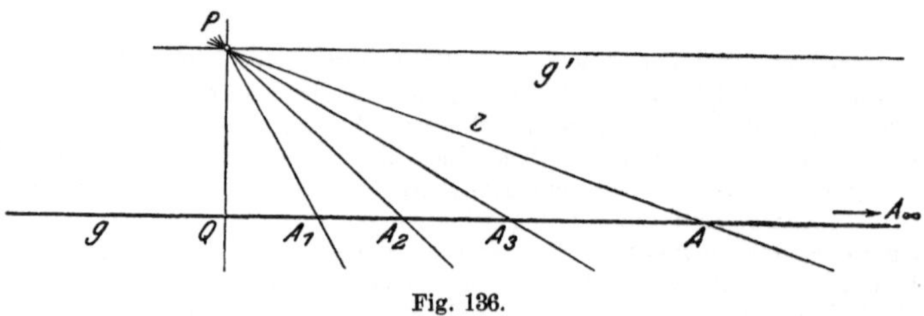

Fig. 136.

Diese Zahl *Unendlich* (∞) spielt also hiernach als obere Grenze genau die gleiche Rolle, wie die Zahl *Null* (0) als untere Grenze der reellen, absoluten Zahlen.

In genau gleicher Weise kann man die Überlegungen anstellen, wenn man von z. B. der Anfangslage PA_1 aus die Gerade l gegen Q hin führt.

Man gelangt so auch zur Null[3]) als Grenze, zur auch „kleinsten unendlich kleinen Zahl".

Ebenso finden sich einerseits die bestimmten verschiedenen unendlich kleinen Strecken in unmittelbarer Ausdehnung und Lage rechts von Q, die aktuell unendlich kleinen Zahlen, die *eigentlich unendlich kleinen Zahlen* und andererseits auch die unendlich kleinen Strecken und Zahlen als Veränderliche, welche ohne Aufhören ihrer Veränderung dem Endwert Null zustreben, die

---

[1]) „Jede Gerade hat nur einen unendlich fernen Punkt" ist daher nur eine andere Ausdrucksweise des fünften Euklidschen Postulates.

[2]) Nach früherem liegt ein Punkt im Endlichen, solange noch ein anderer angegeben werden kann, der noch weiter weg liegt. Für den der Parallellage entsprechenden Punkt auf g trifft dies nicht mehr zu; er ist daher unendlich fern und ihm entspricht die (eine, bestimmte) Zahl unendlich (∞); sie ist hier auch die erste unendlich große Zahl.

[3]) *Null* ist, absolut genommen, die kleinste Zahl überhaupt und kann daher aufgefaßt werden als kleinste endliche Zahl und als kleinste unendlich kleine Zahl im Sinne des Aktuell-Unendlichkleinen.

uneigentlichen unendlich kleinen oder auch schlechthin *unendlich kleinen Zahlen*[1]).

Da wir später mit diesen unendlich kleinen oder unendlich großen Zahlen bzw. Größen[2]) werden operieren müssen, so ist es notwendig, daß wir

**die wichtigsten Eigenschaften
und Rechnungsgesetze**

derselben ableiten.

Haben wir irgendeine unendlich kleine Zahl im Sinne unserer gegebenen Definition, so wollen wir dieselbe als *von der ersten Ordnung* oder *vom ersten Grad unendlich klein* benennen und bezeichnen sie mit δ. In Beziehung zu ihr werden wir nun eine andere Zahl δ_1 als mit ihr von derselben Ordnung oder vom gleichen Grade unendlich klein bezeichnen, wenn der Quotient aus ihnen beiden eine endliche, von Null verschiedene Zahl ist und bleibt[3]).

Es ist also δ_1 von der ersten Ordnung unendlich klein, sobald es δ ist und wenn zugleich $\dfrac{\delta}{\delta_1} = c$, gleich einer endlichen, z. B. konstanten, von Null verschiedenen Zahl c ist, z. B. gleich 1. Wenn speziell $\dfrac{\delta}{\delta_1} = 1$, dann ist $\delta = \delta_1$, sonst allgemeiner $\delta = c\,\delta_1$. Wir können daher auch sagen:

Eine unendlich kleine Zahl erster Ordnung ändert ihre Ordnung nicht, wenn wir sie mit einer endlichen Zahl multiplizieren.

Bilden wir dagegen das Produkt zweier unendlich kleinen Zahlen erster Ordnung, von δ_1 und δ_2, so folgt zunächst einmal, daß dieses Produkt $\delta_1 \cdot \delta_2$ sehr klein sein muß im Verhältnis zu jeder dieser Zahlen δ_1 und δ_2, denn wir wissen, daß ein Produkt um so kleiner wird, je kleiner seine Faktoren sind. Ist nun δ_3 eine dritte unendlich kleine Zahl erster Ordnung, so können wir nach obigem sie etwa darstellen in der Form $c_1\,\delta_1$. Bilden wir dann den Quotienten $\dfrac{\delta_1 \cdot \delta_2}{\delta_3}$, so folgt:

$$\frac{\delta_1\,\delta_2}{\delta_3} = \frac{\delta_1 \cdot \delta_2}{c\,\delta_1} = \frac{\delta_2}{c_1}$$

---

[1]) In ähnlicher Weise kann man auch von den Betrachtungen im Zahlengebiet der reellen Zahlen zu Betrachtungen im Zahlengebiet imaginärer und komplexer Zahlen und Größen übergehen und kommt auf diese Weise auch zum Begriff von *unendlich kleinen und unendlich großen imaginären und komplexen Zahlen bzw. Größen*. Der geometrische Ort der ersteren ist der unendlich ferne Punkt der imaginären Achse, derjenige der einfachen komplexen Zahl „der unendlich ferne Punkt" ihrer Zahlenebene.

[2]) von denen die ersteren auch als *infinitesimale* oder *infinite*, die letzteren auch als *transfinite* Zahlen bzw. Größen bezeichnet werden.

[3]) wie klein sie auch sein mögen, beliebig klein.

oder, wenn wir $\dfrac{1}{c_1} = c_2$ setzen:

$$\frac{\delta_1\,\delta_2}{\delta_3} = c_2\,\delta_2$$

welch letztere Zahl aber, wie wir schon wissen, eine unendlich kleine Zahl erster Ordnung ist.

Es folgt somit:

Das Produkt zweier unendlich kleinen Zahlen erster Ordnung dividiert durch eine ebensolche erster Ordnung ergibt einen Quotienten, der gleich ist einer unendlich kleinen Zahl erster Ordnung und darum nennen wir jene unendlich kleine Zahl, die durch Multiplikation zweier unendlich kleiner Zahlen erster Ordnung entstanden gedacht werden kann, eine *unendlich kleine Zahl zweiter Ordnung* oder zweiten Grades in bezug auf die andere als vom ersten Grade. Ihre Definition können wir daher folgendermaßen formulieren:

Eine unendlich kleine Zahl zweiter Ordnung ist eine solche, welche durch Division mit einer unendlich kleinen Zahl erster Ordnung eine unendlich kleine Zahl erster Ordnung ergibt.

Oder: Die unendlich kleine Zahl II. Ordnung bzw. „die Zahl, welche von II. Ordnung unendlich klein ist", muß entstanden gedacht werden können durch Multiplikation zweier unendlich kleinen Zahlen I. Ordnung, so daß wir auf Grund obiger Definition auch sagen können:

Durch Multiplikation zweier unendlich kleinen Zahlen erster Ordnung entsteht eine unendlich kleine Zahl zweiter Ordnung.

Ohne weiteres folgt daraus für zwei gleiche Faktoren, daß auch das Quadrat einer unendlich kleinen Zahl I. Ordnung eine unendlich kleine Zahl II. Ordnung ist in bezug auf die zu quadrierende Zahl als von der I. Ordnung.

In analoger Fortsetzung gelangen wir zur *unendlich kleinen Zahl III. Ordnung.* Es wäre dies also eine solche, welche durch Division mit einer unendlich kleinen Zahl I. Ordnung einen Quotienten gleich einer unendlich kleinen Zahl II. Ordnung liefert oder, durch eine unendlich kleine Zahl II. Ordnung dividiert, eine solche von der I. Ordnung als Quotient ergibt.

Die unendlich kleine Zahl III. Ordnung folgt aus dem Produkt einer unendlich kleinen Zahl I. und einer solchen II. Ordnung oder aus drei miteinander multiplizierten unendlich kleinen Zahlen I. Ordnung, im speziellen als dritte Potenz einer unendlich kleinen Zahl I. Ordnung.

Setzen wir diese Betrachtungen fort, so kommen wir zu den *höheren unendlich kleinen Zahlen*, d. h. den unendlich kleinen Zahlen höherer Ordnung und finden allgemein:

1a. Der Quotient aus einer unendlich kleinen Zahl beliebiger (m-ter) Ordnung, durch eine solche niederer (n-ter) Ordnung, ist eine unendlich kleine Zahl, deren Ordnung gleich ist der Differenz der Ordnungen von Zähler und Nenner [$(m - n)$-ter Ordnung]:

$$\frac{\delta_1^{(m)}}{\delta_2^{(n)}} = \delta^{(m-n)}; \quad m > n$$

2a. Das Produkt aus einer unendlich kleinen Zahl m-ter Ordnung in eine ebensolche Zahl n-ter Ordnung ergibt eine unendlich kleine Zahl $(m + n)$-ter Ordnung:

$$\delta_1^{(m)} \cdot \delta_2^{(n)} = \delta^{(m+n)}$$

3a. Die n-te Potenz einer unendlich kleinen Zahl m-ter Ordnung ist eine unendlich kleine Zahl $(m \cdot n)$-ter Ordnung:

$$\left[\delta^{(m)}\right]^n = \delta^{(m \cdot n)}$$

4a. Eine unendlich kleine Zahl ändert den Grad ihrer Ordnung nicht, wenn wir sie mit einer endlichen, von Null verschiedenen Zahl multiplizieren.

Oder:

Zwei unendlich kleine Zahlen sind von derselben Ordnung, wenn ihr Quotient eine bestimmte endliche, von Null verschiedene Zahl ist und bleibt (eine unendlich kleine Zahl von der 0-ten Ordnung).

Bilden wir die Summe mehrerer unendlich kleinen Zahlen I. Ordnung, die z. B. δ_1, δ_2, δ_3, $\cdots \delta_n$ heißen mögen und in endlicher Anzahl ($n =$ endlich) vorhanden seien, so läßt sich leicht zeigen, daß diese Summe wieder eine unendlich kleine Zahl I. Ordnung ist. Wir können ja nach obigem alle diese Zahlen darstellen in der Form:

$$\delta_1 = \delta_1$$
$$\delta_2 = c_2\, \delta_1$$
$$\delta_3 = c_3\, \delta_1$$
$$\vdots \qquad \vdots$$
$$\delta_n = c_n\, \delta_1$$

so daß ihre Summe wird:

$$S = \delta_1 + \delta_2 + \delta_3 + \cdots + \delta_n = \delta_1 [1 + c_2 + c_3 + \cdots + c_n]$$

oder, wenn

$$1 + c_2 + c_3 + \cdots + c_n = c$$

gesetzt wird:

$$S = c \cdot \delta_1$$

und da letzteres eine unendlich kleine Zahl I. Ordnung ist, so folgt dies auch für die ganze Summe. Da aber nach obigem nur aus dem Produkt einer unendlich kleinen Zahl mit einer endlichen Zahl (Konstanten) wieder eine unendlich kleine Zahl gleicher Ordnung folgt, so ersieht man, daß obige Behauptung nur für eine endliche Zahl von Summanden gilt.

Betrachten wir die Differenz zweier unendlich kleinen Zahlen gleicher Ordnung: $\delta_1 - \delta_2$, so können wir diese nach früherem darstellen in der Form:

$$\delta_1 = c_1 \, \delta$$
$$\delta_2 = c_2 \, \delta$$

worin δ gleicher Ordnung wie δ_1 und δ_2, so daß:

$$\delta_1 - \delta_2 = \delta(c_1 - c_2)$$

Nun sieht man aus dieser Darstellung leicht, daß wir den Schluß bezüglich der Ordnung der Differenz zweier unendlich kleinen Zahlen gleicher Ordnung nicht ohne weiteres so ziehen können, wie bei deren Summe; d. h. wir dürfen, wenn δ_1 und δ_2 z. B. I. Ordnung sind, nicht ohne weiteres schließen, daß diese Differenz auch unendlich klein I. Ordnung sei. Es könnte ja eintreten, daß $(c_1 - c_2)$ selbst unendlich klein ist; dann aber hätten wir es in $\delta(c_1 - c_2)$ nach Definition mit einer unendlich kleinen Zahl höherer, zum mindesten II. Ordnung zu tun und also auch in der ihr gleichen Differenz $\delta_1 - \delta_2$.

Man erkennt auch, daß, sobald die Differenz $(c_1 - c_2)$ unendlich klein wird, die beiden unendlich kleinen Größen δ_1 und δ_2, falls sie in bestimmtem Zusammenhange stehen, in der Grenze gleich werden müßten.

Es ist daher, wenn wir den oben für die Summe ausgesprochenen Satz auch für die Differenz aufrecht erhalten wollen, hier die Einschränkung zu machen, daß wir die Voraussetzung aufstellen, es sei die Differenz $(c_1 - c_2)$ eine endliche Zahl. Verhält es sich nicht so, dann muß von Fall zu Fall näher untersucht werden, von welcher Ordnung diese Differenz ist.

Unter dieser Voraussetzung aber, die wir nun ausdrücklich machen wollen, gilt der Satz: Die Differenz zweier unendlich kleinen Zahlen I. Ordnung ist wieder eine unendlich kleine Zahl I. Ordnung.

Erweitern wir diese Einschränkung auf mehrere Subtraktionen, so gilt der Satz auch für eine beliebige, aber endliche Anzahl von Kombinationen aus Addition und Subtraktion.

Ist ε eine unendlich kleine Zahl II. Ordnung gegenüber δ, so können wir mittels der als zulässig bewiesenen Setzung $\varepsilon = c\,\delta^2$ leicht dartun, daß obiges Resultat auch für unendlich kleine Zahlen II. Ordnung gilt.

Ganz allgemein können wir finden:

5a. Eine endliche Anzahl von Summationen und Subtraktionen unendlich kleiner Zahlen einer bestimmten Ordnung ergibt wieder eine unendlich kleine Zahl der gleichen Ordnung, wenn für die Subtraktion die obige Einschränkung gemacht wird;

ein Satz, der auch für endliche Zahlen gilt.

Anders verhält sich die Sache in letzterer Hinsicht jedoch, wenn wir die Summe aus unendlich kleinen Zahlen verschiedener Ordnung bilden.

Um dies allgemein zu untersuchen, müssen wir uns zunächst an früher gesagtes erinnern, wonach eine unendlich kleine Zahl (zunächst I. Ordnung) mit einer endlichen nicht verglichen werden und daher gegenüber einer solchen auch nicht in Betracht fallen kann.

Es sei dann δ eine unendlich kleine Zahl von der I. Ordnung und ε eine solche in bezug auf jene unendlich klein von der II. Ordnung.

Dann können wir setzen:
$$\varepsilon = c\,\delta^2$$
und demnach:
$$\delta + \varepsilon = \delta + c\,\delta^2 = \delta(1 + c\,\delta)$$

Nun ist aber $(c\,\delta)$ eine unendlich kleine Zahl, 1 hingegen eine endliche. Es kommt daher $(c\,\delta)$ gegenüber 1, was die Größe anbelangt, nicht in Betracht, woraus aber folgt, daß das Resultat, die gesuchte Summe, eine unendlich kleine Zahl I. Ordnung ist:
$$\delta + \varepsilon \cong \delta$$

d. h.:

Addiert man zu einer unendlich kleinen Zahl I. Ordnung eine solche II. Ordnung, so kann man erstere als unverändert betrachten.

Ähnlich verhält es sich für unendlich kleine Zahlen überhaupt, d. h. wenn wir zu einer unendlich kleinen Zahl bestimmter Ordnung eine solche höherer Ordnung addieren.

Auch gilt das nämliche für Subtraktion.

Kurz drückt man dieses Ergebnis auch aus, indem man sagt:

6a. **Bei Addition und Subtraktion einer endlichen Anzahl von unendlich kleinen Zahlen verschiedener Ordnungen
kann man die unendlich kleinen Zahlen höherer Ordnung
gegenüber denen von niederer Ordnung vernachlässigen;**

ein Satz, den wir im Gebiete der endlichen Zahlen natürlich nicht
finden.

Kommt eine unendlich kleine Zahl I. Ordnung gegenüber einer
endlichen Zahl schon nicht in Betracht, so ist dies, wie hier folgt und
in früherem schon allgemein bemerkt wurde, um so mehr für eine unendlich kleine Zahl höherer Ordnung der Fall, so daß wir auch allgemein
sagen können:

7a. **In der Addition oder Subtraktion zu einer endlichen
Zahl kann eine unendlich kleine Zahl** (gleichgültig, welcher Ordnung sie ist) **vernachlässigt werden**

oder:

„Eine durch eine unendlich kleine Zahl vergrößerte oder verkleinerte endliche Zahl kann als unverändert betrachtet werden."

Das nämliche pflegt man auch öfters in etwas weniger exakter
Weise in die Worte zu fassen:

„Eine endliche Zahl ändert ihren Wert nicht durch Hinzufügen
oder Abziehen einer unendlich kleinen Zahl."

Indem man nun auch solche unendlich kleinen Zahlen verschiedener
Ordnung oder verschiedenen Grades beliebigen allgemeinen Größen, wie
Länge, Fläche, Volumen, Maße, Kraft, Geschwindigkeit, Arbeit usw.,
zuordnet, gelangt man zum Begriff der *unendlich kleinen Größen verschiedener Ordnung,* wie z. B. zu *unendlich kleiner Länge von I.,
II. usw. Ordnung,* für welche sich dann obige Resultate in analoger
Übertragung aussprechen lassen.

Aus der eben gegebenen Darstellung erkennen wir deutlich, daß
eine völlig unabhängige Festsetzung dessen, was wir als unendlich
kleine Zahl bzw. Größe I. Ordnung zu bezeichnen haben, nicht
möglich ist. Es handelt sich bei diesen Dingen nur um das Verhältnis
der Ordnungen dieser Zahlen (Größen) zueinander, für dessen Entscheid wir die Kriterien angegeben haben, und sind die *unendlich
kleinen Zahlen* bzw. *Größen verschiedener Ordnungen* nur als aufeinander bezogene, als *relative Größen* verständlich, denen eine
selbständige Existenz durchaus abgeht. Es hat daher auch
nur Sinn von einer unendlich kleinen Zahl (Größe) höherer Ordnung
im Verhältnis zu einer anderen zu sprechen, welch letztere
wir als von erster Ordnung fixieren. Warum wir gerade diese als

von der I. Ordnung festlegen, ist meistens durch die Natur der Aufgabe gegeben. Es wird im allgemeinen, wie wir noch an Beispielen sehen werden, jene unendlich kleine Größe sein, die den Ausgangspunkt für die andern innerhalb der Aufgabe liefert.

Bilden wir einen Bruch, bei dem der Nenner unendlich klein II. Ordnung gegenüber dem Zähler von I. Ordnung ist, so wird der Quotient eine sehr große Zahl. Denn wir haben dann

$$\frac{\delta}{\varepsilon} = \frac{\delta}{c\,\delta^2} = \frac{1}{c\,\delta} = \frac{1}{\delta_1}$$

und eine endliche Zahl (1) dividiert durch eine unendlich kleine Zahl (δ_1) ergibt eine sehr große Zahl, wie wir sagen *unendlich große Zahl*. Daraus folgt, daß der Quotient aus einer unendlich kleinen Zahl I. Ordnung dividiert durch eine unendlich kleine Zahl II. Ordnung eine unendlich große Zahl ist.

Auch bei diesen *unendlich großen Zahlen* muß man *verschiedene Grade* oder *Ordnungen* unterscheiden, um in diesem Zusammenhang wieder auf die verschiedenen Ordnungen unendlich kleiner Zahlen zu gelangen. Vor allem müssen wir auch hier zunächst eine Zahl bzw. Größe (U_1) als von der ersten Ordnung unendlich groß willkürlich fixieren, und nennen dann eine andere Zahl (U_2) im Verhältnis zu dieser unendlich groß von derselben Ordnung, wenn der Quotient beider eine endliche, von Null verschiedene Zahl ist, also:

$$\frac{U_1}{U_2} = C \qquad \text{oder} \qquad U_1 = C \cdot U_2$$

was uns, analog zu obigen Ergebnissen, sagt:

Eine unendlich große Zahl erster Ordnung ändert ihre Ordnung nicht durch Multiplikation mit einer endlichen Zahl.

Eine unendlich große Zahl II. Ordnung wird analog der unendlich kleinen Zahl als solche definiert, welche durch Division durch eine solche I. Ordnung als Quotient eine unendlich große Zahl I. Ordnung liefert. Bezeichnen wir sie mit V, so folgt also:

$$\frac{V}{U} = U_1$$

oder:

$$V = U \cdot U_1 = U \cdot CU = CU^2$$

d. h.: Eine unendlich große Zahl II. Ordnung kann auch entstanden gedacht werden aus dem Produkt zweier unendlich großen Zahlen I. Ordnung

oder:

Durch Multiplikation zweier unendlich großen Zahlen erster Ordnung entsteht eine unendlich große Zahl zweiter Ordnung.

Wird in obigem $C = 1$ gesetzt, so folgt: $V = 1 \cdot U^2$ oder wieder allgemein:

$$V = U^2$$

was uns sagt, daß das Quadrat einer unendlich großen Zahl I. Ordnung eine unendlich große Zahl II. Ordnung ist in bezug auf die zu quadrierende als von I. Ordnung.

In Ausdehnung des Gefundenen auf Zahlen *höherer Ordnung* erhält man auch hier wieder analoge Sätze wie früher für die unendlich kleinen Zahlen, nämlich:

1b. Der Quotient aus einer unendlich großen Zahl beliebiger (m-ter) Ordnung, dividiert durch eine solche niederer (n-ter) Ordnung, ist eine unendlich große Zahl, deren Ordnung gleich ist der Differenz der Ordnungen von Zähler und Nenner [($m - n$)-ter Ordnung]:

$$\frac{U_1^{(m)}}{U_2^{(n)}} = U^{(m-n)}; \quad m > n$$

2b. Das Produkt aus einer unendlich großen Zahl m-ter Ordnung in eine ebensolche Zahl n-ter Ordnung ergibt eine unendlich große Zahl ($m + n$)-ter Ordnung:

$$U_1^{(m)} \cdot U_2^{(n)} = U^{(m+n)}$$

3b. Die n-te Potenz einer unendlich großen Zahl m-ter Ordnung ist eine unendlich große Zahl ($m \cdot n$)-ter Ordnung:

$$\left[U^{(m)} \right]^n = U^{(m \cdot n)}$$

4b. Eine unendlich große Zahl ändert den Grad oder ihre Ordnung nicht, wenn wir sie mit einer endlichen Zahl multiplizieren.

Oder:

Zwei unendlich große Zahlen sind von derselben Ordnung, wenn ihr Quotient eine bestimmte endliche, von Null verschiedene Zahl ist und bleibt (eine unendlich große Zahl von der 0-ten Ordnung).

Auch für Summation und Subtraktion ergeben sich in analogen Betrachtungen zu den früheren bei den unendlich kleinen Zahlen die entsprechenden Sätze für unendlich große Zahlen:

5b. **Eine endliche Anzahl von <u>Summationen</u> und <u>Subtraktionen</u> unendlich großer Zahlen <u>einer</u> bestimmten Ordnung ergibt wieder eine unendlich große Zahl der <u>gleichen</u> Ordnung**, wenn wiederum für die Subtraktion die entsprechende Einschränkung gemacht wird.

6b. **Bei <u>Addition</u> und <u>Subtraktion</u> einer endlichen Anzahl von unendlich großen Zahlen <u>verschiedener</u> Ordnungen darf man die unendlich großen Zahlen niederer Ordnung gegenüber denen von höherer Ordnung vernachlässigen.**

7b. **In der Addition oder Subtraktion zu einer unendlich großen Zahl (gleichgültig, welcher Ordnung sie ist) darf eine endliche Zahl vernachlässigt werden.**

(„Eine unendlich große Zahl bleibt unverändert, wenn wir sie um eine endliche Zahl vergrößern oder verkleinern.")

Da der Quotient einer unendlich großen Zahl durch eine ebensolche gleicher Ordnung eine endliche Zahl liefert, so folgt ohne weiteres, daß er mit einer unendlich großen Zahl höherer Ordnung als Nenner eine unendlich kleine Zahl sein muß, und zwar einer solchen, deren Ordnung gleich ist der Differenz der Ordnungen von Nenner und Zähler. Z. B. ergibt eine Division von einer unendlich großen Zahl I. Ordnung durch eine solche II. Ordnung eine unendlich kleine Zahl I. Ordnung.

Umgekehrt kann man auch von den verschiedenen Ordnungen der unendlich kleinen Zahl zu denen der unendlich großen Zahlen gelangen, wenn man die Quotienten unendlich kleiner Zahlen bildet, deren Zähler unendlich klein niederer Ordnung als die Nenner sind.

Bezüglich der Wahl der unendlich großen Zahl I. Ordnung gilt dasselbe, was wir oben bei den unendlich kleinen Zahlen bezüglich der Wahl der unendlich kleinen Zahl I. Ordnung gesagt haben.

Hat man zwei unendlich kleine oder unendlich große Zahlen vor sich, so kann man, wie aus dem Gesagten erhellt, ihnen natürlich **von vornherein nicht ansehen, in welcher Ordnung sie zueinander stehen,** sondern es muß aus der **Natur der Aufgabe,** aus der sie hergeleitet worden sind, dieses ihr Verhältnis ersichtlich werden, ansonst ein Vergleich und damit eine Aufstellung der Ordnung überhaupt ausgeschlossen wäre. Man achte daher vor allem darauf, daß man von unendlich kleinen oder unendlich großen Zahlen höherer Ordnung nur sprechen kann in Beziehung zu einer solchen als von der ersten Ordnung angenommenen. Als solche können wir willkürlich eine beliebige in der Rechnung vor-

kommende Größe bezeichnen, indem wir immerhin auf ihre
Haupteigenschaft, bleibend beliebig klein zu werden, Rücksicht nehmen.
Ist aber die Wahl für eine solche getroffen, so sind damit
auch zugleich die Ordnungen aller andern Größen in der
Rechnung festgelegt, sofern die Natur der Sache einen Vergleich
der Größen mit der obigen, auf Grund bestimmter bekannter Beziehungen unter sich oder zu einer dritten Größe nach gemachten Angaben und Bedingungen gestattet.

**Für sich, losgerissen von dieser Beziehung, hat der Ausdruck „un-
endlich klein höherer Ordnung“ oder „unendlich groß höherer Ordnung“
gar keinen Sinn.**

Damit zwei unendlich kleine Größen δ_1 und δ_2 als von bestimmter
Ordnung erkannt werden können, müssen sie einen bestimmten
Zusammenhang zeigen, der entweder, für gleiche Ordnung, im Quotient
derselben eine endliche, von Null verschiedene Zahl oder, für verschiedene Ordnung, bis zur Grenze, d. h. ihrem Übergang in Null, unendlich klein oder im reziproken Wert unendlich groß bleibt.

Beispiele.

1. Der Bruch $\dfrac{\delta}{a^\delta - a^{-\delta}}$ ergibt (durch Reihenentwicklung) für unendlich kleines δ den Wert $\dfrac{1}{c_1} = c$, gleich einer Konstanten, womit
erwiesen ist, daß Zähler und Nenner unendlich klein von der gleichen
Ordnung sind.

2. Da $\dfrac{1}{a^\delta + a^{-\delta}}$ sich durch Reihenentwicklung unter Vernachlässigung höherer Potenzen von δ als vom Wert $\dfrac{1}{2}$ erweist, so ergibt sich
daraus, daß der Quotient $\dfrac{\delta}{a^\delta + a^{-\delta}}$ den Wert $\dfrac{\delta}{2}$ liefert, d. h. Zähler
und Nenner sind nicht unendlich kleine Größen gleicher Ordnung;
sondern, da ihr Quotient eine unendlich kleine Größe ist, so muß der
Zähler von höherer Ordnung unendlich klein sein als der Nenner, und
ist der ganze Bruch eine unendlich kleine Größe gleicher Ordnung wie δ.

3. Durch analoge Untersuchung kann man zeigen, daß der Aus-
druck $a^\delta - a^{-\delta} \pm 2$ gegenüber δ endlich ist und daher $\dfrac{\delta}{a^\delta - a^{-\delta} - 2}$
gegenüber δ von gleicher Ordnung unendlich klein ist. Das nämliche
folgt für $a^\delta + a^{-\delta} + 2$. Dagegen ist $a^\delta + a^{-\delta} - 2$ gegenüber δ als unendlich klein von erster Ordnung unendlich klein zweiter Ordnung

und daher der Bruch $\dfrac{\delta}{a^\delta + a^{-\delta} + 2}$ mit δ von gleicher Ordnung unendlich klein, aber $\dfrac{\delta}{a^\delta + a^{-\delta} - 2}$ gegenüber δ von I. Ordnung, unendlich groß von I. Ordnung.

4. Analog findet sich $a^\delta - a^{-\delta} - 2\,\delta$ für δ von der ersten auch unendlich klein von der ersten Ordnung, aber $e^\delta - e^{-\delta} - 2\,\delta$ unendlich klein von der dritten Ordnung.

5. Der Bruch $\dfrac{\varepsilon^2 + \varepsilon^3 + \varepsilon^4}{\varepsilon^2 + \varepsilon^4 + \varepsilon^5} = \dfrac{1 + \varepsilon + \varepsilon^2}{1 + \varepsilon^2 + \varepsilon^3}$ nähert sich für beliebig kleines ε der Zahl 1 und bleibt endlich, woraus folgt, daß $(\varepsilon^2 + \varepsilon^3 + \varepsilon^4)$ und $(\varepsilon^2 + \varepsilon^4 + \varepsilon^5)$ unendlich kleine Zahlen **gleicher Ordnung** sind, wenn ε als unendlich klein erklärt wird[1]).

Um noch an einem **geometrischen Beispiele**, dessen Lösung wir später häufig benutzen werden, zu zeigen, wie man über das Verhältnis der Ordnungen von unendlich kleinen Größen eine Entscheidung treffen kann, wählen wir nachfolgende Darstellung:

Gegeben sei eine Kurve mit der zugehörigen Funktion $y = f(x)$.

Wir wollen versuchen, ein sehr kleines Bogenstück derselben, das Bogenelement $\varDelta b$ durch die zugehörigen Koordinatendifferenzen $\varDelta x$ und $\varDelta y$ auszudrücken.

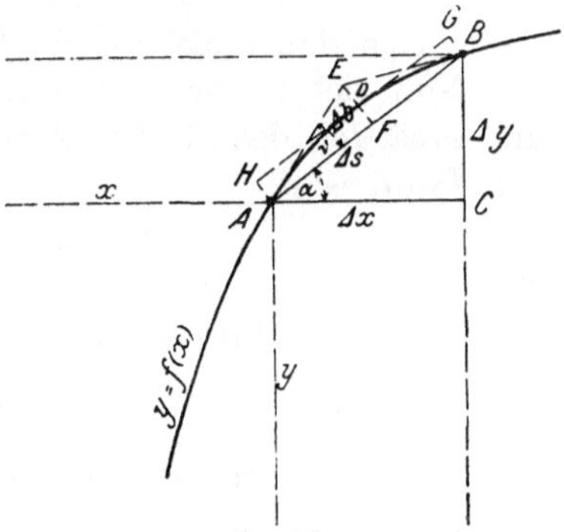

Nach dem Pythagoräischen Lehrsatz folgt aus dem rechtwinkligen Dreieck ABC:

$$\overline{AB}^2 = \overline{AC}^2 + \overline{CB}^2$$

oder

$$\varDelta s^2 = \varDelta x^2 + \varDelta y^2$$

Nun ist nach dem bekannten Satze, wonach die Gerade die kürzeste Verbindungslinie zweier Punkte:

Bogen $ADB >$ Sehne AB

und wir können somit setzen:

$$\varDelta b = \varDelta s + \varepsilon \quad \text{oder} \quad \varepsilon = \varDelta b - \varDelta s$$

Fig. 137.

wenn ε die Differenz zwischen Bogen und zugehöriger Sehne bedeutet.

Es folgt somit mit Zuziehung der ersten Relation:

$$\varDelta b^2 = \varDelta x^2 + \varDelta y^2 + 2\,\varepsilon\,\varDelta s + \varepsilon^2 = \varDelta x^2 + \varDelta y^2 + \varepsilon'$$

wenn $\qquad \varepsilon' = 2\,\varepsilon\,\varDelta s + \varepsilon^2 \qquad$ gesetzt wird.

---

[1]) was auch ohne weiteres mittels des Satzes 6a bzw. 7a (S. 252) erkannt wird.

Es läßt sich nun nachweisen, daß ε eine Größe (Länge) von der
II. Ordnung unendlich klein ist, falls wir Δx als unendlich klein
I. Ordnung festsetzen.

Zunächst sieht man, weil

$$\operatorname{tg}\alpha = \frac{\Delta y}{\Delta x}\ ,$$

der Quotient von Δx und Δy, nämlich $\operatorname{tg}\alpha$, eine endliche Zahl ist
(es auch immer bleibt), Δy und Δx von gleicher Ordnung sein müssen
und also Δy auch eine unendlich kleine Größe I. Ordnung ist, weil
wir es für Δx angenommen haben.

Ebenso ist dann auch die Sehne Δs eine unendlich kleine Größe
I. Ordnung, weil der Quotient mit der Ausgangs-Definitionsgröße Δx:

$$\frac{\Delta x}{\Delta s} = \cos\alpha = a$$

eine endliche Zahl ist.

Das Dreieck ABC, dessen Inhalt sich als Produkt aus obigen
Größen darstellt:

$$\triangle ABC = \frac{\Delta x \cdot \Delta y}{2} = \frac{1}{2}\,\Delta x \cdot \Delta y$$

$$= \frac{1}{2}\,\Delta x\,(a\,\Delta x) = a\,\Delta x^2$$

ergibt sich daher als unendlich kleine Größe II. Ordnung.

Nun ziehen wir parallel zur Sehne Δs die Tangente an die Kurve
und ergänzen das Rechteck $ABGH$.

Dann ist:

$$\overline{AH} + \overline{HG} + \overline{GB} > \overarc{ADB} > \overline{AB}$$

woraus

$$(\overline{AH} + \overline{HG} + \overline{GB}) - \overline{AB} > \overarc{ADB} - \overline{AB}$$

$$\overline{AH} + \overline{GB} > \overarc{ADB} - \overline{AB}$$

Wir ziehen nun ferner in den Punkten A und B die Tangenten an
die Kurve, welche sich im Punkt E schneiden, von dem wir auf $\overline{AB}$
die Senkrechte fällen und den Fußpunkt F erhalten.

Dann folgt:

$$\overline{EF} > \overline{AH} = \overline{BG}$$

da Punkt E stets außerhalb des Kurvenbogens, auf der konvexen Seite
desselben liegen wird.

Nun ist der Winkel ν zwischen Tangente und Sehne im Punkt A
sehr klein, wenn dies mit dem Abstand der Punkte A und B, also der
Sehne Δs zutrifft. Währenddem bei noch so kleiner Sehne Δs der

Winkel α stets endlich groß bleibt, wird an der Grenze, wenn Punkt B in A hineinrückt, der Winkel ν zu Null, da dann die Sehne mit der Tangente zusammenfällt.

Für $\varDelta s$ unendlich klein wird also $\sphericalangle \nu$ auch sicher unendlich klein. Als ungünstigsten Fall nehmen wir ihn als in dieser Kathegorie am größten an, d. h. als unendlich klein von der ersten Ordnung gegenüber $\varDelta x$ bzw. $\varDelta y$ und $\varDelta s$.

Dann folgt

$$\operatorname{tg}\nu = \frac{\overline{EF}}{\overline{AF}}$$

$$\overline{AF} = \frac{\overline{EF}}{\operatorname{tg}\nu}$$

Da $\overline{AF}$ ein endlicher Teil der Sehne $\overline{AB}$ ist, hier etwas mehr als die Hälfte, so ist auch $\overline{AF}$ eine unendlich kleine Größe gleicher Ordnung, also I. Ordnung, denn der Quotient der beiden Längen $\overline{AB}$ und $\overline{AF}$ ist endlich: $\dfrac{\overline{AF}}{\overline{AB}} \geqq 0{,}5$.

Da für sehr kleine Winkel die trigonometrische Tangente gleich dem Winkel selbst ist, so ist mit Winkel ν auch $\operatorname{tg}\nu$ unendlich klein gleicher Ordnung[1]), und daher folgt nun, daß

$$\operatorname{tg}\nu = \frac{\overline{EF}}{\overline{AF}}$$

eine unendliche kleine Größe I. Ordnung ist, immer gegenüber $\varDelta x$ bzw. $\varDelta s = \overline{AB}$ oder $\overline{AF}$. Wenn aber $\overline{AF}$ unendlich klein I. Ordnung ist, so folgt nach früherer Definition, daß $\overline{EF}$ unendlich klein von II. Ordnung ist.

Nun ist

$$\overline{AH} = \overline{BG} < \overline{EF}$$

und somit sind $\overline{AH}$ und $\overline{BG}$ auch unendlich klein II. Ordnung, und daher folgt aus

$$\varepsilon = \varDelta b - \varDelta s$$
$$= \overset{\frown}{ADB} - \overline{AB} < \overline{AH} + \overline{GB}$$

daß ε als Summe zweier unendlich kleinen Größen II. Ordnung selbst auch eine solche ist.

Daraus erkennen wir nun ferner, daß der Ausdruck $2\,\varepsilon\,\varDelta s$ als Produkt aus einer endlichen Zahl, einer unendlich kleinen II. und einer

---

[1]) Vgl. S. 294/296, 312.

solchen I. Ordnung gegenüber Δx oder Δy eine unendlich kleine Größe
III. Ordnung ist und $\underline{\underline{\varepsilon^2}}$ gar eine solche IV. Ordnung. Es wird somit

$$2\,\varepsilon\,\Delta s + \varepsilon^2 = \varepsilon'$$

eine unendlich kleine Größe III. Ordnung gegenüber Δx.

Im Ausdruck

$$\Delta b^2 = \Delta x^2 + \Delta y^2 + \varepsilon'$$

in welchem $\Delta x^2 + \Delta y^2$ als Quadrate von unendlich kleinen Größen
I. Ordnung solche II. Ordnung sind, kann daher die unendlich kleine
Größe III. Ordnung ε' vernachlässigt werden, so daß wir erhalten:

$$\Delta b^2 = \Delta x^2 + \Delta y^2$$

Aus der ganzen Ableitung ersehen wir auch deutlich, was bereits
betont wurde, daß **nur aus den gegebenen Beziehungen der
Größen in der gegebenen Aufgabe allein auf ihre gegenseitige Ordnung geschlossen werden kann.**

In Berücksichtigung obiger Sätze geben die *unendlich kleinen
Größen* uns namentlich ein einfaches Mittel an die Hand, einen möglichst einfachen Ansatz zur Lösung eines Problems aufzustellen, indem
man mit ihrer Einführung leicht ersieht, was für mitspielende Größen
für die gewünschte Genauigkeit des Resultates außer Betracht fallen,
mit Recht vernachlässigt werden können. Man hat dazu nur nötig,
ihre verschiedenen Ordnungen zu berücksichtigen, die, wie gesehen,
aus der Natur der Aufgabe sich ergeben und — was betont sein möge —
als solche immerhin nachgewiesen werden müssen, um mit Recht in
der Summe, einer rationalen Funktion, die einen Größen als von höherer
Ordnung unendlich klein vernachlässigen zu dürfen.

Zum Schlusse wollen wir noch auf einige Analogien hinweisen, die
hier naheliegen; aber unter ausdrücklicher Betonung, daß es sich dabei
nur um mehr oder weniger äußere Analogieen handelt.

Bildet man nämlich den Quotienten aus einer unendlich kleinen
Zahl I. Ordnung durch eine endliche Zahl, also $\dfrac{\delta}{a}$, und stellen wir δ dar
durch $C\,\delta_1 = a\,c\,\delta_1$, so sieht man, daß der Quotient beider Zahlen
eine unendlich kleine Zahl $c\,\delta_1 = \delta_2$ ist. Man müßte also in Analogie
sagen, daß die unendlich kleine Zahl I. Ordnung unendlich klein sei
gegenüber der endlichen Zahl und also gleichsam a unendlich klein
von der „nullten Ordnung.‘‘

Bildet man außerdem noch $\dfrac{1}{\delta} = \delta^{-1}$, was eine unendlich große
Zahl ergibt, so könnte man in ebensolcher Analogie sagen, die unendlich großen Zahlen seien unendlich kleine Zahlen „negativer Ord-

nung." Natürlich läßt sich das auch umkehren, d. h. die unendlich kleinen Zahlen können als unendlich große Zahlen negativer Ordnung angesprochen werden.

Bleiben wir bei den ersteren, so hätten wir dann eigentlich nur noch unendlich kleine Zahlen, nämlich negativer, nullter und positiver Ordnung. Man erkennt nun aber, daß man bei dieser rein äußeren Analogie vorsichtig sein muß; denn würde man diesen Gedanken festhalten, so würden ja die **endlichen Zahlen** begrifflich als selbstständige **verschwinden**, da sie eben nur noch als ein spezieller Fall der **unendlich kleinen Zahlen**, nämlich **von der 0-ten Ordnung** erscheinen würden. Daß dies nicht ohne weiteres zulässig, ist leicht einzusehen; denn das Primäre, der Ausgangspunkt, sind ja ursprünglich gerade die endlichen Zahlen, im speziellen die ganzen Zahlen, und das Sekundäre, Abgeleitete die unendlich kleinen. Hier aber würde die Sache umgekehrt werden: die endlichen Zahlen wären das Sekundäre, die unendlich kleinen das Primäre; aber letztere haben ja ohne erstere keine Bedeutung, da „unendlich" nur im Gegensatz zu „endlich" verstanden werden kann, welch letzteres also zuerst oder primär da sein muß.

Wir wiederholen also, daß man **bei solchen Analogieen vorsichtig sein muß** und, wenn **Schwierigkeiten auftreten, deren Grund vornehmlich in solcher leichten Anwendung äußerer Analogieen zu suchen haben wird.**

Aus obigen Darlegungen, die zu Sätzen geführt haben, welche mit Ausnahme eines einzigen im Gebiete der endlichen Zahlen nicht existieren, geht mit Deutlichkeit hervor:

Die unendlich kleinen Zahlen und ebenso die unendlich großen bilden, nachdem sie aus den endlichen Zahlen in der angegebenen Weise abgeleitet worden sind, Gebiete für sich mit ihren eigenen Gesetzen, welche teilweise den endlichen Zahlen nicht zukommen.

In zwei Kombinationen führen sie selbst auf endliche Zahlen bzw. Größen zurück:

Wie wir gesehen haben, ist eine dieser der **Quotient** zweier unendlich kleinen Zahlen gleicher Ordnung, und wie wir durchblicken ließen, ist die andere Kombination als **unendliche Summe** bestehend aus unendlich vielen unendlich kleinen Größen gleicher Ordnung.

Die beiden Fälle sind hier von größter Bedeutung und werden uns noch lange beschäftigen. Sie werden später in gewisser Modifikation zu den Hauptgrundbegriffen der Infinitesimalrechnung, ersterer Fall als sog. *Differentialquotient*, der letztere als *Integral*.

§ 17. Grenzwert der Variablen.

Solch beliebig kleine Zahlen, wie wir sie im vorausgehenden betrachtet haben, die wir also schließlich auch als unendlich klein werdend betrachten dürfen, können wir auch erhalten, indem wir die Differenzen einer festen Zahl A und einer veränderlichen Zahl x, also den Ausdruck $(A - x)$, bilden.

Sind in

$$A < x_1 < x_2 < x_3 < \cdots < x_n < \cdots$$

die x aufeinander folgende, für x angenommene Werte, so folgen die Differenzen:

$$A - x_1, \; A - x_2, \; A - x_3, \cdots, A - x_n, \cdots$$

welche mit zunehmendem x beliebig endlich klein, unendlich klein werden und bleiben und schließlich, sobald x den Wert A erreicht hat, zu Null werden.

Behalten wir diese Ausdrucksweise bei, indem wir sagen, daß $(A - x)$ beliebig klein gemacht werden kann oder, arithmetisch geschrieben, daß

$$\Delta_1 = |A - x| < \varepsilon$$

sei, worin ε jede beliebig kleine positive Zahl sein kann, so haben wir damit zugleich eine exaktere Ausdrucksweise als die vorhergehend genannte, indem diese noch die Möglichkeit in sich schließt, daß sich zwar x dem A beliebig annähern kann, trotzdem aber aus irgendwelchen näher zu bestimmenden Gründen, die sich aus seinem Zusammenhang mit einer andern Größe ergeben, den Wert A selbst nicht annehmen darf.

Wir wollen daher in der Verallgemeinerung des von der Zahl Gesagten mit Hilfe des sog. *Grenzwertes* oder *Limes*[1]) die Unterscheidung und Definition einführen:

1. Eine Veränderliche x *nähert* sich dem Grenzwert (oder dem Limes) A heißt, ihr Unterschied von A kann jeden beliebig kleinen Betrag bleibend erreichen, jedoch selbst nicht null werden.

2. Eine Veränderliche x *hat* den Grenzwert (oder die Grenze) A heißt, es kann nicht nur der Unterschied zwischen x und A bleibend beliebig klein gemacht werden, sondern er kann schließlich auch selbst null werden.

Diese Unterscheidung hat ihre Begründung in dem tatsächlich vorkommenden verschiedenen Verhalten von veränderlichen Größen in ihrer Abhängigkeit von anderen.

---

[1]) „*limes*" ist die lateinische Übersetzung des Wortes „Grenze".

Statt in der Form:

$$\varDelta_1 = |A - x| < \varepsilon$$

drückt man diese Tatsache auch noch kürzer und zugleich in einer für
die beiden Fälle leicht zu unterscheidenden Art aus durch die Schreibweise:

$$\lim x \backsim A \qquad\qquad {}^1)$$

für den ersten Fall, für das *sich dem Grenzwert nähern,*

$$\lim x = A \qquad\qquad {}^1)$$

für den zweiten Fall, für das *den Grenzwert haben*
und sagt auch in beiden Fällen:

„A ist der Grenzwert (die Grenze) oder der Limes von x“.

Ist z. B. das Gesetz der Veränderung einer Variablen angedeutet
durch die Aufeinanderfolge der folgenden Werte:

$$x_1 = 0{,}3$$
$$x_2 = 0{,}33$$
$$x_3 = 0{,}333$$
$$\vdots \qquad \vdots$$
$$x_n = 0{,}3333 \cdots 3_n$$

so wird bei dieser Veränderung der Unterschied der aufeinanderfolgenden
Werte zum konstanten endlichen Wert $\dfrac{1}{3}$ immer kleiner; er kann beliebig klein erhalten werden, wenn man nur einen Wert herausgreift,
der eine genügend große Anzahl von Dezimalen aufweist, wird jedoch
bei noch so großer Stellenzahl nie ganz verschwinden.

In kurzer Angabe können wir also schreiben:

$$\lim 0{,}333 \cdots \backsim \frac{1}{3}$$

---

[1] Lies: „Limes von x, gleich‘ A“, oder auch: „Der Limes oder der Grenzwert (die
Grenze) von x ist ‚gleich‘ A“.

Wir machen speziell darauf aufmerksam, daß sowohl das „$\backsim$“ als auch besonders
das „$=$“-Zeichen hier eine andere Bedeutung als ihrer Aussprache entsprechend und gewöhnlich in den algebraischen Gleichungen und Relationen haben, daß sie weder ein
Gleichsein noch Ähnlichsein bedeuten, sondern ein Annähern, also die Angabe eines
ganzen Näherungsprozesses, an Stelle von dessen langwieriger Umschreibung gesetzt,
in sich schließen.

Ist die Frage, welcher der beiden Fälle vorliegt, „nähern“ oder „haben“, un-
entschieden oder sonst nicht so von Belang, daß diese zu unterscheiden sind, so
entscheiden wir uns für die Verwendung des „$=$“-Zeichens.

Während es mit Betrachtung des Dezimalbruches bei einem Annähern an die Grenze $\frac{1}{3}$ bleibt, können wir uns schließlich ein Erreichen dieses Grenzwertes für die Variable x d e n k e n und dann von diesem Gesichtspunkt aus schreiben:

$$\lim x = \frac{1}{3}$$

Man gelangt zu dieser letzteren Auffassung, wenn man vom bekannten Wert $\frac{1}{3}$ ausgeht und durch Division dessen Dezimalbruchdarstellung sucht, weil dann eben das $\frac{1}{3}$ als Ausgangspunkt, die tatsächlich erreichte Grenze, von vornherein gegeben ist.

Auf diese Weise erhielte man eigentlich für diese Zahl zwei Darstellungen:

1. als ein Dezimalbruch, der mit unbegrenzt vielen Dezimalen zu schreiben ist: $0{,}333 \cdots$ und sich einem Grenzwert $\frac{1}{3}$ nähert, ohne diesen so je zu erreichen:

$$\lim 0{,}333 \cdots \varpropto \frac{1}{3}$$

2. als ein gewöhnlicher Bruch $\frac{1}{3}$, welcher der Grenzwert eines mit obigem gleichlautenden Dezimalbruches mit unendlich vielen Dezimalen ist:

$$\frac{1}{3} = \lim 0{,}333 \cdots$$

Um diese scheinbare Zweideutigkeit zu vermeiden, wählen wir die erstere Darstellung, weil sie auch für die übrigen Dezimalbrüche, welche nicht rationale Zahlen darstellen, zweckmäßig ist, allerdings nur für die Rechnung; begrifflich ist für den Dezimalbruch und auch für die übrigen irrationalen Zahlen die letztere Darstellung in geschlossener Form (als gewöhnlicher Bruch bei den rationalen, durch ein Zeichen bei den irrationalen, z. B. $\sqrt{7}$ statt $2{,}6457 \cdots$, π statt $3{,}14159 \cdots$) die exaktere[1]).

Um ausführlicher anzudeuten, daß sich der Dezimalbruch mit unangebbar großer Stellenzahl dem Grenzwert $\frac{1}{3}$ nähert und denselben die Variable x erst für unendlich großen Wert von n erreicht, kann man dies in etwas präziserer Schreibweise auch angeben durch:

---

[1]) Vgl. hierzu das bei Einführung der irrationalen Zahlen Gesagte, S. 6 u. ff.

einerseits:

$$\lim_{n \sim \infty} 0{,}333 \cdots 3_n \sim \frac{1}{3}$$

andrerseits:

$$\frac{1}{3} = \lim_{n = \infty} x_n$$

$$\left(\text{Unter dem lim-Zeichen lies: } n \begin{cases} \text{unbeschränkt groß} \\ \text{gleich unendlich } [1]. \end{cases}\right)$$

Desgleichen kann $\frac{5}{8}$ der Grenzwert oder Limes eines bestimmten periodischen, unendlichen Dezimalbruches genannt werden:

$$\lim 0{,}714\ 285\ 714\ 285\ 7 \cdots \sim \frac{5}{8}$$

und ist $\sqrt{7}$ der Grenzwert eines bestimmten Dezimalbruches mit unzählig vielen Dezimalen:

$$\lim 2{,}645\ 751 \cdots \sim \sqrt{7}$$

Ein schönes

geometrisches Beispiel

für die anschauliche Darlegung des Unterschiedes zwischen Grenzwert-Nähern und Grenzwert-Haben liefert die Aufgabe, anhand nebenstehender Fig. 148 die Summe der Flächeninhalte aller der Kreise zu berechnen, die durch fortgesetztes Einschreiben von Kreis und Quadrat entstehen.

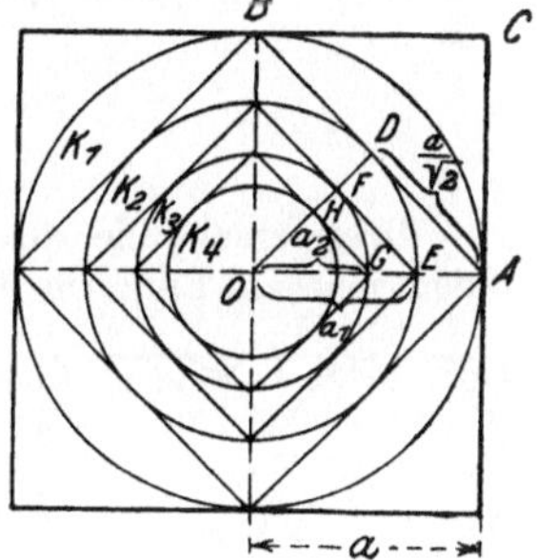

Fig. 148.

Die Inhalte der Kreise sind der Reihe nach:

$$K_1 = \overline{OA}^2\, \pi = a^2\, \pi$$

$$K_2 = \overline{OE}^2\, \pi = \overline{OD}^2\, \pi = \left(\frac{OA}{\sqrt{2}}\right)^2 \pi = \left(\frac{a}{\sqrt{2}}\right)^2 \pi = a^2\, \pi\, \frac{1}{(\sqrt{2})^2} = a^2\, \pi\, \frac{1}{2}$$

$$K_3 = \overline{OG}^2\, \pi = \overline{OF}^2\, \pi = \left(\frac{OE}{\sqrt{2}}\right)^2 \pi = \left(\frac{\frac{a}{\sqrt{2}}}{\sqrt{2}}\right)^2 \pi = a^2\, \pi\, \frac{1}{(\sqrt{2})^4} = a^2\, \pi \left(\frac{1}{2}\right)^2$$

$$K_4 = \qquad\qquad\qquad = a^2\, \pi \left(\frac{1}{\sqrt{2}}\right)^6 = a^2\, \pi \left(\frac{1}{2}\right)^3$$

$$\vdots \qquad\qquad\qquad\qquad\qquad \vdots$$

---

[1]) Das „∞"-Zeichen und das „$=$"-Zeichen in „$n \sim \infty$" bzw. „$n = \infty$" sind, wie aus früheren Betrachtungen folgt, durchaus gleichberechtigt, weil hier auch das „$=$"-Zeichen nicht mehr sagen kann als das „∞"-Zeichen, nämlich ein unbeschränktes Wachsen von n ausdrücken, was man einem Erreichen einer Zahl ∞ gleichwertig denkt. Und auf das letztere, auf das Erreichen der Grenze als einer bestimmten Zahl ∞, kann sich das „$=$"-Zeichen nur beziehen, ohne damit mehr zu sagen, als das „∞"-Zeichen. In den Schreibweisen „$n \sim \infty$" oder „$n = \infty$" ist daher kein prinzipieller Unterschied zu erblicken; er liegt nur in der Auffassung des unbeschränkten Wachsens. Man kann daher ganz allgemein ohne weiteres das eine oder das andere Zeichen, „∞" oder „$=$", gegenüber dem Zeichen ∞ verwenden.

Somit die Summe:

$$\sum K = a^2 \pi + \frac{1}{2} a^2 \pi + \frac{1}{4} a^2 \pi + \frac{1}{8} a^2 \pi + \cdots$$

Wenn wir nun die Summe der Flächeninhalte als durch den angegebenen Prozeß entstanden und demnach diesen Prozeß Schritt für Schritt uns durchgeführt denken, gelangen wir nie zu dem ganzen Werte dieser Summe, wir nähern uns bloß ihrem Grenzwert, oder — wenn wir diese Summe durch Einführung der in ihrem Ausdruck enthaltenen geometrischen Reihe ausdrücken — die Summe:

$$\sum{}' = a^2 \pi \left(1 + \frac{1}{2} + \frac{1}{2^2} + \frac{1}{2^3} + \cdots \right)$$

nähert sich dem Grenzwert dieser geometrischen Reihe.

Denken wir uns aber den Prozeß dieser Konstruktion und Summierung vollendet, dann müssen wir sagen, daß dieser Grenzwert, die Summe der Kreisinhalte oder der geometrischen Reihe tatsächlich erreicht ist, d. h. die Gesamtsumme der Flächeninhalte dieser Kreise (bzw. der geometrischen Progression) hat den Grenzwert, der sich nach der Summenformel für eine unendliche geometrische Progression findet:

$$\sum k = a^2 \pi \cdot \frac{1}{1 - \frac{1}{2}} = 2 a^2 \pi \tag{1}$$

In ersterem Falle würde es nur beim „sich nähern" an diesen Grenzwert bleiben, indem man ein Ende für die Kleinheit des Unterschiedes zwischen diesem und der Summe niemals anzugeben imstande wäre. Unter Umständen kann nun dieser tatsächliche Übergang durch die Natur der Variablen bzw. des Prozesses verboten sein; dann bleibt es bei diesem „sich annähern" und die Summe *hat* dann **keinen** Grenzwert.

Ein solches Beispiel bietet z. B. die Betrachtung nebenstehender Fig. 139, bei welcher wir uns in das Quadrat nach angegebener Art 1, 4, 9 usw. Kreise gleicher Größe eingezeichnet denken.

Es leuchtet nun ein, daß, da die Kreise die Fläche des Quadrates mit zunehmender Zahl immer vollständiger überdecken, ihre Summe stets einen bestimmten Flächeninhalt haben muß, der jedenfalls bei unzähliger Anzahl sich dem Inhalt des Quadrates nähern müßte, wenn er nicht, wie hier, für alle erwähnten Zwischenstufen von der konstanten Größe $\frac{s^2 \pi}{4}$ wäre.

Fig. 139.

Da aber vom elementaren Standpunkt aus, d. h. mit Ausschluß der neueren mengentheoretischen Begriffe, ein Kreis mit dem Radius null als Punkt keinen Sinn hat und sich solche Kreise also auch nicht zu einer Summe gleich dem Quadratinhalt summieren können, so dürfen wir hier mit dem Kleinerwerden

---

1) Die allgemeine Formel für die Summe der unendlichen geometrischen Progression:

$$a_1 + a_2 + a_3 + \cdots + a_n + \cdots, \qquad \text{wenn} \qquad \frac{a_2}{a_1} = \frac{a_3}{a_2} = \frac{a_n}{a_{n-1}} = q$$

lautet:

$$s = \frac{a_1}{1 - q}$$

der Kreise bzw. dem Größerwerden ihrer Anzahl nicht bis zur Grenze gehen, so daß man wohl sagen kann, ihre Inhalte werden immer und immer kleiner, nähern sich dem Grenzwert Null, erreichen ihn aber nicht. Für die Inhaltsveränderung eines solchen Kreises gilt also das „∞"-Zeichen: $\lim K \infty 0$. Dies ist ein Beispiel für das Nähern und Nicht-Haben eines Grenzwertes.

Einem anderen Fall stehen wir gegenüber, wenn wir im ersten Beispiel jeweils die Differenz zweier aufeinanderfolgenden Kreise ins Auge fassen und bestimmen.

Es wird dann der Inhalt

$$\text{des 1-ten Kreisringes: } R_1 = \frac{a^2 \pi}{4} - \frac{\left(\dfrac{a}{\sqrt{2}}\right)^2 \pi}{4} = \frac{a^2 \pi}{4}\left[1 - \frac{1}{(\sqrt{2})^2}\right]$$

$$\text{„ 2-ten , } R_2 = \frac{\left(\dfrac{a}{\sqrt{2}}\right)^2 \pi}{4} - \frac{\left(\dfrac{a}{\sqrt{2}}{\sqrt{2}}\right)^2 \pi}{4} = \frac{a^2 \pi}{4}\left[\frac{1}{(\sqrt{2})^2} - \frac{1}{(\sqrt{2})^3}\right]$$

$$\vdots \qquad \vdots \qquad \vdots$$

$$\text{„ } n\text{-ten „ } R_n \qquad\qquad = \frac{a^2 \pi}{4}\left[\frac{1}{(\sqrt{2})^{n-1}} - \frac{1}{(\sqrt{2})^n}\right]$$

Die Ringe werden immer kleiner im Inhalt und nach Umfang, und da es vom elementaren Standpunkt aus hier auch noch einen Sinn hat und man auf keinen Widerspruch stößt, wenn man den Radius zu Null werden läßt, indem wir dann zum inhaltslosen, in einen Punkt zusammengeschrumpften Ring als Endwert und Endresultat des Prozesses gelangen, so verbietet die Natur der Variablen, des Kreisringes, hier nicht, bis ganz zur Grenze zu gehen. Wir können daher von einem Nähern und *Haben* des Grenzwertes 0 dieser Ringe sprechen und schreiben:

$$\lim_{n=\infty} R_n = 0 \,.$$

Statt sich nun einem endlichen Zahlenwert mehr und mehr zu nähern, kann eine veränderliche Zahl mit fortschreitender Veränderung immer größer werden, unbegrenzt zunehmen, so daß sie jeden noch so großen angebbaren Wert erreichen und übersteigen kann. Man schreibt dann:

$$\lim x \, \infty \, \infty$$

bzw.

$$\lim_{n \, \infty} x_n \, \infty \, \infty$$

In Worten:

Eine Veränderliche x nähert sich dem Grenzwert (oder der Grenze) ∞[1]) heißt, ihr Wert kann jeden beliebig großen Betrag erreichen und übersteigen.

Will man von einem Erreichen dieser Grenze unendlich, der Zahl ∞, sprechen, so heißt es:

Eine Veränderliche x hat den Grenzwert (oder die Grenze) ∞ heißt, ihr Wert hat durch den vollführten Grenzübergang

---

[1]) Bezüglich „∞" als Zahl vgl. S. 244.

einen Betrag erreicht, der größer ist als jede beliebig große
Zahl.

Man schreibt dann:

$$\lim x = \infty$$

bzw. $$\lim_{n=\infty} x_n = \infty \qquad \text{[1]}$$

Es ist nun aber durchaus nicht ohne weiteres festgelegt, daß eine
sich fortgesetzt ändernde Größe, Zahl sich einem bestimmten Grenzwert nähern müsse; es kann vielmehr auch vorkommen, daß die
Variable keinen Grenzwert besitzt. Solche Fälle sind leicht denkbar,
wie z. B. für eine Zahl, die beständig abwechselnd gleiche positive und
negative Werte annimmt, oder eine andere, deren Werte abwechselnd
ab- und zunehmend, um einen mittleren, konstant bleibenden oder
sich mit ändernden Wert oszillieren.

Daß von einem Grenzwert einer Variablen gesprochen wird und
werden darf, muß daher, streng genommen, jeweils zuerst erwiesen sein,
weshalb wir uns im folgenden zunächst der Untersuchung dieser Frage
zuwenden.

Um nun zu erkennen, ob eine Variable einer Grenze zustrebt, um
also die Existenz eines Grenzwertes nachzuweisen, bedient man
sich verschiedener Sätze. Einen von diesen wollen wir seiner Wichtigkeit und häufigen Anwendung wegen hier anführen. Er lautet:

Ist für jeden positiven, ganzzahligen Wert von n eine
Zahl x_n eindeutig[2]) bestimmt, und ist:

$$
\left.
\begin{array}{ll}
1. & \quad x_{n+1} \geqq x_n \\[4pt]
2. & \quad x_n < N
\end{array}
\right\} \text{ für alle } n
$$

wo N eine konstante Zahl bedeutet, so strebt x_n mit unbeschränkt wachsendem n einem Grenzwert A zu, oder
konvergiert[3]) gegen eine Grenze A, d. h. es ist dann

$$\lim_{n=\infty} x_n = A$$

---

[1]) Wenn an einem Ort das = -Zeichen steht, man also von einem Erreichen der
Grenze durch x_n spricht, so muß dies natürlich auch mit der Variablen n ihrerseits zu-
treffen, da es anders für x_n nicht gut denkbar ist; es muß also auch unter dem „lim" das
= -Zeichen gebraucht sein. — Umgekehrt sieht man leicht ein, daß ein Annähern und
Nicht-Haben einer Grenze auch nur für beide Größen zugleich denkbar ist. Daraus
folgt, daß an beiden Orten stets das nämliche Zeichen zu gebrauchen ist.

[2]) d. h., daß für jedes n die Variable x_n auch stets einen und nur einen ganz
bestimmten Wert erhält.

[3]) Währenddem diese Redewendung: „*konvergiert* gegen eine Grenze oder den
Grenzwert" für eine endliche Zahl, eine eigentliche Grenze nichts auf sich hat, ist sie
aus naheliegenden Gründen besser zu vermeiden, wenn diese Grenze keine eigentliche
Zahl mehr ist, also durch die „Zahl" ∞ repräsentiert ist.

und zwar gilt dabei:

$$x_n \leqq A \leqq N$$

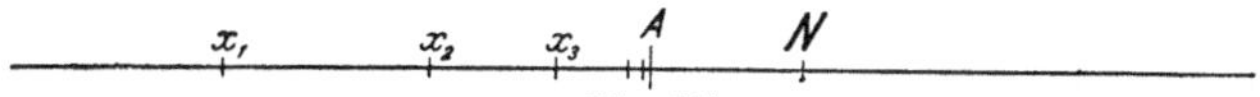

$$x_1 \qquad x_2 \quad x_3 \quad A \qquad N$$

Fig. 140.

Als Beispiel hierfür betrachten wir den Ausdruck:

$$x_n = \left(1 + \frac{1}{n}\right)^n$$

Es ist dann:

$$x_{n+1} = \left(1 + \frac{1}{n+1}\right)^{n+1}$$

Benützt man die Entwicklung nach dem binomischen Lehrsatz, der für ganzzahlige, positive Exponenten ohne weiteres Gültigkeit besitzt, so folgt:

$$\left(1 + \frac{1}{n}\right)^n = 1 + \binom{n}{1}\frac{1}{n} + \binom{n}{2}\left(\frac{1}{n}\right)^2 + \binom{n}{3}\left(\frac{1}{n}\right)^3 + \cdots + \binom{n}{n}\left(\frac{1}{n}\right)^n$$

$$= 1 + 1 + \frac{n(n-1)}{1\cdot 2}\frac{1}{n^2} + \frac{n(n-1)(n-2)}{1\cdot 2\cdot 3}\frac{1}{n^3} + \cdots$$

$$\cdots + \frac{n(n-1)(n-2)\cdots(n-(n-1))}{1\cdot 2\cdot 3\cdots n}\frac{1}{n^n}$$

$$= 1 + 1 + \frac{1\left(1-\frac{1}{n}\right)}{1\cdot 2} + \frac{1\left(1-\frac{1}{n}\right)\left(1-\frac{2}{n}\right)}{1\cdot 2\cdot 3} + \cdots$$

$$\cdots + \frac{1\left(1-\frac{1}{n}\right)\left(1-\frac{2}{n}\right)\cdots\left(1-\frac{n-1}{n}\right)}{1\cdot 2\cdot 3\cdots n}$$

ferner:

$$\left(1 + \frac{1}{n+1}\right)^{n+1} = 1 + \binom{n+1}{1}\frac{1}{n+1} + \binom{n+1}{2}\left(\frac{1}{n+1}\right)^2$$

$$+ \binom{n+1}{3}\left(\frac{1}{n+1}\right)^3 + \cdots + \binom{n+1}{n+1}\left(\frac{1}{n+1}\right)^{n+1}$$

$$= 1 + 1 + \frac{(n+1)n}{1\cdot 2}\frac{1}{(n+1)^2} + \frac{(n+1)n(n-1)}{1\cdot 2\cdot 3}\frac{1}{(n+1)^3} + \cdots$$

$$\cdots + \frac{(n+1)n(n-1)(n-2)\cdots(n-((n+1)-2))}{1\cdot 2\cdot 3\cdots(n+1)}\frac{1}{(n+1)^{n+1}}$$

$$= 1 + 1 + \frac{1\left(1-\frac{1}{n+1}\right)}{1\cdot 2} + \frac{1\left(1-\frac{1}{n+1}\right)\left(1-\frac{2}{n+1}\right)}{1\cdot 2\cdot 3} + \cdots$$

$$\cdots + \frac{1\left(1-\frac{1}{n+1}\right)\left(1-\frac{2}{n+1}\right)\cdots\left(1-\frac{n}{n+1}\right)}{1\cdot 2\cdot 3\cdots(n+1)}$$

Da aber: $n + 1 > n$ und daher

$$\frac{1}{n+1} < \frac{1}{n}$$

und ebenso:

$$\frac{2}{n+1} < \frac{2}{n}$$
$$\vdots \qquad \vdots$$

so folgt, daß in der Entwicklung von $\left(1 + \dfrac{1}{n+1}\right)^{n+1}$ in den Klammern alle Brüche kleiner sind, als die entsprechenden der Entwicklung für $\left(1 + \dfrac{1}{n}\right)^{n}$ und somit alle Zähler der Summenglieder der $(n+1)$-Entwicklung größer sind als die entsprechenden der n-Entwicklung; erstere noch dazu um das letzte Glied größer ist.

Es wird somit klar, daß:

$$\left(1 + \frac{1}{n+1}\right)^{n+1} > \left(1 + \frac{1}{n}\right)^{n}$$

oder

$$x_{n+1} > x_n$$

Andererseits können wir einsehen, daß x_n für noch so großes n stets kleiner als 3 bleiben muß[1]), so daß:

$$x_n < 3$$

und also hier $N = 3$ gesetzt werden kann.

Nach obigem Satz sind daher die Bedingungen

$$x_{n+1} < x_n$$
$$x_n < N$$

durch den Ausdruck $x_n = \left(1 + \dfrac{1}{n}\right)^{n}$ erfüllt; es muß also für diese Variable x_n für unbeschränkt wachsendes n auch ein Grenzwert A existieren.

Daß ein solcher vorhanden ist, scheint schon aus der geometrischen Anschauung der Fig. 141 als selbstverständlich hervorzugehen, in welcher für verschiedene zunehmende Werte von n die entsprechenden Werte des Ausdruckes $\left(1 + \dfrac{1}{n}\right)^{n}$ durch ihre zugeordneten Zahlorte veranschaulicht sind.

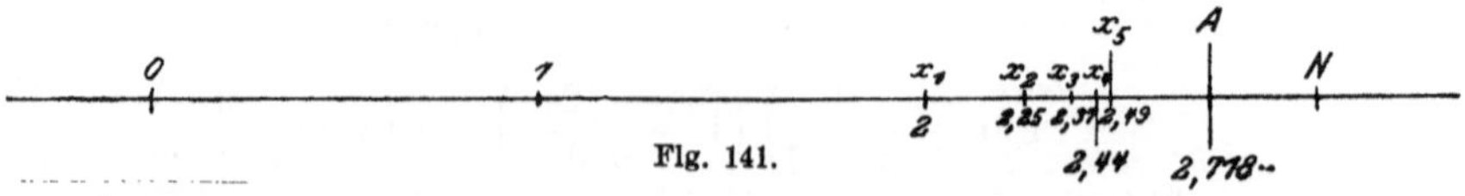

Fig. 141.

Aber wir hatten schon gesehen, daß die geometrische Anschauung für derartige Beweise wohl ein Hilfsmittel der Vorstellung, nicht aber Beweis sein kann, da dieser durch reine Zahlenbetrachtung geführt werden muß, um von der geometrischen Vorstellbarkeit, die nicht immer unbedingt vorhanden sein muß, unabhängig zu sein.

Da die Größe x_n die Größe N niemals überschreiten kann, so gibt es zwischen N und der ersten Zahl x_1 nur eine endliche Anzahl ganzer Zahlen. Wir wollen nun unter diesen uns jene ausgewählt denken, die von einer Zahl x_n noch übertroffen wird, und zwar sei die größte derselben M. Da in unserm Beispiel

$$x_1 = \left(1 + \frac{1}{1}\right)^1 = 2$$

und also

$$N > x_{n>1} > x_1$$

so folgt mit $N = 3$, daß $M = 2$ sein muß und alle x_n mit einem Index größer als 1 zwischen $M = 2$ und $N = 3$ liegen.

Nun wollen wir das Intervall zwischen $M = 2$ und $M + 1 = 3$, welch letzteres hier speziell auch gleich N ist, in 10 gleiche Teile zerlegen, so daß die Zahlenwerte, die den Endpunkten dieser Intervalle zukommen, würden:

$$M + \frac{1}{10}, \quad M + \frac{2}{10}, \quad M + \frac{3}{10}, \quad \ldots, \quad M + \frac{9}{10}, \quad M + 1$$

Unter diesen wählen wir nun wieder die größte Zahl aus, die von einem x_n noch übertroffen wird. Es sei die Zahl, für welche der Zähler in dem Bruche c_1 ist, so daß also diese Zahl $M + \dfrac{c_1}{10}$ hieße, wobei c_1 eine ganze Zahl zwischen 0 und 10 ist. Daß es ein solches Intervall geben muß, in welchem x_n liegt, ist leicht einzusehen, denn als Gegenteil wäre nur möglich, daß ein Endpunkt eines Intervalles in Betracht käme, also x_n auf einen solchen fiele. Dann aber gibt es stets, da $x_{n+1} > x_n$, zu jedem n ein $(n + 1)$, so daß x_{n+1} jenseits dieses Intervallendpunktes läge, also im benachbarten Intervall, wieder zwischen zwei Intervallendpunkten, wie wir annehmen; und dies gilt, welches x_n auch auf einen Intervallendpunkt fiele.

Es ist somit auch:

$$x_n > M + \frac{c_1}{10}$$

aber auch:

$$x_n < M + \frac{c_1 + 1}{10}$$

wieder für jedes n.

Fassen wir nun das Intervall $M + \dfrac{c_1}{10}$ und $M + \dfrac{c_1 + 1}{10}$ ins Auge und teilen wir auch dieses wieder in 10 gleiche Teile, so würden den Endpunkten der Teilintervalle die Zahlen zukommen: $M + \dfrac{c_1}{10} + \dfrac{c_2}{10^2}$, in welcher Form c_2, wieder ganzzahlig, zwischen 0 und 10 läge. Auch unter diesen Zahlen wählen wir wieder diejenige Zahl c_2 aus, für welche $M + \dfrac{c_1}{10} + \dfrac{c_2}{10^2}$ die größte ist, welche von einem x_n noch übertroffen wird, so daß:

$$M + \frac{c_1}{10} + \frac{c_2}{10^2} < x_n \leqq M + \frac{c_1}{10} + \frac{c_2 + 1}{10^2}$$

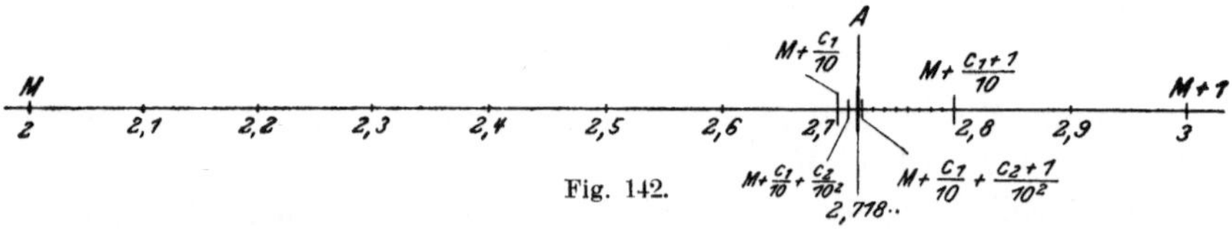

Fig. 142.

Indem wir dieses Verfahren fortsetzen, bekommen wir eine Zahl:

$$D = M + \frac{c_1}{10} + \frac{c_2}{10^2} + \frac{c_3}{10^3} + \cdots + \frac{c_k}{10^k} + \cdots \text{ in inf.}$$

also einen unendlichen Dezimalbruch. Daß dieser eine bestimmte Zahl repräsentiert, wissen wir schon von früherem, und nun läßt sich zeigen, daß die durch diesen repräsentierte Zahl der Grenzwert für die Zahl x_n ist.

Um dies zu beweisen, haben wir nach obigem zu zeigen, daß die Differenz $|D - x_n|$ mit wachsendem n zur beliebig kleinen, positiven Zahl werden kann.

Nach obiger Darlegung ist nun:

$$x_n \leqq M + \frac{c_1}{10} + \frac{c_2}{10^2} + \frac{c_3}{10^3} + \cdots + \frac{c_{k-1}}{10^{k-1}} + \frac{c_k + 1}{10^k} = J$$

und:

$$E = M + \frac{c_1}{10} + \frac{c_2}{10^2} + \frac{c_3}{10^3} + \cdots + \frac{c_{k-1}}{10^{k-1}} + \frac{c_k}{10^k} < x_n$$

oder:

$$M + \frac{c_1}{10} + \frac{c_2}{10^2} + \frac{c_3}{10^3} + \cdots + \frac{c_k}{10^k} < x_n$$

$$\leqq M + \frac{c_1}{10} + \frac{c_2}{10^2} + \frac{c_3}{10^3} + \cdots + \frac{c_{k-1}}{10^{k-1}} + \frac{c_k + 1}{10^k}$$

Nun ist aber der unendliche Dezimalbruch D, d. h. für $k = \infty$, einerseits größer als der endliche E und andrerseits kleiner, höchstens gleich groß, wie der unendliche Dezimalbruch J für $k = \infty$, so daß:

$$M + \frac{c_1}{10} + \frac{c_2}{10^2} + \frac{c_3}{10^3} + \cdots + \frac{c_k}{10^k} < D$$

$$\leqq M + \frac{c_1}{10} + \frac{c_2}{10^2} + \frac{c_3}{10^3} + \cdots + \frac{c_{k=\infty} + 1}{10^{k=\infty}}$$

wobei das $<$-Zeichen beiderseits davon herrührt, daß x_n innerhalb der Grenzen des Intervalles liegt, was bezüglich des linken nach Gesagtem stets der Fall ist. Mit der rechten Intervallgrenze kann aber x_n zusammenfallen, worauf dann eine weitere Teilung in noch höhere Intervalle ausgeschlossen ist, d. h. die Teilung und der Dezimalbruch damit abbrechen und

$$x_n = M + \frac{c_1}{10} + \frac{c_2}{10^2} + \frac{c_3}{10^3} + \cdots + \frac{c_k + 1}{10^k}$$

resultiert, also gleich einem endlichen Dezimalbruch und damit $x_n = D$ gleich einer rationalen Zahl.

Fällt der Wert von x_n aber fortgesetzt innerhalb der Grenzen so gebildeter Intervalle, so nimmt der daraus entstehende Dezimalbruch auch kein Ende und k durchläuft die Reihe der beliebig großen ganzen Zahlen. Stets aber bleiben obige Ungleichungen bestehen.

Wie ersichtlich, bleiben x_n und D beständig, wie weit wir auch die Teilung fortführen mögen, d. h. wie hoch k steigen möge, innerhalb zwei Werten eingeschlossen, die nur um $\frac{1}{10^k}$ differieren, so daß ihre absolute Differenz unbedingt kleiner sein muß als diese Differenz, also:

$$D - x_n < \frac{1}{10^k}$$

Dies findet jedoch nur statt, wenn sich x_n auch durch so viele Dezimalen ausdrückt, als dem höchsten Intervalle „k" entspricht, so daß es mit seiner letzten Dezimale in dieses k-te Intervall zu liegen kommt, der entsprechend ja auch die Höhe von k zu wählen ist. Dies sagt, daß der Index n von x_n eine bestimmte minimale Größe haben muß, damit x_n im k-ten Intervalle liegt und die letzte Ungleichung erfüllt ist.

Da aber nun sowohl für D als auch für x_n zwei gleiche Dezimalbrüche gefunden wurden, die sich um $\frac{1}{10^k}$ unterscheiden, und beide Größen zwischen diesen liegen, so hängt es lediglich von der Höhe der Potenz k ab, sie zwischen zwei gleiche, um beliebig wenig differierende

Zahlen einzuschließen, d. h. wir können für genügendes Weitgehen in der Stellenzahl für D und x_n einerseits und für die Ausdrücke E und J andrerseits aus den Ungleichungen für D und x_n stets die Bedingung erfüllen, daß

$$|D - x_n \ < \ \frac{1}{10^k} = \varepsilon$$

was nach obigem Grenzwertkriterium aber nichts anderes sagt, als daß die Variable x_n mit wachsendem n der konstanten Zahl D als Grenzwert zustrebt, oder daß D der Grenzwert von x_n für unbeschränkt wachsendes n ist; kurz geschrieben:

$$\lim_{n \sim \infty} x_n \sim D$$

Damit ist der Existenzbeweis eines Grenzwertes für die Variable x_n, die in unserm Beispiel gleich $\left(1 + \dfrac{1}{n}\right)^n$ ist, für unbeschränkt wachsendes n erbracht.

Daß nun, wie oben behauptet,

$$x_n = \left(1 + \frac{1}{n}\right)^n$$

mit beliebig großem n stets kleiner als die Zahl 3 und größer als 2 bleibt, also zwischen 2 und 3 liegt, läßt sich leicht mittels der Entwicklung nach dem binomischen Lehrsatz nachweisen:

Da n ganzzahlig, so gilt ohne Einschränkung die Entwicklung:

$$\left(1 + \frac{1}{n}\right)^n = 1 + \binom{n}{1}\frac{1}{n} + \binom{n}{2}\frac{1}{n^2} + \binom{n}{3}\frac{1}{n^3} + \cdots$$

$$= 1 + 1 + \frac{n(n-1)}{1 \cdot 2}\frac{1}{n^2} + \frac{n(n-1)(n-2)}{1 \cdot 2 \cdot 3}\frac{1}{n^3}$$

$$+ \frac{n(n-1)(n-2)(n-3)}{1 \cdot 2 \cdot 3 \cdot 4}\frac{1}{n^4} + \cdots$$

Da

$$n > n - 1 > n - 2 > n - 3 > n - 4 \cdots$$

und

$$\frac{3}{2} > 1, \qquad \frac{3 \cdot 4}{2 \cdot 2} > 1, \qquad \frac{3 \cdot 4 \cdot 5}{2 \cdot 2 \cdot 2} > 1, \ \cdots$$

so folgt:

$$\left(1 + \frac{1}{n}\right)^n < 1 + 1 + \frac{n \cdot n}{1 \cdot 2}\frac{1}{n^2} + \frac{3}{2}\frac{n \cdot n \cdot n}{1 \cdot 2 \cdot 3}\frac{1}{n^3}$$

$$+ \frac{3}{2} \cdot \frac{4}{2} \cdot \frac{n \cdot n \cdot n \cdot n}{1 \cdot 2 \cdot 3 \cdot 4}\frac{1}{n^4} + \cdots$$

$$< 1 + 1 + \frac{1}{2} + \frac{1}{4} + \frac{1}{8} + \frac{1}{16} + \cdots$$

Vom zweiten Glied an stellt diese Summe nun eine geometrische Progression dar mit dem Quotienten $q = \dfrac{1}{2}$, für welche bei unbeschränkt großer Gliederzahl als Summe resultiert:

$$S = \frac{1}{1-q} = \frac{1}{1-\dfrac{1}{2}} = 2$$

und wir erhalten somit:

$$\left(1 + \frac{1}{n}\right)^n < 1 + 2 = 3$$

Daß dieser Ausdruck stets größer als 2 bleibt, folgt ohne weiteres aus der Betrachtung obiger Entwicklung, in welcher bereits die Summe der ersten zwei Glieder gleich 2 ist, zu der dann in der Entwicklung nur positive Glieder hinzukommen.

Daß wir oben mit der Zahl $N = 3$ gerechnet haben, folgt lediglich aus freier Wahl; man hätte statt dessen für N jede beliebige Zahl, die größer als 3 ist, in gleicher Rolle verwenden können, so z. B. 13.

In diesem Falle wäre dann nachzuweisen gewesen, daß $\left(1 + \dfrac{1}{n}\right)^n$ für alle ganzzahligen n kleiner als 13 bleibt, was in gleicher Weise gelungen wäre, wenn man die Glieder, statt vom vierten an mit $\dfrac{3}{2}, \dfrac{3}{2} \cdot \dfrac{4}{2}, \dfrac{3}{2} \cdot \dfrac{4}{2} \cdot \dfrac{5}{2}, \cdots$, vom dritten an multipliziert hätte mit den Zahlen größer als $1 : \dfrac{22}{12}, \left(\dfrac{22}{12}\right)^2 \cdot \dfrac{3}{2}, \left(\dfrac{22}{12}\right)^3 \cdot \dfrac{3}{2} \cdot \dfrac{4}{2}$, usw. Auch ist dies mit obigem Beweise getan, da mit einem Kleinersein als 3 auch ein Kleinersein als 13 erwiesen ist.

Der obige Satz gilt auch, wenn x_n mit wachsendem n beständig abnimmt, d. h. wenn

$$\left.\begin{array}{ll} 1. & x_{n+1} \leqq x_n \\[2mm] 2. & x_n > N \end{array}\right\} \text{ für jedes } n$$

so folgt

$$\lim_{n=\infty} x_n = A$$

wobei

$$x_n \geqq A \geqq N$$

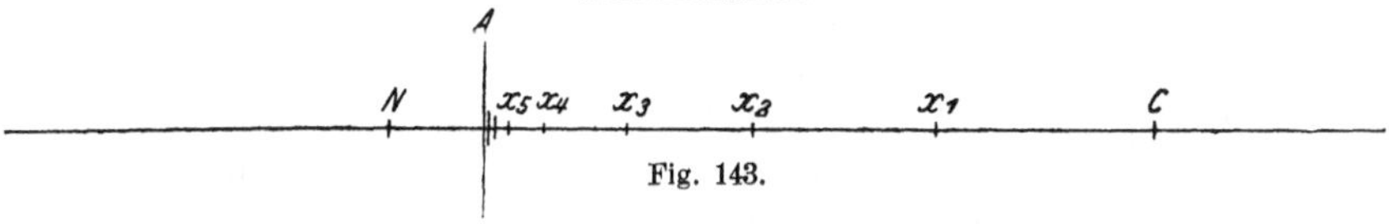

Fig. 143.

Der Beweis hierfür läßt sich analog dem obigen erbringen oder direkt auf diesen zurückführen.

In letzterem Falle denke man sich von jedem x_n eine konstante Zahl $C > x_1$ abgezogen und nehme von all diesen Differenzen $x_n - C$

den absoluten Wert, da die Zahlen alle negativ werden und es doch nur darauf ankommt, einen Grenzwert nachzuweisen, für dessen Existenzbeweis das Vorzeichen keine Rolle spielt. Wenn daher für alle ihre absoluten Werte ein Grenzwert existiert, so ist dies auch für die negativen Werte selbst der Fall.

Da aber $C > x_1$ vorausgesetzt wurde, so werden die Differenzen $x_n - C$ mit wachsendem n immer größer. Sind diese der Reihe nach gleich $\varDelta_1$, $\varDelta_2$, $\varDelta_3$, $\cdots$, so wird

$$\text{1.} \qquad\qquad |\varDelta_{n+1}| \geqq |\varDelta_n|$$

$$\text{2.} \qquad\qquad |\varDelta_n| < |N - C| = D$$

Damit aber unterliegen die $\varDelta_n$ denselben Bedingungen, wie früher die mit n zunehmenden Zahlen (Größen) x_n, womit die Existenz eines Grenzwertes für die $|\varDelta_n|$ und damit auch für die davon um die konstante Zahl C abweichenden, mit wachsendem n abnehmenden x_n, erwiesen ist.

§ 18. Grenzwert der Funktion.

Nachdem wir so erkannt haben, was man darunter zu verstehen hat: „eine Variable x nähert sich einem Grenzwert", können wir nun auch dazu übergehen zu untersuchen, was es heißt, wenn man sagt: „eine Funktion $y = f(x)$ nähert sich, sobald das Argument sich dem konstanten Wert A nähert, einem bestimmten Grenzwert B".

Daß wir hierbei wieder die Unterscheidung machen müssen zwischen dem „sich einem Grenzwert nähern" und einem „Grenzwert haben", ist selbstverständlich, wennschon wir der Kürze halber nicht fortwährend beide Fälle wiederholen, wo es nicht unbedingt notwendig ist.

Denken wir uns zunächst $y = f(x)$ als Kurve dargestellt, so würden wir folgende geometrische Definition geben:

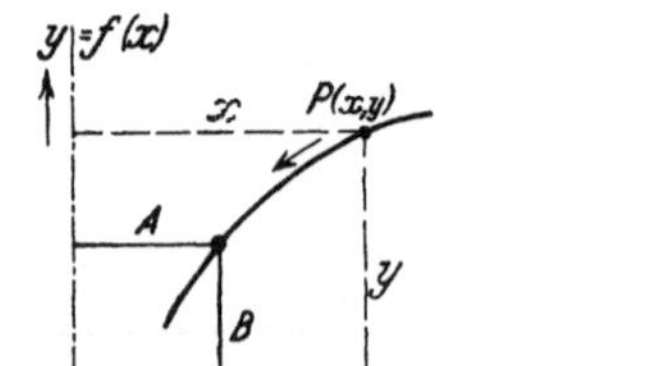

Fig. 144.

$f(x)$ nähert sich einem Grenzwert B, falls sich der Punkt mit den Koordinaten (x, y) einem Grenzpunkt mit den Koordinaten (A, B) nähert, wenn x an A beliebig nahe heranrückt.

Diesen Tatbestand wollen wir nun so fassen, daß er arithmetisch oder durch Zahlen ausgedrückt erscheint und dementsprechend der Rechnung erst zugänglich wird. Dann lautet die arithmetische Definition:

$f(x)$ nähert sich dem Grenzwert B, wenn, sobald sich x der Grenze A nähert, es möglich ist jeder noch so kleinen positiven Größe (Zahl) ε eine ebenfalls beliebig kleine positive Größe (Zahl) δ derart zuzuordnen, daß:

wenn:
$$\left.\begin{array}{c} |B - f(x)| = |f(A) - f(x)| < \varepsilon \\[2mm] |A - x| < \delta \end{array}\right\}$$

Mehr der geometrischen Ausdrucksweise angepaßt mit der eigenartigen Schreibweise für Grenzwerte wird dieses Verhalten kurz geschrieben:

$$\lim_{\lim x \,\sim\, A} f(x) \,\sim\, B$$

oder kürzer

$$\lim_{x\,\sim\,A} f(x) \sim B \qquad \text{bzw.} \qquad \lim_{x\,=\,A} f(x) = B$$

Dabei kann dieser Wert B von vornherein bekannt oder es kann durch diese Formel auch nur ausgedrückt sein, daß ein solcher Wert existiert, für den, wenn auch noch unbekannt, B als Zeichen eintritt.

Ob nun von einem „sich nähern" im engeren Sinne, wie wir es früher bezeichnet haben, oder von einem „den Grenzwert haben" zu reden ist, müssen die näheren Umstände jeweils lehren[1]).

Versucht man die oben gegebene arithmetische Formulierung geometrisch anschaulich zu machen, so müssen sich dann die zugehörigen Punkte (x, y) in dem Rechteck, begrenzt durch die horizontalen Geraden mit den Ordinaten

$$y = B + \varepsilon \qquad \text{und} \qquad y = B - \varepsilon$$

und die vertikalen Geraden mit den Abszissen

$$x = A + \delta \qquad \text{und} \qquad x = A - \delta$$

befinden, wie dies in den Figuren 145 und 146 angedeutet ist.

Mit andern Worten:

Gelingt es, unmittelbar vor oder nach diesem Wert $x = A$ ein Intervall
$$A - \delta < x < A + \delta$$
oder
$$|A - x| \doteq \delta$$

abzugrenzen, innerhalb dessen der absolute Funktionswert beständig von einem bestimmten Wert B weniger verschie-

---

[1]) In der Schrift werden wir auch hier im Limes das $=$ -Zeichen benutzen, sofern von einem Unterscheiden der beiden Fälle nicht die Rede ist.

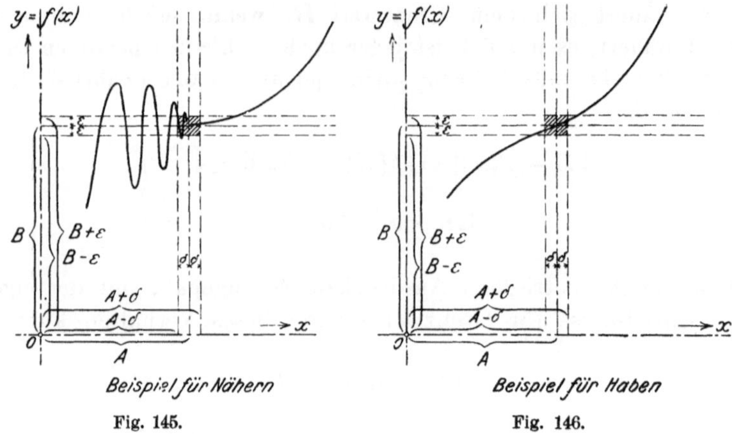

Fig. 145.   Fig. 146.

den ist, als ε ine noch so kleine von Null verschiedene positive Zahl ε, daß also innerhalb dieses Gebietes die Beziehung besteht und erhalten bleibt:

$$|B - f(x)| < \varepsilon$$

wenn nur

$$0 < |A - x| < \delta$$

so nennt man B die *Grenze* oder den *Grenzwert* (*Limes*) der Funktion $f(x)$.

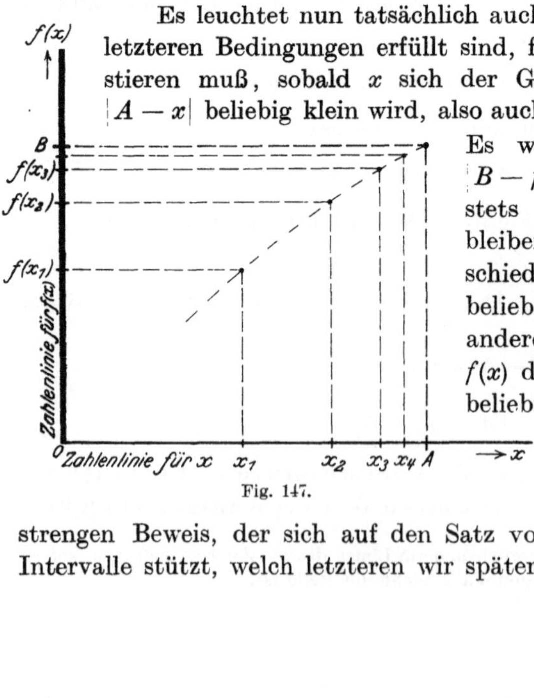

Es leuchtet nun tatsächlich auch ein, daß, wenn die beiden letzteren Bedingungen erfüllt sind, für $f(x)$ ein Grenzwert existieren muß, sobald x sich der Grenze A nähert und also $|A - x|$ beliebig klein wird, also auch δ beliebig klein sein kann.

Fig. 147.

Es wird ja dann auch damit $|B - f(x)|$ für beliebig kleines ε stets kleiner als dieses letztere bleiben und damit der Unterschied zwischen B und $f(x)$ auch beliebig klein, was aber nichts anderes sagen will, als daß sich $f(x)$ dem konstanten Wert B auf beliebig kleine Differenz nähert, also B der Grenzwert von $f(x)$ ist.

Für einen völlig strengen Beweis, der sich auf den Satz von der Einschachtelung der Intervalle stützt, welch letzteren wir später auch noch ausführlich gebrauchen und darlegen werden, verweisen wir auf spezielle funktionen-theoretische Werke[1]).

Daß auch die <u>Existenz des Grenzwertes einer Funktion</u> sich ganz analog den oben für die Variable genannten Bedingungen unterziehen muß, läßt sich ohne weiteres aus den dort gegebenen Betrachtungen durch direkte Übertragung einsehen; braucht man ja nur etwa in dem dort gegebenen Beispiele die „Variable" $x_n = \left[\left(1 + \dfrac{1}{n}\right)^n\right]$ als Funktion

$$x_n = f(n) = \left(1 + \frac{1}{n}\right)^n$$

zu schreiben und aufzufassen, um sofort einen Fall für die Funktion zu haben.

Es folgt somit als

Bedingung für die Existenz eines Grenzwertes B für die Funktion $f(x)$, daß mit positiv wachsendem oder abnehmendem Argument, bezogen auf irgendeinen Anfangswert N,

a) **wenn $f(x)$ beständig zunimmt:**

1. für entweder $x' > x > N$
   oder $x' < x < N$ $\Big\}\ :\quad \underline{f(x') \geq f(x)}$

2. für entweder $x > N$
   oder $x < N$ $\Big\}\ :\quad \underline{f(x) < M}$

Dabei kann das Argument entweder bis ins Unbegrenzte wachsen oder abnehmen oder auch einem bestimmten, endlichen Grenzwert zustreben, welchen es mit demjenigen der Funktion erreicht.

b) **wenn $f(x)$ beständig abnimmt:**

1. für entweder $x' > x > N$
   oder $x' < x < N$ $\Big\}\ :\quad \underline{f(x') \leq f(x)}$

2. für entweder $x > N$
   oder $x < N$ $\Big\}\ :\quad \underline{f(x) > M}$

Es ist dann allgemein:

$$\lim_{x=\infty} f(x) = B \qquad \text{bzw.} \qquad \lim_{x=A} f(x) = B$$

wobei für die Grenzwerte A bzw. ∞ und B natürlich jedes Vorzeichen möglich ist, von dessen speziellem Anschreiben hier, um allgemein zu bleiben, wie bereits oben beim Grenzwert der Variablen, Umgang genommen worden ist.

---

[1]) Vgl. z. B. *W. F. Osgood:* „Lehrbuch der Funktionentheorie" 1907.

Zu obigen Ausführungen ist noch ergänzend hinzuzufügen, daß es für die Funktion im allgemeinen nicht gleichgültig ist, von welcher Seite her sich das Argument einem bestimmten Werte A nähert, ob nur in wachsendem Sinne oder nur in abnehmendem Sinne, im geometrischen Bilde: ob von links oder von rechts her. Es kann nämlich auch vorkommen, daß — wie wir gleich sehen werden — diese beiden Grenzwerte der Funktion nicht gleich ausfallen.

Namentlich in Rücksicht auf solche Fälle ist es gegeben, zu unterscheiden zwischen einem *Grenzwert von links* und einem *Grenzwert von rechts.*

Da die beiden Bewegungen, durch die man sich dem Grenzwert nähert, entgegengesetzt sind, so werden sie durch entgegengesetztes Vorzeichen charakterisiert, und dem allgemeinen Gebrauch entsprechend bezeichnet man die Annäherung von links mit dem nachgesetzten Minuszeichen (—), die von rechts mit plus (+).

Man schreibt daher in Rücksicht darauf

für den

Grenzwert von links: $\qquad \lim_{x \to A^-} f(x) \sim B_1$

für den

Grenzwert von rechts: $\qquad \lim_{x \to A^+} f(x) \sim B_2$

Als

Beispiele

behandeln wir zuerst die Funktion:

$$f(x) = 2^x$$

deren graphisches Bild in Fig. 148 angegeben ist. Sie besitzt für $x = 0$ den Wert $f(0) = 1$ und nähert sich diesem Werte 1 mit gegen Null wachsendem Argument (von links) oder mit abnehmendem (von rechts), um ihn schließlich auch selbst zu erreichen. Mit anderen Worten: Diese Funktion $f(x) = 2^x$ *hat* für $x = 0$ den Grenzwert 1 (wir erkennen dies auch daran, weil wir durch Einsetzen von $x = 0$ auch $2^x = 1$ erhalten), so daß:

$$\lim_{x=0} 2^x = 1$$

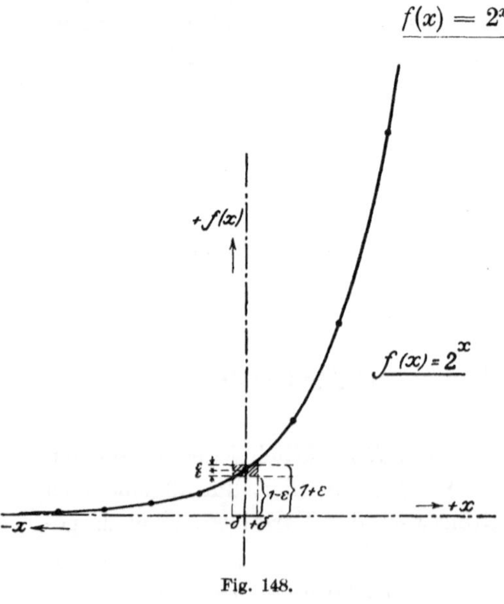

Fig. 148.

Daß dieser Grenzwert für 2^x wirklich existiert, erkennt man leicht auf Grund der für die Existenz eines Grenzwertes aufgestellten zwei Bedingungen, welche lauten:

$$1. \qquad x_{n+1} \gtreqless x_n$$
$$2. \qquad x_n < N$$

Indertat ist stets:
$$2^{n+1} > 2^n$$

und solange $x < 0$:
$$2^n < \text{z. B.} + 1$$

Es muß also bei einem von der linken Seite her sich dem Wert 0 nähernden x für 2^x ein Grenzwert existieren. Da dies aber auch für jeden beliebigen Wert, dem sich x annähert, zutrifft, so kann jeder Zahlwert als Grenzwert für 2^x gelten; dies auch im andern Sinne, d. h. mit Annäherung der Variablen x von der rechten Seite gegen Null.

Es existiert daher für diese Funktion $f(x) = 2^x$ an jeder Stelle x ein Grenzwert für dieselbe, und zwar für abnehmendes u n d zunehmendes Argument.

Ist nun dieser Grenzwert für $x = 0$ gleich 1, so muß sich nach obigem

für
$$|0 - x| < \delta \qquad \text{oder} \qquad x \lessgtr 0 \pm \delta$$
$$|B - 2^x| < \varepsilon \qquad ,, \qquad 2^x \lessgtr B \pm \varepsilon \qquad \text{ergeben.}$$

Es muß also sein:
$$B - 2^{0 \pm \delta} < \varepsilon$$

und wenn $B = 1$ die Grenze sein soll:

$$1 - 2^{0 \pm \delta} < \varepsilon \qquad \text{oder} \qquad 2^{+\delta} < 1 + \varepsilon \qquad \qquad {}^{1})$$

für beliebig kleines δ.

---

[1] Zerlegt, haben wir nämlich die folgenden beiden Ungleichungen:

1. $\quad 1 - 2^{+\delta} < \varepsilon$

2. $\quad 1 - 2^{-\delta} < \varepsilon$

Aus der ersteren folgt:

a) $\quad 1 - 2^{+\delta} < + \varepsilon$

b) $\quad 1 - 2^{+\delta} > - \varepsilon$

Aus der zweiten folgt:

c) $\quad 1 - 2^{-\delta} < + \varepsilon$

d) $\quad 1 - 2^{-\delta} > - \varepsilon$

Weiter folgt

aus a): $\quad 2^{+\delta} > 1 - \varepsilon$

aus b): $\quad 2^{+\delta} < 1 + \varepsilon$

aus c): $\quad 2^{-\delta} > 1 - \varepsilon$

oder $\quad \dfrac{1}{2^\delta} > 1 - \varepsilon$

$$2^\delta < \frac{1}{1 - \varepsilon} = 1 + \varepsilon + \varepsilon^2 + \varepsilon^3 + \cdots$$

unter Vernachlässigung der höheren Glieder, da ε sehr klein ist, auch:

$$2^\delta < 1 + \varepsilon$$

aus d): $\quad 2^{-\delta} < 1 + \varepsilon$

$$\frac{1}{2^\delta} < 1 + \varepsilon$$

$$2^\delta > \frac{1}{1 + \varepsilon} = 1 - \varepsilon + \varepsilon^2 - \varepsilon^3 + \cdots$$

ebenfalls hinter dem zweiten Summand vernachlässigt: $2^\delta > 1 - \varepsilon$ wie aus a).

Es bleiben somit nur die beiden Fälle: $\quad 2^{+\delta} > 1 - \varepsilon$

und $\quad 2^{+\delta} < 1 + \varepsilon$

von denen die erstere Ungleichung ganz selbstverständlich ist, da $2^{+\delta}$ nie unter 1 sinken kann.

Damit reduziert sich die Bedingung

$$|1 - 2^{\pm\delta}| < \varepsilon$$

schließlich auf die sie ganz ersetzende einfache Form:

$$2^{+\delta} < 1 + \varepsilon$$

Dies ist indertat möglich und der Fall für

$$2^{+\delta} < 1 + \varepsilon \qquad \text{oder} \qquad \delta < \frac{\ln(1+\varepsilon)}{\ln 2}$$

d. h. es gelingt unmittelbar vor oder nach diesem Wert $x = 0$ ein Intervall $0 - \delta < x < 0 + \delta$ abzugrenzen, innerhalb dessen der Funktionswert von 1 beständig weniger verschieden ist als die positive, beliebig kleine Zahl ε, nämlich das Intervall

$$\delta < \frac{\ln(1+\varepsilon)}{\ln 2}$$

In gleicher Weise läßt sich zeigen, daß die Funktion

$$y = f(x) = x^3 \qquad \text{[1])}$$

deren Bild in Fig. 149a, b dargestellt ist, für $x = 0$ den Grenzwert 0 besitzt, da

erstens

die Existenzbedingungen desselben erfüllt sind, nämlich:

a) für positive, gegen Null abnehmende Werte von x, also mit

$$x_{n+1} \leqq x_n : \qquad x_{n+1}^3 \leqq x_n^3$$

ist auch stets, solange

$$1 \geqq x \geqq 0 : \qquad x_n > N$$

wo N jede beliebige negative Zahl (< 0) bedeuten kann;

b) für negative, gegen Null wachsende Werte von x, also mit

$$x_{n+1} \geqq x_n : \qquad x_{n+1}^3 \geqq x_n^3$$

ist auch stets, solange

$$-1 \leqq x \leqq 0 : \qquad x_n < N$$

wo N jede beliebige positive Zahl (> 0) bedeuten kann;

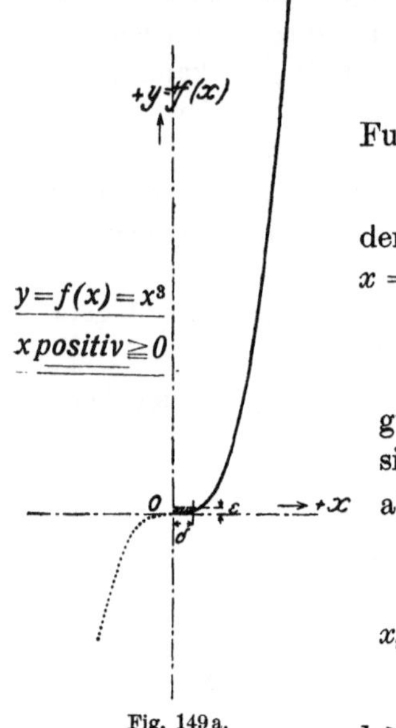

Fig. 149a.

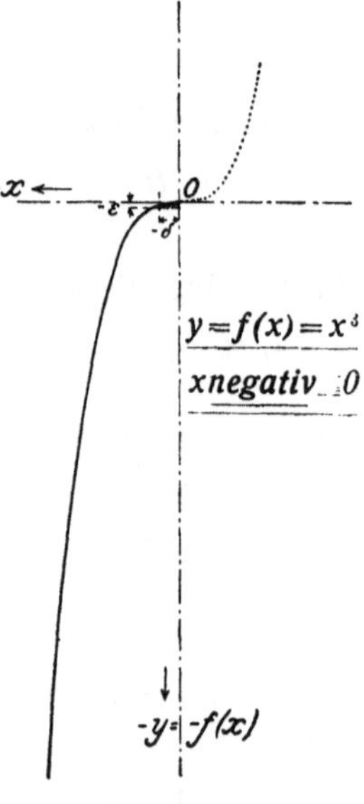

Fig. 149b.

---

[1]) Wennschon wir auch hier für verschiedene Funktionen das nämliche Funktionszeichen verwenden, entgegen einer früher (S. 128) gemachten Angabe, so geschieht dies in Übereinstimmung mit dem allgemeinen Gebrauche in Fällen, wo eine Verwechslung nicht möglich ist und die Deutlichkeit der Darstellung dadurch nicht leidet, zum Zwecke möglichster Vereinfachung.

<u>zweitens</u>

für positive Werte von x

$$\text{mit} \quad |x| < \delta = \sqrt[3]{\varepsilon} \quad \text{auch} \quad x^3 < \varepsilon \quad \text{ist}$$

und damit, wenn wir die Grenzen von x und $f(x) = x^3$ wieder A und B nennen, die allgemeine Grenzbedingung erfüllt ist:

$$\text{Für} \quad |A - x| = |0 - x| = |x| < \delta$$

ist tatsächlich $\quad |B - x^3| = |0 - x^3| = |x^3| < \varepsilon$

In den beiden eben behandelten Beispielen hat sich der Grenzwert der Funktion sowohl von links als auch von rechts gleich herausgestellt, so daß also:

$$\lim_{x=0^+} |2^x| = +1; \quad \lim_{x=0^-} |2^x| = +1$$

oder kurz

$$\lim_{x=0} |2^x| = +1$$

und:

$$\lim_{x=0^+} x^3 = \lim_{x=0^-} x^3 = 0$$

also

$$\lim_{x=0} x^3 = 0$$

währenddem sich andrerseits finden würde:

$$\lim_{x=+\infty} 2^x = +\infty \; ; \quad \lim_{x=-\infty} 2^x = 0$$

$$\lim_{x=+\infty} x^3 = +\infty \; ; \quad \lim_{x=-\infty} x^3 = -\infty$$

Die beiden Werte 0 und ∞ für x sind zwei ausgezeichnete, d. h. besondere Werte, die sowieso mit Vorsicht behandelt werden müssen.

Aus diesem Grunde haben wir oben im besonderen den Punkt $x = 0$ untersucht, obgleich man eigentlich für Vollständigkeit diese Grenzwertuntersuchung für jeden Punkt der Kurve machen müßte. Es ist bei diesen Untersuchungen eben nicht zu vergessen, daß wir hierbei ohne weiteres nicht die Funktion bzw. ihre Kurve als Ganzes vor uns haben, sondern nur die einzelnen Werte bzw. Punkte derselben, von denen wir oben 0 — und auch noch den an und für sich unbestimmt großen Wert ∞ — herausgegriffen haben, ohne die Funktion weiter zu kennen.

Ein Beispiel, wo die beiden Grenzwerte nicht, wie oben gesehen, für einen Argumentwert von beiden Seiten einander gleich sind, erkennen wir in der Funktion:

$$y = f(x) = \dfrac{1}{1 + k^{\frac{1}{x}}}$$

deren geometrisches Bild in Fig. 150 wiedergegeben ist.

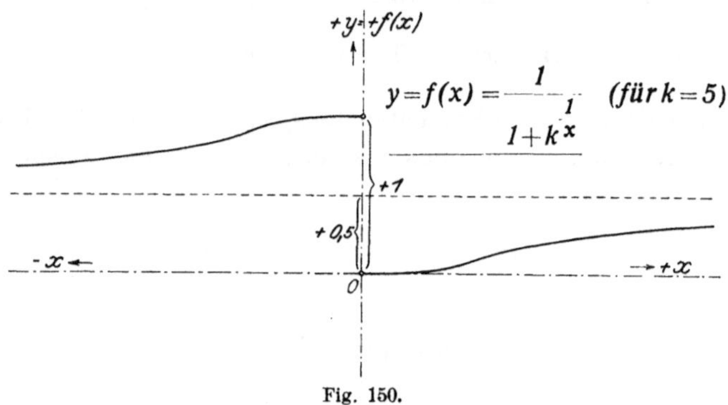

Fig. 150.

Wie sich durch Einführen von beliebig sehr kleinen Werten für das Argument in Übereinstimmung mit dem sich damit ergebenden Verlauf der graphischen Aufzeichnung konstatieren läßt, nähert sich der Funktionswert von der positiven Seite, d. h. von „rechts" her dem Wert 0, von der negativen Seite, d. h. von „links" her aber dem Wert $+1$.

Es ist somit:

$$\lim_{x=0^{+}} \left[\frac{1}{1 + k^{\frac{1}{x}}}\right] = 0 \qquad \text{und} \qquad \lim_{x=0^{-}} \left[\frac{1}{1 + k^{\frac{1}{x}}}\right] = +1$$

Die tatsächliche Existenz dieser beiden Grenzwerte ergibt sich genau gleich wie oben, wenn wir die beiden Bedingungen für das Nähern von beiden Seiten untersuchen.

Im ersten Falle ist die Bedingung zu erfüllen:

$$\left| 0 - \frac{1}{1 + k^{+\frac{1}{\delta}}} \right| < \varepsilon$$

oder

$$\left| \frac{1}{1 + k^{+\frac{1}{\delta}}} \right| < \varepsilon$$

woraus

$$\delta < \frac{\ln k}{\ln\left(\dfrac{1}{\varepsilon} - 1\right)}$$

so daß die Bedingung $B_1 - f(x) < \varepsilon$ mit $B_1 = 0$ erfüllt ist im Intervall:

$$0 < x = \delta < \frac{\ln k}{\ln\left(\dfrac{1}{\varepsilon} - 1\right)}$$

Im zweiten Falle muß sein:

$$\left. 1 - \frac{1}{1 + k^{-\frac{1}{\delta}}} \right| < \varepsilon$$

woraus folgt:

$$\frac{1}{1 + k^{-\frac{1}{\delta}}} > 1 - \varepsilon$$

oder wie oben bereits [1]):

$$\delta < \frac{\ln k}{\ln\left(\dfrac{1}{\varepsilon} - 1\right)}$$

so daß auch die Bedingung $|B_2 - f(x) < \varepsilon$ mit $B_2 = 1$ erfüllt ist im Intervall:

$$0 > x = -\delta > - \frac{\ln k}{\ln\left(\dfrac{1}{\varepsilon} - 1\right)}$$

In gleicher Weise läßt sich

$$\lim_{x=0} (x \cdot \sin x) = 0$$

bestimmen, wenn man der Einfachheit halber $\sin x$ durch den sicher stets größeren, an der Grenze 0 werdenden Wert x ersetzt, so daß für

$$|B - f(x)| < \varepsilon$$

hier folgt:

$$0 - x \sin x_| < \varepsilon$$

oder

$$|0 - x^2| < \varepsilon$$

$$x^2 < \varepsilon$$

---

[1]) Der zweite Fall $1 - \dfrac{1}{1 + k^{-\frac{1}{\delta}}} > -\varepsilon$ liefert wieder eine selbstverständliche Relation: $\dfrac{1}{1 + k^{-\frac{1}{\delta}}} < 1 + \varepsilon$

was der Fall ist im Intervall:

$$x = \delta \cdots -\sqrt{\varepsilon} \cdots 0 \cdots +\sqrt{\varepsilon}$$

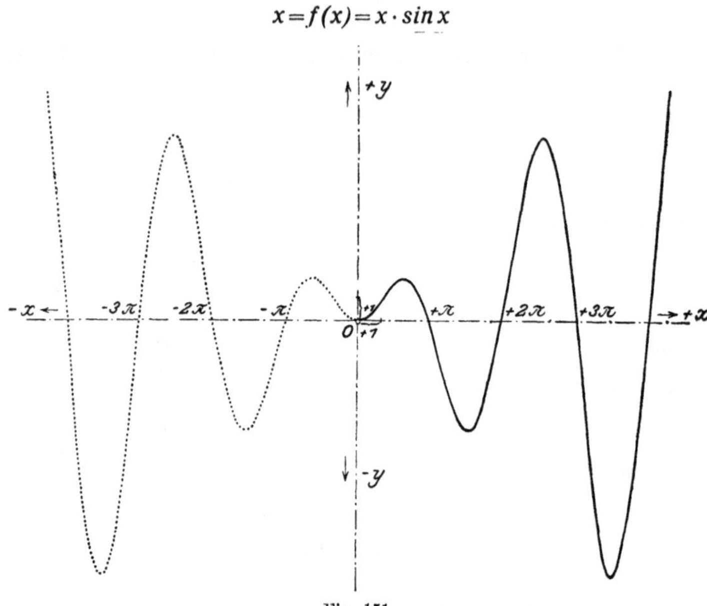

Fig. 151.

Für nebenstehend in Fig. 152 angegebene Funktion, welche dadurch definiert ist, daß $y = f(x)$ jeweils gleich der größten ganzen, positiven Zahl sei, die der Argumentwert im Intervall erreicht, folgt z. B.:

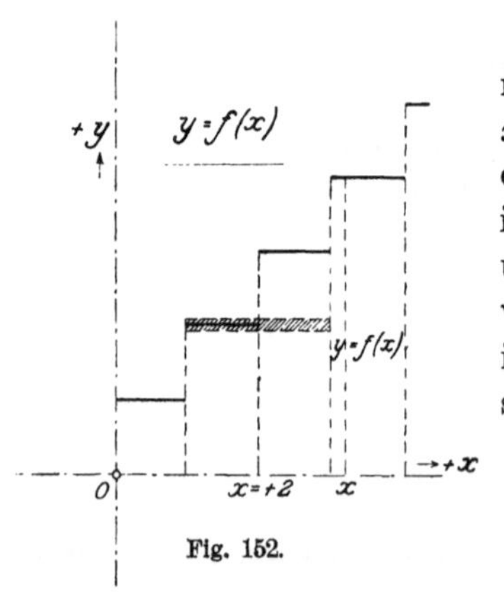

Fig. 152.

Ihr Grenzwert für $x = 2$:

a) Für eine Annäherung von der rechten Seite muß sich ein Intervall $x = c \cdots (c + \delta)$ also $2 \cdots (2 + \delta)$ finden lassen, innerhalb dessen $|B - f(x)| < \varepsilon$ ist. Dies ist der Fall für $\delta = 0$ bis 1 und $B = 3 = B_1$, denn in diesem Intervall $x = 2 \cdots (2 + 0) = 2$ bis $(2 + 1) = 3$ ist nach Definition der Funktion $f(x) = 3$, so daß in ihm $|B_1 - f(x)| = |3 - 3| = 0 < \varepsilon$ ist.

Es ist also

$$\lim_{x = 2^+} f(x) = B_1 = 3$$

b) Für eine Annäherung von der linken Seite her muß sich ein Intervall $x = (c - \delta) \cdots c$ also $(2 - \delta) \cdots 2$ finden lassen, innerhalb dessen $B - f(x)| < \varepsilon$ ist. Dies trifft zu für $\delta = 0$ bis 1 und $B = 2 = B_2$, denn in diesem Intervall $x = 2 - \delta = 2 - 0$ bis $2 - 1 = 1 \cdots 2$ ist nach Definition $f(x) = 2$, so daß in ihm $B_2 - f(x) = |2 - 2| = 0 < \varepsilon$.

Somit folgt auch

$$\lim_{x = 2^-} f(x) = B_2 = 2$$

Erhält man von beiden Seiten, von links und von rechts den nämlichen Grenzwert, so wäre die nächstliegende, logische Schreibweise:

$$\lim_{x = A^\pm} f(x) = B$$

Man spricht in diesem Falle von einem *Grenzwert schlechthin* und hat es auch nur dann einen Sinn, die einfache Schreibweise

$$\lim_{x = A} f(x) = B$$

zu benützen.

In analoger Weise überträgt man diese Verhältnisse auf den Grenzwert B der Funktion, wenn man andeuten will, ob mit abnehmendem oder zunehmendem Funktionswert (der Ordinate) dieser Grenzwert erreicht wird, und erhält auf diese Art noch die näheren Umschreibungen, wie zum Beispiel:

$$\lim_{x = A^-} f(x) = B^+ \quad \text{vgl. Fig. } 153\,\text{a}$$

oder

$$\lim_{x = A^-} f(x) = B^- \quad ,, \quad ,, \quad 153\,\text{b}$$

oder

$$\lim_{x = A^+} f(x) = B^- \quad ,, \quad ,, \quad 153\,\text{c}$$

$$\lim_{x = A} f(x) = B^+ \quad ,, \quad ,, \quad 153\,\text{d}$$

usw.

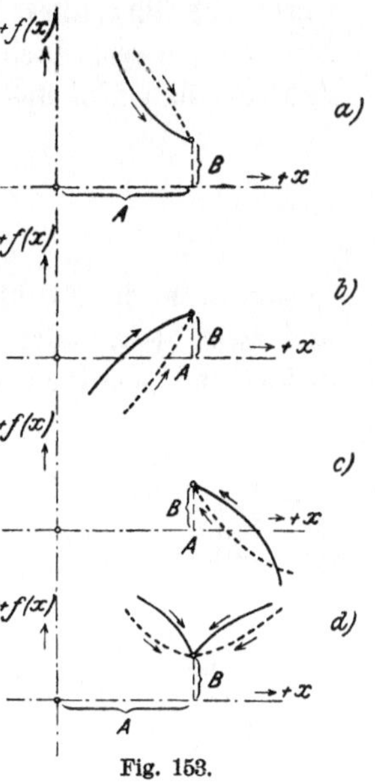

Fig. 153.

Eine Funktion kann daher im allgemeinen in einem Punkt vier verschiedene Grenzwerte besitzen. Man spricht daher, noch präziser ausgedrückt, von einem Grenzwert der Funktion schlechthin, wenn diese vier möglichen alle einander gleich sind.

Ist:

$$\lim_{x = A} f(x) = 0$$

so nimmt für die nämliche endliche Grenze des Argumentes in deren Nähe der reziproke Funktionswert $\dfrac{1}{x} = y$ unbegrenzt große

Werte an; ihr Wert überschreitet jeden erreichbaren endlichen Wert, der Funktionswert wird, wie man sagt, *unendlich groß,* geschrieben „∞", so daß dann in obigem Falle:

$$\lim_{x=A} f\left(\frac{1}{x}\right) = \infty$$

womit ausgesagt wird:

Ist die Funktion $f(x)$ für Werte des Argumentes x in der nächsten Umgebung von $x = A$ definiert und gelingt es unmittelbar nach oder vor diesem Wert bzw. dieser Stelle ein Intervall $a - \delta < x < a + \delta$ zu bestimmen, abzugrenzen, innerhalb dessen der absolute Funktionswert $f(x)$ über alles Maß wächst, so daß er innerhalb dieses Gebietes dem Zahlenwert nach größer wird und bleibt als eine noch so große Zahl ω, daß also die Beziehung besteht und erhalten bleibt:

$$|f(x)| > \omega$$

so sagt man, die Funktion besitzt die (uneigentliche) Grenze „unendlich" und zwar $+\infty$ oder $-\infty$, je nachdem der Zahlenwert der Funktion in bleibend positivem oder bleibend negativem Sinne größer wird als ω.

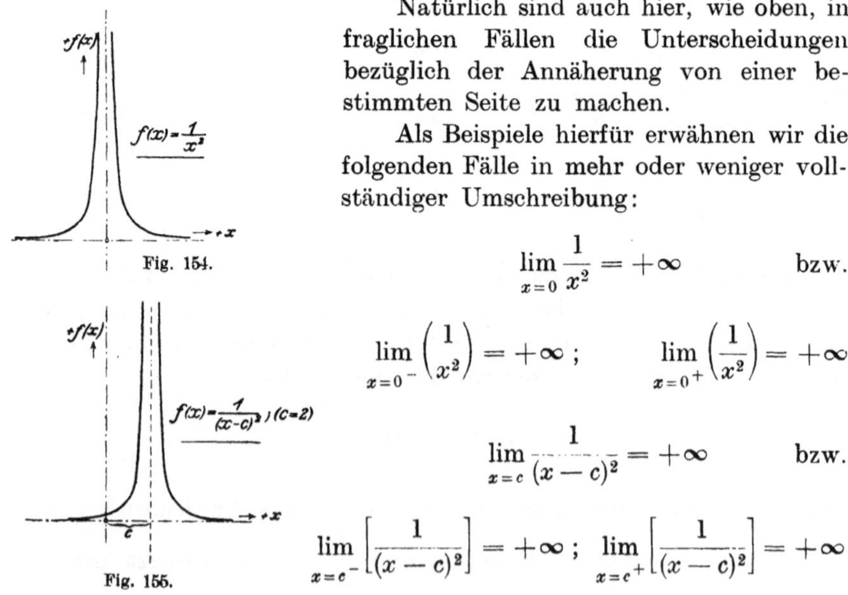

Fig. 154.

Fig. 155.

Natürlich sind auch hier, wie oben, in fraglichen Fällen die Unterscheidungen bezüglich der Annäherung von einer bestimmten Seite zu machen.

Als Beispiele hierfür erwähnen wir die folgenden Fälle in mehr oder weniger vollständiger Umschreibung:

$$\lim_{x=0} \frac{1}{x^2} = +\infty \qquad \text{bzw.}$$

$$\lim_{x=0^-} \left(\frac{1}{x^2}\right) = +\infty \ ; \qquad \lim_{x=0^+} \left(\frac{1}{x^2}\right) = +\infty$$

$$\lim_{x=c} \frac{1}{(x-c)^2} = +\infty \qquad \text{bzw.}$$

$$\lim_{x=c^-} \left[\frac{1}{(x-c)^2}\right] = +\infty \ ; \quad \lim_{x=c^+} \left[\frac{1}{(x-c)^2}\right] = +\infty$$

$$\lim_{x=a^-}\left[\frac{1}{x-a}\right]=-\infty$$

$$\lim_{x=a^+}\left[\frac{1}{x-a}\right]=+\infty$$

$$\lim_{x=0}{}^a\mathrm{Log}\,x=\begin{cases}-\infty\,, & \text{wenn}\quad a>1\\[4pt]+\infty\,, & \text{wenn}\quad a<1\end{cases}$$

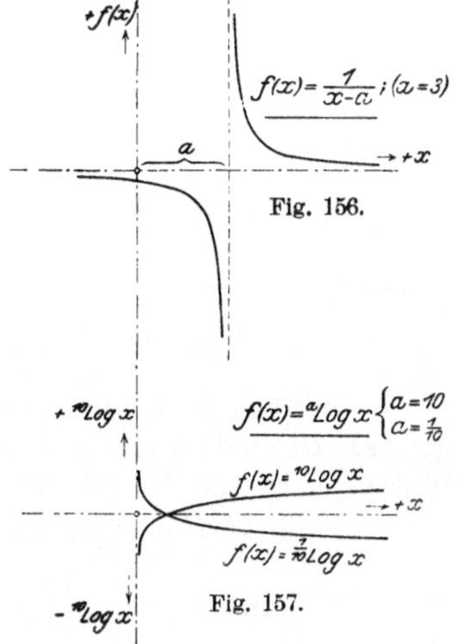

Fig. 156.

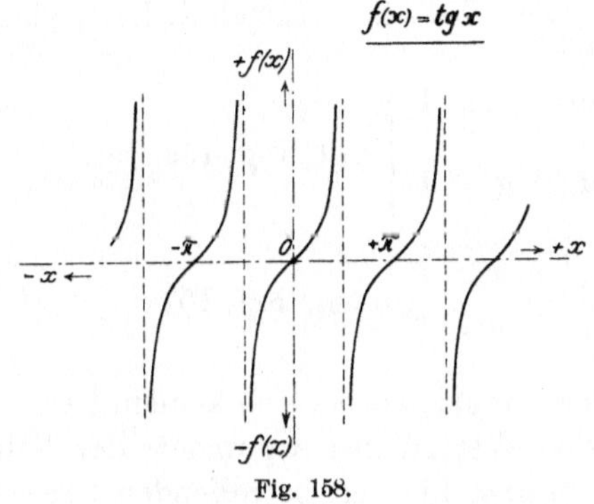

Fig. 158.

Fig. 157.

$$\lim_{x=(2n\pm1)\frac{\pi}{2}^-}\left[\,\mathrm{tg}\,x\,\right]=+\infty$$

$$\lim_{x=(2n\pm1)\frac{\pi}{2}^+}\left[\,\mathrm{tg}\,x\,\right]=-\infty$$

Funktionen, deren Zahlenwert sich mit unbegrenzt wachsendem Argument einer bestimmten endlichen Grenze nähert, sind in folgendem angedeutet:

$$\lim_{x=+\infty} a^x = 0\,, \quad \text{wenn}\quad a<1$$

$$\lim_{x=-\infty} a^x = 0\,, \quad \text{wenn}\quad a>1$$

$$\lim_{x=\pm\infty}\left[-\frac{1}{1+k^{\frac{1}{x}}}\right]=+\frac{1}{2}$$

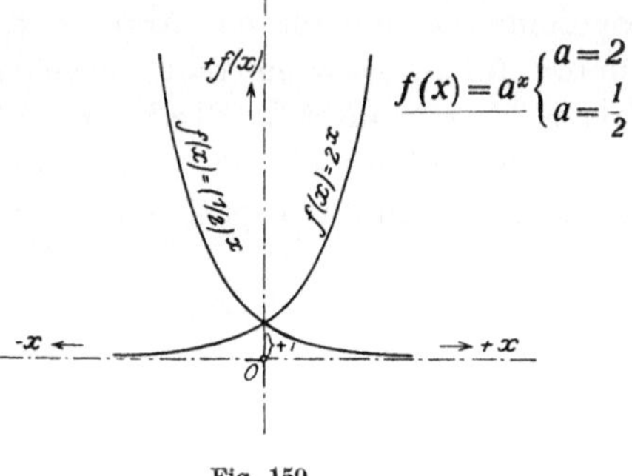

Fig. 159.

bzw.

$$\lim_{x=+\infty}\left[\frac{1}{1+k^{\frac{1}{x}}}\right]=\left(+\frac{1}{2}\right)^-;\qquad \lim_{x=-\infty}\left[\frac{1}{1+k^{\frac{1}{x}}}\right]=\left(+\frac{1}{2}\right)^+$$

$$\lim_{x=\pm\infty}\left[\frac{1}{1+\frac{1}{x^2}}\right]=+1$$

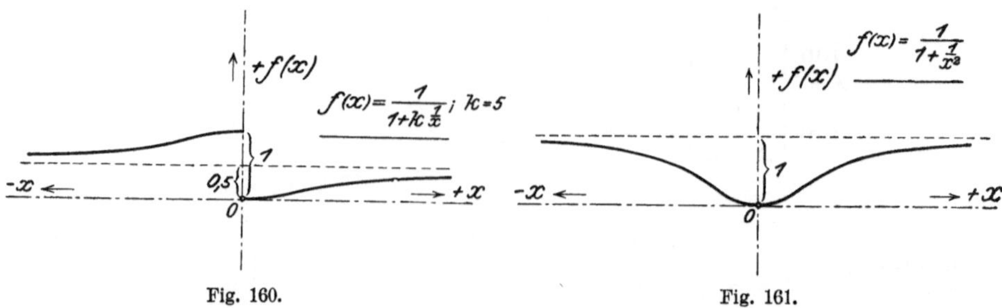

Fig. 160.   Fig. 161.

Schließlich kann auch der **Funktionswert zugleich mit dem Argument unendlich** werden, wie dies in folgenden Beispielen zutrifft:

$$\left.\begin{aligned} \lim_{x=+\infty} a^x &= +\infty, \quad \text{wenn} \quad a > 1 \\ \lim_{x=-\infty} a^x &= +\infty, \quad \text{wenn} \quad a < 1 \end{aligned}\right\} \text{ vgl. Fig. 159.}$$

$$\lim_{x=+\infty} {}^a\mathrm{Log}\, x = \left\{\begin{aligned} +\infty \quad & \text{für} \quad a > 1 \\ -\infty \quad & \text{für} \quad a < 1 \end{aligned}\right\} \text{ vgl. Fig. 157.}$$

Es kann auch eintreten, daß der Funktionswert sich keinem Grenzwert nähert, wenn dies auch mit den Werten des Arguments der Fall ist. Man sagt dann, die Funktion besitze für den betreffenden Grenzwert des Argumentes keine Grenze oder ihr Grenzwert ist unbestimmt.

Funktionen, welche ein solches Verhalten zeigen, sind z. B. die trigonometrischen für ein Argument, das unbegrenzt wächst oder abnimmt (nicht ganz korrekt ausgedrückt: „sich der [uneigentlichen] Grenze $\pm\infty$ nähert"). Indertat zeigt die Betrachtung ihrer geometrischen Bilder für noch so große Werte ein beständiges Wechseln zwischen bestimmten positiven und negativen endlichen Werten bei $\sin x$ und $\cos x$, zwischen unendlichen Grenzen bei $\operatorname{tg} x$ und $\cot x$.

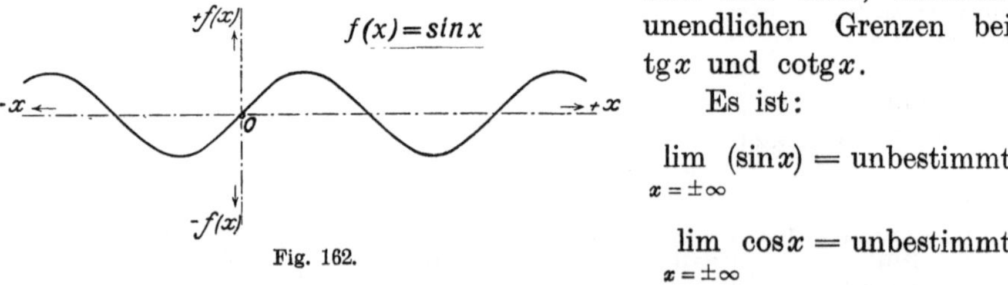

Fig. 162.

Es ist:

$$\lim_{x=\pm\infty} (\sin x) = \text{unbestimmt}$$

$$\lim_{x=\pm\infty} \cos x = \text{unbestimmt}$$

(Die Kurve dieser letzteren Funktion ist bekanntlich die nämliche, wie für $\sin x$, mit dem Unterschied, daß sie für $x = 0$ mit $\cos x = \cos 0 = 1$ beginnt, also gegenüber obiger Sinuskurve um eine Viertelwellenlänge nach links verschoben ist.)

$$\lim_{x=\pm\infty} \mathrm{tg}\,x = \text{unbestimmt}; \quad \text{vgl. Fig. 158.}$$

$$\lim_{x=\pm\infty} \mathrm{cotg}\,x = \text{unbestimmt.}$$

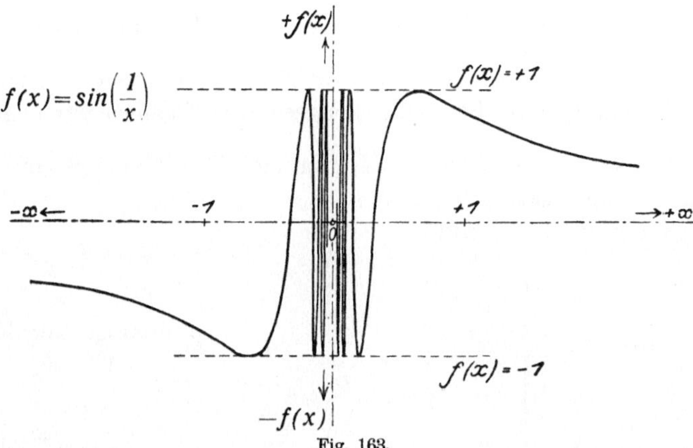

Fig. 163.

Ebenso ist:

$$\lim_{x=0} \left(\sin\left(\frac{1}{x}\right)\right) = \text{unbestimmt.}$$

Für letztere Funktion sieht man diese Unbestimmtheit des Grenzwertes leicht ein, wenn man überlegt, daß dieselbe stets für Argumentwerte von der Größe $x = \dfrac{1}{\dfrac{\pi}{2} \pm 2n\pi}$ gleich $+1$ und für $x = \dfrac{1}{\dfrac{\pi}{2} \pm (2n+1)\pi}$

gleich -1 wird. Wie klein auch der Wert von x werden möge, so wird es immer ein beliebig kleines Intervall $|\delta| > |x| > 0$ geben, innerhalb dessen für x solche Werte auftreten mit allen dazwischen liegenden, so daß also die Funktionswerte in diesem nicht kleiner als eine beliebig kleine Zahl ε sind und bleiben[1]).

---

[1]) Um dies streng nachzuweisen, haben wir nur zu zeigen, daß also in ein beliebig kleines solches Intervall δ immer ein Intervall $\dfrac{1}{\dfrac{\pi}{2}+2n\pi}$ bis $\dfrac{1}{\dfrac{\pi}{2}+(2n+1)\pi}$ (für

das $-$ Zeichen gilt die Sache analog) gelegt werden kann. Es ist also zu beweisen, daß möglich ist:

$$\frac{1}{\dfrac{\pi}{2}+2n\pi} - \frac{1}{\dfrac{\pi}{2}+(2n+1)\pi} < \delta \quad \text{oder} \quad \frac{\dfrac{\pi}{2}+(2n+1)\pi - \dfrac{\pi}{2}-2n\pi}{\left(\dfrac{\pi}{2}+2n\pi\right)\left(\dfrac{\pi}{2}+(2n+1)\pi\right)} < \delta$$

$$\frac{\pi}{\pi\left(\dfrac{1}{2}+2n\right)\pi\left(\dfrac{1}{2}+2n+1\right)} = \frac{1}{\pi\left(\dfrac{1}{2}+2n\right)\left(\dfrac{3}{2}+2n\right)} < \delta \quad ; \quad \pi\left(\dfrac{1}{2}+2n\right)\left(\dfrac{3}{2}+2n\right) < \frac{1}{\delta}$$

Ist also n entsprechend dieser Ungleichung gewählt, was immer möglich ist, da ja n beliebig groß werden kann, so ist obige Ungleichung erfüllt.

Es hat also für diesen Fall $\lim\limits_{x=0} \sin\left(\dfrac{1}{x}\right)$ sowohl als auch $\lim\limits_{x\sim 0} \sin\left(\dfrac{1}{x}\right)$ keinen Sinn.

Analog verhält sich die Sache mit den Funktionen, welche sich aus einem mit $\sin\left(\dfrac{1}{x}\right)$ durch Multiplikation bzw. Division oder Addition bzw. Subtraktion verbundenen Gliede zusammensetzen, sofern dieses Glied nicht ähnliche, aber entgegengesetzte Eigenschaften aufweist von gleicher oder noch größerer Mächtigkeit, die diejenigen von $\sin\left(\dfrac{1}{x}\right)$ abschwächen oder gar aufheben.

So zeigt z. B. die Funktion

$$f(x) = \frac{1}{x}\sin\left(\frac{1}{x}\right)$$

analoge Verhältnisse.
Es ist

$$\lim_{x=0}\left[\frac{1}{x}\sin\left(\frac{1}{x}\right)\right]$$

unbestimmt,

wenn schon mit gegen Null abnehmendem x hier diese Funktion jeden beliebigen, noch so großen Wert überschreitet; denn, wie auch das Bild (Figur 164) zeigt, bleibt dieser Wert nicht immer größer als eine beliebig große Zahl; er schwankt ebenfalls und nimmt auch dann noch jeden endlichen Wert an.

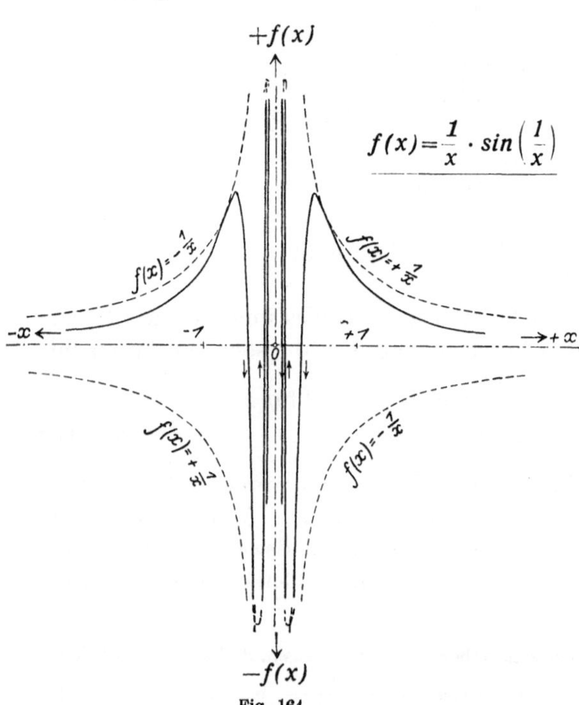

Fig. 164.

Es ist die nämliche Erscheinung wie oben, nur mit gegen die $f(x)$-Achse (den Nullpunkt) sehr schnell wachsenden Wellenhöhen (schon der zweite Wellenscheitel ist ca. achtmal höher als in vorhergehender Figur), verursacht durch den in diesem Sinne sich ändernden Faktor $\dfrac{1}{x}$.

Also auch hier hat

$$\lim_{x\equiv 0}\left[\frac{1}{x}\sin\left(\frac{1}{x}\right)\right] \quad \textbf{keinen Sinn.}$$

Ähnlich steht es auch mit der Funktion

$$f(x) = x \cdot \cos x$$

welche mit positiv oder negativ unbegrenzt wachsendem Argument in immer größeren Schwingungen zu beiden Seiten der x-Achse sich in gleichem Sinne ändert, also auch positiv bzw. negativ unendlich große Werte annimmt, die jede noch so große endliche Zahl übersteigen, jedoch nicht **dauernd**, da es immer gewisse Stellen für größte Werte von x gibt, für welche $\cos x = 0$ wird, nämlich wenn x ein — beliebig großes — Vielfaches von $\dfrac{\pi}{2}$ wird.

Aus diesem Grunde ist ebenfalls

$$\lim_{x=\pm\infty} (x \cdot \cos x) = \text{unbestimmt (hat keinen Sinn)}.$$

Ebenso ist $\lim\limits_{x=\pm\infty} (x \cdot \sin x) = $ unbestimmt.

Anders verhält sich die Sache jedoch mit der Funktion

$$y = f(x) = x \cdot \sin\left(\frac{1}{x}\right)$$

Auch hier ist zufolge der darin auftretenden Teilfunktion $\sin\left(\dfrac{1}{x}\right)$ ein beständiges Oszillieren in der Umgebung des Nullpunktes um die x-Achse vorhanden, aber mit gegen denselben fortwährend abnehmenden Ordinaten, so daß gegen den Nullpunkt, beim Annähern der Argumentwerte an $x = 0$ der Funktions-

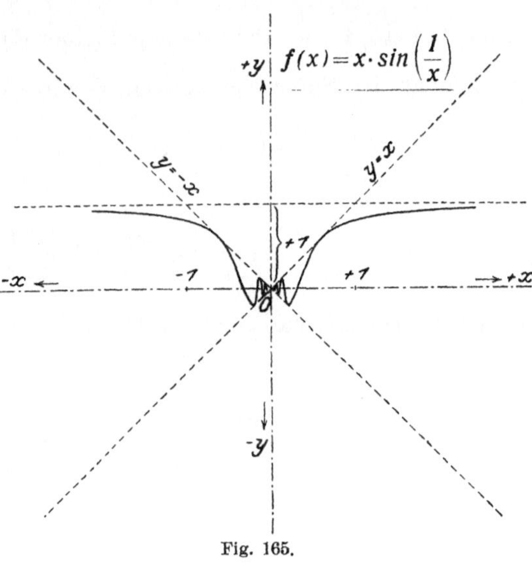

Fig. 165.

wert sich in unendlich vielen Schwingungen, **bleibend beliebig kleinen** Werten, dem Nullwert, die Kurve dem Nullpunkt, nähert. Diese Funktion erreicht daher ihren Grenzwert 0 für $x = 0$, welchen Wert sie in der Umgebung des Punktes 0 zudem noch unendlich oft annimmt. Es hat daher hier einen Sinn, zu schreiben:

$$\lim_{x=0}\left[x \cdot \sin\left(\frac{1}{x}\right)\right] = 0$$

In ähnlichem Sinne folgt:

$$\lim_{x=0}\left[x\cos\left(\frac{1}{x}\right)\right] = 0 \qquad\qquad {}^{1})$$

Auch, weil stets der Sinus, absolut, kleiner oder höchstens gleich 1 ist, also $\left|\sin\left(\frac{1}{x}\right)\right| \leqq 1$, so folgt:

$$\left|x\cdot\sin\left(\frac{1}{x}\right)\right| \leqq |x|$$

und da

$$\lim_{x=0} x = 0$$

so folgt erst recht

$$\lim_{x=0} x\sin\left(\frac{1}{x}\right) = 0$$

und zwar sowohl für $x = 0$ als auch für $x \sim 0$.

Berücksichtigt man, daß mit wachsendem, sehr großem x die Funktion $\sin\left(\frac{1}{x}\right)$ sehr klein und, je kleiner das Argument des Sinus ist, um so mehr der Sinus sich dessen Werte nähert, so folgt

$$\text{für } x = \infty : \qquad \sin\frac{1}{x} = \frac{1}{x}$$

besser geschrieben:

$$\lim_{x=\infty}\left(\sin\frac{1}{x}\right) = \lim_{x=\infty}\left(\frac{1}{x}\right)$$

und damit erkennt man auch sofort den schon oben erwähnten Grenzwert dieser Funktion für positiv oder negativ unendliches Argument:

$$\lim_{x=\pm\infty}\left[x\cdot\sin\left(\frac{1}{x}\right)\right] = \lim_{x=\pm\infty} x\cdot\frac{1}{x} = 1$$

$^{1})$ Für sehr kleines x kann nämlich geschrieben werden:

$$f(x) = \delta\cdot\sin\left(\frac{1}{\delta}\right) = \delta\sin\left(N\,\frac{\pi}{2} + \alpha\right)$$

worin N gerade oder ungerade ganz und damit α stets ein spitzer Winkel und wenn δ eine sehr kleine und N eine sehr große Zahl bedeuten.
Dann wird:

$$f(\delta) = \delta\left[\sin\left(N\,\frac{\pi}{2}\right)\cos\alpha + \cos\left(N\,\frac{\pi}{2}\right)\sin\alpha\right] = \begin{cases} \delta(\pm\sin\alpha), & \text{wenn } N \text{ gerade} \\ \delta(\mp\cos\alpha), & \text{ ,, } \quad N \text{ ungerade} \end{cases}$$

Somit folgt:

$$\lim_{x=0}\left[x\cdot\sin\left(\frac{1}{x}\right)\right] = \lim_{\delta=0}\left\{\begin{matrix}\delta(\pm\sin\alpha)\\ \delta(\pm\cos\alpha)\end{matrix}\right\} = 0 .$$

Ganz ähnliches Verhalten zeigt auch:

$$\lim_{x=0}\left(x\cdot\cos\frac{1}{x}\right)=0$$

aber

$$\lim_{x=+\infty}\left(x\cdot\cos\frac{1}{x}\right)=+\infty \quad\text{und}\quad \lim_{x=-\infty}\left(x\cos\frac{1}{x}\right)=-\infty$$

Eine Funktion kann unter Umständen auch selbst für bleibend beliebig große numerische Werte keine Grenze besitzen, wenn es nämlich möglich ist, bei Annäherung des Arguments an eine Grenze A eine ebenfalls sehr große Zahl ω anzugeben, die von den Funktionswerten in nächster Nähe des Grenzpunktes A für das Argument, also im Intervall $A-\delta<x<A+\delta$ nicht dauernd überschritten wird.

Dies ist z. B. der Fall mit der Funktion

$$y = f(x) = x + \cos x$$

wie ihr Bild Fig. 166 erkennen läßt. Selbst für noch so große Werte des Arguments schwingt die Kurve stets um die Gerade $y=x$ als Achse, wird es also Werte der Funktion geben, die größer und kleiner sind als x.

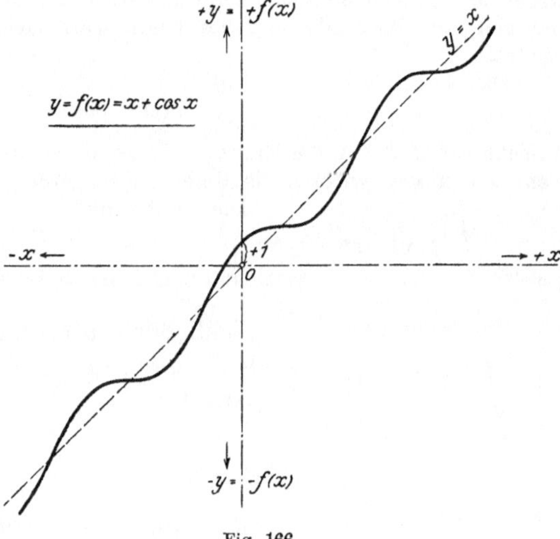

Fig. 166.

Es ist also:

$$\lim_{x=+\infty}[x+\cos x]=\text{unbestimmt (nicht }+\infty)$$

$$\lim_{x=-\infty}[x+\cos x]=\text{unbestimmt (nicht }-\infty)$$

Gleiches oder ähnliches Verhalten zeigen auch die Funktionen:

$$y = f(x) = x - \cos x$$

ferner

$$y = f(x) = x \pm \sin x$$

und auch die bei absolut wachsendem Argument mit wachsenden Schwingungen ihrer Kurve versehenen Funktionen

$$y = x + x\cos x = x(1+\cos x)$$

oder

$$f(x) = a^x + x\cos x \qquad\qquad \text{usw.}$$

Wie ersichtlich, gehört hierher die ganze Klasse der oszillierenden Funktionen überhaupt, d. h. solcher, deren Werte gewissen periodisch sich wiederholenden Schwankungen unterworfen sind.

Es kann aber auch in solchen Fällen durch bestimmte Definition des Arguments eine derartig gebaute Funktion einen Grenzwert erhalten, wenn man dem Argument nur bestimmte Werte in beschränkterer Zahl zuschreibt.

Ist die Funktion z. B. so definiert, daß ihr Argument der Reihe nach nur die Werte $\frac{\pi}{2}$, $\frac{5\,\pi}{2}$, $\frac{9\,\pi}{2}$, $\cdots$ annehmen kann, so besitzt die Funktion

$$f(x) = x \cdot \sin x$$

für $x = +\infty$ nur einen bestimmten Grenzwert, nämlich $+\infty$, da die Funktionswerte der trigonometrischen Funktion dann für alle Argumentwerte stets gleich $+1$ sind und die Funktion daher diesen Wert auch für noch so großes Argument besitzt.

Die Funktion:

$$\varphi(x) = \cos x$$

erreicht für $x \sim \pm\infty$ die Grenze -1, wenn $x = (2\,n + 1)\,\pi$ und die Grenze $+1$, wenn $x = 2\,n\,\pi$, wobei n die Reihe aller ganzen Zahlen durchläuft.

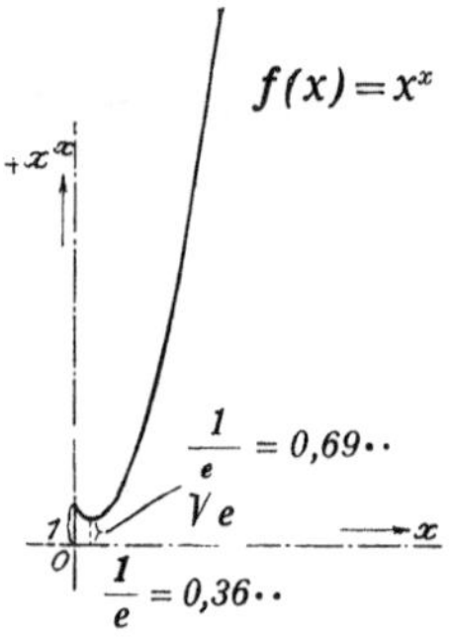

Die Funktion:

$$\psi(x) = x + \cos x$$

erreicht im gleichen Falle für $x = {}^+\infty$ die Grenze $\pm\infty$.

Schließlich betrachten wir kurz noch als besonders interessant und wichtig die folgenden Grenzwerte:

$$\lim_{x=0}(x^x) = 1$$

$$\lim_{x=0}\left(\frac{x}{\sin x}\right) = \lim_{x=0}\left(\frac{\sin x}{x}\right) = +1$$

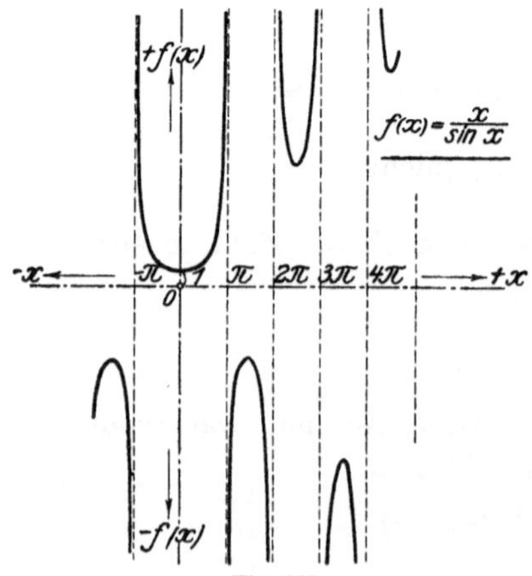

Fig. 167.

Man erkennt letzteres wiederum sofort leicht bei Beachtung, daß an dieser Grenze der Sinus gleich dem Zahlwert seines Argumentes wird.

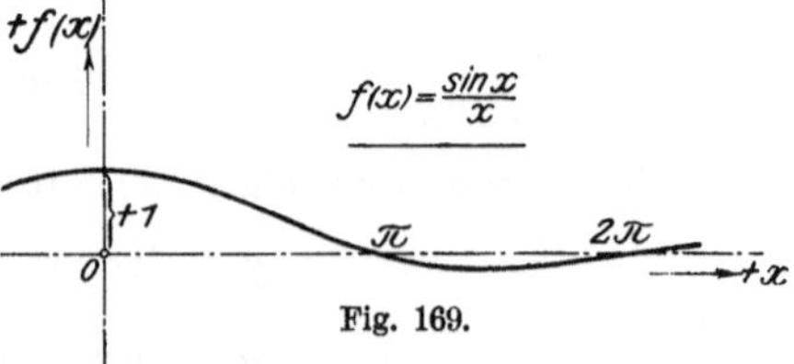

Fig. 169.

Es ist ferner, wie man auch aus der Fig. 168 leicht ersieht,

$$\lim_{x=\pm\infty}\left(\frac{x}{\sin x}\right) = \text{unbestimmt}$$

Fig. 168.

(an der Grenze schwankend zwischen positiv und negativ unendlich
großen Werten)

und

$$\lim_{x = \pm\infty} \left(\frac{\sin x}{x} \right) = 0$$

was man leicht daraus er-
kennt, daß $\sin x$ auch für
noch so großes Argument nie
über die Werte $+1$ hinauskommt, also bezüglich Größe
x in diesem Falle maßgebend

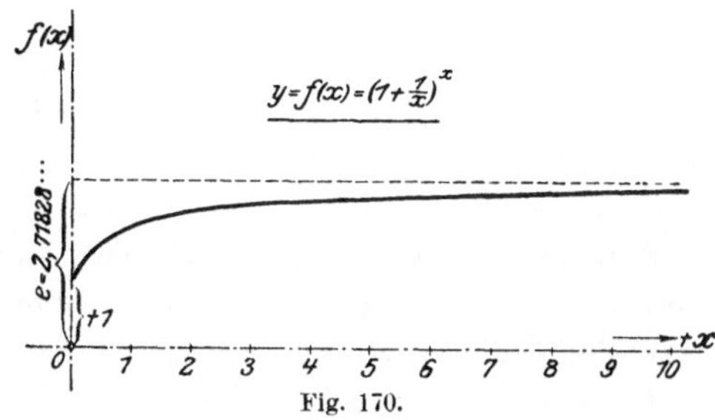

Fig. 170.

bleibt; der Sinus spricht nur beim Vorzeichen mit.

Es ist ferner:

$$\lim_{x = 0^+} \left[\left(1 + \frac{1}{x}\right)^x \right] = +1$$

$$\lim_{x = \pm\infty} \left[\left(1 + \frac{1}{x}\right)^x \right] = +2,71828 \cdots = e$$

[1])

und ebenso ist auch:

$$\lim_{x = 0} \left[(1 + x)^{\frac{1}{x}} \right] = e$$

Für die Fälle, wo der Funktionswert im Punkt kein unbestimmter
ist, aber verschieden von den Grenzwerten, verweisen wir auf die später
ausführlich behandelten Beispiele[2]):

$$F(x) = \sum_{n = 0}^{\infty} \sin^2 x (\cos x)^{2n}$$

$$\Phi(x) = \sum_{n = 0}^{\infty} \frac{\sin|(2n + 1) x|}{2n + 1}$$

Es kann auch eintreten, daß die Funktion $f(x)$ einen bestimmten
Wert $f(a)$ für einen bestimmten Wert des Arguments, a, hat, aber
keinen Grenzwert für diesen, weder von links noch von rechts oder
nur von einer Seite, besitzt.

Indem wir uns an das über die „unendlich kleine Größe" als Veränderliche Gesagte erinnern, können wir, wie leicht einzusehen, unter
Herbeiziehung des Begriffes des Grenzwertes die Untersuchung

---

[1]) Vgl. S. 15.
[2]) Vgl. S. 344—351.

der Ordnungen unendlich kleiner Größen auf jene des Grenzwertes von Quotienten solcher zurückführen.

Es läßt sich dann sagen, daß zwei solche Größen von der nämlichen Ordnung sind, wenn der Grenzwert ihres Quotienten eine endliche, von Null verschiedene Zahl ist, daß sie von ungleicher Ordnung unendlich klein ist, wenn derselbe null oder unendlich ist, (im ersteren Falle ist der Zähler, im letzteren der Nenner höherer Ordnung); daß ihre Ordnung — wennschon sie selbst beide unendlich kleine Größen sein können — nicht bestimmbar ist, wenn ihr Quotient keinen Grenzwert besitzt und außerdem dessen Größe in der Nähe der Grenze auch nicht nur zwischen endlichen Grenzen schwankt. Im letzteren Falle wären sie auch gleicher Ordnung, trotz unbestimmten Grenzwertes, jedoch bei Schwankungen zwischen von Null verschiedenen, endlichen Zahlwerten.

So ergibt sich für die Beispiele, die wir schon früher[1]) erwähnt haben:

1. Bei

$$\lim_{\delta=0}\left[\frac{\delta}{a^{\delta}-a^{-\delta}}\right]$$

folgt durch Reihenentwicklung der Wert $\dfrac{1}{2\ln a}$, also eine endliche, von 0 verschiedene Zahl. Demnach sind Zähler und Nenner von gleicher Ordnung unendlich klein.

2. Auf gleiche Weise findet man:

$$\lim_{\delta=0}\left[\frac{\delta}{a^{\delta}+a^{-\delta}}\right]=\lim_{\delta=0}\left(\frac{\delta}{2}\right)=0$$

daher sind für unendlich kleines δ Zähler und Nenner ungleicher Ordnung unendlich klein, und zwar ist der Zähler höherer Ordnung (der gleichen wie δ) als der Nenner.

3. Es wird:

$$\lim_{\delta\sim0}\left[\frac{\delta}{e^{\delta}-e^{-\delta}-2\delta}\right]=\lim_{\delta\sim0}\left[\frac{3!}{\delta^{2}}\right]\sim\infty$$

weshalb Zähler und Nenner ungleicher Ordnung sind, und zwar ist der Nenner von höherer Ordnung (von der 3-ten gegenüber δ) unendlich klein gegenüber dem Zähler.

4. Aus:

$$\lim_{\varepsilon=0}\left[\frac{\varepsilon^{2}+\varepsilon^{3}+\varepsilon^{4}}{\varepsilon^{2}+\varepsilon^{4}+\varepsilon^{5}}\right]=\lim_{\varepsilon=0}\left[\frac{1+\varepsilon+\varepsilon^{2}}{1+\varepsilon^{2}+\varepsilon^{3}}\right]=1$$

folgt, daß Zähler und Nenner unendlich klein von derselben Ordnung sind, und zwar beide von der zweiten Ordnung, wenn ε von der ersten ist.

---

[1]) S. 256 u. ff.

5. Ein Beispiel anderer Art liefert uns die Berechnung des Grenzwertes:

$$\lim_{x=0} \left[\frac{x^\mu}{a^x} \right]$$

Er ergibt durch Reihenentwicklung den Wert ∞. Also ist der Nenner
unendlich klein von höherer Ordnung als der Zähler. Und zwar ist,
wie die nähere Rechnung zeigt, diese Ordnung unbestimmbar, somit
Zähler und Nenner überhaupt nicht vergleichbar.

Die allgemeine Berechnung von Grenzwerten — die wir nachfolgend noch an einigen Beispielen andeuten werden — fordert die
Kenntnis gewisser Regeln und

Sätze über die Grenzwerte zusammengesetzter Funktionen,

stets bezogen auf die nämliche Grenze des Argumentes.

I. Der Grenzwert der Summe zweier Funktionen ist
gleich der Summe der Grenzwerte der Teilfunktionen.

Kurz geschrieben:

$$\lim_{x=A} [f(x) + \varphi(x)] = \lim_{x=A} [f(x)] + \lim_{x=A} [\varphi(x)]$$

Zum Beweise müssen wir natürlich voraussetzen, daß diese Grenzwerte existieren, so daß also:

$$\lim_{x=A} [f(x) + \varphi(x)] = B$$
$$\lim_{x=A} [f(x)] = b_1$$
$$\lim_{x=A} [\varphi(x)] = b_2$$

Dann bedeutet die Existenz des Grenzwertes der linken Seite nach
unserer Darlegung, daß

$$|B - [f(x) + \varphi(x)]| < \varepsilon, \quad \text{wenn nur} \quad |A - x| < \delta$$

und auf der rechten Seite folgt damit:

$$|b_1 - f(x)| < \varepsilon_1, \quad \text{wenn nur} \quad |A - x| < \delta_1$$

und

$$|b_2 - \varphi(x)| < \varepsilon_2, \quad \text{wenn nur} \quad |A - x| < \delta_2$$

Es folgt somit:

$$|b_1 - f(x)| + |b_2 - \varphi(x)| < \varepsilon_1 + \varepsilon_2$$

und, solange wir nur reelle Größen[1]) im Auge haben, wird dann weiter[2]):

$$|[b_1 + b_2] - [f(x) + \varphi(x)]| < \varepsilon_1 + \varepsilon_2$$

wenn

$$|A - x| < \delta'$$

wobei δ' die größere der beiden Zahlen δ_1 und δ_2 bedeuten kann.

Setzen wir

$$\varepsilon_1 + \varepsilon_2 = \varepsilon'$$

wobei ε' beliebig klein sein kann, weil dies ja für ε_1 und ε_2 gilt, so folgt:

$$|[b_1 + b_2) - [f(x) + \varphi(x)]| < \varepsilon'$$

wenn

$$|A - x| < \delta'$$

was aber nichts anderes ist als die Bedingung, daß

$$\lim_{x=A} [f(x) + \varphi(x)] = b_1 + b_2$$

Nun ist aber nach obigem:

$$\lim_{x=A} [f(x) + \varphi(x)] = B$$

womit sich ergibt:

$$B = b_1 + b_2$$

also in der Tat die im Satz angesprochene Beziehung, welche sich allgemein durch Einführung der Funktionsausdrücke für diese Grenzwerte schreibt:

$$\lim_{x=A} [f(x) + \varphi(x)] = \lim_{x=A} [f(x)] + \lim_{x=A} [\varphi(x)]$$

w. z. z. w.

Ganz analog läßt sich der Beweis auch für die Differenz liefern, so daß allgemein gilt:

II. Der Grenzwert der <u>Differenz</u> zweier Funktionen ist gleich der Differenz der Grenzwerte der Teilfunktionen.

Kurz geschrieben:

$$\lim_{x=A}[f(x) - \varphi(x)] = \lim_{x=A}[f(x)] - \lim_{x=A}[\varphi(x)]$$

Das nämliche läßt sich auch für eine beliebig oft wiederholte, aber in endlicher Zahl gesetzte Kombination von Addition und Subtraktion aussprechen:

---

[1]) Vgl. S. 119/20.
[2]) Vgl. S. 4.

III. **Der Grenzwert einer Funktion, bestehend aus beliebiger, aber endlicher[1]) Zahl addierter oder subtrahierter Teilfunktionen, ist gleich den in gleicher Art verbundenen Grenzwerten dieser Teilfunktionen.**

D. h.:

$$\lim_{x=A} \left[\pm f(x) \pm \varphi(x) \pm \psi(x) \pm \cdots \pm \eta(x) \right] =$$

$$= \pm \lim_{x=A} f(x) \pm \lim_{x=A} \varphi(x) \pm \lim_{x=A} \psi(x) \pm \cdots \pm \lim_{x=A} \eta(x)$$

IV. **Der Grenzwert des Produktes zweier Funktionen ist gleich dem Produkt der Grenzwerte der beiden Teilfunktionen.**

Kurz geschrieben:

$$\lim_{x=A} [f(x) \cdot \varphi(x)] = \lim_{x=A} [f(x)] \cdot \lim_{x=A} [\varphi(x)]$$

Auch hier läßt sich der Beweis, ausgehend von der Voraussetzung der Existenz der drei Grenzwerte, leicht, wie folgt, erbringen:

Die linke Seite sagt dann aus:

$$|B - [f(x) \cdot \varphi(x)]| < \varepsilon$$

wenn

$$|A - x| < \delta$$

Die rechte Seite sagt:

$$|b_1 - f(x)| < \varepsilon_1, \quad \text{wenn} \quad |A - x| < \delta_1$$

und:

$$|b_2 - \varphi(x)| < \varepsilon_2, \quad \text{wenn} \quad |A - x| < \delta_2$$

Durch Multiplikation folgt dann:

$$|b_1 - f(x)| \cdot |b_2 - \varphi(x)| < \varepsilon_1 \varepsilon_2$$

daher auch:

$$|[(b_1 - f(x)] \cdot [b_2 - \varphi(x)]| < \varepsilon_1 \varepsilon_2$$

oder:

$$|b_1 b_2 - b_2 f(x) - b_1 \varphi(x) + f(x) \cdot \varphi(x)| < \varepsilon_1 \varepsilon_2$$

$$|(b_1 b_2 - f \cdot \varphi) + (2 f \cdot \varphi - b_2 f - b_1 \varphi)| < \varepsilon_1 \varepsilon_2 \qquad \text{[2])}$$

---

[1]) Der Grenzwert einer Summe bestehend aus unendlich vielen Summanden kann, er muß aber im allgemeinen nicht gleich der Summe der Grenzwerte der Summanden sein. Wir werden dies später noch deutlicher erfahren (vgl. S. 436).

[2]) Lediglich der Abkürzung und einfacheren, übersichtlicheren Schreibweise halber setzen wir nur das Funktionszeichen ohne das hier selbstverständliche, dazu zu denkende Argument, also z. B. „f" an Stelle von „$f(x)$", wie es übrigens in Fällen größerer und komplizierterer Ausdrücke öfters mit Vorteil praktiziert wird.

oder, weil wir nur auf reelle Größen Rücksicht nehmen, so folgt:

a) wenn die beiden Klammern gleiches Vorzeichen haben[1]):

$$|b_1 b_2 - f \cdot \varphi| + |2 f \cdot \varphi - b_2 f - b_1 \varphi| < \varepsilon_1 \varepsilon_2$$

und daher:

$$|b_1 b_2 - f \cdot \varphi| < \varepsilon_1 \varepsilon_2 - |2 f \cdot \varphi - b_2 f - b_1 \varphi|$$

b) wenn die beiden Klammergrößen entgegengesetztes Vorzeichen haben, kann man vor der negativen das Vorzeichen herausheben und erhält dann die Differenz zweier Klammerausdrücke gleichen Vorzeichens, mit der wir — gleichgültig, welche wir als negativen Klammerausdruck erhalten — schreiben können:

$$|(b_1 b_2 - f\varphi) - (2 f\varphi - b_2 f - b_1 \varphi)| < \varepsilon_1 \varepsilon_2$$

oder, da wir links nun die Differenz zweier Zahlen (der Klammern) mit gleichem Vorzeichen haben, statt dessen

$$|b_1 b_2 - f\varphi| - |2 f\varphi - b_2 f - b_1 \varphi| < \varepsilon_1 \varepsilon_2$$
$$|b_1 b_2 - f\varphi| < \varepsilon_1 \varepsilon_2 + |2 f\varphi - b_2 f - b_1 \varphi|$$

Infolge der Voraussetzung ist

$$\lim_{x=A} f = b_1 \quad \text{und} \quad \lim_{x=A} \varphi = b_2$$

und wird somit der rechts in der absoluten Klammer stehende Ausdruck beliebig klein, und somit aus a) und b):

$$|b_1 b_2 - f\varphi| < \varepsilon_1 \varepsilon_2 \pm \varepsilon_3 \,, \quad \text{wenn} \quad |A - x| < \delta'$$

wenn ε_3 die beliebig kleine Größe bedeutet, die aus der absoluten Klammer rechts stammt und wir mit δ' wiederum die größere der beiden Zahlen δ_1 und δ_2 bezeichnen.

Mit $\varepsilon_1 \varepsilon_2 \pm \varepsilon_3 = \varepsilon'$ folgt dann

$$|b_1 b_2 - f(x) \cdot \varphi(x)| < \varepsilon' \,, \quad \text{wenn} \quad |A - x| < \delta'$$

das heißt aber:

$$\lim_{x=A} [f(x) \cdot \varphi(x)] = b_1 \cdot b_2$$

Da andrerseits nach Voraussetzung:

$$\lim_{x=A} [f(x) \cdot \varphi(x)] = B$$

ist, so folgt nun:

$$B = b_1 \cdot b_2$$

oder also:

$$\lim_{x=A} [f(x) \cdot \varphi(x)] = \lim_{x=A} f(x) \cdot \lim_{x=A} \varphi(x)$$

W. z. z. w.

---

[1]) Vgl. S. 4.

Auch diese Regel läßt sich ausdehnen auf beliebig viele Faktoren von endlicher Anzahl und leicht beweisen, wenn man alle Faktoren in nur zwei Teilen unter zwei neue Funktionszeichen zusammenfaßt und auf diese beiden Funktionen den obigen Satz anwendet und so durch Zerlegung in je zwei Faktorfunktionen unter beständiger Anwendung des obigen Satzes bis zur völligen Zerlegung in alle Einzelfaktoren fortfährt.

Es folgt:

V. Der Grenzwert einer Funktion, bestehend aus einer beliebigen, aber endlichen Anzahl miteinander multiplizierter Teilfunktionen, ist gleich dem Produkt der Grenzwerte dieser Teilfunktionen.

D. h.:

$$\lim_{x=A}[f(x)\cdot\varphi(x)\cdot\psi(x)\cdot\ \cdots\ \cdot\eta(x)] = \lim_{x=A}f(x)\cdot\lim_{x=A}\varphi(x)\cdot\lim_{x=A}\psi(x)\cdot\ \cdots\ \cdot\lim_{x=A}\eta(x)$$

Sind im besonderen die miteinander multiplizierten Funktionen einander gleich, so folgt aus dem eben Gesagten sofort allgemein für n Faktoren:

Wenn:

$$f(x) = \varphi(x) = \psi(x) = \cdots = \eta(x) :$$

$$\lim_{x=A}[(f(x)^n] = \left(\lim_{x=A}[f(x)]\right)^n$$

d. h.:

VI. Der Grenzwert einer ganzen, endlichen Potenz von einer Funktion ist gleich dem in die nämliche Potenz erhobenen Grenzwert der Funktion.

Im weiteren gilt obige Regel auch für den Quotienten mit der Einschränkung, wenn der Nenner nicht null wird:

VII. Der Grenzwert eines Quotienten zweier Funktionen ist gleich dem Quotienten der Grenzwerte der beiden Teilfunktionen, solange die Nennerfunktion in der Grenze nicht verschwindet.

Also:

$$\lim_{x=A}\left[\frac{f(x)}{\varphi(x)}\right] = \frac{\lim_{x=A}[f(x)]}{\lim_{x=A}[\varphi(x)]}, \qquad \text{wenn} \qquad \lim_{x=A}[\varphi(x)] \neq 0$$

Bezüglich des Beweises haben wir wieder:

$$\left| B - \frac{f(x)}{\varphi(x)} \right| < \varepsilon, \qquad \text{wenn} \qquad |A - x| < \delta$$

$$|b_1 - f(x)| < \varepsilon_1 \qquad ,, \qquad |A - x| < \delta_1$$

$$|b_2 - \varphi(x)| < \varepsilon_2 \qquad ,, \qquad |A - x| < \delta_2$$

folglich

$$\frac{|b_1 - f(x)|}{|b_2|} < \frac{\varepsilon_1}{|b_2|}$$

$$\left| \frac{b_1 - f(x)}{b_2} \right| < \left| \frac{\varepsilon_1}{b_2} \right| = \varepsilon'$$

Analog durch Division mit $|\varphi(x)| \gtrless 0$:

$$\left| \frac{b_1 - f(x)}{\varphi(x)} \right| < \left| \frac{\varepsilon_1}{\varphi(x)} \right| = \varepsilon''$$

Somit:

$$\left| \frac{b_1}{b_2} - \frac{f}{b_2} + \frac{b_1}{\varphi} - \frac{f}{\varphi} \right| < \varepsilon' + \varepsilon''$$

oder

$$\left| \left(\frac{b_1}{b_2} - \frac{f}{\varphi} \right) + \left(\frac{b_1}{\varphi} - \frac{f}{b_2} \right) \right| < \varepsilon' + \varepsilon''$$

woraus nach obiger Darstellung im Beweis für das Produkt, je nachdem die beiden Klammergrößen gleiches oder ungleiches Vorzeichen aufweisen:

$$\left| \frac{b_1}{b_2} - \frac{f}{\varphi} \right| < \varepsilon' + \varepsilon'' \pm \left| \frac{b_1}{\varphi} - \frac{f}{b_2} \right|$$

Nun ist:

$$\frac{b_1}{\varphi} - \frac{f}{b_2} = \frac{b_1 b_2 - f \varphi}{b_2 \varphi}$$

und setzt man zufolge der Voraussetzung $|b_1 - f(x)| < \varepsilon_1$ mit Begehung eines beliebig kleinen Fehlers (dessen Wahl ja nur von der Wahl der beliebig kleinen Zahl ε_1 abhängt) $f = b_1 - \varepsilon_1$, so folgt:

$$\frac{b_1}{\varphi} - \frac{f}{b_2} = \frac{b_1 b_2 - (b_1 - \varepsilon_1) \varphi}{b_2 \varphi}$$

$$= \frac{b_1 (b_2 - \varphi) + \varepsilon_1 \varphi}{b_2 \varphi}$$

Nun ist nach Voraussetzung $b_2 - \varphi \leq \varepsilon_2$ und somit wird der Zähler beliebig klein, also auch der ganze Bruch, so daß man setzen kann:

$$\frac{b_1}{\varphi} - \frac{f}{b_2} = \varepsilon'''$$

womit dann folgt:

$$\left| \frac{b_1}{b_2} - \frac{f}{\varphi} \right| < \underbrace{\varepsilon' + \varepsilon'' \pm \varepsilon'''}_{\varepsilon''''}$$

$$\left| \frac{b_1}{b_2} - \frac{f(x)}{\varphi(x)} \right| < \varepsilon''''$$

woraus aber:

$$\lim_{x=A} \left[\frac{f(x)}{\varphi(x)} \right] = \frac{b_1}{b_2}$$

und somit, da bereits

$$\lim_{x=A} \left[\frac{f(x)}{\varphi(x)} \right] = B$$

$$B = \frac{b_1}{b_2}$$

oder

$$\lim \left[\frac{f(x)}{\varphi(x)} \right] = \frac{\lim\limits_{x=A}[f(x)]}{\lim\limits_{x=A}[\varphi(x)]}$$

W. Z. Z. W.

Als Spezialfälle erwähnen wir noch die folgenden:

VIII.
$$\lim_{x=A}[C \pm f(x)] = C \pm \lim_{x=A} f(x)$$

IX.
$$\lim_{x=A}[C \cdot f(x)] = C \cdot \lim_{x=A} f(x)$$

X.
$$\lim_{x=A} \left[\frac{C}{f(x)} \right] = \frac{C}{\lim\limits_{x=A} f(x)}, \qquad \text{wenn} \qquad f(x) \neq 0$$

d. h.:

Eine Konstante darf als Summand oder Faktor unter dem Limes-Zeichen stets ohne weiteres als solche Größe vor dasselbe gesetzt werden.

Ganz allgemein ergibt sich aus obigen Betrachtungen:

Eine Gesamt-Funktion, gebildet aus einer beliebigen endlichen Anzahl von Additionen, Subtraktionen, Multiplikationen (ganzzahligen Potenzen) und Divisionen beliebiger Funktionen besitzt einen Grenzwert, der gleich ist der gleichartigen Kombination der Grenzwerte der einzelnen Teilfunktionen, wenn die im Nenner stehenden Funktionen an der Grenze nicht verschwinden.

D. h. für solche sog. rationale Funktionen, in denen nur diese vier bzw. fünf Grundoperationen auftreten, gilt:

$$\lim_{x=A}\left[F(f(x),\,\varphi(x),\,\psi(x),\,\cdots\eta(x))\right]=$$

$$=F\left[\lim_{x=A}f(x),\,\lim_{x=A}\varphi(x),\,\lim_{x=A}\psi(x),\,\cdots\lim_{x=A}\eta(x)\right]$$

So ist z. B.

$$\lim_{x=A}\left[\frac{f(x)+\varphi(x)-\psi(x)\cdot\eta(x)}{(\varrho(x))^3}\right]=$$

$$=\frac{\lim\limits_{x=A}[f(x)]+\lim\limits_{x=A}[\varphi(x)]-\lim\limits_{x=A}[\psi(x)]\cdot\lim\limits_{x=A}[\eta(x)]}{(\lim\limits_{x=A}[\varrho(x)])^3}$$

$$\text{wenn }\lim_{x=A}[\varrho(x)]\neq 0$$

oder kurz:

$$\lim\left[\frac{f+\varphi-\psi\cdot\eta}{\varrho^3}\right]=\frac{\lim f+\lim\varphi-\lim\psi\cdot\lim\eta}{(\lim\varrho)^3}$$

$$\text{wenn: }\lim\varrho\neq 0$$

Wenn schon die oben gegebene Darstellung die einwandfreie Feststellung eines Grenzwertes gestattet, so kann sie es doch stets nur in dem Sinne tun, daß sie einen schon vermuteten als solchen bestätigt. Sie arbeitet ja, wie gesehen, nach dem Prinzip: „Wenn B der Grenzwert sein soll, so muß …“, setzt also stillschweigend bereits das Bekanntsein eines möglichen Zahlenwertes bis zu einem gewissen Grade voraus.

Solange nun die Funktion sehr einfach und übersichtlich gebaut ist, kann diese Bedingung auch als erfüllt gelten. Diese Methode läßt uns daher aber auch völlig im Stich, sobald es sich um zusammengesetzte Funktionen oder überhaupt um kompliziertere Fälle handelt, wo man den vermutlichen Grenzwert nicht gut erraten kann, um ihn nur noch zu kontrollieren. Immerhin bleiben auch für solche Fälle obige Darstellungen grundlegend.

Die Schwierigkeit, einen Grenzwert zu erkennen, liegt oft darin, daß die betreffende Funktion, wenn wir in ihrer vorliegenden Form das Argument sich seiner Grenze nähern lassen, ihren Wert sich einer der sog. *unbestimmten Formen* — wie ihr nicht gerade glücklich gewählter Name andeutet — nähert, welche als Grenzwertform für die Funktion wohl ganz bestimmte Werte haben können, sie jedoch ohne weiteres nicht erkennen lassen.

Läßt man z. B. im Quotienten $\dfrac{\sin x}{x}$ das x immer kleiner werden, so nähert sich der Quotient der Form $\dfrac{\sin 0}{0} = \dfrac{0}{0}$. Wenn schon, wie wir oben auf andere Weise erkannt haben, der Quotient als Grenzwert der Funktion eine ganz bestimmte Zahl, nämlich 1 ist, so geht dies aus diesem Resultat $\dfrac{0}{0}$ nicht ohne weiteres hervor, weil wir zunächst mit dem Quotienten $\dfrac{0}{0}$ überhaupt nichts anzufangen vermögen, da ja insbesondere die Division durch Null nicht gestattet ist. Wie aber trotzdem einem solchen Quotienten eine s y m b o l i s c h e Bedeutung gegeben werden kann, darüber vergleiche man VI, S. 352 u. ff., insbes. S. 402—406.

Ebenso ließe der Quotient $x \cdot \sin\left(\dfrac{1}{x}\right)$ mit immer wachsendem Argument auf die Grenze $\infty \cdot \sin\left(\dfrac{1}{\infty}\right) = \infty \cdot \sin 0 = \infty \cdot 0$ schließen, ebenfalls eine Form, welche zunächst keinem bestimmten Wert zu entsprechen scheint und doch, wie wir bei der Untersuchung dieses Grenzwertes gesehen haben, hier 1 bedeutet [1]). Auch hier ist dieses Produkt nur wie ein Symbol für den bestimmten mathematischen Prozeß, nämlich den der Grenzwerterreichung, aufzufassen.

Analog verhält es sich mit dem Grenzwert $\left(1 + \dfrac{1}{x}\right)^x$ für stets zunehmendes Argument. Der direkte Übergang zur Grenze würde uns auf die Form: $\left(1 + \dfrac{1}{\infty}\right)^\infty = (1 + 0)^\infty = 1^\infty$ führen, was in diesem Fall nicht 1 ist, sondern, wie oben gesehen, die bestimmte Zahl $e = 2,718 \cdots$ [2]), was uns sagt, daß auch 1^∞ eine ohne weiteres nichts Bestimmtes aussagende Form ist.

Es ist in all diesen Fällen zur Gewinnung des richtigen und bestimmten Grenzwertes das K o n s t r u k t i o n s g e s e t z d e r F u n k t i o n, die zu einem solchen Ausdrucke an der Grenze führt, m i t i n B e t r a c h t zu ziehen.

So nimmt z. B. $\dfrac{\sin x}{5x}$ für unbeschränkt abnehmendes x auch zuletzt die Form $\dfrac{\sin 0}{5 \cdot 0} = \dfrac{0}{0}$ an, jedoch ist ein Unterschied zum Grenzwert $\dfrac{0}{0}$ von $\dfrac{\sin x}{x}$ vorhanden, indem der Ausdruck immer, als $\dfrac{1}{5}\dfrac{\sin x}{x}$, der 5 - te Teil des obigen bleibt und dies bis z u r G r e n z e. Der Grenzwert

[1]) Vgl. S. 293/94.
[2]) Vgl. S. 15.

dieses Ausdruckes wird denn auch $\dfrac{1}{5}$ und nicht 1, wie man leicht erkennt, wenn wieder berücksichtigt wird, daß an der Grenze für $x = 0 : \sin x = x$ und somit

$$\lim_{x=0}\left(\frac{1}{5}\,\frac{\sin x}{x}\right) = \lim_{x=0}\left(\frac{1}{5}\,\frac{x}{x}\right) = \frac{1}{5}\lim_{x=0}\frac{x}{x} = \frac{1}{5}\cdot 1 = \frac{1}{5}$$

ist. Der Unterschied rührt also daher, weil hier der Nenner 5-mal größer war und dies bis zur Grenze blieb, welcher Faktor 5 im Nenner aber die unbestimmte Form $\dfrac{0}{0}$ für die Grenze nicht beeinflußte.

Ebenso ist 1^∞ stets genau gleich 1, wenn dieser Ausdruck entstanden ist durch unbeschränkt wiederholte Multiplikation von 1 mit sich selbst. Es ist also bestimmt:

$$\lim_{n\sim\infty} 1_1 \cdot 1_2 \cdot 1_3 \cdot 1_4 \cdots \cdots 1_n \sim 1^\infty = 1$$

und hat mit der obigen unbestimmten Form 1^∞ in diesem Falle (nur !) nichts zu tun, weil eben das Entstehungsgesetz oder das Konstruktionsgesetz dieser Potenz 1^∞ in diesem Falle bekannt ist und dasselbe nur diese Lösung zuläßt.

Aus all dem folgt, daß, solange solche Formen auftreten ohne tiefere Einsicht in das Entstehungsnetz, mittels dessen auf eine bestimmtere Aussage derselben weiter geschlossen werden kann, dieselben als nichts sagend hinzunehmen sind, indem sie keine bestimmte Antwort auf die Frage nach dem gesuchten Grenzwert zu geben vermögen.

Sie sind daher zur Erreichung eines bestimmten Resultates, auf das man ohne nähere, weitere Untersuchung bauen kann und will, für bestimmte Aussagen als unbrauchbar zu vermeiden.

Derartige, hierfür in Betracht fallende, sogenannte „*unbestimmte* oder *vieldeutigen Formen*" kennen wir in den Ausdrücken:

$$\frac{0}{0}\;;\;\frac{\infty}{\infty}\;;\;\infty - \infty\;;\;0\cdot\infty\;;\;0^0\;;\;\infty^0\;;\;1^\infty$$

Um nun das Vorgehen kennen zu lernen, welches in vielen Fällen zur Bestimmung des nicht so ohne weiteres erkennbaren Grenzwertes auf elementarem Wege[1]) führen kann, geben wir im folgenden einige die verschiedenen Methoden charakterisierende Beispiele für die

---

[1]) Auf eleganterem und namentlich kürzerem Wege erreicht man dieses Ziel mit der Differentialrechnung, was uns später selbstverständlich werden wird, da dieselbe sich als spezielle, kürzere und übersichtlichere Form der Grenzwertrechnung erweist (vgl. VI, S. 352 u. ff.).

Allgemeine Bestimmung von Grenzwerten.

Ist der Grenzwert, d. h. der Wert, welchem die Funktion mit dem in bestimmtem Sinne sich ändernden Argument zustrebt, nicht klar ersichtlich, so wird bei gemachtem „Übergang zur Grenze" eine der „unbestimmten Formen" auftreten.

Ein erster Weg, den Grenzwert zu finden, besteht nun darin, das Auftreten der unbestimmten Form beim Grenzübergang fortzuschaffen. Es gelingt meist, indem man durch Kürzen, Reihenentwicklung u. dgl. ein die „Unbestimmtheit" bewirkendes Glied herausschafft, wie z. B. in $\lim\limits_{x=0}\left(\dfrac{3\,x + x^2}{x}\right)$ durch Kürzen mit x:

$$\lim_{x=0}\left[\frac{x(3 + x)}{x}\right] = \lim_{x=0}(3 + x) = 3$$

Es folgt also die Regel:

I. Man forme den gegebenen Funktionsausdruck, dessen Grenzwert gesucht ist, algebraisch so lange um, bis mit dem Übergang des Arguments in seinen Grenzwert, der Funktionswert keine unbestimmte Form mehr wird.

Ein ev. erhaltener „bestimmter Wert" beim Grenzübergang (keine der „unbestimmten" Formen) ist der gesuchte Grenzwert.

So findet man z. B. aus:

$$\lim_{\omega=\infty}\left[\sqrt{(\omega - 1)\,(\omega + 3)} - \omega\right]$$

bei direktem Übergang zur Grenze zunächst die unbestimmte Form:

$$\sqrt{(\infty - 1)\,(\infty + 3)} - \infty = \sqrt{\infty \cdot \infty} - \infty = \infty - \infty$$

Formen wir den gegebenen Ausdruck nach der Formel:

$$a^2 - b^2 = (a + b)\,(a - b)$$
$$a - b = \frac{a^2 - b^2}{a + b}$$

um, so folgt:

$$\sqrt{(\omega - 1)\,(\omega + 3)} - \omega = \frac{(\omega - 1)\,(\omega + 3) - \omega^2}{\sqrt{(\omega - 1)\,(\omega + 3)} + \omega}$$
$$= \frac{2\,\omega - 3}{\omega + \sqrt{(\omega - 1)\,(\omega + 3)}}$$

woraus beim Übergang zur Grenze nun folgt:

$$\lim_{\omega=\infty}\left[\frac{2\,\omega-3}{\omega+\sqrt{(\omega-1)\,(\omega+3)}}\right]=\frac{\infty}{\infty}$$

also wieder eine unbestimmte Form.

Die Division von Zähler und Nenner mit der unendlich groß werdenden Größe bringt auch hier wie im allgemeinen die unbestimmte Form $\frac{\infty}{\infty}$ zum Verschwinden. Es folgt nämlich bei Division mit ω:

$$\lim_{\omega=\infty}\left[\frac{2-\dfrac{3}{\omega}}{1+\sqrt{1+\dfrac{2}{\omega}-\dfrac{3}{\omega^2}}}\right]=\frac{2-0}{1+\sqrt{1+0-0}}=\frac{2}{2}=1$$

nicht mehr eine „unbestimmte Form", sondern eine ganz bestimmte Zahl, der wahre, gesuchte Grenzwert der Funktion, so daß also:

$$\lim_{\omega=\infty}\left[\sqrt{(\omega-1)\,(\omega+3)}-\omega\right]=+1$$

Auf analogem Wege findet sich:

$$\lim_{\omega=\infty}\left[\sqrt{(3\,\omega-5)\,(7\,\omega-2)}-\omega\right]=\lim_{\omega=\infty}\left[\frac{20-\dfrac{40}{\omega}+\dfrac{10}{\omega^2}}{\dfrac{1}{\omega^2}+\sqrt{\dfrac{21}{\omega^2}-\dfrac{41}{\omega^3}+\dfrac{10}{\omega^4}}}\right]$$

Man erkennt nun, daß der Nenner mit wachsendem ω immer kleiner wird, während der Zähler sich immer mehr der Zahl 20 nähert also jedenfalls endlich bleibt. Daraus aber folgt, daß der Wert des Bruches mit zunehmendem ω selbst über alle Grenzen wächst, was wir dadurch ausdrücken, daß wir sagen, er nähere sich der „Grenze ∞" oder wie man kürzer, aber nicht ganz exakt auch sagt, er werde unendlich (∞).

Es folgt somit

$$\lim_{\omega=\infty}\left[\sqrt{(3\,\omega-5)\,(7\,\omega-2)}-\omega\right]=+\infty$$

Man beachte, daß man hier, um die Unbestimmtheit in der Form $\frac{\infty}{\infty}$ wegzuschaffen, durch das Quadrat von ω dividieren mußte, worin eine oft zum Ziele führende Regel steckt, die auch beim Auftreten der Form $\frac{0}{0}$ für das Verschwinden des Argumentes mit Vorteil beachtet wird:

Beim Auftreten der Form $\dfrac{\infty}{\infty}$ oder $\dfrac{0}{0}$ dividiere man Zähler und Nenner durch die höchste Potenz der unendlich bzw. null werdenden Größe.

Man findet ferner:

$$\lim_{x=a}\left[\frac{x^3-a^3}{x^2-a^2}\right]$$

wenn man Kürzung mit $(x-a)$ berücksichtigt:

$$\lim_{x=a}\left[\frac{x^3-a^3}{x^2-a^2}\right]=\lim_{x=a}\left[\frac{x^2+ax+a^2}{x+a}\right]=\frac{3a^2}{2a}=\frac{3}{2}$$

Den Grenzwert

$$\lim_{x=0}\left[\frac{e^x-1}{x}\right]$$

bestimmt man am besten, indem man für e^x die Reihenentwicklung einführt:

$$\lim_{x=0}\left[\frac{e^x-1}{x}\right]=\lim_{x=0}\left[\frac{\left(1+x+\dfrac{x^2}{1\cdot 2}+\dfrac{x^3}{1\cdot 2\cdot 3}+\dfrac{x^4}{1\cdot 2\cdot 3\cdot 4}+\cdots\right)-1}{x}\right]$$

$$=\lim_{x=0}\left[\frac{x+\dfrac{x^2}{1\cdot 2}+\dfrac{x^3}{1\cdot 2\cdot 3}+\dfrac{x^4}{1\cdot 2\cdot 3\cdot 4}+\cdots}{x}\right]$$

$$=\lim_{x=0}\left[1+\frac{x}{1\cdot 2}+\frac{x^2}{1\cdot 2\cdot 3}+\frac{x^3}{1\cdot 2\cdot 3\cdot 4}+\cdots\right]$$

$$=1+0+0+0+\cdots$$

$$\lim_{x=0}\left[\frac{e^x-1}{x}\right]=1$$

Ferner wird:

$$\lim_{x=0}\left[\frac{1-\cos x}{\sin^2 x}\right]=\lim_{x=0}\left[\frac{2\sin^2\left(\dfrac{x}{2}\right)}{4\sin^2\left(\dfrac{x}{2}\right)\cos^2\left(\dfrac{x}{2}\right)}\right]$$

$$=\lim_{x=0}\left[\frac{1}{2\cos^2\left(\dfrac{x}{2}\right)}\right]=\frac{1}{2\cdot 1}=\frac{1}{2}$$

Ein zweiter Weg zur Bestimmung von Grenzwerten führt zum Ziel durch algebraische Umformung — unter Anwendung oben gegebener Grenzwertsätze — auf eine Form, deren Grenzwert bereits bekannt ist:

**II. Man bringe die vorliegende Form der auf den Grenz-
wert zu untersuchenden Funktion durch Umformung auf
die Form eines bereits bekannten Grenzwertes, um diesen
dann einführen zu können.**

So ist es, wie bereits berührt, mittels der Beziehungen:

$$\lim_{x=0}(\sin x) = \lim_{x=0} x \qquad \text{bzw.} \qquad \lim_{x=\infty}\left[\sin\left(\frac{a}{x}\right)\right] = \lim_{x=\infty}\left[\frac{a}{x}\right]$$

und

$$\lim_{x=0}(\cos x) = 1 \qquad\qquad ,, \qquad\qquad \lim_{x=\infty}\left[\cos\left(\frac{a}{x}\right)\right] = 1$$

leicht möglich, folgende Grenzwerte zu bestimmen:

1.
$$\lim_{x=0}(\operatorname{tg} x) = \lim_{x=0}\left(\frac{\sin x}{\cos x}\right) = \frac{\lim_{x=0}(\sin x)}{\lim_{x=0}(\cos x)}$$

$$= \frac{\lim_{x=0} x}{\lim_{x=0}(\cos x)} = \lim_{x=0}\left(\frac{x}{1}\right) = \lim_{x=0} x = 0$$

Analog findet sich:

$$\lim_{x=\infty}\left[\operatorname{tg}\left(\frac{a}{x}\right)\right] = \lim_{x=\infty}\left[\frac{a}{x}\right] = 0$$

Ferner wird:

2.
$$\lim_{\omega=\infty}\left[\omega\cdot\sin\left(\frac{\alpha}{\omega}\right)\right] = \lim_{\omega=\infty}\omega\cdot\lim_{\omega=\infty}\left[\sin\left(\frac{\alpha}{\omega}\right)\right]$$

$$= \lim_{\omega=\infty}\omega\cdot\lim_{\omega=\infty}\left(\frac{\alpha}{\omega}\right)$$

$$= \lim_{\omega=\infty}\left[\omega\cdot\frac{\alpha}{\omega}\right] = \alpha$$

Mit der gefundenen Beziehung:

$$\lim_{x=0}(\operatorname{tg} x) = \lim_{x=0} x$$

folgt weiter:

3.
$$\lim_{\alpha=0}\left[\frac{\operatorname{tg}\alpha}{\operatorname{tg}(n\,\alpha)}\right] = \lim_{\alpha=0}\left[\frac{\alpha}{n\,\alpha}\right] = \frac{1}{n}$$

Mittels:

$$\lim_{x=\infty}\left[1 + \frac{1}{x}\right]^x = e$$

findet man den Grenzwert:

4
$$\lim_{\delta=0}(1 + n\,\delta)^{\frac{1}{\delta}}$$

Führen wir nämlich an Stelle von δ die Größe $\dfrac{1}{\omega}$ ein und berücksichtigen wir, daß:

$$\lim_{\delta=0} \delta = \lim_{\omega=\infty} \left(\frac{1}{\omega}\right)$$

so können wir schreiben:

$$\lim_{\delta=0}(1+n\,\delta)^{\frac{1}{\delta}} = \lim_{\omega=\infty}\left(1+\frac{n}{\omega}\right)^{\omega}$$

Wir setzen $\dfrac{n}{\omega} = \dfrac{1}{\tau}$; dann ist

$$\lim_{\omega=\infty}\left(\frac{n}{\omega}\right) = \lim_{\tau=\infty}\left(\frac{1}{\tau}\right)$$

und somit

$$\lim_{\delta=0}(1+n\,\delta)^{\frac{1}{\delta}} = \lim_{\tau=\infty}\left(1+\frac{1}{\tau}\right)^{\tau\cdot n}$$

$$= \lim_{\tau=\infty}\left[\left(1+\frac{1}{\tau}\right)^{\tau}\right]^{n}$$

$$= \left\{\lim_{\tau=\infty}\left[\left(1+\frac{1}{\tau}\right)^{\tau}\right]\right\}^{n} = e^{n}$$

was auch ohne weiteres ohne die Benützung des Grenzwertsatzes über die ganzzahlige Potenz schon aus der Überlegung folgt, daß der mit n potenzierte Ausdruck $\left(1+\dfrac{1}{\tau}\right)^{\tau}$ sich mit wachsendem τ nach früherem der Grenze e nähert.

5.
$$\lim_{\omega=\infty}\left[\left(\cos\frac{\alpha}{\omega} + c\sin\frac{\alpha}{\omega}\right)^{\omega}\right]$$

$$= \lim_{\omega=\infty}\left[\left(\cos\frac{\alpha}{\omega}\right)^{\omega}\left(1+c\,\mathrm{tg}\,\frac{\alpha}{\omega}\right)^{\omega}\right]$$

$$= \lim_{\omega=\infty}\left(\cos\frac{\alpha}{\omega}\right)^{\omega} \cdot \lim_{\omega=\infty}\left(1+c\,\mathrm{tg}\,\frac{\alpha}{\omega}\right)^{\omega}$$

$$= \lim_{\omega=\infty}\left(1-\sin^2\frac{\alpha}{\omega}\right)^{\frac{\omega}{2}} \cdot \lim_{\omega=\infty}\left[\left(1+c\,\frac{\alpha}{\omega}\right)^{\omega}\right]$$

$$= \lim_{\substack{\omega=\infty\\ \lambda=\infty}}\left(1-\frac{1}{\lambda}\right)^{\frac{1}{2}\,\omega\,\lambda\sin\frac{\alpha}{\omega}\sin\frac{\alpha}{\omega}} \cdot \lim_{\omega=\infty}\left[\left(1+c\,\alpha\,\frac{1}{\omega}\right)^{\omega}\right]$$

$$= \lim_{\substack{\lambda=\infty\\ \omega=\infty}}\left[\left(1-\frac{1}{\lambda}\right)^{\lambda}\right]^{\frac{1}{2}\,\omega\,\frac{\alpha}{\omega}\cdot\frac{\alpha}{\omega}} \cdot \lim_{\varrho=\infty}\left[\left(1+\frac{1}{\varrho}\right)^{c\,\alpha\,\varrho}\right]$$

$$= \lim_{\substack{\lambda=\infty\\ \omega=\infty}}\left[\left(1-\frac{1}{\lambda}\right)^{\lambda}\right]^{\frac{\alpha^2}{2\,\omega}} \cdot \lim_{\varrho=\infty}\left[\left(\left(1+\frac{1}{\varrho}\right)^{\varrho}\right)^{c\,\alpha}\right] = e^{0}\cdot e^{c\,\alpha} = 1\cdot e^{c\,\alpha} = e^{c\,\alpha}$$

Somit:

$$\lim_{\omega=\infty}\left[\left(\cos\frac{\alpha}{\omega}+c\cdot\sin\frac{\alpha}{\omega}\right)^{\omega}\right]=e^{c\,\alpha}$$

Ein **dritter Weg** für die allgemeine Grenzwertbestimmung läßt sich wie folgt charakterisieren:

III. Man trachte die vorliegende Funktion durch irgendeine doppelte Ungleichung in zwei Funktionen einzuschließen, deren Grenzwerte für die gewünschte Grenze des Argumentes gleich ausfallen und sich leicht bestimmen lassen. Die zwischenliegende Funktion muß dann auch mit ihrem Grenzwert zwischen den beiden gleichen Grenzwerten liegen, also ihnen gleich sein.

Es sei zu bestimmen:

$$\lim_{\omega=\infty}\left[\sqrt[3]{(\omega+\alpha)(\omega+\beta)(\omega+\gamma)}-\omega\right]$$

Zur Lösung gehen wir aus von der Ungleichung, welche gültig ist für:

$$\mu\ \text{positiv}\gtrless 1\qquad\text{und}\qquad 0<a<b:$$

$$\mu\,a^{\mu-1}\lesseqgtr\frac{b^{\mu}-a^{\mu}}{b-a}\lesseqgtr\mu\,b^{\mu-1}\tag{1)}$$

wobei das obere Ungleichheitszeichen auch für ganze Exponenten gilt.

---

[1]) Zum Beweise dieser Formel gehen wir aus von der binomischen Entwicklung: Aus der allgemeinen geometrischen Progression:

$$S=z+qz+q^2z+\cdots+q^{n-1}z=\frac{z(q^n-1)}{q-1}=\frac{1-q^n}{1-q}\cdot z$$

folgt für: $z=b^{m-1}$; $q=\dfrac{a}{b}$; $n=m$, ganzzahlig, die endliche Entwicklung:

$$b^{m-1}+b^{m-2}a+b^{m-3}a^2+\cdots+b\,a^{m-2}+a^{m-1}=\frac{1-\left(\dfrac{a}{b}\right)^m}{1-\dfrac{a}{b}}b^{m-1}$$

woraus für m ganzzahlig und $b>a>0$ die allgemeine Formel resultiert:

$$\frac{b^m-a^m}{b-a}=b^{m-1}+a\,b^{m-2}+a^2b^{m-3}+\cdots+a^{m-2}b+a^{m-1}$$

welche man auch durch direkte Division erhält.

Ersetzen wir in dieser rechts einmal alle b durch a und dann alle a durch b, so ergibt sich die doppelte Ungleichung:

1. Exponent ganzzahlig, positiv:

$$a<b$$

$$m\cdot a^{m-1}<\frac{b^m-a^m}{b-a}<m\cdot b^{m-1}$$

(Fortsetzung nebenstehend.)

Setzen wir, unter Voraussetzung, daß $p > q$, beide positiv und ganz, $x > 1$:

$$m = q; \quad a = 1; \quad b = x,$$

so folgt aus der rechten Hälfte:

$$\frac{x^q - 1}{x - 1} < q \cdot x^{q-1}$$

um so mehr:

$$\frac{x^q - 1}{x - 1} < q \cdot x^q$$

$$\frac{x^q - 1}{x - 1} < q\, x^{q+1}$$

$$\vdots \qquad \vdots$$

$$\frac{x^q - 1}{x - 1} < q\, x^{p-1}$$

$$(p - q)\frac{x^q - 1}{x - 1} < q\, x^q (1 + x + x^2 + \cdots + x^{p-q-1})$$

$$< q\, x^q \frac{x^{p-q} - 1}{x - 1}$$

woraus:

$$\frac{p}{q} < \frac{x^p - 1}{x^q - 1}$$

Daraus folgt für $x = \left(\dfrac{b}{a}\right)^{\frac{1}{q}}$:

$$\frac{p}{q} < \frac{\left(\dfrac{b}{a}\right)^{\frac{p}{q}} - 1}{\dfrac{b}{a} - 1}$$

oder:

$$\frac{p}{q} \cdot a^{\frac{p}{q} - 1} < \frac{b^{\frac{p}{q}} - a^{\frac{p}{q}}}{b - a}$$

In gleicher Weise findet man für $x < 1$:

$$m = q; \quad b = 1; \quad a = x$$

aus der linken Hälfte obiger Ungleichung:

$$q\, x^{q-1} < \frac{1 - x^q}{1 - x}$$

und daraus weiter:

$$\frac{1 - x^p}{1 - x^q} < \frac{p}{q}$$

für

$$x = \left(\frac{a}{b}\right)^{\frac{1}{q}} :$$

$$\frac{b^{\frac{p}{q}} - a^{\frac{p}{q}}}{b - a} < \frac{p}{q}\, b^{\frac{p}{q} - 1}$$

so daß schließlich, wenn man zusammenstellt und $\dfrac{p}{q} = \alpha$ setzt, folgt:

2. Exponent positiv, unecht gebrochen:

$$a < b:$$

$$\alpha\, a^{\alpha - 1} < \frac{b^\alpha - a^\alpha}{b - a} < \alpha\, b^{\alpha - 1}$$

Wir setzen ferner:

$\alpha = \dfrac{1}{\beta}$, wobei dann β ein positiver, echter Bruch, $a = A^\beta$; $b = B^\beta$; also auch $B > A$. Dann folgt:

$$\frac{1}{\beta}\, A^{\beta\left(\frac{1}{\beta} - 1\right)} < \frac{B - A}{B^\beta - A^\beta} < \frac{1}{\beta}\, B^{\beta\left(\frac{1}{\beta} - 1\right)}$$

$$\frac{1}{\beta}\, A^{1 - \beta} < \frac{B - A}{B^\beta - A^\beta} < \frac{1}{\beta}\, B^{1 - \beta}$$

Da sich die reziproken Werte umgekehrt zueinander verhalten, wird, wenn wir der Übereinstimmung der Formeln halber statt A und B nun hier auch a und b schreiben, was zulässig ist, da sie die nämlichen Bedingungen $a < b$ erfüllen:

3. Exponent positiv, echt gebrochen:

$$a < b:$$

$$\beta\, a^{\beta - 1} > \frac{b^\beta - a^\beta}{b - a} > \beta\, b^{\beta - 1}$$

Zusammenfassend besteht somit für $a < b$ die Ungleichung:

a) Wenn der Exponent positiv größer als 1:

$$\mu\, a^{\mu - 1} < \frac{b^\mu - a^\mu}{b - a} < \mu\, b^{\mu - 1}$$

b) Wenn der Exponent positiv kleiner als 1:

$$\mu\, a^{\mu - 1} > \frac{b^\mu - a^\mu}{b - a} > \mu\, b^{\mu - 1}$$

Auf jeden Fall liegt somit für $b > a$ der Ausdruck

$$\frac{b^\mu - a^\mu}{b - a} \qquad \text{zwischen} \qquad \mu\, a^{\mu - 1} \qquad \text{und} \qquad \mu\, b^{\mu - 1}$$

Setzt man hier $\mu = \dfrac{1}{3}$, ferner $a = \omega^3$

$$b = (\omega + \alpha)(\omega + \beta)(\omega + \gamma)$$

so wird:

$$\frac{1}{3}\,\omega^{3\left(\frac{1}{3}-1\right)} > \frac{[(\omega+\alpha)(\omega+\beta)(\omega+\gamma)]^{\frac{1}{3}} - \omega}{(\omega+\alpha)(\omega+\beta)(\omega+\gamma) - \omega^3}$$

$$> \frac{1}{3}[(\omega+\alpha)(\omega+\beta)(\omega+\gamma)]^{\frac{1}{3}-1}$$

$$\frac{1}{3\,\omega^2} > \frac{\sqrt[3]{(\omega+\alpha)(\omega+\beta)(\omega+\gamma)} - \omega}{\omega^2(\alpha+\beta+\gamma) + \omega(\alpha\beta+\beta\gamma+\alpha\gamma) + \alpha\beta\gamma}$$

$$> \frac{1}{3[(\omega+\alpha)(\omega+\beta)(\omega+\gamma)^{\frac{2}{3}}}$$

$$\frac{1}{3\,\omega^2} > \frac{\sqrt[3]{(\omega+\alpha)(\omega+\beta)(\omega+\gamma)} - \omega}{\omega^2\left[\alpha+\beta+\gamma + \dfrac{\alpha\beta+\beta\gamma+\alpha\gamma}{\omega} + \dfrac{\alpha\beta\gamma}{\omega^2}\right]}$$

$$> \frac{1}{3[(\omega+\alpha)(\omega+\beta)(\omega+\gamma)]^{\frac{2}{3}}}$$

$$\frac{1}{3\,\omega^2} > \frac{\sqrt[3]{(\omega+\alpha)(\omega+\beta)(\omega+\gamma)} - \omega}{\omega^2\left[\alpha+\beta+\gamma + \dfrac{\alpha\beta+\beta\gamma+\alpha\gamma}{\omega} + \dfrac{\alpha\beta\gamma}{\omega^2}\right]}$$

$$> \frac{1}{3\,\omega^2\left[\left(1+\dfrac{\alpha}{\omega}\right)\left(1+\dfrac{\beta}{\omega}\right)\left(1+\dfrac{\gamma}{\omega}\right)\right]^{\frac{2}{3}}}$$

$$\frac{1}{3}\left[\alpha+\beta+\gamma + \frac{\alpha\beta+\beta\gamma+\alpha\gamma}{\omega} + \frac{\alpha\beta\gamma}{\omega^2}\right]$$

$$> \sqrt[3]{(\omega+\alpha)(\omega+\beta)(\omega+\gamma)} - \omega > \frac{\alpha+\beta+\gamma + \dfrac{\alpha\beta+\beta\gamma+\alpha\gamma}{\omega} + \dfrac{\alpha\beta\gamma}{\omega^2}}{3\left[\left(1+\dfrac{\alpha}{\omega}\right)\left(1+\dfrac{\beta}{\omega}\right)\left(1+\dfrac{\gamma}{\omega}\right)\right]^{\frac{2}{3}}}$$

Gehen wir nun zur Grenze, d. h. lassen wir ω größer und größer, unendlich groß werden, so folgt:

$$\lim_{\omega=\infty}\left\{\frac{1}{3}\left[\alpha+\beta+\gamma+\frac{\alpha\beta+\beta\gamma+\alpha\gamma}{\omega}+\frac{\alpha\beta\gamma}{\omega^2}\right]\right\}$$

$$> \lim_{\omega=\infty}\left\{\sqrt[3]{(\omega+\alpha)(\omega+\beta)(\omega+\gamma)}-\omega\right\}$$

$$> \lim_{\omega=\infty}\left\{\frac{\alpha+\beta+\gamma+\dfrac{\alpha\beta+\beta\gamma+\alpha\gamma}{\omega}+\dfrac{\alpha\beta\gamma}{\omega^2}}{3\left[1+\dfrac{\alpha}{\omega}\right)\left(1+\dfrac{\beta}{\omega}\right)\left(1+\dfrac{\gamma}{\omega}\right)^{\frac{2}{3}}}\right\}$$

Nun ist aber, wie leicht ersichtlich:

$$\lim_{\omega=\infty}\left\{\frac{1}{3}\left[\alpha+\beta+\gamma+\frac{\alpha\beta+\beta\gamma+\alpha\gamma}{\omega}+\frac{\alpha\beta\gamma}{\omega^2}\right]\right\}=\frac{1}{3}(\alpha+\beta+\gamma)$$

und ebenso:

$$\lim_{\omega=\infty}\left\{\frac{\alpha+\beta+\gamma+\dfrac{\alpha\beta+\beta\gamma+\alpha\gamma}{\omega}+\dfrac{\alpha\beta\gamma}{\omega^2}}{3\left[\left(1+\dfrac{\alpha}{\omega}\right)\left(1+\dfrac{\beta}{\omega}\right)\left(1+\dfrac{\gamma}{\omega}\right)\right]^{\frac{2}{3}}}\right\}=\frac{1}{3}(\alpha+\beta+\gamma)$$

womit folgt:

$$\frac{1}{3}(\alpha+\beta+\gamma)>\lim_{\omega=\infty}\left\{\sqrt[3]{(\omega+\alpha)(\omega+\beta)(\omega+\gamma)}-\omega\right\}>\frac{1}{3}(\alpha+\beta+\gamma)$$

Der gesuchte Grenzwert ist nun in zwei gleiche Grenzwerte ein-geschlossen und kann daher nur auch diesen gleich sein, so daß wir finden:

$$\lim_{\omega=\infty}\left[\sqrt[3]{(\omega+\alpha)(\omega+\beta)(\omega+\gamma)}-\omega\right]=\frac{1}{3}(\alpha+\beta+\gamma)$$

Wie auch die geometrische Betrachtung zur Bestimmung von Grenzwerten herangezogen werden kann, läßt uns das folgende Beispiel erkennen, in welchem wir die Bestimmung des Grenzwertes

$$\lim_{x=0}\left(\frac{x}{\sin x}\right)$$

auf einem andern Wege dartun wollen.

In nebenstehender Figur ist:

$$\text{Bogen } \widehat{BAB'} > \text{Sehne } \overline{BCB'}$$

als Kreisbogen über seiner Sehne.

Da

$$\triangle ODAD' > \text{Sektor } OBAB'$$

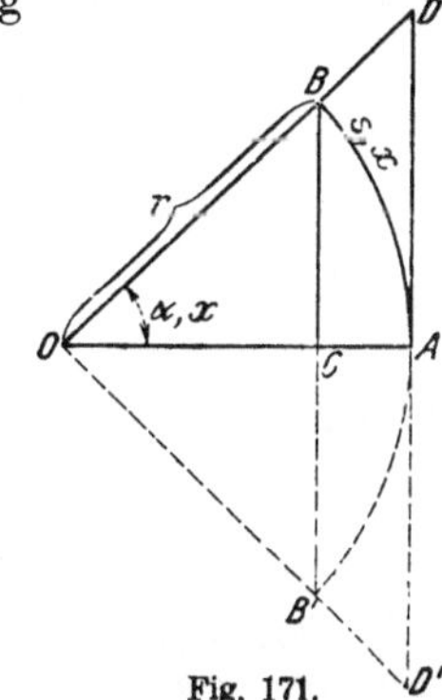

Fig. 171.

so folgt für ihre Inhalte:

$$\frac{\overline{DAD'}\cdot\overline{OA}}{2} > \frac{\widehat{BAB'}\cdot\overline{OA}}{2}\,, \qquad \text{woraus:} \qquad \overline{DAD'} > \widehat{BAB'}$$

und wir erhalten damit die doppelte Ungleichung:

$$\overline{DAD'} > \widehat{BAB'} > \overline{BCB'}$$

oder für die Hälften:

$$\overline{DA} > \widehat{BA} > \overline{BC}$$

Nun ist, wenn x das Zahlenmaß des Winkels α ist:

$$\sin x = \frac{\overline{BC}}{\overline{OB}} = \frac{\overline{BC}}{r}\,, \qquad \text{woraus} \qquad \overline{BC} = r\cdot\sin x$$

$$\operatorname{tg} x = \frac{\overline{DA}}{\overline{OA}} = \frac{\overline{DA}}{r}\,, \qquad \text{,,} \qquad \overline{DA} = r\cdot\operatorname{tg} x$$

und der Bogen s in Zahlenmaß ist:

$$x = \frac{\widehat{AB}}{\overline{OA}} = \frac{\widehat{AB}}{r}\,, \qquad \text{woraus} \qquad \widehat{AB} = r\cdot x$$

Setzen wir nun $r = 1$, so folgt durch Einsetzen in obige Ungleichung:

$$\operatorname{tg} x > x > \sin x \qquad\qquad\qquad {}^{1)}$$

oder

$$\frac{\sin x}{\cos x} > x > \sin x$$

Dividieren wir die ganze Ungleichung durch $\sin x$, so wird:

$$\frac{1}{\cos x} > \frac{x}{\sin x} > 1$$

Diese Ungleichung bleibt bestehen für jeden beliebigen Wert von x, also auch für die Grenze, d. h. wenn x zu Null herabsinkt, so daß:

$$\lim_{x=0}\left(\frac{1}{\cos x}\right) > \lim_{x=0}\left(\frac{x}{\sin x}\right) > \lim_{x=0}(1)$$

Da nun

$$\lim_{x=0}\left(\frac{1}{\cos x}\right) = \frac{1}{\lim_{x=0}(\cos x)} = \frac{1}{1} = 1$$

so folgt:

$$1 > \lim_{x=0}\left(\frac{x}{\sin x}\right) > 1$$

---

[1]) Man kann auch die Einsetzungen mit r machen und alsdann durch Division mit r diese Größe aus der Ungleichung herausschaffen.

und wir finden unsern gesuchten Grenzwert wieder eingeschlossen in
zwei an der Grenze gleich werdende Werte, denen er daher nur auch
gleich sein kann, so daß wir haben:

$$\lim_{x=0}\left[\frac{x}{\sin x}\right] = 1$$

IV. Wohl der einfachste, meist auch genügende Weg, der entweder
auf den gesuchten Grenzwert direkt hindeutet oder doch wenigstens
die Erkennung desselben ganz wesentlich erleichtert, ist der vermittels
graphischer Aufzeichnung des Bildes der Funktion begangene.

Wie bereits oben deutlich erkannt wurde, hängt es lediglich von
der Geduld und dem zeichnerischen Können der Person ab, das Verhalten der Funktion an der Grenze so zu erkennen, daß der Wert,
dem sie zustrebt, mit genügender Sicherheit erkannt werden kann.

Als Beispiele hierfür mögen die im vorhergehenden reichlich zu
den Grenzwertuntersuchungen beigegebenen graphischen Bilder der betreffenden Funktionen dienen.

V. Eine andere allgemeine Methode für die Bestimmung des Grenzwertes haben wir schließlich gelegentlich im § 17 über den Grenzwert
eines Argumentes gegeben, die sich darauf stützt, daß wir die Veränderliche nach einer Fundamentalreihe bzw. in einen unendlichen Dezimalbruch entwickeln, bezüglich deren wir im weiteren
auf § 20 über die Darstellung und Berechnung des Differentialquotienten
verweisen.

§ 19. Stetigkeit der Funktion.

Um die Bedeutung der Grenzwertbildung einer Funktion für
einen bestimmten Wert bzw. Punkt noch besser einzusehen, wenden
wir uns jetzt der Besprechung eines auch an und für sich nicht minder
wichtigen Begriffes einer Funktion zu, nämlich der *Stetigkeit* oder
Kontinuität derselben.

Wie wichtig es ist, diesen Begriff so zu fassen, daß er arithmetisch,
d. h. durch Zahlen darstellbar sei, also auf Zahlenstetigkeit — welch
letztere, wie wir wissen, auf die Stetigkeit der Reihe aller reellen Zahlen
zurückgeht[1]) — letzten Endes zurückzuführen ist, ergibt sich schon
daraus, daß alle Bestimmungen der Stetigkeit, die man aus ihrem
geometrischen Tatbestande, ihrer räumlich anschaulichen Existenz,
entnehmen wollte, indem man die Funktion durch eine Kurve dar-
stellte, wie z. B. Lückenlosigkeit, unmittelbare Aufeinanderfolge der
Punkte, Möglichkeit der Tangentenkonstruktion und andere, teils zu

---

1) Vgl. S. 28 u. ff., 120/21, 239/40.

allgemeine und damit zu weit sind, um sich arithmetisch darstellen zu lassen, wie die ersten beiden erwähnten, teils zu enge, wie die letztere. Es muß daher die arithmetische Definition der Stetigkeit einer Funktion so gegeben werden, daß sie eindeutig bestimmt ist, nicht Dinge enthalte, welche bei ihrer Verwertung für die Funktion unwesentlich sind und andrerseits weit genug, um all den Möglichkeiten Rechnung zu tragen, die sich aus dieser Erhebung der Funktion in das reine Zahlengebiet ergeben.

Diese allgemeinen Bemerkungen werden nun im folgenden im einzelnen klarer werden.

Wir beschränken uns im weiteren auf die Behandlung der Funktion einer reellen Veränderlichen von der allgemeinen Gestalt $y = f(x)$.

Sobald x und y z. B. als rechtwinklige Koordinaten eines Punktes aufgefaßt werden, wird diese Beziehung, wie wir früher sahen, graphisch durch eine Kurve dargestellt, und man könnte daher versucht sein, aus der Stetigkeit der sie darstellenden Kurve auf die Stetigkeit der Funktion zu schließen, d. h. zu erklären, daß eine Funktion „stetig“ oder „kontinuierlich“ heiße, wenn die sie veranschaulichende Kurve stetig verläuft. Diesem müßte dann aber die Erklärung, was man unter „Stetigkeit einer Kurve“ versteht, vorausgehen. Soll es rein geometrisch bzw. räumlich geschehen, so müßte man sich auf die bloße Anschauung stützen, d. h. erklären, daß die unmittelbare Anschauung uns die Stetigkeit der Kurve lehrt, welche Erklärung aber für Untersuchungen von zahlenmäßigen Zusammenhängen, wie sie in der Funktion $y = f(x)$ stecken, nicht zureichend sein kann. Erstens kann sie in dieser Form nicht in einen Zahlenausdruck umgesetzt werden, worauf es eben ankommt, und zweitens würde man Eigenschaften von Zahlenzusammenhängen auf solche, die einem ganz andern Gebiete, nämlich der Raumanschauung angehören, stützen, was man jedenfalls zu vermeiden suchen muß. Wenn aber von anschaulicher Stetigkeit gesprochen wird, so darf auch an eine Punktfolge gedacht werden — denn die Punkte sind etwas, was wir in die anschaulich geometrischen Gebilde hineintragen —, woraus man aber nur noch deutlicher den Begriff der anschaulichen Stetigkeit als unzureichend erkennt.

Wenn man nun die Funktion $y = f(x)$ durch eine Kurve darzustellen sucht, so hat man, wenn ein rechtwinkliges Koordinatensystem zugrunde gelegt wird, den Werten von x Punkte der x-Achse und entsprechend den Werten von y Punkte der Ordinatenachse zuzuordnen. Daraus folgt aber, daß die Frage nach der Stetigkeit der Punktfolge auf der Kurve von der Stetigkeit der Punktfolge auf den Koordinatenachsen abhängen muß; diese aber ist von der Folge der Zahlenwerte x

bzw. der y abhängig, und deren Stetigkeit gründet sich auf die von uns früher eingehend untersuchte Stetigkeit der reellen Zahlenreihe.

Man erkennt daraus, daß die Stetigkeit der Funktion nur gestützt auf diese Stetigkeit und dadurch auch innerhalb des reinen Zahlengebietes beantwortet werden kann. Um dies zu leisten und noch weitere, die innern Eigenschaften der Funktion betreffende Fragen zu lösen, mußten wir uns vorerst mit den Zahlenwerten der Veränderlichen x und y näher beschäftigen.

Welchen Vorteil eine solche arithmetische Auffassung der Stetigkeit haben muß, ist nicht schwer einzusehen, denn dadurch, daß wir uns für ihre Definition letzten Endes auf die Stetigkeit der reellen Zahlenreihe stützen, haben wir alles auf ein gemeinsames Maß reduziert, und vermögen daher die Einzelheiten der Funktion, insbesondere in unmittelbarer oder in „unendlich kleiner" Umgebung der einzelnen Punkte, zu ergründen, und zwar mit der Exaktheit, mit der uns die Beherrschung der Stetigkeit der reellen Zahlenreihe zugänglich ist.

Wir haben gesehen, daß wir die Tatsache, eine Funktion $f(x)$ strebe einem Grenzwert B zu, falls x seinerseits dem Wert A zustrebt (wobei ein „sich nähern" dem Grenzwert oder ein „haben" desselben vorhanden sein kann), ausdrücken konnten durch die Schreibweise:

$$|B - f(x)| < \varepsilon$$

wenn

$$|A - x| < \delta$$

oder kürzer auch:

$$\lim_{x = A} f(x) = B$$

Im Anschluß daran sagen wir, indem wir die *Stetigkeit* auf die Annahme des Grenzwertes stützen:

Eine Funktion heißt für die Zahl (oder in einem Punkt) $x = A$ *stetig* oder *kontinuierlich,* falls sie in einem Zahlen- (oder Punkt-) Intervalle, welches diese Zahl (oder diesen Punkt) umgibt oder in der Umgebung eines Punktes — wie man sich auch anders ausdrückt — eindeutig erklärt ist, was zutrifft, wenn man zu jedem Argumentwert x eindeutig den zugehörigen Funktionswert $f(x)$ finden kann, und wenn es innerhalb desselben gelingt, zu jeder beliebigen, noch so kleinen positiven Zahl ε eine ebensolche Zahl δ derart zuzuordnen, daß

$$|f(A) - f(x)| < \varepsilon$$

wenn nur

$$|A - x| < \delta$$

ist.

Nun bedeutet aber

$$|A - x| < \delta$$

nichts anderes, als es muß x innerhalb des Zahlenintervalles $(A + \delta) \cdots (A - \delta)$ liegen, d. h. wir können obige Stetigkeitsbedingung auch schreiben und sagen:

Eine Funktion $f(x)$ ist für $x = A$ oder heißt in einem Punkt $x = A$ stetig,

wenn für

$$A - \delta < x < A + \delta$$

oder

$$|A - x| < \delta$$

die Ungleichung erfüllt ist:

$$|f(A) - f(x)| < \varepsilon$$

Eine andere Form sagt auch im selben Sinne: wenn die Funktion die Bedingung erfüllt, daß für

$$x = A$$
$$\Delta = f(A + \delta) - f(A - \eta) < \varepsilon$$

wenn δ, η und ε beliebig kleine, positive Zahlen sind.

Unter Benützung der Schreibweise mit „*limes*" ist

die Funktion $f(x)$ für $x = A$ stetig,

wenn

$$\lim_{x = A} f(x) = f(A)$$

Und zwar ist hier im allgemeinen an beiden Orten das Gleichheitszeichen anwendbar, da es sich um ein Grenzwert-Haben handelt.

Unter Zugrundelegung dieser Definition nennen wir **eine Funktion in einem Intervall a bis b stetig, wenn** obige Bedingung der Stetigkeit für jeden Punkt desselben erfüllt ist, d. h. wenn für jeden Wert $x = x_0$ im Intervall, also .

für

$$a < x < b$$

$$|f(x) - f(x_0)| < \varepsilon$$

wenn

$$|x - x_0| < \delta$$

Dazu wäre noch zu bemerken, daß, falls der Punkt ein Endpunkt des Intervalles ist, wir uns dann auf die Annäherung an den Endpunkt von nur einer Seite beschränken müssen. Ob die Endpunkte des Intervalles mit in den Bereich der Gültigkeit der Funktion einzuziehen sind, wird im speziellen Falle jeweils zu entscheiden sein.

Wenn man diese Definition näher betrachtet, so sieht man klar, was sie erstrebt und was wir einleitend zu charakterisieren versuchten:

Erstens verlegt sie den Begriff der Stetigkeit nicht in das allgemeine Bild der Funktion, sondern in den einzelnen Wert der unabhängig Variablen, in den einzelnen Punkt; sie baut also erst daraus die Stetigkeitsdefinition für das ganze Bereich auf (gerade entgegengesetzt der anschaulichen Definition der Stetigkeit, die vom ganzen Bilde ausgehen muß), wodurch man die Funktion erst ins einzelne verfolgen kann.

Zweitens faßt sie den Punkt — und das ist für alle arithmetischen Darstellungen der Stetigkeit das Wesentliche — eben nicht als isolierten auf, sondern aus einer Umgebung durch Annäherung an ihn entstanden; daher die Grenzbetrachtung. Und damit nähert sie sich wieder dem Entstehen stetiger Gebilde in der räumlichen Vorstellung, diese also gewissermaßen kopierend. Aber dabei beschränkt sie sich auf die unmittelbare Umgebung, wodurch wieder eine Hervorhebung des einzelnen Elementes gegeben ist, was im Sinne des als erstes erwähnten Merkmales wirkt.

Zum arithmetischen Teil obiger Definition bzw. Bedingung der Stetigkeit wäre noch hinzuzufügen die Frage nach der näheren Bestimmung der Zahlen ε und δ für die verschiedenen Punkte des Intervalles, da es im allgemeinen für δ nicht gleichgültig sein wird, für welchen Punkt x_0 des Intervalls man die Stetigkeitsbetrachtung macht, damit δ klein genug ausfällt, um die Bedingung $|f(x) - f(x_0)| < \varepsilon$ zur Erfüllung zu bringen. Es frägt sich also, ob bei einem oder verschiedenen in der Bedingung gesetzten Werten für ε für die verschiedenen Punkte des Intervalles alle δ stets mit demselben konstanten Wert zur Erfüllung der Stetigkeitsbedingung ($|f(x) - f(x_0)| < \varepsilon$, wenn $|x - x_0| < \delta$) genügen werden oder nicht. Läßt man zunächst beide Möglichkeiten zu, so kann man demnach, je nachdem, ob bei beliebig kleiner, positiver Zahl ε das δ, welches den Definitionsbedingungen der Stetigkeit genügt, zu allen Punkten denselben, einen konstanten Wert haben kann oder nicht — also von der Lage des Punktes zur Erfüllung der Bedingung unabhängig ist oder nicht — unterscheiden zwischen *gleichmäßig stetigen* und *ungleichmäßig stetigen Funktionen*.

Um für den Zusammenhang zwischen der „Stetigkeit" und der „gleichmäßigen Stetigkeit" im besonderen einen wichtigen Satz anführen zu können, müssen wir noch einen Begriff einführen, der das Intervall betrifft.

Wenn nämlich zu dem Intervall $a \cdots b$ auch die Endpunkte a und b selbst mitgezählt werden und dasselbe endlich ist, also

$$a \leqq x \leqq b$$

so nennt man das Intervall *abgeschlossen*, im andern Falle *nicht abgeschlossen*[1]), und der Satz, den wir eben meinten, lautet:

Wenn $f(x)$ im abgeschlossenen Intervall

$$a \leqq x \leqq b$$

stetig ist, so ist $f(x)$ in demselben auch *gleichmäßig stetig*.

Daraus ersieht man, daß, falls man stets „abgeschlossene Intervalle" betrachten könnte, der Unterschied zwischen gleichmäßiger und „ungleichmäßiger Stetigkeit" fortfiele.

Den Beweis des obigen Satzes wollen wir hier, um nicht zu weitläufig werden zu müssen, nicht anführen. Ein Mittel, um diesen Beweis zu führen, werden wir bei einer andern Gelegenheit kennen lernen[2]).

Auch zahlenmäßig läßt sich die Unstetigkeit einer Funktion konstatieren, wenn die oben genannten Bedingungen der Stetigkeit nicht erfüllt werden.

Man sieht auch leicht ein, daß eine stetige Funktion in einem abgeschlossenen Intervall auch endlich sein muß, da ja nicht endliche Werte derselben zur Unstetigkeit zu rechnen sind.

Einige

Beispiele

mögen das Gesagte erläutern.

Wir betrachten zu dem Ende die Funktion

$$y = f(x) = \frac{1}{x}$$

für zunächst positive Werte des Arguments.

Wegen des immer stärkeren Steigens mit abnehmendem x, das in der Nähe des Nullpunktes in überaus rasches Wachsen von y mit x übergeht, wird der Unterschied $|f(x) - f(x_0)|$ überall, auch in nächster Nähe des Punktes $x = 0$ noch kleiner bleiben als eine beliebig kleine

---

[1]) Ein *nicht abgeschlossenes Intervall*, d. h. ein Intervall, dem die Endpunkte a und b nicht angehören, vermögen wir uns räumlich auch nicht vorzustellen, während wir begrifflich etwas ganz bestimmtes damit zu verbinden imstande sind, nämlich die Tatsache, daß die Funktion zwar für beliebig nahe Werte an a und b gilt, daß sie aber für a und b selbst ihre Gültigkeit verlieren kann. Dies ist z. B. der Fall mit der Funktion $f(x) = \dfrac{1}{x}$ im Intervall $0 \cdots 1$, da sie für den Wert $x = 0$ versagt.

[2]) Vgl. S. 384. Methode der Einschachtelung der Intervalle und *W. F. Osgood:* „Lehrbuch der Funktionentheorie" I, 1907.

Zahl ε, wenn $|x - x_0| < \delta$, wobei δ eine entsprechend gewählte, beliebig kleine Zahl ist; er wird es aber in der Nähe des Nullpunktes nicht mehr sein, wenn δ eine andere größere Zahl ist, die für ein Intervall eines anderen Wertes von x bzw. Punktes zwecks Erfüllung der Stetigkeitsbedingung noch genügend klein war. Daraus folgt, daß die Funktion für alle endlichen Werte, ausgeschlossen $x = 0$, stetig ist; wenn wir aber $x = 0$ mit ins Intervall hineinnehmen wollten, in ihm nicht mehr gleichmäßig stetig wäre, weil dann eben hier dasselbe δ, das vorher für eine andere Stelle x

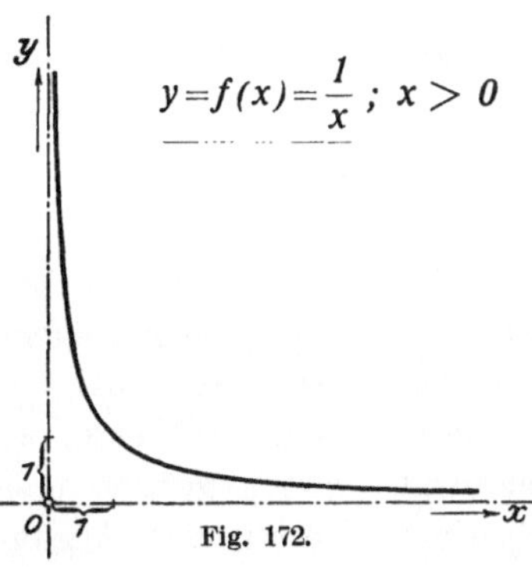

Fig. 172.

genügt hat, zu groß ist, um die Differenz $|f(A) - f(x)| = \left|\dfrac{1}{A} - \dfrac{1}{x}\right| < \varepsilon$ zu erhalten, und man also keinen **konstanten** Wert für δ angeben kann, der für alle Stellen des Intervalles mit Einschluß der Endpunkte genügen wird.

Diese Funktion ist also sowohl im nicht abgeschlossenen Intervall $0 < x < \infty$ als auch im abgeschlossenen $a \leqq x \leqq b$, wobei $a > 0$ stetig, aber nicht im Intervalle $0 \leqq x \leqq b$.

Wenn nun von der Stetigkeit einer Funktion im besonderen gesprochen wird, so muß es auch Funktionen geben, die nicht stetig, also unstetig sind. Die Unstetigkeit einer Funktion tritt demnach dann ein, wenn die Bedingungen der Stetigkeit nicht erfüllt sind, und kann die Art des Unstetigwerdens einer Funktion noch eine verschiedene sein.

Aus obiger Definition der Stetigkeit der Funktion aus der Existenz des Grenzwertes folgt, daß Unstetigkeit stets dann vorhanden ist, wenn die Funktion für einen bestimmten Argumentwert verschiedene Grenzwerte besitzt, je nachdem wir uns von links oder von rechts nähern; denn dann existiert ja schlechthin kein Grenzwert. Sind die beiden Grenzwerte um eine endliche Zahl voneinander verschieden, so sagt man „die **Funktion ist an dieser Stelle oder für diesen Wert des Argumentes** *unstetig (diskontinuierlich)* **durch endlichen Sprung**" und spricht kurz von **Unstetigkeit** (*Diskontinuität*) **durch Sprung.**

Besteht die Unstetigkeit der Funktion darin, daß die erstere Form obiger Unstetigkeitsbedingung, welche sich in Differenzen von Argument- und entsprechenden Funktionswerten ausspricht, nicht erfüllt wird, so kann sie eintreten, wenn die Funktionswerte für einen bestimmten (endlichen) Argumentwert unendlich groß werden. Man sagt dann, die Funktion erleide an dieser Stelle oder für diesen Wert des Argumentes *Unstetigkeit durch Unendlichwerden.*

Betrachten wir z. B. die eben behandelte Funktion

$$y = f(x) = \frac{1}{x}$$

für alle möglichen positiven und negativen reellen Werte des Argumentes, so ergibt sich folgendes:

Geben wir der Variablen, von sehr großen anfangend, immer kleinere positive Werte, so wird der Funktionswert, stets positiv bleibend, immer größer und schließlich bei verschwindend kleinen positiven Werten des Argumentes positiv über alles Maß groß, wie man sagt, positiv unendlich $(+\infty)$.

Geben wir dem Argument hingegen stets negative Werte, von sehr kleinen anfangend, stets größer werdend, so wachsen die Werte der Funktion von verschwindend kleinen negativen Werten zu immer größeren und werden für x negativ verschwindend klein, negativ sehr groß, negativ unendlich $(-\infty)$.

Es treten somit an der Stelle $x = 0$ zwei Möglichkeiten auf: $y = \pm\infty$.

Gehen wir daher mit kleinster Änderung des Argumentes an der Stelle $x = 0$ von negativen zu positiven Werten desselben über, so ändert die Funktion ihren Wert von $-\infty$ zu $+\infty$, also mit einem „unendlich großen Sprung".

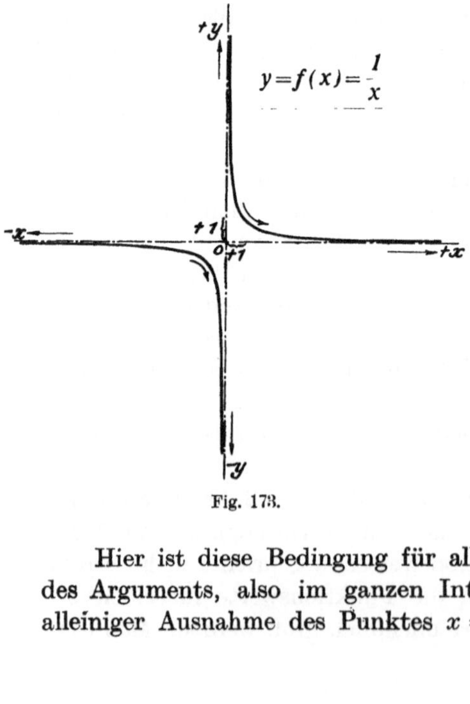

Konstruiert man das zugehörige graphische Bild der Funktion, so zeigen sich diese Verhältnisse auch darin sehr deutlich; vgl. Fig. 173.

Fig. 173.

Die analytische Untersuchung der Funktion macht nach früherem die Stetigkeit abhängig von der Bedingung, daß für die Stetigkeit im Punkte $x = A$

$$|f(A) - f(x)| < \varepsilon$$

sein muß, wenn

$$|A - x| < \delta$$

Hier ist diese Bedingung für alle positiven und negativen Werte des Arguments, also im ganzen Intervall $-\infty \cdots +\infty$ erfüllt mit alleiniger Ausnahme des Punktes $x = A = 0$.

Für $x = A$ wird nämlich hier:

$$|f(A) - f(x)| = \left| \frac{1}{A} - \frac{1}{x} \right| = \left| \frac{A - x}{A \cdot x} \right|$$

Da, solange x nicht sehr nahe an 0 heranrückt, der Nenner $A x$ nicht sehr klein ist, so wird mit

$$|A - x| < \delta$$

der Quotient $\dfrac{A - x}{A x}$ auch sehr klein, also

$$|f(A) - f(x)| = \left| \frac{1}{A} - \frac{1}{x} \right| < \varepsilon$$

Dies sagt aber, daß die **Funktion** $f(x) = \dfrac{1}{x}$ für alle Werte und **Punkte** von $x = A \neq 0$ **stetig ist.**

Anders verhält sich die Sache für den Wert oder Punkt $A = 0$.

Dann wird $A \cdot x = 0 \cdot x = 0$ und daher, da δ beliebig ist, für $|A - x| = \delta$:

$$|f(A) - f(x)| = \left| \frac{1}{A} - \frac{1}{x} \right| = \frac{1}{0} \pm \frac{1}{\delta}$$

Währenddem hier $\dfrac{1}{A} = \dfrac{1}{0}$ über alle Grenzen groß, „unendlich" ist, wird zwar $\dfrac{1}{x} = \dfrac{1}{\delta}$ für sehr kleines δ auch sehr groß, jedoch sein Unterschied kann gegenüber der über alle Grenzen gehenden Zahl $\dfrac{1}{0} = \infty$ nicht beliebig klein gemacht werden, da ja zu den Werten von $\dfrac{1}{x}$ stets noch eine beliebige endliche Zahl hinzugefügt werden kann, ohne daß ihre Summe die Zahl $\dfrac{1}{0} = \infty$ erreicht.

Daraus folgt aber die **Unstetigkeit der Funktion** $f(x) = \dfrac{1}{x}$ für $x = 0$.

Da

$$\lim_{x = 0^+} (x) = 0$$

und

$$\lim_{x = 0^-} (x) = 0$$

so folgt nach früherem:

$$\lim_{x = 0^+} \left(\frac{1}{x} \right) = +\infty$$

und

$$\lim_{x = 0^-} \left(\frac{1}{x} \right) = -\infty$$

Die vorliegende Funktion nähert sich daher von rechts und von links nicht demselben Grenzwert, und zwar in beiden Fällen einer uneigentlichen Grenze positiv bzw. negativ unendlich.

Es gibt daher für $x = 0$ auch keinen Grenzwert schlechthin, kein $\lim\limits_{x=0}\left(\dfrac{1}{x}\right)$, was wiederum bezüglich der Stetigkeitsbedingung sagt, daß dieselbe nicht erfüllt ist, d. h. für $x = 0$ die Funktion nicht stetig, also unstetig ist.

Da der Funktionswert, von welcher Seite man sich auch dem Nullpunkt nähern möge, unendlich wird, so spricht man auch in diesem Falle von einer *Unstetigkeit durch Unendlichwerden*.

Ganz ähnlich verhält sich die Funktion:

$$f(x) = \frac{1}{x - a}$$

für den Punkt bzw. Wert $x = a$.

Es wird, wie aus ihrem graphischen Bilde, Fig. 156[1]) — welches genau die gleiche Kurve wie die oben betrachtete ist, nur um $+a$ nach rechts vom Nullpunkt verschoben — deutlich ersichtlich ist:

$$\lim\limits_{x=a^+}\left[\frac{1}{x - a}\right] = +\infty$$

$$\lim\limits_{x=a^-}\left[\frac{1}{x - a}\right] = -\infty$$

Da für diese Funktion

$$|f(A) - f(x)| = \left|\frac{1}{A - a} - \frac{1}{x - a}\right| = \left|\frac{A - x}{(A - a)(x - a)}\right|$$

ist, so folgt, daß, solange $A \neq a$, mit sehr kleiner Differenz $|A - x|$, also für $|A - x| < \delta$, der Zähler sehr klein wird, nicht aber der Nenner, und ist somit die Stetigkeit der Funktion damit nachgewiesen für alle endlichen Werte (positiv und negativ) von x, welche verschieden von a sind.

Hingegen für den Punkt $x = A = a$ wird, wenn:

$$|A - x| = |a - x| < \delta$$

$$|f(A) - f(x)| = \left|\frac{1}{a - a} - \frac{1}{x - a}\right| = \left|\frac{1}{0} - \frac{1}{x - a}\right|$$

Wählen wir $|a - x| = \delta'$, wobei $\delta' < \delta$, so folgt:

$$|f(A) - f(x)| = \frac{1}{0} \pm \frac{1}{\delta'}$$

---

[1]) S. 289.

das gleiche Resultat wie oben, womit auch, unter Berufung auf die dort gegebene Erläuterung, die Unstetigkeit hier nachgewiesen ist. Es ist somit die Funktion unstetig für $x = a$.

Auch die Funktion

$$f(x) = \frac{1}{x^2}$$

deren Bild in Fig. 154[1]) wiedergegeben ist, zeigt ein solches Verhalten, das sich jedoch von demjenigen der vorhergehenden Funktionen in einem Punkt wesentlich unterscheidet.

Für diese Funktion ist:

$$\lim_{x = 0^+} \left(\frac{1}{x^2} \right) = +\infty$$

und

$$\lim_{x = 0^-} \left(\frac{1}{x^2} \right) = +\infty$$

d. h. für $x = 0$ erreicht die Funktion für Annähern von links und von rechts den nämlichen Wert. Die Funktion besitzt also für $x = 0$ einen, wenn auch uneigentlichen Grenzwert schlechthin und hat die Schreibweise

$$\lim_{x = 0} \frac{1}{x^2} = +\infty$$

eine gewisse Berechtigung.

Da aber die allgemeine Stetigkeitsbedingung

$$|f(x) - f(x_0)| < \varepsilon$$

wenn

$$|x - x_0| < \delta$$

nur mit Ausschluß des Wertes $x_0 = 0$ erfüllt ist, was man hier leicht auf gleichem Wege wie oben für $f(x) = \dfrac{1}{x}$ erkennt, so ist diese Funktion nur im nicht abgeschlossenen Intervall $0 < |x| < |\infty|$ stetig, also mit Ausschluß des Nullpunktes, nicht stetig im Intervall $0 \leqq |x| \leqq |\infty|$.

Ganz gleich verhält sich auch die Funktion

$$f(x) = \frac{1}{(x - c)^2}$$

für den Punkt (Wert) $x = c$, deren Bild wir in Fig. 155[2]) angegeben haben.

---

[1]) S. 288.
[2]) S. 288.

Wir untersuchen im weiteren die Funktion

$$y = f(x) = \frac{1}{1 - a^{\frac{1}{x}}}$$

Aus der Stetigkeitsbedingung folgt:

$$|f(A) - f(x)| = \left| \frac{1}{1 - a^{\frac{1}{A}}} - \frac{1}{1 - a^{\frac{1}{x}}} \right| = \left| \frac{a^{\frac{1}{A}} - a^{\frac{1}{x}}}{\left(1 - a^{\frac{1}{A}}\right)\left(1 - a^{\frac{1}{x}}\right)} \right|$$

$$= \left| \frac{a^{\frac{1}{x}}\left(a^{\frac{1}{A} - \frac{1}{x}} - 1\right)}{1 - a^{\frac{1}{A}} - a^{\frac{1}{x}} + a^{\frac{1}{A} + \frac{1}{x}}} \right| = \left| \frac{a^{\frac{1}{A} - \frac{1}{x}} - 1}{a^{-\frac{1}{x}} - a^{\frac{x-A}{Ax}} - 1 + a^{\frac{1}{A}}} \right|$$

$$= \left| \frac{a^{\frac{x-A}{Ax}} - 1}{1 - a^{-\frac{1}{x}} + a^{\frac{x-A}{Ax}} - a^{\frac{1}{A}}} \right|$$

Solange $A \neq 0$, wird mit $|A - x| < \delta$ auch der Zähler, nicht aber der Nenner sehr klein, beliebig klein, je nach der Wahl von δ; denn dann wird $\dfrac{x-A}{Ax}$ sehr klein und damit $a^{\frac{x-A}{Ax}}$ sehr angenähert gleich $a^0 = 1$.

Kritisch wird die Sache allein für $A = 0$, weil dann $a^{\frac{x-A}{Ax}} = a^{\frac{x}{0}}$, also sehr groß wird, und daher dann im Zähler wie im Nenner unendlich große Größen entstehen.

Um diesen Fall genauer zu erkennen, können wir in der zuletzt aufgestellten Form Zähler und Nenner durch diese nachher unendlich groß werdende Größe $a^{\frac{x-A}{Ax}}$ dividieren, womit dann folgt:

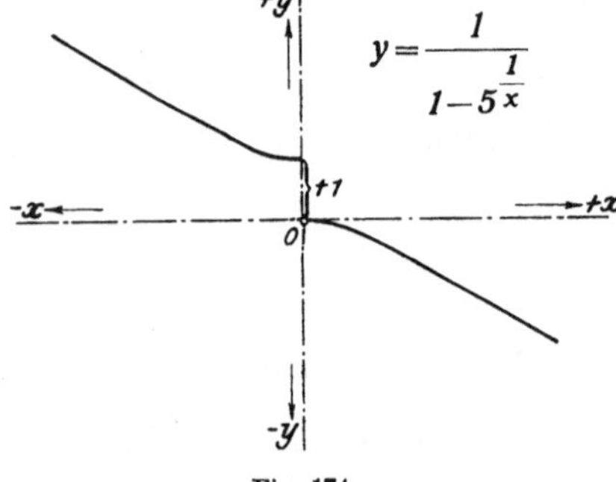

Fig. 174.

$$|f(A) - f(x)| = \left| \frac{1 - \dfrac{1}{a^{\frac{x-A}{Ax}}}}{\dfrac{1}{a^{\frac{x-A}{Ax}}} - \dfrac{1}{a^{\frac{1}{A}}} + 1 - a^{\frac{1}{x}}} \right|$$

Für $A = 0$ folgt daraus:

$$|f(0) - f(x)| = \left| \frac{1}{1 - a^{\frac{1}{x}}} \right.$$

Gehen wir mit x von rechts sehr nahe an 0 heran, was der Setzung $x - A \leqq +\delta$ entspricht, so folgt

$$x - 0 = +\delta = x$$

also für $A = 0$:

$$\text{für} \quad x - A \leqq \delta: \; f(A) - f(x) = \frac{1}{1 - a^{\frac{1}{\delta}}}$$

welcher Ausdruck mit beliebig kleinem δ sich dem Wert 0 nähert.

Nähert sich x von links dem Wert 0, was der Setzung $x - A \leqq -\delta$ entspricht, so folgt

$$x - 0 = -\delta = x$$

also für $A = 0$:

$$\text{für } x - A \leqq -\delta: \quad f(A) - f(x) = \frac{1}{1 - a^{-\frac{1}{\delta}}} = \frac{1}{1 - \frac{1}{a^{\frac{1}{\delta}}}}$$

welcher Ausdruck mit beliebig kleinem δ sich dem Wert 1 nähert.

Es folgt somit für

$$|x - A| = |A - x| \leqq \delta$$

von rechts und von links nicht der nämliche Wert für $f(A) - f(x)$, wohl im ersten Falle beliebig klein, aber nicht im letzteren.

Die Bedingung der Stetigkeit ist damit nicht erfüllt, die **Funktion** also für $A = 0$ bzw. $x = 0$ **unstetig**, und zwar **durch Sprung** von der Größe 1, wie es auch das Bild der Funktion (Fig. 174) erkennen läßt.

In der Schreibweise des Limes erhalten wir:
1. Grenzwert für $A = 0$ von rechts:

$$\lim_{x=0^+} \left[\frac{1}{1 - a^{\frac{1}{x}}} \right] = \lim_{\delta=0} \left[\frac{1}{1 - a^{\frac{1}{0+\delta}}} \right] = \lim_{\delta=0} \left[\frac{1}{1 - a^{\frac{1}{\delta}}} \right] = 0$$

2. Grenzwert für $A = 0$ von links:

$$\lim_{x=0^-} \left[\frac{1}{1 - a^{\frac{1}{x}}} \right] = \lim_{\delta=0} \left[\frac{1}{1 - a^{\frac{1}{0-\delta}}} \right] = \lim_{\delta=0} \left[\frac{1}{1 - \frac{1}{a^{\frac{1}{\delta}}}} \right] = +1$$

Es folgt auch, gestützt auf obige Definition der gleichmäßigen Stetigkeit, daß diese Funktion im Intervall rechts oder links von $x = 0$ mit Einschluß des Nullpunktes gleichmäßig stetig ist, weil bis und mit $x = 0$ stets mit

$$|A - \delta| = |0 - \delta| < \delta$$

für ein einmal gewähltes δ im Intervall $0 \leqq |x| < |\infty|$, auch

$$|f(A) - f(x)| = |f(0) - f(x)| < \varepsilon$$

werden wird, wie nahe man auch an Null herangehen möge.

Dies trifft aber nicht zu in einem Intervall, welches den Nullpunkt einschließt, sich von der einen Seite über den Nullpunkt hinausgehend erstreckt.

Es ist somit diese Funktion im Intervall

$$0 \leqq x < +\infty$$

oder

$$0 \geqq x > -\infty$$

stetig, nicht aber im abgeschlossenen Intervall

$$-a \leqq x \leqq b$$

und um so weniger im nicht abgeschlossenen Intervall

$$-a < x < b$$

wobei a und b zwei beliebige, endliche, positive Zahlwerte, verschieden von 0, seien.

In ganz analoger Weise zeigt die Funktion

$$y = f(x) = \frac{1}{1 + k^{\frac{1}{x}}}$$

Unstetigkeit durch Sprung, und zwar auch für $x = 0$, weil einerseits:

$$\lim_{x = 0^{+}} \left[\frac{1}{1 + k^{\frac{1}{x}}} \right] = 0$$

andrerseits:

$$\lim_{x = 0^{-}} \left[\frac{1}{1 + k^{\frac{1}{x}}} \right] = +1$$

wird, wie ihr bereits in Fig. 160[1]) zitiertes Bild erkennen läßt.

Betrachten wir die Funktion:

$$y = f(x) = \frac{x}{1 - a^{\frac{1}{x}}}$$

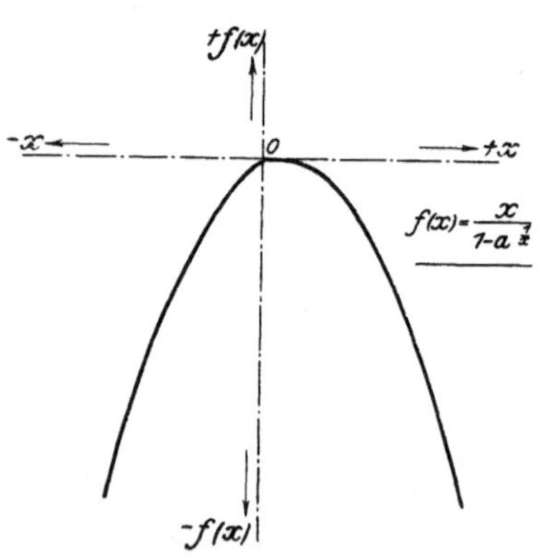

Fig. 175.

so zeigt diese trotz der fast völligen Übereinstimmung (bis auf den Zähler x) mit der oben behandelten ganz andere Eigenschaften bezüglich Stetigkeit.

---

[1]) S. 290.

Aus der hierfür analog geführten Stetigkeitsuntersuchung folgt zunächst:

$$|f(A) - f(x)| = \left| \frac{A}{1 - a^{\frac{1}{A}}} - \frac{x}{1 - a^{\frac{1}{x}}} \right| = \left| \frac{A - Aa^{\frac{1}{x}} - x + xa^{\frac{1}{A}}}{\left(1 - a^{\frac{1}{A}}\right)\left(1 - a^{\frac{1}{x}}\right)} \right|$$

$$= \left| \frac{A - x - Aa^{\frac{1}{x}} + xa^{\frac{1}{A}}}{1 - a^{\frac{1}{A}} - a^{\frac{1}{x}} + a^{\frac{1}{A}+\frac{1}{x}}} \right| = \left| \frac{\dfrac{x - A}{a^{\frac{1}{x}}} - xa^{\frac{x-A}{Ax}} + A}{1 - \dfrac{1}{a^{\frac{1}{x}}} + a^{\frac{x-A}{Ax}} - a^{\frac{1}{A}}} \right|$$

Wie ersichtlich, wird, solange $A \neq 0$ mit $|A - x| < \delta$, auch der Zähler sehr, beliebig klein $\left(a^{\frac{x-A}{Ax}}\right.$ nähert sich dann $a^0 = 1$ und $xa^{\frac{x-A}{Ax}}$ dem Wert x, also $-x \cdot a^{\frac{x-A}{Ax}} + A$ dem Wert $A - x$, der absolut kleiner als δ ist$\Big)$, nicht aber der Nenner. Somit wird, solange der bezüglich der Stetigkeitsuntersuchung berücksichtigte Wert von x oder Punkt A mit dem Nullpunkt nicht zusammenfällt,

$$\text{mit} \qquad |A - x| < \delta$$

$$\text{auch} \qquad |f(A) - f(x)| < \varepsilon$$

und also die Stetigkeitsbedingung erfüllt sein. Aber noch mehr; auch für $A = 0$ ist dies der Fall.

Um dies einzusehen, dividieren wir Zähler und Nenner durch eine Größe, welche uns in der obigen, letzten Form für $f(A) - f(x)$ noch einen sehr großen Zähler für $|A - x| < \delta$ und $A = 0$ ergäbe, nämlich durch $a^{\frac{x-A}{Ax}}$.

Es wird dann zunächst:

$$|f(A) - f(x)| = \left| \frac{\dfrac{x-A}{a^{\frac{1}{A}}} - x + \dfrac{A}{a^{\frac{x-A}{Ax}}}}{\dfrac{1}{a^{\frac{x-A}{Ax}}} - \dfrac{1}{a^{\frac{1}{A}}} + 1 - a^{\frac{1}{x}}} \right|$$

woraus man nun leicht erkennt, daß für $A = 0$ und sehr kleine Größe von $|A - x|$ der Zähler sich dem endlichen Wert x nähert, der Nenner dem Wert $1 - a^{\frac{1}{x}}$

Es folgt somit für $A = 0$:

$$\lim_{x=A^+} [f(x)] = \lim_{x=0^+} \left[\frac{x}{1 - a^{\frac{1}{x}}} \right] = 0$$

und ebenso:

$$\lim_{x=A^-} [f(x)] = \lim_{x=0^-} \left[\frac{x}{1 - a^{\frac{1}{x}}} \right] = 0$$

womit aber die **Stetigkeit der Funktion auch für** $x = 0$ erwiesen ist.

Die Funktion $\dfrac{x}{1 - a^{\frac{1}{x}}}$ ist also im ganzen Intervall $-\infty < x < +\infty$ mit Einschluß des Nullpunktes stetig.

Eine, wie hier im Nullpunkt, auftretende Ecke, d. i. eine plötzliche Richtungsänderung mit zwei Tangenten an die Kurve im selben Punkt, spricht somit nicht gegen die Stetigkeit ihres Verlaufes und ihrer Funktion im betreffenden Punkt.

So ist z. B. die in nebenstehender Fig. 176 dargestellte Funktion innerhalb des gezeichneten Gebietes durchaus als stetig zu betrachten.

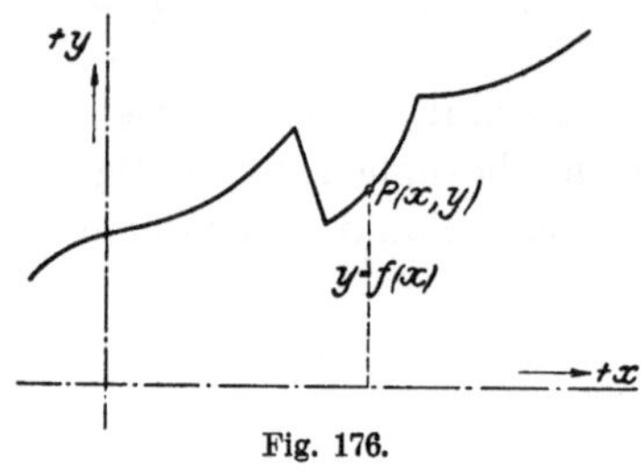

Fig. 176.

Eine Funktion kann auch mehrere Unstetigkeitsstellen beider Arten aufweisen.

So besitzt z. B. die Funktion:

$$y = f(x) = \frac{b}{x^2 - a}$$

zwei Unstetigkeitsstellen, wie Fig. 177 erkennen läßt, und zwar für $x = +\sqrt{a}$ und $x = -\sqrt{a}$, in welchen beiden Stellen sie unstetig durch Unendlichwerden ist, mit an beiden Orten von links und rechts verschiedenen Werten.

Man findet:

$$|f(A) - f(x)| = \left| \frac{b}{A^2 - a} - \frac{b}{x^2 - a} \right| = \left| b \frac{x^2 - A^2}{A^2 x^2 - a(x^2 + A^2) + a^2} \right|$$

$$= \left| b \frac{(x + A)(x - A)}{A^2 x^2 - a(x^2 + A^2) + a^2} \right|$$

Wie ersichtlich ist, kann dieser Ausdruck für alle endlichen Werte von x und von A, solange $A \neq \pm \sqrt{a}$, nur für sehr kleine Werte von $(x - A)$ auch beliebig klein werden.

Untersuchen wir die Arten der Unstetigkeiten, indem wir uns von beiden Seiten den Punkten

$$x = \pm \sqrt{a}$$

annähern, so folgt:

1. Punkt $x = +\sqrt{a}$

Nähern von rechts: Wir setzen $x = \sqrt{a} + \delta$ und lassen dann δ zu Null herabsinken.

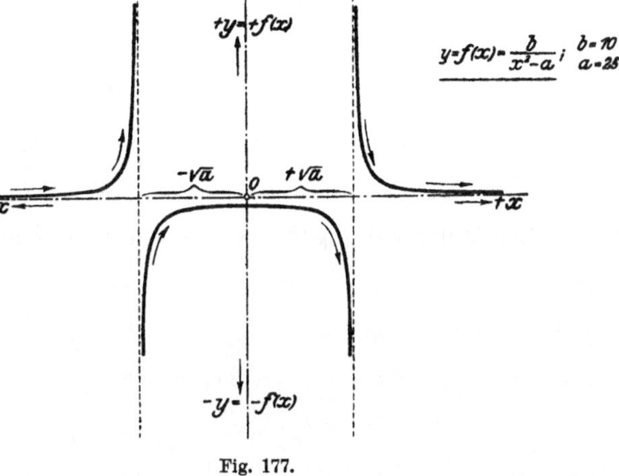

Fig. 177.

Dann wird:

$$f(\sqrt{a} + \delta) = \frac{b}{(\sqrt{a} + \delta)^2 - a} = \frac{b}{2\,\delta\sqrt{a} + \delta^2}$$

$$\lim_{\delta=0} f(\sqrt{a} + \delta) = \lim_{x=(+\sqrt{a})^+}\left[\frac{b}{x^2 - a}\right] = \lim_{\delta=0}\left[\frac{b}{2\,\delta\sqrt{a} + \delta^2}\right] = +\infty$$

Nähern von links: Wir setzen $x = \sqrt{a} - \delta$

$$f(\sqrt{a} - \delta) = \frac{b}{(\sqrt{a} - \delta)^2 - a} = \frac{b}{-2\,\delta\sqrt{a} + \delta^2} = -\frac{b}{(2\sqrt{a} - \delta)\delta} = -\frac{\dfrac{b}{\delta}}{2\sqrt{a} - \delta}$$

$$\lim_{\delta=0} f(\sqrt{a} - \delta) = \lim_{x=(+\sqrt{a})^-}\left[\frac{b}{x^2 - a}\right] = \lim_{\delta=0}\left[-\frac{\dfrac{b}{\delta}}{2\sqrt{a} - \delta}\right] = -\infty$$

2. Punkt $x = -\sqrt{a}$

Nähern von rechts: $x = -\sqrt{a} + \delta$

$$f(-\sqrt{a} + \delta) = \frac{b}{(-\sqrt{a} + \delta)^2 - a} = \frac{b}{-2\,\delta\sqrt{a} + \delta^2}$$

$$\lim_{\delta=0} f[-\sqrt{a} + \delta] = \lim_{x=(-\sqrt{a})^+}\left[\frac{b}{x^2 - a}\right] = \lim_{\delta=0}\left[\frac{b}{-2\,\delta\sqrt{a} + \delta^2}\right] = -\infty$$

Nähern von links: $x = -\sqrt{a} - \delta$

$$f(-\sqrt{a} - \delta) = \frac{b}{(-\sqrt{a} - \delta)^2 - a} = \frac{b}{2\,\delta\sqrt{a} + \delta^2}$$

$$\lim_{\delta=0} f[-\sqrt{a} - \delta] = \lim_{x=(-\sqrt{a})^-}\left[\frac{b}{x^2 - a}\right] = \lim_{\delta=0}\left[\frac{b}{2\,\delta\sqrt{a} + \delta^2}\right] = +\infty$$

Eine etwas komplizierter gestaltete Funktion, welche in sich beide
Arten der Unstetigkeit vereinigt, ist

$$f(x) = a + \frac{b - \dfrac{a}{x}}{a + b^{\frac{1}{x-a}}}$$

Bei Untersuchung der Stetigkeit wird hier:

$$|f(A) - f(x)| = \left| a + \frac{b - \dfrac{a}{A}}{a + b^{\frac{1}{A-a}}} - a - \frac{b - \dfrac{a}{x}}{a + b^{\frac{1}{x-a}}} \right|$$

$$= \frac{\left(b - \dfrac{a}{A}\right)(a + b^{\frac{1}{x-a}}) - \left(b - \dfrac{a}{x}\right)(a + b^{\frac{1}{A-a}})}{(a + b^{\frac{1}{A-a}})(a + b^{\frac{1}{x-a}})}$$

$$= \frac{\dfrac{Ab - a}{A}(a + b^{\frac{1}{x-a}}) - \dfrac{bx - a}{x}(a + b^{\frac{1}{A-a}})}{(a + b^{\frac{1}{A-a}})(a + b^{\frac{1}{x-a}})}$$

$$= \frac{(Ab - a)(a + b^{\frac{1}{x-a}})x - (bx - a)(a + b^{\frac{1}{A-a}})A}{Ax(a + b^{\frac{1}{A-a}})(a + b^{\frac{1}{x-a}})}$$

$$= \frac{1}{A(a + b^{\frac{1}{A-a}})} - a \left| \frac{A(a + b^{\frac{1}{A-a}}) - x(a + b^{\frac{1}{x-a}})}{x(a + b^{\frac{1}{x-a}})} \right|$$

Wie der Ausdruck erkennen läßt, wird er bei beliebigem, endlichem
x und endlichen Konstanten a und b, solange A und $A - a$ verschieden
von Null sind, stets mit $|A - x| = \delta$ oder $x = A \pm \delta$ auch, je nach der
Wahl von δ beliebig klein, $< \varepsilon$

Es folgt dann nämlich aus:

$$|f(A) - f(x)| = \frac{a}{A(a + b^{\frac{1}{A-a}})} \left| \frac{(A - x)a + A b^{\frac{1}{A-a}} - x b^{\frac{1}{x-a}}}{x(a + b^{\frac{1}{x-a}})} \right|$$

wenn wir im Zähler x durch $A \pm \delta$ ersetzen:

$$A b^{\frac{1}{A-a}} - x b^{\frac{1}{A \pm \delta - a}} = A b^{\frac{1}{A-a}} - (A \pm \delta) b^{\frac{1}{A \pm \delta - a}}$$

$$= A(b^{\frac{1}{A-a}} - b^{\frac{1}{A-a \pm \delta}}) \mp \delta b^{\frac{1}{A - a \pm \delta}}$$

so daß:

$$f(x) = \frac{a}{A\left(a + b^{\frac{1}{A-a}}\right)} \cdot \frac{(A-x)\,a + A\left(b^{\frac{1}{A-a}} - b^{\frac{1}{A-a\pm\delta}} \mp \delta\,b^{\frac{1}{A-a\pm\delta}}\right)}{x\left(a + b^{\frac{1}{A-a\pm\delta}}\right)}$$

Da mit sehr, beliebig kleinem δ die Glieder $b^{\frac{1}{A-a}}$ und $b^{\frac{1}{A-a\pm\delta}}$, worin $A - a$ von Null verschieden, beliebig wenig differieren und

$\delta \cdot b^{\frac{1}{A-a\pm\delta}}$ auch beliebig klein ausfällt, wie auch $|A - x| = \delta$, so wird der Zähler beliebig klein, nicht aber der Nenner.

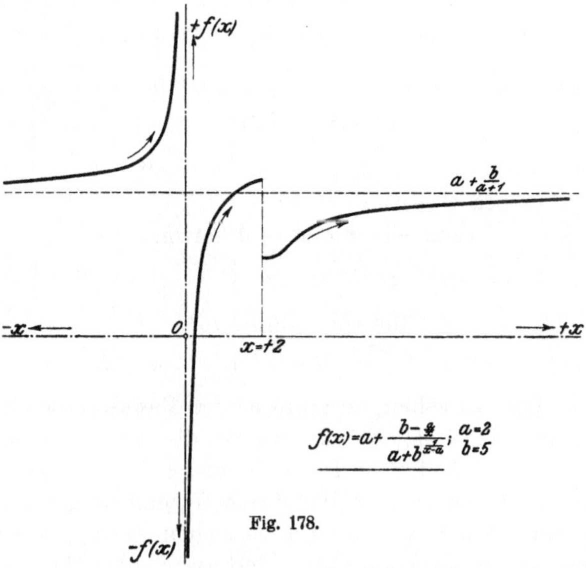

Die Funktion ist somit stetig für alle Werte des Arguments mit Ausnahme der Punkte $A = 0$ und $A = a$.

Es folgt nämlich für diese Stellen bezüglich des ersten Falles wegen dem Faktor A im Nenner und bezüglich des zweiten wegen der Potenz $b^{\frac{1}{A-a}}$ im Zähler für den ganzen Ausdruck bei beliebig kleinem $|A - x| = \delta$ nicht auch eine von vornherein beliebig kleine Größe.

$\dagger f(x)$

$a + \frac{b}{a+1}$

$-x$ O $\longrightarrow \dagger x$

$x=\dagger 2$

$f(x)=a+\dfrac{b-\frac{a}{x}}{a+b^{\frac{1}{x-a}}};\ a=2\ b=5$

$-f(x)$

Fig. 178.

Die genauere Untersuchung für diese bestätigt dies auch in folgender Weise:

1. Untersuchung für Punkt $A = 0$.

Wir erhalten:

a) als Grenzwert von rechts,

wenn wir $x = 0 + \delta = +\delta$ setzen:

$$\lim_{x=0^+} f(x) = \lim_{\delta=0}\left[a + \frac{b - \dfrac{a}{\delta}}{a + b^{\frac{1}{\delta-a}}}\right] = -\infty$$

b) **als Grenzwert von links,**
wenn wir $x = 0 - \delta = -\delta$ setzen:

$$\lim_{x=0^-} f(x) = \lim_{\delta=0}\left[a + \frac{b - \dfrac{a}{-\delta}}{a + b^{\frac{1}{-\delta - a}}}\right] = \lim_{\delta=0}\left[a + \frac{b + \dfrac{a}{\delta}}{a + b^{-\frac{1}{a+\delta}}}\right] = +\infty$$

2. Untersuchung für Punkt $A = a$.
Es folgt:

a) **als Grenzwert von rechts,**
wenn wir $x = a + \delta$ setzen:

$$\lim_{x=a^+} f(x) = \lim_{\delta=0}\left[a + \frac{b - \dfrac{a}{a+\delta}}{a + b^{\frac{1}{\delta}}}\right] = a$$

b) **als Grenzwert von links,**
wenn wir $x = a - \delta$ setzen:

$$\lim_{x=a^-} f(x) = \lim_{\delta=0}\left[a + \frac{b - \dfrac{a}{a-\delta}}{a + b^{-\frac{1}{\delta}}}\right] = a - \frac{b-1}{a}$$

Wie wir sehen, fallen in beiden Punkten die Grenzwerte von beiden
Seiten nicht gleich aus, womit die Unstetigkeit in ihnen, also für
$x = A = 0$ und $x = A = a$, erwiesen ist. In beiden Fällen liegt daher
im speziellen eine solche durch Sprung vor, im letzteren durch endlichen, im ersteren durch unendlichen Sprung, was uns auch die Fig. 178
sehr schön erkennen läßt. Und zwar rührt die Unstetigkeit durch unendlich großen Sprung von der Funktion $\left(a - \dfrac{a}{x}\right)$ im Zähler, der endliche Sprung von der Funktion $\left(a + b^{\frac{1}{x-a}}\right)$ im Nenner her.

Auch die oben zitierte, einfach gestaltete Funktion $y = \dfrac{1}{1 - a^{\frac{1}{x}}}$ mit
endlichem Sprung erhält bei kleiner Abänderung noch eine Unstetig-
keitsstelle mit unendlichem Sprung, womit sie dann also auch beide
Unstetigkeitsarten besitzt. Es ist die Funktion:

$$y = \frac{1}{c - a^{\frac{1}{x}}}$$

welche unstetig wird für $x = 0$ und wenn der Nenner verschwindet,
also für $c - a^{\frac{1}{x}} = 0$ oder $x = \dfrac{\mathrm{Log}\,a}{\mathrm{Log}\,c}$.

Man findet nämlich für diese Punkte:

1. Für $x = 0$:

Grenzwert von rechts:

$$\lim_{x=0^+}\left[-\frac{1}{c-a^{\frac{1}{x}}}\right] = \lim_{\delta=0}\left[\frac{1}{c-a^{\frac{1}{0+\delta}}}\right] = \lim_{\delta=0}\left[-\frac{1}{c-a^{\frac{1}{\delta}}}\right] = 0$$

Grenzwert von links:

$$\lim_{x=0^-}\left[-\frac{1}{c-a^{\frac{1}{x}}}\right] = \lim_{\delta=0}\left[\frac{1}{c-a^{\frac{1}{0-\delta}}}\right] = \lim_{\delta=0}\left[\frac{1}{c-\frac{1}{a^{\frac{1}{\delta}}}}\right] = \frac{1}{c}$$

2. Für $x = \dfrac{\operatorname{Log} a}{\operatorname{Log} c}$: [1]

Grenzwert von rechts:

$$\lim_{x=\left(\frac{\operatorname{Log} a}{\operatorname{Log} c}\right)^+}\left[-\frac{1}{c-a^{\frac{1}{x}}}\right] = \lim_{\delta=0}\left[-\frac{1}{c-a^{\frac{1}{\frac{\operatorname{Log} a}{\operatorname{Log} c}+\delta}}}\right]$$

Unter Anwendung der Grenzwertsätze folgt hieraus:

$$\lim_{x=\left(\frac{\operatorname{Log} a}{\operatorname{Log} c}\right)^+}\left[\frac{1}{c-a^{\frac{1}{x}}}\right] = \frac{1}{c-\lim\limits_{\delta=0}\left(a^{\frac{1}{\frac{\operatorname{Log} a}{\operatorname{Log} c}+\delta}}\right)}$$

Nun ist:

$$1:\left(\frac{\operatorname{Log} a}{\operatorname{Log} c}+\delta\right) = \frac{\operatorname{Log} c}{\operatorname{Log} a} - \delta\left(\frac{\operatorname{Log} c}{\operatorname{Log} a}\right)^2 + \delta^2\left(\frac{\operatorname{Log} c}{\operatorname{Log} a}\right)^3 - + \cdots$$

Die Glieder nach dem ersten Gliede dieser Entwicklung können, da δ beliebig klein gewählt werden kann, selbst wenn $a > c$, also $\dfrac{\operatorname{Log} a}{\operatorname{Log} c} > 1$, doch beliebig klein gemacht werden, weil $\dfrac{\operatorname{Log} a}{\operatorname{Log} c}$ unter allen Umständen eine bestimmte endliche Zahl sein wird, während δ beliebig klein gewählt werden kann. Es kommt also zu diesem Zweck lediglich auf die Wahl von δ an.

---

[1] Die Basis des Logarithmen-Systems ist beliebig — worauf wir mit der allgemeineren Schreibweise „*Log*" hindeuten wollen —, da man ja durch Multiplikation mit einer Konstanten, dem *Modul*, den Logarithmus stets in einem anderen System ausdrücken kann, welche aber hier, ausgehend von einem bestimmten Logarithmen-System, in Zähler und Nenner auftreten und daher durch Kürzung wieder verschwinden würde.

Begehen wir einen sehr kleinen Fehler, der wiederum aus eben erwähnten Gründen beliebig klein gehalten werden kann, indem wir nach dem zweiten Gliede alles vernachlässigen, so folgt:

$$\frac{1}{\dfrac{\operatorname{Log} a}{\operatorname{Log} c} + \delta} = \frac{\operatorname{Log} c}{\operatorname{Log} a} - \delta \left(\frac{\operatorname{Log} c}{\operatorname{Log} a}\right)^2$$

Und damit wird nun:

$$\lim_{\delta=0}\left[a^{\frac{1}{\frac{\operatorname{Log} a}{\operatorname{Log} c} + \delta}} \right] = \lim_{\delta=0}\left[a^{\frac{\operatorname{Log} c}{\operatorname{Log} a}} \cdot a^{-\delta\left(\frac{\operatorname{Log} c}{\operatorname{Log} a}\right)^2} \right]$$

Nun ist:

$$a^{\frac{\operatorname{Log} c}{\operatorname{Log} a}} = c$$

was wir durch beidseitiges Logarithmieren bestätigen können (unter Berufung auf den Satz, daß gleichen Logarithmen auch gleiche Numeri entsprechen müssen). Damit folgt dann:

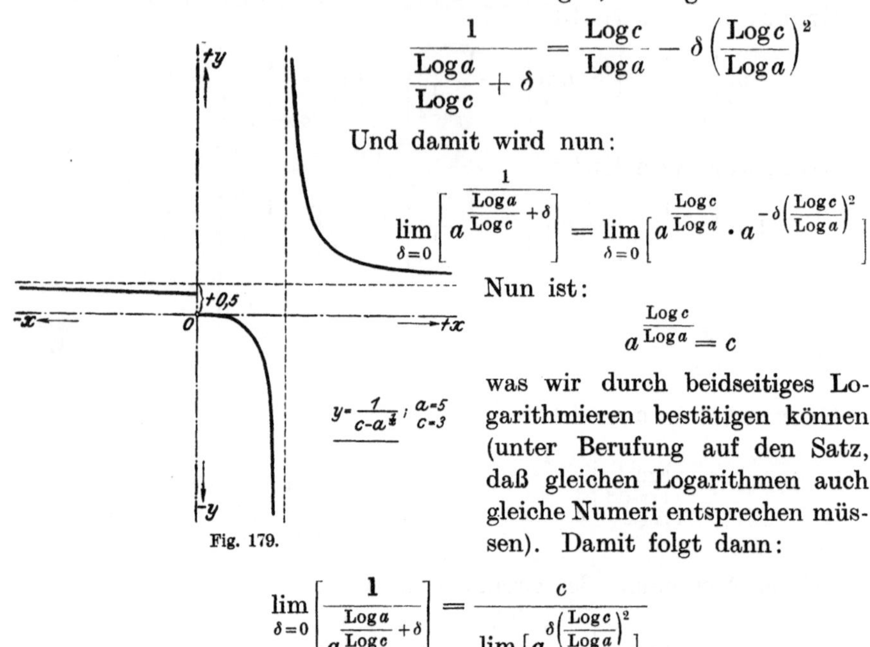

$$y = \frac{1}{c - a^{\frac{1}{x}}}; \quad \begin{aligned} a &= 5 \\ c &= 3 \end{aligned}$$

Fig. 179.

$$\lim_{\delta=0}\left[\frac{1}{a^{\frac{\operatorname{Log} a}{\operatorname{Log} c} + \delta}} \right] = \frac{c}{\lim\limits_{\delta=0}\left[a^{\delta\left(\frac{\operatorname{Log} c}{\operatorname{Log} a}\right)^2} \right]}$$

Da der Grenzwert im Nenner der Grenze $a^0 = 1$ zustrebt, so können wir statt dessen auch setzen:

$$\lim_{\delta=0}\left[a^{\delta\left(\frac{\operatorname{Log} c}{\operatorname{Log} a}\right)^2} \right] = \lim_{\varepsilon=0} a^{0+\varepsilon} = \lim_{\varepsilon=0} a^{\varepsilon}$$

und erhalten damit:

$$\lim_{\delta=0}\left[\frac{1}{a^{\frac{\operatorname{Log} a}{\operatorname{Log} c} + \delta}} \right] = \lim_{\varepsilon=0}\left[\frac{c}{a^{\varepsilon}} \right] = \frac{c}{\lim\limits_{\varepsilon=0}(a^{\varepsilon})}$$

Unser gesuchter Grenzwert wird nun:

$$\lim_{x=\left(\frac{\operatorname{Log} a}{\operatorname{Log} c}\right)+}\left[\frac{1}{c - a^{\frac{1}{x}}} \right] = \lim_{\varepsilon=0}\left[\frac{1}{c - \dfrac{c}{\lim\limits_{\varepsilon=0}(a^{\varepsilon})}} \right]$$

Da

$$a^{\varepsilon} > 1$$

so bleibt

$$\frac{c}{a^{\varepsilon}} < c$$

und daher der Nenner:

$$c - \frac{c}{a^\varepsilon} > 0$$

positiv sehr klein, z. B.:

$$c - \frac{c}{a^\varepsilon} = +\eta$$

Damit wird dann schließlich:

$$\lim_{x=\left(\frac{\operatorname{Log} a}{\operatorname{Log} c}\right)+} \left[\frac{1}{c - a^{\frac{1}{x}}}\right] = \lim_{\eta=0}\left(\frac{1}{+\eta}\right) = +\infty$$

Auf genau gleichem Wege findet man auch den **Grenzwert von links**:

$$\lim_{x=\left(\frac{\operatorname{Log} a}{\operatorname{Log} c}\right)-} \left[\frac{1}{c - a^{\frac{1}{x}}}\right] = \lim_{\varepsilon=0}\left[\frac{1}{c - c \cdot a^\varepsilon}\right]$$

Es ist:

$$c \cdot a^\varepsilon > c$$

also:

$$c - c a^\varepsilon < 0$$

z. B. gleich $-\vartheta$ und damit

$$\lim_{x=\left(\frac{\operatorname{Log} a}{\operatorname{Log} c}\right)-} \left[\frac{1}{c - a^{\frac{1}{x}}}\right] = \lim_{\vartheta=0}\left(\frac{1}{-\vartheta}\right) = -\infty$$

Wie aus obigen Darstellungen folgt und bereits zwecks Bestimmung des Grenzwertes betont wurde, kann man sich der unvollkommneren Untersuchung auf Stetigkeit mittels graphischer Darstellung der Funktion mit wohl in den meisten Fällen der praktischen Anwendung genügender Zuverlässigkeit bedienen. Die Sache macht dann in diesem Falle lediglich mehr oder weniger hohe Ansprüche auf die Geduld der Person durch die dazu nötige, unter Umständen sehr zeitraubende Ausrechnung der Zahlenwerte für möglichst viele Bildpunkte (zusammengehörige Wertepaare der Variablen zur Bestimmung der Kurvenpunkte).

Die Unstetigkeitsstellen werden sich in der Zeichnung des Funktionsbildes, sobald man mit den Wertannahmen für das Argument in die Nähe solcher kommt, leicht ohne weiteres zu erkennen geben, wenn man sie zu beiden Seiten derselben vergleicht.

Wie aus obigen Untersuchungen auf Stetigkeit und Unstetigkeit einer Funktion, insbesondere auch der ersten Form der dafür genannten Bedingung und nicht zuletzt auch aus der Betrachtung der geometrischen

Funktionsbilder hervorgeht, ist eine Funktion stetig, solange einer beliebig kleinen Änderung des Arguments (Zu- oder Abnahme) auch eine beliebig kleine Änderung der Funktion entspricht.

Sind z. B. x_1 und x_2 die Abszissen zweier beliebig nahe gelegener Punkte auf der x-Achse (Abszissen) mit dem Abstand $\varDelta x$, so muß für Stetigkeit der Funktion an diesem Orte auch die Differenz der zugehörigen Ordinatenwerte

$$y_2 - y_1 = \varDelta y$$

mit $\varDelta x$ beliebig klein ausfallen, und zwar gleichgültig, ob vor oder nach dem betreffenden Punkt.

Es muß sich also zu beiden Seiten eines Stetigkeitspunktes stets ein beliebig kleines *Differenzendreieck* finden lassen, dessen beide Katheten zugleich beliebig klein werden.

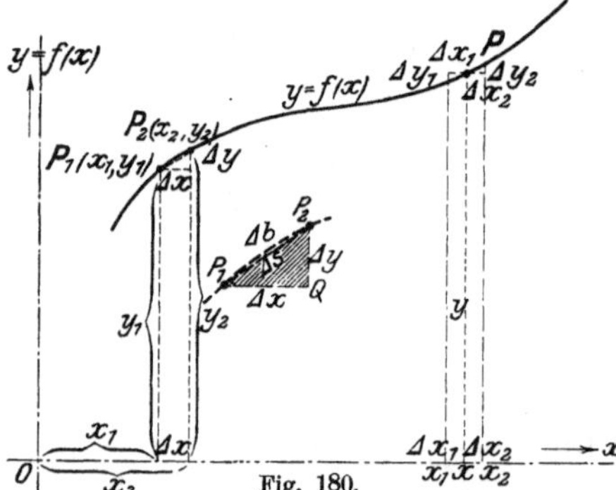

Fig. 180.

Da die Summe zweier Seiten im Dreieck stets größer ist als die dritte, wird daher auch die Hypotenuse in diesem Dreieckchen mit $\varDelta x$ und $\varDelta y$ beliebig bzw. unendlich[1]) klein und das ganze Dreieck bezüglich seines Inhaltes gegenüber $\varDelta x$ als von I. Ordnung eine unendlich kleine Größe II. Ordnung

Wir erhalten daher, daß für Stetigkeit in einem Punkte $P(x, y)$ zu beiden Seiten desselben sich benachbarte Punkte $P_1(x_1, y_1)$ und $P_2(x_2, y_2)$ finden lassen, welche beliebig nahe bzw. „unendlich nahe", wie man auch nicht sehr gut sich ausdrückt[2]), zu ihm liegen, und können daher auch in geometrischer Formulierung uns ausdrücken:

Das geometrische Bild einer stetigen Funktion ist eine sog. *stetige* oder *kontinuierliche Kurve*[3]), deren Punkte sich im Gebiete der Stetigkeit überall in beliebig kleinen Abständen folgen.

Oder:

Eine stetige Funktion besitzt die Eigenschaft, daß in ihrem geometrischen Bilde zu unendlich kleinen Abszissendifferenzen auch ebenfalls unendlich kleine Ordinatendifferenzen gehören.

---

[1]) aktuell unendlich klein.
[2]) Vgl. S. 240, 367.
[3]) Vgl. S. 138.

Bezüglich der

Stetigkeit zusammengesetzter Funktionen

kann man zeigen, daß diese sich aus dem diesbezüglichen Verhalten der Teilfunktionen ergibt.

Setzt sich z. B. eine Funktion aus der Summe zweier andern Funktionen zusammen, so läßt sich leicht beweisen, daß, sobald die beiden Teilfunktionen stetig sind, auch die ganze Funktion, die aus ihrer Summe gebildet wird, stetig sein muß.

Es läuft dies direkt auf eine Anwendung der früher gegebenen Grenzwertsätze hinaus, was schon aus der einen Definitionsform der Stetigkeit durch die Existenz eines Grenzwertes (von links und rechts nur ein, der gleiche Wert) ohne weiteres einleuchtet.

Aber auch mit Anwendung der ersteren Formulierung des Kriteriums für die Stetigkeit folgt es, wenn z. B. $f_1(x)$ und $f_2(x)$ die beiden Teilfunktionen sind.

Sind die beiden Funktionen für einen bestimmten Wert A des Arguments stetig, so heißt dies, daß

$$|b_1 - f_1(x)| < \varepsilon_1 \quad \text{wenn} \quad |A - x| < \delta_1$$

und

$$|b_2 - f_2(x)| < \varepsilon_2 \quad ,, \quad |A - x| < \delta_2$$

woraus durch Addition:

$$|b_1 + b_2 - (f_1 + f_2)| < \varepsilon_1 + \varepsilon_2 = \varepsilon$$

wenn

$$|A - x| < \delta$$

wo δ die größere der Zahlen δ_1 und δ_2 bedeuten mag.

Diese Formel sagt aber nichts anderes, als daß $(f_1 + f_2)$ sich der Grenze $(b_1 + b_2)$ nähert, wobei aber $(b_1 + b_2)$ ein endlicher Wert ist, da es für b_1 und b_2 nach Voraussetzung zutrifft.

Damit ist die Stetigkeit von $(f_1 + f_2)$, also der Funktion

$$F(x) = f_1(x) + f_2(x)$$

bewiesen, die sich als Summe aus $f_1(x)$ und $f_2(x)$ ergibt.

In Beobachtung der an früherer Stelle gegebenen und bewiesenen Grenzwertsätze lassen sich in dieser Weise auch die analogen Sätze für die Stetigkeit der Funktion herleiten und beweisen, was wir dem Leser im weiteren überlassen möchten.

Wir fassen folgend nur noch das Gesamtresultat, wie dort auch hier, in einen Satz zusammen, der folgendermaßen lautet [1]:

Eine Funktion, gebildet aus einer endlichen Anzahl von Additionen, Subtraktionen, Multiplikationen (ganzzahligen Potenzen) und Divisionen anderer Funktionen, wird, solange die Teilfunktionen stetig sind, für

---

[1] Vgl. auch S. 350, Anm.

den nämlichen Wert auch stetig, wenn die im Nenner stehenden Funktionen an der Grenze nicht verschwinden.

Die Unstetigkeit der Funktion kann auch in der Weise auftreten, daß, wenn man sich mit den Argumentwerten von beiden Seiten einem bestimmten Werte nähert, sich in beiden Fällen der Funktionswert auch dem nämlichen Werte B als Grenzwert nähert, man aber durch direktes Einsetzen des Argumentgrenzwertes A einen ganz andern Funktionswert erhält, so daß also wohl

$$\lim_{x \sim A^+} f(x) = \lim_{x \sim A^-} f(x) \sim B$$

aber

$$f(x)/_{x=A} = f(A) \neq B$$

Hieraus folgt, daß die Bestimmung eines Funktionswertes als Grenzwert niemals einfach durch direktes Einsetzen des Argumentgrenzwertes erfolgen darf, wenn sich auch sehr oft, ja bei den gewöhnlichen Funktionen meist, im Resultat kein Unterschied zeigt. Es zeigt vielmehr wiederum deutlich, daß Grenzwertbestimmung und Einsetzbestimmung eines Funktionswertes zwei grundverschiedene, einander nicht ersetzende Operationen sind.

Ein schönes Beispiel hierfür bietet uns die Funktion

$$y = \sum_{n=0}^{\infty} \sin^2 x \, (\cos x)^{2n}$$

in entwickelter Form geschrieben:

$$y = F(x) = \sin^2 x \sum_{n=0}^{\infty} (\cos^2 x)^n = \sin^2 x [1 + \cos^2 x + \cos^4 x + \cdots + \cos^{2n} x]_{n=\infty}$$

In der Klammer steht eine geometrische Progression, deren Quotient $\cos^2 x$ kleiner als 1 ist und somit nach früherem (S. 266) für unendliche Gliederzahl die Summe besitzt:

$$s = \frac{1}{1 - \cos^2 x}$$

Damit wird:

$$y = F(x) = \sin^2 x \, \frac{1}{1 - \cos^2 x} = \frac{1 - \cos^2 x}{1 - \cos^2 x} = 1$$

Da dieses Resultat ohne Einschränkung für x erhalten wurde, so sehen wir, daß für jeden beliebigen Wert von x, wie nahe wir damit auch an 0 herankommen, der Wert der Funktion y stets gleich 1

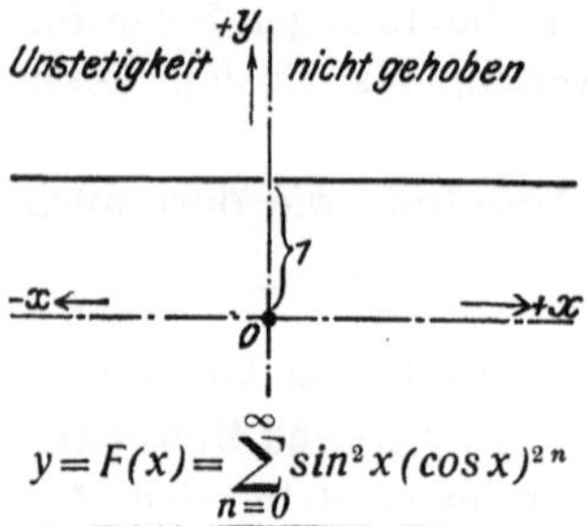

$$y = F(x) = \sum_{n=0}^{\infty} \sin^2 x \, (\cos x)^{2n}$$

Fig. 181.

und immer vom selben, positiven Vorzeichen für positive und negative
x-Werte ist, da ja $\sin^2 x$ und $\cos^2 x$ als Quadrate stets positiv ausfallen.

Es ist also auch:

$$\lim_{x \sim 0} F(x) \sim 1$$

Ihr geometrisches Bild ist daher eine Gerade parallel zur x-Achse
im Abstand 1 oberhalb derselben (vgl. Fig. 181).

Setzen wir dagegen in dem Ausdruck der Funktion

$$x = 0$$

ein, so folgt

$$y_{x=0} = \sum_{n=0}^{\infty} \sin^2 x (\cos x)^{2n} \big/_{x=0}$$

$$F(x)\big/_{x=0} = \sin^2 x [1 + \cos^2 x + \cos^4 x + \cdots]_{x=0}$$

$$= 0[1 + 1 + 1 + \cdots] = 0 + 0 + 0 + \cdots$$

$$F(0) = 0$$

Wir erkennen daraus, daß die vorliegende Funktion indertat
verschiedene Werte ergibt, je nachdem wir direkt $x = 0$ einsetzen oder
ob wir diesen Wert von x durch
Annäherung gewinnen; in welch
letzterem Falle es gleichgültig ist,
von welcher Seite das Nähern
erfolgt.

Setzt man daher fest, daß man
für $x = 0$ nicht den Wert 0 als gültig betrachten will, sondern den
Wert $y_{x=0} = F(0) = 1$, so stimmen dann die Werte von y, die
man durch direktes Einsetzen von
$x = 0$ und durch Annähern von x

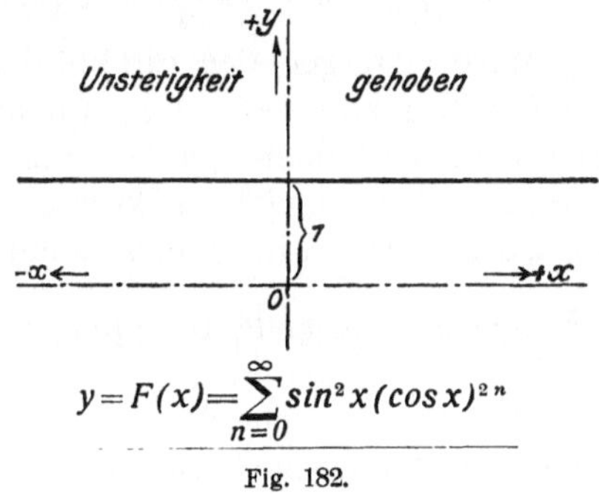

Fig. 182.

an 0 erhält, überein, womit auch die Unstetigkeit der Funktion
$y = F(x)$ verschwunden, behoben ist.

Eine solche Unstetigkeit einer Funktion nennt man daher eine
hebbare Unstetigkeit.

Damit dürfen wir aber für diese Funktion nicht nur von einem
Annähern an den Punkt $x = 0$, sondern auch von einem Haben des
Grenzwertes für diesen Wert des Arguments sprechen.

Nehmen wir dagegen das schon behandelte Beispiel

$$y = f(x) = \frac{\sin x}{x}$$

so ergibt sich nur eine scheinbare Übereinstimmung mit obigem Falle für den Argumentwert $x = 0$. Wir erhalten nämlich durch direktes Einsetzen:

$$f(0) = \frac{0}{0}$$

einen „unbestimmten" Wert, von dem wir wissen, daß er tatsächlich den Wert $+1$ hat[1]), während gleichzeitig

$$\lim_{x \sim 0^+} f(x) = \lim_{x \sim 0^-} f(x) \sim +1$$

ist, womit aber gesagt wird, daß es sich hier um ein wirkliches direktes Haben des Grenzwertes für $x = 0$ handelt.

Wir können demnach resumierend auch sagen, daß von einem Sichannähern an den Grenzwert nur dann gesprochen werden muß, wenn durch das direkte Einsetzen des Argumentwertes, für welchen man die Stetigkeit untersucht, entweder ein von den Annäherungswerten völlig verschiedener Wert sich ergibt oder ein bestimmter Ausdruck, dem sich unter keinen Umständen ein bestimmter Wert zuordnen läßt, der also definitiv unbestimmt bleibt. Als Beispiele dafür erinnern wir an die besprochenen Funktionen[2]) $f(x) = \sin\left(\dfrac{1}{x}\right)$; $\varphi(x) = \dfrac{1}{x} \sin\left(\dfrac{1}{x}\right)$

Wenn dagegen das direkte Einsetzen den gleichen Wert ergibt, wie der Grenzwert für das Annähern, oder wenn der durch direktes Einsetzen entstandene „unbestimmte Ausdruck" sich doch als bestimmt erweist und von gleichem Werte, wie der durch Annäherung gefundene ist, dann haben wir es mit einem Haben des Grenzwertes zu tun.

Wie das folgende Beispiel zeigt, gibt es auch Fälle, für welche die Unstetigkeit nicht hebbar ist.

Es tritt in demselben wiederum eine Unstetigkeit im gleichen Sinne ein, daß nämlich das direkte Einsetzen einen andern Wert liefert als das Sichannähern an den betreffenden Argumentwert; aber nun derart, daß dieses Annähern von rechts und links zu verschiedenen Werten führt und außerdem noch das direkte Einsetzen einen von diesen beiden ebenfalls verschiedenen Wert liefert.

Die betreffende Funktion mit solchen Eigenschaften lautet:

$$y = \Phi(x) = \sin x + \frac{\sin 3x}{3} + \frac{\sin 5x}{5} + \cdots$$

oder kurz:

$$y = \sum_{n=0}^{\infty} \frac{\sin(2n+1)x}{2n+1}$$

---

[1]) Vgl. S. 296.
[2]) S. 291, 292.

Da wir obigen Nachweis mit den bisherigen Darlegungen nicht führen können, so müssen wir uns begnügen, die Resultate anzugeben.

Zunächst sieht man ohne weiteres aus der Form der Funktion, daß für negative x auch der Funktionswert y negativ wird (weil ja der Sinus eines negativen Winkels negativ ist), und ebenso, daß für positives x das y auch positiv ausfällt. Also muß jedenfalls auch in der Nähe von $x = 0$ sich der Funktionswert einem negativen bzw. positiven Werte·annähern.

Nun ist:

$$\sin x + \frac{\sin 3x}{3} + \frac{\sin 5x}{5} + \frac{\sin 7x}{7} + \cdots = \frac{\pi}{4} \qquad \text{[1]}$$

---

[1] Für den bereits die einschlägigen Beziehungen kennenden Leser wollen wir die Ableitung dieser Formeln hier kurz anführen:

Wir gehen aus von der *„Logarithmischen Reihe"*:

$$\ln(1 + z) = \frac{z}{1} - \frac{z^2}{2} + \frac{z^3}{3} - \frac{z^4}{4} + - \cdots$$

welche auch allgemein für eine komplexe Zahl (Variable) z gültig ist unter der Bedingung, daß

$$|z| < 1$$

Aus ihr folgt, wenn wir z durch $-z$ ersetzen:

$$\ln(1 - z) = -\left[z + \frac{z^2}{2} + \frac{z^3}{3} + \frac{z^4}{4} + \frac{z^5}{5} + \cdots\right], \text{ wenn } |z| < 1$$

worin z eine gewöhnliche komplexe Zahl bedeutet, für die wir setzen können:

$$z = r(\cos\varphi + i\sin\varphi)$$

und daher:

$$\ln(1 - z) = \ln(1 - r\cos\varphi - ir\sin\varphi)$$

die Klammer kann als wieder komplexe Zahl: $[(1 - r\cos\varphi) - ir\sin\varphi]$ abermals als solche geschrieben werden:

$$(1 - r\cos\varphi - ir\sin\varphi) = R(\cos\psi + i\sin\psi) = R \cdot e^{i\psi}$$

wobei:

$$1 - r\cos\varphi = R\cos\psi$$

$$r\sin\varphi = R\sin\psi$$

$$R = \sqrt{(1 - r\cos\varphi)^2 + (r\sin\varphi)^2} = \sqrt{1 - 2r\cos\varphi + r^2}$$

dann wird:

$$\ln(1 - r\cos\varphi - ir\sin\varphi) = \ln R + i\psi$$

Nun ist:

$$\operatorname{tg}\psi = \frac{\sin\psi}{\cos\psi} = \frac{r\sin\varphi}{1 - r\cos\varphi}$$

$$\psi = \operatorname{arc tg}\frac{r\sin\varphi}{1 - r\cos\varphi}$$

und:

$$\ln R = \frac{1}{2}\ln(1 - 2r\cos\varphi + r^2)$$

Nach der Moivreschen Formel:

$$(\cos\varphi + i\sin\varphi)^n = \cos n\varphi + i\sin n\varphi$$

und

$$\sin(-x) + \frac{\sin(-3x)}{3} + \frac{\sin(-5x)}{5} + \frac{\sin(-7x)}{7} + \cdots = -\frac{\pi}{4}$$

welche Beziehungen für beliebige Werte von x gelten, also auch für Annähern an 0 von rechts (bei positiven x-Werten) bzw. links (bei negativen x-Werten).

wird für: $\qquad\qquad\qquad z = r(\cos\varphi + i\sin\varphi)$:

$$z^2 = r^2(\cos 2\varphi + i\sin 2\varphi)$$
$$z^3 = r^3(\cos 3\varphi + i\sin 3\varphi)$$
$$z^4 = r^4(\cos 4\varphi + i\sin 4\varphi)$$

Setzen wir diese Ausdrücke in die Gleichung für $\ln(1-z)$ ein, so folgt:

$$\ln(1-z) = \ln R + i\,\psi = \frac{1}{2}\ln(1 - 2r\cos\varphi + r^2) + i\cdot\operatorname{arctg}\frac{r\sin\varphi}{1 - r\cos\varphi}$$
$$= -r(\cos\varphi + i\sin\varphi) - \frac{r^2}{2}(\cos 2\varphi + i\sin 2\varphi)$$
$$- \frac{r^3}{3}(\cos 3\varphi + i\sin 3\varphi) - \cdots$$

für $r = 1$ folgt:

$$\frac{1}{2}\ln[2(1-\cos\varphi)] + i\operatorname{arctg}\left(\frac{\sin\varphi}{1-\cos\varphi}\right) =$$
$$= -(\cos\varphi - i\sin\varphi) - \frac{\cos 2\varphi + i\sin 2\varphi}{2} - \frac{\cos 3\varphi + i\sin 3\varphi}{3} - \cdots$$

Durch Gleichsetzung der reellen Werte einerseits und der imaginären Werte andererseits folgt:

$$\frac{1}{2}\ln[2(1-\cos\varphi)] = -\left[\cos\varphi + \frac{\cos 2\varphi}{2} + \frac{\cos 3\varphi}{3} + \cdots\right]$$
$$\operatorname{arctg}\frac{\sin\varphi}{1-\cos\varphi} = \sin\varphi + \frac{\sin 2\varphi}{2} + \frac{\sin 3\varphi}{3} + \cdots$$

Nun ist:

$$1 - \cos\varphi = 2\sin^2\frac{\varphi}{2} \qquad\text{und}\qquad \sin\varphi = 2\sin\frac{\varphi}{2}\cos\frac{\varphi}{2}$$

Daher:

$$\frac{\sin\varphi}{1-\cos\varphi} = \operatorname{cotg}\frac{\varphi}{2} = \operatorname{tg}\left(\frac{\pi}{2} - \frac{\varphi}{2}\right)$$

und also:

$$\operatorname{arctg}\frac{\sin\varphi}{1-\cos\varphi} = \frac{\pi}{2} - \frac{\varphi}{2}$$

und demnach das Resultat:

$$\frac{\pi}{2} - \frac{\varphi}{2} = \sin\varphi + \frac{\sin 2\varphi}{2} + \frac{\sin 3\varphi}{3} + \cdots$$

Setzen wir nun:

$$\frac{\varphi}{2} = \frac{\pi}{2} + \frac{\eta}{2} \qquad\text{so folgt:}\qquad \varphi = \pi + \eta$$

Es nähert sich somit der Funktionswert y dem Werte $+\dfrac{\pi}{4}$, wenn wir uns mit x von rechts her dem Wert 0 nähern, dagegen dem Wert $-\dfrac{\pi}{4}$, wenn sich x von links her dem Wert 0 annähert.

Setzen wir dagegen in die Funktionsformel $x = 0$ ein, so wird $y = 0$, da ja sämtliche Sinus zu 0 werden.

Die Funktion $y = \Phi(x)$ stellt zwei horizontale Gerade dar, deren eine im Abstande $+\dfrac{\pi}{4}$,

die andere im Abstande $-\dfrac{\pi}{4}$

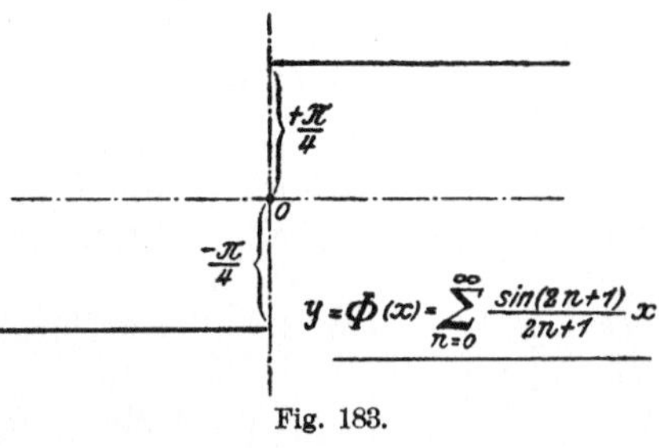

Fig. 183.

von der x-Achse liegt, wie dies ja die obigen Summenreihenentwicklungen von ihr andeuten; zu ihrem geometrischen Bilde gehört aber auch der Nullpunkt (vgl. Fig. 183).

Wir haben hier also den interessanten Fall, daß für einen bestimmten Argumentwert der Grenzwert der Funktion von rechts anders ist als der von links, beide aber sind wiederum verschieden von dem Funktionswert, den man durch direktes Einsetzen erhält.

Bilden wir aus obiger durch Zusammensetzung eine neue Funktion

$$\Psi = \cos x + \Phi(x)$$

also:

$$-\frac{\eta}{2} = \sin(\pi + \eta) + \frac{\sin 2(\pi + \eta)}{2} + \frac{\sin 3(\pi + \eta)}{3} + \cdots$$

$$\frac{\eta}{2} = \sin\eta - \frac{\sin 2\eta}{2} + \frac{\sin 3\eta}{3} - + \cdots$$

Setzen wir statt η wieder allgemein φ, so wird:

$$\frac{\varphi}{2} = \sin\varphi - \frac{\sin 2\varphi}{2} + \frac{\sin 3\varphi}{3} - + \cdots$$

Durch Addition zu obigem Ausdruck für $\dfrac{\pi}{2} - \dfrac{\varphi}{2}$ folgt schließlich:

$$\frac{\pi}{2} = 2\left[\sin\varphi + \frac{\sin 3\varphi}{3} + \frac{\sin 5\varphi}{5} + \cdots\right]$$

gültig für jeden (reellen) Wert von φ, wie die nähere Untersuchung ergibt.
Setzt man statt φ die allgemeine reelle Variable x, so folgt schließlich:

$$\frac{\pi}{2} = 2\left[\sin x + \frac{\sin 3x}{3} + \frac{\sin 5x}{5} + \frac{\sin 7x}{7} + \cdots\right]; \quad |x| < \infty$$

und beachten, daß der Limes einer Summe gleich ist der Summe der Limes der Summanden, daß also

$$\lim \Psi = \lim (\cos x) + \lim \Phi(x)$$

so hätten wir in dieser eine Funktion, die durch direktes Einsetzen 1 liefert, durch Annähern aber $1 \pm \dfrac{\pi}{4}$, so daß:

$$\lim_{x \sim 0^{+}} \Psi(x) \sim 1 + \frac{\pi}{4}$$

$$\lim_{x \sim 0^{-}} \Psi(x) \sim 1 - \frac{\pi}{4}$$

$$\Psi(x)_{x=0} = 1 \qquad [1)$$

Ihr geometrisches Bild zeigt Fig. 184.

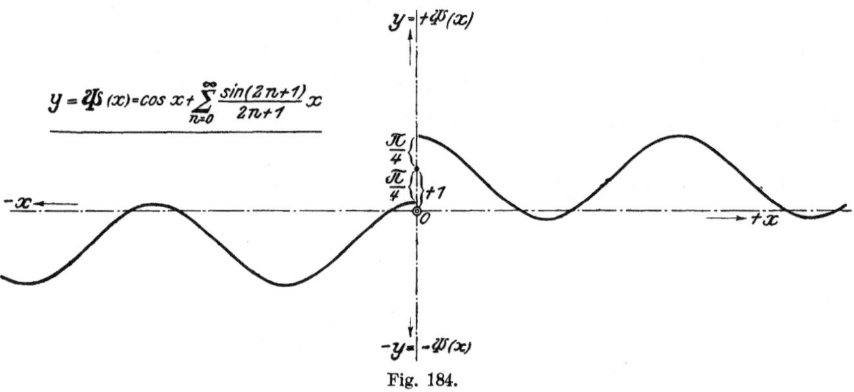

Fig. 184.

[1) Daß der Satz, eine Funktion, welche durch die Summe anderer stetiger Funktionen gebildet ist, auch stetig ist, solange die Anzahl der Summanden-Funktionen eine endliche ist, seine Richtigkeit hat, veranschaulichen deutlich die obigen Beispiele.

Von $y = \displaystyle\sum_{n=0}^{\infty} \sin^2 x\, (\cos x)^{2n}$ bestehen die Summanden alle aus stetigen Funktionen, während ihre unendliche Summe, wie gesehen, nicht stetig ist.

Ebenso ist die Funktion

$$\Phi(x) = \sin x + \frac{\sin 3\,x}{3} + \frac{\sin 5\,x}{5} + \cdots$$

bestehend aus unendlich vielen stetigen Funktionen, unstetig im Nullpunkt, wo ihr Wert von $+\dfrac{\pi}{4}$ nach $-\dfrac{\pi}{4}$ springt.

Es folgt hieraus wiederum von neuem, daß bei derartigen Übergängen zum Unendlichen Vorsicht geboten ist.

Da wir oben auch das Unendlichwerden einer Funktion angeführt haben, so wollen wir noch folgende Definition einführen:

Eine Funktion heißt in einem Intervall endlich, wenn die Werte, welche sie in den einzelnen Punkten annimmt, ihrem absoluten Wert nach endlich bleiben oder, genauer gesagt, wenn es eine positive endliche konstante Zahl gibt, die von der Funktion in diesem Intervall nicht überschritten wird.

Soweit wir die Unstetigkeit bisher in Betracht gezogen haben, bezog sie sich stets nur auf einzelne Punkte. Man sagt in solchen Fällen, die Funktionen haben nur isolierte Unstetigkeitsstellen; sie werden nur in isolierten Punkten unstetig. Doch ist dies nicht immer notwendig so.

Man kann aus Funktionen, die nur in isolierten Punkten unstetig sind, mit Hilfe des sog. *Prinzips der Verdichtung der Singularitäten* ausgehend, Funktionen aufstellen, welche in unendlich vielen Punkten unstetig sind. Dieselben (die Unstetigkeiten) können sich dann in der Umgebung eines einzelnen Punktes häufen — wie z. B. in der Funktion $f(x) = \dfrac{1}{\sin\left(\dfrac{1}{x}\right)}$ für $x = 0$, wofür die Funktion $\sin\left(\dfrac{1}{x}\right)$ keinen Grenzwert besitzt, da sie den Nullpunkt in unzählig vielen Schwingungen zwischen $+1$ und -1 erreicht, also auch ihre Kurve in nächster Nähe desselben unzählig oft die x-Achse passiert, $\sin\left(\dfrac{1}{x}\right)$ also unzählig oft Null und somit $\dfrac{1}{\sin\left(\dfrac{1}{x}\right)}$ unzählig oft $+\infty$ oder $-\infty$ wird, wie auch in der früher betrachteten Funktion $\dfrac{1}{x}\sin\left(\dfrac{1}{x}\right)$ [1] — oder aber die unbegrenzt vielen Punkte mit Unstetigkeitsstellen können in gewisser Weise über das ganze Intervall verteilt sein. Ist die Anzahl der Unstetigkeitsstellen endlich, so kann man durch Einschließen der Unstetigkeitsstellen in unendlich kleine, besser gesagt, beliebig kleine Umgebungen und Ausschließen dieser aus dem Gültigkeitsbereich die Funktion für den Rest des Intervalles als stetig bekommen. Man nennt solche Funktionen *abteilungsweise stetig*.

---

[1] Vgl. S. 291, 292.

VI. Differential und Integral.

§ 20. Der Differentialquotient.

Durch die Einführung und Betrachtung des Grenzwertes und, auf ihm fußend, jener der Stetigkeit, haben wir gelernt, uns mit Eigenschaften einer Funktion in der Nähe oder der Umgebung einzelner ihrer Punkte zu befassen. Sie führt nun weiter dazu, diese Eigenschaften der Funktion noch in anderen Hinsichten zu untersuchen.

Auch geometrisch werden wir von selbst darauf geführt. Wenn man nämlich eine Kurve zeichnet und ihren Verlauf in der Gegend eines Punktes genau kennen will, so sucht man vor allem die Tangente in diesem Punkte zu ermitteln. Die physikalische Anwendung dieser Tatsache führt uns zur Geschwindigkeit, die sich geometrisch auch wiederum durch die Tangente (an die Wegkurve: Weg in Funktion der Zeit) deuten läßt.

Die Konstruktion der Tangente an eine durch bestimmte Gesetze gegebene Kurve in einem beliebigen Punkte derselben ist Sache der Geometrie und schon frühzeitig von den Mathematikern geübt worden.

Wir müssen aber wiederum trachten, unabhängig von der Geometrie zu einem Begriff und seiner arithmetischen Darstellung zu gelangen, der mit dieser Tangente in innigem Zusammenhang steht und sie für die arithmetische Betrachtung und ihre Umdeutung ins Geometrische völlig ersetzt.

Wir gehen zu diesem Zwecke aus von der Umgebung eines Punktes der stetigen Funktion:

$$y = f(x)$$

nämlich für $x = a$ und $y = b$ und bilden für verschiedene Werte x_1, x_2, $x_3 \cdots$, die sich dem Wert $x = a$ mehr und mehr annähern, die zugehörigen Funktionswerte y_1, y_2, $y_3 \cdots$, welche sich damit dem Werte $y = b$ nähern.

Als Beispiel wählen wir im speziellen die Funktion:

$$y = f(x) = \frac{x^3}{6}$$

und setzen:

$$x = a = 2,5$$

wofür:

$$y = b = \frac{2,5^3}{6} = 2,604166 \cdots$$

wird und erhalten:

$$x_1 = 0,0 \qquad\qquad y_1 = 0$$
$$x_2 = 1,0 \qquad\qquad y_2 = 0,166 \cdots$$
$$x_3 = 2,0 \qquad\qquad y_3 = 1,333 \cdots$$
$$x_4 = 2,2 \qquad\qquad y_4 = 1,77466 \cdots$$
$$x_5 = 2,4 \qquad\qquad y_5 = 2,304$$
$$x_6 = 2,45 \qquad\qquad y_6 = 2,451020833 \cdots$$
$$x_7 = 2,475 \qquad\qquad y_7 = 2,5268203125$$
$$x_8 = 2,4875 \qquad\qquad y_8 = 2,565299153645833 \cdots$$
$$x_9 = 2,49375 \qquad\qquad y_9 = 2,58468420410156 25$$
$$x_{10} = 2,496875 \qquad\qquad y_{10} = 2,594413243611653645833 \cdots$$
$$\vdots \qquad\quad \vdots \qquad\qquad\qquad \vdots \qquad\qquad \vdots$$

Wir bilden ferner die Differenzen:

$$a - x_1 = \varDelta x_1 = 2,5 \qquad\qquad b - y_1 = \varDelta y_1 = 2,604166 \cdots$$
$$a - x_2 = \varDelta x_2 = 1,5 \qquad\qquad b - y_2 = \varDelta y_2 = 2,4375$$
$$a - x_3 = \varDelta x_3 = 0,5 \qquad\qquad b - y_3 = \varDelta y_3 = 1,270833 \cdots$$
$$a - x_4 = \varDelta x_4 = 0,3 \qquad\qquad b - y_4 = \varDelta y_4 = 0,8295$$
$$a - x_5 = \varDelta x_5 = 0,1 \qquad\qquad b - y_5 = \varDelta y_5 = 0,300166 \cdots$$
$$a - x_6 = \varDelta x_6 = 0,05 \qquad\qquad b - y_6 = \varDelta y_6 = 0,153145833 \cdots$$
$$a - x_7 = \varDelta x_7 = 0,025 \qquad\qquad b - y_7 = \varDelta y_7 = 0,077346354166 \cdots$$
$$a - x_8 = \varDelta x_8 = 0,0125 \qquad\qquad b - y_8 = \varDelta y_8 = 0,038867513020833 \cdots$$
$$a - x_9 = \varDelta x_9 = 0,00625 \qquad\qquad b - y_9 = \varDelta y_9 = 0,0194824625651 04166\ldots$$
$$a - x_{10} = \varDelta x_{10} = 0,003125 \qquad\qquad b - y_{10} = \varDelta y_{10} = 0,0097534230550130 20833 \cdots$$
$$\vdots \qquad \vdots \qquad \vdots \qquad\qquad \vdots \qquad \vdots$$

und bekommen die Quotienten:

$$\frac{\Delta y_1}{\Delta x_1} = \frac{b - y_1}{a - x_1} = \frac{2{,}604166 \cdots}{2{,}5} \qquad\qquad = 1{,}04166 \cdots$$

$$\frac{\Delta y_2}{\Delta x_2} = \frac{b - y_2}{a - x_2} = \frac{2{,}4375}{1{,}5} \qquad\qquad = 1{,}625$$

$$\frac{\Delta y_3}{\Delta x_3} = \frac{b - y_3}{a - x_3} = \frac{1{,}270833 \cdots}{0{,}5} \qquad\qquad = 2{,}54166 \cdots$$

$$\frac{\Delta y_4}{\Delta x_4} = \frac{b - y_4}{a - x_4} = \frac{0{,}8295}{0{,}3} \qquad\qquad = 2{,}765$$

$$\frac{\Delta y_5}{\Delta x_5} = \frac{b - y_5}{a - x_5} = \frac{0{,}300166 \cdots}{0{,}1} \qquad\qquad = 3{,}00166 \cdots$$

$$\frac{\Delta y_6}{\Delta x_6} = \frac{b - y_6}{a - x_6} = \frac{0{,}153145833 \cdots}{0{,}05} \qquad\qquad = 3{,}0629166 \cdots$$

$$\frac{\Delta y_7}{\Delta x_7} = \frac{b - y_7}{a - x_7} = \frac{0{,}077346354166 \cdots}{0{,}025} \qquad\qquad = 3{,}093854166 \cdots$$

$$\frac{\Delta y_8}{\Delta x_8} = \frac{b - y_8}{a - x_8} = \frac{0{,}038867513020833}{0{,}0125} \qquad\qquad = 3{,}10940104166 \cdots$$

$$\frac{\Delta y_9}{\Delta x_9} = \frac{b - y_9}{a - x_9} = \frac{0{,}019482462565104166 \cdots}{0{,}00625} \qquad\qquad = 3{,}1171940104166 \cdots$$

$$\frac{\Delta y_{10}}{\Delta x_{10}} = \frac{b - y_{10}}{a - x_{10}} = \frac{0{,}009753423055013020833 \cdots}{0{,}003125} \cdots = 3{,}121095377604166 \cdots$$

Wie ersichtlich, ist einerseits:

$$\frac{\Delta y_1}{\Delta x_1} < \frac{\Delta y_2}{\Delta x_2} < \frac{\Delta y_3}{\Delta x_3} < \frac{\Delta y_4}{\Delta x_4} < \cdots$$

allgemein:

$$\frac{\Delta y_{n+1}}{\Delta x_{n+1}} > \frac{\Delta y_n}{\Delta x_n}$$

und bleiben andererseits die Quotienten alle kleiner als eine bestimmte Zahl N, z. B. $3{,}20$[1]); d. h. es ist und bleibt:

$$\frac{\Delta y_n}{\Delta x_n} < N = 3{,}20$$

woraus aber nach früherem notgedrungen für die Reihe der Zahlen $\frac{\Delta y_n}{\Delta x_n}$ ein Grenzwert existieren muß.

Da die Differenz zwischen diesem und $\frac{\Delta y_n}{\Delta x_n}$, wie auch die Zahlenreihen erkennen lassen, mit kleiner und kleiner werdenden Differenzen

---

[1]) denn man sieht, daß die Werte der $\frac{\Delta y}{\Delta x}$ von $\frac{\Delta y_9}{\Delta x_9}$ an nur noch von den Hundertsteln an zunehmen.

$\varDelta x_n$ und $\varDelta y_n$ auch stets kleiner ausfällt, so wird dieser Grenzwert hier erreicht, sobald $\varDelta x_n$ und $\varDelta y_n$ an ihrer Grenze angelangt sind, d. h. für $\varDelta x = 0$ und $\varDelta y = 0$.

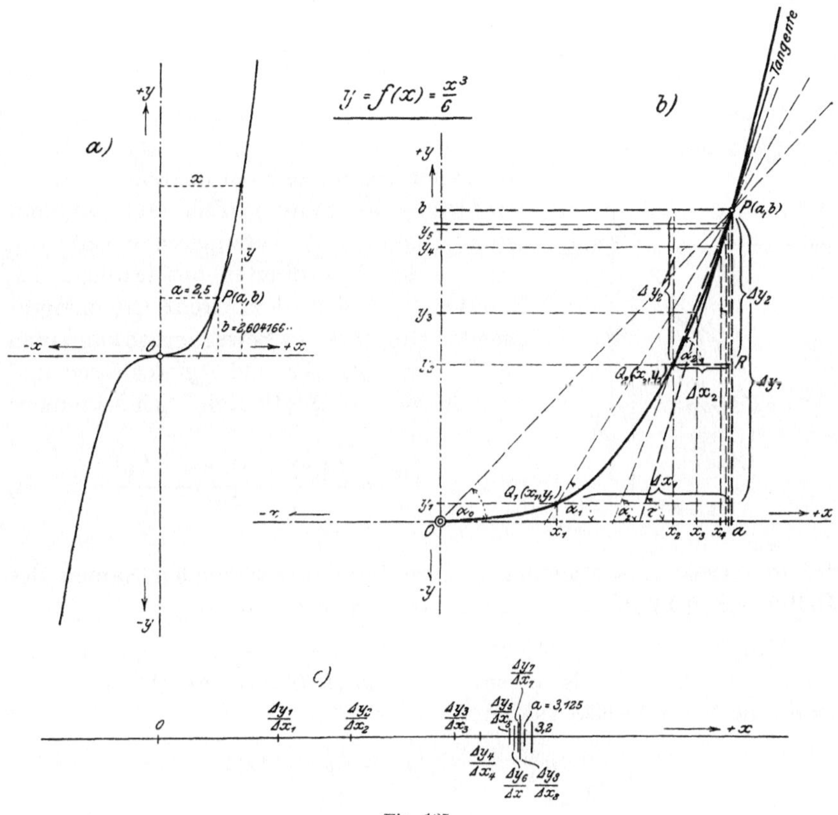

Fig. 185.

Um nun diesen Grenzwert, wie er sich nicht nur für den speziellen Kurvenpunkt, mit den Koordinaten $x = 2{,}5$ und $y = 2{,}604166\cdots$, sondern allgemein für $x = a$ und $y = b$, d. h. ein jedes Wertepaar $(x,\,y)$ dieser Funktion oder für jeden Punkt der Kurve in einer jeweils anderen Zahl finden läßt, näher zu untersuchen, gehen wir aus von der allgemeinen Form des obigen Quotienten:

$$\frac{\varDelta y_n}{\varDelta x_n} = \frac{y - y_n}{x - x_n}$$

Da

$$x - x_n = \varDelta x_n$$

also auch

$$x_n = x - \varDelta x_n$$

23*

und

$$y - y_n = \Delta y_n = f(x) - f(x_n) = f(x) - f(x - \Delta x_n)$$

so kann man demselben auch die Form geben:

$$\frac{\Delta y_n}{\Delta x_n} = \frac{f(x) - f(x - \Delta x_n)}{\Delta x_n}$$

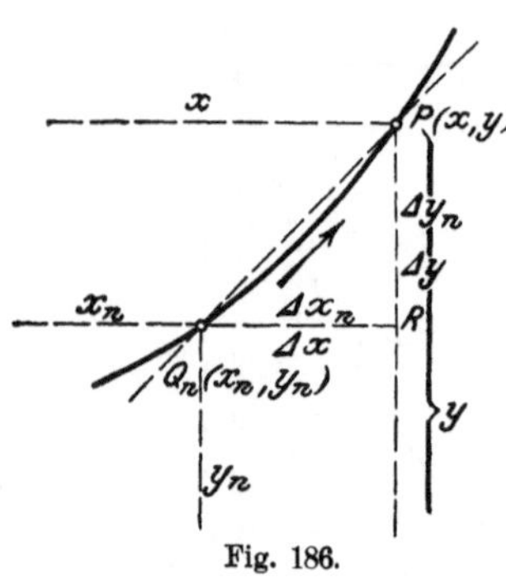

Fig. 186.

Faßt man nun die variablen Differenzen Δx_n und Δy_n nicht als von den besonderen Koordinaten x_n, y_n des Punktes Q abgeleitete Teile auf, sondern ordnet man sie als veränderliche Teile von x und y den Koordinaten des festliegenden Punktes P zu, dem dem Grenzwert entsprechenden Grenzort der Bewegung, so kann man die Indices von Δx und Δy weglassen und den allgemeinen Quotienten auch schreiben:

$$\frac{\Delta y}{\Delta x} = \frac{f(x) - f(x - \Delta x)}{\Delta x} \tag{1}$$

der in diesem Zusammenhang unter dem bezeichnenden Namen des **Differenzenquotient** der Funktion $f(x)$ bekannt ist.

Falls nun dieser Quotient einen Grenzwert besitzt, so sprechen wir dann von diesem als einem **Differentialquotient** (D.-Q.), dem somit die Schreibweise zukommt:

$$\lim\left(\frac{\Delta y}{\Delta x}\right) = \lim\left[\frac{f(x) - f(x - \Delta x)}{\Delta x}\right]$$

Um anzudeuten, daß dieser für die verschwindende Differenz Δx

---

[1]) In spezieller Rücksicht auf spätere Betrachtungen weisen wir hier mit Nachdruck darauf hin, daß der vorgesetzte griechische Buchstabe Δ (das „D" im griechischen Alphabet) in Δx, Δy, $\Delta f(x)$ usw. nur die Bedeutung der einfacheren, abgekürzten Schreibweise einer Differenz hat, in diesen Beispielen als Δx von zwei Werten $x : \Delta x = x_1 - x_2$, von zwei Werten $y : y_1 - y_2 = \Delta y$, von zwei Funktionswerten $f(x_1) - f(x_2) = \Delta f(x)$ und unter keinen Umständen als ein selbständiger Faktor aufzufassen ist, der etwa in $\frac{\Delta y}{\Delta x}$ als $\frac{\Delta \cdot y}{\Delta \cdot x}$ gekürzt werden dürfte. Δ bildet mit dem nachgesetzten Buchstaben ein unzertrennliches Ganze, von dessen durch denselben bezeichneter Größe er etwas aussagt und dazu da ist, nämlich von einer Differenz der durch den nachfolgenden Buchstaben repräsentierten Größe spricht. Die Zeichenverbindung Δx, Δy spielt die Rolle eines einzigen Buchstabens, auch ebenso in $\Delta f(x)$ (wo es $f(x)$ für sich allein auch schon tut, vgl. S. 124) und ist zu lesen als „Differenz von" oder kurz „Differenz" noch öfter nach dem Buchstaben gesprochen: „$Delta$", wie z. B. in $\Delta x =$ „Differenz von x", „Differenz x", „$Delta\text{-}x$".

eintritt, ist die vollständigere Angabe für den Differentialquotienten der Funktion:

$$y = f(x)$$

$$\lim_{\Delta x = 0} \left(\frac{\Delta y}{\Delta x} \right) = \lim_{\Delta x = 0} \left[\frac{f(x) - f(x - \Delta x)}{\Delta x} \right]$$

Auf andere für ihn noch gebräuchliche Schreibarten, wie:

$$\frac{dy}{dx} = \frac{df(x)}{dx} = y' = f'(x)$$

oder:

$$\frac{d}{dx}(y) = \frac{d}{dx}[f(x)] = D_x y = D_x[f(x)]$$

werden wir später noch eingehender zu sprechen kommen, sowie auf eine nähere Begründung seines Namens und anderer für ihn gebrauchter Bezeichnungen, wie: die *Ableitung* oder auch die *Derivierte* [1]).

Bilden wir nun diesen Grenzwert für unser Beispiel, so zeigt sich in ihm, welcher Zahl die oben bestimmten Quotienten sich mehr und mehr nähern.

Zu dem Zweck bestimmen wir zunächst den Differenzenquotient. Es ist in diesem Falle:

$$y = f(x) = \frac{x^3}{6}$$

folglich:

$$y - \Delta y = f(x - \Delta x) = \frac{(x - \Delta x)^3}{6} \qquad \text{[2])}$$

Somit folgt:

$$\Delta y = f(x) - f(x - \Delta x) = \frac{x^3}{6} - \frac{(x - \Delta x)^3}{6}$$

und es wird der Differenzenquotient dieser Funktion:

$$\frac{\Delta y}{\Delta x} = \frac{f(x) - f(x - \Delta x)}{\Delta x} = \frac{\dfrac{x^3}{6} - \dfrac{(x - \Delta x)^3}{6}}{\Delta x}$$

$$= \frac{x^3 - (x^3 - 3x^2 \Delta x + 3x \Delta x^2 - \Delta x^3)}{6 \Delta x}$$

$$= \frac{3x^2 - 3x \Delta x + \Delta x^2}{6}$$

---

[1]) Vgl. S. 364, 403.
[2]) Vgl. S. 132.

Lassen wir nun Δx mehr und mehr abnehmen und schließlich gleich Null werden, so folgt an der Grenze:

$$\lim_{\Delta x = 0}\left(\frac{\Delta y}{\Delta x}\right) = \lim_{\Delta x = 0}\left[\frac{f(x) - f(x - \Delta x)}{\Delta x}\right]$$

$$= \lim_{\Delta x = 0}\left[\frac{3\,x^2 - 3\,x\,\Delta x + \Delta x^2}{6}\right] = \frac{3\,x^2}{6}$$

$$\lim_{\Delta x = 0}\left[\frac{f(x) - f(x - \Delta x)}{\Delta x}\right] = \frac{x^2}{2}$$

welches also auch der Differentialquotient obiger Funktion ist:

$$\frac{d}{dx}\left(\frac{x^3}{6}\right) = f'\left(\frac{x^3}{6}\right) = \frac{x^2}{2} \qquad\qquad {}^{1})$$

Für unser Beispiel ist der Grenzwert gesucht für die Annäherung des Argumentes x an den Zahlenwert $a = 2{,}5$. Der damit entstehende Grenzwert des Differenzenquotienten, dem sich dieser mehr und mehr nähert, ergibt sich daher für $x = 2{,}5$ aus dem erhaltenen allgemeinen Ausdruck des Differentialquotienten:

$$\frac{x^2}{2}\bigg/_{x\,=\,2,5} = \frac{2{,}5^2}{2} = \underline{3{,}125}$$

Das ist auch der Grenzwert, dem die oben aufgestellten Quotienten $\dfrac{\Delta y_n}{\Delta x_n}$ mehr und mehr zustreben und dem sie bis auf jede beliebig kleine Differenz angenähert werden können.

Schon aus dieser einführenden Darstellung ergibt sich, falls $f(x)$ als Kurve dargestellt wird, die **geometrische Bedeutung** des Grenzwertes dieses Differenzenquotienten.

Wie aus Fig. 185 ersichtlich, ist der Quotient $\dfrac{\Delta y_1}{\Delta x_1} = \dfrac{b - y_1}{a - x_1}$ identisch mit der trigonometrischen Tangente des Winkels α_1, welcher eingeschlossen wird von der x-Achse und der die beiden Punkte $Q_1(x_1, y_1)$ und $P(a, b)$ verbindenden Sekante, so daß:

$$\operatorname{tg}\alpha_1 = \frac{\Delta y_1}{\Delta x_1} = \frac{b - y_1}{a - x_1}$$

---

[1] Unrichtig und dem Sinn der richtigen Auffassung durchaus widersprechend wäre es, den Wert $\dfrac{x^2}{2}$ aus dem Differenzenquotienten herleiten zu wollen, indem man darin kurzweg die direkte Setzung $\Delta x = 0$ macht ohne ein Annähern an diese Grenze inbetracht ziehen zu wollen. Daß diese Setzung zum gleichen Resultat führt, gilt z. B. für diesen Fall, aus dem man in keiner Weise folgern darf, daß es nun immer so sein muß. Es genügt dazu, an das früher behandelte Beispiel S. 344/50 zu erinnern.

Analog ist der Neigungswinkel der Verbindungslinie der Punkte $Q_2(x_2, y_2)$ und $P(a, b)$:

$$\operatorname{tg}\alpha_2 = \frac{\Delta y_2}{\Delta x_2} = \frac{b - y_2}{a - x_2}$$

Setzt man diese Überlegung für alle folgenden gebildeten Differenzenquotienten fort, so folgt:

$$\operatorname{tg}\alpha_3 = \frac{\Delta y_3}{\Delta x_3} = \frac{b - y_3}{a - x_3}$$

$$\vdots \qquad \vdots \qquad \vdots$$

$$\operatorname{tg}\alpha_{10} = \frac{\Delta y_{10}}{\Delta x_{10}} = \frac{b - y_{10}}{a - x_{10}}$$

$$\vdots \qquad \vdots \qquad \vdots$$

Unter gleichzeitiger Betrachtung der Figur beobachten wir aber, daß alle diese Sekanten je länger, je mehr sich der Lage der Tangente, gezogen im Punkt $P(a, b)$ an die Kurve, annähern, indem sie, sich um P drehend, von dieser immer weniger abweichen. Ohne weiteres ist nun klar, daß die dem Grenzwert des Differenzenquotienten entsprechende Sekante schließlich mit der Tangente als ihrer Grenzlage zusammenfallen muß und somit auch ihr Neigungswinkel α dem Neigungswinkel τ der Tangente gleich wird.

Es ist somit:

$$\lim_{\Delta x = 0}\left(\frac{\Delta y}{\Delta x}\right) = \lim \operatorname{tg}\alpha = \operatorname{tg}\tau$$

d. h.:

Der Differentialquotient einer Funktion $f(x)$ ist gleich der trigonometrischen Tangente des Neigungswinkels der geometrischen Tangente an ihre Funktionskurve.

Rechnen wir hiernach den Winkel τ der Tangente im Punkte
$$\begin{cases} x = a = 2{,}5 \\ y = b = 2{,}604166 \cdots \end{cases} \text{aus, so folgt:}$$

$$\operatorname{tg}\tau\big|_{x=2,5} = 3{,}125$$

was einem Winkel entspricht von:

$$\tau = 72^0\,15'\,19''$$

Ebenfalls zum Differentialquotienten als Grenzwert des Differenzenquotienten und als Maßgröße für die trigonometrische Tangente der geometrischen Tangente gelangt man, wenn man (in Fig. 185) x und y

von der anderen, rechten Seite her, von größeren Werten als a und b ausgehend in abnehmendem Sinne den Grenzwerten a und b sich annähern läßt.

Dieser Fall ist speziell in der Fig. 188 S. 362 des folgenden Beispiels veranschaulicht.

Wie leicht ersichtlich, gelangt man, gestützt auf analoge Überlegungen, wie in Fig. 185 zum allgemeinen Ausdruck des Differenzenquotienten:

$$\frac{\varDelta y_n}{\varDelta x_n} = \frac{f(x + \varDelta x_n) - f(x)}{\varDelta x_n}$$

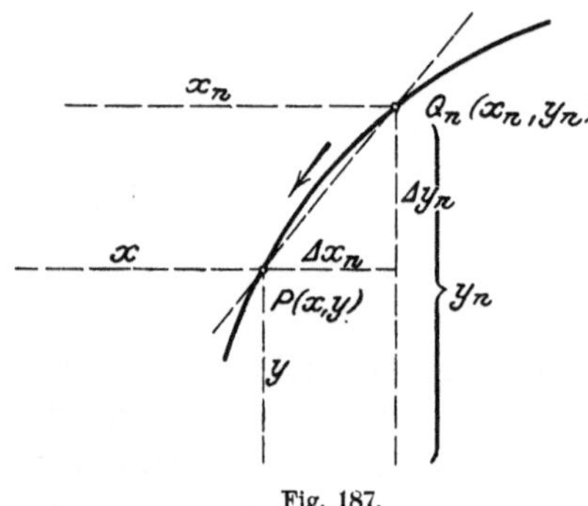

Fig. 187.

und schließlich, wenn man wieder $\varDelta x_n$ und $\varDelta y_n$ als Teile der Koordinaten x und y vom „Grenzpunkt" P betrachtet, zur allgemeinen Form:

$$\frac{\varDelta y}{\varDelta x} = \frac{f(x + \varDelta x) - f(x)}{\varDelta x}$$

so daß sich in diesem Falle für den Differentialquotienten der Funktion:

$$y = f(x)$$

ergibt:

$$\lim_{\varDelta x = 0}\left(\frac{\varDelta y}{\varDelta x}\right) = \lim_{\varDelta x = 0}\left[\frac{f(x + \varDelta x) - f(x)}{\varDelta x}\right]$$

Die nähere Untersuchung läßt erkennen, daß die beiden Differentialquotienten wohl, wie ihre verschiedene Form andeutet, im allgemeinen einander nicht gleich zu sein brauchen, jedoch in weitaus den meisten, ganz besonders der praktischen Erfahrung entstammenden Betrachtungen, den nämlichen Wert besitzen. Dies trifft insbesondere auch zu, wenn es sich um funktionale Zusammenhänge handelt, die sich aus technischen Untersuchungen ergeben, um sog. „technische Funktionen", bzw. die sie vertretenden analytischen Funktionen (vgl. IV, S. 193—194, 235—238).

In der Bewegungslehre (*Phoronomie*) gibt, wie wir bei dieser Gelegenheit auch bemerken wollen, der Differentialquotient die Geschwindigkeit des bewegten Punktes oder Körpers an und ist gegeben als Grenzwert der Funktion, die uns den zurückgelegten Weg in Abhängigkeit von der Zeit angibt [$s = f(t)$]. Es ist nun aber klar, daß in jedem Zeitmoment der Körper sich tatsächlich mit nur einer Geschwindigkeit bewegen kann, also nur ein einziger Differentialquotient, von welcher Seite wir uns auch dem Bewegungszustand nähern mögen, dem Punkt der Weg-Zeit-Kurve nur eine einzige Tangente, entsprechen kann.

Ähnliches gilt für die Beschleunigung, die sich als Differentialquotient der Geschwindigkeits-Zeit-Funktion [$v = \varphi(t)$] ergibt.

Auch in obigem Beispiele liegt eine Funktion vor, für welche das Gesagte zutrifft, wie die folgende Ableitung beweist.

Es ist:

$$y = f(x) = \frac{x^3}{6}$$

dann folgt:

$$f(x + \Delta x) = \frac{(x + \Delta x)^3}{6}$$

und somit wird der Differenzenquotient der zweiten Art:

$$\frac{\Delta y}{\Delta x} = \frac{f(x + \Delta x) - f(x)}{\Delta x} = \frac{\frac{(x + \Delta x)^3}{6} - \frac{x^3}{6}}{\Delta x}$$

$$= \frac{x^3 + 3\,x^2\,\Delta x + 3\,x\,\Delta x^2 + \Delta x^3 - x^3}{6\,\Delta x}$$

$$= \frac{3\,x^2 + 3\,x\,\Delta x + \Delta x^2}{6}$$

Wir erhalten daher auf diesem zweiten Wege für den Differentialquotienten den Ausdruck:

$$\lim_{\Delta x = 0}\left(\frac{\Delta y}{\Delta x}\right) = \lim_{\Delta x = 0}\left[\frac{f(x + \Delta x) - f(x)}{\Delta x}\right]$$

$$= \lim_{\Delta x = 0}\left(\frac{3\,x^2 + 3\,x\,\Delta x + \Delta x^2}{6}\right) = \frac{3\,x^2}{6}$$

$$\lim_{\Delta x = 0}\left[\frac{f(x + \Delta x) - f(x)}{\Delta x}\right] = \frac{x^2}{2}$$

also wirklich den gleichen Wert wie früher.

In letzterem Falle des Gleichseins können wir die beiden Formen des Differentialquotienten in eine vereinigen durch die Schreibweise:

$$\boldsymbol{D.\text{-}Q.} = \lim_{\Delta x = 0}\frac{\Delta y}{\Delta x} = \lim_{\Delta x = 0}\left[\frac{f(x \pm \Delta x) - f(x)}{\pm\,\Delta x}\right]$$

Die nämlichen Überlegungen mit analogem Resultate lassen sich mit einer anderen Funktion machen, wie z. B. an der Funktion:

$$y = f(x) = \frac{x^2(13 - x)}{40} - 3{,}6$$

deren geometrisches Bild in Fig. 188 wiedergegeben ist.

Auch hier wird man konstatieren können, daß für ein beliebig ausgewähltes zusammengehöriges Wertepaar (x, y) der Differenzenquotient $\dfrac{y - y_n}{x - x_n}$ bzw. $\dfrac{y_n - y}{x_n - x} = \dfrac{\Delta y_n}{\Delta x_n}$ sich einem bestimmten Grenzwerte nähert, wenn die allgemeine Differenz Δx_n (und mit ihr hier auch Δy_n) kleiner und kleiner wird.

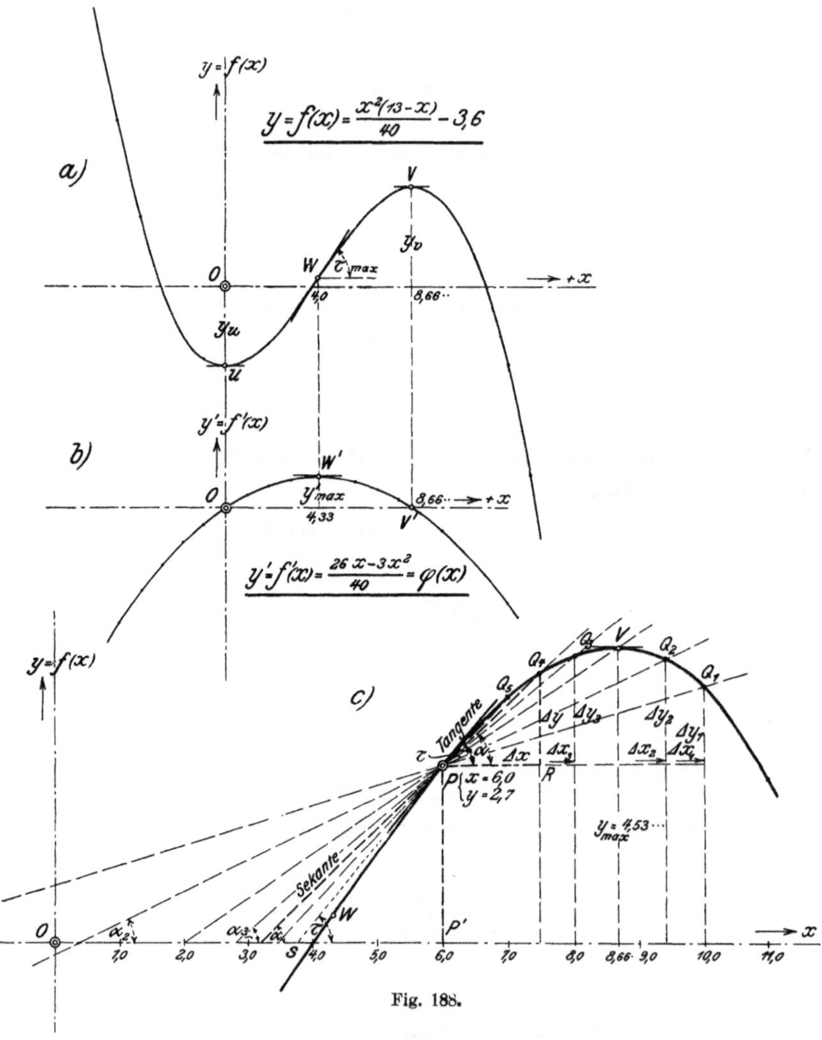

Fig. 188.

Dieser Grenzwert, der sog. Differentialquotient dieser Funktion, findet sich, wie oben und, da die Funktion, wie die Figur vermuten läßt, innerhalb endlicher Grenzen stetig verläuft, auch leicht auf Grund der für ihn aufgestellten allgemeinen Definitionsformel:

$$\text{D.-Q.} = \lim_{\Delta x = 0} \left[\frac{f(x \pm \Delta x) - f(x)}{\pm \Delta x} \right]$$

Es ist:

$$y = f(x) = \frac{x^2(13 - x)}{40} - 3{,}6$$

Indem wir x durch $(x \pm \varDelta x)$ ersetzen, bzw. dem Argument x einen Zuwachs $\pm \varDelta x$ zuteil werden lassen, folgt der entsprechend um $\varDelta y$ gewachsene Funktionswert:

$$y \pm \varDelta y = f(x \pm \varDelta x) = \frac{(x \pm \varDelta x)^2 \, [13 - (x \pm \varDelta x)]}{40} - 3{,}6$$

Durch Subtraktion der oberen von der unteren Gleichung folgt:

$$\pm \varDelta y = f(x \pm \varDelta x) - f(x) =$$

$$= \frac{(x \pm \varDelta x)^2 \, [13 - (x \pm \varDelta x)]}{40} - 3{,}6 - \left[\frac{x^2(13 - x)}{40} - 3{,}6 \right]$$

und durch Division mit der Differenz $\varDelta x$ folgt der Differenzenquotient:

$$\frac{\varDelta y}{\varDelta x} = \frac{f(x \pm \varDelta x) - f(x)}{\pm \varDelta x} =$$

$$= \frac{\dfrac{(x \pm \varDelta x)^2 \, [13 - (x \pm \varDelta x)]}{40} - 3{,}6 - \left[\dfrac{x^2(13 - x)}{40} - 3{,}6 \right]}{\pm \varDelta x}$$

Wenn wir nun die Potenzen im Zähler entwickeln und möglichst vereinfachen, so bleibt:

$$\frac{f(x \pm \varDelta x) - f(x)}{\pm \varDelta x} = \frac{\dfrac{(x^2 \pm 2 x \varDelta x + \varDelta x^2)(13 - x \mp \varDelta x)}{40} - \dfrac{13 x^2 - x^3}{40}}{\pm \varDelta x} =$$

$$= \frac{13 x^2 + 26 x \varDelta x + 13 \varDelta x^2 - x^3 + 2 x^2 \varDelta x - x \varDelta x^2 + x^2 \varDelta x - 2 x \varDelta x^2 \mp \varDelta x^3 - 13 x^2 + x^3}{\pm 40 \varDelta x}$$

$$= \frac{1}{40} [26 x \pm 13 \varDelta x - 2 x^2 + x \varDelta x - x^2 \mp 2 x \varDelta x - \varDelta x^2]$$

Wenn nun die Differenz $\varDelta x$ sich mehr und mehr der Null nähert, so sieht man leicht ein, daß der obige Ausdruck sich dem Grenzwert:

$$\frac{1}{40}(26 x - 3 x^2)$$

nähert, welcher somit auch der Differentialquotient vorliegender Funktion ist, so daß wir haben:

$$\lim_{\varDelta x = 0} \left[\frac{f(x \pm \varDelta x) - f(x)}{\pm \varDelta x} \right] = \frac{26 x - 3 x^2}{40} = f'(x)$$

In noch etwas einfacherer und übersichtlicherer Weise präsentiert
sich die Herleitung dieses Differentialquotienten, wenn wir die gegebene
Funktion in der Form:

$$y = f(x) = \frac{1}{40}\,(13\,x^2 - x^3) - 3{,}6$$

schreiben und behandeln.

Wie schon diese Beispiele zeigen, ist der Differentialquotient
einer Funktion $f(x)$ wieder eine Funktion von x, aber eine
andere, die wir daher unter Auswahl eines anderen Funktionszeichens
analog angeben können mit $\varphi(x)$; ihr Grad ist hier um eine Einheit
kleiner.

Diese Funktion $\varphi(x)$ besitzt wiederum ihre eigene, andere Funktionskurve (vgl. Fig. 188) und da sie, wie eben gesehen, sich aus $f(x)$
herleiten läßt, sich durch Ableitung aus jener ergibt, so bezeichnet
man sie auch kurzweg als die *Ableitung* von $f(x)$ oder mit dem entsprechenden Fremdwort als die *Derivierte*, welcher Name für alle Funktionen Anwendung findet, die nach diesen Gesetzen aus einer anderen
Funktion entstehen, zumal wenn man diesen gesetzmäßigen Zusammenhang der beiden Funktionen $[f(x)$ und $\varphi(x)]$ betonen will.

In der Schrift deutet man diesen Zusammenhang nach dem Vorgehen von *Lagrange*[1]) an durch das mit einem Strich versehene Funktionszeichen: $f'(x)$.

Ihre Kurve, die wir als „*Differentialquotientkurve*" bezeichnen
könnten, nennen wir kurz, wenn auch unkorrekter, die **Differentialkurve** der Funktion $f(x)$.

In obigem zweiten Beispiel wird der Winkel der Tangente im
Kurvenpunkte mit der Abszisse $x = +6$ $(y = +2{,}7)$ eine Größe haben,
welche sich findet aus der Beziehung:

$$\operatorname{tg}\tau = f'(6) = \frac{26\,x - 3\,x^2}{40}\Bigg/_{x=+6} = \frac{26\cdot 6 - 3\cdot 6^2}{40} = 1{,}2$$

$$\operatorname{tg}\tau = \frac{\overline{PP'}}{\overline{P'S}} = 1{,}2$$

$$\tau = 50^0\,11'\,40'' \qquad\qquad \text{(vgl. Fig. 188c)}$$

Die Punkte, in denen $\tau = 0$ ist, also die Tangente parallel zur
x-Achse (horizontal) verläuft, finden sich, wie leicht einzusehen, aus
der Bedingungsgleichung

$$\operatorname{tg}\tau/_{\tau=0} = \operatorname{tg}0 = 0 = \frac{26\,x - 3\,x^2}{40}$$

---

[1]) „*Théorie des fonctions analytiques, contenant les principes du calcul différentiel*"
Paris 1797; 3. Aufl. 1847 (deutsch von *Grüson*, Berlin 1798).

Die erhaltene Gleichung:

$$\frac{26\,x - 3\,x^2}{40} = 0$$

wird erfüllt durch $x = 0$ und es bleibt bei Division mit x noch die Gleichung:

$$26 - 3\,x = 0$$

woraus:

$$x = \frac{26}{3} = 8{,}66 \cdots$$

als zweite Wurzel der quadratischen Gleichung folgt.

$x_1 = 0$ und $x_2 = 8\tfrac{2}{3}$ sind daher zwei Abszissenwerte, für deren Kurvenpunkte $\operatorname{tg}\tau = 0$ bzw. $\tau = 0$ wird und in denen die Tangente parallel zur x-Achse zu liegen kommt; es sind die Punkte U und V.

Ihre Ordinatenwerte findet man durch Einsetzen dieser x-Werte in die Gleichung der Kurve.

Ordinate von U:
$$y_U = f(0) = \frac{x^2(13 - x)}{40} - 3{,}6\,\Big|_{x=0} = -3{,}6$$

Ordinate von V:
$$y_V = f(8\tfrac{2}{3}) = \frac{x^2(13 - x)}{40} - 3{,}6\,\Big|_{x=8\frac{2}{3}} = 4{,}53_{7037}\ldots$$

Schon durch Betrachtung der graphischen Darstellungen der obigen Funktionen läßt sich einsehen, daß, wenn y seinen Wert mit x nicht ändert, also für alle Werte des Arguments die Funktion $y = f(x)$ den gleichen Wert beibehält, die Kurve zur parallelen Geraden zur x-Achse wird und für alle Werte von x:

$$\operatorname{tg}\tau = \tau = 0$$

ausfallen muß (vgl. Fig. 189).

Es ist dann:

$$y = f(x) = \text{konstant} = C$$

und daher auch:

$$\operatorname{tg}\tau = \frac{dy}{dx}\Big|_{y=\text{konst}} = \frac{dC}{dx} = 0$$

d. h.

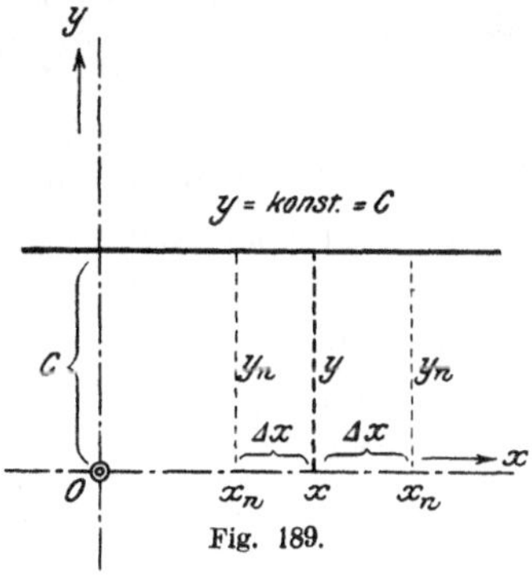

Fig. 189.

Der Differentialquotient einer Konstanten ist gleich Null.

Auch analytisch läßt sich dieses Resultat bestätigen mit Hilfe des Differenzenquotienten.

Derselbe wird dann, da $y = y_n = C$:

$$\frac{\varDelta y}{\varDelta x} = \frac{C - C}{\varDelta x} = \frac{0}{\varDelta x} = 0$$

Wenn nun aber der Differenzenquotient für jeden Wert von x bzw. $\varDelta x$ bereits gleich dem unveränderlichen Wert Null ist, so muß um so mehr der Differentialquotient als Grenzwert desselben — wenn man bei konstantem Differenzenquotient überhaupt von einem solchen noch sprechen kann und will — auch gleich Null sein, denn ein Wert einer Größe, die nun einmal unveränderlich, für alle Argumentwerte x konstant ist, kann nur auch für den Grenzwert des Arguments gleichen Wert besitzen, muß also hier auch null sein:

$$\lim_{\varDelta x = 0} \frac{\varDelta y}{\varDelta x}\bigg|_{y=C} = \frac{dC}{dx} = 0 \qquad \text{oder:} \qquad \frac{d}{dx}(C) = 0$$

Ferner kommt, wie oben im zweiten Beispiel sich zeigt, eine additive oder subtraktive Konstante zu einer Funktion für die Bildung des Differentialquotienten nicht in Betracht, da sie in diesem einen Beitrag Null liefert.

Dies erhellt auch ohne weiteres aus der allgemeinen Bildung des Differentialquotienten nach obiger Methode wie folgt:

Ist die allgemeine Funktion mit einer additiven bzw. subtraktiven Konstanten gegeben in der Form:

$$Y = f(x) \pm C = F(x)$$

so folgt zunächst für die Bildung des Differenzenquotienten:

$$Y + \varDelta Y = f(x + \varDelta x) \pm C$$

Somit:

$$\varDelta Y = f(x + \varDelta x) \pm C - [f(x) \pm C]$$
$$= f(x + \varDelta x) - f(x)$$
$$\frac{\varDelta Y}{\varDelta x} = \frac{f(x + \varDelta x) - f(x)}{\varDelta x}$$

Dies ist aber bekanntlich auch der Differenzenquotient der Funktion $y = f(x)$, so daß ersichtlich ist, daß die additive Konstante bereits im Differenzenquotienten verschwindet; sie muß dies daher auch in dessen Grenzwert, im Differentialquotient tun.

Es folgt:

$$\frac{dY}{dx} = \lim_{\varDelta x = 0} \frac{\varDelta Y}{\varDelta x} = \lim_{\varDelta x = 0} \left[\frac{f(x + \varDelta x) - f(x)}{\varDelta x} \right]$$
$$\frac{d}{dx}[F(x)] = \frac{d}{dx}[f(x)]$$

oder:

$$\frac{d}{dx}[f(x) \pm C] = \frac{d}{dx}[f(x)]$$

d. h.:

Der Differentialquotient einer um eine Konstante vermehrten (oder verminderten) Funktion ist gleich dem Differentialquotienten der Funktion ohne Berücksichtigung der Konstanten.

oder:

Bei der Bildung des Differentialquotienten ist eine additive (oder subtraktive) Konstante nicht in Betracht zu ziehen.

Man kann auch, in nicht streng richtiger Ausdrucksweise, wie dies noch oft geschieht, die Sekante als Verbindungslinie zweier Punkte der Kurve festhaltend, in Verfolgung eines etwas anderen Gedankengangse die Auseinandersetzung erfahren:

„Die aufeinanderfolgenden Differenzenquotienten geben jeweils die trigonometrische Tangente des Neigungswinkels einer Sekante an, die einen Punkt $P(a, b)$ mit einem sich ihm immer mehr nähernden Punkt Q verbindet. Mit unter alles angebbare Maß sinkenden Differenzen $\varDelta x$ und $\varDelta y$ nähert sich der wandernde Punkt Q dem festen Punkt P auf unmittelbare Nachbarschaft, d. h. auf eine unendlich kleine Distanz, in welchem Falle die Sekante zur Tangente wird und der Sekantenwinkel zum Tangentenwinkel. Die Tangente erscheint hier als Sekante, welche zwei ‚unendlich wenig entfernte‘ Punkte verbindet.“

Wenn hiernach, aus dem Bilde der Entstehung heraus, davon gesprochen wird, es sei die Tangente der Kurve die Verbindungslinie zweier unendlich benachbarten Punkte oder zweier in unmittelbarer Nachbarschaft liegenden Punkte, so ist dies nur eine bildliche Ausdrucksweise für den exakten Tatbestand, daß die Tangente zwei zusammenfallende Punkte verbindet, wobei aber in dem Begriff des Zusammenfallens der Weg, auf dem dies geschehen ist (der Weg längs der Kurve), mitzudenken ist. Tut man dies, dann ist das die exakte Ausdrucksweise; im anderen Falle muß man sich bewußt bleiben, daß man nur einen annähernden Ausdruck für den wahren Tatbestand gewählt hat.

Wie aus oben gegebener Einführung des Differentialquotienten mit der gelegentlichen Bemerkung: „Falls dieser Quotient einen Grenzwert besitzt“ (vgl. S. 356) hervorgeht, besteht durchaus nicht immer ein solcher Grenzwert der Funktion, also ein Differentialquotient derselben, sondern diese muß dafür bestimmte Eigenschaften besitzen, damit im allgemeinen, d. h. einzelne spezielle Punkte ausgenommen, für sie ein solcher existiere.

Diesbezüglich läßt sich nun zunächst folgender Satz beweisen:

Besitzt eine Funktion in einem Punkt einen Differentialquotienten, so ist sie in diesem Punkte stetig.

Wir setzen also voraus, daß

$$\lim_{\varDelta x = 0}\left(\frac{\varDelta y}{\varDelta x}\right) = A$$

worin A eine positive, endliche Zahl bedeutet.

Dies sagt uns aber, daß, wenn $\varDelta x$ sich nur sehr (unendlich) wenig von 0 unterscheidet, der Quotient $\dfrac{\varDelta y}{\varDelta x}$ auch nur sehr (unendlich) wenig verschieden von A ist.

Bezeichnen wir mit μ eine sehr kleine Zahl, die mit $\varDelta x$ zugleich zu Null wird, so daß

$$\lim_{\varDelta x = 0} \mu = 0$$

so können wir daher setzen:

$$\frac{\varDelta y}{\varDelta x} = A + \mu$$

Ist x_0 der Wert des Argumentes des betrachteten, der Untersuchung zugrunde gelegten Punktes der Funktion, so folgt nach obigem:

$$\varDelta y = f(x_0 + \varDelta x) - f(x_0) = (A + \mu)\,\varDelta x$$

also ist

$$|f(x_0 + \varDelta x) - f(x_0)| = |(A + \mu)\,\varDelta x|$$

Wenn nun $\varDelta x$ beliebig klein wird und daher auch μ, so kann man hiernach

$$|f(x_0 + \varDelta x) - f(x_0)|$$

unter jeden beliebigen Wert bringen.

Wählen wir z. B.

$$(A + \mu)\,\varDelta x = \frac{\varepsilon}{2}$$

so folgt:

$$|f(x_0 + \varDelta x) - f(x_0)| = \frac{\varepsilon}{2} < \varepsilon$$

wenn nur $\varDelta x$ beliebig klein, also z. B.

$$\varDelta x = |x_0 - x| = |x - x_0| < \delta$$

Daß aber

$$|f(x_0 + \varDelta x) - f(x_0)| = |f(x) - f(x_0)| = |f(x_0) - f(x)| < \varepsilon$$

wenn

$$|x_0 - x| < \delta$$

wo ε und δ konstant, beliebig klein sind, ist nach früherem die Bedingung dafür, daß die Funktion $f(x)$ im Punkte $x = x_0$ stetig ist.

Die Umkehrung des obigen Satzes können wir jedoch nicht beweisen, d. h. es läßt sich nicht behaupten, daß aus der Stetigkeit der Funktion die Existenz des Differentialquotienten folge. Wir haben es hier mit einem Falle zu tun, wo eine Bedingung (die Stetigkeit) zwar notwendig, aber nicht hinreichend ist.

Daß die Umkehrung dieses Satzes nicht beweisbar ist, folgt schon daraus, daß es eben Funktionen gibt, welche zwar die Bedingung der

Stetigkeit erfüllen, bei denen aber in keinem Punkte von einem bestimmten Differentialquotienten, keinem Grenzwert obiger Differenzenquotienten gesprochen werden kann, oder, geometrisch gewendet, wo es keinen Sinn hat, von einer Tangente der Kurve zu sprechen.

Als Beispiel hierfür wählen wir die bekannte

Weierstraßsche Funktion,

welche von *Weierstraß* im Jahre 1851 bereits aufgestellt, allerdings erst anno 1874 in einem Aufsatze von *P. du Bois-Reymond* veröffentlicht wurde[1]).

Wir beschränken uns hier nur darauf, die Stetigkeit der Funktion im Anschlusse an *Klein* zu beweisen, während wir auf die Bestimmung des Differentialquotienten selbst im einzelnen verzichten müssen, da es hier zu weit führen würde. Statt dessen wollen wir versuchen, den Aufbau der Funktion durch graphische Bilder nahe zu legen, sowie dadurch auch das Resultat über den Differentialquotienten zu veranschaulichen (vgl. Taf. II).

Die Weierstraßsche Funktion ist durch folgende Reihe trigonometrischer Funktionen gegeben:

$$y = \sum_{n=0}^{\infty} b^n \cos(a^n x \pi)$$

wofür Bedingungen sind:

1. $\qquad 0 < b < 1$

2. $\qquad a$ ungerade Zahl

3. $\qquad a \cdot b > 1 + \dfrac{3\pi}{2}$

Man sieht, daß diese Summe eine Reihe unbegrenzt vieler Glieder von Cosinus-Funktionen darstellt, wobei b^n mit wachsendem n immer kleiner wird, da b ausdrücklich kleiner als 1 vorausgesetzt wurde.

Für unsere Betrachtungen, insbesondere für die geometrische Figur, wollen wir einen speziellen Fall zugrunde legen, nämlich annehmen:

$$a = 13$$

$$b = \frac{1}{2} = 0{,}5$$

---

[1]) Für Näheres hierüber vgl.:

Wiener, Chr.: „Geometr. und analyt. Untersuchung der Weierstraßschen Funktion." Crelles Journ. f. d. reine u. angew. Math. 1881, S. 221.

Klein, F.: „Anwendung der Diff.- und Integral-Rechnung auf Geometrie." Vorlesung 1901. Autographie v. *Conr. Müller.* Teubner 1902, S. 83.

Dini, U.: „Grundlagen für eine Theorie der Funktionen." Teubner 1892, S. 223.

womit alle Bedingungen erfüllt sind, insbesondere auch

$$a \cdot b = 6{,}5 > 1 + \frac{3\,\pi}{2} = 5{,}712 \cdots$$

ist.

Unsere spezielle Funktion hätte dann also die Form:

$$y = \sum_{n=0}^{\infty} \left(\frac{1}{2}\right)^{n} \cos(13^{n}\, x\, \pi)$$

Um die Struktur der Funktion zu erkennen, wählen wir das Vorgehen nach *Wiener* und *Klein*.

Ausgeschrieben lautet die Funktion:

$$y = \cos(x\,\pi) + \frac{1}{2}\cos(13\,x\,\pi) + \frac{1}{4}\cos(13^{2}\,x\,\pi) + \frac{1}{8}\cos(13^{3}\,x\,\pi) + \cdots$$

$$= \cos(x\,\pi) + \frac{1}{2}\cos(13\,x\,\pi) + \frac{1}{4}\cos(169\,x\,\pi) + \frac{1}{8}\cos(2197\,x\,\pi) + \cdots$$

oder auch:

$$y = y_0 + y_1 + y_2 + y_3 + \cdots$$

wobei wir die Glieder y_0, y_1, y_2, $y_3 \cdots$ als die Funktionen der Teilkurven, kurzweg sie selbst als die *Teilkurven* der Weierstraßschen Funktion bezeichnen, deren analytische Ausdrücke dann sind:

$$y_0 = \cos(x\,\pi)$$

$$y_1 = \frac{1}{2}\cos(13\,x\,\pi)$$

$$y_2 = \frac{1}{4}\cos(169\,x\,\pi)$$

$$y_3 = \frac{1}{8}\cos(2197\,x\,\pi)$$

$$\vdots \qquad\qquad \vdots$$

Wie die Reihenentwicklung lehrt, erhalten wir die Schlußkurve durch folgenden sukzessiven Aufbau:

Wir zeichnen zunächst die Cosinus-Kurve

$$y_0 = \cos(x\,\pi) \qquad \text{in Taf. II gleich Kurve I}$$

dann die Kurve

$$y_1 = \frac{1}{2}\cos(13\,x\,\pi) \qquad \text{in Taf. II gleich Kurve II}$$

und bilden aus beiden die resultierende Kurve durch Addition ihrer Ordinaten mit gleicher Abszisse.

Diese Kurve

$$y' = (y_0 + y_1) \qquad \text{in Taf. II gleich Kurve I}'$$

nennen wir die erste *Näherungskurve*.

Dann suchen wir aus der letzteren und der Cosinus-Kurve y_2 die zweite Näherungskurve:

$$y'' = y' + y_2 = y_0 + y_1 + y_3 \; ; \qquad \text{in Taf. II gleich Kurve II}'$$

und fahren in dieser Weise mit der Zusammenstellung fort bis zur m-ten *Näherungskurve*, welche wir also durch sukzessive Übereinanderlagerung der „Teilkurven" erhalten und die sich immer mehr der anzustrebenden Endkurve, die dem Gesamtausdruck, der Weierstraßschen Funktion, entspricht, annähert. Ihre Ordinaten sind gleich der Summe aller Ordinaten der $(m + 1)$ „Teil-Cosinus-Kurven" gleicher Abszisse und ihr analytischer Ausdruck ist:

$$y^{(m)} = \sum_{n=0}^{m} b^n \cos(a^n x \pi)$$

Die erste Teilkurve

$$y_0 = \cos(x \pi)$$

ist eine Cosinus-Linie, deren Wellenlänge gleich $\lambda_0 = 2$ ist und deren Ordinaten (Funktionswerte) zwischen $y = +1$ und $y = -1$ schwanken (vgl. Taf. II, Kurve I).

Die zweite Teilkurve

$$y_1 = \frac{1}{2} \cos(13 x \pi)$$

hat eine Wellenlänge $\lambda_1 = \dfrac{2}{13}$ und eine Ordinatenschwankung zwischen $\pm \dfrac{1}{2}$. Sie ist also 13 mal schmaler als obige und ihre Ordinaten gehen nur halb so weit nach oben und unten; die Kurve verläuft daher steiler mit viel mehr, aber kleineren Wellen, wie Fig. II, Kurve II bestätigt.

Die dritte „Teilkurve"

$$y_3 = \frac{1}{4} \cos(13^2 x \pi)$$

hat eine Wellenlänge von $\dfrac{2}{13^2} = \dfrac{2}{169}$, also wieder 13 mal kleiner als die vorhergehende Kurve und eine Ordinatenschwankung zwischen $\pm \dfrac{1}{4}$, auch wiederum die Hälfte der vorausgehenden. Diese dritte Kurve verläuft also wieder steiler in abermals zahlreicheren, aber weniger hohen Wellen (Kurve III).

Und so fortgesetzt kommen wir zu Teilkurven, welche Cosinus-Linien sind mit Wellen von immer kleinerer Länge, größerer Zahl (auf eine bestimmte Distanz), kleinerer Höhe und steilerem Verlauf; diese werden, kurz gesagt, schmaler, niedriger und steiler[1]).

Hieraus erkennt man, daß sowohl unsere zeichnerischen Mittel, als auch unsere Vorstellung bald versagen, wenn wir diese Kurven und die durch Übereinanderlagerung derselben entstehenden Näherungskurven in beliebiger Fortsetzung angeben wollen, welch letztere ja ins Endlose fortgesetzt zu denken ist.

Mit einer sehr geringen Anzahl von „Teilkurven“, also der Angabe einer gar nicht fernen „Näherungskurve“ müssen wir uns, wie die Taf. II lehrt, begnügen, da wir sie weiter in Zeichnung und Anschauung nicht verfolgen können. Den weiteren Weg zur Erreichung der Weierstraßschen *Endkurve* müssen wir uns als durch die begriffliche oder mathematische Definition gegeben denken und den Prozeß in Gedanken weiter fortsetzen, wenn auch unsere sinnliche Anschauung erlahmt.

Infolgedessen können wir uns hier für den Stetigkeitsbeweis um so weniger auf die geometrische Figur verlassen und gehen daher zu dessen analytischer Darstellung über.

Zu diesem Zweck denken wir uns eine Näherungskurve von $(m + 1)$ Gliedern oder Teilkurven gebildet und bezeichnen den übrig bleibenden Teil der ganzen unendlichen Reihe als *Restkurve*, so daß die Darstellung der ganzen Funktion jetzt im allgemeinen Falle wird:

$$\text{Endkurve} = \text{Näherungskurve} + \text{Restkurve}$$

oder:

$$y = \sum_{n=0}^{m} b^n \cos(a^n x \pi) + \sum_{n=m+1}^{\infty} b^n \cos(a^n x \pi)$$

Daß der erste Teil rechts, die Summe der Näherungskurve, eine stetige Funktion darstellt, ist ohne weiteres klar, da derselbe aus einer

---

[1]) Daß sie steiler verlaufen mit zunehmender Ordnung läßt sich auch leicht vermittels des Differentialquotienten feststellen, wenn wir das früher erhaltene Resultat verwenden, wonach der Differentialquotient den Neigungswinkel der geometrischen Tangente angibt.

Der Differentialquotient der m-ten Teilkurve wird nämlich, wie wir vorgreifend bemerken wollen:

$$\frac{d(y_m)}{dx} = \frac{d}{dx}\,[b^m \cos(a^m x \pi)] = b^m a^m \pi \sin(a^m x \pi)$$

Für einen Knotenpunkt, in dem die Cosinuskurve die x-Achse durchschneidet, wo also bekanntlich $\cos(a^m x \pi) = 0$, also $\sin(a^m x \pi) = 1$ ist, wird daher

$$\frac{d(y_m)}{dx} = (a \cdot b)^m \pi = \operatorname{tg} \tau$$

woraus man leicht erkennt, daß mit wachsendem m die Größe tg τ und daher auch τ, also die Neigung der Tangente, zunimmt, trotz abnehmender Amplitude (Wellenhöhe) der Kurve.

endlichen Anzahl von Cosinus-Funktionen besteht, die jede für sich stetig sind[1]). Demnach gilt dies auch für ihre Summe nach einem früher (S. 343) bewiesenen Satze über die Stetigkeit einer Funktion, die sich aus einer endlichen Summe stetiger Funktionen zusammensetzt.

---

[1]) Es handelt sich hier nach obigem um den Stetigkeitsbeweis einer Funktion von der allgemeinen Form:

$$y = c_1 \cos(c_2 x)$$

worin c_1 und c_2 Konstante sind.

Man sieht nun leicht ein, daß es genügt, den Beweis zu führen für eine Funktion:

$$y^* = \cos(c_2 x)$$

da ja das Produkt aus einer Konstanten in eine stetige Funktion nach früherem auch stetig ist (vgl. S. 343).

Führen wir schließlich an Stelle von $(c_2 x)$ die Variable z ein, so hätten wir die Stetigkeit der Funktion:

$$y^* = \cos z = f(z)$$

zu beweisen, und also nach unserer allgemeinen Definition für dieselbe zu zeigen, daß:

$$|f(z) - f(z_0)| = |\cos z - \cos z_0| < \varepsilon$$

wenn nur:

$$|z - z_0| < \delta$$

Ist:

$$\delta' > \delta$$

so können wir δ' so annehmen, daß:

$$z - z_0 = \delta'$$

also:

$$z_0 = z - \delta'$$

und somit:

$$\cos z - \cos z_0 = \cos z - \cos(z - \delta')$$
$$= \cos z - \cos z \cos \delta' - \sin z \sin \delta'$$

Nun ist δ' sehr klein und somit $\cos \delta'$ sehr nahe gleich 1. Daher können wir setzen:

$$\cos \delta' = 1 - \eta$$

wobei η ebenfalls sehr klein.

$\sin \delta'$ wird auch sehr klein, weshalb wir setzen:

$$\sin \delta' = \eta_1$$

Damit folgt:

$$\cos z - \cos z_0 = \cos z - \cos z(1 - \eta) - \sin z \cdot \eta_1$$
$$= \cos z \cdot \eta - \sin z \cdot \eta_1$$
$$|\cos z - \cos z_0| = \eta_1 \left| \sin z - \frac{\eta}{\eta_1} \cos z \right|$$

Nun kann man beweisen, daß $\dfrac{\eta}{\eta_1}$ eine unendlich kleine Zahl ist und somit der Subtrahend gegenüber dem Minuend vernachlässigt werden kann.

Um ersteres zu beweisen, gehen wir aus von den bekannten Entwicklungen:

$$\cos \delta' = 1 - \frac{\delta'^2}{2!} + \frac{\delta'^4}{4!} - + \cdots$$
$$\sin \delta' = \delta' - \frac{\delta'^3}{3!} + \frac{\delta'^5}{5!} - + \cdots$$

Da nun δ' unendlich klein, so sind nach früherem die Potenzen unendlich kleine Zahlen höherer Ordnung entsprechend der Höhe der Potenz, und wir können daher, indem wir $\cos \delta'$ durch $1 - \eta$ ersetzen, in der folgenden Gleichung:

$$1 - \eta = 1 - \frac{\delta'^2}{2!} + \frac{\delta'^4}{4!} - + \cdots$$

(Fortsetzung umstehend.)

woraus zunächst noch:

$$\eta = \frac{\delta'^2}{2!} - \frac{\delta'^4}{4!} + \frac{\delta'^6}{6!} - + \cdots$$

unter Vernachlässigung aller Glieder, die unendlich klein höherer Ordnung sind schreiben:

$$\eta = \frac{\delta'^2}{2!}$$

woraus folgt, daß η gegenüber δ' unendlich klein von II. Ordnung ist, da das Quadrat von δ' eine solche ist und ebenso $\dfrac{\delta'^2}{2!} = c\,\delta'^2$.

Ebenso folgt aus der Entwicklung für $\sin\delta' = \eta_1$:

$$\eta_1 = \delta' - \frac{\delta'^3}{3!} + \frac{\delta'^5}{5!} - + \cdots$$

unter Vernachlässigung aller Glieder, die unendlich klein höherer Ordnung sind:

$$\eta_1 = \delta'$$

wonach also η_1 gegenüber δ' als unendlich klein I. Ordnung auch eine unendlich kleine Zahl gleicher Ordnung, also auch I. Ordnung ist.

Der Quotient $\dfrac{\eta}{\eta_1}$ wird demnach auf Grund früherer Darlegungen eine unendlich kleine Zahl, deren Ordnung gleich ist der Differenz der Ordnungen von Zähler und Nenner, also eine solche I. Ordnung (gegenüber δ').

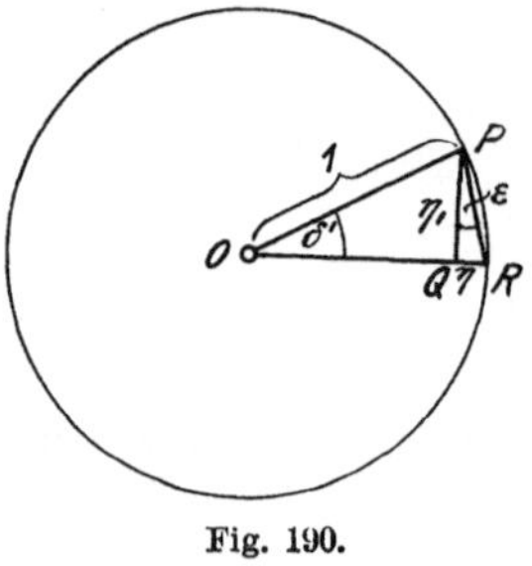

Auch aus geometrischen Betrachtungen kann man anhand nebenstehender Figur das nämliche Resultat ableiten:

Im Kreis mit dem Radius 1 ist:

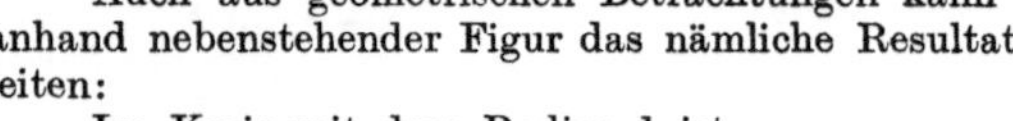

$$\sin\delta' = \frac{\overline{PQ}}{\overline{OP}} = \eta_1, \qquad \text{also} \qquad \eta_1 = \overline{PQ}$$

$$\cos\delta' = \frac{\overline{OQ}}{\overline{OP}} = \overline{OR} - \overline{QR} = 1 - \eta, \qquad \text{also} \qquad \eta = \overline{QR}$$

Fig. 190.

Da $\sphericalangle\,\varepsilon$ mit δ' an der Grenze zu Null wird, so ist dieser Winkel und daher auch seine trigonometrische Tangente (die ja an der Grenze ihm gleich wird), wie δ', eine unendlich kleine Größe, also der Quotient:

$$\mathrm{tg}\,\varepsilon = \frac{\overline{QR}}{\overline{PQ}} = \frac{\eta}{\eta_1} = \text{unendlich klein (mindestens I. Ordnung.)}$$

In dem obigen Ausdruck $\left(\sin z - \dfrac{\eta}{\eta_1}\cos z\right)$, in welchem $\sin z$ und $\cos z$ endlich sind, fällt daher das zweite Glied $\dfrac{\eta}{\eta_1}\cos z$ gegenüber dem ersten weg, so daß wir schließlich erhalten:

$$\left|\cos z - \cos z_0\right| = \eta_1 \sin z$$

Da aber η_1 und somit $(\eta_1 \sin z)$ mit δ' beliebig klein gemacht werden kann, so folgt dies auch für $\left|\cos z - \cos z_0\right|$, d. h. es ist:

beliebig klein, wenn:

$$\left|\cos z - \cos z_0\right|$$
$$\left|z - z_0\right| = \delta'$$

beliebig klein ist.

Also auch:

für:

$$\left|\cos z - \cos z_0\right| < \varepsilon$$
$$\left|z - z_0\right| < \delta$$

was aber nach früherem die Stetigkeitsbedingung der Funktion $\cos z$ ist.

Es bleibt uns daher nur noch zu untersuchen, welchen Beitrag zum ganzen Funktionswert die Restfunktion

$$R = \sum_{n=m+1}^{\infty} b^n \cos(a^n x \pi)$$

liefert. Da es auf genaue Werte hier nicht ankommt, so wollen wir ihn dadurch abschätzen, daß wir den ungünstigsten Fall ins Auge fassen, d. h. den Fall, für den wir dessen größten Wert erhalten.

Wir suchen also die obere und untere Grenze für diese Restfunktion.

Die obere Grenze für alle Cosinus der Restfunktion ist aber $+1$, die untere -1 und wir erhalten somit offenbar den ungünstigsten Fall, wenn wir in diesem Ausdruck alle Cosinus gleich $+1$ bzw. gleich -1 setzen.

Dann folgt:

für die obere Grenze: $\quad O_R = \sum_{n=m+1}^{\infty} b^n(+1) = \sum_{n=m+1}^{\infty} b^n$

für die untere Grenze: $\quad U_R = \sum_{n=m+1}^{\infty} b^n(-1) = -\sum_{n=m+1}^{\infty} b^n$

oder ausgeschrieben:

$$O_R = \quad b^{m+1} + b^{m+2} + b^{m+3} + \cdots = \quad b^{m+1}[1 + b + b^2 + \cdots]$$
$$U_R = -b^{m+1} - b^{m+2} - b^{m+3} - \cdots = -b^{m+1}[1 + b + b^2 + \cdots]$$

In beiden Klammern steht eine geometrische Progression mit unendlich vielen Summengliedern und dem Quotienten b.

Nun ist die Summe einer solchen mit dem Anfangsglied 1 und dem Quotienten zwischen zwei aufeinanderfolgenden Gliedern q:

$$S = \frac{1}{1 - q}$$

womit hier also folgt:

$$O_R = \quad b^{m+1} \frac{1}{1 - b}$$

$$U_R = -b^{m+1} \frac{1}{1 - b}$$

Der wahre Wert der Restfunktion wird natürlich zwischen diesen beiden Extremen liegen. Bezeichnen wir daher mit Θ eine Zahl zwischen $+1$ und -1, so können wir daher die Weierstraßsche Funktion auch allgemein darstellen in der Form:

$$y = \sum_{n=0}^{m} b^n \cos(a^n x \pi) + \Theta\, b^{m+1} \frac{1}{1 - b}$$

Versuchen wir dieses Resultat geometrisch zu interpretieren, so ist zu sagen: Das erste Glied der rechten Seite stellt uns die m-te Näherungskurve dar und die Ordinaten der Endkurve können über dieselbe oder unter dieselbe um nicht mehr als $b^{m+1}\dfrac{1}{1-b}$ hinausgehen bzw. fallen. Mit anderen Worten:

Die Endkurve muß in jenem Streifen liegen, der sich mit dem Ordinatenabstande $\dfrac{b^{m+1}}{1-b}$ zu beiden Seiten der m-ten Näherungskurve als Mittellinie ausbreitet.

Für unser Beispiel würde die totale Breite dieses Streifens, in Richtung der Ordinatenachse gemessen, sein (vgl. Taf. II):

$$B = 2 \cdot \frac{b^{m+1}}{1-b} = 2\frac{\left(\dfrac{1}{2}\right)^{m+1}}{1-\dfrac{1}{2}} = 2^2 \left(\frac{1}{2}\right)^{m+1} = \left(\frac{1}{2}\right)^{m-1}$$

Wenn wir, wie in Taf. II, bis zur 2-ten Näherungskurve gehen und der Zahleneinheit 1 die Länge 10 cm zuordnen, also in cm messen, so wird:

$$B_2 = \frac{1}{2} = 0{,}5 \backsim 5 \text{ cm}$$

Würden wir etwa bis zur 100-ten Näherungskurve gehen, so wäre $m = 100$ und daher die Breite des Streifens, in dem sich die ganze Endkurve befindet:

$$B_{100} = \left(\frac{1}{2}\right)^{99} = \frac{1}{2^{99}}$$

Berücksichtigen wir, daß $2^{10} = 1024 \backsim 1000 = 10^3$ ist, so folgt:

$$B_{100} = \frac{2}{2^{100}} = \frac{2}{(2^{10})^{10}} \underset{\backsim}{<} \frac{2}{(10^3)^{10}} = \frac{2}{10^{30}}$$

$$B_{100} \underset{\backsim}{\lessgtr} 0{,}000 \cdots \underset{29}{02}$$

und daher in der Zeichnung, der Taf. II:

$$B_{100} \underset{\backsim}{\lessgtr} 0{,}000 \cdots \underset{28}{0}2 \text{ cm}$$

d. h. die Maßzahl der Breite des Streifens, in dem die Endkurve verläuft, ist für die 100-ste Näherungskurve bereits kleiner als zwei Quintillionstel oder im Maßstabe der Zeichnung kleiner als $\dfrac{2}{100\,000}$ Quadrillionstel Zentimeter! Wieviel kleiner wird sie erst noch werden, wenn wir zu einer beliebig hohen Näherungskurve vorgehen?! — Jedenfalls wird es eine Breite sein, welche praktisch überhaupt nicht mehr in Betracht fallen kann.

Um nun endlich zum Stetigkeitsbeweis für den Punkt $x = x_0$ zu gelangen, haben wir allgemein:

$$y_x = y_x^{(m)} + \Theta \, \frac{b^{m+1}}{1-b} = f(x)$$

$$y_{x_0} = y_{x_0}^{(m)} + \Theta_0 \frac{b^{m+1}}{1-b} = f(x_0)$$

und es wird:

$$\left| y_x - y_{x_0} \right| = \left| f(x) - f(x_0) \right| = \left| y_x^{(m)} - y_{x_0}^{(m)} + (\Theta - \Theta_0) \frac{b^{m+1}}{1-b} \right|$$

$$\left| f(x) - f(x_0) \right| = \left| y_x^{(m)} - y_{x_0}^{(m)} \right| + \left| (\Theta - \Theta_0) \frac{b^{m+1}}{1-b} \right|$$

Weil aber die Näherungsfunktion $y^{(m)}$ nach obigem stetig ist, so kann $\left| y_x^{(m)} - y_{x_0}^{(m)} \right|$ unter jeden beliebigen Wert ε_1 gebracht werden, wenn nur $|x - x_0|$ genügend klein ($< \delta$) gewählt wird. Das nämliche gilt auch für den anderen Ausdruck, für das, was wir der stetigen Näherungskurve noch hinzuzufügen haben:

$$\left| (\Theta - \Theta_0) \frac{b^{m+1}}{1-b} \right| = A$$

da ja mit wachsendem m die Zahl b^{m+1}, in welcher nach Voraussetzung $b < 1$ ist, unter jede beliebig kleine positive Zahl ε_2 sinken kann, und somit gilt dies auch für die ganze rechte Seite, so daß:

$$\left| f(x) - f(x_0) \right| < \varepsilon_1 + \varepsilon_2 = \varepsilon$$

für

$$|x - x_0| < \delta$$

Wir erkennen daher, daß wir es hier indertat mit einer stetigen Funktion zu tun haben.

Bezüglich des Differentialquotienten müssen wir uns mit obiger Veranschaulichung unter Hinweis auf die Figur begnügen und verweisen für eine nähere Untersuchung nochmals auf die bereits angegebene Literatur.

Das denselben betreffende Resultat ist, kurz gefaßt, das folgende:

Die Weierstraßsche Funktion:

$$y = \sum_{n=0}^{\infty} b^n \cos(a^n x \pi)$$

repräsentiert durch die oben aufgestellte *Endkurve*, hat für

$$0 < b < 1 \quad ; \quad a \text{ pos., ungerade} \quad ; \quad a\,b > 1 + \frac{3\pi}{2}$$

in keinem Punkte einen bestimmten Differentialquotienten, sondern derselbe nähert sich in jedem den Werten ∞, und zwar $+\infty$, wenn wir uns von der einen Seite dem Punkte nähern, $-\infty$, wenn es von der anderen geschieht (vgl. Taf. II).

Dann aber können wir nach unseren über die Existenz eines Differentialquotienten gemachten Festsetzungen von keinem eigentlichen Differentialquotienten sprechen.

Anhand der Taf. II läßt sich dies auch leicht einsehen, wenn man beachtet, daß zwei benachbarte, z. B. obere Gipfelpunkte in der Weierstraßschen Kurve in der Abszissenrichtung beliebig nahe zueinander liegen, zwischen ihnen aber sich das ganze sie verbindende Kurvenstück mit einem tiefsten Punkte befindet. Nun ist eine Näherungskurve mit noch so hohem m, solange wir nicht zur Grenze übergegangen sind, eine wellenförmige Kurve, die, wie aus der Anschauung einleuchtet, überall eine Tangente hat. Der trigonometrische Tangens des Neigungswinkels derselben variiert zwischen einem sehr großen positiven und einem sehr großen negativen Wert; also gibt es zwischen zwei solchen sehr nahen Gipfelpunkten alle möglichen Werte für $\mathrm{tg}\,\tau$, also auch von Differentialquotienten. In der Grenze geht die sehr große positive bzw. sehr große negative Zahl in $+\infty$ bzw. $-\infty$ über und demnach müssen diese, sowie alle Zwischenwerte, jedem noch so kleinen Intervall, das zu einem Punkt herabsinkt, zugesprochen werden. Der Differentialquotient kann also kein bestimmter Wert sein, die Tangente keine bestimmte Lage besitzen. Vielmehr besitzt die Weierstraßsche stetige Funktion in jedem ihrer Punkte unendlich viele Differentialquotienten, die Kurve unendlich viele Tangenten.

Auf Grund der Überlegung, daß eine ganzzahlige Potenz einer ungeraden Zahl stets wieder eine ungerade Zahl ist und $\cos(a^m\,x\,\pi)$ null wird, wenn x ein ungerades Vielfach von $\dfrac{1}{2\,a^m}$ ist, und weil a ausdrücklich als ungerade Zahl vorausgesetzt wurde, wird dann auch für jedes ganzzahlige n: $\cos(a^{m+n}\,x\,\pi) = 0$, d. h. die Stellen, wo die eine Teilkurve die x-Achse schneidet, die sog. *Knoten* bleiben auch solche für alle höheren Teilkurven; über diesen liegen daher auch die Schnittpunkte der Näherungskurven.

Es ergibt sich auch, daß wir von der Weierstraßschen Kurve — welche in einem sich längs einer stetigen Näherungskurve als Mittellinie hinziehenden Streifen von beliebig kleiner Breite eingeschlossen und daher selbst auch überall stetig ist — in den Knoten und Scheitelpunkten zwei Reihen von Punkten derselben erkennen können, die für sich im Gebiete der Variablen x überall dicht liegen und daß die Weierstraßsche Funktion als stetige Funktion schon durch die eine der beiden Reihen völlig definiert ist.

Eine Funktion, die sich nur in einem einzigen Punkte so verhält, daß sie darin, wie für alle anderen Punkte stetig ist, aber keinen Differentialquotienten besitzt, ist die früher erwähnte Funktion

$$y = x \cdot \sin\frac{1}{x} \qquad\qquad\qquad \text{(vgl. S. 293)}$$

Additional information of this book

(Differential- und Integralrechnung;978-3-642-89466-4; OSFO2)

is provided:

http://Extras.Springer.com

oder allgemeiner:

$$y = a\,x \sin\frac{1}{x}$$

Wir können dies folgendermaßen einsehen:

$\sin\dfrac{1}{x}$ schwankt bekanntlich für veränderliches Argument nur zwischen den Werten $+1$ und -1 und tut es daher auch hier für die Funktion bis in den Nullpunkt hinein.

Denken wir uns daher mittels vom Nullpunkt aus gezogener Sekanten den Differenzenquotienten für beliebige Punkte der Kurve gebildet, so wird derselbe immer dem Ausdruck $\dfrac{y}{x}$ gleich sein, was aber für diese Funktion gerade gleich $\sin\dfrac{1}{x}$ ist, bzw. $a\cdot\sin\dfrac{1}{x}$. Daraus folgt, daß der Differenzenquotient unserer Funktion, vom Nullpunkt aus gebildet, stets zwischen den Werten $+1$ und -1 bzw. $+a$ und $-a$ schwankt und dies, wie klein wir auch $\varDelta x$ annehmen mögen also auch bis zum Nullpunkt und in diesen hinein und damit auch bis zum Übergang in den Differentialquotienten. Daher kann aber der Differentialquotient keinen bestimmten Wert annehmen, die Funktion im Nullpunkt also keinen bestimmten, eigentlichen Differentialquotienten besitzen.

Da wir oben bei der Bildung des Grenzwertes der Funktion einen solchen von rechts und von links auseinander hielten[1]), so muß dies auch, wie oben bereits angedeutet wurde, für den Differentialquotienten als solchem geschehen, also ein *Differentialquotient von rechts* und ein *Differentialquotient von links* unterschieden werden[2]).

Die dafür geltenden Ausdrücke haben wir auch schon aufgestellt in der Form[3]):

Differentialquotient von links:

$$\lim_{\varDelta x=0}\left[\frac{f(x)-f(x-\varDelta x)}{\varDelta x}\right]$$

Differentialquotient von rechts:

$$\lim_{\varDelta x=0}\left[\frac{f(x+\varDelta x)-f(x)}{\varDelta x}\right]$$

Wir sprechen daher auch hier, analog wie beim Grenzwert[4]), von einem *Differentialquotient* für einen bestimmten Argumentwert oder in einem bestimmten Punkte schlechtweg nur dann,

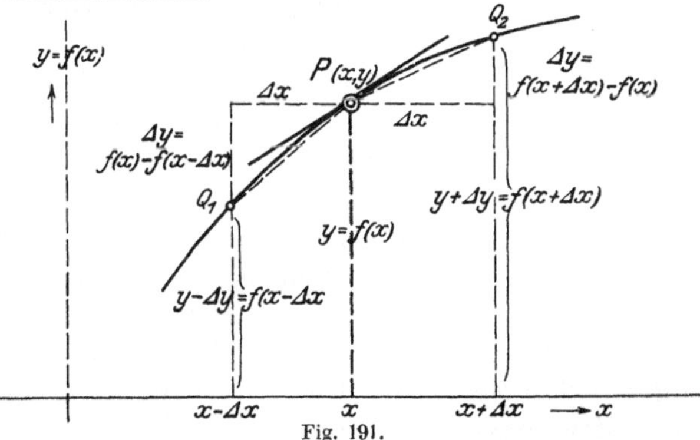

Fig. 191.

---

[1]) Vgl. S. 280.

[2]) oder nach *P. du Bois-Reymond:* „einseitiger Differentialquotient", im speziellen der „vordere" und der „hintere".

[3]) Vgl. S. 356, 360.

[4]) Vgl. S. 287.

wenn er von links und von rechts der gleiche ist (wie es z. B. auch in früher behandelten zwei Beispielen [S. 353/61 u. 361/65] der Fall war); es darf daher bei den eben behandelten und ähnlichen Funktionen von einem Differentialquotienten in einem bestimmten Punkte (Argumentwert) schlechthin nicht mehr gesprochen werden.

Hat die Funktion für den gleichen Argument- und Funktionswert zwei verschiedene, aber bestimmte Differentialquotienten von endlichem Werte, der Kurvenpunkt somit zwei verschiedene, aber bestimmte Tangenten, dann zeigt die **Funktionskurve** da einen *Knick* und die **Funktion des Differentialquotienten** bzw. ihre Kurve erleidet an dieser Stelle eine **Unstetigkeit durch Sprung.**

Eine solche Stelle besitzt z. B. die Funktion:

$$f(x) = a + \frac{x - b}{k^{\frac{1}{x-b}} - c}$$

für $x = b$.

Sie ist stetig bezüglich der Punktfolge um den Punkt $x = b$, hat aber hier zwei verschiedene Differentialquotienten, je nachdem man sich von links oder rechts dem Wert oder Punkt $x = b$ nähert.

Aus nebenstehender Figur, welche für $a = 1{,}5$, $b = 2$, $c = 1$, $k = 3$ das Bild der Funktion darstellt, geht dies schon deutlich hervor, indem sie im selben Punkte A zwei voneinander um einen Winkel von 135^0 abweichende Tangenten erblicken läßt, deren Neigungswinkel bekanntlich den beiden Grenzwerten der Differenzenquotienten oder den Differentialquotienten von rechts und von links für diesen Punkt, d. h. für $x = 2$ entsprechen. Auch die zugleich angegebene Funktionskurve der Differentialquotient-Funktion, welche (die Berechnung dieses Diffe-

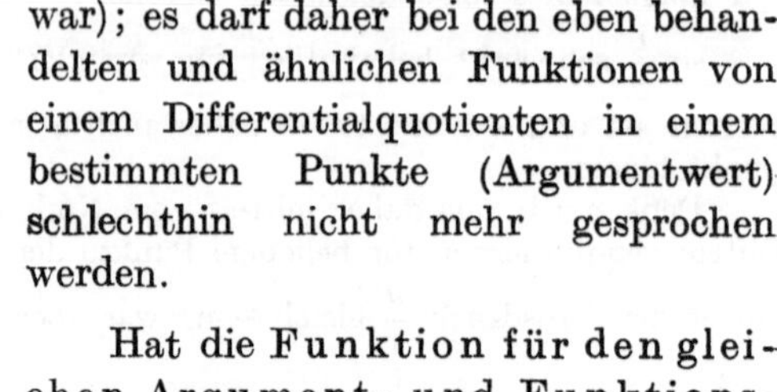

Fig. 192.

rentialquotienten stillschweigend voraussetzend) hier zum Vergleich mit der Grundfunktion angegeben ist, bestätigt diese Sprungstelle in auffallender Weise.

Aber auch auf arithmetischem Wege läßt sich diese Unstetigkeit der Differentialquotient-Funktion oder kurz des Differentialquotienten leicht nachweisen.

Bilden wir nämlich den Differenzenquotienten dieser Funktion in der Gestalt:

$$\frac{f(x + \Delta x) - f(x)}{\Delta x} = \frac{a + \dfrac{(x + \Delta x) - b}{k^{\frac{1}{(x + \Delta x) - b}} - c} - \left[a + \dfrac{x - b}{k^{\frac{1}{x - b}} - c}\right]}{\Delta x}$$

so wird dieser für $x = b$:

$$\frac{f(x + \Delta x) - f(x)}{\Delta x}\bigg|_{x = b} = \frac{\dfrac{b + \Delta x - b}{k^{\frac{1}{b + \Delta x - b}} - c} - \dfrac{b - b}{k^{\frac{1}{b - b}} - c}}{\Delta x}$$

$$= \frac{\dfrac{\Delta x}{k^{\frac{1}{\Delta x}} - c} - \dfrac{0}{k^{\frac{1}{0}} - c}}{\Delta x}$$

$$= \frac{1}{k^{\frac{1}{\Delta x}} - c} - 0$$

$$\frac{f(x + \Delta x) - f(x)}{\Delta x}\bigg|_{x = b} = \frac{1}{k^{\frac{1}{\Delta x}} - c}$$

Je nachdem man nun in diesem Quotienten Δx positiv oder negativ einführt und sich daher positiv oder negativ der Grenze 0 nähern läßt, erhält man nun nach früherem die beiden Werte des Differentialquotienten von rechts und von links.

Für positiv kleiner und kleiner werdende Differenz Δx wird $k^{\frac{1}{\Delta x}}$ positiv überaus groß, also der ganze Quotient und damit auch der Differentialquotient positiv sehr klein und schließlich von positiven Werten, „von der positiven Seite her", zu Null: 0^{+}.

Für negativ kleiner werdendes Δx wird $k^{-\frac{1}{\Delta x}} = \dfrac{1}{k^{\frac{1}{\Delta x}}}$ positiv überaus klein und schließlich, an der Grenze zu Null, also der ganze Bruch und Differentialquotient gleich

$$\frac{1}{0 - c} = -\frac{1}{c}$$

Die vorliegende Funktion besitzt also von rechts den Differentialquotienten gleich 0 und von links einen solchen, der gleich $-\dfrac{1}{c}$ ist;
also für $x = b$ zwei verschiedene Differentialquotienten.

Die Winkel der beiden Tangenten an die Kurve der Funktion $f(x)$
im Punkte b finden sich aus:

$$\operatorname{tg}\alpha_1 = 0$$

$$\operatorname{tg}\alpha_2 = -\frac{1}{c}$$

Sie werden im speziellen Falle entsprechend der graphischen Darstellung:

$$\alpha_1 = 0^0$$

$$\operatorname{tg}\alpha_2 = -\frac{1}{1} = -1 \quad ; \quad \alpha_2 = 135^0$$

Ein anderer Fall liegt vor, wenn die Funktionskurve in einem
Punkt nicht einen Knick, sondern eine Schlinge besitzt, wo sie sich
also selber kreuzt.

Die Schreibweise:

$$\lim_{\varDelta x = 0} \left[\frac{f(x \pm \varDelta x) - f(x)}{\pm \varDelta x} \right]$$

die sich auf das Bestehen nur eines Grenzwertes bezieht, hat daher in
diesem Fall keinen Sinn; die Funktion besitzt für $x = b$ keinen Differentialquotienten (schlechtweg), da derselbe an dieser Stelle eine Unstetigkeit (durch Sprung) erleidet. Man kann hier wohl von einem
Grenzwertnähern von links oder von rechts sprechen, aber niemals
von einem Grenzwerthaben; m. a. W. $\varDelta x$ kann hier sowohl alle positiven wie negativen Werte in der Nähe von Null annehmen, darf selbst
aber niemals den Wert 0 selbst annehmen, wenn die Sache einen Sinn
behalten soll.

Es ist somit obige Berechnung der beiden Differentialquotienten
dahin aufzufassen, daß sie die beiden Grenzen angeben, an die das
Annähern von rechts und von links statthat.

Die obige Funktion besitzt also für $x = b$ nicht „einen Grenzwert", sie hat in diesem Punkt keinen Differentialquotienten
schlechtweg.

Daß eine Funktion, wie die Weierstraßsche, stetig sei und doch
keinen Differentialquotienten besitze, scheint uns nach bisherigem
merkwürdig, solange man mit den geläufigen Vorstellungen der Tangente an die Sache herantritt, nicht aber, wenn man dieselbe arithmetisch faßt. Denn der Differentialquotient stellt uns eine
Eigenschaft der Funktion in einem Punkte dar, abgeleitet

aus ihrem Verhalten zur nächsten Umgebung, die aber nicht eine notwendige Folge aus derjenigen sein muß, die allein für die Stetigkeit notwendig ist. Die Existenz obiger Funktionen beweist, daß eben die zweite Eigenschaft, einen Differentialquotienten zu haben, aus der ersten allein, der Stetigkeit, nicht ableitbar ist. Es ist gleichsam eine höhere Stetigkeit für die Existenz des Differentialquotienten nötig und diese spricht sich in der Existenz des Grenzwertes, des Differentialquotienten, aus.

Wie jede Funktion kann auch die Funktion des Differentialquotienten unendlich große Werte erhalten; sie wird dann unstetig durch Unendlichwerden. Im geometrischen Bilde entspricht einem solchen Falle die Tatsache, daß

$$\mathrm{tg}\,\alpha = \infty$$

also

$$\alpha = 90^0$$

wird, d. h. die Tangente an die Funktionskurve senkrecht zur Abszissenachse steht (vgl. Fig. 193). Es wird dann also:

$$\mathrm{D.\text{-}Q.} = \lim_{\varDelta x = 0} \left[\frac{f(x \pm \varDelta x) - f(x)}{\pm \varDelta x} \right] = \infty$$

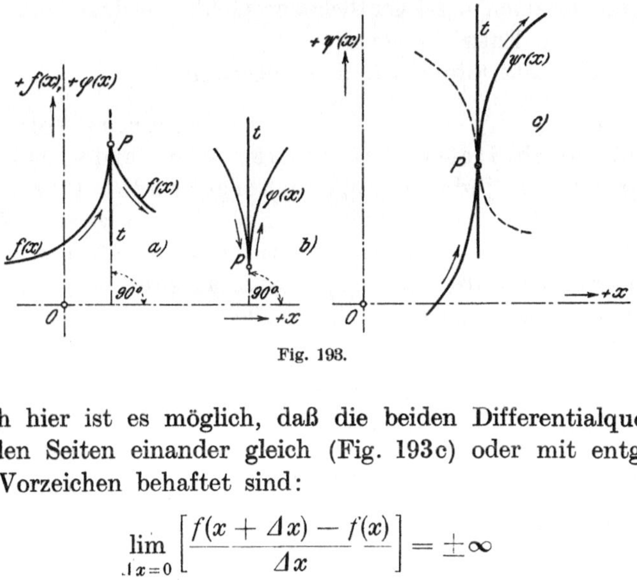

Fig. 193.

Auch hier ist es möglich, daß die beiden Differentialquotienten von beiden Seiten einander gleich (Fig. 193c) oder mit entgegengesetztem Vorzeichen behaftet sind:

$$\lim_{\varDelta x = 0} \left[\frac{f(x + \varDelta x) - f(x)}{\varDelta x} \right] = \pm\infty$$

$$\lim_{\varDelta x = 0} \left[\frac{f(x - \varDelta x) - f(x)}{-\varDelta x} \right] = \mp\infty$$

welch letzteres in Fig. 193a, b der Fall ist.

§ 21. Der Mittelwertsatz der Differentialrechnung.

Um die vielgebrauchte, von *Leibniz* eingeführte Schreibweise $\dfrac{dy}{dx}$ für den Grenzwert des Differenzenquotienten der Funktion $y = f(x)$ zu begründen, womit auch zugleich eine Erklärung des Namens *Diffe-rentialquotient* gegeben wird, bedürfen wir der Erklärung des Begriffes eines *Differentiales*.

Zu diesem Zweck aber müssen wir einen dafür notwendigen Satz ableiten, der für die Differentialrechnung überaus wichtig ist, den sog.

Mittelwertsatz der Differentialrechnung.

Da die streng arithmetische Ableitung dieses Satzes nicht ganz kurz ist, indem sie einer Anzahl von Vorbereitungssätzen bedarf, so wollen wir es dem Leser anheimstellen, diese Ableitung im einzelnen zu verfolgen oder sich darauf zu beschränken, die Sätze zu lesen, sowie die denselben beigefügten Erläuterungen aus der geometrischen Vorstellung und Anschauung als Anleitung zum Begreifen derselben zu benutzen. Für das weitere Verständnis der Sache genügt auch diese letztere Form der Aneignung, wenn wir auch das Durchstudieren des Beweises im einzelnen angelegentlichst empfehlen, insbesondere in Rücksicht auf spätere Entwicklungen.

Als ersten Satz führen wir den folgenden an:

Sind J_1, J_2, J_3, $\cdots J_n \cdots$ eine unbegrenzte Folge ineinander eingeschalteter Intervalle, d. h. eine Folge von Strecken, deren jede in der vorhergehenden liegt, nimmt ferner die Länge von J_n mit wachsendem n gegen Null ab, so gibt es einen und nur einen Punkt A, welcher als innerer oder Endpunkt jedem Intervalle J_n angehört.

(Satz der eingeschachtelten Intervalle.)

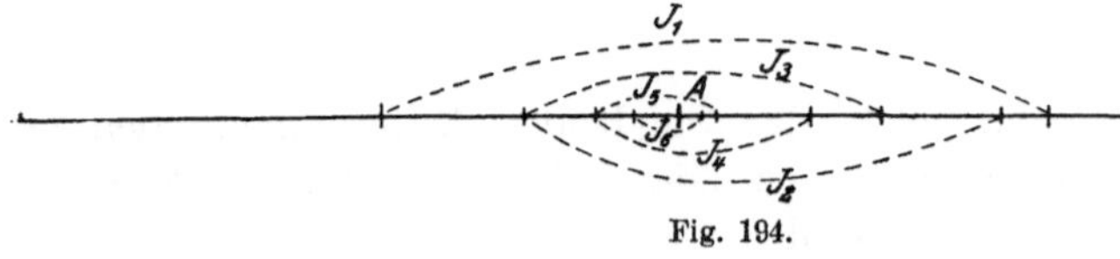

Fig. 194.

Aus der Anschauung folgt der Satz ohne weiteres durch Betrachtung nebenstehender Fig. 194.

Für den arithmetischen Beweis nehmen wir an, es habe das Intervall J_n die Endpunkte α_n und β_n, und zwar sei die Lage, wie Fig. 195 andeutet, derart, daß:

$$\alpha_n < \beta_n$$

Dann gilt aber auch, welche Zahlen n und m sein mögen:

$$\alpha_n < \beta_m$$

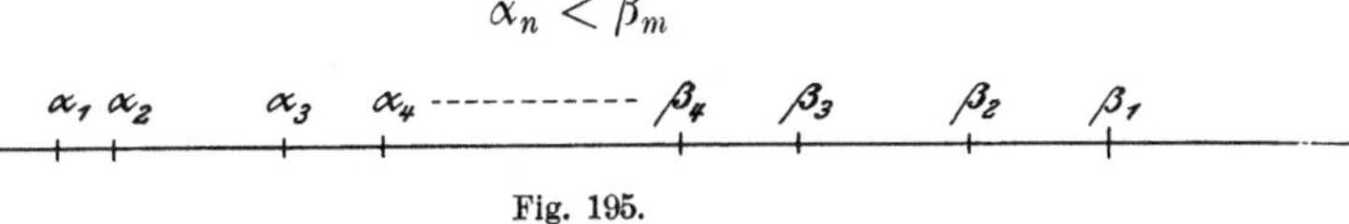

Fig. 195.

Betrachten wir nun die Zahlen, die den linken Endpunkten α_1, α_2, $\alpha_3 \cdots$ zukommen, so sind dieselben den Bedingungen unterworfen:

$$\alpha_1 < \alpha_2 < \alpha_3 < \cdots$$

Hierin kann in einzelnen Fällen das $=$-Zeichen an Stelle des $<$-Zeichens treten, nicht aber in allen, da sonst mit

$$\alpha_1 = \alpha_2 = \alpha_3 = \cdots$$

das Problem gelöst wäre, weil dann eben dies der im Satze geforderte Punkt wäre.

Es gilt daher allgemein:

1. $\qquad\qquad \alpha_{n+1} \geqq \alpha_n$

2. $\qquad\qquad \alpha_n < \beta_1$

Dies aber sind die Bedingungen für die Existenz eines Grenzwertes, womit daher folgt, daß für die α_n ein Grenzwert A bestehen muß, so daß also gilt:

$$\lim_{n=\infty} \alpha_n = A$$

und ferner auch:

$$\alpha_n \leqq A$$

Da nun aber A der Grenzwert der α_n ist und wir schon wissen, daß

$$\alpha_n < \beta_m$$

für jedes ganzzahlige, positive n und m, so muß auch

$$A \leqq \beta_m$$

sein.

Daraus folgt aber, daß für jedes n auch gelten muß:

$$\alpha_n \leqq A \leqq \beta_n$$

d. h. es liegt A in jedem Intervall J_n (wobei nicht ausgeschlossen ist, daß A mit dem Endpunkte des einen oder anderen Intervalles zusammenfallen kann).

Betrachten wir nun die rechten Endpunkte β_1, β_2, $\beta_3 \cdots$ der Intervalle, so gilt für sie nach dem Zusatz zum Existenzsatze des Grenzwertes:

1. $\qquad\qquad \beta_{n+1} \leqq \beta_n$

2. $\qquad\qquad \beta_n > \alpha_1$

somit

$$\lim_{n=\infty} \beta_n = B$$

$$\beta_n \geqq B$$

Da aber nach früherem:

$$\alpha_n < \beta_m$$

so muß:

$$\alpha_n \leqq B$$

Somit wird: sein.

$$\alpha_n \leqq B \leqq \beta_n$$

Nun liegen sowohl A als B beständig zwischen α_n und β_n, somit muß dies offenbar mit ihrem Intervall $|B - A|$ stets auch zutreffen, d. h.

$$|B - A| \leqq \beta_n - \alpha_n$$

sein.

Da nun aber mit wachsendem n das Intervall J_n laut Voraussetzung gegen Null abnimmt, d. h.

$$\lim_{n=\infty} J_n = \lim_{n=\infty} (\beta_n - \alpha_n) = 0$$

so folgt, daß

$$|B - A| = 0$$

weil nur dann für alle n obige letzte Ungleichung erhalten bleiben kann.

Damit ergibt sich aber:

$$B = A$$

d. h. daß ein Punkt A möglich ist, der allen Intervallen, sei es als innerer, sei es als Endpunkt, angehört.

Die nähere Bestimmung dieses *Grenzpunktes* durch einen unendlichen Dezimalbruch kann wieder derart geschehen, wie es im Beispiel für den Nachweis des Grenzwertes geschehen ist (vgl. S. 269 u. ff.).

Im weiteren notieren wir den folgenden Satz, der sich auf die Beziehung von Stetigkeit und Endlichkeit einer Funktion bezieht:

Ist die Funktion $f(x)$ im abgeschlossenen Intervall $a \leqq x \leqq b$ stetig, so ist sie in ihm auch endlich.

Daß der Satz nicht gilt, wenn das Intervall nicht abgeschlossen ist, zeigt z. B. das Beispiel der Funktion:

$$f(x) = \frac{1}{x^2} \quad ; \quad 0 < x \leqq 1$$

da diese in diesem nicht abgeschlossenen Intervall stetig ist und erst unstetig (durch Unendlichwerden) wird für $x = 0$, also im abgeschlossenen Intervall.

Aus der geometrischen Anschauung folgt der Satz von selbst. Denn, da wir das Unendlichwerden einer Funktion als Unstetigkeit definiert haben[1]), so muß daher die Funktion, wo sie stetig ist, endlich sein.

Arithmetisch beweisend können wir sagen:

In einem inneren Punkte des Intervalles kann die Ungültigkeit des Satzes nicht eintreten; denn nehmen wir dies an, so würde an einer Stelle, z. B. $x = x_0$, $f(x_0)$ unendlich groß werden. Dadurch aber würde die Stetigkeit aufgehoben, denn man könnte dann nicht erreichen, daß die Bedingung der Stetigkeit erfüllt würde, d. h. daß

$$|f(x) - f(x_0)| < \varepsilon$$

wird, wenn

$$|x - x_0| < \delta$$

ist.

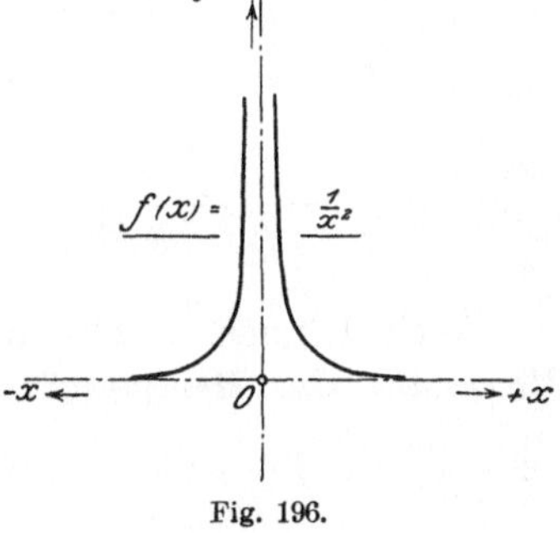
Fig. 196.

Aber auch für den Endpunkt ist dies ausgeschlossen, da ja die Stetigkeit im abgeschlossenen Intervall vorliegt, also auch für die Endpunkte, und zwar den linken Endpunkt von rechts und für den rechten von links.

Analog verhält es sich mit der Funktion $\dfrac{1}{(x - c)^2}$, die im Punkte $x = c$ in gleicher Art unstetig wird, ferner mit $\varphi(x) = \dfrac{1}{x}$, welche Funktion im Punkte $x = 0$ positiv bzw. negativ ∞ wird (vgl. Fig. 155, S. 288 und Fig. 173, S. 326), u. a. m.

Der obige Satz über die Einschachtelung der Intervalle ermöglicht es uns nun den weiteren Satz zu beweisen:

Ist $f(x)$ im abgeschlossenen Intervall $a \leqq x \leqq b$ stetig, also (nach obigem Satze) auch endlich, so hat diese Funktion darin einen *größten* und einen *kleinsten Wert*.

Um den Satz völlig zu verstehen, müssen wir die in ihm enthaltenen Begriffe eines *größten* und *kleinsten Wertes* und was damit zusammenhängt, erläutern.

Stellt man die Funktion geometrisch als Kurve dar, so scheint es wohl klar, was man unter dem *größten* und *kleinsten Wert* einer Funktion in einem Intervall zu verstehen hat; man denkt dann vielleicht sofort an *Maximum* und *Minimum*. Aber Maximum in gewöhn-

---

[1]) Vgl. S. 325, 26.

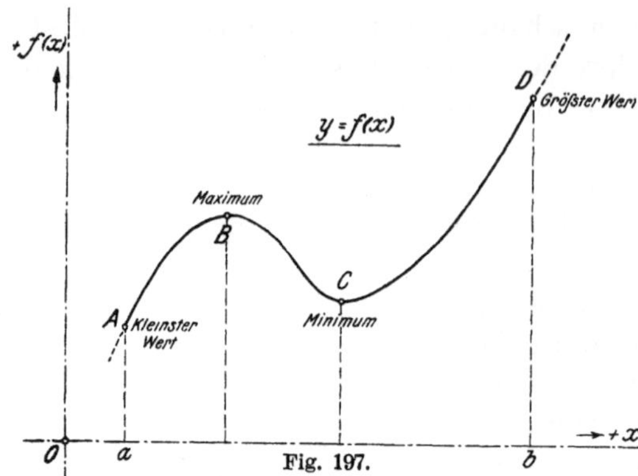

Fig. 197.

lichem Sinne und größter Wert sind nicht identisch, ebensowenig wie Minimum und kleinster Wert in einem abgeschlossenen Intervall, wie nebenstehende Fig. 197 lehrt.

Wir sprechen von einem *Maximum* bei B und von einem *Minimum* bei C; der kleinste Wert aber ist bei A, der größte Wert bei D.

Auch können *größter* und *kleinster Wert* existieren bei keinem *Maximum* oder *Minimum*; auch erstere mit letzteren zusammenfallen (vgl. Fig. 198).

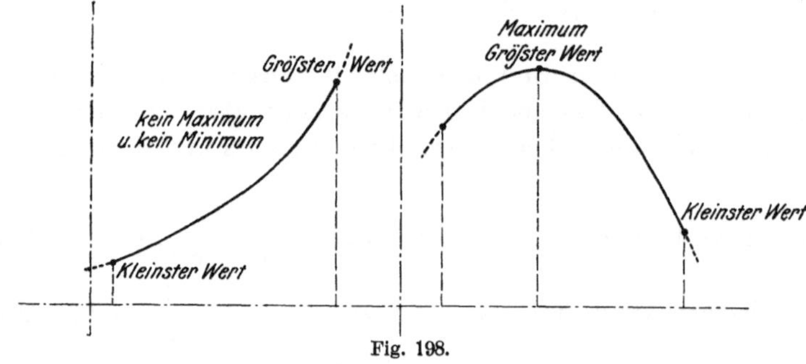

Fig. 198.

Sind die Funktionswerte in den beiden Endpunkten des Intervalles einander gleich, so fällt der größte Wert mit einem Maximum, der kleinste mit einem Minimum zusammen.

Der oben ausgesprochene Satz erscheint uns unter Betrachtung dieser Figuren, ins Geometrische anschaulich übersetzt, ohne weiteres klar zu sein.

Wir müssen ihn aber auch ohne geometrische Voraussetzung beweisen können und zu diesem Zwecke definieren, was unter *größtem* und *kleinstem Werte einer Funktion* zu verstehen ist[1]):

Existiert eine feste Zahl G derart, daß die Funktion $f(x)$ im Intervall $a \cdots b$ nirgends einen Wert erreicht, welcher algebraisch größer als G ist, daß sie aber jeden Wert annehmen und übersteigen kann, der gleich $G - \varepsilon$, wo ε irgendeine beliebig kleine positive Zahl ist, so nennen wir G die

---

[1]) denn die geometrische Anschauung hält sich an besondere Beispiele und das Resultat aus solcher Betrachtung kann nicht allgemein gültig sein, weil die Anzahl der Möglichkeiten spezieller Lagen und Formen unbegrenzt ist.

obere Grenze der Funktion $f(x)$ im Intervall $a \cdots b$ (d. h. wenn
also $G > f(x) \geqq G - \varepsilon$).

Gibt es weiter einen Punkt x_0 im Intervall, für den
$f(x_0) = G$ ist, also $\varepsilon = 0$, so nennen wir G den *größten Wert*
der Funktion in diesem Intervall.

Ebenso sagen wir:

Falls eine Zahl K existiert, derart, daß die Funktion
im Intervall $a \cdots b$ nirgends größer wird als K, daß aber
jeder Wert $K + \varepsilon$ — wenn ε dieselbe Bedeutung wie oben
besitzt — erreicht wird, daß dann K die *untere Grenze* der
Funktion im Intervall ist. Existiert dann wiederum ein
Wert x_0', für den $f(x_0') = K$ ist, also $\varepsilon = 0$, so heißt K der *kleinste*
Wert der Funktion im Intervall.

Daß diese Unterscheidung von „oberer Grenze" und „größtem
Wert" einerseits und „unterer Grenze" und „kleinstem Wert" andererseits zweckmäßig ist, erkennt man daraus, daß, sobald das Intervall nicht abgeschlossen ist, wohl obere und untere Grenze da sein
können, nicht aber der größte und kleinste Wert.

Betrachtet man z. B. die Funktion

$$f(x) = x^2 + 3x + 2$$

im Intervall $0 < x < 1$, so ist die obere Grenze gleich 6, die untere
gleich 2; jedoch werden diese beiden Werte selbst von der Funktion
nie erreicht. Erst wenn wir das Intervall abschließen, also $0 \leqq x \leqq 1$
setzen, werden 6 und 2 von x tatsächlich erreicht.

Wir erhalten auch einen größten und kleinsten Wert und unser
zu beweisender Satz sagt dann aus, daß eben diese Unterscheidung
hinfällig wird, sobald man das Intervall als abgeschlossen annimmt.

Da man aber nicht immer abgeschlossene Intervalle zu betrachten
hat, so ist diese Unterscheidung notwendig, abgesehen davon, daß sie
wieder einmal deutlich zeigt, daß „nähern" einem Grenzwert und
„haben" desselben nicht dasselbe ist.

Der Beweis des Satzes über die Existenz eines größten und kleinsten
Wertes ist nach dieser Überlegung nicht schwer zu erraten, wenn man
noch den folgenden Hilfssatz hinzunimmt:

Ist $f(x)$ eine beliebige Funktion von x, welche aber in
ihren Werten über bzw. unter einer festen Zahl bleibt, so
hat $f(x)$ eine *obere* bzw. *untere Grenze*.

Diese feste Zahl ist hierbei noch nicht als das G und K in den vorhergehenden Definitionen zu nehmen, sondern wie das N im Satze über den Grenzwert.

Der Beweis dieses Satzes ist analog dem über den Grenzwert geführten, indem man an Stelle der x dort hier die verschiedenen $f(x)$ zu setzen hat.

Und nun gehen wir zum Beweise unseres oben erwähnten Satzes über, der, nochmals angeführt, lautet:

„Ist $f(x)$ im abgeschlossenen Intervall $a \leq x \leq b$ stetig, so gibt es darin einen größten und einen kleinsten Wert.“

Um zunächst zu zeigen, daß ein größter Wert existieren muß, beachten wir, daß es — da die Funktion im abgeschlossenen Intervall stetig und daher nach früherem endlich ist — nach obigem Hilfssatz für die Funktion im Intervall $a \cdots b$ eine obere Grenze G gibt, und nun ist zu beweisen, daß diese obere Grenze auch ein Größtwert ist, d. h. nach unserer Definition: Es ist zu zeigen, daß es einen Punkt $x = x_0$ gibt, für den $f(x_0) = G$ ist.

Denken wir uns das Intervall in zwei Hälften zerlegt, so muß auch in jeder der beiden nach unserem Hilfssatz eine obere (und untere) Grenze existieren. Diese kann aber in keiner der beiden Hälften größer als G sein, weil wir sonst gegen die Voraussetzung verstoßen. Aber es können auch beide zugleich nicht kleiner als G sein, denn sonst könnte es im ganzen Intervall auch keine obere Grenze G geben. Daraus folgt, daß eines dieser beiden Teilintervalle die obere Grenze G besitzen muß; es heiße J_1.

Nun zerlegen wir dieses Intervall J_1 in zwei Teile, von denen J_2 dasjenige Teilintervall sei, in welchem wiederum G die obere Grenze ist.

Und so fortfahrend erhalten wir eine unbegrenzte Folge von ineinandergeschachtelten Intervallen, deren Größe gegen Null abnimmt und in deren jedem die obere Grenze G ist. Dann aber existiert, wie wir oben bewiesen haben, ein einziger Punkt $x = x_0$ als Endpunkt oder innerer Punkt aller Intervalle J_n.

Wegen der vorausgesetzten Stetigkeit der Funktion ist für diesen Punkt x_0:

$$|f(x) - f(x_0)| < \varepsilon$$

wenn nur

$$|x - x_0| < \delta$$

Da die Intervalle J_n gegen Null abnehmen, so können wir bei genügend großem n J_n kleiner als δ werden lassen und darin muß auch stets G obere Grenze sein.

Nach Definition dieser letzteren heißt dies aber, daß die Differenz

$$|G - f(x_0)| < \varepsilon'$$

gemacht werden kann, worin ε', wie ε, beliebig klein.

Dies läßt sich auch durch folgende einfache Rechnung noch besser einsehen:

Da G der obere Grenzwert von $f(x)$ ist, so ist in dem angenommenen Intervall nach obigem Satz:

$$G > f(x) > G - \nu$$

wenn ν die Rolle von ε spielt, d. h. auch eine beliebig kleine, positive Zahl ist.

Dann folgt weiter:

$$|G - f(x_0)| \gtrless |f(x) - f(x_0)| \gtrless |G - \nu - f(x_0)|$$

Nun ist aber nach obigem

$$|f(x) - f(x_0)| < \varepsilon$$

und daher für das obere Ungleichheitszeichen $(> \cdots >)$:

$$|G - \nu - f(x_0)| < \varepsilon$$

oder

$$|G - f(x_0)| < \varepsilon + \nu$$

Setzen wir:

$$\varepsilon + \nu = \varepsilon'$$

so wird:

$$|G - f(x_0)| < \varepsilon'$$

für das untere $(< \cdots <)$ direkt aus der gleichen Voraussetzung

$$|G - f(x_0)| < \varepsilon$$

wie behauptet worden.

Nun ist G eine feste (konstante) Zahl und ebenso $f(x_0)$ ein bestimmter endlicher Wert und wird ihre Differenz so klein, wie nur möglich erhalten, was nur möglich ist, wenn sie beide einander gleich sind, d. h. ihre Differenz null ist; denn wäre dies nicht der Fall, so kämen wir auf den Widerspruch, daß zwei feste endliche Zahlen verschiedene, wenn auch sehr kleine, Differenzen haben könnten.

Es muß somit:

$$f(x_0) = G$$

sein.

Damit ist aber bewiesen, daß es in unserem Intervall einen Punkt $x = x_0$ gibt, für den $f(x) = G$ ist, und somit existiert nach obigem in demselben ein „größter Wert" der Funktion.

Wie man zur Angabe des Zahlenwertes für x_0 theoretisch gelangen kann, lehrt folgende Überlegung:

Differential und Integral.

Man denke sich das Intervall $a \cdots b$ durch Teilpunkte beliebiger Wahl in Teile zerlegt, etwa durch die den zwischen a und b liegenden ganzen Zahlen entsprechenden. In jedem derselben muß nach obigem eine obere und untere Grenze existieren, die aber in keinem der Teilintervalle größer bzw. kleiner als G sein kann, weil sonst nicht G im ganzen Intervall obere bzw. untere Grenze sein könnte. Es muß daher ein Teilintervall geben, in dem G die obere Grenze ist, es sei z. B. jenes zwischen den Zahlen a_1 und $(a_1 + 1)$, wobei natürlich a_1 und $(a_1 + 1)$ zwischen a und b liegen. Dann teilen wir dieses Teilintervall $a_1 \cdots (a_1 + 1)$ in 10 Teile

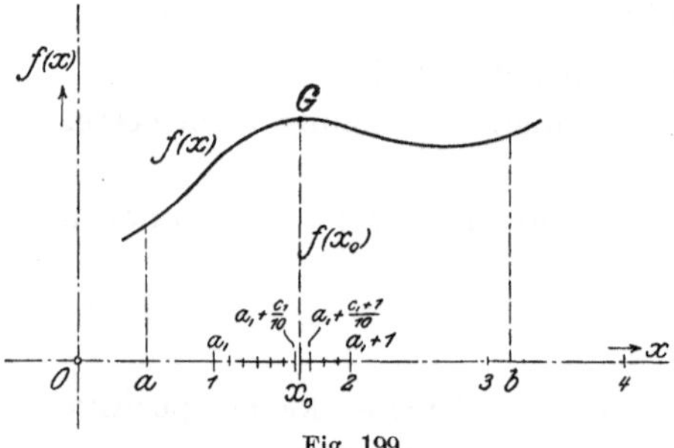

Fig. 199.

und machen für diese wiederum die gleiche obige Überlegung. Es sei wiederum

$$\left(a_1 + \frac{c_1}{10}\right) \cdots \left(a_1 + \frac{c_1 + 1}{10}\right)$$

dasjenige Intervall, in welchem G die obere Grenze ist. Dieses teilen wir wiederum in 10 Teile und finden das Intervall

$$\left(a_1 + \frac{c_1}{10} + \frac{c_2}{10^2}\right) + \cdots + \left(a_1 + \frac{c_1}{10} + \frac{c_2 + 1}{10^2}\right)$$

als dasjenige mit G als oberer Grenze.

So fortfahrend nähern wir uns nach dem Satze über die Einschachtelung der Intervalle einem bestimmten durch einen unendlichen Dezimalbruch definierten Punkte:

$$a_1 + \frac{c_1}{10} + \frac{c_2}{10^2} + \frac{c_3}{10^3} + \cdots + \frac{c_n}{10^n} + \cdots$$

der eben der bewußte Wert x_0 ist, für welchen:

$$f(x_0) = G$$

wird.

Man erblickt auch hier wieder deutlich die maßgebende Rolle, welche die Abgeschlossenheit des Intervalles spielt, indem bei nicht abgeschlossenem Intervall $x = x_0$ in einen Endpunkt desselben fallen könnte, für welchen dann unser Schluß der Existenz eines größten Wertes der Funktion im (nicht abgeschlossenen) Intervall nicht gelten würde, weil dann eben die Endpunkte des letzteren nicht ins Gültigkeitsbereich der Funktion zu zählen wären.

In ganz analoger Weise führt sich der Beweis für die Existenz eines kleinsten Wertes der Funktion im abgeschlossenen Intervall.

Wir gehen nun zu einem weiteren Satze über, der insbesondere für die Anwendungen überaus wichtig ist und lautet:

Wenn für eine im abgeschlossenen Intervall $a \leqq x \leqq b$ stetige und damit endliche Funktion $f(x)$ die den Endpunkten entsprechenden Werte $f(a)$ und $f(b)$ verschieden sind, z. B. $f(b) > f(a)$, und wenn N ein Wert ist, der zwischen

$f(b)$ und $f(a)$ liegt, so daß $f(a) < N < f(b)$, so gibt es stets mindestens einen Punkt $x = x_0$ in diesem Intervall $a \cdots b$, für
den $f(x) = f(x_0) = N$ ist.

Die Betrachtung des nachstehenden geometrischen Bildes, welches
einer solchen Funktion entsprechen könnte, lehrt, daß man, um einen
solchen Punkt zu finden,
nur den Wert von N als
Ordinate aufzutragen und
durch deren freien End-
punkt die Parallele zur
Abszissenachse zu ziehen
hat. Der sich ergebende
Schnittpunkt mit der Funktionskurve ist ein solcher,
für den $f(x) = N$; seine

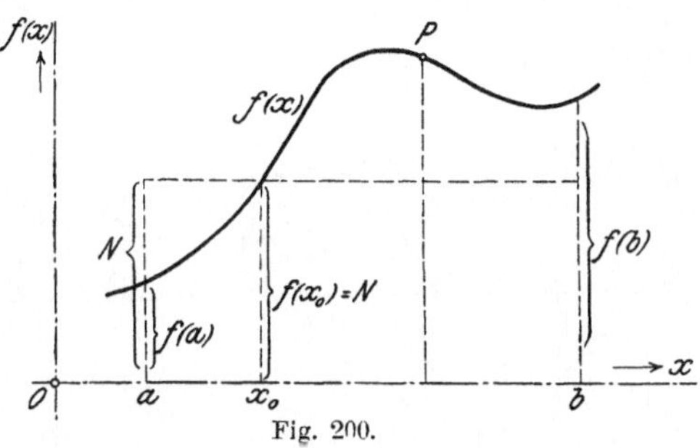

Fig. 200.

Abszisse entspricht dem gesuchten Wert $x = x_0$.

Um den Satz auch streng zu beweisen, gehen wir folgendermaßen
vor:

Da sich die Natur der Funktion bezüglich Stetigkeit und Endlichkeit, sowie Gültigkeit innerhalb eines bestimmten, abgeschlossenen
Intervalles $a \leq x \leq b$ nicht ändert durch Addition oder Subtraktion
einer endlichen Konstanten, so können wir obigen Fall leicht auf jenen
zurückführen, wo $N = 0$ wird, indem wir aus $f(x)$ die Funktion
$F(x) = f(x) - N$ bilden (was geometrisch einer Parallelverschiebung
des Koordinatensystemes in Richtung der Ordinatenachse nach oben
um die Distanz N gleichkommt).

Dann folgt:

$$F(a) = f(a) - N < 0 \qquad \text{(negativ)}$$
$$F(b) = f(b) - N > 0 \qquad \text{(positiv)}$$

Nun beachten wir z. B. den Punkt mit der Abszisse $x_m = \dfrac{a+b}{2}$;
dann ist $F(x_m)$ entweder gleich 0 oder verschieden davon.

Im Falle

$$F(x_m) = 0$$

wäre unser Satz offenbar bewiesen, denn wir hätten dann

$$f(x_m) - N = 0$$

d. h. es wäre

$$f(x_m) = N$$

also x_m der gesuchte Wert x_0.

Wir können daher für das Folgende diesen Fall ausschließen.

Im Falle

$$F(x_m) \gtrless 0$$

muß in einem der beiden **Teilintervalle** $a \cdots x_m$ oder $x_m \cdots b$ für $F(x)$ nach obigem notwendig ein Vorzeichenwechsel stattfinden und zwar:

$$\text{wenn } F(x_m) < 0 \text{ (negativ), im Intervall } x_m \cdots b$$

$$\text{,, } \quad F(x_m) > 0 \text{ (positiv), ,, ,, } \quad a \cdots x_m$$

Jenes Teilintervall, in welchem der Vorzeichenwechsel eintritt, teilen wir wieder in zwei Hälften und machen die nämliche Überlegung, und fahren dann so fort.

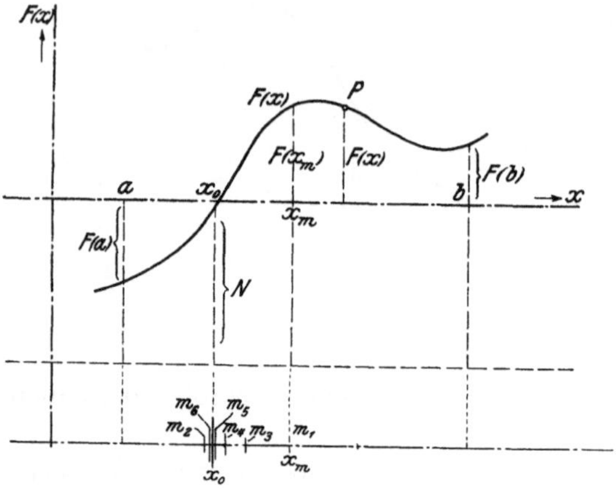

Wir erhalten so eine unbegrenzte Folge ineinandergeschachtelter Intervalle, die wieder einen einzigen Punkt $x = x_0$ für $F(x)$ bzw. $f(x)$ bestimmen, der als Endpunkt oder innerer Punkt allen diesen Teilintervallen, die gegen Null abnehmen, in deren jedem auch der Vorzeichenwechsel eintritt, angehört.

Fig. 201.

Es kommt somit der Punkt mit dem Vorzeichenwechsel, d. h. $F(x) = 0$, in jedem auch kleinsten dieser Teilintervalle vor, d. h. es wird

$$|F(x) - F(x_0)| = |0 - F(x_0)| < \varepsilon$$

wenn nur

$$|x - x_0| < \delta$$

Das heißt aber

$$\lim [|0 - F(x_0)|] = 0$$

also

$$F(x_0) = 0$$

Womit aber zugleich auch folgt:

$$F(x_0) = f(x_0) - N = 0$$

oder

$$\underline{f(x_0) = N}$$

Zur näheren Bestimmung dieses Punktes können wir wiederum zunächst das Intervall $a \cdots b$ durch Teilpunkte, die den ganzen Zahlen zwischen a und b entsprechen, in Teilintervalle zerlegen. Dann muß, wenn für keinen der beiden Endpunkte $F(x) = 0$ ist — womit der Punkt (Wert x_0) ja schon gefunden wäre — in einem dieser Teilintervalle ein Vorzeichenwechsel eintreten; es sei dies der Fall im Teilintervall $a_1 \cdots (a_1 + 1)$, wobei unter Umständen unter a_1 auch die nächste ganze Zahl unterhalb a verstanden sein müßte, wenn nämlich der fragliche Punkt im Intervall a bis zur nächsten ganzen Zahl läge (in Fig. 202 zwischen $3, 2_5$ und 4); analog wäre es auf der anderen Seite, bei b. Dieses Intervall $a_1 \cdots (a_1 + 1)$ teilen wir in 10 gleiche Teile und es sei wiederum das Intervall, in welchem der Vorzeichenwechsel eintritt, erkannt mit $\left(a_1 + \dfrac{c_1}{10}\right) \cdots \left(a_1 + \dfrac{c_1 + 1}{10}\right)$. Wiederum teilen wir dieses in 10 gleiche Teile und finden das Intervall mit dem Vorzeichenwechsel von $\left(a_1 + \dfrac{c_1}{10} + \dfrac{c_2}{10^2}\right) \cdots \left(a_1 + \dfrac{c_1}{10} + \dfrac{c_2 + 1}{10^2}\right)$. So fortfahrend stellt sich der gesuchte Wert x_0, die Abszisse des Punktes $F(x_0) = 0$, als unendlicher Dezimalbruch dar:

$$x_0 = a_1 + \frac{c_1}{10} + \frac{c_2}{10^2} + \frac{c_3}{10^3} + \cdots$$

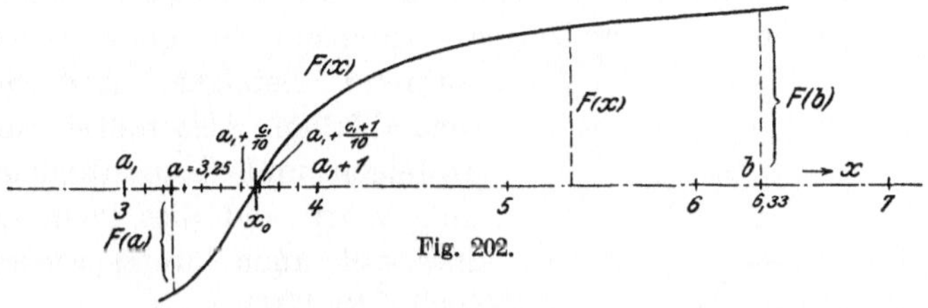

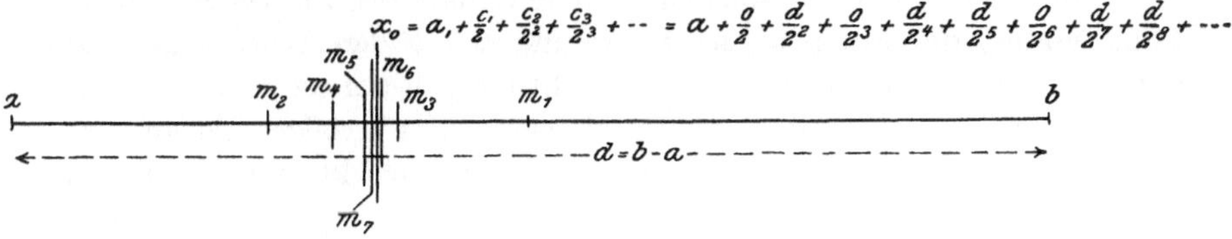

Fig. 202.

für den:

$$F(x_0) = 0$$

also auch:

$$f(x) = f(x_0) = N \, .$$

In gleicher Darstellung ergibt sich aus der ersteren Halbierungsmethode die Darstellung von x_0 in der Form:

$$x_0 = a_1 + \frac{c_1}{2} + \frac{c_2}{2^2} + \frac{c_3}{2^3} + \cdots$$

dargestellt in Form eines dyadischen Bruches, eine Zahl vom dyadischen Zahlensystem. Natürlich bedeuten hier $c_1, c_2 \ldots$ andere Zahlen als in der obigen Dezimalbruchdarstellung.

Bezieht man die Unterteilung auf das Intervall selbst, oder einen Teil desselben, so ergibt sich die nachfolgende Darstellung:

Fig. 203.

Damit gelangen wir schließlich zum letzten Satze, der uns dann zum Mittelwertsatz führen wird; es ist:

Der Rollesche Satz.

Ist $f(x)$ im abgeschlossenen Intervall $a \leqq x \leqq b$ stetig und in den inneren Punkten x desselben, $a < x < b$, mit einer endlichen oder unendlichen Ableitung aber bestimmten Vorzeichens[1] versehen, und ist ferner $f(a) = f(b) = 0$, dann existiert mindestens ein innerer Punkt $x = x_0$, in welchem die Ableitung $f'(x)$ verschwindet, also $f'(x_0) = 0$ ist für ein bestimmtes $x_0 : a < x_0 < b$.

Wenn die Funktionskurve in $x = a$ und $x = b$ den Ordinatenwert Null hat, so kann sie unter Voraussetzung der Stetigkeit weder fortwährend ansteigen, noch fortwährend abfallen. Also muß sie zunächst ansteigen und dann abfallen oder umgekehrt und dies kann sich im Intervall auch öfters wiederholen (vgl. Fig. 204).

Dann aber muß es wenigstens einen Punkt $x = x_0$ geben, in dem sie aus dem Steigen ins Fallen übergeht und in diesem ist die Tangente parallel zur Abszissenachse, also $\tau = 0$ und damit auch $f'(x_0) = 0$.

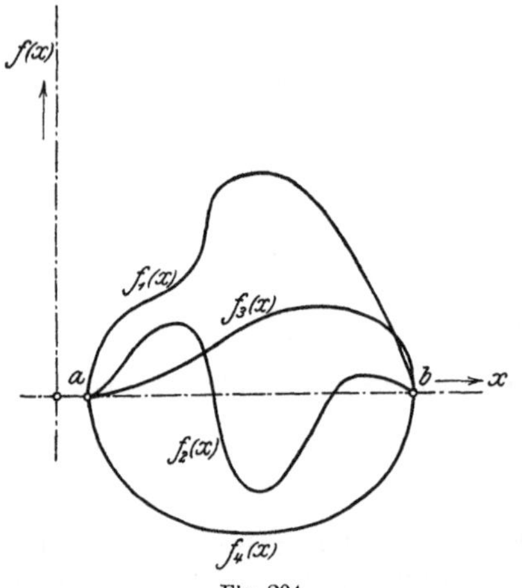

Fig. 204.

Der strenge Beweis dieses Satzes stützt sich zunächst auf den früher bewiesenen, wonach die stetige Funktion im abgeschlossenen Intervall sowohl einen größten als auch kleinsten Wert hat. Es muß hier aber notwendig einen solchen Wert innerhalb des Intervalles geben. Denn nimmt die Funktion in $x = a$ und $x = b$ den Wert 0 an und reduziert sich ihr geometrisches Bild nicht einfach auf die Strecke a—b, so muß sie im Intervall demnach kleinere oder größere Werte verschieden von 0 aufweisen, die eventuell sämtlich kleiner als 0 sein können. Ist aber letzteres der Fall, so muß es nach früherem Hilfssatz im Intervall eine untere Grenze geben, welche hier notwendig im Innern des Intervalles liegen muß, da die feste Zahl 0, unter der die Funktionswerte bleiben, in den Endpunkten desselben als Funktionswert auftritt; sie ist daher auch zugleich der kleinste Wert im Intervall, auch deshalb, weil nach obigem untere Grenze und kleinster Wert im abgeschlossenen Intervall identisch sind.

---

[1] d. h. der Differenzenquotient ist auf beiden Seiten sehr groß, aber gleichen Vorzeichens.

Aus analogen Gründen erweist sich, daß für den Fall, daß alle Funktionswerte größer als 0 positiv sind, ein größter Wert innerhalb des Intervalles (eine obere Grenze) vorhanden sein muß.

Existieren endlich zwischen $x = a$ und $x = b$ Funktionswerte kleiner und größer als 0, so läßt sich das vorliegende Intervall wieder in Teilintervalle zerlegen, in deren wenigstens einem unbedingt der Übergang von kleineren zu größeren Werten als 0, oder umgekehrt, stattfinden muß. Dieses Teilintervall greifen wir heraus und fahren durch wiederholte Unterteilung und gleiche Auswahl fort. In unbegrenzter Einschachtelung von Intervallen ergibt sich als Grenze ein bestimmter Punkt und Wert $x = x_0$, für den zu beiden Seiten Werte der Funktion entgegengesetzten Vorzeichens auftreten, d. h. welcher der Übergang von positiven zu negativen Werten oder umgekehrt ist und damit ein Punkt, in dem $f(x) = f(x_0) = 0$ ist.

Und analog finden sich eventuell vorhandene weitere derartige Punkte bzw. Werte.

In den durch solche Punkte, für welche $f(x) = 0$ ist, begrenzten Teilintervallen muß aber jeweils aus bereits erwähnten Gründen wiederum je mindestens ein Punkt vorhanden sein, in dem eine obere oder untere Grenze der Funktion bzw. ein größter oder kleinster Wert vorhanden ist.

Existiert nun aber im Innern des Intervalles $a \cdots b$ ein größter Wert, so heißt das, daß in diesem Punkt $x = x_0$ der Funktionswert $f(x_0)$ seinen größten Wert erreicht und daher Punkte zu beiden Seiten von ihm kleinere Funktionswerte aufweisen. Es wird daher die Differenz

$$f(x_0 \pm \Delta x) - f(x_0)$$

hier negativ ausfallen.

Der Quotient

$$\frac{f(x_0 + \Delta x) - f(x_0)}{+\Delta x}$$

wird daher negativ und der Quotient

$$\frac{f(x_0 - \Delta x) - f(x_0)}{-\Delta x}$$

wird positiv.

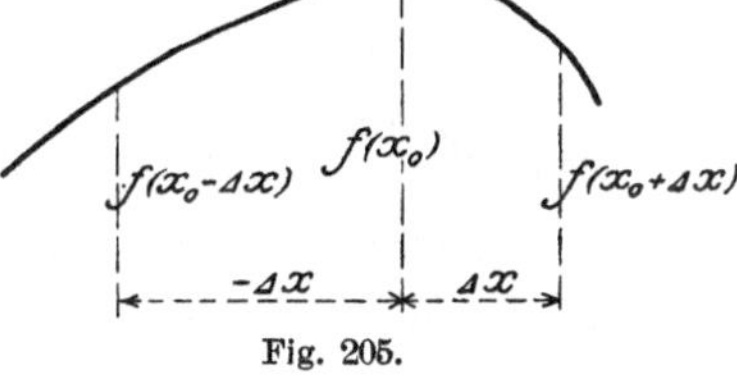

Fig. 205.

Beim Größtwert erhalten daher die von links und von rechts gebildeten Differenzenquotienten entgegengesetztes Vorzeichen.

Weil nun aber nach Voraussetzung die vorliegende Funktion in jedem Punkt des Intervalles einen Differentialquotienten besitzt, der ja der Grenzwert des Differenzenquotienten ist, so heißt das: Die Differenzenquotienten müssen sich mit beliebiger Annäherung (für beliebig kleines Δx) an den Höchstwert oder Punkt x_0, $f(x_0)$ aufstellen lassen und erhalten auch dann noch stets entgegengesetztes Vorzeichen. Würde nun der Wert des bei der vorausgesetzt stetigen Funktion für beide Differenzenquotienten gleichen Differentialquotienten $f'(x_0)$ verschieden von 0 sein, so müßte dieser zugleich positiv und negativ sein, was unmöglich ist, da sich positive und negative Werte ein und derselben Zahl nur in der Zahl Null treffen und daher nur gleich sein können, wenn sie beide gleich 0 sind. Es folgt somit, daß $f'(x_0)$ gleich 0 sein muß.

Analog führt man den Beweis, daß auch für den kleinsten Wert in $x = x_0'$ der Differentialquotient verschwinden muß: $f'(x_0') = 0$.

Im ersten Falle spricht man von einem *Maximum*, im letzteren von einem *Minimum* der Funktion $f(x)$.

Und endlich ergibt sich nun

Der Mittelwertsatz,

der im Grunde genommen nur eine Verallgemeinerung des Rolleschen Satzes ist und lautet:

Ist $f(x)$ im abgeschlossenen Intervall $a \leq x \leq b$ stetig und in jedem inneren Punkte $a < x < b$ mit einer endlichen oder unendlichen Ableitung bestimmten Vorzeichens[1]) versehen, so gibt es mindestens einen Punkt (Wert) $x = x_0$, für welchen $f(b) - f(a)$ gleich $(b - a) \cdot f'(x_0)$ ist, so daß:

$$\text{für } a < x_0 < b: \qquad f(b) - f(a) = (b - a)\, f'(x_0)$$

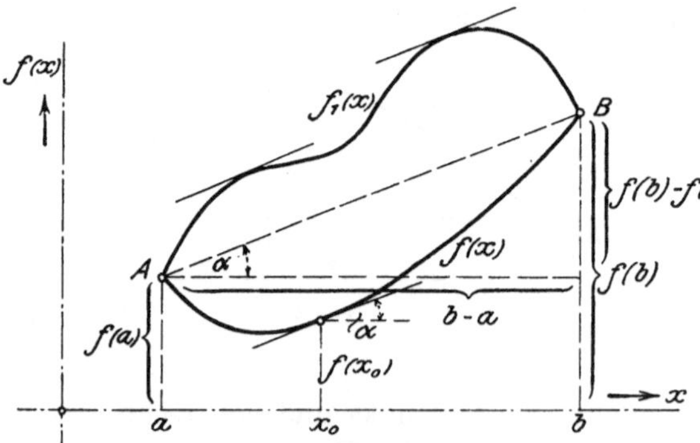

oder:

$$f'(x_0) = \frac{f(b) - f(a)}{b - a}$$

Deuten wir diesen Satz zunächst geometrisch, mittels nebenstehender Figur, so steht auf der rechten Seite der letzten Gleichung

Fig. 206.

die trigonometrische Tangente des Winkels α, den die Sehne $\overline{AB}$, die Verbindungslinie der Punkte $[a, f(a)]$ und $[b, f(b)]$, mit der Abszissenachse bildet und der Satz sagt somit aus:

---

[1]) d. h. der Differenzenquotient ist auf beiden Seiten sehr groß, aber gleichen Vorzeichens.

Es gibt im Intervall wenigstens einen Punkt, in welchem die Tangente zur Sehne durch die beiden Endpunkte des Intervalles parallel ist.

Hieraus erkennt man, daß es nur einer Transformation des Koordinatensystemes, einer Drehung seiner Achsen um den Winkel α bedarf, um diesen Satz in den vorausgehend behandelten Rolleschen überzuführen, in dem die Tangente parallel zur x-Achse liegt und wäre dann so der geometrische Beweis geliefert.

Um auch den **arithmetischen Beweis** zu liefern, bilden wir eine Funktion $F(x)$ mit der Definitionsgleichung:

$$F(x) = (x - a)\,[f(b) - f(a)] - (b - a)\,[f(x) - f(a)]$$

welche die Eigenschaften hat:

1.   für $x = a$ ist $F(a) = 0$
2.   ,, $x = b$,, $F(b) = 0$

3. $F(x)$ ist stetig, solange $f(x)$ stetig ist, wie man leicht auf Grund früher aufgestellter Stetigkeitssätze konstatiert.

Die Funktion $F(x)$ erfüllt also alle Bedingungen des Rolleschen Satzes, woraus folgt, daß es im Intervall $a \cdots b$ wenigstens einen Punkt $x = x_0$ gibt, in welchem $F'(x)$ verschwindet, also $F'(x) = F'(x_0) = 0$ ist.

Nun ist aber:

$$F'(x) = f(b) - f(a) - (b - a)\,f'(x)$$

denn aus:

$$F(x) = (x - a)\,[f(b) - f(a)] - (b - a)\,[f(x) - f(a)]$$

folgt für $F(x + \Delta x)$:

$$F(x + \Delta x) = [(x + \Delta x) - a]\,[f(b) - f(a)] - (b - a)\,[f(x + \Delta x) - f(a)]$$

Subtrahiert man die obere Gleichung von der unteren und dividiert durch Δx, so folgt der Differenzenquotient von $F(x)$:

$$\frac{F(x + \Delta x) - F(x)}{\Delta x} = f(b) - f(a) - (b - a)\frac{f(x + \Delta x) - f(x)}{\Delta x}$$

Gehen wir mit Δx zur Grenze 0, so gehen die beiden Differenzenquotienten über in die Differentialquotienten, womit also folgt:

$$\lim_{\Delta x = 0}\left(\frac{F(x + \Delta x) - F(x)}{\Delta x}\right) = \lim_{\Delta x = 0}\left[f(b) - f(a) - (b - a)\frac{f(x + \Delta x) - f(x)}{\Delta x}\right]$$

$$= f(b) - f(a) - (b - a)\lim_{\Delta x = 0}\left(\frac{f(x + \Delta x) - f(x)}{\Delta x}\right)$$

$$F'(x) = f(b) - f(a) - (b - a)\,f'(x)$$

Wird nun $F'(x_0) = 0$, so folgt aus obigem:

$$0 = f(b) - f(a) - (b - a)\,f'(x_0)$$

oder

$$f(b) - f(a) = (b - a)\, f'(x_0)$$

bzw.

$$f'(x_0) = \frac{f(b) - f(a)}{b - a}$$

w. z. z. w.

§ 22. Das Differential.

Denken wir uns nun ein solches Intervall, wie $a \cdots b$, von der Ausdehnung gleich Δx, wobei Δx ein sehr kleiner Teil des ursprünglichen Intervalles $b - a$ sein kann, und also seinen Anfangspunkt (a) mit dem beliebigen Punkt x zusammenfallend, so folgt aus obigem Mittelwertsatz für

$$a = x \qquad ; \quad f(a) = f(x)$$
$$b = x + \Delta x \quad ; \quad f(b) = f(x + \Delta x)$$

für dieses sehr kleine Intervall:

$$f(x + \Delta x) - f(x) = \Delta x \cdot f'(x_0)$$

wobei

$$x < x_0 < x + \Delta x$$

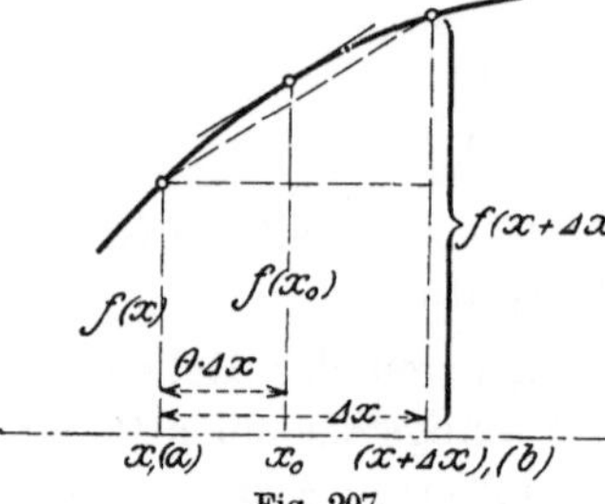

Fig. 207.

Es ist also der kleinstmögliche Wert für x_0:

$$x_0 = x$$

und der größtmögliche Wert für x_0:

$$x_0 = x + \Delta x$$

weshalb wir auch schreiben können:

$$x_0 = x + \Theta\, \Delta x$$

wenn:

$$0 < \Theta < 1 \tag{1}$$

also Θ eine positive Zahl kleiner als 1 ist.

Und damit folgt die ganz allgemeine Beziehung:

$$\underline{f(x + \Delta x) - f(x) = \Delta x \cdot f'(x + \Theta\, \Delta x)}$$
$$\underline{0 < \Theta < 1}$$

Setzen wir noch wie früher, in Erinnerung an die allgemeine Schreibweise der Funktion:

$$y = f(x)$$

____

[1]) Θ (griech.) sprich: Theta.

die Funktionsänderung im Intervall Δx:

$$f(x + \Delta x) - f(x) = \Delta y$$

so wird:

$$\Delta y = \Delta x \, f'(x + \Theta \, \Delta x)$$

und damit:

$$\frac{\Delta y}{\Delta x} = f'(x + \Theta \, \Delta x)$$

Lassen wir nun Δx kleiner und kleiner werden, schließlich in den Grenzwert 0 übergehen, so folgt:

$$\lim_{\Delta x = 0} \left(\frac{\Delta y}{\Delta x} \right) = \lim_{\Delta x = 0} [f'(x + \Theta \, \Delta x)]$$

Während damit die linke Seite der Gleichung zum bekannten Differentialquotienten wird, verschwindet rechts der zweite Summand an der Grenze, so daß wir schließlich erhalten:

$$\frac{dy}{dx} = f'(x)$$

eine Gleichung, die wir bereits kennen und welche daher die Richtigkeit der obigen Beziehungen nur bestätigt:

Beachten wir aber wieder die Form:

$$\Delta y = \Delta x \cdot f'(x + \Theta \, \Delta x)$$

so geht daraus das Folgende hervor:

Aus früherem wissen wir, daß der Differentialquotient $f'(x)$ im Punkte x eine Eigenschaft der Funktion (die höhere Stetigkeit) definiert und daher arithmetisch oder analytisch wieder eine Funktion darstellt. Demnach hängen also Δx und Δy, aus denen er entstanden, in ganz bestimmter Weise zusammen, denn ihr Quotient dokumentiert, je kleiner sie sind um so genauer, diese Eigenschaft. Dabei spielt Δx die Rolle des unabhängig, Δy diejenige des abhängig Veränderlichen.

Lassen wir nun Δx und Δy immer kleiner werden, was wegen der vorausgesetzten Stetigkeit der Funktion zulässig ist, so kommen wir mit diesen Differenzen dem Punkt x immer näher. Damit nähert sich dann $f'(x + \Theta \Delta x)$ immer mehr dem Wert $f'(x)$, welch letzterer Ausdruck uns die Eigenschaft von $f(x)$ im Punkte x genau charakterisiert.

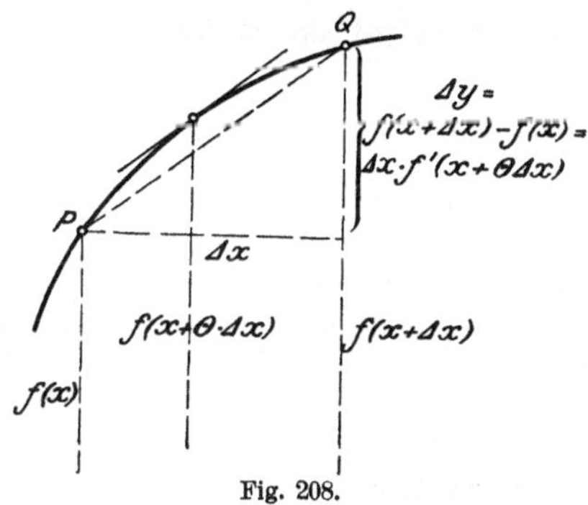

Fig. 208.

Das sagt aber, daß damit auch die Formel

$$\Delta y = \Delta x \cdot f'(x + \Theta \, \Delta x)$$

sich immer mehr einer Grenze nähert, indem die Unbestimmtheit, welche durch die innerhalb gewissen Grenzen beliebige Größe Θ gegeben ist, immer geringer wird, der Unterschied zwischen $(x + \Theta \, \Delta x)$ und x sich beständig verkleinert.

Denken wir uns nun den Grenzübergang vollzogen, d. h. Δx zu 0 geworden, so scheint es, als kämen wir damit zu einer Selbstverständlichkeit:

$$0 = 0 \cdot f'(x)$$

oder, algebraisch genommen:

$$0 = 0$$

weil algebraisch jede endliche Zahl, mit 0 multipliziert, im Produkt 0 ergibt.

Aber schon die Algebra lehrt, daß sie die Null in ganz bestimmter Weise definieren muß, ansonst man nicht mit ihr rechnen könnte, da sie doch eigentlich keine Zahl ist, sondern erst zu einer solchen gemacht werden muß. Indertat führt die Algebra die Null ein als $(a - a)$, also mit der Definition $a - a = 0$[1]) und die Algebra der höheren komplexen Zahlen kennt noch andere Bedeutungen der Null, wie wir bei den Quaternionen gesehen haben.

In solcher Schlußfolgerung müssen wir uns sagen, daß obige „Nullen“, die als Grenze von Δx und Δy entstehen, auch in ganz bestimmter Weise, eben als Grenze der voneinander abhängigen Verringerungen von Δx und Δy charakterisiert und definiert sind. Wir dürfen sie dann auch insofern nicht schlechtweg als die gewöhnliche algebraische Null auffassen, sondern müssen ihnen eine symbolische Bedeutung beilegen, welche eben durch ihre Entstehung bedingt ist.

In diesem Sinne schreibt man nun diese Nullen als dx und dy und nennt sie *Differentiale*.

Dann aber gilt auch der Ausspruch über die Unbestimmtheit des Quotienten $\dfrac{dy}{dx}$, für diese speziellen Nullen, die sog. Differentiale dx und dy im allgemeinen nicht und wir dürfen sie ohne Erzeugung von Unbestimmtheit durcheinander dividieren und erhalten den Quotienten $\dfrac{dy}{dx}$ von be-

---

[1]) Vgl. S. 3.

stimmter Größe[1]), eine Eigenschaft der Funktion $f(x)$ aussprechend, eine andere Funktion von x, die wir daher auch nach *Lagrange* mit $f'(x)$ bezeichnen.

Als Quotient zweier sog. Differentiale dy und dx bezeichnet man diesen Quotienten ganz spezieller Nullen mit dem Namen *Differentialquotient*, welcher Name dadurch gerechtfertigt wird[2]).

Man könnte daher diesen Differentialquotienten auch $\dfrac{0}{0}$ schreiben.

Da aber seine Herleitung aus dieser Schreibweise gar nicht ersichtlich wäre und außerdem man nicht wüßte, auf welche Veränderlichen (oben x und y) sich diese Nullen beziehen, man also äußerlich damit den Kontakt mit dem Vorausgehenden verlieren würde, so ist die Leibnizsche Bezeichnungsart $\dfrac{dy}{dx}$ unbedingt vorzuziehen; diese letztere verleitet zu ihrem Vorteil auch nicht die „Nullen" hier als algebraische Nullen[3]) hinzunehmen und sich im Quotienten dadurch einen unbestimmten Ausdruck[4]) zu denken.

---

[1]) Wie man diese Größe berechnet, haben wir gezeigt (vgl. S. 309 u. ff.).

[2]) Es leuchtet nun auch ein, daß man in der Schreibweise dx, dy, $df(x)$ usw. den Buchstaben d nicht als Faktor, wie etwa in $d \cdot x$, $d \cdot y$, $d \cdot f(x)$ usw. auffassen darf, sondern daß er analog dem früher beim vorgesetzten $\varDelta$ für die Differenz Gesagten (vgl. S. 356) ein Ganzes bildet mit dem nachfolgenden Buchstaben und nur als nähere Erläuterung einer mit der Größe, die letzterer vertritt, vorgenommenen Veränderung dient. Er sagt nämlich aus, daß die vorher bestandene Differenz zu Null geworden ist und geht daher auch stets als Bezeichnung des Endzustandes der Veränderung einer Differenz im Sinne des Kleinerwerdens hervor, kann also auch als „Grenzbezeichnung des $\varDelta$" für die Differenz aufgefaßt werden, die man gerade, weil es für den Grenzzustand 0 ist, nicht mehr mit einem vorgesetzten $\varDelta$, sondern mit einem vorgesetzten d bezeichnet. Man liest diese Differenz dann als Differenz im Endzustand null oder als Differential, wie z. B. $dx = $ „Differential von x" oder auch kurz „Differential x" oder, dem Buchstaben entsprechend: „*De* von x", ganz kurz „*De-x*".

In gleicher Weise gilt dies auch von diesen Bezeichnungen dx, dy, $df(x)$ usw. im Quotienten, wo auch $\dfrac{dy}{dx}$ nicht als $\dfrac{d \cdot y}{d \cdot x}$ mit dem Faktor d, durch den man eventuell dividieren oder mit dem man kürzen kann, verstanden werden darf.

[3]) Im Differentialquotienten sind die Nullen in Zähler und Nenner im Gegensatz zum Quotienten algebraischer Nullen nicht unabhängig voneinander, weil sie beide aus dem Grenzübergang zweier, in Zähler und Nenner stehender Funktionen ein und desselben Arguments (x) entstehen; es sind funktionentheoretische Nullen, denen wir uns durch Grenzübergang nähern können. Die algebraische Null — in der Algebra eingeführt mit der Definitionsformel $(a - a)$ — ist null und entsteht nicht durch einen Näherungsprozeß. $\dfrac{0}{0}$ ist in algebraischem Sinne schon deswegen unmöglich, weil eine der Grundregeln der Algebra, die Division mit 0, überhaupt als unzulässig erklärt.

[4]) d. h. einen Ausdruck, der keinen bestimmten Wert besitzt. Damit ist nicht etwa die früher behandelte sogenannte *unbestimmte Form* $\dfrac{0}{0}$ gemeint. Dieselbe erweist sich hiernach nun vielmehr, worauf die frühere Darstellung als Grenzwert schon hinweist, als Differentialquotient von im allgemeinen bestimmter Größe.

Die Rechnung, in der man sich mit der Bildung und Anwendung des Differentialquotienten befaßt und welche mit solchen Differentialen überhaupt umgeht, ist bekannt als sog. *Differentialrechnung* oder als *das Differenzieren*. Bilden wir von einer Funktion, z. B. $y = f(x)$, den Differentialquotienten, $\dfrac{dy}{dx} = f'(x)$, oder das Differential, $dy = f'(x)\,dx$, so spricht man von der *Differentiation einer Funktion* nach einer Variablen, hier z. B. von der Funktion y nach x, oder sagt auch: „Wir differenzieren die Funktion", hier also die Funktion $y = f(x)$ nach x.

Man sagt auch im direkten Anschluß an die Schreibweise: „Wir bilden den Differentialquotienten dy durch dx" bzw. „Wir bilden das Differential" dy gleich „$f'(x)$ mal dx", gegenüber welcher Ausdrucksweise die erst gegebene „$\cdots$ nach x" entschieden vorzuziehen ist, da letztere die Bezeichnung „durch $\cdots$" zu leicht auf ein direktes Dividieren von einem Differential dy durch ein Differential dx gedanklich führen könnte, ohne den Differentialquotienten als solchen in Betracht zu ziehen, was ja nach obigem nicht richtig wäre[1]).

Inwiefern nun <u>unendlich kleine Größen</u> (Zahlen), noch von Null verschieden, beliebig der Null sich annähern könnend, <u>Vertreter dieser Differentiale</u> oder Differentialien werden können, ist jetzt leicht zu erkennen: <u>Man hat dann eben in dieselben das Haben des Grenzwertes 0 im allgemeinen hineinzudenken.</u> Nur die arithmetische Behandlung erfordert gleichsam stets etwas jenseits des tatsächlichen Grenzüberganges zu bleiben; denn wenn wir einmal einen Wert als fest, d. h. unveränderlich, einsetzen, so ist nichts mehr zu machen und ginge damit der Hauptsinn, der hier im Grenzübergang liegt, die geradezu wichtigste Eigenschaft der Größe, des Differentials, (dieser Differential-Null), einen Grenzwert zu haben, und zwar Null, verloren. Der feste, auch beliebig kleine Wert sagt uns arithmetisch gar nicht, ob er einer stetigen oder anderen Veränderung (Reihe von Werten) angehört; erst seine Umgebung und zwar die allernächste, gibt uns Auskunft darüber.

Unter diesen Gesichtspunkten kann man dann auch die früher über „unendlich kleine Größen" ausgesprochenen Folgerungen und Sätze (vgl. S. 247 u. ff.) auch auf Differentiale ausdehnen und kommt so auch zum Begriff von *Differentialen verschiedener Ordnung*[2]).

---

[1]) Wir verweisen diesbezüglich auch noch speziell auf die Auseinandersetzungen auf S. 410.

[2]) Und zwar wählt man dann, solange keine besonderen abweichenden Festsetzungen gemacht werden, im allgemeinen dieses Differential (dx bzw. dy), als, in erster Linie stehend, unendlich kleine Größe I. Ordnung.

In der geometrischen Veranschaulichung und Auffassung wird mit Einführung des Differentials an Stelle der unendlich kleinen Größe das früher erwähnte charakteristische Dreieck mit den zusammengehörigen beliebig kleinen Abszissen- und Ordinatendifferenzen als Katheten bzw. mit den drei unendlich kleinen Seiten Δx, Δy, Δs zum sog. *Differentialdreieck* mit den Seiten dx, dy, ds [1]).

Wie mit diesem Differential zu rechnen ist, muß dann die Entwicklung im einzelnen lehren. Man rechnet ja oft auch mit anderen Symbolen einer Größe, die durch bestimmte Gesetze beherrscht sind und in bestimmter Weise, ihrer (der Symbole) Definition entsprechend, deutbare Resultate ergeben.

Schreiben wir nun oben erhaltene Nullen als „*Differential-Nullen*", so wird die aus dem Mittelwertsatz beim Grenzübergang erhaltene Beziehung lauten müssen:

$$dy = f'(x)\,dx \qquad\qquad {}^{2})$$

Vergleicht man dieses Resultat mit dem auf anderem Wege erhaltenen Ausdruck für den Differentialquotienten:

$$\frac{dy}{dx} = f'(x)$$

so scheint es, als ob man einfach in dieser letzteren Gleichung beidseitig mit dx multiplizieren dürfte, also das dx wie eine bestimmte Zahl, welche jedenfalls nicht Null sein dürfte, behandeln könne. Außerdem trennt man bei dieser „Operation" dy und dx von einander, welche Größen ja aus der Ableitung des Differentialquotienten heraus stets zusammengehören.

In welchem Sinne dies nun gestattet ist, lehrt uns eben der Mittelwertsatz, denn die Gleichung

$$dy = f'(x)\,dx$$

ist ja nach obigem nichts anderes als der Grenzwert des für diesen Fall angewendeten Mittelwertsatzes:

$$\Delta y = f'(x + \Theta\,\Delta x)\cdot\Delta x$$

Daraus darf man nun aber nicht schlechterdings die Regel ableiten, man dürfe mit den Differentialen ganz genau so rechnen, wie mit bestimmten, wenn auch sehr kleinen —

---

[1]) Vgl. hierzu auch S. 342, 410.

[2]) Aus dieser Form erklärt sich auch die von *Lacroix* gewählte Bezeichnung *Differentialkoeffizient*, da hier der Grenzwert $\dfrac{dy}{dx} = f'(x)$ als Koeffizient von dx erscheint. („*Traité du calcul différentiel et du calcul intégral.*" 3 Bde. Paris 1797—1800; 2. Aufl. 1810—1813; 7. Aufl. 1867; deutsch Berlin 1830/31.)

wie man zu sagen pflegt unendlich kleinen — Zahlen, was ja
allerdings sehr häufig geschieht[1]). Schon bei sog. zweiten Differentialen
würde man dabei auf Schwierigkeiten, ja direkt auf Fehler kommen.
Es ist immer zu beachten, daß wir multiplizieren, dividieren usw.
nur mit wirklichen Zahlen dürfen, d. h. mit von Null verschiedenen, also mit Δx, Δy usw. Die Ausdrücke mit ihnen werden
dann zum Grenzwert übergeführt, wobei dann die Differentiale dx, dy als <u>Symbole</u> für die bestimmten,
bedingt entstehenden <u>Nullen</u> erscheinen.

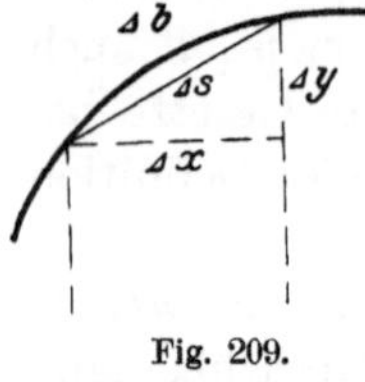

Fig. 209.

Allerdings macht man es praktisch nicht so,
sondern man macht zunächst nur für die Δ den Ansatz; z. B. wenn man die Länge einer Kurve bestimmen will, so drückt man das Δs durch Δx und
Δy aus unter Anwendung des Pythagoräischen Lehr-
satzes. Dann hätte man den Grenzübergang zu vollführen, womit man
den Ansatz in den Differentialen bekommen könnte, aus dem allein
dann die weitere Rechnung zu folgen hat.

Um aber diese doppelte Schreibweise zu vermeiden, macht man
den Ansatz zwar in <u>Gedanken</u> für die Δx und Δy, <u>schreibt</u>
aber dx und dy, denkt also den Grenzübergang sofort auch wieder
ausgeführt. Doch müssen wir ausdrücklich betonen, daß man sich auf
diese *Faustregel* nicht unbedingt verlassen darf, weil sie, wie schon
erwähnt, gelegentlich versagen kann. Man muß dann in solchen Fällen
unbedingt zunächst auf die Gleichung in den Δx und Δy zurückgehen und an ihr dann den Grenzübergang zu den Differen-
tialen vornehmen.

Um das Gesagte an einem wichtigen

Beispiel

zu erläutern, erinnern wir uns an das, was wir auf S. 257 u. ff. gezeigt
haben, daß in Fig. 137:

$$\Delta b^2 = \Delta x^2 + \Delta y^2 + \varepsilon'$$

---

[1]) Denn Multiplikation, Division usw. mit Null ist eine in der Algebra im allgemeinen unzulässige Operation.

Man geht so weit, daß man sie daher auch direkt mit unendlich kleinen Größen
(Zahlen) identifiziert und daher gar oft den nicht richtigen Ausspruch: „Das Differential ist eine unendlich kleine Größe", womit man stillschweigend den Gedanken „verschieden von Null" verbindet, hören kann, den man dann noch ergänzt durch die Überlegung, gemäß der man sagt: Der Differentialquotient ist das nämliche wie der Differenzenquotient, nur mit dem Unterschied, daß es sich hier um unendlich kleine Differenzen
(Zahlen) handelt im Gegensatz zum Differenzenquotient mit stets nicht unendlich-
kleinen, sondern endlichen Differenzen und Größen (Zahlen) und ihn daher auch als
Quotienten zweier unendlich kleinen Größen (Zahlen) hinstellt. Wenn dies in der
Praxis, in den ihr in der Technik zukommenden einfacheren Fällen auch meist ohne
Folgen angenommen werden kann, so darf deshalb durchaus nicht auf diese als eine
etwa korrekte und einwandfreie Auffassung gebaut werden.

wobei $\varDelta b$ das Element des Kurvenbogens und ε' eine unendlich kleine Größe III. Ordnung gegenüber $\varDelta x$ und daher auch gegenüber $\varDelta y$ und $\varDelta b$ bedeutet.

Es unterschied sich also — so konnten wir sagen — das Quadrat des Bogenelements von dem Quadrat der Sehne ($\varDelta s^2 = \varDelta x^2 + \varDelta y^2$) um eine unendlich kleine Größe III. Ordnung gegenüber dem Unterschied der Abszissen zu den Endpunkten des Bogenelementes $\varDelta b$.

Da nun aber für die Anwendungen die Veränderung der Bogenlänge mit x verlangt wird, so dividieren wir obige Gleichung durch $\varDelta x^2$ und erhalten:

$$\frac{\varDelta b^2}{\varDelta x^2} = 1 + \frac{\varDelta y^2}{\varDelta x^2} + \frac{\varepsilon'}{\varDelta x^2}$$

Da ε' von der III. Ordnung unendlich klein ist gegenüber $\varDelta x$, so können wir nach unserer Einführung über die unendlich kleinen Zahlen oder Größen auch schreiben:

$$\varepsilon' = C\,\varDelta x^3$$

worin C eine Konstante ist.

Dies eingesetzt folgt:

$$\frac{\varDelta b^2}{\varDelta x^2} = 1 + \frac{\varDelta y^2}{\varDelta x^2} + C\,\varDelta x$$

oder

$$\left(\frac{\varDelta b}{\varDelta x}\right)^2 = 1 + \left(\frac{\varDelta y}{\varDelta x}\right)^2 + C\,\varDelta x$$

Nun gehen wir zum Grenzwert über und benutzen den Satz, daß der Grenzwert einer Summe gleich ist der Summe der Grenzwerte der einzelnen Summanden und ebenso den analogen Satz über das Produkt und erhalten damit das Resultat:

$$\lim_{\varDelta x=0}\left(\frac{\varDelta b}{\varDelta x}\right)^2 = \lim_{\varDelta x=0}(1) + \lim_{\varDelta x=0}\left(\frac{\varDelta y}{\varDelta x}\right)^2 + \lim_{\varDelta x=0}(C\,\varDelta x)$$

$$= 1 + \lim_{\varDelta x=0}\left(\frac{\varDelta y}{\varDelta x}\right)^2 + C\lim_{\varDelta x=0}\varDelta x$$

Nach dem Satze über den Grenzwert der ganzzahligen endlichen Potenz folgt weiter:

$$\left[\lim_{\varDelta x=0}\left(\frac{\varDelta b}{\varDelta x}\right)\right]^2 = 1 + \left[\lim_{\varDelta x=0}\left(\frac{\varDelta y}{\varDelta x}\right)\right]^2 + C\lim_{\varDelta x=0}\varDelta x$$

In diesem Grenzübergang bis zum Grenzwert $\varDelta x = 0$ werden nun die Differenzen $\varDelta x$, $\varDelta y$ und $\varDelta b$ zu den oben erwähnten Differential-Nullen, die wir im allgemein endlichen, von Null verschieden bleibenden Grenzwert des Differenzenquotienten bekanntlich nicht mit 0 schreiben, sondern mit dx, dy, db andeuten.

Es wäre hiernach also auch $\lim\limits_{\varDelta x = 0} \varDelta x$ als Differential dx zu schreiben und somit ergäbe sich:

$$\left(\frac{db}{dx}\right)^2 = 1 + \left(\frac{dy}{dx}\right)^2 + C\, dx$$

In diesem Zusammenhang, also nach vollführtem Grenzübergang, wo dem letzteren aber nicht mehr die rein symbolische Bedeutung zukommt, wie bei der Ableitung des Differentials aus dem Mittelwertsatz, sondern wo die durch ihn tatsächlich erhaltenen Zahlenwerte in Betracht kommen, ist dann auch für dx sein tatsächlicher Grenzwert zu setzen, der eben Null ist. Dann ist auch $C\, dx = 0$[1]).

Es bleibt uns somit noch als Resultat die Beziehung:

$$\left(\frac{db}{dx}\right)^2 = 1 + \left(\frac{dy}{dx}\right)^2$$

woraus weiter folgt:

$$\frac{db}{dx} = \sqrt{1 + \left(\frac{dy}{dx}\right)^2}$$

Und das ist der gewünschte Zusammenhang von der Veränderung der Bogenlänge mit der Abszissenlänge.

Wir haben damit auch streng nachgewiesen, daß ε' beim Grenzübergang tatsächlich zu Null wird, also auf die Beziehung von b zu x keinen Einfluß hat.

Mit Hilfe dieses Resultates, des Differentialquotienten, leiten wir jetzt die entsprechende Gleichung in den Differentialen ab:

Es ist
$$\varDelta b^2 = \varDelta x^2 + \varDelta y^2 + \varepsilon'$$

Indem wir wieder $\varepsilon' = C\,\varDelta x^3$ setzen, folgt:

$$\varDelta b^2 = \varDelta x^2 + \varDelta y^2 + C\,\varDelta x^3$$

Gehen wir nun zur Grenze über, so ergibt sich:

$$\lim_{\varDelta x=0} (\varDelta b^2) = \lim_{\varDelta x=0} (\varDelta x^2) + \lim_{\varDelta x=0} (\varDelta y^2) + \lim_{\varDelta x=0} (C\,\varDelta x^3)$$

oder:

$$[\lim_{\varDelta x=0} \varDelta b]^2 = [\lim_{\varDelta x=0} \varDelta x]^2 + [\lim_{\varDelta x=0} \varDelta y]^2 + C[\lim_{\varDelta x=0} \varDelta x]^3$$

$$db^2 = dx^2 + dy^2 - C\, dx^3$$

Wie aber aus obigem Resultat, der Ableitung des Differentialquotienten folgt, hat ε' bzw. $C\, dx^3$ keinen Einfluß auf den Zusammenhang der drei Quadrate. Nur in Vernachlässigung dieses letzten Gliedes stimmt die eben erhaltene Beziehung in den Differentialen mit der-

---

[1]) Man denke sich auch für einen Augenblick statt der Differentiale die Nullen geschrieben und erkennt dann, daß in der Gleichung: $\left(\frac{0}{0}\right)^2 = 1 + \left(\frac{0}{0}\right)^2 + C \cdot 0$ nur die beiden Quotienten $\frac{0}{0}$ eine von Null verschiedene Zahl sein können (vgl. S. 306 u. ff.), während das Glied: $C \cdot 0$ verschwinden muß.

jenigen in den Differentialquotienten, so daß wir berechtigt sind, gestützt auf das Resultat in den Quotienten, auch hier die Größe
$C\,dx^3$ wegzulassen[1]), womit dann folgt:

$$db^2 = dx^2 + dy^2$$

eine Beziehung, die mit der oben erhaltenen

$$\frac{db}{dx} = \sqrt{1 + \left(\frac{dy}{dx}\right)^2}$$

völlig übereinstimmt.

Wir erkennen daraus, daß man für diese Unterschiede, wie hier ε',
zunächst einmal nachweisen muß, daß sie indertat auf das Resultat
ohne Einfluß bleiben müssen, ehe man in der Gleichung der Differenzen
(Δx usw.) sagen kann, ε' als unendlich kleine Größe III. Ordnung verschwinde gegenüber den Größen zweiter Ordnung (Δx^2 usw.) und dieser
Nachweis ist möglich in der Aufstellung des Quotienten der Differenzen
$\left(\dfrac{\Delta b}{\Delta x} \quad \text{bzw.} \quad \dfrac{\Delta b^2}{\Delta x^2},\ \dfrac{\Delta y}{\Delta x}\ \ldots\right).$

Betrachten wir jedoch die Anfangsgleichung:

$$\Delta b^2 = \Delta x^2 + \Delta y^2 + \varepsilon'$$

und die Endgleichung

$$db^2 = dx^2 + dy^2$$

so können wir allerdings sagen, man erhalte die letztere aus der ersteren,
indem man erklärt:

ε' als unendlich kleine Größe III. Ordnung ist gegenüber den unendlich kleinen Größen II. Ordnung zu vernachlässigen, womit dann

$$\Delta b^2 = \Delta x^2 + \Delta y^2$$

resultiert, welche Gleichung in ihrer Form völlig identisch ist mit:

$$db^2 = dx^2 + dy^2$$

woraus sich auch erklärt, daß man „praktisch“ mit den Differentialen
direkt rechnen kann, ohne auf den Differentialquotienten zurück-
zugehen.

---

[1]) Mit Hilfe der Ableitung am Differentialquotienten wurde gezeigt, daß das
Glied mit ε' auf die zu suchende Beziehung keinen Einfluß haben kann und da die
Beziehung zwischen den Differentialen auf dem Wege über den Mittelwertsatz aus
jener der Differentialquotienten abgeleitet ist, so muß dieses Resultat der Differentialquotienten auch für die Differentiale selbst festgehalten werden. — Es ist hiernach
nicht nur Zufall, daß *Newton* und *Leibniz*, die Entdecker der Differentialrechnung, nicht
vom Differential ausgegangen sind, sondern eigentlich vom Differentialquotienten.
Das Differential hat ohne den Differentialquotienten gar keinen
Sinn; es ist eine aus dem Quotienten in rein mechanischem Ausbau
gewonnene Größe und als Grenzwert für sich ohne diesen Werdegang eigentlich
nicht denkbar.

Wie es damit zu halten ist, haben wir bereits erklärt und verweisen hier nochmals nachdrücklich darauf:

Über den Differentialquotienten, durch Schlußfolgerungen ausdessen Grenzwertbildung, kann man korrekt in solchen allgemeineren Fällen zur Aufstellung des Differentials (und zu Beziehungen unter Differentialen überhaupt) gelangen, dessen Formel sich auch als rein mechanische Erweiterung aus der Darstellung des Differentialquotienten ergibt. Immerhin sind trotzdem die oft gehörten Aussprüche: „Wir multiplizieren bzw. dividieren die ganze Gleichung mit dx" oder: „Wir multiplizieren mit dx hinauf" bzw. „dividieren durch oder mit dx" oder „mit dx hinunter" nach dem Gesagten mit Vorsicht aufzunehmen.

Ähnliches gilt auch noch für andere Auslegungen, welche diese Verhältnisse darstellen sollen, die sich an Betrachtungen der Geometrie, Mechanik, Physik usw. anschließen.

Wenn man z. B. das Differentialdreieck als rechtwinkliges mit den drei „Seiten" dx, dy, ds zeichnet und anschreibt, so kann dies natürlich niemals der Wirklichkeit, d. h. dem gedachten Begriff, entsprechen, in welcher ja diese Seiten keine Ausdehnung, die „Länge" null besitzen, weil sich das wirkliche Bild des „Dreiecks" der drei Seiten in der Grenze überhaupt nicht mehr zeichnen läßt. Es kann nur als unvollkommener Notbehelf zur Erleichterung der Beurteilung, Untersuchung und Mitteilung an andere von Vorhandenem dienlich sein, wenn es auch einem Zustande unmittelbar vor dem Grenzzustand entspricht und dafür — selbst bei noch so kleiner Zeichnung des Dreiecks — immer noch viel zu groß ist.

Auch der oft gehörte Ausspruch, der sich nur zu leicht auch aus einer falschen Interpretation der eben berührten Zeichnung des „Differentialdreiecks" ergibt, daß „wir auf eine äußerst, ‚unendlich' kleine Differenz des Arguments, d. h. auf die Länge dx den zur Sehne ds gehörenden Kurvenbogen db auch geradlinig annehmen dürfen" und also die Hypotenuse des rechtwinkligen Dreiecks, „die Bogensehne ds zusammenfallend mit dem Bogen db betrachten", also auch die Tangentenneigung und den Differentialquotienten „als konstant ansehen dürfen", muß als durchaus unkorrekte Auslegung des im Geiste vorschwebenden Zustandes erkannt werden. Eine solche Redensart darf niemals als völliger und richtiger Ersatz der tatsächlich vorliegenden Verhältnisse i n der Grenze gelten, da ja, selbst bei noch so kleiner Differenz der Argumentwerte, der Bogen sich niemals mit der zugehörigen Sehne decken kann und die Tangente im allgemeinen an eine Kurve beständig ihre Richtung ändert.

|Analoges gilt für die Einführung jedweder veränderlichen Funktionsgröße, die man über ein unendlich kleines Argument-Intervall als konstant, unveränderlich auszusprechen pflegt.

In Übertragung solcher Betrachtungen in die Bewegungslehre, wo man den Weg als Funktion der Zeit darstellt, kann man den ebenso unkorrekten Ausspruch hören: „Wir können die Geschwindigkeit des sich (beliebig) ungleichförmig bewegenden Körpers in einem sehr (unendlich) kleinen Zeitintervall als konstant bleibend annehmen und erhalten damit die Änderung des Weges in diesem Zeitteilchen als ‚Wegdifferential' nach dem Gesetz, welches für die Bewegung mit konstanter Geschwindigkeit gilt (für gleichförmige) durch Multiplikation dieses

‚konstanten' Wertes und dem *Zeitdifferential* (als unendlich kleine Größe) $(ds = v \cdot dt)$." Diese Auslegung rührt von einer Auffassung her, die den Differentialquotienten als Quotient zweier unendlich kleinen Größen hinstellt, gemäß der man die Geschwindigkeit $v = \dfrac{ds}{dt}$ auch findet, „indem man annimmt, daß sich der Körper in einem ‚unendlich kleinen Zeitraum' gleichförmig bewegen würde", als Quotient aus Weg und Zeit. Das damit erreichte wenn auch gleiche bzw. richtige Resultat ist aber künstlich, auf falscher Grundlage gewonnen und darf nicht als Beweis für die Richtigkeit der gemachten Annahme bzw. eines wörtlich genommenen Ausspruches gelten.

In allen solchen Fällen hat man es stets nur mit einer mehr oder weniger guten, meist unvollkommenen Darstellung zu tun, die in erster Linie aus nicht strengster Auseinanderhaltung vom Zustande vor und in der Grenze und sonstiger mangelnder Präzisierung entsteht, indem man — um nur ein Beispiel zu nennen — z. B. auch, wie bereits angedeutet, in den „Δ" denkt, aber dabei die „d" schreibt und umgekehrt.

Mit Rücksicht auf das Folgende sei hier noch erwähnt:

Das Differential einer Konstanten ist gleich Null,

was übrigens ohne weiteres einzusehen ist, wenn man überlegt, daß wenn $y = \text{konst} = C$, auch keine Differenz Δy verschieden von Null möglich ist, also

$$\Delta y\big|_{y=\text{konst}} = 0$$

und dies auch bei noch so kleiner Differenz, an der Grenze der Fall sein muß, so daß:

$$\lim \Delta y\big|_{y=\text{konst}} = dy\big|_{y=\text{konst}} = 0$$

oder kürzer für $y = C$:

$$dC = 0$$

Das nämliche Resultat folgt auch aus der geometrischen Anschauung einer solchen Funktion:

$$y = f(x) = C$$

welche nach Fig. 189 S. 365 durch eine zur x-Achse parallele Gerade dargestellt wird, aus welchem Bilde deutlich folgt, daß stets $\Delta y = 0$, also auch in kleinsten Punktdistanzen, für zusammenfallende Kurvenpunkte: $dy = 0$.

Und schließlich sagt es auch der Mittelwertsatz, wonach aus seiner Grenzformel:

$$dy = f'(x)\,dx$$

für

$$y = f(x) = C$$

mit dem früheren Resultat:

$$y'\big|_{y=C} = f'(x)\big|_{f(x)=C} = \frac{dC}{dx}$$

folgt:

$$dy\big/_{y=C} = 0 \cdot dx = 0$$

d. h.

$$\underline{d(C) = 0}$$

Betrachten wir das Differential einer Summe oder Differenz, bestehend aus einer allgemeinen Funktion und einer Konstanten, so folgt aus ihrer Darstellung:

$$Y = f(x) \pm C = F(x)$$

nach dem Mittelwertsatz:

$$dY = F'(x) \cdot dx$$

Nach dem Satz über den Differentialquotienten einer solchen Summe folgt aber

$$F'(x) = \frac{d}{dx}\,[f(x) \pm C] = \frac{df(x)}{dx} \pm \frac{dC}{dx} = f'(x)$$

so daß daher

$$dY = dF(x) = f'(x)\,dx$$

oder

$$d[f(x) \pm C] = d[f(x)]$$

$$\boldsymbol{d[f(x) \pm C] = df(x) = f'(x)\,dx}$$

d. h.:

Das Differential einer um eine Konstante vermehrten (oder verminderten) Funktion ist gleich dem Differential der Funktion ohne Berücksichtigung der Konstanten.
oder:

Bei der Bildung des Differentials ist eine additive (oder subtraktive) Konstante nicht in Betracht zu ziehen.

Verfolgt man überblickend den bisher zurückgelegten Weg bis zum Differential, so sieht man, wie wir in unserem Verkleinern der endlichen Zahl (Größe), von der wir ausgegangen waren, eigentlich bis zur Null gelangt sind.

Aber dies ist nur die eine Seite der Sache.

Bisher haben wir immer nur zerlegt. Nun wollen wir auch zusammensetzen und zwar innerhalb des stetigen Gebietes. — Man sieht leicht ein, wie nahe bei einander die diesbezüglichen Fragen liegen.

Wenn der Differentialquotient in bestimmter Weise mit der Tangente einer Kurve zusammenhängt und wir dadurch aus der gegebenen Funktion die Tangente konstruieren können, diese also in eigentümlicher Weise von der Funktion der Kurve abhängt und durch sie fest bestimmt ist, dann müssen wir uns fragen, ob wir nicht auch das Umgekehrte leisten könnten.

Prinzipiell muß es möglich sein, eben wegen dieser fest bestimmten Abhängigkeit, aus der Eigenschaft der Tangente, speziell, daß ihre Neigung mit dem Differentialquotienten in einfacher Weise zusammenhängt, auf diejenige der Kurve zu schließen.

Die Aufgabe wäre also:

Geometrisch: In jedem Punkt einer gesuchten Kurve kennt man die Tangente. Wie lautet das Konstruktionsgesetz der zugehörigen Kurve?

Analytisch: In einem bestimmten Intervalle ist für jeden Wert des Arguments der Differentialquotient bekannt. Wie lautet die zugehörige Funktion?[1]

Die Antwort hierauf, wie auch noch auf andere entsprechende Fragen, gibt uns die sog. *Integralrechnung*.

§ 23. Das Integral.

Gehen wir also von der Existenz des Differentialquotienten

$$\frac{dy}{dx} = y' = f'(x) = \varphi(x)$$

aus, so würden wir daher aus der Kenntnis von

$$\frac{dy}{dx} = \varphi(x)$$

y als Funktion von x zu bestimmen haben, d. h.:

„Es ist eine Funktion zu suchen, deren Differentialquotient die Funktion $\varphi(x)$ ist.“

Diese Operation bezeichnen wir zunächst symbolisch durch das Zeichen J und haben demnach zu schreiben:

$$J\varphi(x) = ?$$

Nun wissen wir aber aus unserer Ableitung von $\varphi(x)$, daß diese hier gesuchte Funktion nichts anderes als $f(x)$ selbst ist, da ja

$$\frac{d}{dx}[f(x)] = f'(x) = \varphi(x)$$

und somit wäre das Resultat:

$$J\varphi(x) = f(x)$$

Allerdings ist dies noch nicht die allgemeinste Lösung, denn wir wissen, daß der Differentialquotient einer Konstanten gleich Null ist

---

[1] In der Mechanik: Wie findet man aus der für jeden Zeitmoment bekannten Geschwindigkeit den zurückgelegten Weg des Punktes?

und eine solche in additiver bzw. subtraktiver Beziehung zur Funktion für die Bildung desselben nicht in Betracht fällt; d. h. es ist auch:

$$\frac{d}{dx}[f(x) \pm C] = \frac{d}{dx}[f(x)] = f'(x) = \varphi(x)$$

und somit die allgemeine Lösung:

$$\int \varphi(x) = f(x) \pm C = F(x)$$

Für unser angeführtes spezielles Zahlenbeispiel war:

$$f(x) = \frac{x^3}{6}$$

und

$$f'(x) = \varphi(x) = \frac{x^2}{2}$$

Demnach folgt für dasselbe hieraus:

$$\int \frac{x^2}{2} = \frac{x^3}{6} \pm C$$

Nun aber kennen wir noch einen anderen Ausgangspunkt, nämlich den, welchen uns der Mittelwertsatz geliefert hat. Wir fanden dort, daß statt vom Differentialquotienten auszugehen wir auch vom Differential der Funktion ausgehen können.

Wir erhalten dann:

$$dy = f'(x)\, dx$$

oder, da wir

$$f'(x) = \varphi(x)$$

gesetzt haben

$$dy = \varphi(x)\, dx$$

und es würde nun unsere Aufgabe lauten, aus diesem Differential bzw. aus der Differentialfunktion $dy = \varphi(x)\, dx$ die Funktion y von x zu finden, welche eben dieses Differential als solches besitzt oder:

„Es ist eine Funktion zu suchen, deren Differential die Differentialfunktion $\varphi(x)\, dx$ ist.“

Bezeichnen wir nun diese Operation symbolisch mit dem Zeichen „$\int$“ [1]), so wäre die kurze Schreibweise für unsere Aufgabe:

$$\int \varphi(x)\, dx = \ ?$$

---

[1]) Eine nähere Erklärung dieses Symbols folgt später, vgl. S. 422.

Die Lösung lautet, wie wir hier wiederum aus der Entstehung von $\varphi(x)$ zum voraus wissen:

$$\int \varphi(x)\, dx = f(x)$$

Auch dieses ist aber wieder nur eine spezielle Lösung, da sich nach früherem auch das Differential bezüglich der Konstanten und ihrem additiven Verhältnis zu einer Funktion gleich wie der Differentialquotient verhält, also

$$d[f(x) \pm C] = d[f(x)] = f'(x)\, dx = \varphi(x)\, dx$$

ist.

Und somit erhalten wir auch hier eine allgemeine Lösung in der Form:

$$\int \varphi(x)\, dx = f(x) \pm C = F(x)$$

wie wir sehen, genau die gleiche, die bereits oben auf Grund des Differentialquotienten erhalten wurde.

Wir erkennen also, daß das Resultat in beiden Fällen das gleiche und daß nur der Ausgangspunkt verschieden ist, indem wir einmal vom Differentialquotienten, das andere Mal vom Differential ausgehen. Diese Unterscheidung wird heute nicht mehr gemacht, indem man stillschweigend übereingekommen ist, nur die zweite Schreibweise zu benutzen und dies mit gutem Grund.

Die erste Aufgabe, welche *Leibniz* auf die Differentialrechnung geführt hat war, wie wir noch im historischen Schlußwort näher zeigen werden, die des sog. umgekehrten Tangentenproblems, d. h. aus der Tangente — analytisch gesprochen aus dem Differentialquotienten — die Kurve bzw. die Funktion zu finden. Dann aber ergäbe sich als natürlich die Schreibweise:

$$J \varphi(x) = f(x) \pm C \qquad \text{[1]}$$

Geht man dagegen von den übrigen Anwendungen aus, wie z. B. von der Berechnung der Länge einer Kurve und anderen, so ergibt sich als die natürlichere Schreibweise diejenige, welche vom Differential ausgeht. Sie ist auch hauptsächlich in den technischen Anwendungen immer die nächstliegende und daher jetzt ausschließlich im Gebrauch[2].

---

[1] Schon *Leibniz* hat auch für diesen Fall das jetzt allgemein gebräuchliche Zeichen $\int$ benutzt und z. B. geschrieben:

$$y = \int y' = \int f'(x) = \int \frac{dy}{dx}$$

[2] Vgl. auch S. 418 u. ff.

Wir schreiben daher stets und allgemein:

$$\int \varphi(x)\,dx = f(x) \pm C$$

und bezeichnen[1]) den Ausdruck als **unbestimmtes Integral.**

Für unser Beispiel erhielten wir demnach:

$$\int \frac{x^2}{2}\,dx = \frac{x^3}{6} \pm C$$

Die Operation, die zur Bestimmung eines Integrals führt, ist bekannt als die *Integration einer Funktion* bezüglich einer Variablen und man sagt dann: „Wir integrieren die Funktion.“

Die Funktion, auf welche sich die Integration bezieht, die also unter dem Integralzeichen steht, heißt der *Integrand.*

Die Rechnung, welche sich mit der Bildung und Anwendung des Integrals befaßt, heißt *Integralrechnung* oder *das Integrieren.*

Um die hier in Betracht kommenden verschiedenen Schreibweisen besser zu übersehen, wollen wir dieselben im Anschlusse an das Gesagte in Form einer schematischen Zusammenstellung nochmals wiederholen, wobei wir, wie üblich, die unbestimmte Konstante C im Integral der Einfachheit halber weglassen:

	Schreibweise[2])	
	allgemein	im Beispiel
1. Zugrunde liegende **Funktion** oder Ausgangsfunktion . .	$y = f(x)$	$\dfrac{x^3}{6}$
2. Der **Differentialquotient** („Differentialquotient-Funktion“) Differential-Kurve	$\dfrac{dy}{dx} = \dfrac{df(x)}{dx} = \dfrac{d}{dx}(y) = \dfrac{d}{dx}[f(x)]$ $y' = f'(x) = D_x y$	$\dfrac{x^2}{2}$
3. Das **Differential** („Differential-Funktion“). . .	$dy = df(x) = d(y) = d[f(x)]$ $y'\,dx = f'(x)\,dx = D_x y\,dx$	$\dfrac{x^2}{2}\,dx$
4. Das **Integral** („Integral-Funktion“) Integral-Kurve: a) bezogen auf den Differentialquotient .	$\int \dfrac{dy}{dx} = \int \dfrac{df(x)}{dx} = \int \dfrac{d}{dx}(y) = \int \dfrac{d}{dx}[f(x)]$ $\int y' = \int f'(x) = \int D_x y = \int \varphi(x)$	$\int \dfrac{x^2}{2} = \dfrac{x^3}{6}$
b) bezogen auf das Differential	$\int dy = \int df(x) = \int d(y) = \int d[f(x)]$ $\int y'\,dx = \int f'(x)\,dx = \int D_x y\,dx = \int \varphi(x)\,dx$	$\int \dfrac{x^2}{2}\,dx = \dfrac{x^3}{6}$

---

[1]) Vgl. S. 417, 428.
[2]) $D_x y$ ist namentlich in der englischen Literatur heimisch.

Aus obigen Betrachtungen erkennen wir deutlich, daß das Integral eine Funktion darstellt, die auf einem der Bildung des Differentialquotienten bzw. des Differentials entgegengesetzten Wege gewonnen wird, oder kurz:

Die Integration ist die Umkehrung der Differentiation.

In diesem Sinne tritt sie uns namentlich in der ersten Darstellungsweise entgegen, die durch das Zeichen J gekennzeichnet ist.

Unsere Betrachtungen beziehen sich gewöhnlich auf die Untersuchung einer Funktion innerhalb eines abgeschlossenen Intervalles, wodurch bedingt ist, daß die Variable x nur zwischen zwei Grenzwerten variieren darf. In diesem Falle gelangen wir zum Begriff des *bestimmten Integrals* im Gegensatz zum obigen sog. *unbestimmten Integral*[1]).

Sind a und b die sog. *Grenzen des bestimmten Integrales*, innerhalb welcher Werte sich also die Werte des Argumentes bewegen, so daß:

$$a \leqq x \leqq b$$

so gibt man dasselbe an in der Schreibweise:

$$\mathcal{J}_{ab} = \int_{x=a}^{x=b} f'(x)\,dx = \int_a^b f'(x)\,dx$$

Nun ist $f'(x)$ diejenige Funktion, die als Ableitung der Funktion $f(x)$ erscheint, welch letztere nach Stellung unserer Aufgabe diejenige Funktion ist, welche wir durch das Integrieren suchen:

$$J = \int f'(x)\,dx = f(x) \pm C$$

und man definiert nun als **bestimmtes Integral**:

$$\mathcal{J}_{ab} = \int_a^b f'(x)\,dx = \left[f(x) \right]_a^b = f(b) - f(a)$$

Ist im allgemeinen Falle eine beliebige Funktion $f(x)$ zu integrieren, so folgt als allgemeine Definition des bestimmten Integrals:

$$1. \qquad \mathcal{J}_{ab} = \int_a^b f(x)\,dx = F(b) - F(a)$$

---

[1]) Auf Bezeichnung und Bedeutung beider Begriffe kommen wir noch ausführlicher zurück (vgl. S. 428).

worin $F(b)$ **und** $F(a)$ **diejenigen Werte von** $F(x)$ **wären, welche man durch Einsetzen von** $x = b$ **bzw.** $x = a$ **in diese Funktion erhält und wobei** $F(x)$ **die Bedingung erfüllt, daß**

$$\frac{dF(x)}{dx} = f(x)$$

ist.

Die oben gegebene Einführung und Definition des Integrals besitzt den großen Nachteil, daß sie keinen eigentlichen Einblick in das gewährt, was das Integralzeichen $\int$ symbolisch darstellen soll; sie erlaubt nicht gleichsam die Struktur dieser neuen Rechnungsart zu erkennen. Ebenso ist das Entstehen der Funktion, die als Integral definiert wurde, auf Grund obiger Darstellungen im einzelnen nicht zu verfolgen, da sie das Operieren mit der noch unbekannten Integral-Funktion zur Voraussetzung machen. Damit wird es aber auch schwer, in dieser Form der Definition anzugeben, welches die Bedingungen sind, die eine Funktion erfüllen muß, damit sie integriert werden könne, damit sie *integrabel* sei.

Im folgenden bringen wir daher noch eine

andere Darstellung des bestimmten Integrals,

welche — hauptsächlich durch *Cauchy*, *Dirichlet* und *Riemann* eingeführt — uns den gewünschten Einblick gestattet, uns vor allem erkennen läßt, unter welchen Bedingungen das Integral eine bestimmte und exakte Bedeutung hat und die Ermittlung desselben von Operationen mit der zu integrierenden Funktion unter dem Integralzeichen abhängig macht.

Wir teilen das Intervall $a \cdots b$, worin $a < b$ sein möge, in beliebiger Weise in n Teile ein, sodaß die verschiedenen Endpunkte der Teil intervalle seien:

$$a = x_0,\ x_1,\ x_2,\ x_3 \cdots x_{n-1},\ x_n = b$$

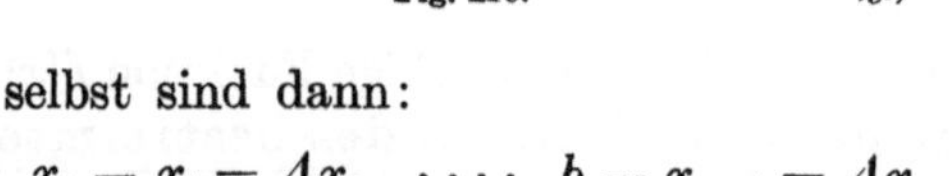

Fig. 210.

Die Intervalle selbst sind dann:

$$x_1 - a = \Delta x_1,\quad x_2 - x_1 = \Delta x_2,\quad \cdots\cdots,\ b - x_{n-1} = \Delta x_n \qquad \text{vgl. Fig. 210.}$$

Ist nun $F(x)$ die Funktion, welche $f(x)$ zum Differentialquotienten hat, die wir im betrachteten Intervalle $a \cdots b$, wie es $f(x)$ ist, als stetig voraussetzen, so folgt mit Anwendung des Mittelwertsatzes auf diese Funktion:

$$F(x + \Delta x) - F(x) = \Delta x\, F'(x + \Theta \Delta x) = \Delta x\, f(x + \Theta \Delta x)$$

indem wir Δx der Reihe nach mit jedem der Teilintervalle identifizieren:

1. Teilintervall:

$$F(a + \Delta x_1) - F(a) = \Delta x_1 \cdot F'(a + \Theta_1 \Delta x_1)$$

oder: $\quad F(x_0 + \Delta x_1) = F(x_1) = F(a) \quad + \Delta x_1 f(x_0 + \Theta_1 \Delta x_1)$

2. Teilintervall: $\quad F(x_2) \quad = F(x_1) \quad + \Delta x_2 f(x_1 + \Theta_2 \Delta x_2)$

$$F(x_3) \quad = F(x_2) \quad + \Delta x_3 f(x_2 + \Theta_3 \Delta x_3)$$

$$\vdots \qquad \vdots \qquad \vdots$$

$$F(x_{n-1}) = F(x_{n-2}) + \Delta x_{n-1} f(x_{n-2} + \Theta_{n-1} \Delta x_{n-1})$$

$$F(x_n) = F(b) = F(x_{n-1}) + \Delta x_n f(x_{n-1} + \Theta_n \Delta x_n)$$

woraus durch Addition:

$$F(b) = F(a) + \sum_{\nu=1}^{\nu=n} \Delta x_\nu f(x_{\nu-1} + \Theta_\nu \Delta x_\nu)$$

oder:

$$F(b) - F(a) = \sum_{\nu=1}^{n} f(x_{\nu-1} + \Theta_\nu \Delta x_\nu) \Delta x_\nu$$

Darin bedeuten die Δx_ν bestimmte, im allgemeinen nicht gleiche, beliebig gewählte Teile des Intervalles $a \cdots b$ und Θ_ν jeweils eine (nicht immer gleiche) zwischen 0 und 1 liegende bestimmte, aber uns unbekannte Zahl, welche in ihrer Größe abhängt von den Intervallteilen Δx (durch die Art der Einteilung) und den Eigenschaften der Funktion $F(x)$ oder $f(x)$ (Verlauf der Kurve).

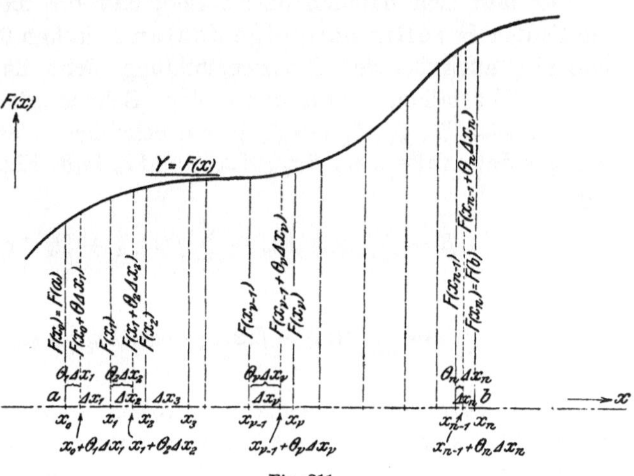

Fig. 211.

Aber unsere frühere Definition des Integrals lehrte uns die Differenz $F(b) - F(a)$ als das bestimmte Integral der Funktion $F(x)$ kennen, so daß wir an Stelle derselben auch den oben erhaltenen Summenausdruck für das bestimmte Integral einführen können und daher erhalten:

$$\mathcal{J}_{ab} = \int_a^b f(x)\,dx = \sum_{\nu=1}^{n} f(x_{\nu-1} + \Theta_\nu \Delta x_\nu)\,\Delta x_\nu$$

Um die Unbestimmtheit dieser Summe, welche infolge der be-
liebigen Art der Einteilung in den $x_{\nu-1}$, $\varDelta x_\nu$ und den Θ_ν liegt, aus-
zuschalten, müssen wir zur Grenze gehen. Wir lassen die $\varDelta x_\nu$ immer
kleiner und schließlich zu Null werden, wobei dann auch mit ihnen
die ($\Theta_\nu \cdot \varDelta x_\nu$) in der Summe zu den $x_{\nu-1}$ verschwinden und ebenso
die Unbestimmtheit der $f(x_{\nu-1} + \Theta_\nu \cdot \varDelta x_\nu)\,\varDelta x_\nu$ überhaupt wegfällt.

Mit dem Übergang zur Grenze, den wir daher erstreben müssen,
tritt aber die weitere Frage auf, ob und wann ein solcher Grenzwert
der ganzen Summe, die auch eine Funktion ihres Argumentes x ist,
existiert, welcher Grenzwert durchaus nicht selbstverständlich ist, wie
das Frühere über die Existenz eines solchen bereits zur Genüge gelehrt
hat. Mit der Beantwortung dieser Frage ist aber auch die Bedingung
für die Integrabilität oder Integrierbarkeit (Integrations-
fähigkeit) der Funktion $f(x)$ gegeben.

Um obige Schwierigkeiten, die in der Anwendung der Definition
des bestimmten Integrals durch genannte Summe — welche dann
indertat die innere Struktur der Integralbildung im einzelnen klar-
legt — entstehen, zu umgehen, wollen wir diese neue aufgestellte Definition umformen.

Es läßt sich nämlich nachweisen, daß für die Grenzwertbildung
die Zahlen Θ völlig beliebige Zahlen zwischen 0 und 1 sein können
und also auch bei der Grenzwertbildung nicht als bestimmte Zahlen
in Betracht fallen, womit dann obige Schwierigkeiten behoben sind.

Es seien ζ_1, ζ_2, $\zeta_3 \cdots \zeta_n$ je ein beliebiger Wert von x in dem jeweiligen Intervalle $\varDelta x_1$, $\varDelta x_2$, $\varDelta x_3 \cdots \varDelta x_n$ (vgl. Fig. 212); dann setzen
wir:

$$S = \sum_{\nu=1}^{n} f(\zeta_\nu)\,\varDelta x_\nu - \sum_{\nu=1}^{n} f(x_{\nu-1} + \Theta_\nu\,\varDelta x_\nu)\,\varDelta x_\nu$$

$$= \sum_{\nu=1}^{n} \left[f(\zeta_\nu) - f(x_{\nu-1} + \Theta_\nu\,\varDelta x_\nu) \right] \varDelta x_\nu$$

Nun ist nach Voraussetzung $f(x)$ im abgeschlossenen Intervalle
$a \leq x \leq b$ stetig und damit nach einem uns bekannten Satze auch
gleichmäßig stetig. Daraus aber folgt nach früherem, daß sich zu einer
beliebig kleinen positiven Zahl ε eine bestimmte von x unabhängige
Zahl δ finden läßt, daß stets

$$|f(x) - f(x_0)| < \varepsilon$$

wenn nur

$$|x - x_0| < \delta$$

ist, wobei die Differenz $|x - x_0|$ irgendwo im Intervall $a \cdots b$ gewählt
werden kann.

Denken wir uns nun sämtliche Intervalle Δx_ν kleiner als δ, was durch entsprechende Wahl ihrer Anzahl n jederzeit erreichbar ist, so folgt, wenn wir z. B. im ersten Intervall Δx_1 die beiden verschiedenen x-Werte als

$$\zeta_\nu = \zeta_1\,,$$
$$(x_{\nu-1} + \Theta_\nu \Delta x_\nu) = (x_0 + \Theta_1 \Delta x_1)$$

wählen (vgl. Figur 212), weil

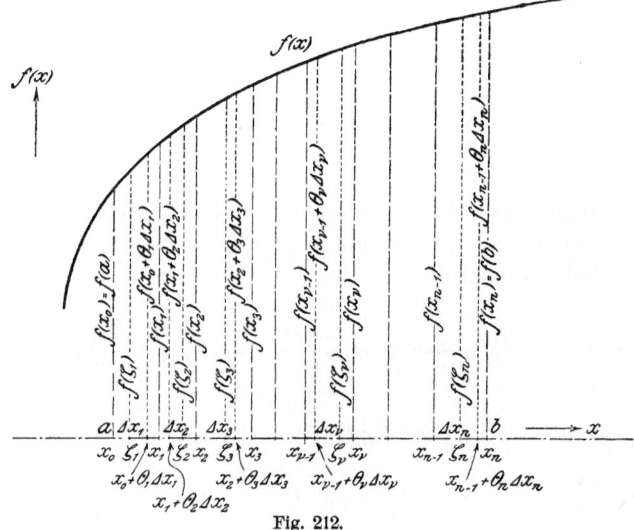

Fig. 212.

$\Delta x_1 < \delta$ und um so mehr $\left|\zeta_\nu - (x_{\nu-1} + \Theta \Delta x_\nu)\right|_{\nu=1} < \delta$:

$$f(\zeta_\nu) - f(x_{\nu-1} + \Theta_\nu \Delta x_\nu)\big|_{\nu=1} < \varepsilon$$

und

$$\left|f(\zeta_\nu) - f(x_{\nu-1} + \Theta_\nu \Delta x_\nu)\right| \Delta x_\nu\big|_{\nu=1} < \varepsilon \Delta x_\nu\big|_{\nu=1}$$

Eine analoge Beziehung folgt fürs zweite Intervall Δx_2 und schließlich für alle Intervalle, so daß durch Summation sich ergibt:

$$\sum_{\nu=1}^{n} \left|f(\zeta_\nu) - f(x_{\nu-1} + \Theta_\nu \Delta x_\nu)\right| \cdot \Delta x_\nu < \sum_{\nu=1}^{n} \varepsilon \Delta x_\nu$$

$$< \varepsilon \sum_{\nu=1}^{n} \Delta x_\nu$$

$$\sum_{\nu=1}^{n} f(\zeta_\nu) \Delta x_\nu - \sum_{\nu=1}^{n} f(x_{\nu-1} + \Theta_\nu \Delta x_\nu) \Delta x_\nu < \varepsilon (b - a)$$

Nun kann aber ε laut der Definition beliebig klein gemacht werden, wenn wir zuvor die Δx_ν entsprechend klein wählen, also auch $\varepsilon(b - a)$ und daher die Differenz der beiden Summen links.

An der Grenze ist letztere gleich Null und daher folgt dann:

$$\lim_{\substack{n=\infty \\ \Delta x_\nu = 0}} \sum_{\nu=1}^{n} f(\zeta_\nu) \Delta x_\nu = \lim_{\substack{n=\infty \\ \Delta x_\nu = 0}} \sum_{\nu=1}^{n} f(x_{\nu-1} + \Theta_\nu \Delta x_\nu) \Delta x_\nu$$

Nach früher Entwickeltem ist aber, unter vorläufiger Annahme der Existenz eines Integrals der vorliegenden Funktion, ihrer Integrierbarkeit:

$$\sum_{\nu=1}^{n} f(x_{\nu-1} + \Theta \, \varDelta x_\nu) \, \varDelta x_\nu = F(b) - F(a) = \int_a^b f(x) \, dx$$

welche Beziehung sich ohne Einschränkung für die Wahl der Teile $\varDelta x_\nu$ ergeben hat, also auch für den Grenzfall $(\varDelta x_\nu = 0)$ gilt, so daß hiernach:

$$\lim_{\substack{n=\infty \\ \varDelta x_\nu = 0}} \sum_{\nu=1}^{n} f(x_{\nu-1} + \Theta_\nu \, \varDelta x_\nu) \, \varDelta x_\nu = F(b) - F(a) = \int_a^b f(x) \, dx$$

womit dann aber folgt:

$$2. \qquad \mathcal{J}_{ab} = \int_a^b f(x) \, dx = \lim_{\substack{n=\infty \\ \varDelta x_\nu = 0}} \sum_{\nu=1}^{n} f(\zeta_\nu) \, \varDelta x_\nu$$

Wie ersichtlich, sind die Zahlen Θ verschwunden und gelangen wir damit zu einer bestimmten, unzweideutigen, leicht faßbaren Form und neuen Definition des bestimmten Integrals als Grenzwert einer Summe:

Ist $f(x)$ eine im Intervall $a \cdots b$ stetige Funktion, so ist das bestimmte Integral derselben: $\int_a^b f(x) \, dx$ gleich dem Grenzwert der Summe: $\sum_{\nu=1}^{n} f(\zeta_\nu) \, \varDelta x_\nu$, gebildet aus Produkten, deren zweiter Faktor die durch beliebige Teilung gewählten Teilintervalle des Gesamtintervalles $a \cdots b$ sind und deren erster Faktor jeweils ein beliebiger Wert dieser Funktion im betreffenden Teilintervall ist.

Berücksichtigt man, daß das Leibnizsche Zeichen $\int$ nichts anderes ist, als der stilisierte, langgezogene Buchstabe S, der Anfangsbuchstabe vom Wort „Summe", so liegt nun wohl der Grund für seine symbolische Verwendung als Integralzeichen auf der Hand.

Es leuchtet ein, daß dem so definierten Integral nur in dem Fall eine Bedeutung zukommen kann, diese Definition nur brauchbar wird, wenn sich danach für dasselbe ein bestimmter unzweideutiger Wert ergibt, also der Grenzwert der Summe unter allen Umständen einen und nur einen bestimmten Wert besitzt und damit vor allem unabhängig davon sein muß, wie, nach welchem Gesetz, die Einteilung in Teilintervalle erfolgt und welche Funktionswerte man in diesen wählt. M. a. W.: Wäre dieser Grenzwert vom Gesetz, wie die Differenzen Δx_ν zu Null werden, abhängig, so könnten wir hier nicht von einem Integral der Funktion sprechen.

Daher wollen wir definieren:

Das Integral existiert dann und nur dann, wenn dieser Grenzwert der Summe nicht nur von ζ_ν, sondern auch von der Art der Einteilung in die Teilintervalle Δx_ν völlig unabhängig und damit eindeutig bestimmt ist.

Und damit gelangen wir zur weiteren, schon oben erwähnten **Aufgabe, zu untersuchen, unter welchen notwendigen und hinreichenden Bedingungen eine Funktion integriert werden kann,** also obiger Grenzwert eindeutig existiert.

Zu dem Zweck wollen wir zuerst festzustellen versuchen, was für eine Funktion $f(x)$ folgt, wenn sie integrabel ist. Wir erhalten damit eine Bedingung, die für die Integrabilität der Funktion vorhanden, notwendig erfüllt sein muß. Es bleibt dann noch festzustellen, ob diese Bedingung hinreichend ist, was aber leicht zu machen sein wird.

Da die $f(\zeta_\nu)$ beliebige Werte in den Intervallen Δx_ν — die Grenzen eingeschlossen — sind, so können an ihre Stelle auch die oberen und unteren Grenzen der Funktion in diesen Intervallen gesetzt werden, welche mit G_ν und K_ν bezeichnet seien. Weil nach Voraussetzung die Funktion $f(x)$ integrabel sein soll, also ein bestimmtes Integral, in diesem einen bestimmten, endlichen Wert besitzen soll, so müssen nach obigem alle dafür aufzustellenden Ausdrücke einander gleich sein, insbesondere müssen die so entstehenden Summenausdrücke im Grenzwert gleich werden und vom Gesetz der Einteilung in die Teilintervalle unabhängig sein. Damit folgt:

$$\lim_{\Delta x_\nu = 0} \sum_{\nu=1}^{n} f(\zeta_\nu)\, \Delta x_\nu = \lim_{\Delta x_\nu = 0} \sum_{\nu=1}^{n} G_\nu\, \Delta x_\nu = \lim_{\Delta x_\nu = 0} \sum_{\nu=1}^{n} K_\nu\, \Delta x_\nu'$$

$$= \text{bestimmte, endliche Größe}$$

oder

$$\lim_{\Delta x_\nu = 0} \sum_{\nu=1}^{n} G_\nu\, \Delta x_\nu \;-\; \lim_{\Delta x_\nu = 0} \sum_{\nu=1}^{n} K_\nu\, \Delta x_\nu = 0$$

$$\lim_{\Delta x_\nu = 0} \sum_{\nu=1}^{n} (G_\nu - K_\nu)\, \Delta x_\nu = 0$$

d. h. die Summe $\sum_{\nu=1}^{n}(G_\nu - K_\nu)\,\Delta x_\nu$ muß kleiner als jede beliebige, noch so kleine Zahl ausfallen und schließlich zum verschwinden gebracht werden können.

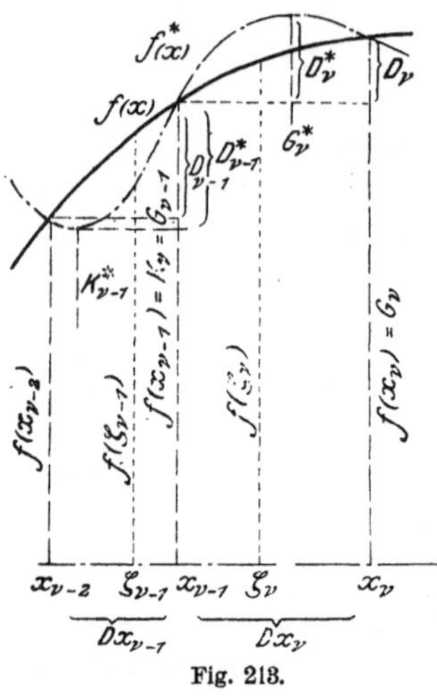

Fig. 213.

Nun ist die Differenz $G_\nu - K_\nu$ die sog. *Schwankung* der Funktion im Intervall, die wir kurz mit D_ν bezeichnen, womit dann für die eindeutige Existenz des Integrals folgt, daß die Summe $\sum_{\nu=1}^{n} D_\nu\,\Delta x_\nu$ den Grenzwert Null haben muß.

Die Bedingung der Integrabilität der Funktion ist somit:

$$\lim \sum_{\nu=1}^{n} D_\nu \cdot \Delta x_\nu = 0$$

ohne Rücksicht auf Art und Weise der Unterteilung des Gesamtintervalles.

Hieraus können wir noch eine andere Bedingung ableiten.

Solange nämlich sämtliche Intervalle Δx_ν ihren Zahlenwerten nach unterhalb einer bestimmten, sehr kleinen Zahl δ bleiben, möge der größte Wert, den die Summe $\sum_{\nu=1}^{n} D_\nu\,\Delta x_\nu$ erreichen kann, gleich d sein. Es ist dann natürlich d von Δx_ν abhängig, eine Funktion von Δx, und zwar derart, daß d mit Δx abnimmt und der Null zustrebt.

Ferner sei die Summe der Intervallängen, in denen die Schwankungen D_ν größer als die gegebene beliebig kleine Zahl ε seien, gleich s; als Teil des Ganzen wird für diese letzteren der Ausdruck $\sum' D_\nu\,\Delta x_\nu$ kleiner ausfallen als $\sum_{\nu=1}^{n} D_\nu\,\Delta x_\nu$ und da für diese Intervalle alle $D_\nu > \varepsilon$, so folgt, daß für diese Teilsumme

$$\sum' D_\nu\,\Delta x_\nu > \sum \varepsilon\,\Delta x_\nu$$
$$> \varepsilon \sum \Delta x_\nu$$
$$> \varepsilon\, s$$

und damit:

$$\varepsilon s < \sum_{\nu=1}^{n} D_\nu \, \varDelta x_\nu = D_1 \, \varDelta x_1 + D_2 \, \varDelta x_2 + \cdots + D_n \, \varDelta x_n < d$$

Daher wird auch:

$$\varepsilon s < d$$
$$s < \frac{d}{\varepsilon}$$

Nun ist ε eine beliebig kleine gegebene Zahl und, da der Grenzwert der Summe als existent vorausgesetzt wird, so kann auch d, unabhängig von ε, beliebig klein ausfallen und damit, eben wegen der Unabhängigkeit von d und ε, auch $\dfrac{d}{\varepsilon}$, also um so mehr auch s.

Dieses Resultat sagt uns aber:

Damit die Funktion integrabel sei, also der Grenzwert der Summe $\sum_{\nu=1}^{n} f(\zeta_\nu)\,\varDelta x_\nu$ existiere, muß noch die gesamte Größe der Intervalle, in denen die Schwankungen der Funktion größer als eine beliebig kleine positive Zahl ε sind, durch geeignete Wahl der Teilintervalle $\varDelta x_\nu$ beliebig klein gemacht werden können.

Um nun noch diese Bedingung als hinreichende nachzuweisen, wollen wir zeigen, daß auch die Umkehrung des eben aufgestellten Satzes gilt, also:

Wenn die Funktion $f(x)$ im abgeschlossenen Intervall $a \leqq x \leqq b$ stetig und damit auch endlich ist und mit kleiner werdenden, der Null zustrebenden Teilintervallen $\varDelta x_\nu$ auch die Gesamtgröße derjenigen Intervalle, in denen die Schwankungen der Funktion größer als eine gegebene, beliebig kleine Zahl ε sind, gegen Null abnimmt, so existiert ein und nur ein Grenzwert obiger Summe $S = \sum_{\nu=1}^{n} f(\zeta_\nu)\,\varDelta x_\nu$ und damit das bestimmte Integral der Funktion.

Fassen wir nämlich diejenigen Intervalle zusammen, in denen die Schwankungen größer als ε sind und ist ihre Gesamtsumme wieder gleich s, so liefern dieselben daher zur Totalsumme $\sum_{\nu=1}^{n} D_\nu \, \varDelta x_\nu$ einen Beitrag, der jedenfalls kleiner ist als $s\,(G - K)$, wenn $(G - K)$ die

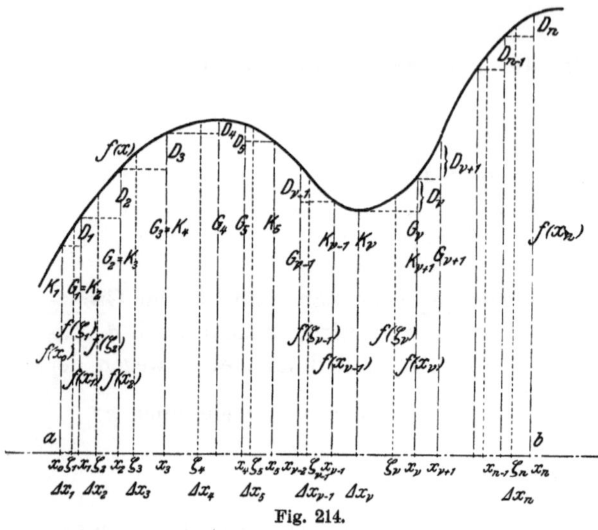

Schwankung der Funktion im ganzen Intervall $a \cdots b$ bedeutet. Da die Funktion endlich ist, kann diese Schwankung auch nur endlich sein und wird dann offenbar der übrige Teil der Intervalle zur ganzen Summe einen Beitrag liefern, welcher kleiner sein muß als $(b - a)\,\varepsilon$, da ja in jedem Intervall derselben die Schwankung kleiner als ε, höchstens gleich ε ist und wir zu dessen Bildung noch s von $(b - a)$ abzuziehen hätten.

Es gilt also:

$$\sum_{\nu=1}^{n} D_\nu\,\varDelta x_\nu \leqq s(G - K) + (b - a)\,\varepsilon$$

$$\leqq s\,D + (b - a)\,\varepsilon$$

Nun kann aber, der gleichmäßigen Stetigkeit halber, ε beliebig klein gewählt werden, also auch $(b - a)\,\varepsilon$.

Und da nach Voraussetzung mit kleiner werdenden Intervallen $\varDelta x_\nu$ auch s beliebig klein wird, so muß demzufolge die ganze rechte Seite obiger Ungleichung unter jeden beliebigen Betrag sinken, also der Ausdruck $\displaystyle\sum_{\nu=1}^{n} D_\nu\,\varDelta x_\nu$ eine Grenze, 0, besitzen. Damit ist aber die Behauptung obigen Satzes, daß die Funktion unter genannten Bedingungen ein bestimmtes Integral besitze, bewiesen.

Wir haben nun also gefunden, daß die Bedingung, die Summe: $\displaystyle\sum_{\nu=1}^{n} D_\nu\,\varDelta x_\nu$ werde mit kleiner werdenden $\varDelta x_\nu$ zu Null, jedenfalls notwendig ist. Indem wir diese voraussetzten, folgte aus ihr eine zweite Bedingung, von welcher wir bewiesen, daß sie hinreichend ist, und zwar ergab sich aus ihrer Annahme auch wieder die erstere. Daraus aber erkennt man, daß auch die erste Bedingung hinreichend sein muß, da aus dieser ja stets die hinreichende zweite Bedingung folgt.

Zusammenfassend können wir daher sagen:

Als Bedingung dafür, daß eine Funktion $f(x)$ zur bestimmten Integration: $\int_a^b f(x)\,dx$ im abgeschlossenen Intervall $a \leqq x \leqq b$ geeignet sei, ist neben der gleichmäßigen Stetigkeit der Funktion in diesem Intervall notwendig und hinreichend, daß entweder die Summe $\sum_{\nu=1}^{n} D_\nu \varDelta x_\nu$ mit wachsendem n der Null zustrebt und sich ihr ohne Ende nähert, sie erreichend, wenn $\varDelta x_\nu$ zu Null wird, oder, daß die Summe s der Intervalle, aus einer beliebig gewonnenen Einteilung des Gesamtintervalls $a \cdots b$, in welchen die Funktionsschwankungen größer als eine beliebig kleine gegebene, positive Zahl ε ist, mit $\varDelta x_\nu$ selbst zu Null wird.

Da sich bei einer endlichen und stetigen Funktion das Intervall stets in so kleine Teilintervalle $\varDelta x_\nu$ zerlegen läßt, daß in diesen die Funktionsschwankung D_ν kleiner als eine beliebig kleine Zahl ε ausfällt, also die obige Summe s ganz verschwindet, so folgt:

Eine in einem abgeschlossenen Intervall stetige Funktion ist stets integrierbar.

Sie bleibt auch noch integrierbar, wenn sie im Intervall als immer endliche Funktion in einzelnen Punkten Unstetigkeit durch Sprung aufweist, so lange die Anzahl solcher Unstetigkeitspunkte, in denen Sprünge stattfinden, die eine Funktionsschwankung im umgebenden Intervall $\varDelta x_\nu$ zur Folge haben, welche größer als eine beliebig kleine Zahl ε ist, stets eine endliche bleibt.

Nur in dem Falle also, der sog. totalen Unstetigkeit, wo in jedem beliebig kleinen Teilintervall, überall oder nur zum Teil, Sprünge und daher Funktionsschwankungen auftreten, die immer größer sind als eine beliebig kleine positive Zahl, wird im Intervall $a \cdots b$ die Funktion sich zur Integration nicht eignen.

Da in der Technik bzw. Physik Funktionen, die in allen Punkten eines Intervalles unstetig, zufolge der allgemeinen Annahme der Stetigkeit aller Naturvorgänge[1] unmöglich sind, kommen hier integrationsunfähige Funktionen im allgemeinen nicht vor.

---

[1] („Die Natur macht keine Sprünge.")

Haben wir nun in erwähnter Weise das bestimmte Integral

$$\int_a^b f(x)\,dx = F(b) - F(a)$$

auf völlig unabhängigem Boden entwickelt und begründet, so läßt sich daraus auch wiederum der Begriff des „unbestimmten Integrals" herleiten, der oft, ja meistens, als der erste verwendet wird, um von ihm aus zum „bestimmten Integral" zu gelangen.

Bezeichnen wir nämlich $F(a)$ mit C, einer Konstanten, so können wir, falls wir die untere Grenze des Integrals noch unbestimmt lassen, C einen beliebigen[1]) Wert beilegen, indem wir eine Funktion $f(x)$ voraussetzen, die nach unten, d. h. gegen $x = a$ hin unbeschränkt gültig ist. Denn, ist $F(x)$, das Integral der integrablen Funktion gefunden, deren Integral nach obigem daher im gleichen unbeschränkten Bereich gültig ist, so gibt es stets einen Wert $x = a$, für den $F(a) = \pm C$ ist, weil der ja noch innerhalb des unbeschränkten Gültigkeitsbereiches der Funktion $F(x)$ liegt.

Ebenso wollen wir nach oben die Grenze nicht mit $x = b$ ziehen, sondern dafür einen beliebigen Wert von x zulassen, der innerhalb des Gültigkeitsbereiches liegt, den Endpunkt desselben mit eingeschlossen.

Dann folgt für das Integral die neue Form:

$$\mathcal{J} = \int^x f(x)\,dx = F(x) \pm C$$

woraus man ersieht, daß das sog. unbestimmte Integral einfach als das bestimmte Integral betrachtet werden kann mit einer variablen oberen Grenze und statt der unteren Grenze behaftet mit einer additiven oder subtraktiven, zunächst unbestimmten Konstanten C, die sich jedoch sofort als bestimmt ergibt, wenn wir die untere Grenze des Integrals in bestimmter Weise festlegen.

Damit aber gelangen wir in Übereinstimmung mit der ersteren Auffassung des Integrals als unbestimmtes.

Indem wir noch die obere Grenze x als selbstverständlich auslassen, können wir schließlich auch schreiben:

$$\mathcal{J} = \int f(x)\,dx = F(x) \pm C$$

womit wir die völlige Übereinstimmung mit der gewohnten Schreibart des unbestimmten Integrals erreichen.

---

[1]) positiven oder negativen.

Aus dieser Form läßt sich dann rückwärts wieder bei gegebenen Grenzen das bestimmte Integral

$$\int_a^b f(x)\,dx = F(b) - F(a)$$

ableiten.

Anschließend wollen wir dartun, wie auch

die geometrische Ableitung und Interpretation
des bestimmten Integrals

unmittelbar darauf führt, es als einen Grenzwert einer Summe aufzufassen, wobei sich dann auch die erwähnte Integrabilitätsbedingung in ihrer geometrischen Bedeutung und damit auch die praktische Anwendbarkeit des Integrals erweisen wird.

Wir betrachten die Funktion $f(x)$ wieder im Intervall $a \leqq x \leqq b$, welches wir in n Teile $\varDelta x_\nu$ nach beliebigem Teilungsgesetz zerlegen, und suchen den obigen Summenausdruck:

$$\sum_{\nu=1}^{n} f(\zeta_\nu)\,\varDelta x_\nu$$

geometrisch anzugeben.

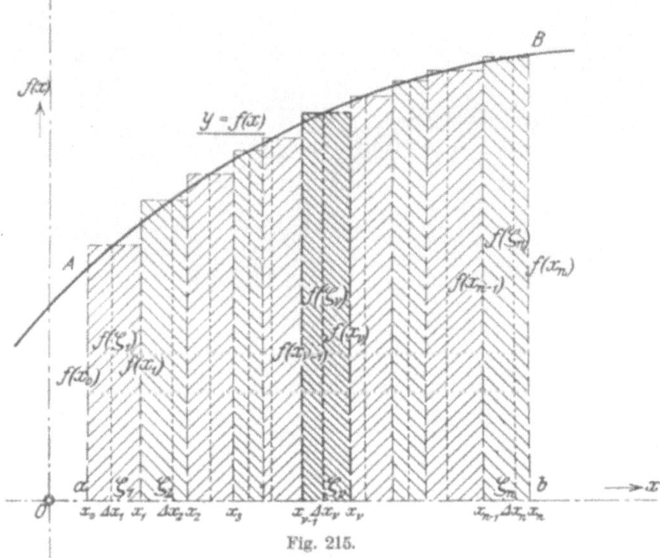

Fig. 215.

Da ζ_ν nach früherem als beliebiger Argumentwert von x im Intervall $\varDelta x_\nu$ eingeführt wurde, so bedeutet $f(\zeta_\nu)$ ein beliebiger, in diesem

Intervall auftretender Funktionswert der vorliegenden Funktion $f(x)$, repräsentiert durch eine beliebige Ordinate zur Funktionskurve über dem Abszissenteil Δx_ν.

Das Produkt $f(\zeta_\nu) \cdot \Delta x_\nu$ gibt also den Inhalt eines Rechteckes an von der Breite Δx_ν und der Höhe $f(\zeta_\nu)$. Die Summe

$$\sum_{\nu=1}^{n} f(\zeta_\nu)\, \Delta x_\nu = f(\zeta_1)\, \Delta x_1 + f(\zeta_2)\, \Delta x_2 + f(\zeta_3)\, \Delta x_3 + \cdots + f(\zeta_n)\, \Delta x_n$$

stellt daher im geometrischen Bilde eine Fläche dar, die sich aus lauter aneinander gereihten Rechtecken zusammensetzt; als Breite dieser schmalen Rechteckstreifen treten die frei gewählten Teilintervalle auf, als Höhen eine beliebige Funktionsordinate im betreffenden Teilintervall. Gehen wir nun mit dieser Summe zur Grenze, indem wir die Teilintervalle an Zahl immer größer (an Ausdehnung immer kleiner) werden lassen, so leuchtet ein, daß an der Grenze, wo die Breite der Rechtecke auf Null herabgesunken ist, die Willkür der im Teilintervall gewählten Ordinate ganz außer Betracht fallen muß. Die Summe der Rechtecke wird dann zu der durch die Kurve $\overset{\frown}{AB}$ begrenzten Gesamtfläche $abBA = F_{ab}$, indem die durch die Rechtecke verursachte obere, treppenförmige Begrenzung zu einer stetigen, kontinuierlichen Kurve wird.

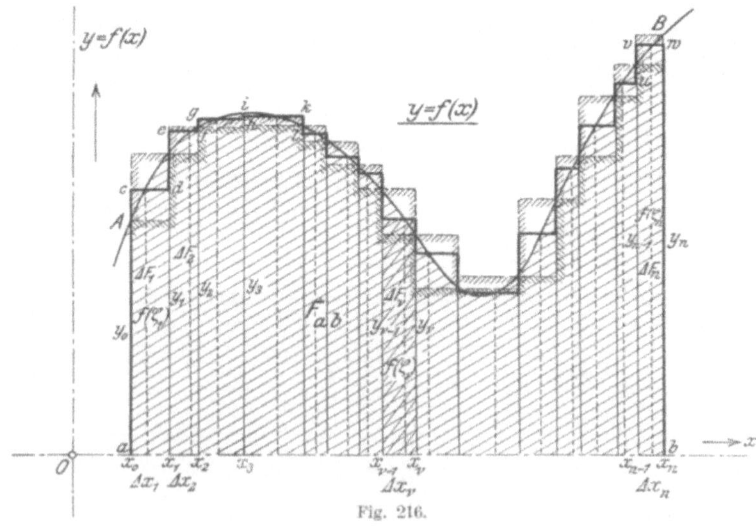

Fig. 216.

Wie aus Fig. 216 ersichtlich ist, bleibt, wie klein auch die Intervalle Δx_ν ausfallen mögen, die Summe $\sum\limits_{\nu=1}^{n} f(\zeta_\nu)\, \Delta x_\nu$ einerseits immer kleiner als die Summe der mit der größeren Begrenzungsordinate der Intervalle als Höhe gebildeten Rechtecke, andererseits immer größer als die Summe der mit der kleineren Begrenzungsordinate als Höhe gebildeten Rechtecke, also:

z. B. im aufsteigenden Teil der Kurve, d. h. wenn mit zunehmenden x auch y wächst:

$$\Delta x_1 + y_2 \,\Delta x_2 + y_3 \,\Delta x_3 + \cdots + y_n \,\Delta x_n \;\geqq\; f(\zeta_1)\,\Delta x_1 + f(\zeta_2)\,\Delta x_2 + f(\zeta_3)\,\Delta x_3 + \cdots$$
$$\cdots + f(\zeta_n)\,\Delta x_n \geqq y_0\,\Delta x_1 \;+ y_1\,\Delta x_2 \;+ y_2\,\Delta x_3 \;+ \cdots + y_{n-1}\,\Delta x$$

oder:

$$\sum_{\nu=1}^{n} f(x_\nu)\,\Delta x_\nu \;\geqq\; \sum_{\nu=1}^{n} f(\zeta_\nu)\,\Delta x_\nu \;\geqq\; \sum_{\nu=1}^{n} f(x_{\nu-1})\,\Delta x_\nu$$

Bei nach rechts fallender Kurve ist $\leqq$ statt $\geqq$ zu setzen.

Da aber die links und rechts stehenden Summen der Rechtecke für noch so kleine Breiten der Rechtecke nicht verschwinden können, wohl aber sich einem gleichen bestimmten endlichen Grenzwert nähern, nämlich dem Inhalt der durch die Kurve oben begrenzten Fläche $ABba$, so muß dies auch mit der von ihnen eingeschlossenen Summe:

$\sum_{\nu=1}^{n} f(\zeta_\nu)\,\Delta x_\nu$ an der Grenze der Fall sein, was uns wiederum darauf

schließen läßt, daß der Grenzwert dieser Summe eine bestimmte end liche Größe hat, die sich als Zahlenwert durch den Inhalt der Fläche $ABba$ ausdrückt.

Es geht also auch aus der rein geometrischen Betrachtung des Problems die völlige Eindeutigkeit der obigen Summe hervor, sobald wir sie als Grenzwert für eine unbegrenzt große Zahl von verschwindend kleinen, im übrigen beliebig, gleich oder ungleich, gewählten Teilintervallen (Rechtecken) betrachten, in welchem Falle sie einen ganz bestimmten, im allgemeinen von Null verschiedenen Flächenwert annimmt, der dann nach obigem die geometrische Veranschaulichung des bestimmten Integrals ist.

Wir finden somit:

$$\lim \sum_{\nu=1}^{n} f(\zeta_\nu)\,\Delta x_\nu \;=\; \text{Flächeninhalt } ABba \;=\; \int_a^b f(x)\,dx$$

oder:

$$\int_a^b f(x)\,dx \;=\; \lim_{\substack{n=\infty \\ \Delta x_\nu = 0}} \big\{\text{Summe aller Rechtecke } \Delta x_\nu \cdot f(\zeta_\nu)\big\}$$

oder:

$$\int_a^b f(x)\,dx = \lim_{\substack{n=\infty\\ \Delta x_\nu = 0}} \left\{ \text{Rechteck } a\,x_1\,d\,c + \text{Rechteck } x_1\,x_2\,f\,e + \right.$$
$$\left. + \text{Rechteck } x_2\,x_3\,h\,g + \cdots + \text{Rechteck } x_{n-1}\,x_n\,w\,v \right\}$$

$$= \lim_{\substack{n=\infty\\ \Delta x_\nu = 0}} \left[\Delta F_1 + \Delta F_2 + \Delta F_3 + \cdots + \Delta F_n \right]$$

$$= \lim_{\substack{n=\infty\\ \Delta x_\nu = 0}} \left[\Delta x_1 y_1 + \Delta x_2 y_2 + \Delta x_3 y_3 + \cdots + \Delta x_\nu y_\nu + \cdots + \Delta x_n y_n \right]$$

$$\int_a^b f(x)\,dx = \lim_{\substack{n=\infty\\ \Delta x_\nu = 0}} \sum_{\nu=1}^n \Delta x_\nu \cdot y_\nu = \lim_{\substack{n=\infty\\ \Delta x_\nu = 0}} \sum_{\nu=1}^n y_\nu\,\Delta x_\nu = \text{Flächeninhalt } F_{ab}$$

Diese geometrische Interpretation des bestimmten Integrals führt hiernach zur Deutung desselben als **Inhalt einer ebenen Fläche**, die begrenzt ist von der Funktionskurve der unter dem Integralzeichen neben dem Differential des Arguments dx als Faktor stehenden Funktion $f(x)$ (von der Differentialkurve des Integrals, der Integralfunktion), von der Abszissenachse und von den beiden Endordinaten des Intervalles.

Kurz:

3.
$$\mathcal{J}_{ab} = \int_a^b f(x)\,dx = F_{ab}$$

Im Bilde seiner *Differentialkurve* bedeutet das bestimmte Integral die zwischen dieser und der Abszissenachse liegende Fläche.

Wie bereits aus obiger Betrachtungsweise folgt, ergibt sich das bestimmte Integral in geometrischer Interpretation als Grenzwert einer Summe von unbegrenzt vielen Rechtecken.

Es ist ja:

$$\int_a^b f(x)\,dx = \lim_{\substack{n=\infty\\ \Delta x_\nu = 0}} \sum_{\nu=1}^n (y_\nu\,\Delta x_\nu)$$

oder:

$$F_{ab} = \lim_{\substack{n=\infty\\ \Delta F_\nu = 0}} \sum_{\nu=1}^n \Delta F_\nu$$

Die Rechtecke, die bei beständig wachsender Zahl der Teilintervalle, Δx_ν, immer schmaler ausfallen, werden an der Grenze die Breite null erhalten, angedeutet durch das Differential dx, und ihr Flächeninhalt sinkt dann ebenfalls zur Größe einer Differential-Null herab; wir bezeichnen es dann als *Flächendifferential,* dessen allgemeiner Ausdruck und allgemeine Schreibweise, weil es als Element der Fläche F auftritt, hier ist:

$$\lim_{\varDelta x_\nu = 0} (\varDelta F_\nu) = \lim_{\varDelta x_\nu = 0} (y_\nu \,\varDelta x_\nu) = y_\nu \,dx_\nu = dF_\nu$$

so daß wir für das bestimmte Integral in geometrischer Deutung auch schreiben können:

$$\int_a^b f(x)\,dx = \int_a^b y\,dx = \int_a^b dF = \lim_{\substack{n=\infty \\ \varDelta F = 0}} \sum_{\nu=1}^n (\varDelta F_\nu)$$

Da aber, wie oben bewiesen:

$$\int_a^b f(x)\,dx = F_{ab}$$

so erhalten wir die Darstellung:

$$F_{ab} = \int_a^b dF$$

In der Deutung des Integrals als Summe sagt zunächst dieses Resultat nichts neues, daß nämlich die gesamte Fläche F_{ab} sich als Grenzwert einer unendlichen Summe von Flächendifferentialen, von Teilen derselben, die durch Grenzübergang aus Rechtecken bestimmter Gestaltung entstanden sind, darstellt.

Das Neue bemerken wir aber darin, daß nun links und rechts auch unter dem Integralzeichen die nämliche Größe als Variable auftritt, auf beiden Seiten steht „F", und zwar links als solches, als Integralfunktion, rechts einzig als Differential, als Differentialfunktion unter dem Integralzeichen.

In Übertragung auf die allgemein gebräuchliche Schreibweise erhalten wir:

$$4. \qquad [F(x)]_a^b = \int_a^b d\,F(x) = \lim_{\substack{n=\infty \\ \varDelta F_\nu = 0}} \sum_{\nu=1}^n \varDelta F_\nu(x)$$

welche Form sich auch sofort aus der oben geometrisch interpretierten ergibt, wenn wir berücksichtigen, daß

$$f(x)\,dx = dF(x)$$

gesetzt werden kann.

Das heißt:

Eine beliebige Funktion kann stets als Integral dargestellt werden, genommen über ihr Differential als Integrand; natürlich unter der stillschweigenden Voraussetzung der Integrationsmöglichkeit[1]).

Je nachdem wir die Grenzen als bestimmte oder unbestimmte einführen, erhalten wir daraus die Darstellung einer begrenzten Größe, wie im bestimmten Integral:

$$[F(x)]_a^b = F(b) - F(a) = \int_a^b dF(x)$$

oder einer allgemeinen Funktion:

$$F(x) = \int dF(x)$$

Und hieraus ergibt sich unter Voraussetzung des Bekanntseins der Integralfunktion eine

andere geometrische Interpretation
des bestimmten Integrals,

welche zufolge seiner Bedeutung als Summe die eigentlich näherliegende ist.

Zeichnen wir die Funktionskurve zur Integralfunktion $F(x)$, die sog. *Integralkurve* der Funktion $F'(x) = f(x)$, so entspricht der Änderung Δx des Argumentes auf der Abszissenachse die Funktionsänderung $\Delta F(x)$ auf der Ordinatenachse.

$\sum\limits_{\nu=1}^{n} \Delta F_\nu(x)$ bedeutet daher die Summe aller Ordinatenänderungen, die zu den Δx-Änderungen gehören.

Teilen wir das Intervall $x = a \cdots x = b$ wieder in n Teile, so finden sich die zu den Δx_ν gehörigen Funktionsänderungen in den entsprechenden Differenzen der Ordinaten und man sieht nun leicht aus der Fig. 217, daß:

$$\sum_{\nu=1}^{n} \Delta F_\nu(x) = \Delta F_1(x) + \Delta F_2(x) + \cdots + \Delta F_\nu(x) + \cdots + \Delta F_n(x)$$

$$= \text{Strecke } \overline{BC} = F(b) - F(a)$$

Nehmen wir immer mehr Teilpunkte x_ν an, so werden die Teilintervalle Δx_ν immer kleiner und ebenso — unter Voraussetzung einer stetigen Funktion — auch die $\Delta F_\nu(x)$; ihre Summe bleibt dabei aber

---

[1]) was übrigens aus der allgemeinen Einführung und Definition des Integrals und seines Zusammenhanges mit dem Differential auch direkt folgt.

unverändert gleich der Strecke $b - a$ bei den $\varDelta x$ und gleich der Differenz der Endordinaten $Y_b - Y_a = \overline{BC}$ bei den $\varDelta F(x)$.

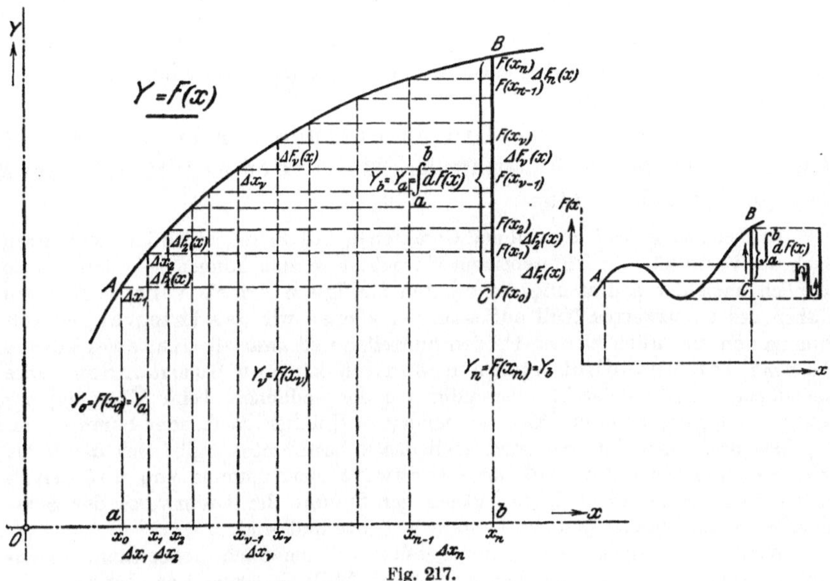

Fig. 217.

Wir erhalten somit an der Grenze:

$$\lim_{n = \infty} \sum_{\nu=1}^{n} \varDelta F_\nu(x) = \overline{BC} = F(b) - F(a)$$

$$\int_a^b dF(x) = F(b) - F(a) = \text{Strecke } \overline{BC}$$

d. h.:

Im geometrischen Bilde der Integralfunktion, die als Differentialfunktion, gleich dem ganzen Integranden unter dem $\int$-Zeichen auftritt, d. h. im Bilde der Integralkurve.

bedeutet das bestimmte Integral **eine gerade Strecke,** die gleich ist der Differenz der zum Intervall gehörenden Endordinaten.

Kurz:

$$5. \qquad J_{ab} = \int_a^b f(x)\, dx = \int_a^b dF(x) = \overline{BC}$$

Im Bilde seiner *Integralkurve* bedeutet das bestimmte Integral die der Differenz seiner Grenzwertordinaten entsprechende Strecke.

Leicht sieht man, auch anhand des folgenden Beispieles, ein, daß, wenn sowohl die Funktions- als Integralkurve [$f(x)$ und $F(x)$] vom Koordinatenanfangspunkt aus gehen, die Ordinaten der Integralkurve und deren Differenzen dem Zahlenmaß nach gleich sind den Inhalten der durch das bestimmte Integral gegebenen, zu gleichen Abszissenwerten gehörenden Fläche.

Im speziellen gibt die **Ordinatenlänge der Integralkurve** den Inhalt der bis zu ihr reichenden **Fläche der Funktionskurve** an (vgl. Fig. 221, S. 448).

In Beachtung des früher einmal Gesagten[1]), daß die unendlich kleinen Größen auch als Vertreter von Differentialen betrachtet werden können — wenn wir sie nämlich nach der Auffassung der zweiten häufigsten Art als Variable mit dem Haben des Grenzwertes Null auffassen —, können wir das **Integral** auch als **Summe von unendlich kleinen Größen** hinstellen und zwar als **Grenzwert einer Summe von unendlich vielen unendlich kleinen Summanden.** Ihre unendliche Anzahl entsteht notwendig aus der endlichen, beim Übergang zur Grenze infolge der unendlich klein werdenden zu Null herabsinkenden Summanden.

Das bestimmte Integral (und auch das unbestimmte) ergibt sich damit als treffendes Beispiel dafür, daß der **Grenzwert** einer Summe von **unendlich vielen Summanden** nicht immer gleich der Summe der Grenzwerte der Summanden zu sein braucht, welch letztere hier alle null sind.

Wohl ist die algebraische Summe, selbst bei unendlich großer Summandenzahl, die sämtlich gleich Null sind, auch gleich Null; sie braucht es aber nicht für unendlich viele unendlich kleine Größen (Differentiale) zu sein, auch nicht unendlich klein, kann vielmehr jeden endlichen Wert annehmen, unter Umständen selbst unendlich groß ausfallen oder auch unbestimmt sein (wenn kein Grenzwert existiert, also auch kein Integral).

Nun wollen wir unsere Ausführungen auch noch an einem

Beispiel

erläutern und wählen dazu die Funktion:

$$y = f(x) = \frac{x^2}{2\,p}$$

welche geometrisch bekanntlich eine Parabel darstellt.

Die für das Teilintervall $\varDelta x_\nu$ aufgestellte Schwankung der Funktion, das ist die Differenz zwischen größtem und kleinstem Wert der Funktion im Intervall, wird für vorliegende Funktion $y = \frac{x^2}{2\,p}$:

$$D_\nu = y_\nu - y_{\nu-1} = \frac{x_\nu^{\,2}}{2\,p} - \frac{x_{\nu-1}^2}{2\,p} = \frac{1}{2\,p}\left(x_\nu^{\,2} - x_{\nu-1}^2\right)$$

---

[1]) Vgl. S. 404.

und daher:

$$\sum_{\nu=1}^{n} D_\nu \, \varDelta x_\nu = \sum_{\nu=1}^{n} \frac{1}{2\,p} (x_\nu{}^2 - x_{\nu-1}^2) \, \varDelta x_\nu = \frac{1}{2\,p} \sum_{\nu=1}^{n} (x_\nu{}^2 - x_{\nu-1}^2) \, \varDelta x_\nu$$

$$= \frac{1}{2\,p} \sum_{\nu=1}^{n} (x_\nu - x_{\nu-1})(x_\nu + x_{\nu-1}) \, \varDelta x_\nu$$

$$\sum_{\nu=1}^{n} D_\nu \, \varDelta x_\nu = \frac{1}{2\,p} \sum_{\nu=1}^{n} (x_\nu + x_{\nu-1}) \, \varDelta x_\nu{}^2$$

Nun ist $(x_\nu + x_{\nu-1})$ stets endlich im abgeschlossenen Intervall und ferner $x_{\nu-1} < x_\nu$. Setzen wir daher statt jedem x_ν deren größten Wert im Intervall, der gleich b sei, so folgt:

$$\sum_{\nu=1}^{n} D_\nu \, \varDelta x_\nu < \frac{1}{2\,p} \sum_{\nu=1}^{n} 2\,b \, \varDelta x_\nu^2 = \frac{b}{p} \sum_{\nu=1}^{n} \varDelta x_\nu^2$$

Für unbeschränkt zunehmendes n kann man den Zahlenwert des größten Teilintervalles gleich der beliebig kleinen Zahl ε se.zen. Setzt man diese für den einen Faktor $\varDelta x_\nu$ in obiger Summe ein, so folgt dafür der größere Ausdruck $\varepsilon \sum_{\nu=1}^{n} \varDelta x_\nu$; man hat damit alle kleineren Intervallwerte $\varDelta x_\nu$ durch das größere ε ersetzt.

Es wird dann:

$$\sum_{\nu=1}^{n} D_\nu \, \varDelta x_\nu < \frac{b}{p} \, \varepsilon \sum_{\nu=1}^{n} \varDelta x_\nu$$

Die rechte Seite mit der im allgemeinen endlichen Summe, aber der beliebig kleinen Zahl ε, besitzt (für $n = \infty$) die Grenze 0, womit folgt:

$$\lim \sum_{\nu=1}^{n} D_\nu \, \varDelta x_\nu = 0$$

und also die Bedingung der Integrabilität derselben als erfüllt dargetan ist.

Damit ist streng erwiesen, daß für die vorliegende Funktion $\dfrac{x^2}{2\,p}$ der Grenzwert existiert. Würden wir auch die analoge geometrische Betrachtung durchführen, so würde er sich im geometrischen Bilde dieser Funktion wieder als Flächenstück präsentieren.

Um diesen Grenzwert zu bestimmen, können wir, gestützt auf die bisherigen Betrachtungen, von einer ganz beliebigen Einteilung des Intervalles ausgehen, deren Teilintervalle wir dann kleiner und kleiner werden, schließlich in Null übergehen lassen, um bei jeder beliebigen Einteilung zum nämlichen Resultat zu gelangen, dem Flächeninhalt des zwischen Kurve und Abszissenachse und den Grenzordinaten gelegenen Flächenstückes.

Da hier die Funktion, deren Differentialquotient gleich der gegebenen Funktion $\dfrac{x^2}{2\,p}$ ist, ohne weiteres uns als $\dfrac{x^3}{6\,p}$ bekannt ist — wie sich zur Probe durch Bildung des Differenzenquotienten und folgendem Übergang zum Differentialquotienten in früher angegebener Art leicht einsehen läßt — so können wir das den Grenzen bzw dem Intervall $a \cdots b$ entsprechende bestimmte Integral, den Inhalt der Fläche $a\,b\,B\,A$ leicht angeben als:

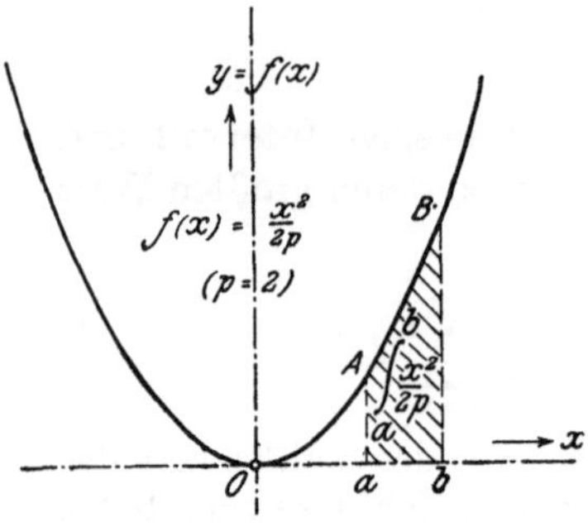

$$\mathcal{J}_{ab} = a\,b\,B\,A = \int_a^b f(x)\,dx = \int_a^b \frac{x^2}{2\,p}\,dx$$

$$= \left[\frac{x^3}{6\,p}\right]_{x=b} - \left[\frac{x^3}{6\,p}\right]_{x=a}$$

$$\mathcal{J}_{ab} = a\,b\,B\,A = \frac{b^3}{6\,p} - \frac{a^3}{6\,p} = \frac{1}{6\,p}(b^3 - a^3)$$

$$\mathcal{J}_{ab} = \frac{(b^2 + a\,b + a^2)\,(b - a)}{6\,p}$$

Fig. 218.

Um auf direktem Wege, auf Grund der Definition als Summe, diesen Wert des bestimmten Integrals zu finden, benutzen wir z. B. eine Einteilung des Intervalles $a \cdots b$ in lauter gleiche Teilintervalle $\varDelta x_\nu$, etwa n an der Zahl, so daß:

$$\varDelta x_1 = \varDelta x_2 = \varDelta x_3 = \cdots = \varDelta x_\nu = \cdots = \varDelta x_n = \frac{b - a}{n}$$

Die innerhalb dieser Teilintervalle auch beliebig zu wählenden Werte $\zeta_1,\ \zeta_2 \cdots$ wählen wir jeweils so, daß die ihnen entsprechende Ordinate bzw. Funktionsgröße gerade halb so groß ist, wie die Summe der beiden für das Intervall in Betracht fallenden größten und kleinsten Werte bzw. Ordinaten, welche bei dieser speziellen Funktion stets zugleich die äußersten Ordinaten des Teilintervalles sind.

Es wird dann also:

$$f(\zeta_\nu) = \frac{f(x_{\nu-1}) + f(x_\nu)}{2}.$$

Wir versuchen nun den Ausdruck für die Summe

$$\sum_{\nu=1}^{n} f(\zeta_\nu)\,\varDelta x_\nu$$

in diesem speziellen Falle aufzustellen.

Anhand der umstehenden Fig. 219 (S. 440) sieht man leicht ein, daß:

$$f(x_0) \quad = f(a) \qquad\qquad\qquad = \frac{a^2}{2\,p}$$

$$f(x_1) \quad = f\!\left(a + \frac{b-a}{n}\right) \qquad = \frac{\left(a + \dfrac{b-a}{n\,.}\right)^2}{2\,p}$$

$$f(x_2) \quad = f\!\left(a + 2\frac{b-a}{n}\right) \quad = \frac{\left(a + 2\dfrac{b-a}{n}\right)^2}{2\,p}$$

$$f(x_3) \quad = f\!\left(a + 3\frac{b-a}{n}\right) \quad = \frac{\left(a + 3\dfrac{b-a}{n}\right)^2}{2\,p}$$

$$\vdots \qquad\qquad \vdots \qquad\qquad\qquad \vdots$$

$$f(x_{n-1}) = f\!\left(a + (n-1)\frac{b-a}{n}\right) = \frac{\left(a + (n-1)\dfrac{b-a}{n}\right)^2}{2\,p}$$

$$f(x_n) \quad = f\!\left(a + n\frac{b-a}{n}\right) \qquad = \frac{b^2}{2\,p}$$

$$f(\zeta_1) \quad = \frac{f(x_0) + f(x_1)}{2} = \frac{\dfrac{a^2}{2\,p} + \dfrac{\left(a + \dfrac{b-a}{n}\right)^2}{2\,p}}{2} = \frac{a^2 + \left(a + \dfrac{b-a}{n}\right)^2}{4\,p}$$

$$f(\zeta_2) \quad = \frac{f(x_1) + f(x_2)}{2} = \frac{\left(a + \dfrac{b-a}{n}\right)^2 + \left(a + 2\dfrac{b-a}{n}\right)^2}{4\,p}$$

$$f(\zeta_3) \quad = \frac{f(x_2) + f(x_3)}{2} = \frac{\left(a + 2\dfrac{b-a}{n}\right)^2 + \left(a + 3\dfrac{b-a}{n}\right)^2}{4\,p}$$

$$f(\zeta_4) \quad = \frac{f(x_3) + f(x_4)}{2} = \frac{\left(a + 3\dfrac{b-a}{n}\right)^2 + \left(a + 4\dfrac{b-a}{n}\right)^2}{4\,p}$$

$$\vdots \qquad\qquad \vdots \qquad\qquad\qquad \vdots$$

$$f(\zeta_\nu) \quad = \frac{f(x_{\nu-1}) + f(x_\nu)}{2} = \frac{\left(a + (\nu-1)\dfrac{b-a}{n}\right)^2 + \left(a + \nu\dfrac{b-a}{n}\right)^2}{4\,p}$$

$$\vdots \qquad\qquad \vdots \qquad\qquad\qquad \vdots$$

$$f(\zeta_{n-1}) = \frac{f(x_{n-2}) + f(x_{n-1})}{2} = \frac{\left(a + (n-2)\dfrac{b-a}{n}\right)^2 + \left(a + (n-1)\dfrac{b-a}{n}\right)^2}{4\,p}$$

$$f(\zeta_n) \quad = \frac{f(x_{n-1}) + f(x_n)}{2} = \frac{\left(a + (n-1)\dfrac{b-a}{n}\right)^2 + b^2}{4\,p}$$

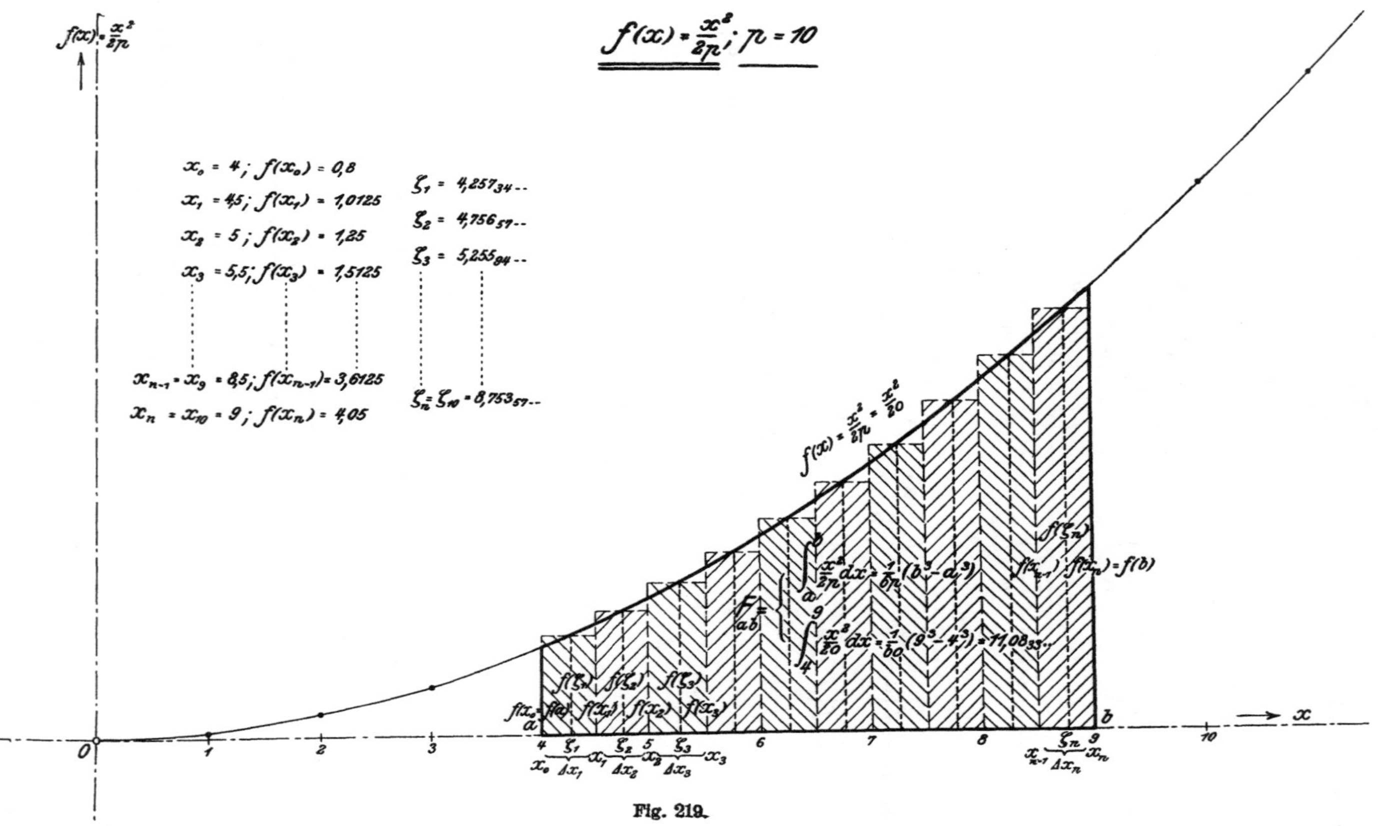

f(x) = x²/27
f(x) = x²/27 ; n = 10
x₀ = 4 ; f(x₀) = 0,8
x₁ = 4,5 ; f(x₁) = 1,0125
x₂ = 5 ; f(x₂) = 1,25
x₃ = 5,5 ; f(x₃) = 1,5125
xₙ₋₁ = x₉ = 8,5 ; f(xₙ₋₁) = 3,6125
xₙ = x₁₀ = 9 ; f(xₙ) = 4,05
ζ₁ = 4,25734…
ζ₂ = 4,75657…
ζ₃ = 5,25594…
ζₙ = ζ₁₀ = 8,75357…
f(x) = x²/27 = x²/20
F = ∫ₐᵇ x²/27 dx = 1/81 (b³ − a³)
∫₄⁹ x²/20 dx = 1/60 (9³ − 4³) = 11,08₃₃…
f(ζₙ)
f(xₙ₋₁) f(xₙ) = f(b)
f(x₀) f(a) f(x₀) f(x₁) f(x₂) f(x₃)
f(ζ₁) f(ζ₂) f(ζ₃)
x
Fig. 212.

Fig. 212.

und es wird:

$$\sum_{\nu=1}^{n} f(\zeta_\nu)\cdot \varDelta x_\nu = \frac{1}{4p}\left\{ a^2 + 2\left[\left(a+\frac{b-a}{n}\right)^2 + \left(a+2\frac{b-a}{n}\right)^2 + \left(a+3\frac{b-a}{n}\right)^2 + \left(a+4\frac{b-a}{n}\right)^2 + \cdots \right.\right.$$

$$\left.\left. + \left(a+\nu\frac{b-a}{n}\right)^2 + \cdots + \left(a+(n-1)\frac{b-a}{n}\right)^2\right] + b^2\right\}\frac{b-a}{n}$$

$$\sum_{\nu=1}^{n} f(\zeta_\nu)\,\varDelta x_\nu = \frac{b-a}{4\,p\,n}\left\{\begin{aligned}
& a^2 \\
& + 2\,a^2 + \ 4\,a\ \frac{b-a}{n} + \ 2\ \left(\frac{b-a}{n}\right)^2 \\
& + 2\,a^2 + \ 8\,a\ \frac{b-a}{n} + \ 8\ \left(\frac{b-a}{n}\right)^2 \\
& + 2\,a^2 + 12\,a\ \frac{b-a}{n} + 18\ \left(\frac{b-a}{n}\right)^2 \\
& + 2\,a^2 + 16\,a\ \frac{b-a}{n} + 32\ \left(\frac{b-a}{n}\right)^2 \\
& + \ \cdot \ \cdot \ \cdot \ \cdot \ \cdot \ \cdot \ \cdot \ \cdot \ \cdot \\
& + 2\,a^2 + 4\,\nu\,a\ \frac{b-a}{n} + 2\,\nu^2\left(\frac{b-a}{n}\right)^2 \\
& + \ \cdot \ \cdot \ \cdot \ \cdot \ \cdot \ \cdot \ \cdot \ \cdot \ \cdot \\
& + 2\,a^2 + 4(n-1)\,a\ \frac{b-a}{n} + 2(n-1)^2\left(\frac{b-a}{n}\right)^2 \\
& + b^2
\end{aligned}\right\}$$

$$\sum_{\nu=1}^{n} f(\zeta_\nu)\,\varDelta x_r = \frac{b-a}{4\,p\,n}\left\{ (2n-1)a^2 + 4a\,\frac{b-a}{n}\left[1+2+3+4+\cdots+(n-1)\right]\right.$$

$$\left. + 2\left(\frac{b-a}{n}\right)^2\left[1^2+2^2+3^2+4^2+\cdots+(n-1)^2\right]+b^2\right\}$$

Nun ist bekanntlich:

$$\sum_{z=1}^{n} z - 1 + 2 + 3 + \cdots + n = \frac{n\,(n+1)}{1\cdot 2} \qquad {}^{1)}$$

und

$$\sum_{z=1}^{n} z^2 = 1^2 + 2^2 + 3^2 + \cdots + n^2 = \frac{n\,(n+1)\,(2\,n+1)}{1\cdot 2\cdot 3} \qquad {}^{2)}$$

---

[1]) (arithmetische Progression).

[2]) Mit $(n-1)^3 = n^3 - 3\,n^2 + 3\,n - 1$ findet sich, wenn man der Reihe nach für n alle ganzen Zahlen 1 bis n einsetzt, ein System von n Gleichungen, aus deren Addition sich leicht diese Summe durch Aussonderung ergibt.

Somit wird:

$$\sum_{\nu=1}^{n} f(\zeta_\nu)\,\Delta x_\nu = \frac{b-a}{4\,p\,n}\left\{(2n-1)\,a^2 + 4a\,\frac{b-a}{n}\cdot\frac{(n-1)\cdot n}{2} + 2\left(\frac{b-a}{n}\right)^2\cdot\frac{(n-1)\,n\,(2n-1)}{2\cdot 3} + b^2\right\}$$

$$= \frac{b-a}{4\,p\,n}\left\{2\,n\,a^2 - a^2 + 2\,(a\,b - a^2)\,(n-1) + (b-a)^2\frac{(n-1)\,(2n-1)}{3\,n} + b^2\right\}$$

$$= \frac{b-a}{4\,p\,n}\left\{2\,a^2 n - a^2 + (2ab - 2a^2)\,(n-1) + \frac{(b^2 - 2ab + a^2)\,(2n^2 - 3n + 1)}{3\,n} + b^2\right\}$$

$$= \frac{b-a}{4\,p\,n}\left\{\frac{2}{3}\Big[a\,b + b^2 + a^2\Big]\,n - \frac{2\,a\,b}{3\,n} + \frac{a^2 + b^2}{3\,n}\right\}$$

$$= \frac{b-a}{4\,p}\left\{\frac{2}{3}\big(a^2 + a\,b + b^2\big) + \frac{(a-b)^2}{3\,n^2}\right\}$$

Somit:

$$\lim_{n=\infty}\sum_{\nu=1}^{n} f(\zeta_\nu)\,\Delta x_\nu = \lim_{n=\infty}\left\{\frac{b-a}{4\,p}\left[\frac{2}{3}\big(a^2 + a\,b + b^2\big) + \frac{(a-b)^2}{3\,n^2}\right]\right\}$$

$$= \frac{b-a}{4\,p}\cdot\frac{2}{3}\big(a^2 + a\,b + b^2\big)$$

$$= \frac{b-a}{6\,p}\big(a^2 + a\,b + b^2\big)$$

Womit wir also erhalten:

$$\int_a^b \frac{x^2}{2\,p}\,dx = \lim_{n=\infty}\sum_{\nu=1}^{n} f(\zeta_\nu)\,\Delta x_\nu = \frac{b-a}{6\,p}\big(a^2 + a\,b + b^2\big)$$

$$\int_a^b \frac{x^2}{2\,p}\,dx = \frac{1}{6\,p}\,(b^3 - a^3)$$

In Fig. 219 ist dies alles veranschaulicht für die speziellen Zahlenwerte:

$$p = 10 \quad;\quad a = 4 \quad;\quad b = 9 \quad;\quad n = 10$$

also auch:

$$\Delta x_1 = \Delta x_2 = \cdots = \Delta x_\nu = \cdots = \Delta x_n = \frac{9-4}{10} = 0{,}5$$

Es wird dann:

$$x_0 = 4{,}0\,;\; f(x_0) \;= \frac{4^2}{2\cdot 10} = 0{,}8$$

$$f(\zeta_1) = \frac{0{,}8 + 1{,}0125}{2} = 0{,}90625\;;\; \zeta_1 = 4{,}257_{34}\ldots$$

$$x_1 = 4{,}5\,;\; f(x_1) \;= \frac{4{,}5^2}{2\cdot 10} = 1{,}0125$$

$$f(\zeta_2) = \frac{1{,}0125 + 1{,}25}{2} = 1{,}13125\;;\; \zeta_2 = 4{,}756_{37}\ldots$$

$$x_2 = 5{,}0\,;\; f(x_2) \;= \frac{5^2}{2\cdot 10} = 1{,}25$$

$$f(\zeta_3) = \frac{1{,}25 + 1{,}5125}{2} = 1{,}38125\;;\; \zeta_3 = 5{,}255_{94}\ldots$$

$$x_3 = 5{,}5\,;\; f(x_3) \;= \frac{5{,}5^2}{2\cdot 10} = 1{,}5125$$

$$\vdots \qquad \vdots \qquad \vdots$$

$$x_{n-1} = x_9 = 8{,}5\,;\; f(x_{n-1}) = \frac{8{,}5^2}{2\cdot 10} = 3{,}6125$$

$$f(\zeta_n) = \frac{3{,}6125 + 4{,}05}{2} = 3{,}83125\;;\; \zeta_n = 8{,}753_{37}\ldots$$

$$x_n = x_{10} = 9{,}0\,;\; f(x_n) \;= \frac{9^2}{2\cdot 10} = 4{,}05$$

Und als Wert für das Integral findet man im Bilde dieser Funktion $f(x) = \dfrac{x^2}{2\,p}$ den Inhalt der Fläche zwischen der Kurve $\dfrac{x^2}{2\,p} = \dfrac{x^2}{20}$ der x-Achse und den Ordinaten zu $x = 4$ und $x = 9$:

$$F = \int_{4}^{9} \frac{x^2}{20}\,dx = \frac{1}{6\cdot 10}\,(9^3 - 4^3) = 11{,}083_{33}\ldots$$

Auch die Interpretation im Bilde der Integralfunktion

$$F(x) = \frac{x^3}{6\,p}$$

läßt sich leicht veranschaulichen, wie Fig. 220 S. 444 erkennen läßt. Es ist hierfür:

$$\Delta F_1(x) = F(x_1) - F(x_0) = \frac{x_1{}^3}{6\,p} - \frac{x_0{}^3}{6\,p} = \frac{1}{6\,p}\,(x_1{}^3 - x_0{}^3)$$

$$\Delta F_2(x) = F(x_2) - F(x_1) \qquad\qquad = \frac{1}{6\,p}\,(x_2{}^3 - x_1{}^3)$$

$$\Delta F_3(x) = F(x_3) - F(x_2) \qquad\qquad = \frac{1}{6\,p}\,(x_3{}^3 - x_2{}^3)$$

$$\vdots \qquad\qquad \vdots \qquad\qquad \vdots \qquad\qquad \vdots$$

$$\Delta F_n(x) = F(x_n) - F(x_{n-1}) \qquad\quad = \frac{1}{6\,p}\,(x_n{}^3 - x_{n-1})^3$$

Somit:

$$\sum_{\nu=1}^{n} \Delta F_\nu(x)\Bigg|_{x=a-b} = \frac{1}{6\,p}\,(x_n{}^3 - x_0{}^3) = \text{Strecke } \overline{BC}$$

und ebenso:

$$\lim_{n=\infty} \sum_{\nu=1}^{n} \Delta F_\nu(x)\Bigg|_{\substack{\text{von } x=a \\ \text{bis } x=b}} = \int_{a}^{b} dF(x) = \int_{a}^{b} d\left(\frac{x^3}{6\,p}\right) = \int_{a}^{b} \frac{x^2}{2\,p}\,dx = \overline{BC}$$

oder also:

$$\int_{a}^{b} \frac{x^2}{2\,p}\,dx = \overline{BC} = F(b) - F(a)$$

$$\int_{a}^{b} \frac{x^2}{2\,p}\,dx = \overline{BC} = \frac{1}{6\,p}\,(b^3 - a^3)$$

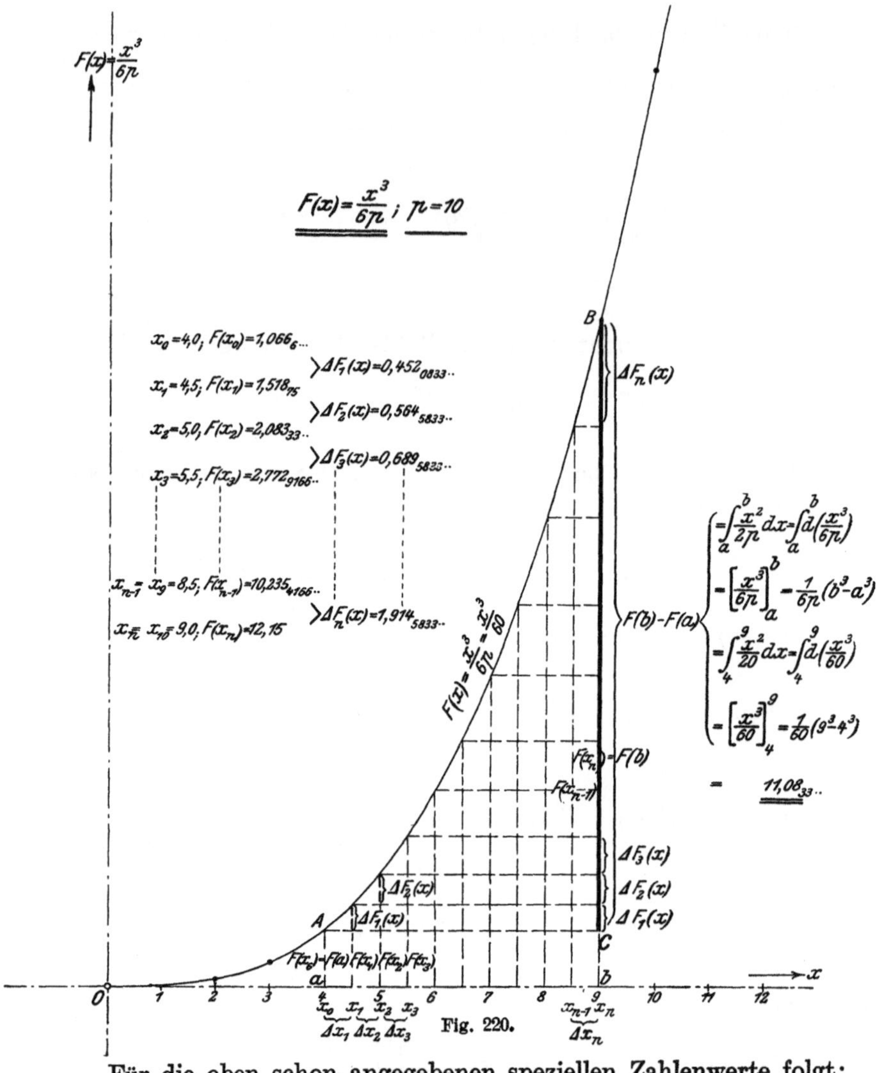

Fig. 220.

Für die oben schon angegebenen speziellen Zahlenwerte folgt:

$$x_0 = 4,0 \; ; \; F(x_0) = \frac{4^3}{6\cdot 10} = 1,0666_6\ldots$$

$$\Big\rangle \Delta F_1(x) = 0,452_{0833}\ldots$$

$$x_1 = 4,5 \; ; \; F(x_1) = \frac{4,5^3}{6\cdot 10} = 1,518_{75}$$

$$\Big\rangle \Delta F_2(x) = 0,564_{5833}\ldots$$

$$x_2 = 5,0 \; ; \; F(x_2) = \frac{5^3}{6\cdot 10} = 2,083_{33}\ldots$$

$$\Big\rangle \Delta F_3(x) = 0,689_{5833}\ldots$$

$$x_3 = 5,5 \; ; \; F(x_3) = \frac{5,5^3}{6\cdot 10} = 2,772_{9166}\ldots$$

$$\vdots \qquad \vdots \qquad \vdots \qquad \qquad \vdots \qquad \qquad \vdots \qquad \vdots$$

$$x_{n-1} = x_9 = 8,5 \; ; \; F(x_{n-1}) = \frac{8,5^3}{6 \cdot 10} = 10,235_{4166}\ldots$$

$$> \varDelta F_n(x) = 1,914_{5833}\ldots$$

$$x_n = x_{10} = 9,0 \; ; \; F(x_n) = \frac{9^3}{6 \cdot 10} = 12,15$$

und weiter wird:

$$\overline{BC} = \int\limits_4^9 \frac{x^2}{20}\, dx = \int\limits_4^9 d\left(\frac{x^3}{60}\right) = \frac{1}{60}(9^3 - 4^3)$$

$$BC = \int\limits_4^9 \frac{x^2}{20}\, dx = 11,083_{33}\ldots$$

Um die Unabhängigkeit von der Lage der Rechteckhöhe ζ_ν (zwischen Kurve und Abszissenachse) innerhalb des Intervalles $\varDelta x_\nu$ auch am Beispiel zu demonstrieren, führen wir die Berechnung für die erstere Darstellung als Fläche nochmals durch, wobei wir aber diesmal die ζ_ν-Punkte in der Mitte der Teilintervalle wählen. Es wird dann:

$$\zeta_1 = a + \frac{x_1 - x_0}{2} = a + \frac{\varDelta x_1}{2} = a + \frac{\frac{b-a}{n}}{2} = a + \frac{b-a}{2n}$$

$$\zeta_2 = a + \varDelta x_1 + \frac{\varDelta x_2}{2} = a + \frac{b-a}{n} + \frac{b-a}{2n} = a + 3\frac{b-a}{2n}$$

$$\zeta_3 = a + \varDelta x_1 + \varDelta x_2 + \frac{\varDelta x_3}{2} = a + 2\frac{b-a}{n} + \frac{b-a}{2n} = a + 5\frac{b-a}{2n}$$

$$\vdots$$

$$\zeta_\nu = a + (\nu - 1)\frac{b-a}{n} + \frac{b-a}{2n} = a + (2\nu - 1)\frac{b-a}{2n}$$

$$\vdots$$

$$\zeta_{n-1} = a + (n-2)\frac{b-a}{n} + \frac{b-a}{2n} = a + \left(2(n-1)-1\right)\frac{b-a}{2n}$$

$$\zeta_n = a + (n-1)\frac{b-a}{n} + \frac{b-a}{2n} = a + (2n-1)\frac{b-a}{2n}$$

Somit folgt:

$$f(\zeta_1) = \frac{\left(a + \dfrac{b-a}{2n}\right)^2}{2p}$$

$$f(\zeta_2) = \frac{\left(a + 3\,\dfrac{b-a}{2n}\right)^2}{2p}$$

$$f(\zeta_3) = \frac{\left(a + 5\,\dfrac{b-a}{2n}\right)^2}{2p}$$

$$\vdots \qquad\qquad \vdots$$

$$f(\zeta_n) = \frac{\left(a + (2n-1)\,\dfrac{b-a}{2n}\right)^2}{2p}$$

Also:

$$\sum_{\nu=1}^{n} f(\zeta_\nu)\,\varDelta x_\nu = \frac{1}{2p}\left\{\left(a+\frac{b-a}{2n}\right)^2 + \left(a+3\frac{b-a}{2n}\right)^2 + \left(a+5\frac{b-a}{2n}\right)^2 + \cdots\right.$$

$$\cdots + \left(a+(2\nu-1)\frac{b-a}{2n}\right)^2 + \cdots + \left.\left(a+(2n-1)\frac{b-a}{2n}\right)^2\right\}\frac{b-a}{n}$$

$$= \frac{b-a}{2pn}\left\{a^2 + \frac{a(b-a)}{n} + \left(\frac{b-a}{2n}\right)^2\right.$$

$$+ a^2 + 3\frac{a(b-a)}{n} + \left(3\frac{b-a}{2n}\right)^2$$

$$+ a^2 + 5\frac{a(b-a)}{n} + \left(5\frac{b-a}{2n}\right)^2$$

$$\vdots \qquad\qquad \vdots \qquad\qquad \vdots$$

$$\left.+ a^2 + (2n-1)\frac{a(b-a)}{n} + \left((2n-1)\frac{b-a}{2n}\right)^2\right\}$$

$$= \frac{b-a}{2pn}\left\{a^2 n + \frac{a(b-a)}{n}\left[1+3+5+\cdots+(2n-1)\right] + \right.$$

$$+ \left.\left(\frac{b-a}{2n}\right)^2\left[1^2+3^2+5^2+\cdots+(2n-1)^2\right]\right\}$$

Nun ist die Summe der n ersten ungeraden Zahlen:

$$\sum_{z=1}^{n}(2z-1) = 1+3+5+7+\cdots+(2n-1) = n^2 \quad \text{(arith. Progression)}$$

und die Summe der Quadrate derselben:

$$\sum_{z=1}^{n} (2z-1)^2 = 1^2 + 3^2 + 5^2 + 7^2 + \cdots + (2z-1)^2 = \frac{n(4n^2-1)}{3} \qquad {}^1)$$

womit dann weiter folgt:

$$\sum_{v=1}^{n} f(\zeta_v)\, \varDelta x_v = \frac{b-a}{2pn}\left\{ a^2 n + \frac{a(b-a)}{n} n^2 + \left(\frac{b-a}{2n}\right)^2 \frac{n(4n^2-1)}{3} \right\}$$

$$= \frac{b-a}{2pn}\left\{ a^2 n + a(b-a) n + \frac{(b-a)^2 (4n^2-1) n}{12 n^2} \right\}$$

$$= \frac{b-a}{2p}\left[a^2 + a(b-a) + (b-a)^2 \left(\frac{1}{3} - \frac{1}{12 n^2}\right) \right]$$

---

[1]) Die Ableitung der letzteren, seltener getroffenen Summe sei hier kurz angegeben: Es ist die Summe der Quadrate aller ganzen Zahlen (vgl. S. 441):

$$S_{n^2} = \sum_{z=1}^{n} z^2 = 1^2 + 2^2 + 3^2 + 4^2 + 5^2 + \cdots + (n-1)^2 + n^2 = \frac{n(n+1)(2n+1)}{1\cdot 2\cdot 3}$$

Somit für eine gerade Zahl als Endzahl:

$$S_{n^2} = \sum_{z=1}^{2n} z^2 = 1^2 + 2^2 + 3^2 + 4^2 + 5^2 + \cdots + (2n-1)^2 + (2n)^2 = \frac{2n(2n+1)(4n+1)}{1\cdot 2\cdot 3}$$

Nun teilen wir diese Summe in zwei Hälften, von denen die eine die Quadrate aller geraden Zahlen hat, von denen sich 2^2 absondern läßt. Beide Summen erhalten dann nur halb so viel Glieder als die obige, so daß dann folgt:

$$1^2 + 2^2 + 3^2 + 4^2 + 5^2 + \cdots + (2n-1)^2 + (2n)^2 =$$

$$= 1^2 + 3^2 + 5^2 + \cdots + (2n-1)^2 + 2^2 [1^2 + 2^2 + 3^2 + \cdots + n^2]$$

$$\sum_{z=1}^{2n} z^2 \quad = \quad \sum_{z=1}^{n} (2z-1)^2 \quad + \quad 2^2 \sum_{z=1}^{n} z^2$$

Somit erhalten wir für die gesuchte Summe:

$$\sum_{z=1}^{n} (2z-1)^2 = \sum_{z=1}^{2n} z^2 - 2^2 \sum_{z=1}^{n} z^2$$

$$= \frac{2n(2n+1)(4n+1)}{1\cdot 2\cdot 3} - 2^2 \frac{n(n+1)(2n+1)}{1\cdot 2\cdot 3}$$

$$= \frac{2n(2n+1)[4n+1-2(n+1)]}{1\cdot 2\cdot 3}$$

$$\sum_{z=1}^{n} (2z-1)^2 = \frac{n(2n+1)(2n-1)}{1\cdot 3} = \frac{n(4n^2-1)}{3}$$

$$\lim_{n=\infty} \sum_{\nu=1}^{n} f(\zeta_\nu)\, \Delta x_\nu = \lim_{n=\infty} \left\{ \frac{b-a}{2\,p}\left[a\,b + (b-a)^2\left(\frac{1}{3} - \frac{1}{12\,n^2}\right)\right]\right\}$$

$$= \frac{b-a}{2\,p}\left[a\,b + \frac{(b-a)^2}{3}\right]$$

$$= \frac{b-a}{6\,p}\left[a^2 + a\,b + b^2\right]$$

so daß auch hiernach:

$$\int_a^b \frac{x^2}{2\,p}\, dx = \frac{1}{6\,p}(b^3 - a^3)$$

Auch hierfür findet man leicht wieder die graphische Veranschaulichung in einem mit speziellen Zahlenwerten gezeichneten geometrischen Bilde.

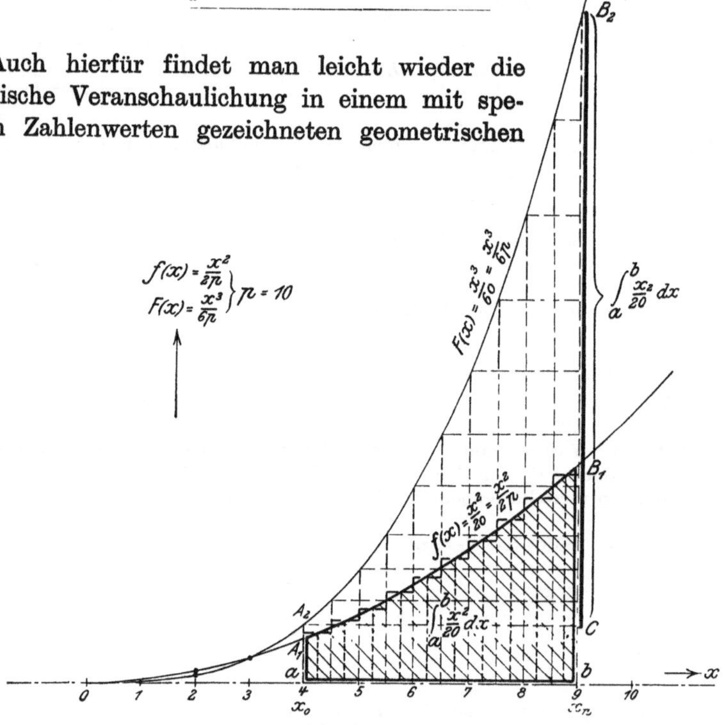

Fig. 221.

In Fig. 221 ist dieselbe für die nämlichen Zahlenwerte, welche oben schon genannt wurden, versucht; doch sind die Differenzen der Einteilungen und ihrer Folgen zur früheren Darstellung der unzureichenden Größe der Figur halber kaum ersichtlich.

Hingegen stehen sich hier die beiden Interpretationen des Integrals an den in gleichem Maßstabe gezeichneten Kurven von

$$f(x) = \frac{x^2}{2\,p} = \frac{x^2}{20}$$

und

$$F(x) = \frac{x^3}{6\,p} = \frac{x^3}{60}$$

in direktester und deutlichster Weise gegenüber.

In analoger Weise läßt sich auch die völlige Belanglosigkeit der Wahl der einzelnen Intervalle $\varDelta x_\nu$ — ob unter sich gleich oder ungleich, welcher Art die Einteilung auch sei — zahlenmäßig nachweisen.

Es leuchtet aus all diesem wiederum ein, daß die Integration, wie die Differentiation, nichts anderes ist als Bestimmung eines Grenzwertes, für den das $\int$-Zeichen die abgekürzte Schreibweise, wie das d-Zeichen in der Differentiation ist[1]). Differential- und Integralrechnung können daher mit einem Namen auch ganz gut und treffend als eine *Grenzwertrechnung* bezeichnet werden.

In welcher Weise man den Differentialquotienten und das Integral auf elementarem Wege erreichen und damit in gewisser Weise diese ersteren beiden durch den letzteren ersetzen kann, erhellt aus den gegebenen Ableitungen und Beispielen zur Genüge. Man erkennt daraus deutlich, daß die Einführung der Differenzierungs- und Integrationsmethoden mit neuen Symbolen einen unschätzbaren Vorteil liefert und ein Abgehen von ihnen, wenn es überhaupt in Frage käme, hieße unnötige, riesige Umwege statt elementarer, einfacher Methoden einschlagen.

---

[1]) Das d als Grenzwert-Symbol einer zur Grenze Null herabsinkenden, durch vorgesetztes $\varDelta$ angedeuteten Differenz; z. B. von der Variablen (Funktion) $y = f(x)$:

als (endliche) Differenz vor der Grenze:

$$\varDelta y = \varDelta f(x)$$

als solche in der Grenze unter dem Namen Differential:

$$dy = d\,f(x)\,|:= \lim\,(\varDelta f(x))\,:|$$

das $\int$ als Grenzwert-Symbol einer aus unbegrenzt wachsender Summandenzahl, die ihrerseits als Differenzen der Grenze Null zustreben, bestehenden Summe, angedeutet durch vorgesetztes $\varSigma$ oder hier besser S; z. B. von der Variablen (Funktion) $y = f(x)$:

als (endliche) Summe vor der Grenze:

$$\varSigma \varDelta y = \varSigma \varDelta f(x)\;;\;\; S\,\varDelta y = S\,\varDelta f(x)$$

als solche in der Grenze unter dem Namen Integral:

$$\int dy = \int d\,f(x)\,|:=\int f'(x)\,dx = \lim[S(\varDelta f(x))] = \lim[\varSigma(\varDelta f(x))]\,:|$$

VII. Historische Schlußbetrachtung.

Kurzer Abriß über den Entwicklungsgang der Differential- und Integralrechnung.[1]

So wie wir die Sache der Infinitesimalrechnung bis hierher dargestellt haben, erscheint sie uns als geschlossenes, systematisch aufgebautes Ganzes. Logische Entwicklung ist das verknüpfende Band und dem entsprechend der fertige Zustand. Anders gestaltete sich das geschichtliche Werden unseres Gebietes, insbesondere der Differential- und Integralrechnung. Auch dieses kennen zu lernen ist von großem Interesse. Ja man hätte vielleicht erwartet, daß wir die historische Betrachtung an die Spitze des Buches stellen werden. Es geschah mit Absicht nicht, weil wir der Überzeugung sind, daß ein kurzer, geschichtlicher Abriß — und um einen solchen kann es sich hier nur handeln — nur dann mit vollem Verständnis aufgenommen werden kann, wenn seine Begriffe schon mehr oder weniger geläufig geworden sind. Man verlange doch von einem Nichtmathematiker, daß er die Geschichte der Mathematik studiere; er wird sie bald trocken und ungenießbar finden, weil er ihre Begriffe nicht in ein lebendiges Ganze einzuordnen vermag. Gewiß ist oft der historische Weg der elementarere, aber er ist auch nur gar zu oft ein Umweg und kann nur von dem gefordert werden, der sich ihm ausschließlich widmet.

---

[1] Für Näheres vgl.:

Moritz Cantor: „Vorlesungen über die Geschichte der Mathematik." Leipzig. I. Bd. 2. Aufl. 1894, II. Bd. 1. Aufl. 1892, III. Bd. 1. Aufl. 3 Abteilgn. 1894, 1896, 1898.

C. J. Gerhardt: „Die Entdeckung der Differentialrechnung durch Leibniz." Halle 1848.

— „Die Entdeckung der höheren Analysis." Halle 1855.

M. Tramer: „Die Entdeckung und Begründung der Differential- und Integralrechnung durch Leibniz im Zusammenhange mit seinen Anschauungen in Logik und Erkenntnistheorie." Bern 1906. Inaug.-Diss., ersch. als Bd. XLVII der „Berner Studien der Philosophie und ihrer Geschichte".

Vorstellungen, welche wir in der Differential- und Integralrechnung gefunden haben, begegnen wir schon bei den alten Griechen, denn sie traten naturgemäß auf, sobald es sich um Untersuchungen an krummlinig begrenzten Figuren in der Geometrie, insbesondere um Flächenbestimmungen an solchen handelte. Mannigfache Wege wurden versucht und die Bahn, die man schließlich einschlug, war die denkbar natürlichste.

Man kannte aus der klassischen Geometrie — deren bekannteste Vertreter uns in *Pythagoras* (um 582—507 v. Chr.), *Euklid* (um 300 v. Chr.) und *Archimedes* (um 287—212 v. Chr.) bekannt sind — die Berechnung der geradlinig begrenzten Figuren der Ebene und ebenflächig begrenzter Körper im Raume. Wollte man also krummlinig begrenzte Figuren, z. B. ihrem Flächeninhalte nach, bestimmen, so hatte der Weg nach altbewährter, geometrischer Methode vom Bekannten zum Unbekannten zu gehen. Es mußten also die krummlinig begrenzten Figuren durch geradlinig begrenzte bei gesetzmäßiger Annäherung zu erreichen gesucht werden.

Deutlich erkennen wir dies an der viel zitierten Bestimmung des Flächeninhaltes eines Parabelsegmentes bei *Archimedes* von Syrakus. Auf zwei Wegen gelangt er zum Ziel:

Erstens mittels ein- und umgeschriebener Trapeze bzw. Dreiecke, mit Hilfe deren Summe er beweist, daß der Flächeninhalt des Parabelsegmentes dem $^4/_3$-fachen des Flächeninhaltes eines gewissen Dreieckes sich nähert. Er geht dabei vorsichtig zu Werke, indem er zeigt, daß jener parabolische Abschnitt weder kleiner noch größer sein kann als $^4/_3$ jenes Dreieckes. Erst dann, nachdem somit in gewisser Weise die Existenz des Flächeninhaltes nachgewiesen worden war, folgt seine Bestimmung als $^4/_3$ eines Dreiecks, welches mit ihm gleiche Sehne und gleiche Höhe hat.

Zweitens konstruierte er ein Polygon, dessen Seiten sich immer mehr dem Parabelbogen anschmiegen und zwar so, daß sich zeigen läßt, daß die Summe der übrig bleibenden Abschnitte des Parabelsegmentes über jenes Polygon kleiner gemacht werden kann, als jedes beliebig kleine Flächenstück, d. h. daß man also den Fehler beliebig klein machen kann oder mit unserer Bezeichnungsweise, daß der Flächeninhalt jenes Parabelsegmentes die Grenze des Flächeninhaltes jenes Polygons ist bei in bestimmter Weise gesetzmäßig vermehrter Seitenanzahl (hier Verdoppelung). Indem nun *Archimedes* eine geometrische Reihe aufstellt, deren neue hinzugefügte Glieder die Vergrößerung des Flächeninhaltes bei Vermehrung der Seitenzahl des Polygons angeben, vermag er schließlich den Wert zu bestimmen.

Im vierten Jahrhundert n. Chr. hat *Pappus* von Alexandria, wenn auch nicht neue Wege gezeigt, so doch die Reihe bekannter Sätze durch

Anwendung des Euklidischen und Archimedischen Verfahrens erweitert, wenn auch, wie wir bei *Gerhardt* lesen, Schärfe der Beweisführung bei ihm fehlt.

Spätere Gelehrten haben die Sache vielfach nur kommentiert, oft nur in philosophischem Sinne, wobei dann mathematisch nichts Neues resultierte.

„Erst als mit Einbruch der türkischen Horden in Europa die gelehrten Griechen eine Zufluchtsstätte im westlichen Europa suchten und zugleich die Kenntnis der griechischen Sprache verbreiteten, wurde die Aufmerksamkeit der Abendländer auf die Meisterwerke ihrer Literatur gelenkt und es begann das Studium der Geometer des griechischen Altertums unmittelbar aus den Quellen.‘‘

Der Weg, den diese Mathematiker benutzten, war der der Griechen, aber die mathematische Strenge eines *Archimedes* wurde nicht mehr eingehalten. Immerhin hatte sich so das ursprünglich nur ganz spezielle Verfahren zu einem allgemeinen, einer Methode umgewandelt, welcher man bezeichnenderweise den Namen *Exhaustionsmethode*, zu deutsch Ausschöpfungsmethode[1]) gab.

Selbst bei *Kepler*[2]) (1571—1630), der von der Notwendigkeit, den Inhalt von Weinfässern[3]) zu berechnen, zu diesem Problem geführt wurde, sehen wir nicht die von den Griechen geforderte Exaktheit. Allerdings verweist *Kepler* für die strenge Beweisführung auf *Archimedes*. Es scheint immerhin auch gut gewesen zu sein, daß der Phantasie ein wenig Spielraum gegeben worden war, wenn auch dabei Fehler unterliefen; denn durch erstere wurde das Übungsfeld erweitert und die Notwendigkeit, eine sicher fundierte allgemeine Methode zu schaffen, mußte sich nur mehr aufdrängen.

Das Verfahren, welches *Kepler* einschlug, zeigen die folgenden Ausführungen:

Um z. B. den Flächeninhalt des Kreises zu bestimmen, betrachtete er ihn als die Summe sehr vieler, sehr schmaler, gleichschenkliger Dreiecke, deren Spitzen alle im Mittelpunkt des Kreises liegen und deren auf der Peripherie befindliche, immer krumme Grundlinien er sich nebeneinander aufgetragen dachte. Nimmt man diese krummlinigen Stücke

---

[1]) Ausschöpfung der krummlinig begrenzten Linien, Flächen oder Körper durch geradlinig begrenzte, indem man sie in immer weitergehender Annäherung bis zu beliebig kleinem Rest durch in ihren Grenzen erforschte geradlinige Gebilde „ausschöpfte‘‘.

[2]) *Johannes Kepler* ist uns als Entdecker der Planetengesetze, durch die noch viel bedeutenderen Leistungen auf astronomischem Gebiet bekannt. Geboren in Weil (Württemberg), studierte in Tübingen Theologie, wirkte als Lehrer für Mathematik und Moral am Gymnasium zu Graz, später, zuerst als Gehilfe des Astronomen *Tycho Brahe*, in Prag; unverschuldet und durch politische Verhältnisse in Geldnot geraten, nahm er eine Lehrstelle in Linz an, flüchtete als Protestant nach Ulm und starb in Regensburg,

[3]) *Nova stereometria doliorum vinariorum* („neue Stereometrie der Weinfässer‘‘), Linz 1615.

genügend klein, so kann man sie durch geradlinige ersetzt denken und dann ergab sich für *Kepler* als Resultat dieser Zusammensetzung eine gerade Linie, deren Länge gleich dem Umfange des Kreises war. Er konnte so den Inhalt desselben gleich demjenigen eines Dreiecks, dessen Basis gleich dem Umfang und dessen Höhe gleich dem Radius des Kreises war, setzen.

Analog setzte *Kepler* den Kugelinhalt aus sehr vielen Kegeln zusammen, deren Grundflächen, wie er sich ausdrückte, „Punkte vertreten", wodurch jedoch die krumme Fläche derselben wiederum stets nur angenähert durch die ebene ersetzt werden kann. Schon bei ihm tritt gelegentlich der Gedanke auf, daß man eigentlich dieser Dreiecke bzw. Kegel unbegrenzt viele nehmen muß.

Den Gedanken der Zerlegung führte dann der Italiener *Cavalieri*[1]) (1598—1647) in seiner „Methode der Unteilbaren"[2]) aus, ja, wie schon der Name seiner Methode angibt, geht er bewußt noch weiter als Kepler, indem er die Notwendigkeit des Zurückgehens bei der Zerlegung in kleine Teile bis auf in einer (Linie) oder zwei (Fläche) Dimensionen unausgedehnte Gebilde erkennt und verbindet bereits damit die Idee der **Bewegung**, des „**Fließens**", um aus den so erhaltenen letzten Zerlegungselementen wieder rückwärts die Fläche oder den Körper zu erhalten. Aber *Cavalieri* vermochte, als an ihn insbesondere im Streite mit *Guldin* die Notwendigkeit herantrat, seine Methode zu begründen, dies nicht restlos zu leisten.

Von einer anderen Seite näherte sich der Methode der Differentialrechnung der Franzose *Fermat*[3]) (1601—1665). Er beschäftigte sich mit Maxima- und Minima-Fragen. Dabei wendet er bereits ein Verfahren an, welches beim Durchlesen uns an manche noch heute verwendeten Vorstellungsweisen erinnert. Damit dies erhelle, zitieren wir aus *Cantors* „Geschichte der Mathematik"[4]) die nachfolgende Stelle, nach welcher *Fermat* seine Methode etwa folgendermaßen schildert:

„Man setze in dem zu einem Maximum oder Minimum zu machenden Ausdrucke statt der Unbekannten A die Summe zweier Unbekannten $A + E$ und betrachte die beiden Formen als annähernd gleich, wie

---

[1]) *Bonaventura Cavalieri*, von 1629 an Professor der Mathematik in Bologna.

[2]) „*Geometria indivisibilibus continuorum nova quodam ratione promota*" [Übers.: „Eine neue, gleichsam durch die Vernunft geförderte Geometrie durch die Unteilbaren der Zusammenhängenden" (des Kontinuums)] 1635, kurz auch „*die Indivisibilien*" genannt.

[3]) *Pierre de Fermat*, auch gerne als erster Erschließer dieser Rechnungsmethode genannt, einer der ersten Mathematiker Frankreichs, ist in Beaumont de Lomagne bei Toulouse als Sohn eines Lederhändlers geboren; widmete sich zuerst Rechtsstudien, wurde 1631 Parlamentsrat in Toulouse, 1638 geadelt, starb in Castres. Er ist uns auch bekannt durch den von ihm aufgestellten, nach ihm benannten Fermatschen Satz.

[4]) *Cantor:* loc. cit. II. Bd. 1892, S. 783.

Diophant sagte [*adaequatur, ut loquitur Diophantus*[1])]. Ist die annähernde Gleichsetzung vollzogen, so streicht man auf beiden Seiten, was zu streichen ist und behält dadurch lauter mit E behaftete Glieder. Teilt man durch E und streicht alsdann wiederholt [*elidantur*[2])] die E noch enthaltenden Glieder, so bleibt endlich die Gleichung übrig, welche den Wert von A liefert, der das Maximum oder Minimum hervorbringt."

In Zeichen geschrieben, welche *Fermat* und seine Zeit noch nicht kannten, sagt Cantor, heißt die Vorschrift, man solle A aus

$$\left[\frac{F(A + E) - F(A)}{E}\right]_{E=0} = 0$$

suchen, oder also besser aus:

$$\frac{dF(A)}{dA} = 0$$

Im ersten Beispiel von *Fermat* soll B in zwei Teile zerlegt werden, welche das größte Produkt geben, oder wie dieses Beispiel in den heutigen Lehrbüchern der Differentialrechnung lautet: „Unter allen Rechtecken mit gleichem Umfange soll dasjenige mit größtem Flächeninhalt gesucht werden."

Die erste Annahme wählt, heißt es bei *Cantor*, die Teile A und $B - A$; die zweite $A + E$ und $B - A - E$. Man muß also nach der allgemeinen Vorschrift *Fermats* setzen:

$$A(B - A) = (A + E)(B - A - E)$$

oder

$$AB - A^2 = AB - A^2 - AE + BE - AE - E^2$$

Was zu streichen ist, gestrichen, gibt:

$$0 = E(B - 2A - E)$$

Nach Division durch E bleibt:

$$0 = B - 2A - E$$

Nun wird E gestrichen und man erhält als Resultat:

$$0 = B - 2A$$

oder:

$$A = \frac{B}{2}$$

Auch auf die *Rektifikation* (Bogenlängenbestimmung) von Kurven wendet *Fermat* diesen Gedankengang an.

---

[1]) Übers. „gleichgestellt (verglichen) wird, wie *Diophant* sagt".
[2]) Übers. „herausgestoßen, herausgetrieben".

Neben *Fermat* sind es namentlich noch zwei Franzosen *Rober-val*[1]) und *Pascal*[2]), welche in jener Zeit viel zur Erkenntnis der höheren Analysis beitrugen, von denen ersterer schrieb:

Par tout ce discours on peut comprendre que la multitude infinie de points se prend pour une infinité de petites lignes, et compose la ligne entière. L'infinité de lignes représente l'infinité de petites superficies qui composent la superficie totale. L'infinité de superficies représente l'infinité de petits solides qui composent ensemble le solide totale".

Seine Auffassung wich von derjenigen *Cavalieris* insofern ab, als er sich dagegen verwahrte, wie jener, Ungleichartiges in direkten Vergleich zu bringen, indem man die Linie aus Punkten (statt aus kleinsten Linien), die Fläche aus Linien (statt aus kleinsten Flächen), den Körper aus Flächen (statt aus kleinsten Körperteilchen) entstehen lasse. Dies stand auch in gewissem Widerspruch zu *Pascal*, welcher, ohne sie zu verändern, Punkte zu Strecken, Linien zu Flächen, Flächen zu Körpern hinzufügen zu können glaubte. In seinen Schriften gab letzterer viel Anregung zu neuen Gesichtspunkten und ist ihm u. a. der unbewußte Hinweis auf das charakteristische Dreieck, das wir noch heute im „Differentialdreieck" viel verwenden, zu danken.

Es wurde also schon zu jenen Zeiten mit Größen gerechnet, die so klein sind, daß sie gegen endliche Größen vernachlässigt werden können. Auch die Zerlegung der krummlinig begrenzten Fläche in schmale Streifen und des krummlinig begrenzten Körpers in dünnste Scheiben kegelförmiger oder zylindrischer Gestalt war bekannt. Wohl sah man, insbesondere *Cavalieri*, ein, daß die Bestimmung der Länge einer krummen Linie, Kurve, oder des Flächeninhaltes einer krummen Fläche, indem man sie aus geradlinigen bzw. ebenen Elementen durch Summierung zusammengesetzt gedacht hat — wobei die geradlinigen Elemente kleine Bogenstücke und die ebenen Elemente kleine Stücke einer krummen Fläche ersetzen sollten — bis auf unbegrenzt kleine solche Elemente zurückgehen müsse, weil sonst ein Fehler begangen werde. Ja, man erkannte, daß dieses Zurückgehen bis auf den ausdehnungslosen Punkt sich fortsetzen müsse, aber man k o n n t e n i c h t e i n s e h e n, wie a u s e i n e r solchen S u m m e von a u s d e h n u n g s-losen E l e m e n t e n wieder eine a u s g e d e h n t e Linie oder Fläche werden könne.

---

[1]) Sein eigentlicher Name ist *Giles Persone* (*Personier*) (1602—1675), in einem Dorfe Roberval im nordwestlichen Frankreich geboren, nach dem er *Persone de Roberval* oder später kurz *Roberval* genannt wurde; war in *Paris* zuerst am Collège St. Gervais Professor der Philosophie, dann am Collège Royal für Mathematik.

[2]) *Blaise Pascal* (1623—1662), bekannt auch als Erfinder einer Rechenmaschine, durch das Pascalsche Dreieck und den Pascalschen Satz (Pascalsches Sechseck); schrieb schon mit 16 Jahren ein Werk über Kegelschnitte, kam 1631 von Clermont in der Auvergne nach Paris.

So ist es denn die Zeit der ersten Hälfte des 17. Jahrhunderts, welche als das Zeitalter der fruchtbarsten Förderung der Idee einer Infinitesimalrechnung zu gelten hat, in welcher Geburtszeit zuerst Aufgaben aus der heute als Integralrechnung bekannten Disziplin behandelt wurden (*Quadratur, Kubatur*), denen sich alsdann solche aus der Differentialrechnung (*Maxima* und *Minima*, auch vielseitige Beschäftigung mit dem Tangentenproblem) anschlossen.

Alle diese Ideen haben nun *Newton* und *Leibniz* zusammengefaßt und eine strenge Grundlage für die in diesen Keimen enthaltene eigentliche Differential- und Integralrechnung geschaffen[1]).

Isaak Newton[2]) (1643—1727), der große Astronom und Mathematiker, vor allem bekannt durch seine Entdeckung des Gravitationsgesetzes, kam sowohl durch das Studium des Werkes von *Wallis*[3]): „Arithmetica Infinitorum" [4]) (1655) als auch durch seinen sich ganz besonders Bewegungsbetrachtungen widmenden Lehrer *Barrow*[5]) auf die Methode *Cavalieris*, wobei zu beachten ist, daß *Barrow* ein Verehrer der Methode *Cavalieris* war. Wir begreifen daher auch, daß *Newton* von der Bewegung ausging und sich als Aufgabe stellte, aus den bekannten in verschiedenen Zeiten durchlaufenen Wegen die Geschwindigkeit und umgekehrt aus der Geschwindigkeit zu verschiedenen Zeitmomenten die Bewegungsbahn eines Punktes, die in einer gewissen Zeit durchlaufen wurde, zu bestimmen. Diese der reinen Bewegungslehre entnommenen Begriffe übertrug er dann auf alle mathematischen

---

[1]) Vorhandene Schriften lassen *Newton* mit dem Jahre 1665/66 (in Cambridge), *Leibniz* mit dem Jahre 1673 zur Zeit seines Pariser Aufenthaltes als Erfinder dieser Rechnung deuten, deren Prinzipien *Newton* anno 1687 in der Schrift „*Philosophiae naturalis principia mathematica*" [Übers.: „Die mathematischen Anfänge der Philosophie der Natur (Naturphilosophie)"] nur andeutungsweise, *Leibniz* dagegen nach Wort und Schrift klar und deutlich festgelegt mit den Grundregeln bereits **1684** in der Abhandlung: „*Nova methodus pro maximis et minimis, itemque tangentibus, quae nec fractas nec irrationales quantitates moratur, et singulare pro illis calculi genus*" (Übers.: „Eine neue Methode für die Maxima und Minima und ebenso für die Tangenten, welche sich weder aus den gebrochenen noch aus den irrationalen Quantitäten etwas macht und welche für jene die eigentümliche (ausgezeichnete) Art der Rechnung ist") in ausgesprochenster, ausführlicher und allgemeiner Weise veröffentlichte.

[2]) In Woolsthorpe bei Grantham in England geboren, bezog er 1660 das Trinity-College in Cambridge, wo er seit 1663 ganz unter dem Einfluß von *Barrow* stand, dessen Nachfolger er anno 1669 wurde. Von 1696 in politischen Ämtern tätig, wo er überdies viel in Mißhelligkeiten verwickelt war, gab er seine Lehrtätigkeit 1701 auf, wurde Münzmeister, Parlamentsmitglied, Vorsitzender der Royal Society, 1705 in den Ritterstand erhoben.

[3]) *John Wallis* (1616—1703), seit 1646 Professor der Geometrie an der Universität Oxford.

[4]) Übers.: „Arithmetik der Unendlichen".

[5]) *Isaac Barrow* (1630—1677), von 1663 bis 1669 Professor der Mathematik am Trinity College in Cambridge.

Die Firma

TEXTILGESELLSCHAFT L. STROMEYER & CO.
– KONSTANZ –

beehrt sich, Herrn und Frau

Heinrich Eisler

zu dem am 24. April 1959 im Saal der Gaststätte „Schauinsland"

um 19.45 Uhr stattfindenden Richtfest der Eigenheim-Siedlung

für Betriebsangehörige ergebenst einzuladen.

u. A. w. g. bis 24. 4.

Größen oder Quantitäten, um auch auf sie die Prinzipien der anhand der Bewegung gefundenen sog. *Fluxionsrechnung* anwenden zu können. Wie dies gemeint ist, charakterisieren wohl am besten die Worte *Maclaurins*[1]), die in deutscher Übersetzung folgendermaßen lauten:

„*Um aber in der Geometrie* (im Gegensatz zur gemeinen Arithmetik, mit Addition und Division von Zahlen unter sich) *alle Abstufungen der Größe erzeugen zu können und dadurch eine Methode zu finden, ihre Eigenschaften aus ihrer Entstehung herzuleiten, nehmen wir an, daß* (überhaupt) *die mathematischen Größen durch Bewegung vergrößert oder verkleinert oder gänzlich erzeugt werden, oder durch ein beständiges F l i e ß e n , das der Bewegung gleichkommt. Die so erzeugte Größe fließt und heißt F l u e n t e* (Fließende).

So werden, immer unter Annahme eines gleichförmigen „Fließens" der Zeit, Linien erzeugt durch die Bewegung von Punkten, Flächen durch die Bewegung von Linien, feste Körper durch die Bewegung von Flächen, Winkel durch die Drehung ihrer Schenkel. Die Geschwindigkeit, mit der eine Linie „fließt", ist die nämliche, wie diejenige des Punktes, von dem angenommen wird, daß er sie erzeuge oder beschreibe. Die Geschwindigkeit, mit welcher die Fläche „fließt", ist die gleiche, wie diejenige einer gegebenen geraden Linie, die, indem sie sich parallel zu sich selbst bewegt, einen rechten Winkel erzeugt, der immer gleich ist dieser Fläche. Die Geschwindigkeit, mit welcher ein Körper „fließt", ist der gleiche, wie diejenige einer gegebenen ebenen Fläche, welche sich parallel zu sich selbst bewegend nach Annahme ein gerades Prisma erzeugt oder einen Zylinder, der immer dem festen Körper gleich ist" usw.

„Die Geschwindigkeit, mit welcher eine Größe (überhaupt) *in jedem Zeitmoment, in welchem man sie entstehen läßt, „fließt", heißt F l u x i o n*[2]); *sie wird somit immer durch die Zu- oder Abnahme gemessen, welche diese Bewegung in einer Zeit erzeugt hätte, wenn sie seit diesem Moment gleichförmig ohne Beschleunigung oder Verzögerung fortgesetzt worden wäre"* usw.

Um anzudeuten, daß von einer Größe die *Fluxion* genommen werden soll, setzt *Newton* über dieselbe einen Punkt; so bedeutet z. B. $\dot{y}$ die *Fluxion* von y. Soll die *Fluxion* von der *Fluxion* genommen werden, so gibt er dieses an durch zwei Punkte: $\ddot{y}$; in Fortsetzung bezeichnet er als dritte *Fluxion* von y und als die erste von $\ddot{y}$ die Größe $\dddot{y}$, und schreibt weiter $\ddddot{y}$, $\dddddot{y}$[3]) usw.

---

[1]) Entnommen aus: „*Traité des Fluxions; par M. Colin Maclaurin, Professeur de Mathématique dans l'Université d'Edinbourg. Traduit de l'Anglois, par le R. P. Pezenas, Jésuite, Professeur Royal d'Hydrographie à Marseille. Paris MDCCXLIX Tome Premier*" p. 6, 7.

[2]) Dieses Wort wurde zum erstenmal anno 1687 aus den „*Prinzipien*" öffentlich bekannt.

[3]) Diese Schreibweise, in der er lange schwankte, wurde erst anno 1693 bekannt.

In gleichem Sinne spricht sich eine noch etwas weiter zurück-
gehende, ebenfalls französische Übersetzung nach der 1736 von *John
Colson* erschienenen englischen Übersetzung des Newtonschen, in latei-
nischer Sprache abgefaßten Manuskriptes[1]) aus, welch letzteres, vermutlich von 1671, mit wahrscheinlicher nachträglicher, teilweiser Um-
arbeitung, als die eigentliche Grundlage der diesbezüglichen Forschungen
Newtons zu betrachten ist.

Wir lesen in dieser französischen Übersetzung[2]):

*„. . . . et c'eſt de-là que j'ai dans ce qui ſuit conſideré les Quantités comme pro-
duites par une augmentation continuelle à la maniere de l'Eſpace que décrit un corps
en mouvement.*

*Mais comme nous n'avons pas besoin de considerer ici le tems autrement que
comme exprimé et méſuré par un mouvement local uniforme, et qu'outre cela nous
ne pouvons jamais comparer enſemble que des Quantités de même genre, non-plus
que leurs viteſſes d'accroiſſement et de diminution; je n'aurai dans ce qui ſuit aucun
égard au tems conſideré proprement comme tel; mais je ſuppoſerai que l'une des
Quantités propoſées de même genre doit augmenter par une Fluxion uniforme; à laquelle Quantité je rapporterai tout le reſte comme ſi c'étoit au tems; donc par Analogie cette quantité peut avec raiſon recevoir le nom de tems; ainſi quand dans la ſuite
pour donner des idées plus claires et plus diſtinctes, je me ſervirai du mot „Tems", je
n'entends jamais le tems proprement pris comme tel, mais ſeulement une autre Quantité par l'augmentation ou Fluxion de laquelle le tems peut être exprimé et méſuré.*

*J'appellerai „Quantités Fluentes", ou simplement „Fluentes" ces Quan-
tités que je conſidere comme augmentées graduellement et indéfiniment, je les repréſen-
terai par les dernieres Lettres de l'Alphabet v, x, y et z pour les diſtinguer des autres
quantités qui dans les Equations ſont conſiderées comme connuës et déterminées qu'on
repréſsente par les Lettres initiales a, b, c etc et je représenterai par les mêmes dernieres
Lettres ſurmontées d'un point v̇, ẋ, ẏ et ż les viteſſes dont les Fluentes sont augmentées
par le mouvement qui les produit, et que par conſéquent on peut appeller „Fluxions".
Ainſi pour la Vitesse ou Fluxion de v je mettrai v̇, et pour les viteſſes de x, y, z je
mettrai ẋ, ẏ, ż reſpectivement."*

Gottfried, Wilhelm von Leibniz [3]) (1646—1716), berühmter
Mathematiker und Philosoph, einer der größten und umfassendsten
Gelehrten, ging dagegen von dem <u>geometrischen</u> Problem aus, das da-

---

[1]) *„Methodus fluxionum et serierum infinitarum"* (Methode der Fluxionen und
unendlichen Reihen).

[2]) Vgl. *„La Methode des Fluxions et des Suites infinies. Par M. le Chevalier Newton.
A Paris chez De Bure l'ainé MDCCXL"* p. 21.

[3]) Stammend aus einer aus Polen eingewanderten Familie, war er Sohn
eines Juristen und Professors der Moralphilosophie in Leipzig, wo er als frühreifer
Student schon mit 15 Jahren, 1661, die Universität bezog und sich zunächst philosophischen Studien widmete; ging bald kurze Zeit nach Jena, um dort bereits
selbständig begonnene mathematische Studien fortzusetzen; erwarb sich 1664 in
Leipzig die philosophische Magisterwürde und promovierte 1666 in Altdorf (b. Nürnberg) zum Doctor beider Rechte, nachdem er in Leipzig vorher wegen zu jugend-
lichen Alters abgewiesen worden war. Im Jahre 1672 kam er in politischen Auf-
trägen nach Paris, wo er mit den damaligen dortigen berühmten Mathematikern in
Berührung kam, auch *Huygens* kennen lernte, welche alle von größter Bedeutung
für seine daran anschließenden neu angeregten mathematischen Studien und Leistungen wurden, kam 1673 zum erstenmal, nach Rückkehr von Paris und Aufenthalt
in Amsterdam, im Haag, in Delft und Hannover zum zweitenmal, 1676, auf kurze

mals die Mathematiker besonders beschäftigte und welches die Aufgabe enthielt, zu einer bekannten Kurve die Tangente zu bestimmen und vor allem die Umkehrung zu lösen, d. h. aus bekannten Eigenschaften der Tangente die Kurve zu finden. Die Untersuchung dieser Aufgabe führte *Leibniz* zur Conception eines allgemeinen mathematischen Calcüls, indem er sich über die rein geometrische Grundlage dieser speziellen Aufgabe erhob, durch die Einführung eines allgemeinen, bestimmten Regeln unterworfenen Rechnungsverfahrens, eines sog. *Algorithmus*. Dieser Calcül ist nun die *Infinitesimalrechnung*, unter welchem Namen wir *Differential- und Integralrechnung* auch zusammenfassen[1]). Er gab uns ferner alle die Zeichen und Grundformeln derselben, die wir heute ausnahmslos verwenden; an ihn knüpft die moderne Entwicklung der höheren Mathematik.

Es würde uns hier zu weit führen, alle seine überaus zahlreichen maßgebenden weiteren Schriften, unter die auch sehr viele Briefe an befreundete Gelehrte zu zählen sind, zu erwähnen, die, in steter Aufeinanderfolge, einen vollständigen Einblick in die von *Leibniz* angestrebte Ausgestaltung dieser Rechnungsart zu geben vermögen, oder auch nur besonders wichtige Stellen daraus näher bekannt zu geben.

Wir beschränken uns auf die Zitation von Jahreszahlen, die sich auf das Erscheinen von Schriften mit diesbezüglich hervorragendem Inhalt beziehen:

1674, 1675 [Einführung des d- und $\int$-Zeichens), 1676, **1684** (Veröffentlichung einer Abhandlung über Differentialrechnung, die noch heute nach Sprache und Schreibweise als erste Grundlage maßgebend ist[2])], 1686 ($\int$-Zeichen im Druck), 1687, 1688—89, 1690 (Begründung und Verteidigung des einfachen und höheren Differentialzeichens), 1692 (Flächenbestimmung einer gekrümmten Oberfläche mittels Inf.-Rechng.), 1693 (Integration und wiederholte Differentiation von Differentialgleichungen in Reihengestalt), 1694, 1695 (Zahlenzeiger höherer Differentiation, am Produkt gezeigt), 1696 (Einigung mit *Joh. Bernoulli* über die Benutzung des Zeichens $\int$), 1697 (Differentiation nach einem Parameter), 1701 (logische Grundlage der Infinitesimal-

Zeit nach London, ohne jedoch *Newton* persönlich kennen zu lernen, um dann in Hannover auf 11 Jahre der schon beim ersten Besuch angenommenen Wahl zum Bibliotheksvorstand und Hofrat nachzukommen. In weiteren historischen und politischen Arbeiten bereiste er Deutschland und Italien, kam nach Berlin, wo er 1700 die „Akademie der Wissenschaften" gründete, auch nach Wien; wurde 1709 geadelt als *Freiherr von Leibniz*. Nach stets angestrengtester Beschäftigung durch einen ausgedehnten Briefwechsel, staatsrechtliche und politische Fragen, die oft durch kleinere und größere Reisen unterbrochen wurde, beschloß er still sein Leben in seinem stets wieder auf längere Zeit bezogenen Hannover im Jahre 1716, im Auslande hochverehrt.

[1]) Dieser zusammenfassende Name entstand dadurch, daß in dieser Rechnungsmethode die unendlich kleinen (infinitesimalen) Zahlen bzw. Größen schon in ihren Anfängen eine grundlegende Rolle spielten (vgl. S. 247, 404).

[2]) Vgl. S. 456 Anm.

rechnung), 1702 (Partialbruchzerlegung, noch deutlichere Aussprache als anno 1687 über die Grenzbetrachtungen in den Grundlagen zum Infinitesimalcalcül), 1705 (Kritik einer 1704 erschienenen Newtonschen Druckschrift über die Quadratur der Kurven), 1706 (Leibniz selbst schreibt bezügl. „der großen Erfindung seines Jahrhunderts": „Leibnizsche Infinitesimalanalysis", „jener analytische Calcül, den man Differentialrechnung und seine Umkehrung summatorische oder Integralrechnung nennt"), 1712 („*Observatio . . . .; et de vero sensu Methodi infinitesimalis*" (Übers.: „Beobachtung . . . .; und die wahre Art der Methode des Unendlichkleinen"), 1713 (Verteidigung gegen das *Commercium Epistolicum*, welche von einer englischen Prüfungskommission verfaßte Druckschrift ihn des Diebstahls an *Newton* bezichtigt, wogegen er das Umgekehrte behauptet), 1714—16 („*Historia et origo calculi differentialis*" [„Geschichte und Ursprung der Differentialrechnung"]).

Da *Leibniz* nicht nur Mathematiker, sondern auch ebensosehr Philosoph war, so hat er nicht nur die rein mathematische Seite dieser neuen Rechnung behandelt, sondern er hat auch all die Vorstellungen und Begriffe, auf denen sie ruht, streng und tief erfaßt, wie aus dem Studium seiner vielen mathematischen als auch seiner philosophischen Schriften hervorgeht.

Die ersten Vorlesungen von Bedeutung über Infinitesimalrechnung hielten die beiden Basler Brüder *Jacob* und *Johann Bernoulli* (1654—1705, 1667—1748), von denen der letztere auch dem Pariser *Marquis de l'Hospital* Anregung gab zur Verfassung des ersten Lehrbuches[1]) (nur) über Differentialrechnung im Jahre 1696 und später seine Vorlesungen[2]) über Integralrechnung anno 1742 im Druck herausgab.

Von den späteren Förderern dieser Disziplin sind vor allem noch zu nennen *Christian Wolff*[3]) in *Halle* (1679—1754), der Basler *Leonhard Euler*[4]) (1707—1783) und die ebenfalls bedeutenden französischen Mathematiker *Joseph, Louis Lagrange*[5]) (1736—1813), *Silvestre, François Lacroix*[6]) (1765—1843), *Augustin, Louis Cauchy*[7]) (1789 bis 1857) und *Siméon, Denis Poisson*[8]) (1781—1840).

---

[1]) „*Analyse des infiniment petits pour l'intelligence des Lignes courbes.*"

[2]) „*Lectiones mathematicae de methodo integralium alliisque*" (Mathematische Vorlesungen über die Methode der Integrale und anderes).

[3]) „*Elementa matheseos universae*". Vorlesung, erschienen 1710, 2. Aufl. 1742.

[4]) „*Introductio in analysis infinitorum.*" Lausanne 1748, 2 Bde. — „*Institutiones calculi differentialis*", Berlin 1755, 2 Bde. — „*Institutiones calculi integralis*", Petersburg 1768—70.

[5]) Vgl. S. 364, Anm. — Auch „*Mecanique analytique*", Paris 1788.

[6]) Vgl. S. 405, Anm. — Auch „*Traité élémentaire du calcul différentiel et intégral*" („Der kleine Lacroix" genannt) Paris 1797, 2 Bde.

[7]) „*Leçons sur les applications du calcul infinitésimal à la géométric*", Paris 1826—28, 2 Bde. — „*Leçons sur le calcul différentiel*", Paris 1829.

[8]) „*Traité de mécanique*", Paris 1811, 2 Bde. — „*Théorie mathematique de la chaleur*", Paris 1835.

Sach- und Namenregister.

(Die Zahlen bedeuten die Seiten, auf denen das betreffende Wort zu finden ist; die fettgedruckten Zahlen die der Definition bzw. Einführung des Begriffes.)

S

Z